U0270518

当代中国科学家学术谱系丛书

丛书主编　王春法

内容提要

本书系《当代中国科学家学术谱系丛书》之一，在简略考察物理学在中国建立与发展历程的基础上，以应用光学、激光物理、非线性光学、半导体物理、高能实验物理及理论粒子物理等分支学科为案例，考察了这些学科的发展历史，梳理了其中一些领军物理学家的学术谱系结构及其演变过程，探讨了一些谱系形成的学术传统，并从整体上总结了当代中国物理学家学术谱系的特点，分析了影响其发展的主要因素。

图书在版编目(CIP)数据

当代中国物理学家学术谱系:以几个分支学科为例/胡化凯等著.—上海:上海交通大学出版社,2016

(当代中国科学家学术谱系丛书)

ISBN 978-7-313-14488-1

Ⅰ.①当… Ⅱ.①胡… Ⅲ.①物理学—学术思想—谱系—中国—现代 Ⅳ.①04

中国版本图书馆CIP数据核字(2016)第158358号

当代中国物理学家学术谱系——以几个分支学科为例

著　　者:胡化凯　丁兆君　陈崇斌　汪志荣

出版发行:上海交通大学出版社　　地　　址:上海市番禺路951号

邮政编码:200030　　电　　话:021-64071208

出 版 人:韩建民

印　　制:上海景条印刷有限公司　　经　　销:全国新华书店

开　　本:710mm×1000mm　1/16　　印　　张:29.25

字　　数:506千字

版　　次:2016年7月第1版　　印　　次:2016年7月第1次印刷

书　　号:ISBN 978-7-313-14488-1/O

定　　价:119.00元

《当代中国科学家学术谱系丛书》
编委会

总　序

中国现代科学制度系由20世纪初叶从西方引入的，并在古老而年轻的中国落地生根、开花结果。百余年来，一代又一代中国科技工作者尊承前贤、开慈后学，为中国现代科技的初创、进步，并实现跨越式发展作出了巨大贡献。可以说，中国现代科技的发展史，就是一部中国科技工作者代际传承、接续探索的奋斗史。今天，我们站在建设创新型国家的历史新起点上，系统梳理百余年来中国现代科技发展的传承脉络，研究形成当代中国科学家学术谱系，对于我们深刻理解中国现代科技发展规律和科技人才成长规律，对于加快建设人才强国和创新型国家，无疑是十分重要和必要的。

一

学术谱系是指由学术传承关系（包括师承关系在内）关联在一起的、不同代际的科学家所组成的学术群体。在深层意义上，学术谱系是学科学术共同体的重要组成单元，是学术传统的载体。开展当代中国科学家学术谱系研究，旨在深入探讨各门学科或主要学科分支层面上学术谱系的产生、运作、发展以及在社会中演化的历史过程及一般趋势，促进一流学术谱系及科学传统在当代中国生根、成长。

学术谱系研究具有重要的学术价值。它突破了以往科学史研究的边界，涉及由学术谱系传承过程中数代科学家所构成的庞大的科学家群体，而且在研究时段上要考察历时达数十年乃至近百年的学术谱系发生发展过程。为了实现这一目标，研究者必须将人物研究、科学思想史研究与关于科学家群体的社会学解析（群体志分析）结合起来，将短时段的重要事件描述、中时段的谱系运作方式研究与长时段的学术传统探讨乃至学科发展研究结合起来。

学术谱系研究还具有突出的现实意义。它有助于探讨现行体制下科技人才成长规律，回答"钱学森之问"；有助于加快一流学术传统在当代中国的移植与本土化进程，有助于一流学术谱系的构建，也有助于一流科技人才的培养。

二

当代中国科学家学术谱系研究，以科学家和科学家群体为研究对象，通过综合运用科学史、科学哲学和科学社会学的理论和方法，分别从短时段、中时段和长时段多种视角审视学术谱系的产生与发展过程，画出谱系树。在此基础上，就学术谱系的内部结构、运作机制、相关学术传统及代际传承方式展开深入研究，同时与国外先进学术谱系展开比较研究，并结合国情提出相关政策建议。

具体来说，当代中国科学家学术谱系的主要研究内容，应包括以下五个方面：(1)结合学科发展史，对学科内科学家进行代际划分和整体描述，找出不同代际之间科学家之间主要的学术传承关系，描述学术传承与学科发展、人才成长的内在联系；(2)识别各学科中的主要学术谱系，归纳提炼出代表性谱系的学术思想和学术传统；(3)研究主要学术谱系中代表性科学家在相关学科发展中的地位与作用；(4)着眼于学术谱系发展趋势，分析相关学科发展的突出特点、主要方向以及潜在突破点；(5)与国外相关学术谱系开展比较研究。

三

如何开展当代中国科学家学术谱系研究？首先要广泛而扎实地收集史

料,在保证真实性的基础上,尽可能做到详尽、全面。史料收集可采用文献研究、访谈、网络数据库等方法,其中以文献研究方法为主。如采用访谈方法,必须结合历史文献记录对访谈的内容进行验证,以免因访谈对象的记忆错误或个人倾向而导致史实上的分歧问题。

其次,确定代际关系。划分代际关系是适当把握学科整体学术谱系结构的重要前提。可以学科史、师承关系和年龄差距这三方面依据为参考。学科史有助于了解学科发展早期同代际学者的分布以及彼此之间的合作关系。师承关系是划定不同代际的基本依据,但由于科学家的学术生涯长达50年左右,对其早期弟子与晚期弟子应作必要区分。此时,则需要参考年龄因素,可以25年为代际划分的参考依据。

再次,初步识别并列出所研究领域内的所有谱系。对所研究的学科进行一个概略性的介绍,包括该学科在我国移植和发展的大致情况、所包含的分支领域和主要学术谱系等。依据适当理由对不同代际科学家进行划分,描述不同代际科学家之间的总体学术传承关系。尽可能全面、系统地列出所有能够辨识的学术谱系,绘制出师承世系表。

第四,开展典型谱系研究。从经过初步识别的学术谱系中选出若干具有典型意义的重点谱系进行深入研究,理清谱系发展过程中的主要事实。典型谱系的研究可按短、中、长三个时段推进。典型谱系的研究要以事实为基础,但不能仅仅停留在史实上,而要在史实基础上进行提炼(特别是在中时段和长时段研究中),通过提炼找出规律性的东西。

第五,与国内外相关学术谱系进行比较研究。选择与所选典型谱系相似方向和相同源头的国外学术谱系进行比较研究,主要考察内容可包括学术传统差别、人才培养情况差别、总体学术成就差别、外部发展环境差别等。

第六,提出研究建议。结合在典型学术谱系研究和比较研究中总结出的促进学术谱系健康成长的经验和阻碍、制约学术谱系发展的教训,给出相关研究和工作建议,以推动一流科学传统在我国的移植与本土化进程,促进我国科学文化和创新文化的发展。

四

中国科协是科技工作者的群众组织，是党领导下的人民团体。广泛动员组织科技界力量开展当代中国科学家学术谱系研究，梳理我国科技发展各领域学术传承的基本脉络，探究现代科技人才成长规律，对科协组织而言，既是职责所系，也是优势所在。

为此，自 2010 年 5 月起，中国科协调研宣传部先后在数学、物理、化学、天文学、生物学、光学、医学、药学、遗传学、农学、地理学、动物学、植物学等学科领域，启动当代中国科学家学术谱系研究，相关研究成果就此陆续出版。我们期待，本套丛书的出版将带动学界同行进一步深入探讨新中国成立前后、“文革”前后，以及改革开放以来我国科学家学术传承的不同特点，探讨中国科学家学术谱系与国外科学家学术谱系之间的区别和联系，探讨国外科学传统（英、美、德、日、法以及苏联传统）的引入与本土研究兴起之间的内在关联，从而为我国科技发展更好遵循现代科技发展规律和科技人才成长规律，实现新发展新跨越提供有益的思考和借鉴。

本套丛书的研究出版是一项专业性的工作，也是一项开创性的工程。感谢各有关全国学会的大力支持，感谢中国科技史学界同行们的热情参与，也感谢上海交通大学出版社的辛勤付出。正是有了各方面的积极工作和密切协作，我们更有信心把这项很有价值的工作持续深入地开展下去。

是为序。

王春法

2016 年 5 月 23 日

前 言

一个国家科学技术的发展，需要有高水平的专业人才队伍，需要国家和社会的大力支持，同时也需要形成优良的学术传统。而优良学术传统的形成，需要科学大师的精心培育，需要一代代的科学家不断地传承和发扬光大。科学家学术谱系类似于家族谱系，是具有同一师承关系或学缘关系的学术群体的世代传承体系，可以反映一个群体的学术思想、学术传统的形成及发展过程。我国素有编修谱牒之风，对于家谱的研究早已成为专门的学问。随着科学技术的社会价值日益凸显，对于科学家学术谱系的研究也逐步受到人们的重视，国外早已有这方面的研究成果问世，而我国的研究，在近几年才显现出可喜的势头。

中国的物理学从20世纪初建立以来，经过几代学者的共同努力，建立了完整的学科体系，取得了许多重要成果，而且形成了数量庞大的人才队伍。对当代一些著名物理学家的学术谱系进行梳理，分析谱系的结构、谱系的学术传统，总结谱系的特点、优势与不足，探讨形成这种状况的原因，具有多方面的意义。

本书是中国科学技术协会调研宣传部组织的“当代中国科学家学术谱系研究”项目子课题——“当代中国物理学家学术谱系研究”的结题报告。在课题研究过程中，得到了中国科学技术协会王春法书记和罗晖部长的大力支持。课题验收时，研究报告得到了评审专家的热心指导。

物理学是一个大学科，有十几个二级学科，近百个三级学科，研究的领域及方向则更多，由于种种原因，难以对各个分支学科的学术谱系都做全面分析。我们从应用光学、激光约束核聚变、非线性光学材料、半导体物理、高能实验物理和理论粒子物理等几个领域，选择一些有代表性的物理学家谱系作案例，对之进行了初步梳理、分析和讨论。力学、光学领域的学术谱系，另有学者进行了专门研究。

在资料调研过程中，课题组访谈了中国科学院上海光机所王之江院士、干福熹院士、范滇元院士，中国科学院理化技术研究所陈创天院士，中国科学院高能物理研究所叶铭汉院士，中国科学技术大学许咨宗教授等科学家。课题组还通过电子邮件或电话请教了中国科学院半导体研究所夏建白院士、王占国院士，清华大学朱邦芬院士，中国科学院高能物理研究所谢家麟院士，中国科学院理论物理研究所戴元本院士，中山大学李华钟教授，中国科学技术大学韩荣典教授等科学家。课题组在搜集与核实第三章所涉及的人才培养信息时，还得到了中国科学院半导体研究所的王启明院士、王圩院士以及何春藩、江德生、吴荣汉、余金中、石寅、邓兆阳、陈诺夫、牛智川、曾一平、步成文等诸位先生的帮助。课题研究报告也得到了一些专家的指导，夏建白院士、王占国院士、朱邦芬院士分别阅读了第三章的相关内容，叶铭汉院士、戴元本院士分别阅读了第四、第五章，并提出了宝贵的修改意见。在资料调研过程中，课题组还得到了北京理工大学周立伟院士、长春理工大学校长姜会林教授等多位专家的帮助。

各位专家的支持、指导和帮助，对本课题的顺利实施和提高本书的学术质量，发挥了重要作用，谨此致以诚挚的谢意！

本书由课题组成员集体完成。全书撰写提纲由胡化凯提出，经课题组讨论后确定；第一、第六章由胡化凯撰写，第二章由陈崇斌撰写，第三章由汪志荣撰写，第四、第五章由丁兆君撰写；全书由胡化凯提出修改意见并定稿。此外，博士生陈卓、翁攀峰、张阳阳，硕士生李晓兵、季霆、张贝贝，参加了本书谱系树和数据库的构建及部分资料搜集工作。

本书只是一个初步的、阶段性的工作成果，书中存在的缺点及错误在所难免，敬请学界同仁与广大读者批评指正。

目　录

第一章　物理学在中国的建立和发展 / 001
第一节　明清时期西方物理学知识的传入 / 002
第二节　20 世纪上半叶物理学在中国的初步建立 / 006
一、留学教育与物理学人才培养 / 007
二、开办大学物理学教育 / 009
三、建立物理学研究机构 / 016
四、成立物理学会和创办专业杂志 / 019
第三节　20 世纪下半叶国家对物理学的重视及其取得的成就 / 020
第四节　物理学发展与学术传统 / 026

第二章　当代中国应用光学、激光约束核聚变及非线性光学家学术谱系 / 034
第一节　王大珩应用光学学术谱系 / 035
一、中国应用光学的发展历程 / 036
二、王大珩应用光学学术谱系的人员构成 / 043
三、王大珩应用光学学术谱系的学术传统 / 050
四、王大珩应用光学学术谱系的形成原因 / 059
五、王大珩谱系代表人物学术小传 / 063
第二节　王淦昌激光约束核聚变学术谱系 / 077
一、中国激光约束核聚变研究的发展历程 / 077
二、王淦昌激光约束核聚变学术谱系结构 / 082
三、王淦昌激光约束核聚变学术谱系的学术传统 / 087
四、中国激光约束核聚变物理学家学术小传 / 096

第三节 陈创天非线性光学材料学术谱系 / 101
一、中国非线性光学发展的历程 / 102
二、陈创天组织“中国牌”非线性光学晶体的研制 / 106
三、陈创天非线性光学材料学术谱系的结构及学术风格 / 115
四、中国非线性光学材料研究取得成功的原因 / 122
五、陈创天非线性光学材料学术谱系代表人物学术小传 / 129

第三章 当代中国半导体物理学家学术谱系 / 131
第一节 中国半导体物理的发展历程 / 131
一、初步奠基(1950—1956) / 132
二、规划发展(1956—1966) / 134
三、遭受挫折(1966—1976) / 140
四、改革前进(1977—2010) / 142
五、中国半导体物理发展的特点 / 145
第二节 中国半导体物理学家学术谱系表与代际分析 / 149
一、半导体理论物理学家学术谱系表及其代际关系 / 149
二、半导体材料与器件及电子学家学术谱系表及其代际关系 / 159
三、半导体物理学家学术谱系的代际传承方式 / 167
第三节 当代中国半导体物理学家的学术传统 / 170
一、黄昆半导体物理学术研究传统 / 171
二、谢希德半导体物理学术研究传统 / 182
第四节 中国半导体物理学家学术小传 / 188

第四章 当代中国高能实验物理学家学术谱系 / 210
第一节 中国高能实验物理学的发展历程 / 210
一、萌芽与奠基 / 211
二、新中国建立后的学科、机构与人才队伍建设 / 214
三、研究设备建设 / 219
四、实验研究进展 / 227

五、中国高能物理发展的特点 / 232
第二节 中国高能实验物理学家学术谱系结构 / 234
一、高能实验(加速器、宇宙线)物理学家学术谱系表 / 234
二、中国高能实验物理学家的学术谱系结构与代际关系浅析 / 243
第三节 中国高能实验物理学家学术谱系的历史发展 / 245
一、谱系之源 / 246
二、群贤毕集的科研队伍与人才培养机制 / 249
三、高能实验学术谱系的早期发展 / 255
四、国际交流对高能实验学术谱系的冲击与影响 / 257
五、中国高能物理学家群体的现状与分布 / 259
第四节 中国高能实验物理学术传统浅析 / 268
一、中国高能实验物理学家的研究传统——以赵忠尧谱系为例 / 268
二、中国高能物理学家的精神传统 / 273
三、中英学术传统的简单比较与讨论 / 278
第五节 中国高能实验物理学家学术小传 / 284
一、高能实验物理学家 / 284
二、加速器物理学家 / 297
三、宇宙线物理学家 / 306
第六节 附录 / 310
一、高能(粒子)物理获奖成果及其主要完成人 / 310
二、中国物理学会高能物理分会历届理事会 / 313
三、中国物理学会粒子加速器分会历届委员会 / 314

第五章 当代中国理论粒子物理学家学术谱系 / 315
第一节 中国理论粒子物理学的发展历程 / 315
一、20 世纪上半叶中国学者的基本粒子理论研究 / 315
二、新中国成立后本土粒子物理研究团队的形成与粒子理论的普及 / 316
三、杜布纳的粒子理论研究 / 318
四、“文革”前粒子理论研究的高峰:“层子模型”研究 / 320
五、“文革”中的硕果:规范场研究 / 322

六、粒子理论研究的复苏与对外交流大门的打开 / 324
七、理论物理研究所的成立及新时期中国理论粒子物理研究 / 327
第二节 中国理论粒子物理学家学术谱系结构 / 329
一、中国理论粒子物理学家学术谱系表 / 329
二、中国理论粒子物理学家的学术谱系结构与代际关系浅析 / 341
第三节 中国理论粒子物理学家学术谱系的历史发展 / 342
一、谱系之源 / 342
二、中国粒子物理学家学术谱系的形成与早期发展 / 345
三、改革开放前后理论粒子学术谱系发展所受的不同影响与变化 / 347
四、中国粒子物理学家群体的现状与分布 / 349
第四节 中国理论粒子物理学术传统浅析 / 350
一、中国理论粒子物理学家的研究传统 / 350
二、中国粒子物理学家的精神传统 / 373
三、中日学术传统的简单比较与讨论 / 383
第五节 中国理论粒子物理学家学术小传 / 389

第六章 当代中国物理学家学术谱系的特点及影响其发展的因素 / 417
第一节 谱系的特点 / 417
一、谱系的源头具有国外“移植”特征 / 417
二、物理技术研究类谱系的第一与第二代成员之间多无师生关系 / 418
三、谱系的链式结构与网状结构并存 / 419
四、谱系的精神传统明显而学术传统淡薄 / 420
第二节 影响谱系发展的因素 / 423
一、物理学家自身因素 / 423
二、社会因素 / 431

参考文献 / 440

索引 / 444

第一章　物理学在中国的建立和发展

物理学是研究物质的基本结构及其运动规律的基础科学，对整个自然科学和技术的发展具有重要的推动作用。中国的物理学是伴随着近代西方科学技术的不断传入而逐步建立和发展起来的。从 1901 年第一位学习物理的留学生李复几出国并于 1907 年获得博士学位回国，至今已经历了上百年的历史。20 世纪上半叶，一批留学归来的物理学人才在国家支持下，开办大学物理学教育，建立物理学研究机构，使得物理学科在中国本土上逐步建立起来，并且初步实现了建制化发展。新中国成立以后，在国家的大力支持下，物理学得到了全面、快速的发展。

日本科学史家杉本勋说，日本的科学文化史具有很强的移植史的性质和非独创性特色①。就中国近现代科学技术发展的历史而言，同样具有很强的移植史性质。对于科学技术的植入国而言，科技之树从移植到实现“本土化”，需要一个过程。1993 年 4 月 27 日，杨振宁在香港大学作了一个题为“近代科学进入中国的回顾与前瞻”的演讲。他认为，1840—1900 年，由于受传统势力的阻碍，中国引入现代科学举步维艰；1900—1950 年，中国才“急速”引进现代科学；而到了 20 世纪下半叶，中国开始加入国际科技竞争，真正实现了现代科学在中国的“本土化”。根据中国的国情及其科学技术发展的速度，他预言：“到了 21 世纪中叶，中国极有可能成为一个世界级的科技强国。”②杨振宁的判断是有一定道理的。就技术而言，我国在不少方面已经达到了国际先进水平；而在科学方面，我国的整体水平与发达国家相比，还有不小差距。

物理学是现代科学技术的重要基础，回顾其在中国发展的百年历程，考察一些著名物理学家的学术谱系状况，对于了解我国物理学的学术传统及人才队伍

---

① 杉本勋. 日本科学史[M]. 北京：商务印书馆，1999.

② 杨振宁. 近代科学进入中国的回顾与前瞻[M]//杨振宁文集. 上海：华东师范大学出版社，1998：782－796.

状况，正确认识其发展的历史以及影响其发展的一些因素，都是有帮助的。

第一节 明清时期西方物理学知识的传入

在近代西方科技文明传入中国之前，中国古代已经形成了一套独立的科学理论体系，其中发展得比较充分者有农学、医学、天文学、算学，它们各自都形成了专门的知识体系，成为独立的学科。在中国古代文明中，物理学尚未形成独立的知识体系，更无专门的从业人员。古人积累的一些物理学经验知识，散存于各种典籍中。虽然战国末期即出现了“物理”一词，但它泛指万物之理，而不是近代西方分科意义上的物理概念。中国古代至少有三本以物理命名的著作，即晋代杨泉的《物理论》、明代王宣的《物理所》以及方以智的《物理小识》，这几本书所讨论的内容都极为广泛，远远超出了物理学的认识范围。如《物理小识》的内容包括天文、律历、风雨、雷电、地理、占候、人身、医药、饮食、衣服、金石、器用、草木、鸟兽、鬼神、方术、异事等门类。在古人看来，“圣人观天地，府万物，推历律，定制度，兴礼乐，以前民用，化至咸若，皆物理也”。①

中国古代是一个以人本主义观念衡量一切的社会，各种知识、学问、活动只有与人有关才具有意义，才会受到重视，整个社会强调实用性、务实性。农学、医学、天文、算学知识可以满足社会的现实需要，而物理学所探讨的问题，至少在初级阶段很难具有明显的实用价值，因而未能受到古人的重视。尽管如此，中国古人也积累了不少属于物理学的经验知识，如：力学方面，弩机的发明以及对弩机射击方法的总结，一些算术书对于各种运动问题的解答；热学方面，各种取火方法的发明以及对于热现象的认识；声学方面，对于声音的形成及其传播的认识，对于各种乐器的发音与其几何形体之间关系的探讨，以及朱载堉“十二平均律”的发明；光学方面，对于小孔成像与各种镜面成像的认识，以及赵友钦的大型光学实验；电磁学方面，指南针的发明以及地磁偏角的发现；等等。指南针和十二平均律是中国古代两项具有世界影响的物理学成就，前者属于应用技术，后者属于实用理论。除了少数成果之外，总体而言，中国古代的物理知识比较肤浅、零散，缺乏理论深度。

---

① 方以智. 物理小识：卷一.

1582年，意大利耶稣会士利玛窦（Matteo Ricci，1552—1610）来华传教，由此敲开了西方科学技术及宗教文化向中国传播的大门。之后，包括物理学知识在内的西学开始向中国传播。由于从18世纪20年代至鸦片战争开始，清朝政府实行了闭关锁国政策，使得西学向中国的传播过程中断了百余年。因而，西学向中国传入的过程分为前后两个阶段，前者从明朝万历年间至清朝康熙年间，后者从鸦片战争至辛亥革命。在前一阶段，物理学在西欧正处于建立过程中，尚未成为一门完整而独立的学科，因此传入中国的内容也比较初浅、零散；后一个阶段，西方的物理学已经建立了比较完整的学科体系，因此传入中国的物理学知识也比较深入、系统[①]。

明末清初，西方来华传教士与中国学者合作翻译出版了一批著作，其中包含物理学内容比较集中者有《远镜说》、《远西奇器图说录最》、《验气图说》、《新制灵台仪象志》和《穷理学》等。这些著作介绍了一些初等的力学、光学和热学知识。介绍的力学知识包括重力、重量、重心、比重、杠杆原理和浮力定律等；光学知识包括光的直线传播、本影与半影、小孔成像和折射现象等；热学知识有温度计和湿度计的制作及测量方法。这些知识，内容零散，水平不高，多为实用性知识。这与当时西方物理学正处于建立过程中、理论性和系统性不强有关，同时也与传教士的知识水平及其来华的目的有关。传教士来华的目的是传播宗教文化，而不是传播科学知识，他们不可能全面系统地将西方的物理学新知识及时地传播到中国，而且他们自己的物理学水平也相当有限。

从18世纪下半叶至19世纪上半叶，欧洲国家多次派使节来华，要求与清朝交往，但均被拒绝。1793年，英国派特使马嘎尔尼（Lord MaCartney，1737—1806）率团来华，要求与清政府通商和互派使节。他们带来了大批礼物，其中有天球仪、地球仪、抽气机、力学器械、光学仪器、各种枪炮和军舰模型等。但清王朝认为，“天朝物产丰富，无所不有，原不借外夷货物以通有无”；“此则与天朝体制不合，断不可行”。1816年，英国又派特使阿美士德抵华，再次要求通商。清朝的回答是，“天朝不宝远物，凡尔国奇巧之器，亦不视为珍异”，“嗣后毋庸遣使远来，徒烦跋涉，但能倾心孝顺，不必岁时来朝，始称向化”。鸦片战争之后，为了振兴国家，驱除鞑虏，在“师夷之长技以制夷”的口号声中，清政府开始了洋务运

① 本节以下内容参考：
王冰．中外物理交流史[M]．长沙：湖南教育出版社，2001.
戴念祖．中国科学技术史：物理学卷[M]．北京：科学出版社，2001.

动。在这种历史背景下,西方的科技知识连同宗教文化等开始第二次大规模传入中国。

1840 年以后,在中国进行科学和教育活动的西方人士,以基督教新教传教士为主。新教传教士来华后,在其传教活动中,比较重视科技知识的传播和一些教育活动。1843 年,传教士在上海设立了墨海书馆,这是中国近代最早的编译、出版机构。墨海书馆开办了约 20 年之久,除印刷宣传宗教的书籍之外,还编译出版了不少科学书籍。1865 年,清政府在上海创办了江南机器制造总局,于 1868 年附设翻译馆。该馆在近 40 年间共翻译出版各种科技书籍 200 多种,同时还编译出版了大量科普著作。除了墨海书馆和江南机器制造总局翻译馆编译出版的物理学书籍之外,其他一些机构也编译出版了一些物理学著作。

从 19 世纪 60 年代开始,外国教会在中国各地陆续开办了一些中专学校,各个学校都开设了一些科学常识课程。为了解决教科书编撰和课程设置等问题,在华基督教新教传教士于 1877 年在上海成立了"学校教科书委员会",负责组织、协调教科书的编译出版工作。1890 年,在"学校教科书委员会"基础上成立了"中国教育会"。该组织自 1877 年至 1905 年编译出版了 80 余种图书,其中半数为科学教科书。

19 世纪末,经典物理学已经在欧洲建立,形成了完备的理论体系。经过来华传教士的翻译,大量西方物理学著作得以在中国出版。在这些翻译的著作中,普通物理学所包含的各个方面的知识都被介绍到了中国。

力学方面,有系统的静力学、动力学和流体力学知识,其中包括牛顿运动定律和万有引力定律。

热学方面,有物质三态的变化、物质受热膨胀的规律、理想气体状态方程、抽气机的原理与构造、蒸汽机的原理与构造等知识,但像热力学和分子运动论等比较高深的理论则几乎没有介绍。

声学方面,介绍了声音的产生和传播、声的大小和高低与其振幅和频率的关系、声速与传声介质的关系、乐器发声及其频率的测量、多普勒效应、声音共振现象等内容。

光学方面,有关经典光学的知识,从基本理论到一些普通的实验,以及常用的光学器具,基本上都被介绍到了中国。

电磁学方面,内容包括摩擦起电和静电现象、电池的制法和应用、电流的磁效应和电磁铁、电磁感应及其应用、欧姆定律、电报机、发电机与电动机等知识。这一时期传入的电磁学内容虽然比较全面,但仍然属于一些基础知识,像麦克斯韦电磁场理论等比较高深的内容则未被介绍到中国来。

清代后期传入的物理学知识有两个特点：一是大多属于基础知识，高深的理论尤其是需要用高等数学表述的理论不多；二是实用性知识偏多。总体来看，所传入的物理学知识与同时期西方物理学发展的水平相比，仍有比较大的差距。

中国传统的实用主义价值观既影响了来华传教士对西学有选择的介绍，也影响了中国人对于西方文明的价值判断。鸦片战争之后，中国人开始自觉地向西方学习，但学习的内容主要还是实用技术。洋务派人士和一般社会大众都认为，当务之急是富国强兵，制枪炮，造舰船，开矿产，铺铁路，办电报，织洋布，如此之类的实业内容才是国家最急需的。因此，普遍重视对西"术"的引进，而不重视对于西"学"的接受。当时流行的"中体西用"观念，即大多数国人对于西学态度的反映。这种观念对于包括物理学在内的西方科学理论向中国的传播，以及国人对西学的接受都会产生直接或间接的抑制作用。

晚清时期，大量物理学书籍的翻译，只是表明物理学知识在形式上已经传入中国，但并未发挥应有的作用。这一时期，一些中国学者尽管学习了一些物理学基础知识，但远未达到真正掌握和能够运用的程度。

19 世纪后期，西方的物理学已经发展成专门的学科，不经过系统的学习和培养，已经不可能掌握其高深的理论，在这方面，不仅中国学者有先天的知识不足，来华的传教士也同样具有缺陷，再加上两种不同语言转换所存在的困难，因此所翻译的著作多数质量不高。1929 年，叶企孙先生对此评价说："译书颇多，但是译文都很坏，离开其信、达、雅的标准甚远。这是因为当时译书，大都用西人口授，华人笔述的方法。笔述的人，外国文字未通，有许多思想未曾了解。"[①]尽管清末已有不少西方大学物理学教科书被译成中文出版，但由于译文质量太差，20 世纪二三十年代中国开办大学物理学教育时，并未选择这些书作为大学教材，而是直接使用英文原版书籍。

晚清时期，中国人对待西方科技知识的态度是在急功近利思想指导下有选择的吸收，不但没有认识到作为实用技术基础的科学理论的重要性，而且没有认识到引进对科学知识起支撑作用的各种制度（学校教育、资格考试、研究机构、学会等）的重要性，结果对引进的西方知识"消化不良"，更无再生和创新的能力。相比之下，与当时的中国情况类似的日本对待西方科学的态度则不然。从明治维新开始，日本对于各种与科学相关的制度的移植，要先于对科学内容的理解和

① 叶企孙. 中国科学界之过去、现在及将来[M]//叶企孙文存. 北京：首都师范大学出版社，2013：196.

摄取。他们认识到,培养本国的科技人才才是根本。1872年(明治五年)9月,明治政府颁布了新的《学制》,规定了从初等教育到高等教育的全盘西化培养模式,聘用外籍教师开始师范教育,"一切按外国小学的规则"办事,十几年之后培养出了日本自己的一代科技人才。这种具有根本性的做法,是日本在近代国力大增、迅速崛起的重要原因。某种社会活动一旦作为一种制度确立下来,就会规范整个社会成员的相应态度和行为,产生巨大的作用。19世纪后期,中国和日本几乎同时都在被迫向西方学习,所不同的是:"在中国的革新派正徘徊于创造'物'的阶段,日本却培养了'制造物的人'。"①

一门科学在新的文化背景和社会条件下传播,其效果如何,取决于社会的支持和大众的理解。如果社会大众没有能力理解这些知识,即使相关书籍被翻译过来了,也仅仅表明这门科学的载体在形式上传入了一个新的国家,而不表明这门科学真正在这个国家获得了新生。明清时期西方传入中国的物理学知识即如此。虽然清代后期经典物理学理论已经比较系统地传入了中国,但远未真正被大众所理解和接收。因此,物理学这株科学大树此时并未在中国的土地上生根、发芽。只有到了20世纪,中国学习物理专业的留学生回国,开始专门从事物理学教育和研究工作,物理学作为一门科学才得以在中国逐渐建立起来。

第二节　20世纪上半叶物理学在中国的初步建立

20世纪上半叶,物理学作为一门独立的科学,在中国得以初步建立并获得了一定的发展。一般而言,一个学科的建立有几个基本标志:一是有一批精通这门学科的职业学者;二是开展高等教育,培养该学科的专门人才;三是建立研究机构,从事该学科方面的专门研究;四是成立学会和出版专业学术杂志。从20世纪开始,中国的物理学用30多年时间实现了这个目标。

鸦片战争之后,中国政府先后向欧美国家派出了多批留学生,去学习西方的科学技术。但早期出国的留学生,很少有学习物理专业者。从20世纪初开始,尤其是在庚子赔款留学活动中,去国外学习物理学的人才逐渐增多。这些人学成回国后,中国的物理学事业才开始起步并逐渐发展起来。

---

① 杉本勋.日本科学史[M].郑彭年,译.北京:商务印书馆,1999:330.

一、留学教育与物理学人才培养

20 世纪上半期，出国留学教育为中国培养了一大批物理学骨干人才。从 1900 年至 1952 年，通过庚款留学、各省官费留学以及自费留学等形式，至少有 168 名中国留学生在国外获得了物理学博士学位①。这些人是中国物理学科的奠基人和开拓者，为物理学在中国的建立和发展做出了重要贡献。

1901 年 8 月，李复几于南洋公学毕业后，受学校派遣去欧洲留学，先后在英国伦敦大学和德国波恩皇家大学学习，1907 年获得物理学博士学位，次年回国。这是中国第一个获得物理学博士学位的留学生。1903 年，李耀邦去美国芝加哥大学学习物理学，1914 年获得博士学位后回国。1904 年，何育杰去英国曼彻斯特大学学习物理学，1909 年获得理学硕士学位后回国。此后，夏元瑮、胡刚复、颜任光、丁燮林、饶毓泰、李书华、叶企孙等先后去西方学习物理，并获得学位后回国。正是这些早期留学归来的学者，开创了中国的物理学教育和研究事业。

何育杰于 1912 年创办了中国第一个物理系的前身——北京大学理论物理学门，1919 年改称物理系。夏元瑮 1912 年任北京大学理科学长（相当于理学院院长），后在北京师范大学、辅仁大学、同济大学、大夏大学、北平大学等多所高校任教，并担任领导职务。胡刚复 1918 年获得哈佛大学物理学博士学位后回国，历任东南大学物理系主任、厦门大学物理系主任、浙江大学理学院院长等职。颜任光 1918 年获芝加哥大学博士学位后回国，历任北京大学物理系主任、海南大学校长、上海光华大学物理系主任及副校长等职。丁燮林 1919 年获得英国伯明翰大学物理学学士学位后回国，历任北京大学物理系主任、中央研究院物理研究所所长等职。饶毓泰 1922 年获普林斯顿大学物理学博士学位，同年回国创办了南开大学物理系，任系主任，后又担任北京大学理学院院长和物理系主任、西南联合大学物理系主任等职。李书华 1922 年获巴黎大学物理学博士学位后回国，历任北京大学物理系主任、中法大学代理校长、北平大学副校长、北平研究院副院长等职。叶企孙 1923 年获得哈佛大学物理学博士学位，次年回国，1926 年创办了清华大学物理系，任系主任，后又担任清华大学理学院院长。

---

① 根据戴念祖主编《20 世纪上半叶中国物理论文集萃》（湖南教育出版社 1993 年版）1243～1252 页资料统计。

庚款留学,为中国培养了一大批包括物理学在内的专业人才。从 1909 年中国派出第一批庚款留美生到 1943 年最后一批庚款留美生派出,共有 1 412 人赴美留学,此外还有庚款津贴留美自费生 467 人。其中在物理学方面做出成绩者如:胡刚复、梅贻琦、赵元任、陈茂康、周铭、桂质廷、温毓庆、裘维裕、叶企孙、杨肇燫、萨本栋、朱物华、顾静徽、王守竞、周培源、任之恭、周同庆、龚祖同、王竹溪、赵九章、钱学森、马大猷、胡宁、杨振宁、顾功叙、蔡金涛、吴学蔺、熊鸾翥、洪朝生等。

1931 年 4 月,中国政府与英国协商决定成立"管理中英庚款董事会",负责英国退赔庚款的使用事宜,决定其中一部分款项用于派遣留学生去英国学习。从 1933 年选拔第一批庚款留英学生起至 1947 年派遣最后一批留学生赴英,管理中英庚款董事会先后举办了九届留学考试,共选派了 193 人赴英留学。中英庚款留学也培养了一批重要的物理学人才,其中著名者如钱临照、余瑞璜、张文裕、张宗燧、周长宁、翁文波、马仕俊、王大珩、彭桓武、郭永怀、林家翘、钱伟长、傅承义、黄昆、戴传曾等。

除了庚款留美、留英之外,还有中法教育基金会资助留学、中华教育文化基金会资助留学和各省官费留学及自费留学,也都培养了一些重要的物理学人才。例如:吴有训,1921 年考取江西省官费留学生,赴美国芝加哥大学物理系学习,跟随 A. H. 康普顿(Compton)做实验研究,1926 年获博士学位;严济慈,1923 年自费留学法国,跟随巴黎大学 C. 法布里(Fabry)教授研究光学,1927 年获法国国家科学博士学位;赵忠尧,1924 年在南京高等师范学校毕业后,1927 年自费赴美国加州理工学院,师从 R. A. 密立根(Millikan)研究放射性物理,1930 年获得博士学位;吴大猷,1929 年毕业于南开大学物理系,1931 年获中华教育文化基金会资助赴美国留学,1933 年获密歇根大学博士学位;施汝为,1930 年获中华教育基金会资助赴美国留学,先后在伊利诺伊大学和耶鲁大学学习磁学,1934 年获博士学位;王淦昌,1930 年考取江苏省官费留学生,赴德国柏林大学攻读放射性物理,1933 年获得博士学位;钱三强,1936 年考取中法教育基金会资助赴法国留学,在居里实验室从事放射性研究,1940 年获博士学位;谢希德,1946 年参加出国考试,1947 年自费赴美国留学,1951 年获得麻省理工学院物理学博士学位。这些人后来都成为中国著名的物理学家。

通过留学教育,中国有了一批自己的物理学人才,由此才有可能在中国的土地上开展物理学人才培养和专门研究工作。

二、开办大学物理学教育

鸦片战争之后，美、英等国的教会组织先后在中国开办了多所书院式专科学校。20 世纪初，这些学校纷纷升级为大学。如：1845 年，美国长老会在宁波设立崇信义塾，后迁至杭州改名育英书院，1910 年改为之江大学，设文、理、商、建筑四科；1864 年，美国长老会在山东登州设立蒙养学堂，后改名为登州书院，1917 年迁至济南，发展为齐鲁大学；1871 年，美国圣公会在武昌设立文氏学堂，1909 年改为文华大学；1871 年，美国监理会在苏州设立存养书院，1881 年该会在上海设立中西书院，1901 年两校合并成立东吴大学：1879 年，美国圣公会在上海设立圣约翰书院，1890 年设大学部，1906 年正式成立圣约翰大学，先后设立神、文、理、医、工等学院；1888 年，美国基督会在南京设立汇文书院，1910 年改称金陵大学；1888 年，美国长老会在广州设立格致书院，1918 年改称岭南大学；1888 年，美国美以美会在北京设立汇文书院，1919 年发展为燕京大学；1906 年，英国伦敦会在北京设立协和医学校，1915 年发展为北平协和医学院；1908 年，美国浸礼会在上海设立浸礼大学，1915 年改为沪江大学；1910 年，美以美会等五个教会组织联合在成都设立华西协和大学；1911 年，美国公理会、复初会、美以美会、英国圣公会等在福州联合筹建福州协和大学，1915 年建成；1913 年，美国浸礼会等多家教会在南京联合筹建金陵女子大学，1915 年建成。据统计，截至 1917 年，美英教会组织在华设立的高等学校达 34 所，在校学生近万人①。但是，中国人自己对大学教育重要性的认识却相对滞后。1912 年，民国政府教育部公布了《大学令》，其中规定“大学分为文科、理科、法科、商科、医科、农科和工科”。同年，京师大学堂改为北京大学，格致科改为理科，下设物理学等门类。北京大学是中国政府创办最早的一所大学。1913 年 1 月，教育部公布了《大学规程》，对各科开设的课程作了规定。从此，中国的大学教育开始步入正轨。

20 世纪初期，除了外国人办的教会大学之外，中国人自己办的大学很少。1920 年全国仅有公立大学 3 所，私立大学 7 所。1922 年 9 月，民国政府教育部公布学校系统改革案，规定“大学校合设数科或单设一科均可，其单设一科者，称某科大学校”。由此引发了全国各类专门学校纷纷改成大学的浪潮。一些省立大学也相继建立。至 1927 年，全国已有公立大学 34 所，私立大学 18 所。1929

① 曲士培. 中国大学教育发展史[M]. 北京：北京大学出版社，2006：234 - 235.

年7月，教育部公布的《大学组织法》对大学体制又进行了改革，规定“大学分文、理、法、农、工、商、医各学院”，“凡具备三学院以上者，始得称为大学”。为了符合大学的要求，一些由专科学校刚升级为大学的学校疾速增设院系，由此促使一批大学不得不兴办理学院或物理系。

1912年，私立金陵大学设立了物理系；1919年，北京大学改物理门为物理系。1919年私立大同大学，1920年南京高等师范学校，1922年燕京大学、私立南开大学，1924年北京师范大学，1926年清华大学、四川大学，1927年中山大学，1928年浙江大学、武汉大学，1930年及以后山东大学、交通大学、安徽大学等，先后都设立了数理系或理化系或物理系。至20世纪30年代中期，全国已有30多所大学设立了物理系或数理系①。由于师资、生源、仪器设备的缺乏，虽然全国有许多大学设立了物理系，但条件比较完备、能够开展合格教学的系并不多，不少大学的物理系只有一两位先生和几名学生。1929年，叶企孙先生评价当时大学的状况时说：“我们国内的大学，数目可以说很多。不过细细一算，把全国的科学者总计起来，至多只能办几个好大学。全国心理学者合起来，最多不过办一个或两个好的学系；全国化学者合起来，最多只能办三个或四个好的学系；其他科学亦类此。所以实在的困难，是在科学家太少。增加设备还是容易的，造就许多科学家，却很不容易。在物理学方面，现在至少有四个大学，仪器和实验室都尚完备，但是没有人去利用。”②后来，吴大猷先生回忆当年大学物理系的状况时说：“因为整个国家的科学基础很薄弱，不要以为，在一个大学里面有人开始教物理，就可以开一个班，办一个物理系或研究所，没有这样的事。因为根本没有中学的学生，没有学物理的根底。先是在大学里很少的学生，从大学起首，能够培植几个学生，然后慢慢地拓展下去。……所谓物理系，可能就一两位先生，或者一个人的一个系。说起来，一个人办一个系，学生亦不多，一年就一两个人。”③抗战前，中国比较著名的物理系有北京大学物理系、清华大学物理系、燕京大学物理系、东南大学物理系、南开大学物理系、浙江大学物理系等。抗战期间，西南联合大学物理系是全国师资力量最强的物理系。

1912年5月，北京大学理学院下设理论物理学门。1913年，开始招收物理专业本科生。1916年，有孙国封、丁绪宝、刘彭翊、陈凤池、郑振壎5人毕业。这

---

① 戴念祖.20世纪上半叶中国物理论文集萃[M].长沙:湖南教育出版社,1993:4.
② 叶企孙.中国科学界之过去、现在及将来[M]//叶企孙文存.北京:首都师范大学出版社,2013:197.
③ 吴大猷.早期中国物理发展的回忆[M].台北:联经出版事业公司,2001:73-74.

是中国历史上第一批物理学本科毕业生。在抗日战争爆发前，何育杰、夏元瑮、张大椿、颜任光、丁燮林、李书华、温毓庆、张贻惠、文元模、吴有训、王守竞、萨本栋、饶毓泰、朱物华、周同庆、吴大猷、郑华炽等许多留学归国的青年学者都在北大物理系从事过教学工作。北大物理系建立之后，教学和科研水平一直在全国名列前茅。尤其是经过1933年的改组之后，北大物理系的师资力量及各方面的水平更有很大提高[①]。1913—1937年，北大物理系培养了221名大学毕业生、2名硕士研究生[②]。在20世纪上半叶，北大物理系是中国各大学物理系中培养人才最多的系，许多毕业生后来都成为中国物理学的栋梁之才。

1914年，江苏巡按使韩国钧委任江谦在南京筹建高等师范学校，1915年，国文、理化两科开始招生。胡刚复在哈佛大学获得物理学博士学位后回国，1918—1925年任南京高等师范学校教授。1920年，该校进一步扩建成国立东南大学，后又改名为中央大学。由于仪器设备缺乏，早期中国的大学物理系多不太重视实验课教学。胡刚复回国后，将实验课引进南京高等师范学校的物理教学中。他上实验课，并不是让学生按照实验讲义死板操作，而是让其自行设计、制作仪器部件，使其手脑并用，将书本知识与实验结合，以锻炼学生运用理论解决问题的能力。这样既巩固了学生所学的理论知识，也使其了解实验在物理学中的重要性。胡刚复认为，要培养一名科学家，就必须让其在学习期间接受扎实的实验训练，使之具有科学家的素养[③]。在他的指导下，东南大学物理系培养的吴有训、严济慈、何增禄、赵忠尧、施汝为、郑衍芬、余瑞璜等学生，后来都成为我国著名的物理学家。

1919年，北京汇文大学、通州协和大学和协和女子大学三所教会学校合并，成立了燕京大学，司徒雷登(John Leighton Stuart)任校长。燕大注重中西文化的融合，强调理论与应用并重。燕大的教学计划性较强，课程分量较重，要求学生课前预习，课后阅读参考书。学校对于各种形式的考试和毕业论文均有严格要求，并且注重通过开设研究性课程和组织师生共同参加各种研究活动来培养学生的独立研究能力。1922年，燕大建立了物理系，美国学者郭察理(C. H. Corbett)任系主任。1926年，谢玉铭在芝加哥大学取得博士学位后回国，来燕大任教，1929年被任命为物理系主任。1932年，谢玉铭去美国后，系主任由英国人

---

① 吴大猷. 早期中国物理发展的回忆[M]. 台北：联经出版事业公司，2001：69.

② 沈克琦，赵凯华. 北大物理九十年[Z]. 北京：[出版者不详]，内部资料，2003：14.

③ 解俊民. 胡刚复[M]//中国现代科学家传记：第二集. 北京：科学出版社，1991：146.

班威廉(William Band)担任,直到1941年。该系教师多是外国人,教学态度认真,开设的课程比较完备,质量也很高。在课程教学方面,不但开设了物理学本科生必修课,还开设了研究生课程。例如班威廉开设的研究生课程有:张量与矢量分析、相对论、量子力学。另外,由于经费比较充足,购置的物理实验设备比较精良,教学中强调训练学生的实验动手能力。燕京大学物理系是中国最早开展研究生教育的系科,在20多年里培养硕士研究生约40人。这个数字超过了全国其他大学培养物理专业研究生的总和①。1952年院系调整后,燕京大学被并入北京大学。在30年办学中,燕大物理系培养了一批专门人才,其中王明贞、褚圣麟、孟昭英、张文裕、冯秉铨、毕德显、袁家骝、王承书、戴文赛、卢鹤绂、黄昆、陈尚义、鲍家善、谢家麟等后来都成为中国物理学界的著名学者。

南开大学于1919年9月开始招生。1922年,饶毓泰获普林斯顿大学博士学位后回国,创建了南开大学物理系,任系主任(1922—1929年)。南开大学是一所私立学校,物理系规模较小,创办之初,教授仅有饶毓泰一人。1923年,美国人沃尔德(P. I. Wold)博士来物理系任教,一年后离去。之后,陈礼、卢祖诒、王恒守等都在该系担任过教授。吴大猷是饶毓泰培养的毕业生,后来成为享有国际声誉的物理学家。

清华大学物理系虽然建立的时间较晚,但发展很快。1910年,清政府在清华园建立了庚款留美预备学堂(即清华学堂)。1925年,清华设立大学部,开始招收新制大学生。叶企孙于1923年获得哈佛大学博士学位后,1924年应聘执教于东南大学物理系。1925年夏,应清华教务长梅贻琦之邀,叶企孙与东南大学物理系毕业生赵忠尧、施汝为等一起来清华任教。次年物理系成立,叶企孙任主任。在他的主持下,先后聘请了吴有训、萨本栋、周培源、赵忠尧、任之恭、霍秉权等到系担任教授。梅贻琦说:"所谓大学者,非谓有大楼之谓也,有大师之谓也。"②这些教授都是从国外留学归来的年轻学者,后来都成长为中国物理学界的大师。叶企孙认为,教授的教学水平与研究水平是相辅相成的,因此提倡二者并重。他积极购置仪器设备,注重实验室建设和研究条件建设。经过几年建设,物理系的仪器设备已初具规模,并且成立了理科研究所物理部。在培养学生方面,叶企孙贯彻重质不重量的方针:"科目之分配,则理论与实验并重,重质不重量。每班专修物理学者,其人数务求限制之,使不超过约14人,其用意在不使青

① 王士平,等.近代物理学史[M].长沙:湖南教育出版社,2002:31.

② 朱邦芬.清华物理八十年[M].北京:清华大学出版社,2006:9.

年人徒废其光阴于彼所不能学者。"[①]因此，根据当时的实验设备情况，物理系每届录取的学生数不超过14人，以保证每个学生都有必要的实验学习条件。"此重质不重量之方针，数年来颇著成效。"[②]1926—1938年，清华物理系共培养本科生69人，硕士研究生1人。其中多数后来成为大师级人物，例如核物理学家王淦昌、钱三强、何泽慧、李正武、施士元，理论物理学家彭桓武、王竹溪、胡宁、张宗燧，力学家林家翘、钱伟长，光学家王大珩、龚祖同，宇宙线物理学家周长宁，固体物理学家葛庭燧、陆学善，大气物理学家赵九章，地球物理学家傅承义、翁文波，电子学家陈芳允、冯秉铨、戴振铎，波谱学家王天眷，冶金学家王遵明，物理海洋学家郝崇本等。这70人中，后来有21人成为中国科学院院士，1人成为美国科学院院士，1人成为美国工程院院士[③]。

浙江大学前身是求是书院，创建于1897年；1903年改称浙江高等学堂，1927年并入刚成立的国立第三中山大学；次年，改名浙江大学，增设文理学院，院下设中文门、外文门、哲学门、数学门、物理门、化学门；1929年，各主科学门改称学系。浙大设文理学院的目的是："提倡科学方法，以革新自由思想之习惯；灌输科学知识，以确定高等学术之基础；致力学术研究，以推广知识之界线。"[④]1936年4月，竺可桢担任浙大校长后，聘请了一批著名学者来校任教，使该校教学和研究水平都有很大提高。他聘请胡刚复任文理学院院长、物理系教授，聘请王淦昌、何增禄、束星北任物理系教授。后来，卢鹤绂、朱福炘也都成为物理系的教授。1943—1944年，李政道曾在浙大物理系就读，束星北、王淦昌对其学业产生过很大影响。束星北和王淦昌轮流主持的"物理讨论"课，面向大四学生开设，就物理学的前沿问题和发展动向进行研讨。李政道虽为低年级学生，但也每课必到，深受启发。他回忆自己的学术成长经历时说："青春岁月的四个年头，我是与浙江大学紧密相连的。一年'求是'校风熏陶，发端了几十年我细推物理之乐。浙大和西南联大给了我后来得以细推物理的基础，也给了我后来攀登世界高峰的中华文化底蕴。"[⑤]"我一生最重要的机遇，是在很年轻时能极幸运地遇到三位重要的老师，得到他们的指导和帮助。束星北老师的启蒙，吴大猷老师的教育及栽培和费米老师的正规专业锻炼，都直接地影响和造成我以后的工作和成果。

---

① 叶企孙.物理系概况[M]//叶企孙文存.北京：首都师范大学出版社，2013：202.

② 叶企孙.物理系概况[M]//叶企孙文存.北京：首都师范大学出版社，2013：202.

③ 朱邦芬.清华物理八十年[M].北京：清华大学出版社，2006.

④ 浙江大学校史编辑室.浙江大学校史稿[Z].杭州：浙江大学，1982：36.

⑤ 王玉芝，罗卫东.图说浙大：浙江大学校史通识读本[M].杭州：浙江大学出版社，2010：85.

我的一生和他们对我的影响是分不开的。而我最早接受的启蒙光源就是来自束星北老师。”[①]浙江大学物理系培养了一批人才，毕业生中除李政道之外，程开甲、胡济民等后来也都成长为我国著名的物理学家。

“相期俱努力，天地正烽尘。”[②]西南联合大学是中国抗日战争时期组成的一所特殊大学，在艰难困苦的环境下，教师们本着“刚毅兼卓”的精神，教书育人，研究学术，写下了中国教育史上辉煌的篇章。该校物理系为中国物理学人才培养和科学研究同样做出了卓越的贡献。1937 年“七七”事变后，为避战乱，国民政府教育部决定将北京大学、清华大学和南开大学迁至长沙，组成临时联合大学。1938 年 2 月长沙临时联合大学又迁至昆明，4 月更名为国立西南联合大学。抗战胜利后，1946 年 7 月 31 日，西南联大宣告结束，三校复员。西南联合大学物理系当时大师云集，有来自清华大学的教授叶企孙、吴有训、周培源、赵忠尧、任之恭、霍秉权、孟昭英和范绪筠，有来自北京大学的教授饶毓泰、朱物华、郑华炽和吴大猷，以后又聘请了刚刚回国的王竹溪、张文裕、马仕俊等加盟教授队伍。这些教授都接受过国外专业训练，学术造诣深，了解物理学发展的前沿，并且年富力强，具有开创精神，组成了一支空前强大的师资力量。所开设的课程无论是内容的全面性还是理论的深度，都与当时国外的大学基本相当。后来，杨振宁在回忆西南联合大学的学习经历时说：“西南联合大学是中国最好的大学之一。我在那里受到了良好的大学本科教育，也是在那里受到了同样良好的研究生教育，直到 1944 年取得硕士学位。战时，中国大学的物质条件极差。然而，西南联大的师生都精神振奋，以极严格的态度治学，弥补了物质条件的不足：学校图书馆存书不多；杂志往往过了一两年才收到；……我们只有少得可怜的一点设备；但是总的说来，课程都非常有系统，而且都有充分的准备，内容都极深入。直到今天，我还保存着当年听王先生讲授量子力学时的笔记，它对我仍是有用的参考资料。”[③]杨振宁还说：“我对物理学的爱憎基本上是 1938—1944 年在昆明当学生时形成的。正是在那些岁月，我学会了欣赏爱因斯坦、狄拉克和费米的工作。……他们都有把一个物理概念，一种理论结构，或一个物理现象的本质提炼出来的能力，并且都能够准确地把握住其精髓。”[④]杨振宁认为，在西南联大，对其学业影响最深的是吴大猷和王竹溪两位教授。前者使其对对称原理产生了兴

---

① 刘海军. 束星北档案：一个天才物理学家的命运[M]. 北京：作家出版社，2005.

② 郭建荣. 国立西南联合大学图史[M]. 昆明：云南教育出版社，2007：4.

③ 杨振宁. 杨振宁讲演集[M]. 天津：南开大学出版社，1989：73.

④ 杨振宁. 杨振宁讲演集[M]. 天津：南开大学出版社，1989：75.

趣,后者使他对统计力学产生了兴趣。以后 40 年间,这两个方向一直是他从事物理学研究工作的主要方向①。吴大猷对李政道的学业影响也很大。在一篇纪念吴大猷的文章中,李政道说:"吴大猷老师是我物理学的启蒙和引路恩师,没有他在 56 年前在西南联大对我的教导和关爱,就不可能有我今天在物理学上的成就,我永远感谢他。"②在这中华民族救亡图存的特殊时期,物理系的教授们克服种种困难认真地教,学生们怀着满腔热情刻苦地学,8 年时间,一大批物理学人才从这里成长起来。从 1938 年到 1946 年,物理系培养本科毕业生 131 人。1942—1944 年,有 7 名物理专业研究生获得硕士学位,其中包括杨振宁和黄昆。西南联大物理系培养的学生,除杨振宁和李政道出国后获得诺贝尔奖之外,还有黄昆、郭永怀、陈芳允、邓稼先、胡宁、李正武、应崇福、戴传曾、李荫远、萧健、徐叙瑢、朱光亚、黄祖洽、李德平、高鼎三、梅镇岳等后来都成为著名的物理学家③。

以上几所大学物理系不仅在人才培养方面做出了重要贡献,而且在学术研究方面也取得了一定的成绩。据不完全统计,北京大学物理系师生 1933—1938 年在国内外杂志上发表学术论文 21 篇;抗战前,清华大学物理系师生在国内外杂志上发表学术论文 50 余篇;1932—1941 年,燕京大学物理系师生在国内外学术刊物上发表论文 60 多篇;西南联大物理系师生在国内外学术刊物上发表论文 108 篇。这些论文,有半数是在国外学术期刊上发表的。此外,这些学校的师生还在物理学应用方面做了大量的工作。

吴大猷先生回忆 20 世纪初中国物理学的发展状况时说:"要发展学术,一个最基本的条件是你自己要培植出一个合适的环境,而不是继续从外国输入留学生。换个比喻说,不是继续不断地买外国的苹果,而你自己却种不出一个苹果来。如果你需要一个苹果,你自己想要种植的话,当然我们就必须产生那个环境。我们除了需要一个物质的环境之外,还要有一个传统,人的因素很大。"④他所说的"环境"包括研究设备、学术传统和人才。当时的中国正在这些方面积极地创造条件。

古人云:"致天下之治者在人才,成天下之才者在教化。"天生之才,经过培养方可成器。上述七所大学的物理系,是 20 世纪上半叶中国在物理学人才培养方

① 杨振宁. 杨振宁讲演集[M]. 天津:南开大学出版社,1989:117 - 118.

② 李政道. 留给后人一个真实的面貌[M]//吴大猷. 早期中国物理发展的回忆. 台北:联经出版事业公司,2001:i.

③ 西南联合大学北京校友会. 国立西南联合大学校史[M]. 北京:北京大学出版社,2006:155 - 169.

④ 吴大猷. 早期中国物理发展的回忆[M]. 台北:联经出版事业公司,2001:17.

面成绩最突出者。正是这一时期各个大学培养的物理人才，并经国外留学教育的进一步培养，形成了中国物理学人才队伍的主干。

三、建立物理学研究机构

随着物理专业留学生的陆续回国，中国政府在开办大学物理教育的同时，于20世纪20年代后期开始建立物理学研究机构。据统计，截至1935年初，全国的主要研究机构有142个，其中自然科学类的有34个[①]。由于研究经费与设备的限制，物理学研究机构相对较少，比较著名的有中央研究院物理研究所、北平研究院物理研究所、北平研究院镭学研究所和清华大学无线电研究所等。

1928年3月，国民政府在上海成立了国立理化实业研究所。同年6月，中央研究院成立。同年11月，在理化实业研究所基础上扩大成立了物理、化学、工程三个研究所，隶属中央研究院，丁燮林任物理研究所所长。物理研究所的主要工作包括物理学基础和应用研究、与物理学相关的审查工作和技术服务工作[②]。物理研究所先后建立了物性、X射线、光谱、无线电、标准检验、磁学等实验室及金木工场。约有研究人员20人，多为国内大学毕业生，队伍比较稳定。研究所在金属学、原子核物理和电子学等方面开展了一些研究工作。此外，还制造了大量物理实验仪器，供全国各中学的物理教学使用。抗战期间，该所先后迁至昆明、桂林、北碚，抗战胜利后复返上海。1946年，由上海迁至南京，新建了图书室、原子核物理实验室、金属学实验室、无线电实验室、光谱学实验室、恒温室等。

1929年11月，北平研究院建立了物理研究所，李书华任所长。1930年，严济慈从法国回国后，任物理研究所研究员及所长。在严济慈的领导下，研究所各项事业都得到了比较好的发展。从20世纪30年代到新中国成立，这个研究所一直是中国最活跃的物理学研究机构之一，在应用光学、光谱学、电学与无线电、地球物理等方面开展了大量的理论和应用研究，在国内外学术杂志上发表论文近百篇。尤其是在应用光学、应用地球物理方面的研究成绩突出。研究所不仅开展研究工作，而且注意培养年轻人才，对他们悉心指导，放手使用。当一些年轻人在工作中取得成绩，表现出具有独立工作能力时，严济慈即将其推荐到英、法、美等国的著名物理实验室去深造。陆学善、钟盛标、钱临照、翁文波、吴学蔺、

---

① 戴念祖. 20世纪上半叶中国物理论文集萃[M]. 长沙：湖南教育出版社，1993：6.

② 胡升华. 20世纪上半叶中国物理学史[D]. 合肥：中国科学技术大学自然科学史研究室，1998：48.

方声恒、庄鸣山、陈尚义、李立爱、钱三强等十几位年轻人正是通过这种方式被派往国外深造的。在严济慈的主持下，物理研究所呈现出浓厚的学术氛围，人才辈出，成果累累。吴大猷先生在比较中央研究院物理研究所与北平研究院物理研究所的工作时说："虽然中央研究院成立在北平研究院之前，但是在研究方面，反而没有北平研究院物理研究所这么活跃，而它对人才的训练，也在北平研究院之下。"①

1932年，在严济慈的建议和推动下，北平研究院成立了镭学研究所。这是中国第一个放射学方面的研究机构。在严济慈的领导下，郑大章、陆学善等人在寻找铀矿石以及X射线和晶体结构的研究方面开展了一系列工作。1945年，原子弹在日本爆炸后，全世界都看到了原子能的巨大威力。1945年10月，国民政府批准镭学研究所改为原子学研究所，但由于缺乏专门的研究人员和必要的仪器设备，改组未能实现，只是建立了一个原子核物理研究室。1946年夏，国民政府军政部(即后来的国防部)筹划组建研制原子弹的国防研究机构，并且拟定了《研究铀元素与原子弹之报告》。次年10月，国防部国防科学委员会与镭学所签订合约，委托后者"研究各种氧化铀之晶体差别与其构造"。在国防部经费资助下，镭学所从美国购置了一批必要的仪器设备。1948年10月，北平研究院以镭学所为基础成立了原子学研究所，钱三强任所长。北平研究院镭学研究所自成立到被改组为原子学研究所的16年里，虽然经历了一系列战乱的影响，但始终坚持"学理与实用并重"的研究原则，取得了较好的研究成果，发表研究论文约50篇，其中2/3发表在国外学术刊物上②。

20世纪初，中国的科学家具有一种强烈的使命感，即一定要让中国的科学研究工作独立开展起来。如何在各方面条件都很落后的情况下开展独立的科研工作，是一个艰难的探索过程。1949年，严济慈在总结北平研究院物理研究所的工作时说："研究从一个人一个问题开始，必须继续不断地吸收人，往前进，成为一个队伍，这就是开辟道路；更须在出发点不断地加深加大，巩固起来，这就是打基础。引申来说明，为容易得到结果，一个开始做研究的人，买现成的仪器，用人家的方法来研究一个类似的问题，结果是新的，值得写出一篇论文发表，但决不会是怎样惊人的。开始的时候可以原谅，但决不能老是做人尾巴。我们不但要自己看出问题，还要自己想出方法去解决这个问题，更要自己创造工具来执行

---

① 吴大猷. 早期中国物理发展的回忆[M]. 台北：联经出版事业公司，2001：88.
② 张逢，胡化凯. 北平研究院镭学研究所的研究工作[J]. 中国科技史杂志，2006，27(4)：318-329.

这个方法。这才是独立研究，这才可使中国科学独立，脱离殖民地状态。我们研究一门科学，必须设法使这门科学在中国生根，才能迎头赶上，而且立即超过人家。”①做科学研究，开始阶段可以跟在别人后面模仿，利用别人提供的条件开展一些工作，但最终必须自己能够解决各种相关问题，具备独立的创造性。无论对于一个人，一个单位抑或一个国家，都是如此。严济慈的这番话，体现了一位科学家的治学精神，也表达了一位中国学者的学术使命感。

20 世纪 20 年代末，教育部批准有条件的大学设立研究部，在进行教学工作的同时也开展科学研究活动。清华大学、燕京大学、北洋大学、南开大学、金陵大学等都相继设立了研究部，开展相关的研究工作。清华无线电研究所是抗战时期该校创办的 5 个特种研究所之一。该所在为抗战服务的同时，也培养了一批电子学方面的人才，推进了中国近代无线电电子学的发展。清华大学建立物理学系时即设立了无线电研究室。1937 年末，清华无线电研究所成立，由真空管研究部和电讯研究部两个部分组成，顾毓琇任所长。抗战爆发后，无线电研究所迁至昆明。由于当时内地的不少大学和研究机构纷纷迁往西南地区，一时间云、贵、川一带人才济济。因此先后有几十位教授或研究员参加了清华无线电研究所的工作，研究人员有任之恭、叶楷、孟昭英、范绪筠、林家翘、吴有训、萨本栋、朱物华、吕保维、张景廉、戴振铎、王天眷、陈芳允、毕德显、陈嘉棋、牟光信、周国铨、罗远祉、胡国璋等。清华无线电研究所创建的初衷就是从事国防技术研究，为抗战服务。因此所里的绝大部分研究工作是解决无线电通信技术问题，先后开展了无线电通信、超短波传播、真空管研制、半导体性能、无线电发报机研制等方面的技术和理论研究。研究人员研制出了中国第一个电子管（真空管），在无线电通信设备制造、通信人员培训等方面做出了特殊而重要的贡献。抗战胜利后，清华无线电研究所并入清华大学物理系。

20 世纪上半叶，中国物理学家立足于国内的条件，在应用研究和一般性探索方面开展了大量工作，同时也取得了一些有国际影响的研究成果，例如王淦昌提出关于探测中微子方法的建议，吴大猷关于原子光谱的理论研究，周培源关于湍流的理论研究，等等。但总体来说，中国的物理学研究工作还处于起步阶段，且战争频繁，研究条件极差，很难做出太多具有国际水平的研究成果。

---

① 严济慈. 关于北平研究院物理学研究所及结晶学研究室工作情况的汇报[M]//严济慈文选. 上海：上海教育出版社，2000：89 - 90.

四、成立物理学会和创办专业杂志

随着中国物理学从业人员的增多和学术研究的发展，为了促进学术交流、推动学科发展，在法国物理学家郎之万(Paul Langevin)的建议下，1932 年 8 月，夏元瑮、胡刚复、梅贻琦、李书华、叶企孙、王守竞、文元模、吴有训、严济慈等发起创建了中国物理学会，并设立了物理学报委员会和物理教学委员会，后又成立了物理学名词审查委员会。1934 年，中国物理学会加入了国际纯粹与应用物理联合会，并于同年秋派代表参加了在伦敦举行的国际联合会大会。

从 1932 年至 1949 年，中国物理学会共召开了 16 次年会。在成立大会暨第一次年会上，仅有北京地区 20 余名会员参加，提交论文 10 篇。1936 年举行第五次年会时，已有会员 200 余人。抗战期间，鉴于交通困难等原因，学会年会活动分地区举行。1942 年的第十次年会分别在昆明、重庆、成都、陕西城固、贵州遵义和桂林举行。这一年正值牛顿诞生 300 周年，重庆、贵州、福建以及延安等地的物理学和科学工作者分别举行了学术纪念活动。1949 年 11 月 6 日，在中央研究院举行了上海地区物理学年会，200 余人参加了会议。此时中国物理学会已有会员 600 余人。中国物理学会，是物理学从业人员的学术性群众组织，对于联络会员、促进学术交流与发展发挥了积极作用。

中国物理学会不仅定期举行年会，交流研究成果，而且在物理学名词审定和国际学术交流等方面都发挥了积极作用。1933 年，学会第二届年会推举吴有训、周昌寿、何育杰、裘维裕、王守竞、严济慈、杨肇燫为物理学名词审查委员会委员，对物理学名词进行审定，并于 1934 年 1 月由教育部核定公布《物理学名词》。汉译物理学名词的统一，对于中国物理学的发展是一项重要的基础性工作。近现代物理学知识引进中国后，要获得广泛普及和顺利发展，就必须将其翻译成汉语。为了避免翻译过程造成物理学专业名词的表述混乱，国家必须制定统一的标准。

1933 年，中国物理学会创办了《中国物理学报》。学报以外文(主要为英文)发表文章，附以中文摘要。这是中国物理学工作者自己的学报，从创办至 1950 年共出版七卷。这份学报发表的文章，反映了中国物理学工作者的部分研究成果，在国内外学术交流中发挥了积极作用。

中国物理学会先后组织邀请了著名物理学家朗缪尔(I. Langmuir)、狄拉克(P. A. M. Dirac)和玻尔(N. Bohr)来中国讲学，促进了中国学者与国际的交流。

1946 年 1 月 15 日，鉴于广岛原子弹事件，中国物理学会在昆明发表了关于原子能利用问题的意见书，其中提出：联合国应组织设立原子能委员会，以保证原子能的和平利用；组织视察团，调查各国有关原子能应用的真相；设立联合国原子能实验室，共同研究重要问题。

在国家的支持下，经过物理学工作者的不懈努力，至 20 世纪 30 年代中期，中国在物理学人才培养和专业研究工作方面已经初具规模，一批职业物理学工作者成立了自己的学会、创办了专业学术杂志。至此，物理学已经在中国初步完成了建制化过程。这些工作为新中国建立后物理学的快速发展奠定了重要基础。

1947 年 9 月 28 日，胡适在《独立评论》上发表文章《争取学术独立的十年计划》，强调了学术独立的 4 个条件：第一，中国自己的大学能够承担世界学术的基本教育任务而不求助于外国人；第二，中国应有能为那些受过基本学术训练的人从事科学研究提供有良好条件的基地；第三，中国应有专门的人才和机构解决本国需要的科学、工业、医药卫生、国防等方面的问题；第四，中国的学人和机构能与世界各国学人和机构分工合作担负人类与学术进步的责任①。追求学术独立，是 20 世纪早期中国学人的共同愿望。从 20 世纪 40 年代末中国物理学的发展状况来看，这一学科基本上达到了胡适所说的 4 个条件。

第三节　20 世纪下半叶国家对物理学的重视及其取得的成就

新中国成立后，国家领导人一直十分重视推动科学技术的发展。1963 年 12 月，毛泽东在听取聂荣臻汇报国家十年科学技术规划时说，“科学技术这一仗，一定要打，而且必须打好。过去我们打的是上层建筑的仗，是建立人民政权、人民军队。建立这些上层建筑干什么呢？就是要搞生产。搞上层建筑、搞生产关系的目的就是解放生产力。现在生产关系是改变了，就要提高生产力。不搞科学技术，生产力无法提高”②。1964 年 12 月，毛泽东再次强调，“我们不能走世界各国技术发展的老路，跟在别人后面一步一步地爬行。我们必须打破常规，尽量采用先进技术，在一个不太长的历史时期内，把我国建设成为一个社会主义的现代

---

① 转引自：董光璧. 中国现代物理学史[M]. 济南：山东教育出版社，2009：1.

② 中央文献研究室. 毛泽东文集：第八卷[M]. 北京：人民出版社，1999：351.

化的强国。我们所说的大跃进，就是这个意思"；"后来居上，理所当然。我国具有很多优越条件，我们应当更有信心用比较不太长的时间，赶上和超过科学技术先进国家的水平。简单地说，我们必须用几十年时间，赶上和超过西方资产阶级用几百年时间才能达到的水平"①。邓小平、江泽民等历届中央领导都对发展科学技术做出过重要指示。国家对科学技术事业的高度重视，为我国科技的发展提供了根本的动力。

1949 年以后，为了满足国家各项事业建设的需要，物理学迎来了新的发展时期，不仅建立了庞大的人才队伍，而且取得了众多研究成果。中国的物理学研究经历了一段时间的"跟踪国外"之后，正在少数领域逐步达到国际前沿水平。

新中国成立后，为了推动科技事业的快速发展，1949 年 11 月 1 日成立了中国科学院。1949—1950 年，中国科学院按 14 个学科组进行了"全国科学专家调查"，结果表明，当时全国有一定成就的自然科学家有 865 人，其中 174 人仍在国外。在调查统计中，物理学分两个组："近代物理组"有 43 人(其中 20 人当时在国外，包括杨振宁、李政道)，"应用物理组"有 76 人(其中 16 人当时在国外)。这两个组中，有部分人是重复的。因此，当时在国内的物理学家总共不足百人。这些人就是新中国发展物理科学技术的人才基础。

南京国民政府时期建立的科学研究机构主要有 3 类：一是国家设立的专门研究机构，如中央研究院(下设 13 个研究所)；二是地方性研究机构，如北平研究院(下设 9 个研究所)、南京中央实验所、华北农业科学研究所等；三是群众社团设立的研究机构和工业、企业、部门设立的研究所，如中国地理研究所、西北科学考察团、中国西部科学院等。中国科学院成立后，很快对以前的各类研究机构进行了调整、改组，建立了新的研究机构，如在中央研究院物理研究所和北平研究院物理研究所及原子学研究所基础上建立了近代物理研究所和应用物理研究所。20 世纪 50 年代后期又建立了长春光学精密机械仪器研究所、上海技术物理研究所、上海理化研究所、武汉电子学研究所、武汉原子能研究所、西南技术物理研究所、昆明物理研究所、西南电子学研究所、兰州技术物理研究所、电子学研究所、半导体研究所等物理类研究机构。

进入 20 世纪以后，为了使科学技术更好地为国家建设服务，世界上许多国家都不同程度地将科技活动纳入国家行政计划管理之下，尤其是苏联在高度计划性体制管理下使国民经济和科学技术都获得了令人瞩目的发展速度，使西方

---

① 中央文献研究室. 建国以来毛泽东文稿：第十一册[M]. 北京：中央文献出版社，1996：270 - 272.

国家看到了对科学技术实行计划管理的优越性。新中国成立后，在对科学技术的相关资源进行计划管理的同时，1956 年制定了《1956—1967 年科学技术发展远景规划纲要》（简称《十二年科学规划》），用以指导全国科技事业的协调发展。之后，在不同的历史时期，国家也都制定了相应的科技发展规划。

物理学是与国民经济发展和国防建设都密切相关的学科，因此在国家一系列科技发展规划中都给予了充分的重视，将其一些与国家建设密切相关的分支学科列为重点发展内容，如《十二年科学规划》从 13 个方面提出了 57 项重点研究任务，其中“新技术”方面包含“原子能的和平利用”、“喷气和火箭技术的建立”、“无线电电子学的研究和新的应用”、“生产过程的机械化和自动化”、“半导体技术的建立”、“计算技术的建立”、“改进电和超声波的技术并扩大其应用范围”7 项重要任务，这些技术的发展都与物理学有很大关系。《十二年科学规划》指出：“我们还必须加快地建立作为这些新技术的基础的理论学科，包括：原子核物理、基本粒子物理、力学、控制论、统计数学、计算数学、电子学、无线电物理、半导体物理等。”可以看出，这些理论学科中绝大部分属于物理学。此外，为了加强基础科学研究，《十二年科学规划》对数学、力学、物理学、化学、生物学、天文学、地质学、地理学 8 个基础学科的发展方向也提出了要求，其中针对物理学指出：“在国民经济建设、国防建设等方面都需要物理学的原理作为它们的理论根据。现代生产技术所达到的水平，很多是取决于物理学的研究成果”；“我们首先应以原子核物理与基本粒子物理、无线电物理与电子学、半导体物理三门学科作为今后 12 年内物理学发展的重点。我国在金属物理、光学、晶体学与磁学等方面的基础较好，国家需要也大，故须作相应的发展。……其他如声学、低温物理、绝缘物理、热物理、高压物理等，都能在技术革新问题上和对于物质的结构与性质的了解上做出有重大意义的贡献，故也须适当地发展”。为了加强自然科学基础理论研究，《十二年科学规划》第 56 项“现代自然科学中若干基本理论问题的研究”列出了一些学科需要研究的理论问题，其中物理学有“场论和量子力学的基础的研究，固体和液体中若干理论问题的研究”。这些内容都体现了国家对发展物理学的高度重视。1962 年，国家制定了《1963—1972 年科学技术发展规划纲要》（简称《十年科学规划》），其中“技术科学”和“基础科学”发展规划部分，也都强调了发展物理学科及其相关技术的重要性。其后国家制定的一系列科技规划也都强调了发展物理相关学科及技术的重要性。

1952 年，为了适应国家建设对各类人才的需要，教育部参照苏联模式，对高等院校进行了调整，对一些高校的同类学科进行了合并与重组，在整顿和加强一些综合大学的同时，新增了一批专门学院。从 1952 至 1957 年，经过调整和建设，全国已有高等院校 229 所，其中许多高校都设有物理学系科。这些高校为国家培养了大批物理学人才。改革开放以后，随着“科教兴国”战略的实施，以及研究生培养制度的恢复和完善，中国的科技人才培养和科学研究事业都获得了空前的发展。

各种物理类研究机构的建立、高等院校物理学系科或专业的增设，以及国家科技发展规划对于物理学及其相关技术重要性的强调，为物理学的快速发展提供了重要条件和保证。在国家推动下，中国的科学技术事业尽管经受了一些干扰，但总体上还是获得了巨大的发展，取得了许多令世人瞩目的成就。物理学的发展也是如此。

改革开放之前，在“两弹一星”研制过程中，物理学发挥了关键的作用，由此充分体现了我国物理学家解决重大理论和技术问题的能力。此外，在半导体技术、激光技术、晶体学、电子光学研究以及大型光学仪器研制等方面，我国物理学家也取得了很好的成绩。1966 年，我国粒子物理学家提出的“层子模型”理论，得到了国际同行的高度评价。

改革开放以来，我国的物理学基础研究有了较大发展，研究水平也有很大提高，物理研究的重要基础设施和实验条件等都有了显著的改观，形成了一支具有较高素质的人才队伍。研究水平已经从过去跟踪学科前沿，逐渐进入推动学科前沿发展的新阶段。以下参考《未来 10 年中国学科发展战略 · 物理学》中的相关内容，作一简单介绍①。

据统计，截至 2011 年，在我国从事物理学基础研究的固定人员中，能够稳定申请国家自然科学基金项目者达 1.5 万余人；物理学在站博士后和在读博士生约 1.2 万人，其数量是 10 年前的 5 倍，而且每年以约 20%的增长率大幅度增长。物理研究人员的二级学科分布比例大致是：凝聚态物理 32.9%，光学 23.0%，原子分子物理 5.8%，声学 6.6%，核物理 5.4%，高能物理学 5.2%，核技术 14.5%，等离子体物理 6.5%。由此可以看出，凝聚态物理、光学和核技术的研究人员最多，是三个比较大的研究领域。国家通过“973”计划、科技专项、国家实验室、国家重点实验室、国家自然科学基金等资助渠道对物理学基础研究投入了大量经费，仅 2009 年即有 20 亿元（不包括大科学装置建设费用）。

---

① 国家自然科学基金委员会，中国科学院. 未来 10 年中国学科发展战略：物理学[M]. 北京：科学出版社，2012：65 - 69.

我国物理学研究人员主要分布在各高等院校和中国科学院及各部委下属的研究院所中，实验设备主要集中在国家实验室、国家重点实验室和一些部委重点研究室。目前，我国以物理学科为主导、以大科学工程为依托的国家实验室有3个：北京正负电子对撞机国家实验室、兰州重离子加速器国家实验室和合肥同步辐射国家实验室。正在建设的物理学科国家实验室有4个：北京凝聚态物理国家实验室、南京微结构国家实验室、合肥微尺度物质科学国家实验室、合肥磁约束核聚变国家实验室。有9个物理学科国家重点实验室和若干个由中国科学院、教育部建立的部委物理学重点实验室。此外，还有许多与物理研究密切相关的国家实验室、国家重点实验室和部委实验室。

我国现有1 000多位物理研究人员被聘为国际物理学领域最有影响的学术杂志的审稿人；有200余人成为物理学界重要国际学术组织的专家；每年被物理学重要国际会议邀请作大会报告者有几十人次。

从1978至2010年，我国物理学已获得国家自然科学奖一等奖3项，国家自然科学奖二等奖57项。这些成果在国际学术界产生了重要影响，其中代表性成果有：

(1) 五次对称及Ti-Ni准晶相的发现与研究。1984年，我国物理学家在一些具有20面体结构单元的合金相微畴中，首先发现五次对称现象，并提出了合理的解释。钛镍准晶是我国独立发现的一种新的准晶相，是继国外在铝锰合金中发现准晶后的第二个准晶相。之后，我国物理学家进一步找出了准晶与具有相同成分的晶体间的结构关系规律，提出了准晶生成的晶体学基础，并合成了20面体准晶，发现了6种由20面体结构单元构成的新晶体及大量微畴结构，扩大了准晶研究的晶体学基础。

(2) 对高温超导体的研究。1987年，我国物理学家独立合成和制备了超导临界温度超过液氮温度的Y-Ba-Cu-O超导体，并在国际上率先公布了这种超导体的化学成分和结构。这项工作推动了我国强关联物理的研究，使得我国在超导和其他强关联材料的探索及制备，以及物性测量和理论分析等方面都有长足的发展。

(3) 介电体超晶格材料的设计、制备、性能和应用研究。1986年，我国物理学家将超晶格概念推广到介电材料研究领域，研制成周期、准周期和二维调制结构介电体超晶格，并研究了电磁波(光波与微波)与弹性波(超声波)在介电体超晶格中的传播、激发及其耦合效应。之后，基于介电体超晶格的新效应和新机制，我国物理学家在介电体超晶格领域取得了多项研究成果。这项从理论预言到材料制备、实验验证、原型器件研制的系统性的原创性工作，引领了国际介电体超晶格研究的发展。

(4) 基于大科学工程的基础研究。1992 年，我国物理学家利用北京正负电子对撞机(BEPC)和北京谱仪(BES)上获得的数据，进行了 τ 轻子质量的测量，实验精度比以前的实验结果提高了一个数量级，并发现 7.2 MeV 的偏差，解决了长期困扰粒子物理学家的轻子普适性是否存在的问题。这个实验被公认为是当年国际高能实验物理学界最重要的成果之一，为验证轻子的普适性做出了重要贡献。R 值是粒子物理中最基本的物理量之一，其测量精度对于相关的理论计算，如跑动耦合常数的计算、辐射修正和真空极化的计算以及 Higgs 质量的估算都具有重要的意义，是标准模型理论计算不确定性的重要因素之一。我国 BEPC/BES 在 R 值的实验技术和测量方面一直处于国际领先地位，国际粒子数据手册收录了 BEPC/BES 的全部结果。BES 实验将 2～5 GeV 能区的 R 值的测量精度提高了 2～3 倍，精确给出了当时国际上最关心的 Higgs 粒子质量的上限。

我国物理学家在进行基础研究的同时，也对国家的高新技术、国民经济、国防事业的发展做出了重要贡献。例如，在核技术的应用研究中，我国自主研制的以加速器为 X 射线源的集装箱检测系统，技术水平在国际上处于领先地位；在非晶体材料的研究中，我国非线性光学晶体的研制居于国际先进水平；在水声物理研究领域，对浅海与深海水声物理规律的深入认识，使我国的声呐设计、海上声源的快速准确定位等技术跨入了世界先进国家之列；对窄禁带半导体材料体系红外物理性质的研究，为我国卫星系列空对地观测的红外探测技术跨越发展奠定了关键技术基础。

由于在物理学基础研究方面的不断积累，近年来我国逐步形成了一定的实质性参与一些国际学术竞争的能力，培养出一支基础扎实、思想活跃的中青年研究队伍，对国际上的新兴研究领域不仅能够快速跟上，而且做出了一些有一定引领性的工作。例如，在纳米碳管的合成、结构及物理性质的研究方面，我国物理学家对碳纳米管的生长机理做了系统的研究，发明了可控制多层碳管直径的定向生长方法和其他关键技术，并且利用碳同位素标记的方法揭示了碳纳米管的生长机理。在量子信息实验研究方面，制备了 6 光子以上的量子纠缠态，实现了光纤 100 多千米、自由空间 13 千米和大气 16 千米量子通信实验演示。在量子信息理论研究方面，提出了量子避错码和概率量子克隆，预言了量子临界环境增强与其耦合量子比特退相干的新现象。

上述这些成果，反映了改革开放以来，我国物理学研究水平的快速提高。

1929 年 11 月，叶企孙先生在清华大学科学会上的讲演中说："有人怀疑中国民族不适宜于研究科学。我觉得这些说法太没有根据。中国在最近期内方明白研究科学的重要，我们还没有经过长时期的试验，还不能说我们缺少研究科学的能力。唯有希望大家共同努力去做科学研究，50 年后再下断语。诸君要知道，没有自然科学的民族，决不能在现代文明中立足！"①半个多世纪以来的科学研究实践证明，中华民族做科研的能力绝不比世界上其他民族弱。

应当看到，尽管我国物理学的每个子学科都有若干个研究方向处于学科发展的最前沿，在一些研究点上取得了一些令国际同行关注的成果。但是，这样的亮点无论是亮度还是数量都明显不足，原创性成果还不够显著。我们缺少关于新效应、新现象的原始性发现和新理论的创立，尚未形成一批具有国际重要影响的物理学家和实验室。我国每年发表的论文数量不少，但能在国际学术界产生很大影响、引领国际物理新潮流的工作不多，能够在世界物理学发展史上留名的成果极少②。这种状况与我国作为世界大国的国际地位是不相称的。

第四节　物理学发展与学术传统

从 20 世纪初至今，中国的物理学已经走过了上百年的发展历程。中国老一辈物理学家，早年几乎都在国外接受过研究生教育，绝大多数都获得过博士学位。这些物理学家在教学和研究工作中，培养了自己的学生和助手，由此造就了后继物理学人才。一个国家科学技术的发展，需要有高水平的专门人才，需要国家和社会的大力支持，同时也需要形成优良的学术传统。这样才能保持长久的发展优势，不断取得高水平的研究成果。物理学的理论研究和技术研究也同样如此。

1935 年，日本物理学家汤川秀树(Hideki Yukawa)提出了介子理论，获得了 1949 年度诺贝尔物理学奖。在汤川秀树的影响下，日本形成了一种粒子物理学研究传统，培养了一批有作为的物理学家。1985 年，杨振宁先生在日本京都纪

① 叶企孙. 中国科学界之过去、现在及将来[M]//叶企孙文存. 北京：首都师范大学出版社，2013：199.

② 国家自然科学基金委员会，中国科学院. 未来 10 年中国学科发展战略：物理学[M]. 北京：科学出版社，2012：84.

念汤川秀树介子理论发表50周年大会上的演讲中指出,“汤川秀树1935年的论文,在我们的研究领域内是一个里程碑。不仅于此,其重要性超出了粒子物理的狭窄范围:它开创了一个日本物理学派。由于汤川秀树的学生坂田昌一(S. Sakata)、武谷三男(Taketani)和小林稔(Kobayasi)等人的努力,这个学派不仅在物理学领域内,而且在相关的领域中,先后造就了许多年轻一代的科学家。汤川秀树在年轻一代中的影响是巨大的”①。1986年,杨振宁在接受南开大学授予名誉教授仪式的演讲中,再次强调:汤川秀树的介子理论对物理学“做出了非常重要的贡献,可是,恐怕这些贡献加起来还没有他在另一方面的贡献大。因为他激发了日本下一代,再下一代,再下一代的年轻的物理学者对于物理进军的热忱”②。杨振宁先生认为,汤川秀树提出介子理论固然是对物理学的一大贡献,但由此而激起了日本一代代年轻人对物理学研究的热情,培养了一批优秀的物理学家,这同样是一大贡献。对于日本而言,后者可能是更重要的贡献。杨振宁在总结自己的工作时说,“我一生最重要的贡献是帮助改变了中国人自己觉得不如人的心理作用”③。杨振宁这番话的意思,同样是强调他的一系列物理学成就对中国人的心理激励作用,使中国人树立信心,相信自己能够在科学上做出成绩。

吴大猷先生在回忆早期中国物理学的发展时,曾多次强调研究传统的重要性。他说:“我们该用怎样的标准来评估一个机构或是一些人对中国物理发展的贡献呢?主要是根据他们在若干年之内,是否有建立传统,包括人、设备与稳定的气氛等三个方面;他们在几年内又能够吸引多少学生或是激励、唤起多少个学生继续作物理研究工作”④。这与杨振宁的认识是一致的。

学术传统对于科学研究工作具有至关重要的作用,而传统的养成需要一个过程,甚至需要几代人的持续努力。好的传统的培养并不容易,但对传统的破坏却相当容易。有感于此,杨振宁在南开大学授予名誉教授仪式上所作的演讲题目即“重视科学传统”。在演讲中,他反复强调“科学传统是非常重要的”,并且指出科学研究“风格的发展是与传统有极为密切关系的”。在第二次世界大战之前,德国是世界重要的物理学和数学中心之一,已经形成了很好的科学传统。但是,第二次世界大战很快使这些传统荡然无存。杨振宁说,“一个传统建立起来是相当困难的,把它毁灭掉则是一件很容易的事情。德国在19世纪末年和20

① 杨振宁.杨振宁演讲集[M].天津:南开大学出版社,1989:449.
② 杨振宁.杨振宁演讲集[M].天津:南开大学出版社,1989:165.
③ 张奠宙.杨振宁文集[M].上海:华东师范大学出版社,1998.
④ 吴大猷.早期中国物理发展的回忆[M].台北:联经出版事业公司,2001:84.

世纪初所建立的深厚的物理学和数学的传统，在二三年内就烟消云散了”①。

学术传统是维系一个学术共同体健康发展、不断取得成果的内在生命力。国际上一些著名的物理学研究机构，都形成了自己的学术传统。英国剑桥大学卡文迪什实验室建立一百多年来，研究人员中有25人获得诺贝尔奖，其中18个物理学奖、4个化学奖、3个生理和医学奖，所有获奖者都是物理学家。优良的学术传统是这个实验室长期保持科研水平国际领先的根基。1871年，麦克斯韦(J. C. Maxwell)担任卡文迪什实验室首任主任。他为实验室制定的工作方针是：①培育和传播真实的科学原理和深刻的批判精神；②教育立足于科学说教与基本的感觉训练相结合；③教学与科研结合；④自制仪器和自己动手实验；⑤理论与实验结合；⑥熟悉、比较和评估各种科学方法；⑦将准确性与推测性结合起来；⑧民主讨论和自由交流。对这些方针的持续坚持，形成了卡文迪什实验室的学术传统。加速器的发明者之一考克饶夫说：“‘自己去做’的原则，是卡文迪什实验室取得那么多重大成果的重要传统之一。”②这个原则看似简单，但实际上要真正做到和做好并不容易。卡文迪什实验室取得的一系列重大成就(电子的发现、原子核的人工嬗变、中子、正电子、介子、DNA双螺旋结构、类星体、脉冲星、非晶和有机聚合物半导体的发现，等等)，都是通过“自己去做”产生出来的。对优秀学术传统的坚持和适时创新，是这个实验室能够保持长盛不衰的看家法宝。卡文迪什实验室第七任主任派帕德(A. B. Pippard)说：“对传统做法的延续，有时是保持传统的最简单的方式，但是它不是无误的处方。伟大的传统来自任何时候都能判断出什么才是正确的持续努力，以及坚韧不拔地确保它得到执行。”③阎康年先生对卡文迪什实验室的发展历史做过专门研究。他认为，剑桥科学家做研究，务求准确可靠，将学问做深、做透，取得前人未有的原创性成果；论文立足于可靠的实验和数学推理，没有原创性的东西即不发表；他们不做则已，要做必须做到底，把问题做透，使后来人再做这个问题时只需在他的工作基础上添砖加瓦就行了。有感于卡文迪什实验室学术传统的影响力，阎康年说：“人们常说科学机构搞得好坏的关键在人才，但是一个好的人才只能起作用于一代、两代，也就是一二十年。然而一个好的科学精神和文化会形成好的传统和学风，可以培育和影响很多代，能有几十年、几百年之久，其影响比一两个科学大师

---

① 杨振宁. 杨振宁演讲集[M]. 天津：南开大学出版社，1989：164-165.

② 阎康年. 英国卡文迪什实验室成功之道[M]. 广州：广东教育出版社，2004：291.

③ PIPPARD A B. Reconciling Physics with Reality [M]. Cambridge: Cambridge University Press, 1971:1.

和伟人还重要。它一旦形成，会成为人们行为的规范，将新来者自然导入优秀文化的氛围和环境中，使大家自律和成才。”[①]我国高能实验物理学家、当年跟随卢瑟福(E. Rutherford)在卡文迪什实验室读博士的张文裕先生也强调：“一个单位做出贡献不在于一个人、几个人，而在于建立一个传统、环境。中国有句老话‘百年树人’，主要是培养学术空气、传统、风气。”[②]

1921年，丹麦物理学家尼尔斯·玻尔在哥本哈根大学创建了理论物理研究所(1965年改名为尼尔斯·玻尔研究所)。玻尔的学术思想及研究风格，吸引了世界各国的年轻学子纷纷来到这个研究所学习并开展研究工作。以玻尔为精神领袖，形成了著名的哥本哈根学派，玻尔、海森伯(W. Heisenberg)、玻恩(M. Born)、泡利(W. E. Pauli)、狄拉克、约尔丹(P. Jordan)、罗森菲尔德(L. Rosenfeld)、埃伦费斯特(P. Ehrenfest)、朗道(L. D. Landau)等是这个学派的主要成员。哥本哈根学派对量子力学的建立及解释做出了重要贡献。在玻尔领导下，研究所养成了一种独特的研究风格，这种风格被学者们称为“哥本哈根精神”，即以强调合作和不拘形式的气氛为特征。玻尔晚年的合作者罗森菲尔德把哥本哈根精神描述为“完全自由的判断与讨论的美德”。一位玻尔传记作家把这种精神概括为“高度的智力追求，大胆的涉险精神，深奥的研究内容与快乐的乐天主义的混合物”[③]。玻尔是哥本哈根精神的源泉。他具有不可超越的想象力，极大的灵活性，又具有完美的智慧鉴赏本领，能敏锐地领悟任何新思想的关键和价值。玻尔的洞察力和鼓舞力，点燃了想象的火炬，并让其周围的人的聪明才智得以充分地发挥出来。先进的学术思想，自由探讨的研究氛围，使哥本哈根理论物理研究所很快成为一个世界著名的物理学研究中心。仅1920—1930年间，来研究所访问学习时间达1个月以上的年轻学者就有63位，他们来自17个国家，其中美国14人，德国10人，日本7人，英国和荷兰各6人，瑞典和挪威各4人，苏联3人，奥地利、比利时、加拿大、中国、匈牙利、印度、波兰、罗马尼亚及瑞士各1人。其中有10余位学者多次来研究所工作、学习，而且每次时间都在1个月以上。这些访问学者以在研究所开展的工作为主题，发表论文200多篇，其中约半数论文发表在当时最流行的 *Zeitschrift für Physik* 和 *Nature* 杂志上。这63名学者中，后来有10人获得了诺贝尔物理学奖[④]。1933年，剑桥大学狄拉克

---

① 阎康年. 英国卡文迪什实验室成功之道[M]. 广州：广东教育出版社，2004：208，249.

② 阎康年. 卡文迪什实验室[M]. 保定：河北大学出版社，1999：601.

③ 罗伯森 P. 玻尔研究所的早年岁月[M]. 北京：科学出版社，1985：153.

④ 罗伯森 P. 玻尔研究所的早年岁月[M]. 北京：科学出版社，1985：157 - 160.

接受诺贝尔物理学奖之后不久，即写信给玻尔说："我感到我所有的最深刻的思想，都受到了我与您谈话的巨大而有益的影响，它超过了与其他任何人的谈话。即使这种影响并不明显地表现在我的著作中，它却支配着我进行研究的一切打算和计划。"1926 年 9 月—1927 年 2 月，狄拉克在玻尔研究所进行了半年的访问研究。由这封信可以看出玻尔对来访者的学术影响。玻尔研究所学术风格的影响并不局限于研究所本身，凡是访问过哥本哈根的学者都受到其不同程度的影响。他们回到自己的国家，即把这种影响发挥出来，继续产生作用。如 20 世纪 30 年代，访问学者中伽莫夫(G. Gamow)在圣路易斯，海森伯在莱比锡，克莱因(O. Klein)在斯德哥尔摩，莫特(N. Mott)在布列斯托(Bristol)，罗瑟兰(S. Rosseland)在奥斯陆，仁科芳雄(Nishina Yoshio)在日本京都大学，都建立了自己的学派。他们的学派，在很大程度上是仿效 20 世纪 20 年代他们在玻尔研究所的经验建立起来的。仁科芳雄跟随玻尔做了 5 年的研究之后，把刚刚建立的量子力学引进了日本，对汤川秀树和朝永振一郎(Sin-Itiro Tomonaga)等人产生了重要影响，使日本的物理学研究从此开始与国际前沿领域接轨。所以，可以毫不夸张地说："玻尔研究所已经成了培育世界各国物理实验室和研究所的未来指挥员的一个苗圃。在相对说来那样短的时期中，玻尔不仅建立了一个中心，而且哺育它成长，使它对其他国家发展物理学研究产生了如此显著的影响。这一事实本身就是一个了不起的成就，足以与他对物理学发展的直接贡献的重要性相提并论。"[①]截至 2013 年，玻尔研究所的科学家以及在这个研究所访问学习过的科学家中已有 32 人获得了诺贝尔奖，由此即显示了玻尔及其研究所在现代物理学发展中的地位及影响。

关于学术传统，学界尚无统一的定义。有学者称之为科学传统，认为其最核心的内容是"科学探索的热情、方向与技艺，以及维系、传承发扬这门技艺的科学组织、规范和相应的社会基础"。[②] 有学者认为，科学传统分为有形的与无形的两类，前者包括"师承关系、研究经验和资料档案的积累、解决各种难题的窍门、各种科研规章制度的建立，等等，还包括在各种书本和论文中很难找到的还原重大科学发现过程的口述真实历史"；后者包括"科学精神、学术规范、学风、科研成果评价、学术争鸣，等等"。[③] 也有学者认为科学传统"包括科学的价值原则、方

① 罗伯森 P. 玻尔研究所的早年岁月[M]. 北京：科学出版社，1985：155.
② 郝刘翔，王扬宗. 科学传统与中国科学事业的现代化[J]. 科学文化评论，2004，1(1)：18.
③ 朱邦芬. 庆祝王明贞先生百岁寿辰：兼谈科学传统的重要性[J]. 物理，2005，34(12)：935.

法论原则、研究规范及行为规范”，并认为“先进的科学传统由一流的研究传统、优秀的科学价值观和行为规范组成”。[①] 关于研究传统，美国科学哲学家劳丹(L. Laudan)认为是科学共同体关于外部世界的本体论承诺和关于科学认识的方法论承诺。对于自然科学而言，科学传统与学术传统并无本质区别。综合而言，学术传统是指一个科学家群体在科研活动中所遵守和传承的各种规则，包括学风、治学精神、科学理念、研究风格、学术规范、工作方法、价值判断、规章制度等。这些约定俗成的规则，对学术共同体成员既具有规范性的约束作用，也具有潜移默化的影响。学术传统的养成要经历一个过程，需要学术权威的推动，也需要相应的制度维护。

优秀的学术传统需要一代代的科学家不断地传承和发扬光大。因此，由几代科学家或学术共同体构成的学术谱系及其所从事的科研活动，是体现学术传统的主要形式。科学家学术谱系是学术“家谱”，反映一个学科或学术群体中主要成员的学缘或师承关系、科学理论及学术思想的传承情况、学术传统的形成及发展过程。“谱系”概念源自“谱牒学”，是中国传统文化中家谱理论的一个概念，指以家族血缘关系构成的人群系统。我国素有修家谱之风。家谱或谱牒起源于商代，形成于西周，之后不断得到发展、完善。司马迁《史记·自序》说：“维三代尚矣，年纪不可考，盖取之谱牒旧闻，本于兹，于是略推，作《三代世表》。”司马迁说的“谱牒”，即指简单记录氏族宗族世系的簿册。谱是全面布列或记载同类事物，以便观览的一种文献形式。牒是古人用以书写的竹片、木片、簿册等。南朝刘勰在《文心雕龙》中说：“谱者普也，注序世统，事资周普。”这里说的就是家谱。明人方孝孺《族谱序》说得更为明白：“谱者，普也，普载祖宗远近、姓名、讳字、年号；谱者，布也，敷布远近，百世之纲纪，万代之宗派源流。……序得姓之根源，记世数之远近。”家谱有详有略，详细的家谱不仅记载具有同一血缘关系的宗族世系，而且有关于重要人物和事迹的陈述。谱牒学通过对于家谱的研究，揭示中国古代政治、道德、伦理、文化的发展变化情况。

科学家谱系类似于家族谱系，是具有同一师承关系或学缘关系的学术群体的世代传承体系。严格来说，科学家的学术谱系与科学家谱系是有所区别的，它虽然以科学家谱系为基础，但突出的是科学家群体对同一学术传统的传承关系。换言之，一些科学家之间虽有师生关系，但可以没有学术传统的传承关系，这样

---

① 乌云其其格，袁江洋. 谱系与传统：从日本诺贝尔奖获奖谱系看一流科学传统的构建[J]. 自然辩证法研究，2009，25(7)：57-63.

他们在学脉上可以构成谱系,但在学术传统上即构不成谱系。学术谱系不仅反映了科学家的师承关系,而且反映了学术传统的传承情况。

从自然科学和人文社会科学研究活动来看,一个学术群体,只要遵守和传承同一学术思想或理论,即可以形成一个学派,而不管其成员之间是否具有直接的师承关系,丹麦的哥本哈根学派即如此,中国古代的一些学派亦如此。先秦诸子中的主要学派都传延了几百年,其中儒家传延了千年以上,各派都有自己的学统和道统。同一学派的不同学者,生活在不同的时代,彼此之间并没有师生关系,但基本上都传承同一种学说、秉持同一种理念,如儒家之孔子、孟子、荀子,法家之李悝、商鞅、韩非子,道家之老子、庄子,等等。宋明理学在中国历史上延续了六百多年,情况也是如此。这些都体现了学派的特征。学派以对同一学术思想或观点的坚持为特征,与学术谱系有所不同。但有些学派的成员之间也有师承关系或者学缘关系,也有学术传统,因此也可以称之为学术谱系。

有学者认为,中国当代人文学术研究在一定程度上"陷入了一种谱系危机,无学统、无道统,根脉扭曲、错位,甚至断裂",这是人文学科只能引进国外的学说,而自己生产不出高质量成果的根本原因。20 世纪以来,中国"由于缺乏本土的基础,即缺乏本土的谱系内应,也就没有足够的自我转化和加工改造机制,致使后来的当代学术生产长久深陷'鹦鹉学舌'式的对西学生硬克隆的泥淖难以自拔,结果便是,引进归引进,中国照样没有属于自己的独特创建"。[①] 这种评价有一定的道理。中国在自然科学方面的研究状况也有一定的类似性。

20 世纪以来,我国在科学技术方面虽然取得了许多重要成果,但真正原创性的、在国际上有重要影响的成果不多,原始创新能力明显不足,造成这种状况的原因固然是多方面的,但其中一个重要原因就是中国缺乏自己优秀的学术谱系或学术传统做支撑。我国半导体物理学家朱邦芬院士认为,"随着经济实力的增强,科技投入大大增加,我国 13 亿人口中,有天分而又刻苦努力的人,不计其数,那么,为什么我国一直未能取得重要的科学研究成果呢? 我以为,除了科技成果的突现与投入之间的时间滞后效应外,还有一个关键因素——科学传统,它的重要性往往为人们所忽视"。[②] 针对这种状况,有学者指出:"移植近现代科学传统,以建立自主的学术传统,实现中国科学事业的现代化,既是赶超世界科学

---

① 杨矗.中国人文学术研究的谱系危机[J].上海师范大学学报(哲学社会科学版),2007,36(4):118-125.

② 朱邦芬.庆祝王明贞先生百岁寿辰:兼谈科学传统的重要性[J].物理,2005,34(12):935.

先进水平的必要条件,也是中国科学可持续发展的先决条件。"[①]基于我国科学界对于各种奖励的热衷,而对于培养科学传统的淡漠,有学者尖锐地指出,我国"关注诺贝尔奖更甚于关注先进科学传统的引进和重构,不能不说是一种本末倒置"。[②] 有学者认为,"政府、科学界、科学家自身如何共同努力,来传承学术谱系或者建立我们中国自己的学术谱系?这是一个非常严峻的挑战"。[③]

中国的物理学从 20 世纪初建立以来,上百年间,经过几代学者的共同努力,建立了完整的学科体系,取得了许多重要成果,而且形成了一个数量庞大的研究队伍。对当代一些著名物理学家的学术谱系进行梳理,分析谱系的结构及其学术传统内涵,总结谱系的特点、优势与不足,探讨形成这种状况的原因,不仅有助于认识这一学科的学术谱系构成状况,而且可以为我国未来物理学学术谱系的完善、人才培养以及学科发展提供一些启示。

物理学是一个大学科,有 10 余个二级学科,90 余个三级学科,研究的领域及方向则更多,因此难以对各个分支学科的学术谱系都做全面分析。本书从应用光学、激光约束核聚变、非线性光学材料、半导体物理、高能实验物理和理论粒子物理六个领域,选择一些有代表性的物理学家谱系作案例,对之进行梳理、分析和讨论,以期得出一些结论性的认识。

---

① 郝刘翔,王扬宗. 科学传统与中国科学事业的现代化[J]. 科学文化评论,2004,1(1):18.

② 乌云其其格,袁江洋. 谱系与传统:从日本诺贝尔奖获奖谱系看一流科学传统的构建[J]. 自然辩证法研究,2009,25(7):57-63.

③ 武夷山. 如何建立我们中国自己的学术谱系[OL]. http://news.sciencenet.cn/htmlnews/2010/9/237150.shtm?id=237150.

第二章　当代中国应用光学、激光约束核聚变及非线性光学家学术谱系

光学是物理学的一个重要分支学科，包含应用光学、非线性光学、量子光学、信息光学、激光物理等 10 余个三级学科，研究的领域很多。20 世纪是光学发展最为迅速的时期，无论是基础理论还是应用技术都获得了快速发展，取得了许多重要成果。据统计，自 1901 年设立诺贝尔奖至 2005 年，共有 49 位从事光学研究的科学家在 38 个年度中获得了诺贝尔物理学奖。因此，光学是 20 世纪物理学中最为活跃的领域之一。

20 世纪上半期，中国的光学仍处在培养人才和奠定基础的初期阶段。新中国成立之后，中国光学，尤其是应用光学进入了快速发展时期。1953 年，王大珩领导建立了中国科学院长春仪器馆(后成为长春光学精密机械研究所)，开始了中国应用光学的创业历程。半个多世纪以来，中国在应用光学领域取得了一系列重大科技成就，不仅满足了国防建设和国民经济发展的需要，也提升了中国在这一领域的国际地位。激光是 20 世纪 60 年代发现的一种高能量优质光源，利用其特殊性能实现约束核聚变，具有巨大的潜在价值。几十年来，我国在激光技术和激光约束核聚变研究方面，都取得了一些国际瞩目的成就。非线性光学晶体材料，在当代前沿科技领域具有重要价值。在这方面，我国也取得了一系列国际先进的技术成果。陈创天领导研制的新型深紫外非线性光学晶体 KBBF，是我国目前禁止向国外出售的高技术产品之一。

基于中国应用光学、激光约束核聚变、非线性光学材料三个领域所取得的突出成就，本章选择应用光学领域王大珩谱系、激光约束核聚变领域王淦昌谱系和非线性光学领域陈创天谱系为案例，探讨各个谱系的人才构成情况及学术传统特色。

第一节　王大珩应用光学学术谱系

王大珩是中国当代著名光学家，中国光学事业的主要开拓人之一。在长期的工作中，一批光学人才在他的直接指导下获得了硕士、博士学位，迅速成长为中国光学事业的建设者，蒋筑英（著名光学家）、曹健林（曾任科技部副部长）、姜会林（曾任长春理工大学校长）等就是这批光学人才的杰出代表。

然而，在探讨王大珩的学术传承时，在他直接指导下获得硕士、博士学位的光学人才并不能准确反映他的学术传承情况，因为更多的光学人才是他在长期的光学实践活动中培养出来的。20 世纪 50 年代，王大珩主持建立了中国第一个应用光学研究机构——中国科学院长春仪器馆（后更名为“中国科学院长春光学精密机械研究所”，简称“长春光机所”），在这里为中国培养了光学学科的第一批人才。这批人才中后来有 10 余位被评为两院院士，他们是王大珩在应用光学领域最早的学术传承人。这批人才中绝大多数从事的光学专业与他们在大学本科阶段的学习基本没有直接联系，其在光学方面的学术积累都是在王大珩指导下获得的。为了促进这批年轻应用光学人才的尽快成长，王大珩曾经开展了一系列学术和实践活动，对他们的学术成长起到了非常关键的作用。所以，这批人才可以看做是王大珩的学术传承人，而且他们确实也都把王大珩看做自己在应用光学学术领域的引路人和导师。

20 世纪 60—70 年代，随着中国国防建设对精密光学仪器的需求大幅增加，长春光机所已经难以单独完成国家所需的大批科研任务，为适应形势的发展，长春光机所的一批人才分赴西安、上海、合肥、成都等地建立了新的光学研究机构，在各地逐渐形成了新的研究团队。这些新的团队在王大珩早期培养人才的带领下也迅速成长起来。在长期承担国家各种大型光学工程项目工作中，这些人也曾直接或间接地受到过王大珩言传身教的影响，因此他们也可以被看做是王大珩的学术传承人。

与在王大珩直接指导下成长起来的那批具有学位的光学人才队伍相比，在长期光学实践中经他指导而成长出来的人才队伍更大，更能充分反映王大珩的学术传承情况。王大珩在应用光学领域做出了一系列重要贡献，因而被光学界称为

“中国光学之父”。[①②] 这些贡献中，也包括他对于大批应用光学人才的培养。

所以，在探讨王大珩的学术谱系时，不能仅从传统意义上的师承关系出发，而是应包括其在长期光学科研实践中培养出来的大批人才。这样才能全面反映其学术传承情况。目前，王大珩在科研工作中培养起来的这支应用光学队伍已经延续了数代，形成了一个结构庞大的学术谱系，并且具有鲜明的学术传统。

一、中国应用光学的发展历程

应用光学是光学的一个分支学科，是利用光学仪器来实现观测世界的一门技术科学。1608 年荷兰眼镜制造商李普塞(1587—1619)发明了第一架望远镜，随后伽利略(1564—1642)于 1610 年制造了放大率为 30 倍的望远镜，并观察到木星的四个卫星。1611 年，德国天文学家开普勒发表了《折光学》一书，并在此基础上设计了由双凸透镜组合的开普勒型望远镜，开辟了人类应用光学仪器观测世界的历史。受西方影响，中国也有学者制造过望远镜等光学仪器。明末学者薄珏是中国最早制造望远镜的学者，稍晚的孙云球则制造出了望远镜、察微镜等多种光学仪器，并在实际生活中有所应用。[③]

20 世纪初，军用望远镜、倒影测远仪、大炮瞄准镜等军用光学仪器被欧洲国家开发出来，并在第一次世界大战中发挥了重要作用，应用光学开始步入快速发展时期。基于光学仪器在军事方面所发挥的重要作用，中国政府有关方面开始有目的地发展这门学科，并于 20 世纪 30 年代专门派遣龚祖同、王大珩等人到欧洲学习应用光学。同时，严济慈、丁西林等少数留学西方的学者回国后也领导开展了一些应用光学方面的研究工作，这些活动为应用光学在中国的建立与发展打下了基础。新中国成立后，在王大珩的带领下，中国的应用光学学术队伍迅速成长起来，研制出了许多大型光学仪器，满足了国家在国防及民用等多方面的技术需求，为中国光学学科体系的建设做出了重要贡献。综观应用光学在中国的发展历程，大致可以分为以下四个阶段。

---

① 陈星旦，卢国琛，周立伟. 王大珩：新中国光学工程事业的奠基者、开拓者和组织者[G]//现代光学与光子学的进展：庆祝王大珩院士从事科研活动六十五周年专集. 天津：天津科技出版社，2003：7 - 18.

② 母国光. 王老于中国光学学会[M]//宣明. 王大珩. 北京：科学出版社，2005：63.

③ 戴念祖. 中国物理学史大系：光学史[M]. 长沙：湖南教育出版社，2001：383 - 386.

（一）奠基时期(1930—1949)

应用光学研究是现代光学建立与发展的主要推动力。20世纪初,军用望远镜、倒影测远仪、大炮瞄准镜、军用指南针等光学仪器面世,并在第一次世界大战中发挥了重要作用。战后,在军事需求和经济利益的驱使下,欧洲各国开始竞相发展自己的光学工业,至20世纪30年代,欧洲各军事强国都已建立起自己的光学工业体系,能够自行设计和生产各类军用光学仪器。因此,在军事应用的需求下,欧洲的应用光学研究迅速发展起来。鉴于军用光学仪器的重要性,中国政府也积极为军队配备各种光学仪器,但由于没有自己的光学工业,所有的仪器只能从国外进口。而且由于当时中国没有相应的应用光学人才,进口光学仪器的维护与保养在国内也无法进行。鉴于这种状况,民国政府开始有目的地选派人员到国外学习应用光学。在这样的背景下,王大珩、龚祖同等人被派往欧洲学习应用光学技术。

1938年,王大珩考取了中英庚款公费生资格,被派往英国学习应用光学理论和技术。在英国留学期间,他先在伦敦大学帝国理工学院攻读技术光学专业研究生,后为学习光学玻璃制造技术而转入谢菲尔德大学。1942年,为了学到当时处在保密状态的玻璃制造技术,他毅然放弃了即将获得的博士学位,到伯明翰昌司玻璃公司工作。在这家公司工作5年后,他于1948年回到了祖国。

龚祖同也是中国光学事业的奠基人之一。他于20世纪30年代初在清华大学攻读硕士研究生。当时,叶企孙先生看到庚款留美计划中设有应用光学学科,基于应用光学在国防事业中的重要作用,他即动员龚祖同报考这一科目。1934年,龚祖同考取了中美庚款公费生资格,最初计划去美国学习应用光学技术,后听从其导师赵忠尧的建议,改去应用光学技术更为先进的德国学习。留学德国期间,他潜心学习光学设计等基础理论,并经常到德国的光学工厂实习。这些活动为他日后回国从事应用光学研究打下了坚实的基础。1937年抗日战争爆发,因国内急需军用光学仪器及专业人才,龚祖同放弃了博士论文答辩,于1938年初回国。回国后,他即参与了我国第一个光学工厂——昆明兵工署22厂(也称昆明光学仪器厂)的组建工作,并开展了光学玻璃的熔炼研究,可惜当时没有取得成功。①

王大珩和龚祖同的欧洲留学经历为中国的光学事业奠定了基础。留学期间,他们不仅学到了应用光学方面的先进技术,同时也学习了一些关于光学仪器生产的管理知识。英国和德国光学工厂的运营管理经验也为中国开展应用光学

① 董烈棣.龚祖同[M]//中国科学技术协会.中国科学技术专家传略:工程技术编:自动化仪器仪表系统工程　光学工程卷1.北京:中国机械工业出版社,1997:13-20.

的相关研究及仪器生产提供了借鉴。英国昌司公司的运行模式是一种科研与生产相结合的高技术产业化模式。王大珩在这里工作了5年，他不仅掌握了玻璃生产的配方和关键工艺，为后来中国的第一炉光学玻璃的诞生打下了基础；更重要的是，他学会了一套组织光学工程研制的方法，为后来主持长春光机所的研究工作和组织大型光学仪器的研制打下了坚实的基础。[①] 王大珩说，昌司公司的工作经历使他"学会了一套从事应用研究和开发工作的思路和方法，特别是讲究经济实效的意识"。"这对我回国后从事新技术创业和应用研究的开发工作，有着深刻的意义"。[②]

抗日战争期间，北平研究院物理研究所的严济慈及钱临照在昆明领导开展了显微镜和军用光学仪器的研制工作，也培养了一批应用光学方面的技术人员。另外，德国蔡司公司在20世纪30年代为民国政府兵工署22厂培养了大约40多名光学技术人员。[③] 这些人员后来都在新中国光学的创业过程中发挥了重要作用。

中国虽然在这一时期有意识地发展应用光学事业，但由于多方面的条件限制，水平极其有限，只能制作一些简单的军用光学仪器，还不能自己熔炼光学玻璃，从事应用光学事业的人员（包括技术工人）仅有五六百人。

（二）创业时期（1950—1959）

新中国成立后，国家成立了专门从事应用光学研究的长春光机所，建立了几家光学工厂，同时，一些高校开设了光学仪器专业。这些工作为中国光学的快速发展奠定了基础。

这一时期对中国光学产生重要影响的事件是长春光机所的建立。1950年，鉴于科学仪器在国防建设和国民经济建设等方面的重要作用，政务院决定在中国科学院设立仪器馆。1953年，在王大珩的精心筹备下，中国科学院光学仪器馆在长春正式成立。1957年，长春仪器馆更名为中国科学院长春光学精密机械研究所（简称长春光机所）。仪器馆建立后不久，在王大珩的协助下，龚祖同带领研究人员成功熔炼出中国第一炉光学玻璃，为中国的光学事业奠定了重要的物质基础。

这一时期，长春光机所为中国光学做出的最大贡献是迅速培养了一批应用

---

① 王大瑜. 王大珩在英国昌司公司[M]//宣明. 王大珩. 北京：科学出版社，2005：145-146.

② 王大珩. 我的自述[M]//宣明. 王大珩. 北京：科学出版社，2005：11-16.

③ 罗永明. 德国对南京国民政府前期兵工事业的影响[D]. 合肥：中国科学技术大学人文学院，2010：99-100.

光学人才。为了迅速建立研究队伍，王大珩在全国范围内挑选了一批刚从高校毕业的大学生来长春从事应用光学研究。为促进这批人才的成长，王大珩对他们进行了理论和技术培训，先后举办过光学冷加工、光学设计、工程数学等研修班，举办过高真空技术、水平仪制造技术、显微镜、照相镜头、X射线探伤等一系列技术讲座，并从中选拔一些人到苏联等国家进修。王大珩最初的目标是把仪器馆建成"东方的蔡司工厂(德国著名光学工厂)"，[①]因此，他十分注重研究人员动手能力的培养，通过应用光学实践活动提高他们的学术水平。基于这种认识，他在建馆之初就和龚祖同一起带领刚毕业的大学生们开始试制一些简单的光学仪器，继而试制显微镜、水平磁力仪及材料试验机等仪器。

1958年，为迎接国庆十周年，长春光机所的研究人员研制出了电子显微镜、高温金相显微镜、多臂投影仪、大型光谱仪、万能工具显微镜、晶体谱仪、高精度经纬仪、光电测距仪等八种代表性的精密仪器和一系列新品种光学玻璃(号称"八大件，一个汤")。通过这些活动的开展，长春光机所的研究人员在光学设计与检验、光学工艺、光学镀膜以及光学计量测量等基础技术方面打下了坚实的基础，学术水平得以迅速提高。

到20世纪50年代末，一支训练有素的应用光学研究队伍已经在长春光机所建立起来，初步具备了光学设计与检验、光学材料制造、精密技术应用等专业基础，为60年代的大型光学工程研究奠定了重要基础。

在王大珩、龚祖同的指导下，唐九华、陈星旦、邓锡铭、王之江、干福熹、姜中宏、刘颂豪、林祥棣、姜文汉、姚骏恩、潘君骅、母国光等一批专业人才迅速成长，成为中国光学事业建设的中坚力量。他们被王大珩称作中国自己培养的"科班人才"，为我国应用光学事业的发展做出了重要贡献。

这一时期，浙江大学和北京工业学院(北京理工大学前身)等高校设立了光学仪器专业，长春光机所建立了专门培养应用光学人才的长春光机学院。与此同时，国家还建立了国营298厂、248厂、208厂、上海光学仪器厂等光学工厂，这些单位也培养了一大批从事光学工程的技术人员，为后来建立的上海光机所和上海技术物理所以及其他地方的光学机构输送了大量技术骨干。

(三) 建设时期(1960—1978)

这一时期，中国的光学事业虽然也受到了"文化大革命"的影响，但在国防光

① 王之江访谈录音，录于2008年11月2日，上海光机所王之江院士办公室。

学工程项目的推动下，光学研究队伍仍然迅速壮大，并在大型光学工程研究方面取得了一些重要成果。

从 1960 年代起，随着我国“两弹一星”研制工作的开展，光学仪器成为这些科研活动中必不可少的仪器设备，因此，相关的光学技术与光学工程研究成为中国光学重点发展的领域。1960 年，为配合中程导弹的研制，国家向长春光机所下达了研制大型光学跟踪电影经纬仪的任务，用来测量中程导弹飞行的弹道轨迹，为评定制导系统精度提供技术数据，以及获取成像电影记录。

1962 年，为了满足原子弹研究的需要，国家批准成立了中国科学院西安光学精密机械研究所(简称“西安光机所”)。该研究所建立后，承担的首项任务是研制观测核反应堆热室的潜望镜和记录核爆炸的高速摄影照相设备。

1964 年，为适应刚诞生不久的激光科学发展的需要，中国科学院成立了上海光学精密机械研究所(简称“上海光机所”)，开展了大能量激光器和高功率激光约束核聚变研究等工作。

1970 年，中国科学院建立了专门从事大气光学研究的安徽光学精密机械研究所(简称“安徽光机所”)。

1975 年，国家又批准成立了成都光电技术研究所(简称“成都光电所”)，专门从事大型精密光学设备的研制工作。

在这几个光学研究机构建立过程中，长春光机所都为它们输送了一些技术骨干。

这一时期建立的专业研究所还有从事红外技术与航天航空遥感研究的上海技术物理研究所、从事微光与光电技术研究的西安应用光学研究所、从事激光技术应用研究的西南技术物理研究所、从事红外技术和热成像技术研究的昆明技术物理所，这些都是中国科学院所属的研究所。此外，电子工业部(现信息产业部)也建立了从事红外和激光技术应用研究的 11 所、从事半导体技术研究的 13 所、从事 CCD 器件研究的 44 所，航天工业部也建立了从事激光、红外光电技术研究的 8358 所等。

众多专业研究机构的建立不仅拓展了中国光学的研究领域，使从事光学研究的专业队伍迅速壮大，而且取得了一系列的研究成果。以下几个方面是这一时期比较有代表性的成果。

1961 年，中国自主研制出第一台红宝石激光器，由此标志着中国激光科学的诞生。这台激光器仅比国外第一台激光器在时间上晚了 1 年多，且在设计理念、仪器结构等方面都有自己的创新之处，体现了中国光学科研人员的自主创新精神。

20世纪60年代，长春光机所研制成功的大型光学电影经纬仪也是中国应用光学研究的标志性成果，该装置的研制成功开创了我国研究大型光学仪器的历史，为后来的大型光学工程研究探索出了一套创新的组织形式。

西安光机所研制出了一系列高速摄影装置，很好地满足了核试验的观测需要。

此外，上海光机所进行的激光约束核聚变研究也处于当时的国际先进水平。

（四）发展时期（1979—2000）

进入20世纪80年代，国家加大了对于科学技术研究的投入，我国的应用光学也因此得到了快速发展。

为了加强应用光学的基础研究，国家先后在长春光机所等专业光学研究机构建立了国家或中国科学院所属的重点实验室，其中包括长春光机所的应用光学国家重点实验室、安徽光机所的激光光谱学实验室、上海光机所的高功率激光物理实验室、上海光机所的量子光学实验室、西安光机所的瞬态光学技术实验室、成都光电技术研究所的光学与精密机械新技术实验室、上海技术物理研究所的红外物理实验室、上海生物物理研究所的视觉信息加工实验室，等等。不仅如此，在国家有关方面的支持下，一批重点高校也迅速建立了一批专门从事光学研究的国家重点实验室，其中有中山大学的超快激光光谱学实验室、浙江大学的光学仪器实验室、山东大学的晶体材料实验室、华中理工大学的激光技术实验室、清华大学和吉林大学与中国科学院半导体研究所联合建立的集成光电子学实验室、重庆大学的光电技术与系统实验室、山西大学的量子光学实验室、中国科学技术大学的量子信息重点实验室，等等。

国家的大力支持加快了应用光学的迅速发展，各光学研究机构根据国家需要研制出了一系列新型精密光学仪器，如长春光机所研制出了“风云”系列气象卫星所需的遥感设备和“神舟”系列宇宙飞船所需的光学设备，西安光机所研制出了“嫦娥”登月计划所需的CCD立体相机和光谱成像等光学仪器，上海光机所建成了用于激光惯性约束核聚变研究的“神光”系列大型激光驱动器装置。这些高技术设备满足了国家在应用光学方面的特殊需要。同时，这些重点实验室的建设对健全中国光学的学科体系产生了巨大的推动作用，中国光学的许多新兴分支学科都是在这一时期得以形成并迅速发展的，其中包括非线性光学、纤维光学、强光光学、全息光学、自适应光学、X射线光学、天文及大型光学工程、激光光谱学、瞬态光学、红外光学、遥感技术、声光学、信息光学、量子光学等分支学科。

这一时期,光学与电子学、半导体技术结合产生了一门新的学科——光电子学。该学科诞生后,很快引起了信息领域的一次革命,光纤通信取代了传统的电缆通信,成为信息产业的主角之一,对当代科技和社会进步产生了巨大影响。为了适应这一学科和相关技术的发展,1987 年 1 月,中国成立了光学行业协会(后改名为中国光学光电子行业协会)。该协会目前有激光、红外、光学元件和光学仪器、光电器件、发光二极管显示应用、液晶以及激光全息 7 个分会,拥有注册团体会员 900 余个。中国光学行业协会的建立对中国光学应用技术的发展产生了积极推动作用。目前,我国已建成了几个各具优势的大型光学产业基地,如长春"光电基地"、武汉"光谷"、重庆"光电"、广州"光谷"、深圳"光子产业"等,这些光电技术产业基地为我国的经济发展和社会进步做出了积极的贡献。

人才队伍的迅速壮大是中国应用光学迅速发展的又一重要体现。到 1991 年,我国从事应用光学和光学工程研制的单位已有大、中型研究所和企业近 300 家,分布在中国科学院、教育部、机械工业部、电子工业部、航空航天工业部、兵器工业部等部门,从业人员约有 15 万人。同时,全国有 85 所高等院校设立了光学、光电及激光专业。[①]

随着专业的光学研究机构的迅速增多,中国光学的研究队伍不断壮大。1979 年 12 月,中国光学学会在北京成立,同时学会还成立了基础光学、工程光学、激光、红外与光电器件、光学材料、光学情报和光学科普等 7 个专业委员会和工作委员会。目前中国光学学会已发展成为拥有 17 个专业委员会的大型学术机构,由此也反映了中国光学的迅速发展状况。

进入 20 世纪 80 年代,光学的许多新兴分支学科都在中国建立,并得到了迅速发展,其中包括非线性光学、纤维光学、强光光学、全息光学、自适应光学、X 射线光学、天文及大型光学工程、激光光谱学、瞬态光学、红外光学、遥感技术、声光学、信息光学、量子光学等分支学科。此外,激光与物理学、化学、生物学、医学等相互渗透产生的许多交叉学科也在中国迅速发展起来,如激光物理学、激光等离子体物理、激光微观动力学、光化学、激光诱导荧光光谱学、激光生物学、生理光学、激光医学等。随着光学的诸多分支学科和交叉学科在中国的形成与发展,一个完整的中国光学的学科体系得以逐步建立起来。

目前,国际光学委员会(International Commission for Optics, ICO)根据各

---

① 王大珩.光学老又新 前程端似锦[M]//现代光学与光子学的进展:庆祝王大珩院士从事科研活动六十五周年专集.天津:天津科技出版社,2003:38-55.

个国家光学研究能力的大小分配其席位票数，在总共48个会员国(3个观察员国)中，美国拥有9票，俄罗斯6票，德国、法国、意大利、英国和日本各有5票，1987年加入到国际光学委员会的中国光学学会与加拿大、瑞典各有4票[①]。中国光学学会在国际光学委员会中的地位表明，中国光学经过50多年的发展，已经从几乎空白状态发展到处于国际上游的水平。

二、王大珩应用光学学术谱系的人员构成

从中国应用光学的发展历程看，长春光机所在创业时期培养的一批人才无疑是中国光学事业建设的中坚力量。据统计，长春光机所从20世纪60年代起先后援建、分建了国内其他研究机构近20次，有2 000多名科研、技术人员被派往全国各地，在北京、南京、上海、西安、成都、合肥等地建立了新的光学研究机构，完成了国家赋予的包括"两弹一星"相关技术在内的众多重大科研任务，从中成长出一批光学领军人才，为中国光学的发展做出了卓越的贡献[②]。王大珩作为长春光机所的创始人，在培养光学人才方面做了大量工作，这支研究队伍的成长深受他的学术影响。

（一）谱系结构

根据已形成的人才结构，这支应用光学队伍大致可以分为五代。留学欧洲专门学习应用光学技术的王大珩、龚祖同领导开创了中国的光学事业，他们是这支队伍的第一代；20世纪50年代跟随王大珩、龚祖同创业的大学毕业生是这支队伍的第二代；60年代大学毕业并在国家重大光学工程中锻炼成长出来的光学人才是这支队伍的第三代；80年代到2000年间中国培养的光学专业博士研究人员是这支队伍的第四代；2000年以后成长出来的人才是这支研究队伍的第五代。这支队伍的人才构成情况如表2.1所示。需要说明的是，由于这支光学队伍人数众多，难以将所有的人员都编入谱系表中，因此表中只列出了一部分具有代表性的人物，即前三代主要选取了两院院士，第四代主要选取这些院士在2000年前培养出的光学专业博士。

---

① 国际光学委员会官网 http://www.ico-optics.org/terr_comm.html.

② 中国科学院长春光学精密机械与物理研究所所志编委会.中国科学院长春光学精密机械与物理研究所所志[M].长春：吉林人民出版社，2002：16－17.

表 2.1 王大珩应用光学学术谱系表

第一代（留学海外的应用光学人才）	第二代（曾在长春光机所工作过的 20 世纪 50 年代毕业的大学生）		第三代（20 世纪 60 年代毕业的大学生）	第四代（2000 年前培养的博士）
	单位	姓名	姓名	导师与培养的博士名录
王大珩（1951—1983） **龚祖同**（1951—1962） **注**：括号内为在长春光机所工作时间，右列同	长春光机所	**陈星旦**（1952 年至今） **唐九华**（1951—2001）	**王家骐** **蒋筑英**（王大珩 20 世纪 60 年代的硕士生）	**王大珩**：樊仲维、孙德贵、徐左（清华大学）、王海明、曹健林、唐玉国、李放、胡以华（安徽光机所）、于劲、赵文兴、廖江红、高宏刚、姜会林 **陈星旦**：王占山（上海光机所） **唐九华**：崔岩、郝德阜
	上海光机所	**邓锡铭**（1952—1964） **干福熹**（1952—1964） **王之江**（1952—1964） **姜中宏**（1953—1964） **刘颂豪**（1951—1964）	**徐至展** **林尊琪** **范滇元**	**邓锡铭**：顾敏、朱健强、郭弘、陈惠龙、王春、李学春、谢兴龙、钱列加、文国军、沈小华、丘悦、毛宏伟、华仁忠、许发明、张筑虹、章辉煌 **王之江**：朱俊彪、耿纪宏、郑天水、李世芳、赵永华、吴周令、梁毓骅、刘杨华、周常河、马建、汤雪飞、赵强、王鹏、黄羽、周烽、向世清、梁丰、钱秋明、丁志华、魏在福、王占山、韦春龙、程维明、杨少辰、封碧波、张雨东、沈琪敏、徐梁、陈基忠、肖纲要、马国欣、陈小刚、沈爱东、吴亚明、沈晋汇、廖严、殷立峰 **干福熹**：陈海燕、尹津龙、刘慧民、陈红兵、门丽秋、夏海平、陈启婴、李光明、周勇、罗涛、丁勇、潘佩聪、李运奎、刘惠勇、阮昊、姜淳、李晶、梁志坚、徐建华、王劼、刘建华、周国清、王荣、薛松生、崔捷、范建平、胡丽丽、徐军、张立鹏、唐福龙、王豪、张强、颜海波、陈一竑 **姜中宏**：吴云、雷宁、丁勇、韩聚广、张勤远、胡文涛、叶辉、胡丽丽 **徐至展**：朱佩平、王中阳、姚关华、江志明、马锦秀、陈荣清、金石琦、李儒新、邓建、杜春光、李学信、屈卫星、王益民、程亚、张令清、杨莉松、雷安乐、曾贵华、肖体乔、李传东、徐冰、宋向阳、陈敏、李跃林、樊立明、王晓方、盛政明、胡素兴、陆培祥、余玮 **林尊琪**：陈柏 **范滇元**：陈惠龙、杨军、张全慧、王韬、高艳霞、徐世祥、黄宏一、张华、刘忠永

（续表）

第一代 （留学海外的应用光学人才）	第二代 （曾在长春光机所工作过的20世纪50年代毕业的大学生）		第三代 （20世纪60年代毕业的大学生）	第四代 （2000年前培养的博士）
	单位	姓名	姓名	导师与培养的博士名录
王大珩（1951—1983） **龚祖同**（1951—1962） **注**：括号内为在长春光机所工作时间，右列同	成都光电所	**林祥棣**（1956—1973） **姜文汉**（1960—1973）		
	西安光机所	**薛鸣球**（1956—1981）	**侯洵** **牛憨笨**	赵卫 **龚祖同**：郭里辉 **侯洵**：王力鸣、魏志义、杨志勇、杜力、叶彤、常增虎、姚保利、贾炜、梁振宪、赵尚弘、杨建军、米侃、范文慧、杨滨、张书明、胡巍、关义春、云峰、庄奕琪、方学信、龚平、李相民、王晓亮、阎兴隆、郭里辉 **薛鸣球**：高瞻、高万荣、李晖、相里斌、丁福建、郝云彩、陈烽、李庆辉、肖文、陈少武、殷功杰、周绍光、王大勇、杨建峰、朱传贵、安葆青、孙传东、阮航、傅晓理、李春芳、谢治军（中国科学院上海冶金研究所） **牛憨笨**：李淑红、屈军乐、高峰、郭金川、李冀
	安徽光机所	**刘颂豪**（1951—1964）	**龚知本**	刘文清 **龚知本**：赵凤生、李明、李运钧、袁仁民、王英俭、董凤忠、张寅超、陈红兵、袁斌、饶瑞中、冯岳忠 **刘颂豪**：詹明生、金天峰、钟钦、胡义华、鲍晓毅、张冰、王卫乡、王安、蔡继业 刘伟平（华南师范大学）、杜戈（华南师范大学）
	北京科学仪器厂	**姚骏恩**（1952—1964）		

（续表）

第一代（留学海外的应用光学人才）	第二代（曾在长春光机所工作过的20世纪50年代毕业的大学生）		第三代（20世纪60年代毕业的大学生）	第四代（2000年前培养的博士）
	单位	姓名	姓名	导师与培养的博士名录
王大珩(1951—1983) **龚祖同**(1951—1962) **注：**括号内为在长春光机所工作时间，右列同	南京天文仪器厂	**潘君骅**(1952—1980)		
	南开大学	**母国光**(1956—1957)		**母国光：**孙颖、黄亚楼、王许明、申金媛、林列、陈自宽、王国利、刘维一、廖伟民、李庆诚、籍小宏、杨建文、童卫兵、方晖、路明哲

如前所述，谱系结构表2.1中的学术传承关系并不具有传统意义上的师承关系。如谱系中第二代光学人才与王大珩、龚祖同之间没有严格意义上的师生关系，但他们的成长过程确实受到了王大珩、龚祖同的指导，在工作实践中得到过他们长期的言传身教，确实是王大珩、龚祖同的学术传承人。毕业于20世纪60年代的第三代光学人才，他们多数人没有在长春光机所的工作经历，是跟随早期在长春光机所工作过的第二代光学人才在参加国家急需的光学工程实践中成长起来的，与第二代之间同样不具有传统意义上的师承关系，与王大珩、龚祖同也不具有传统意义上的师生关系。然而，由于王大珩一直指导、参与国家各种大型光学工程研究项目，他们在从事这些项目过程中仍然会经常亲身感受到王大珩的言传身教，所以他们亦受到了王大珩学术传统的影响。表中的第四代光学人才基本是在王大珩以及第二、第三代光学家指导下获得博士学位的研究人员，他们与导师之间具有传统意义上的师承关系。

需要说明的是，有些从事光学工程研究的专家并没有参与博士生的培养工作，因此表中相关栏目是空白的，但如同王大珩、龚祖同20世纪五六十年代在工作实践中培养了大批光学人才一样，他们在具体的光学工程实践中也培养了大量人才，这些信息是该表所不能反映出来的。

王大珩的学术影响，可以由如图2.1所示的学术谱系结构予以直观展示。需要说明的是，由于王大珩对中国光学的影响深远，上述学术谱系结构图同样不能将受到其学术影响的光学人才全部收入。结构图收入的主要是王大珩在光学工作实践中培养出来的一部分人才及其传承者，内容虽不全面，但能基本反映王大珩在应用光学方面的学术影响及传承情况。

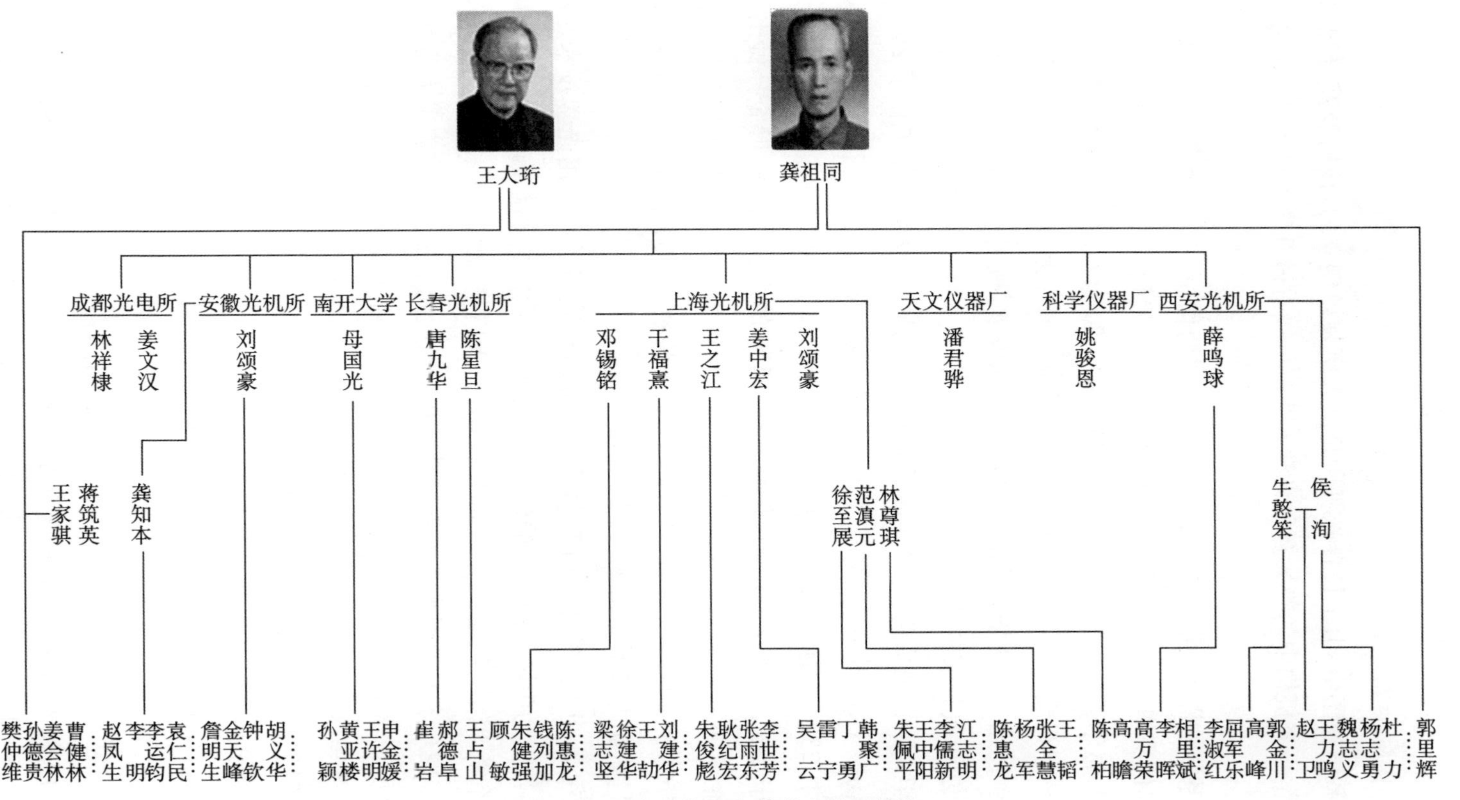

图 2.1　王大珩应用光学学术谱系结构

（二）代际关系

在谱系结构图中，由于长春光机所是王大珩领导创立的，该所及其分建、援建的各光学研究机构中的绝大多数光学人才都可以看做其学术谱系的有机组成部分。

在谱系结构图中，第一代是王大珩、龚祖同两位院士。这两位先生都是20世纪30年代清华大学物理系的毕业生，是在老一代留学西方的物理学家叶企孙、吴有训、赵忠尧等先生的教导下成长起来的。20世纪三四十年代，清华大学物理系的教学和科研水平在全国大学物理系中名列前茅，培养出了一批物理学人才。叶企孙先生对清华大学物理系的建立和发展，做出了重要贡献。他严谨的治学态度，求真务实的研究风格，对学生产生了重要而深远的影响。从1925年筹建清华大学物理系到1952年院系调整，叶企孙在清华物理系工作了28年，培养出了杨振宁、李政道、王淦昌、钱伟长、钱三强、朱光亚、周光召、邓稼先等众多著名人才，23位“两弹一星”功勋奖章获得者中有半数以上是他的学生，王大珩也是其中之一。因此，在中国现代科学技术事业的建立过程中，叶企孙做出了他人无法企及的贡献，他可以被看做是中国当代科学技术多个学术谱系的共同源头。清华大学物理系不仅向龚祖同和王大珩传授了物理学知识，也培养了他们的基本科研能力和治学精神。

20世纪30年代，龚祖同和王大珩先后被派往欧洲学习应用光学技术。留学归来后，他们为中国应用光学的建立和发展做出了重要贡献，因此他们两位可以作为这个学术谱系的第一代。50年代初，王大珩受命组建了长春光机所，组织领导了中国众多的大型光学工程建设。在长期的光学实践中培养了大批光学人才，他理所当然是中国光学的开拓者和奠基人。在长春光机所的早期发展阶段，龚祖同领导熔炼了中国第一炉光学玻璃，指导并参与了长春光机所早期的应用光学仪器的试制研究，对50年代毕业的那批光学人才的成长产生了积极影响，也是中国光学事业的开拓者和奠基人。

20世纪50年代大学毕业被分配到长春光机所跟随王大珩、龚祖同创业成长出来的这批学者是这个谱系的第二代。这批学者中多数人本科学习的并非光学专业，他们在长春光机所接受了王大珩、龚祖同系统的专业理论及技术培训，后在长期的应用光学研究实践中逐步成长为这一领域的领军人物，被王大珩称作中国光学的“科班人才”。谱系图选取了13位两院院士作为这批人才的代表。

他们是:一直在长春光机所从事光学工程研究的陈星旦、唐九华,1964 年分建上海光机所时到上海专门从事激光研究的邓锡铭、王之江、干福熹、姜中宏和刘颂豪(后又在安徽光机所、华南师范大学工作),1973 年分建成都光电所去四川大邑从事大型光学工程研究的林祥棣、姜文汉,20 世纪 60 年代到北京科学仪器厂从事电子显微镜研究的姚骏恩,到南京天文仪器厂工作的潘君骅,80 年代到西安光机所承担领导工作并从事高空摄影技术研究的薛鸣球,以及在南开大学工作的母国光。

谱系的第三代选取了 7 位院士和王大珩在 20 世纪 60 年代培养的研究生蒋筑英作为代表。其中 7 位院士是:西安光机所的侯洵、牛憨笨,上海光机所的徐至展、范滇元、林尊琪,长春光机所的王家骐,安徽光机所的龚知本。侯洵在西安光机所建所之时开始跟随龚祖同开展高速摄影技术研究,徐至展、范滇元、林尊琪三人则长期跟随邓锡铭从事激光约束核聚变研究,王家骐大学毕业后一直在长春光机所从事光学工程研究,龚知本则于 1971 年到安徽光机所从事大气光学研究,牛憨笨于 1978 年到西安光机所从事超快诊断等方面的研究。与谱系的第二代相比,他们多数是 60 年代毕业的大学生,虽没有在长春光机所的工作经历(王家骐例外),但是在长春光机所分建的几家光机所从事国家急需的光学工程研究,而王大珩一直是国家大型光学工程的组织者、领导者,他们的学术成长受到过王大珩的学术影响,所以他们被编入到这个谱系的第三代。(侯洵 1959 年大学毕业,因没有在长春光机所工作的经历,且从事应用光学研究的时间是 60 年代,所以被编入到第三代。)

改革开放后,长春光机所及其分建、援建的光学研究机构中一大批青年光学人才迅速脱颖而出,这批人才可以看做王大珩应用光学谱系的第四代。被编入谱系图的学者主要是前三代光学家培养的博士研究人员。这其中有曾任长春光机所所长的曹健林(导师王大珩)、曾任长春理工大学校长的姜会林(导师王大珩),上海光机所前任所长朱健强(导师邓锡铭)和现任所长李儒新(导师徐至展)、西安光机所前任所长相里斌(导师薛鸣球)和现任所长赵卫、成都光电所现任所长张雨东(导师王之江)。需要说明的是,部分长期从事大型光学工程研究的光学家在博士培养方面的数据为零,这并不意味他们在人才培养方面没有贡献,他们正如早年的王大珩一样,也在长期的光学实践中培养出了大批人才,这是本表所不能反映出来的。

三、王大珩应用光学学术谱系的学术传统

由于这支应用光学研究队伍是在王大珩精心培养下成长起来的,深受其学术思想的影响,在具体的应用光学研究实践中继承并发扬了他的学术风格,因此形成了优良的学术传统。2000 年,王大珩在回顾中国应用光学的发展历程时说:"几十年来,我国的光学之所以作出成绩,是因为每个部门的优良学风代代相传,造就了一支特别能战斗的、具有极强凝聚力的优秀科研队伍。这支队伍无条件地听从指挥和调度,相互支持、相互帮助、协同作战,体现了大科学团队的精神。"[①]这是王大珩自己对这支学术队伍所具有的优良学术传统的高度评价。回顾这支队伍的成长历程及主要工作,可以将其所形成的学术传统归纳为以下几个方面。

(一)服从国家需要的爱国精神

这支学术队伍自建立之始就承担着为国家研制急需光学仪器的任务。20 世纪 60 年代初,为配合"两弹一星"研制工作的需要,长春光机所承担了大型光学电影经纬仪的研制任务,西安光机所承担了高速摄影装置的研制任务。60 年代中期,上海光机所开始了高功率激光约束核聚变的研究。70 年代成立的成都光电所的第一个任务就是为国家研制 160 数字式电影经纬仪。80 年代以来,长春光机所承担了"风云"气象卫星、"神舟"宇宙飞船中的精密光学仪器的研制任务,西安光机所承担了"嫦娥"登月计划中的 CCD 立体相机和光谱成像仪的研制任务,上海光机所承担了"神光"系列激光约束核聚变驱动器的研制任务,等等。在从事国家急需的精密光学仪器研制工作中,研究人员表现出了报效国家的强烈责任感和使命感,这是这个学术谱系所具有的最鲜明的特点。

20 世纪 30 年代,被派往欧洲学习的王大珩、龚祖同,为了能够为国家学到更多的应用光学技术,主动放弃了博士学位等许多个人利益,这实际上即表现出了他们面临国家需要时的责任感和使命感。新中国成立后,这种报效国家的责任感和使命感被王大珩作为培养和考查人才的首要标准。他认为,一个人是否能够成才,最关键的个人素质有两个方面:"一是理想是否远大,二是是否有使命

---

① 王大珩. 中国光学发展历程的若干思考[M]//宣明. 王大珩. 北京:科学出版社,2005:37 - 46.

感、热忱和激情。"①

王大珩的言传身教，使后辈弟子养成了服从国家需要的优良传统，这种报效国家的使命感在这支队伍中得到了充分发扬。为了满足国家对光学仪器的研制需要，长春光机所几次承担分建、援建任务，大批研究人员被无条件地派往新的研究所接受新的艰巨任务。他们毫无怨言，在新的岗位上做出了重要成绩。1964年，为发展我国的激光事业，邓锡铭、王之江、干福熹、刘颂豪、姜中宏等一批科研人员被派往上海创业，开展大功率激光器和大能量激光器的研制工作。1973年，林祥棣、姜文汉等被派往位于四川大邑县的成都光电所，开展了190、191、192弹道相机工程、778光电跟踪工程和全自动判断仪、自适应光学设备的研制工作。在新的环境中，他们无条件地接受国家赋予的艰巨任务，克服重重困难，努力完成各项任务，始终表现出一切服从国家需要的高尚情操。

以林祥棣、姜文汉在成都光电所的创业为例。他们初到四川时，研究所的建设地点被安排在大邑的一个山沟里。在这样的艰苦条件下，他们毫无怨言地服从国家的安排，以很大的热情投入工作，从厂房布置、设备订购到背土运砖，什么都干，很快在山沟里建成了一个大型光学设备研究基地。更为困难的是，他们还面临为适应国家需要而转变自己的研究方向的问题。姜文汉后来在总结自己的工作经历时写道："我的科研经历是一个适应国家需要而不断改行的过程。我一生中有过3次重大改行经历，大学学的是铸造工艺和设备专业，第一次改为精密机械专业，第二次改为光电工程专业，第三次改为现在的自适应光学专业。每一次改行都是一个适应国家和社会发展需要的过程，也都带来新的活力和机遇。"②他的后两次改行都是在成都光电所完成的。姜文汉在长春光机所主要从事精密机械研究，初到四川，他承担了弹道相机系统的研究任务，经历了研究方向的第二次改行。1979年，在我国开拓自适应光学研究过程中，他又经历了人生的第三次改行。领导成都光电所科研人员艰苦创业的林祥棣在纪念王大珩90诞辰时写道："我知道王老始终将国家经济发展、社会发展和国家安全的需要放在心中，将研究所的发展紧紧地和国家的这些需求联系在一起，这是他一贯的思想。长春光机所就是在他这种指导思想下得到迅速发展壮大的。我想作为长春光机所的三线研究所，毫无疑问也应该遵循这一思想去发展。正是在王老这

① 王大珩. 中国光学发展历程的若干思考[M]//宣明. 王大珩. 北京：科学出版社，2005：41.

② 姜文汉. 把握事物本质　客观分析问题[M]//卢嘉锡. 院士思维：4卷. 合肥：安徽教育出版社，2001：451-465.

种思想指导和影响下，光电所30多年来一直以解决国家重大需求为己任，以承担国家重要研究任务为荣，先后出色完成了许多国家重点科研任务，而研究所也在研究实践中培养了科技人才，扩大了科技队伍，在科技水平上得到极大提高。30多年的实践证明，王老指导我们走上的是一条研究所正确的、快速发展的道路。”①林祥棣的这段话是对成都光电所的科研队伍继承和发扬服从国家需要的爱国精神传统的最好总结。

目前，这种报效国家的责任感和使命感已经传扬到第四代光学人才身上。例如，上海光机所前任所长朱健强，1993年博士毕业时，非常希望出国深造，并且也获得了这样的机会。但当时上海光机所接到了“神光Ⅱ”装置的研制任务，朱健强被安排负责激光放大器的研制工作，在国家的需要面前，他毅然放弃了出国深造的机会，全身心投入到“神光Ⅱ”的研制工作中。他在回忆这件事时说：“当时出国留学，是许多人梦寐以求的选择，我也同样得到了这样的机会。但当个人利益和集体利益的冲突出现在我面前时，我想起了自己担负的沉重责任，最终选择了留所工作，全身心地投入到‘神光Ⅱ’装置的研制工程中。”②而在“神光Ⅱ”的研制过程中，他的导师邓锡铭和装置总工程师范滇元院士为这项研究甘于奉献的精神，使他深切感受到“个人的奋斗应当融入到国家的需求中去”。③ 因此，在工程研制阶段，他几乎放弃了所有的休息时间和节假日，放弃了与家人团聚的时间，全力投入到这项工作，成功地解决了激光放大器设计中的一系列关键技术难题，为“神光Ⅱ”装置的研制做出了重要贡献。

再如，西安光机所前任所长相里斌，1997年博士后出站时，曾经有某一大型企业邀他加盟，并为他提供了非常优厚的待遇，但他最终选择了服从国家需要，继续留在西安光机所工作。1999年，他在已办好所有出国手续即将出国进修的情况下，在得知自己被任命为西安光机所常务副所长后，又毅然放弃了出国的机会，担负起研究所所赋予的重要职责④。

还有成都光电所所长张雨东，1997年放弃了自己原来从事的专业，毅然从

---

① 林祥棣. 王大珩先生与光电所[M]//宣明. 王大珩. 北京：科学出版社，2005：66－67.

② 郑千里，刘丹. 朱健强：神光照耀理想更璀璨[M]//白春礼. 扬帆科技海洋. 北京：科学出版社，2010：66－72.

③ 生命因“神光”而灿烂：记中国科学院上海精密机械光学研究所朱健强研究员[M]//上海市委组织部. 上海领军人才. 上海：文汇出版社，2009：88－92.

④ 相里斌2007：五四奖章标兵[M]//何岩，谭铁牛. 科学春天里的年轻人. 北京：科学出版社，2009：234－240.

福建搬到了四川大邑这个偏远之地，改行从事自适应光学领域的相关研究。

所有这些都体现了新一代的光学人才继承和发扬了老一辈光学家服从国家需要的优良传统。

（二）“一竿子”的科研模式

从20世纪60年代起，这支研究队伍陆续承担了国家急需的大型光学仪器的研制任务。通常情况下，科研机构只负责光学仪器的设计等技术研究任务，而仪器的生产是由专门的工厂来承担的。但大型光学精密仪器的需求量相对很少，不能形成规模化生产，一般工厂不愿承担这样的生产任务。更为关键的是大型精密仪器的技术要求高，工艺难度大，一般工厂也不具备这样的生产能力。同时，由于要研制的是高档精密设备，技术上的综合性极强，从方案论证、技术攻关到造出产品，有许多问题是相互交叉、难以分割的，如果把研究和制造分开，仪器的许多微妙精细的结构难以构造出来，装置的功能也很难达到设定的目标。为了有效地完成国家急需的精密光学仪器研制任务，这支队伍采取了一种独特、高效的科研方式——“一竿子”的科研模式，即“研究所接受任务后，从预研、方案论证与设计、研制试验、装调监测指导到制造出产品，全部由研究所来承担”①。

这种科研模式是在长春光机所研制大型光学跟踪电影经纬仪的过程中开创的。大型光学跟踪电影经纬仪是中程导弹飞行试验所需的光学弹道测量系统，仪器重达7吨以上，涉及光学、精密机械、自动控制等许多学科，要求能对弹道轨迹进行远距离跟踪记录、测量角坐标，并同时摄取导弹姿态。面对这样的任务，绝大多数研究人员认为长春光机所只要负责完成其中的关键技术设计即可，整台装备的制造应由其他工厂来完成。王大珩则从这套装备的制造涉及的科学知识多、综合性强、技术难度大等特点出发，认为采取“一竿子”到底的研制模式更为合适。② 这种模式是产业部门的做法，是王大珩根据自己在英国昌司工厂的工作经验提出来的，在当时中国科学院的研究所系统内根本没有这种科研方式。为了满足这台大型光学设备生产加工的需要，长春光机所合并了长春机械所，建立了0308工厂（长春光机所实验工厂），进口了一些精密机床，经过5年半的艰

① 王大珩. 中国光学发展历程的若干思考[M]//宣明. 王大珩. 北京：科学出版社，2005：41.

② 王大珩. 发扬自主开发的创新精神：回忆150工程的研制[G]//母国光. 现代光学与光子学的进展：庆祝王大珩院士从事科研活动六十五周年专集. 天津：天津科学技术出版社，2003：103－104.

苦奋斗，顺利完成了这台大型光学仪器的研制任务，由此开创了中国研制大型光学设备的历史。

虽然采取“一竿子”的科研方式是当时面对大型光学设备研制的一种应急措施，但实践证明这是一种有效的大型设备研制模式。这支队伍后来陆续承担了大量国家急需的大型光学精密仪器的研制任务，如 2.16 米天文望远镜、“风云一号”气象卫星遥感光学设备、第一代红外热像仪、激光核聚变装置、皮秒条纹相机、自适应光学装置等，都采用了这种模式。经过不断的完善和总结，“一竿子”的科研模式也逐渐发展成为这支研究队伍的最具特色的研究传统。

例如，我国自适应光学的一系列装置就是在姜文汉带领下采用“一竿子”的模式研制出来的。自适应光学是 20 世纪 70 年代末诞生的一门新学科，其基本思想是：通过实时探测和校正动态光学波前误差，使光学系统克服外界干扰，始终保持良好的性能。这门学科最初是美国军方在应用光学实践中创立的，但由于具有独特的军事应用价值，其关键技术一直处于保密状态。70 年代末，姜文汉领导开展这项研究时，研究人员从未见过自适应光学装置，研制工作只能采取“一竿子”的形式，从熟悉科学原理到加工仪器部件，一切都自己动手。经过一段时间摸索，他们很快完成了关键器件——变形反射镜的研制，继而完成了第一套自适应光学实验装置——七单元线列自适应光学系统的闭环试验，从而掌握了自适应光学的基本技术。在此基础上，他们为“神光Ⅰ号”激光核聚变装置建立了一套激光波前校正系统，在世界上首次采用自适应光学系统校正激光核聚变装置中激光系统的静态误差，并于 1985 年取得了成功。可以说，不采用“一竿子”科研模式，将前期技术研究与后期设备加工分离，我国的自适应光学技术是很难在短时间内发展起来的。成都光电所新一代的领军人物张雨东在继承姜文汉自适应光学技术研究的基础上，开展了人眼视网膜成像自适应光学系统的研制，在这一新开拓的领域同样采取的是“一竿子”的科研方式，完全依靠自己研究团队研制出了小型 19 单元和 37 单元两套自适应光学系统，使我国成为继美国之后第二个能够研制出这种系统的国家。

实践证明，“一竿子”的科研模式非常符合我国的光学工程研究，已经成为我国这类研究项目的主要组织形式，在我国当代光学工程研究工作中发挥了巨大的作用。实际上，把“一竿子”这种产业部门的做法引入中国科学院的科研系统，本身就是一种科研体制的创新，非常适合高技术应用的科研活动。今天，这种做法得到了进一步的肯定，被中国科学院纳入到了“一院两制”的科研开发体系之中。“一竿子”的做法通常也是原子弹、氢弹研制等大型科研工程所采用的有效组织形式。

（三）自力更生的创业精神

20 世纪 50 年代初，王大珩、龚祖同领导一批刚毕业的大学生在长春光机所创业之时，中国连开展应用光学研究所需的基本物质——光学玻璃都不能生产，应用光学基本处于空白状态。1953 年，借助王大珩在英国昌司公司工作时获得的玻璃生产配方，龚祖同领导一些年轻人才炼制出了中国的第一炉光学玻璃，由此开创了中国应用光学自力更生的发展道路。从最初研制一些简单的光学仪器，到后来研制第一台红宝石激光器，再到后来承担国家急需的大型光学精密设备研制，研究人员始终坚持自力更生的优良传统。

长春光机所的研究人员在 20 世纪 60 年初研制第一台红宝石激光器时，中国的工业基础非常薄弱，激光器所需的各种器件都是研究人员自己动手做出来的。例如，作为泵浦光源的脉冲氙灯的制作，当时在中国不仅没有工厂生产氙灯，连氙气也没有工厂生产，所用氙气是新中国成立前一家工厂遗留下来的；而制作氙灯所需的 20 多种过渡玻璃，是研究人员砸碎了一个从商场买来的硬玻璃盘后混合而成的；20 多种过渡玻璃的焊接完全是靠技术人员的双手完成的。实验所用的红宝石本来是用于制作轴承的，由于杂质较多，其加工也花费了研究人员的很大精力。种种事实表明，在第一台红宝石激光器的研制过程中，研究人员充分发扬了自力更生的创业精神。[①]

20 世纪 60 年代长春光机所研制的大型跟踪电影经纬仪是重达 7 吨，涉及光学、精密机械、自动控制等多种学科的大型仪器。虽然研究人员此前已研制成功一些简单的光学精密仪器，但基本上是依靠双手制作出来的。接受这项任务的研究人员，既没有研制这种大型装备的经验，也没有现成的国外大型仪器提供借鉴，能提供参考的只是国外文献中的一般性描述和外形照片，因此困难程度是难以想象的。抱着“国防是买不来的，……只有靠自己”[②]的信念，王大珩带领 600 多名研究人员，历时 5 年半，完全依靠自己的技术力量，圆满完成了这项艰巨任务。由于当时中国的精密加工技术还非常落后，研究人员在加工支撑整台装置实现 360 度旋转的端面滚动轴承时费尽了周折。该部件直径接近 2 米，要

---

① 陈崇斌，孙洪庆. 历尽艰辛　锐意创新：中国第一台红宝石激光器的研制[J]. 中国科技史杂志，2009(3)：347－357.

② 王大珩. 中国光学发展历程的若干思考[M]//宣明. 王大珩. 北京：科学出版社，2005：42.

求轴承面的平面度偏差在 2 米直径内低于 3～5 微米。面对这样大的加工部件、这样高的精度要求，此前单纯依靠双手研磨的技术工人根本不可能完成这样的任务。经过反复思考后，王大珩提议，将一台立式车床进行改装，把研磨部件放在该车床的转盘上以保证有足够的稳定性；同时在立式车床旁装一台牛头刨床，利用刨床刀架的往复直线运动拉动工件来研磨轴承。就是利用这样非常原始的加工方法，研究人员顺利完成了端面滚动轴承的加工工作。[①] 其实，端面滚动轴承的加工仅仅是研究人员自力更生研制这台大型光学设备的一个案例。正是这些工作培养了长春光机所研究人员自力更生和顽强拼搏的精神，并且在以后的科研工作中，研究人员自觉地保持和发扬了这种精神传统。

20 世纪 80 年代，上海光机所在建造用于激光核聚变研究的大型装置“神光Ⅰ”时也充分发扬了自力更生的优良传统。研究人员完全依靠自己的力量研制出处于国际先进水平的大型激光核聚变装置，这个装置采用国产元件、材料、组件的比例超过了 99.5%。

英国剑桥大学卡文迪什实验室是在国际科学界最有影响的实验室之一。该实验室的一个优良学术传统就是“自己动手制作实验仪器”。[②] 该实验室在 1930 年之前所用的仪器几乎都是该室研究人员自己根据研究工作需要而发明制造的，如云室、质谱仪、计数器、加速器等。该实验室从建室之初就把研究目标定位在探索自然科学的前沿领域，因而社会上难以提供研究所需的仪器设备，这就决定了研究人员必须自己动手制作实验仪器。卡文迪什实验室的几任主任都充分肯定“自己动手做”这一传统在人才培养和科学研究方面所发挥的重要作用和产生的深远影响。加速器的发明者考克饶夫即说过：“‘自己去做’的原则，是卡文迪什实验室取得那么多重大成功的重要传统之一。”[③]

王大珩领导的这支光学队伍在应用光学方面取得的成就虽然不能与卡文迪什实验室取得的重大科学发现相提并论，但在中国则是开创性的重要成果。他们从事的科研活动，有些属于光学领域的前沿研究，有些是西方国家严密封锁而我国国防建设又迫切需要的大型光学精密设备研究，这都需要发挥自己动手制作的本领，与卡文迪什实验室“自己动手制作仪器”的学术传统非常相像。而且，这种自己动手做或者自力更生的传统在具体的科研实践中确实发挥了重要作

---

① 王传基，王永义. 王大珩先生与“两弹一星”[M]//宣明. 王大珩. 北京：科学出版社，2005：77－80.

② 阎康年. 卡文迪什实验室：科学革命的圣地[M]. 保定：河北大学出版社，1999：410－412.

③ 阎康年. 成功之路[M]. 广州：广东教育出版社，2006：291.

用，产生了许多具有中国特色的创新成果。例如，中国研制的第一台红宝石激光器就在结构上有自己的创新之处，外形采用球形结构，而不是美国梅曼采用的椭球结构；氙灯采用直管式，而不是梅曼采用的螺旋状氙灯，总体效率比梅曼的要高很多。再如 20 世纪 80 年代“神光Ⅰ”激光核聚变装置的建造，研究团队在建设之初就设定了装置全部采用国产器件的目标。由于我国的整体技术水平与国际先进水平尚有差距，有些器件的加工达不到装置的技术要求。例如，为了保证光束质量，国外同类装置要求大口径光学元件表面的平度达波长的 1/20，但中国当时的光学加工能力很难达到这样的要求。在这种情况下，研究人员创造性地提出了采用补偿方法来解决这种加工上的困难，继而又将自适应光学技术引入高功率激光系统。事实证明，补偿方法非常适合中国光学加工能力与国际水平尚有一定差距的国情，成为中国自主创新的有效手段。通过不断的实践，研究人员针对中国国情，认为我们不宜通过追求光学材料、元件和器件的尽善尽美来达到系统总体的高质量，而是要在单元器件技术水平中等的条件下，通过主动补偿的技术途径使得这个设备的总体水平达到或接近国际同类水平。在此基础上，研究人员提出了“三大补偿”、“四项探索”的创新性设想，并在实践中发挥了很好的效果。这也是自力更生精神的一种充分体现。

（四）严谨的科学态度

由于大型光学工程涉及很多学科，参与人员众多，面对这样高度复杂的研究任务，承担每一个单元研制任务的人员都必须具有非常严谨的科学态度，在确保每一个单元的研制都准确无误的前提下，才能保证整个工程的总体成功。

王大珩本人做事非常严谨，被后辈称为“谦虚和严谨的楷模”。[①] 姜会林是王大珩 20 世纪 80 年代指导的一名博士生。就在他准备进行博士论文答辩时，王大珩发现其论文引用美国学者的一个观点存在问题，即让姜会林自己进行计算验证。而完成这个论证工作大约需要半年时间，姜会林急于毕业答辩，就查找了大量支持该论点的论文，希望能让王大珩改变看法，同意其进行答辩。但王大珩坚决不同意，他说：“你不要看有很多美国人在理论上都这样说，就人云亦云。事实上，学术界常有不负责任地引用论点的情况。看到一篇文章中有了结论，就不肯自己再去费力证实了。大家都图省事把现成的拿来引用，结果造成一错再错的情况。科学是严谨的，容不得丝毫的怠惰。在科学上面没有任何捷径可走，

---

① 干福熹. 谦虚和严谨的楷模[M]//宣明. 王大珩. 北京：科学出版社，2005：70.

只能老老实实地去做。”[①]无奈，姜会林只好老老实实从头论证，经过大半年的计算，结果发现那个观点确实有问题。后来，姜会林根据这个发现撰写的论文被美国出版的《光学领域100年来公差方面最有建树的60篇论文》收录。

在平时的工作中，为培养研究人员的严谨科学态度，王大珩身体力行，为后辈做出了表率。20世纪70年代初，王大珩在组织安徽光机所和长春光机所在大气光学方面的一项合作研究时，亲自主持召开项目研讨会，亲自做开题报告，亲自对项目的原理、工程、技术进行分析，“甚至于对会上形成的纪要都作了逐字逐句的修改补充”[②]。他的严谨学风给项目研究人员留下了深刻印象，并对他们以后的研究工作产生了深远的影响。在指导一些大型光学工程研究时，王大珩更是从不放松对研究人员的要求。林尊琪院士在回忆王大珩指导“神光Ⅱ”大型激光核聚变装置的研制时就这样写道：“对待科学问题，王老的态度向来是严肃认真、一丝不苟的。在解决神光Ⅱ技术关键问题中，他要求我们把每一项工作都做到位，绝对不能急于求成，急功近利。他要求研究工作和工程工作都要坚持高标准、高水平，绝不能偷工减料，自己骗自己；跨越式的发展一定是建立在踏实工作、深入掌握科学规律本质的基础上的。”[③]

在王大珩的言传身教下，这种严谨的科学态度已经传扬到第四代光学人才身上。2002年，西安光机所相里斌小组承担了我国第一颗“环境与灾害监测预报小卫星”中的空间调制干涉光谱成像仪的研制任务。2007年，他们对即将交付的设备进行出所前的最后一次振动实验，发现指向摆镜与遮光罩有轻微相碰的现象。他们初步认定这个现象的产生是由于设备的限位块尺寸有误造成的。当时，这项研制工作已经进行了5年，大量的实验已经证明这台设备工作性能非常可靠，而且已到交付使用的最后关头，因此有人认为，这点小毛病不影响整体质量，没有必要小题大做。但是，相里斌本着认真负责的精神，决定一切从头开始，对所有的部件重新进行认真检测。经过两个多月的紧张工作，他们终于发现了问题所在，在卫星上天前解决了所有问题。由此充分表现了他们严谨的科学态度。

由于这支应用光学研究队伍的学术传统内涵非常丰富，以上总结的仅是其

---

① 马晓丽. 光魂[M]. 北京：解放军出版社，1998：217.

② 龚知本，荀毓龙. 王老与我国现代大气光学的建立与发展[M]//宣明. 王大珩. 北京：科学出版社，2005：61-62.

③ 林尊琪，朱健强. 大珩先生与激光惯性约束聚变事业[M]//宣明. 王大珩. 北京：科学出版社，2005：55-56.

中的一部分，尚有许多传统有待发掘。例如，这支研究队伍在从事大型光学设备研制过程中所形成的团结协作精神就是很重要的一条。大型光学设备的研制，由于技术精度要求高，结构复杂，涉及光学、机械、电子等众多学科，参与研制的人员很多，例如20世纪60年代长春光机所研制大型光学电影经纬仪时有600名研究人员参与、80年代参与上海光机所“神光Ⅰ”装置研制的人员有300多人，这就需要每个研究人员既要自己认真负责，又要相互协作，因此必须具有很好的团队精神。几十年来，这支光学队伍完成了一项又一项大型光学工程的研制任务，为国家安全和经济建设做出了重大贡献。这些成就的取得，与众多研究人员的团结协作是分不开的。

晚年，王大珩用“面向需求、务实求是、传承辟新、寻优勇进”16个字对自己的科研生涯进行了总结。这16个字也准确地表达了王大珩应用光学学术谱系所具有的优良传统。

四、王大珩应用光学学术谱系的形成原因

综观王大珩应用光学学术谱系的形成过程，其发展壮大有客观因素的推动，更源于自身的不懈努力。

（一）庚款留学政策的调整

王大珩应用光学学术谱系能够形成，首先应归功于20世纪30年代庚款留学政策的调整。

19世纪中叶后，中国开始有意识地派遣青年学子到欧美发达国家学习现代科学技术知识。早期规模比较大的留学活动有1872年开始的幼童官费留美、“甲午战争”失败后的大规模留日以及利用美国退还的庚子赔款的清华学校留美等。庚款留美从1909年开始，最初的计划要求80%的留学生要学习理工科，目的是为国家培养一批专业的科技人才。不过，学生可以根据自己的兴趣自主选择留美学校及专业，这样就难以保证学生所学专业完全与国家目标一致。

1933年，国民政府对留学政策进行了调整，力求改变以往留学活动效果不佳的状态。针对当时影响最大的庚款留学，教育部作了一些非常严格的规定。比如，规定留学生在国外学习的科目通常是国家急需发展的一些学科，并不允许留学生中途改变其所选学科；规定只有在校研究生或大学助教才有资格报考这

种留学考试，等等。这次调整留学政策的目的是为国家培养一批高层次人才。同年开始的中英庚款留学与庚款留美活动都严格遵守了这样的留学政策。[①]

留学政策的调整对中国现代科学技术的发展产生了积极影响，许多学科就是依靠这批留学人才回国后建立起来的。由于应用光学在军事活动中发挥着越来越重要的作用，因而也成为当时中国急需发展的学科之一。在这种背景下，龚祖同和王大珩先后被选派到国外学习应用光学技术，由此为应用光学在中国的建立与发展奠定了基础。

依靠中英庚款的资助，王大珩在英国学习了10年，不仅学到了急需的应用光学技术，掌握了玻璃的制造秘方，也学会了一套从事应用研究和开发工作的思路和方法，为开创中国的应用光学事业打下了基础。因此，国家留学政策向培养急需专门人才目标的调整为中国开创应用光学事业提供了契机，王大珩在英国的学习为其应用光学学术谱系的形成和发展打下了坚实基础。

（二）国家任务的推动

国家对大型光学仪器的迫切需求为我国应用光学学科的发展和人才成长提供了动力。以王大珩为首的这支光学队伍，正是在主动服务于国家需求的过程中逐渐发展壮大起来的。

20世纪30年代，王大珩、龚祖同为适应国家应用光学学科发展的需要，自愿去欧洲留学。在欧洲留学期间，为了国家需要，他们牺牲了许多个人利益。比如，王大珩为了去昌司公司学习英国当时保密的玻璃制造技术，主动放弃了即将到手的博士学位。之所以做出这样的决定，是因为“当时在中国，光学玻璃这个领域不是落后，而是空白！中国根本就没有光学玻璃！”[②]经过昌司公司5年多的学习和工作，王大珩不仅掌握了玻璃的制造技术，还学到了一套新技术开发与应用的组织管理方法，为开创中国光学事业打下了基础。

50年代，为满足国民经济和国防建设对光学仪器的需要，王大珩领导建立了中国科学院长春仪器馆。在这里，在王大珩、龚祖同的指导下，一批年轻的光学人才试制或研制了一批精密光学仪器，学术水平得以迅速提高，迅速成长为中国光学事业建设的主力军。

60年代，随着我国的国防建设对光学仪器需求的迅速增加，大批科研人员

---

① 萨本栋. 教育部令清华继续考选留学生以后[J]. 独立评论，1933(59).

② 王大珩. 七彩的分光[M]. 长沙：湖南少年儿童出版社，2000：116.

无条件服从国家需要，分赴全国各地开展应用光学研究，学术队伍也得以迅速发展壮大起来。1961 年，为满足了国家中程导弹试验的需要，王大珩在长春光机所领导开展了大型电影经纬仪的研制工作。1962 年，为研制原子弹试验所需的光学仪器，龚祖同率领一部分研究人员分赴西安，在西安光机所开展高速摄影研究。1964 年，为适应激光科学发展的需要，邓锡铭、王之江、干福熹等研究人员分赴上海，开展高能激光、高功率激光等方面的研究。1973 年，为了支援国家“三线建设”，林祥棣、姜文汉等分赴四川大邑，建立了成都光电所，专门进行大型光电仪器的研制。1970 年，一批科研人员又在合肥开展了大气光学的专门研究。

大批光学人才正是在国家下达的重大任务锻炼下迅速成长起来的。例如，20 世纪 60 年代在长春光机所参加过大型电影经纬仪研制任务的研究人员中，先后有唐九华、陈星旦、姜文汉、林祥棣等被评为院士；上海光机所邓锡铭领导的激光约束核聚变研究队伍则成长出了邓锡铭、徐至展、范滇元、林尊琪四位院士。与之同时，光学各相关学科也是在国家任务的推动下得以迅速发展，各研究机构都建立了各具特色的优势学科，例如西安光机所的瞬态光学、上海光机所的激光科学的多分支学科、安徽光机所的大气光学、成都光电所的自适应光学等。因此，王大珩把“以任务带学科，学科和人才在实践中成长”作为中国光学迅速发展的一条主要经验。

（三）科研实践的锻炼

应用光学研究以研制出实用的光学仪器为目的，研究人员的能力只有通过大量的实践活动才能得到有效提高。王大珩本人在英国留学期间，曾经亲身熔炼过 300 多埚玻璃，从而掌握了玻璃的制造技术。因此，他对实践在应用光学人才成长中所发挥的重要作用有着非常深刻的认识。王大珩认为：“人才一靠培养，二靠锻炼。……培养人才需要环境，需要好的研究方向，需要有任务去锻炼，需要有时间去探索。”[①]他强调，人才“最主要还是要通过实践来培养，只有在实践中才能深入理解并体会到当中最微妙的地方，也才能进行创新。做好这些，自然才能做学术带头人，不是仅仅听老师讲就能体会到的。看中几个苗子固然重要，但环境和实践锻炼则更加重要”。[②]

---

① 王大珩. 中国光学发展历程的若干思考[M]//宣明. 王大珩. 北京：科学出版社，2005：42.

② 李鸣生. 世纪老人的话：王大珩卷[M]. 长春：辽宁教育出版社，2000：129.

基于对实践活动的这种认识，在长春光机所建所初期，王大珩即想方设法为年轻人才布置任务，创造参加实践锻炼的机会，营造了一个适合年轻人才迅速成长的良好学术环境，使得年轻科技人员迅速成长起来。早期跟随王大珩在长春光机所创业的张礼堂在回忆中写道："王老注重在科研工作的基础性建设和人员的基本功训练方面下工夫。20 世纪 50 年代初期到仪器馆工作的青年科技人员，都被安排独立承担科研项目，辅以 1～2 名实验员，开展了光学经纬仪……研制工作。不管工作条件如何简陋，一经落实，就各司其职，负责到底，从单元技术到完整的仪器、装置，要如期、优质完成。就是这种扎实、有序、严格的训练，使许多科技人员基本功打得很好，为以后科学工作奠定了坚实基础。"①

在王大珩的有意安排下，跟随其创业的年轻人都得到过大量实践的锻炼，从而得以很快成为中国光学建设的骨干力量。以从事工程光学研究的陈星旦为例，他 1953 年到仪器馆参加工作，在王大珩的安排下，最早负责水平磁力秤的研制，1956 年起负责温度计量研究，1958 年又开始进行红外辐射研究。关于这些工作经历对自己成长的帮助，陈星旦在回忆中写道："这些工作，都不属于同一学科，他(即王大珩)这样安排我，看来有些'杂乱'，但正由于那么早让我独立承担不同专业的科研任务，对我后来的发展起到了重要的、打基础的作用。"②正是有了这样多方面的实践锻炼，使得陈星旦在后来的科研活动中可以从容地应对各种艰巨任务。

再如中国激光事业的开拓者王之江院士，他开始从事光学设计工作时，由于缺乏实际操作经验，画出的设计图送到车间后，技术人员常常做不出来。"为了培养王之江的动手能力，使他懂得理论与实践结合的重要性，王大珩干脆把王之江放到车间锻炼了一年，让他老老实实地从磨玻璃开始，学会磨出自己设计的那几条线。"③通过这样的训练，王之江很快成为光学设计领域的专家，在主持中国第一台红宝石激光器的研制时创造性地设计出球形结构激光器，领导开创了中国的激光事业。

通过这种培养方式，王大珩训练出一批理论水平与实践能力兼备的应用光学人才，为我国应用光学的发展奠定了重要基础。实际上，这种以科研实践来培养人才的方式已经成为王大珩应用光学学术谱系最为有效、最为鲜明的学术传

---

① 张礼堂. 王老与仪器馆的创建[M]//宣明. 王大珩. 北京：科学出版社，2005：94 - 95.

② 陈星旦. 对大珩先生，我心怀感激[M]//宣明. 王大珩. 北京：科学出版社，2005：71 - 72.

③ 马晓丽. 光魂[M]. 北京：解放军出版社，1998：211.

承方式。在这样的培养机制下，许多年轻人才很早就被赋予重要任务，担当起重要职责，目的就是要他们历经科研实践的锻炼而迅速成长。所以，20 世纪 60 年代以后，随着国家对精密光学仪器的需求的增加，更多的应用光学人才通过参与国家下达的光学工程任务的实践锻炼而迅速成长起来。因此，采取以科研实践来促进年轻人才成长的人才培养模式，是应用光学人才快速成长的关键因素。

关于中国光学的发展历程，王大珩做过这样的总结："半个世纪来，我国光学的基础研究取得了长足的进步和令人瞩目的成就，但总体来说，大多属于跟踪性的创新，与发达国家相比原创性还有明显的差距，还存在急于求成的倾向。加上近年来，学术上的浮躁以及对基础研究的重视程度不够，在光学基础研究上，有些方面与国外的差距反而加大了。这应该引起我们足够的重视。"[①]在王大珩培养的一大批光学家的不懈努力下，我国的应用光学研究在满足国家建设需要的同时，也在国际上占有了一定的地位。在围绕国家任务开展工作的同时，不可避免地会在一定程度上忽视光学基础理论的研究，而缺乏足够的理论作支撑，最终会制约技术水平的提高。针对我国光学发展的不足，王大珩指出："开展跟踪国际科技动态和瞄准世界先进技术的研究，利于像我们这样科技基础比较薄弱的国家，是十分必要的。但中国是一个大国，理应像我们的先人一样，在各个领域应有自己的原始创新，为世界科学宝库做出自己的贡献，真正成为一个科技强国；因此，我们的科研院所在完成国家任务的同时，要十分注重基础研究和原始创新，在光学研究的前沿和理论创新上同样做出成绩来。"[②]

经过近 60 年的发展，在王大珩的影响下，中国已经建立了一支力量雄厚的应用光学科研团队，应用光学的发展水平也已接近国际先进水平，已经具备了从跟踪研究走向自主创新的能力，因此有理由相信，中国光学一定会在不久的将来全面赶上国际领先水平。

五、王大珩谱系代表人物学术小传

王大珩

王大珩（1915—2011），原籍江苏苏州，1915 年 2 月 26 日生于日本东京。光学家，中国科学院长春光学精密机械研究所研究员，中国科学院院士、中国工程

---

① 王大珩. 中国光学发展历程的若干思考[M]//宣明. 王大珩. 北京：科学出版社，2005：44.

② 王大珩. 中国光学发展历程的若干思考[M]//宣明. 王大珩. 北京：科学出版社，2005：44.

院院士。中国光学的主要学术奠基人、开拓者和组织领导者。1936 年毕业于清华大学物理系。1938 年考取中英庚款公费生资格到英国伦敦大学帝国学院物理系攻读技术光学专业研究生，1940 年获该校硕士学位。1941 年转入英国谢菲尔德大学师从特纳(W. E. S. Turner)攻读玻璃专业博士研究生，1942 年放弃博士论文答辩，进入伯明翰昌司玻璃公司工作。1948 年回到中国。20 世纪 50 年代，他领导创办了中国科学院仪器馆(后更名为中国科学院长春光学精密机械研究所)，领导该所研究人员炼制出我国第一炉光学玻璃、研制出第一台电子显微镜及第一台激光器，使该所成为国际知名的从事应用光学和光学工程研究的基地。60 年代起，王大珩领导研制了大型光学电影经纬仪等各种大型光学观测设备，为我国的应用光学事业做出了重大贡献。1986 年，他和王淦昌、陈芳允、杨嘉墀联名提出了发展高技术的“863”计划。90 年代，他与王淦昌联名倡议将激光约束核聚变研究列入“863”计划，由此促进了中国激光约束核聚变的研究。1992 年，他与其他五位学部委员倡议并促成了中国工程院的成立。由于贡献突出，他于 1985 年获国家科技进步特等奖、1994 年获首届何梁何利基金优秀奖，1999 年荣获“两弹一星功勋奖章”。他曾长期担任中国科学院长春光学精密机械研究所所长，曾任中国科协副主席等领导职务①。

龚祖同

龚祖同(1904—1986)，上海人。光学家，中国科学院西安光学精密机械研究所研究员，中国科学院院士。中国现代光学事业创始人之一。1930 年毕业于清华大学物理系。1934 年考取中美庚款公费生资格，赴德国柏林工业大学攻读应用光学专业，1936 年研究生毕业，随后在该校攻读工程博士学位，1937 年底完成论文。因抗日战争爆发，国内急需军用光学仪器及相关研究人才，他放弃博士论文答辩，于 1938 年初回国，参加了我国第一个光学工厂——昆明兵工署 22 厂(也称昆明光学仪器厂)的组建工作，研制出中国第一批军用望远镜。1953 年，他在长春光机所领导熔炼出中国第一炉光学玻璃。其后又陆续领导研制出中国第一台红外夜视望远镜、第一台电子显微镜、第一台高速摄影机等光学仪器，为中国的应用光学、光学玻璃、摄影光学、纤维光学等领域的发展做出了重要贡献。因在高速摄影仪器研制方面成就突出，1981 年，“高速摄影和光子学国际会议”

---

① 陈星旦，卢国琛，周立伟. 王大珩：新中国光学工程事业的奠基者、开拓者和组织者[M]//现代光学与光子学的进展：庆祝王大珩院士从事科研活动六十五周年专集. 天津：天津科技出版社，2003：7－18.

授予他光声成就奖(Photo-Sonics)。1985年,获国家科技进步特等奖。曾长期担任中国科学院西安光学精密机械研究所所长①。

唐九华

唐九华(1929—2001),原籍浙江绍兴,生于上海。光学工程总体设计专家,中国科学院长春光学精密机械研究所研究员,中国科学院院士。1951年毕业于上海交通大学机械工程系。20世纪50年代,负责研制成功光学测地经纬仪和自动记录红外分光光度计并推广至工业生产。60年代起负责研制成功多种大型光学跟踪测量设备和坐标基准传递设备,为中国飞行器测控技术作出了重要贡献。70年代后期把光学测控系统和光电仪器的设计经验总结成为总体设计的概念、理论和方法。发明了光学补偿定向仪新原理,并开辟了光学动态观察测试技术研究新领域。曾任中国科学院长春光学精密机械研究所所长②。

陈星旦

陈星旦(1927—　),湖南湘乡人。应用光学专家,中国科学院长春光学精密机械与物理研究所③研究员,中国科学院院士。1950年毕业于湖南大学物理系。20世纪60年代,在我国第一次核试验中,其研制的几种光冲量计均取得成功,被遴选为以后历次核试验必用的辐射测量设备。70年代,开拓短波(从真空紫外到软X射线)光学技术研究领域,主持研制真空紫外壁稳氩弧标准光源及稀有气体电离室标准探测器、软X射线Penning光源,双等离子体光源及真空紫外空阴极光源,提出开展软X射线多层膜及其配套技术的研究,在短波光学技术领域取得了一系列具有国际先进水平的成果,为后来承担的空间短波光学遥感仪器、同步辐射光束线、软X射线显微成像、软X射线空间望远镜、软X射线投影光刻等重大应用研究奠定了技术基础。90年代末至今,致力于近红外光谱技术与应用研究,先后研制了"三代"滤光片型近红外漫反射光谱分析仪。曾先后获1989年、1991年度中科院科技进步奖一等奖、二等奖,1995年国家科技进步

① 董烈棣.龚祖同[M]//中国科学技术协会.中国科学技术专家传略:工程技术编:自动化仪器仪表　系统工程光学工程卷1.北京:机械工业出版社,1997:13-20.

② 王永义.唐九华[M]//中国科学技术协会.中国科学技术专家传略:工程技术编:自动化仪器仪表卷2.北京:机械工业出版社,2001:170-175.

③ 原中科院长春光学精密机械研究所与长春物理研究所于1999年整合而成。

奖二等奖①。

王之江

王之江(1930—),江苏常州人,生于浙江杭州。激光科学专家,中国科学院上海光学精密机械研究所研究员,中国科学院院士。中国激光科学事业的主要开拓者之一。1952年毕业于大连大学工学院物理系。在光学设计方面,发展了像差理论和像质评价理论,形成了新的理论体系,完成了大批光学系统设计,如照相物镜系统、平面光栅单色仪、长工作距反射显微镜、非球面特大视场目镜、105#大型电影经纬仪物镜等。在激光科学技术方面,领导研制成功中国第一台红宝石激光器,并在技术和原理上有所创新。20世纪70年代,领导完成了高能量、高亮度钕玻璃激光系统的研制,解决了一系列理论、技术及工艺问题,对中国激光科学技术的发展起了积极作用。20世纪80年代,领导了中国"七五"攻关中激光浓缩铀项目。1987年获中科院科技进步二等奖;1997年获何梁何利基金科学与技术进步奖。曾任中国科学院上海光学精密机械研究所所长②。

邓锡铭

邓锡铭(1930—1997),广东东莞人。激光科学专家,中国科学院上海光学精密机械研究所研究员,中国科学院院士。中国激光科学事业的主要开拓者之一。1952年毕业于北京大学物理系。20世纪60年代,在国内首先提出开拓激光科技研究新领域,组织并参与研制成功我国第一台红宝石激光器,主持研制成功我国第一台氦氖气体激光器,独立提出激光器Q开关原理,发明了"列阵透镜",提出了"光流体模型"。自1965年起,领导开展了中国激光约束核聚变研究,组织建成了具有国际先进水平的"神光"装置,并利用该装置在惯性约束核聚变、X光激光等高科技前沿领域取得了一系列国际一流的研究成果。曾获国家科技进步一等奖、中科院科技进步特等奖等奖励。曾任中国科学院上海光学精密机械研究所副所长③。

---

① 林章豪.百年同济 百名院士[M].上海:同济大学出版社,2007:15-16.

② 中国科学院上海光学精密机械研究所官网 http://www.siom.cas.cn/jggk/lyys/.

③ 中国科学院上海光学精密机械研究所官网 http://www.siom.cas.cn/jggk/lyys/.

干福熹

干福熹(1933—),浙江杭州人。光学材料、非晶态物理学家,中国科学院上海光学精密机械研究所研究员,中国科学院院士。1952 年毕业于浙江大学化工系。1956 年赴苏联科学院师从 A. 阿本学习玻璃的基础理论,1959 年获苏联科学院硅酸盐化学研究所副博士学位。1957 年组织建立了我国第一个光学玻璃试制基地,研制出了一系列耐辐射光学玻璃。20 世纪 60 年代,从事激光玻璃的发光特性研究,研制出掺钕激光玻璃。70 年代,对过渡元素及稀土离子在玻璃中的光谱及发光性质、玻璃的光学常数及外场作用下的非线性性质、玻璃的物理性质变化规律等进行了系统研究,建立了一套完整的关于无机玻璃性质的计算体系。80 年代开始从事光存储的相关研究,研制出了可擦重写新型光盘。曾获全国科技进步二等奖、中国科学院科技进步一等奖等多项奖励。1997 年获何梁何利基金科学和技术进步奖。2001 年获国际玻璃协会终身成就奖。曾任中国科学院上海光学精密机械研究所所长①。

姜中宏

姜中宏(1930—),广东广州人,生于广东台山。无机非金属材料专家,中国科学院上海光学精密机械研究所研究员,中国科学院院士。1953 年毕业于华南工学院化工系。长期从事光学材料研究。先后研制成功三种强激光用钕玻璃材料,分别用于"神光Ⅱ"和"神光Ⅲ"装置。在理论研究中,根据混合键型玻璃形成特性,首次提出使用相图热力学计算法,实现了玻璃形成区的半定量预测。采用连续相变方法推导出非对称不溶区。经过对于玻璃结构的相图模型研究,提出了玻璃是由最近邻的同成分熔融化合物的混合物构成理论,据此可以计算玻璃中的基团及硼配位数的比例。将热力学反应判据用于清除白金机理研究,通过预测计算,找到了合适的工艺条件。曾获国家科技进步奖一等奖 1 项、二等奖 2 项,中国科学院特等、一等、三等及重大成果奖各 1 项②。

侯洵

侯洵(1936—),陕西咸阳人。光电子学家,中国科学院西安光学精密机械

① 中国科学院上海光学精密机械研究所官网 http://www.siom.cas.cn/jggk/lyys/.
② 中国科学院上海光学精密机械研究所官网 http://www.siom.cas.cn/jggk/lyys/.

研究所研究员，中国科学院院士。1959年毕业于西北大学物理系。1979年8月至1981年11月在英国帝国理工学院物理系进修学习。长期从事瞬态光学方面的研究工作，参与过核试验、激光约束核聚变以及其他一些重大基础性研究项目。在高速摄影领域，研制了8种变像管高速摄影机，使中国的超快现象诊断的时间分辨率提高了6个量级，响应范围覆盖红外至软X射线整个波段，为提高中国的高速摄影技术做出了重要贡献。在靶场测量方面，首创转移阴极与冷、热铟封技术，最先研制出双近贴聚焦像增强器，提出利用激光照明、干涉滤光及像增强器技术来解决快、暗、小目标测量难题，提高了新一代靶场光测设备的工作性能。在透射式负电子亲和势GaAs阴极及场助Ⅲ-Ⅴ族光阴极与第三代像增强器研制方面开展了一些开创性工作，发明了钯银氧铯阴极，为中国的光电器件和夜视技术的发展做出了贡献。1985年获国家科技进步特等奖，其后又获国家科技进步二等奖2项、三等奖3项，获中科院科技进步一等奖3项、二等奖4项。1999年，获何梁何利科技进步奖。曾任中国科学院西安光学精密机械研究所所长①。

林祥棣

林祥棣（1934—　），江苏南通人。光电技术与工程专家，中国科学院成都光电技术研究所研究员，中国工程院院士。1956年毕业于浙江大学光学仪器专业。在长期的大型光电工程研制实践中，发展了光电跟踪测量系统的误差分析方法并建立了数学模型，提出光电扫描交会测量时不同步误差的实时校正法、交会测量多目标的相关判别法和用空间目标的亮度变化判别其性质法，提高了我国光电测量的技术水平。在低温光学系统研究领域，他领导研制的光学仪器在100K低温环境下能保持其成像质量接近衍射极限。1985年获国家科技进步特等奖，此外还获得中国科学院科技进步一等、二等和三等奖5次。曾任中国科学院成都光电技术研究所副所长②。

姜文汉

姜文汉（1936—　），浙江平湖人。光学技术专家，中国科学院成都光电技术

---

① 许靖华，顾方舟. 何梁何利奖：1999[M]. 中英文本. 北京：中国科学技术出版社，2000：138-140.

② 中国科学院成都光电技术研究所官网 http://sourcedb.ioe.cas.cn/cn/rck/200908/t20090806_2332251.html.

研究所研究员，中国工程院院士。中国自适应光学学科的开拓者。1958 年毕业于哈尔滨工业大学铸造工艺和设备专业。早年从事大型光测设备研究，在精密轴系理论和技术、固定式光学测量系统等方面做出了开创性工作。1979 年，在我国开拓自适应光学研究新领域，之后建立了整套基础技术并研制出多套具有国际先进水平的自适应光学系统，其中有：用于“神光”高功率激光装置的“19 单元波前校正系统”，属于国际同类装置中最先使用；“21 单元自适应光学系统”，使我国成为世界上第三个实现星体目标实时校正成像的国家；与北京天文台合作建立的“2.16 米望远镜红外自适应光学观测系统”，使我国拥有了世界上为数不多的实用近红外波段的自适应光学观测系统；37 单元和 61 单元两套自适应光学系统已分别实现水平和斜程大气湍流补偿，获得的校正效果在国际上尚未见报道。曾获国家科技进步奖特等奖 1 项、二等奖 2 项、三等奖 2 项，获中国科学院科技进步奖特等奖 1 项、一等奖 6 项、重大科技成果一等奖 1 项，国防科工委科技进步奖一等奖 1 项①。

薛鸣球

薛鸣球（1930—　），江苏宜兴人。应用光学专家，中国科学院西安光学精密机械研究所研究员，中国工程院院士。1956 年毕业于浙江大学光学仪器专业。长期从事光学仪器和光学系统设计研究工作。1958 年研制了我国第一台高精度经纬仪，1959 年研制了我国第一台大口径高倍率观察望远镜。1967 年负责设计了我国第一代遥感卫星使用的高质量光学系统。在地对空摄影光学系统研制中，解决了高级色差的校正、减少中心遮拦和防止杂光、便于工艺实现等问题，促进了我国各种大型靶场光学测量设备的发展。20 世纪 70 年代，主持电影物镜与电视摄像镜头的设计工作，为我国摄影光学系统研究打下了坚实的基础。80 年代，开展航天遥感的光学系统设计，领导研制出实现普查与详查两用的新型摄影光学系统。曾获国家科技进步奖特等奖、中国科学院重大科技成果奖等奖励。曾任中国科学院西安光学精密机械研究所所长②。

---

① 李庆春. 哈工大走出的光电专家：记铸造专业毕业生中国工程院姜文汉院士[M]//吴建琪. 哈工大人：总第 11 辑. 哈尔滨：哈尔滨工业大学出版社，2007：175－178.

② 中国科学院西安光学精密机械研究所官网http://sourcedb.opt.cas.cn/zw/zjrc/ys/200907/t20090722_2134001.html.

母国光

母国光(1931—2012),辽宁锦西人。光学家,南开大学教授,中国科学院院士,第三世界科学院院士。1952年毕业于南开大学物理系。长期从事光学和应用光学研究,在白光光学图像处理、光学模式识别、机器视觉、褪色胶片的彩色恢复、彩色胶片的档案存贮、黑白片作彩色摄影和显示、菲涅耳全息和串码滤波的三维目标识别、假彩色编码以及光学神经网络模式及其在识别中的应用等方面都提出过重要的新概念和新技术,发展了现代光学信息处理理论。设计并研制出多种新型光学仪器和器件,如白光光学图像处理系统、彩色电视显像管涂屏用光学校正镜、防空预警雷达信号的光学投影系统、锥轴深椭球冷反光镜等。曾获国家自然科学三等奖、1998年何梁何利基金科学与技术进步奖等奖励。曾任南开大学校长①。

潘君骅

潘君骅(1930—),江苏常州人。应用光学专家,中国科学院南京天文仪器研制中心研究员,中国工程院院士。1952年毕业于清华大学机械工程系。1956—1960年在苏联科学院普尔科沃天文台学习天文光学,获副博士学位。长期从事光学仪器的研制工作。20世纪50年代,在留学苏联期间提出了大望远镜二次凸面副镜新的检验方法,并在苏联6米望远镜和我国60厘米望远镜及2.16米望远镜的研制过程中得到实际应用;60年代,在大型靶场光学设备的研制中建立了一套光学加工和检测技术;在各种光学非球面的设计、精密加工及检验方法方面进行了深入研究,解决了光学加工中的一些关键性技术难题;70年代起在中国科学院南京天文仪器厂工作,领导研制出"2.16米光学天文望远镜"。90年代,研制了多种特殊非球面光学仪器和设备。曾获国家科技进步一等奖、三等奖,中国科学院科技进步一等奖、二等奖等奖励②。

姚骏恩

姚骏恩(1932—),上海人。电子物理学家,北京航空航天大学教授,中国工程院院士。我国电子显微镜研制和发展的主要开拓者之一。1952年毕业于

---

① 南开大学官网 http://it.nankai.edu.cn:8080/itemis/Teachers/Introduce.aspx?TID=mugg.

② 江苏省人事厅.江苏留学回国人员风采录[M].南京:河海大学出版社,2006:22.

大连工学院(现大连理工大学)物理系。长期从事电子显微镜的研制工作。20世纪50年代末设计并主持完成我国第一台大型透射电子显微镜的研制;60年代中期主持完成高分辨透射电子显微镜的研制,70年代中期指导完成我国第一台扫描电子显微镜的研制,80年代中期提出并主持完成我国第一台隧道电子显微镜的研制,90年代初负责完成我国第一台超分辨光子扫描隧道显微镜的研制,90年代末起指导完成敲振式原子力显微镜的研制。另外还主持研制、生产了10多种纳米检测仪器、器件等。曾获国家科技进步奖二等奖和中国科学院科技进步一、二、三等奖等奖励[①]。

刘颂豪

刘颂豪(1930—),广东顺德人,生于广州市。光学与激光专家,中国科学院院士。1951年毕业于广东文理学院物理系。早年研究稀土玻璃化学成分与其光学性质的关系,发展了高折射率低色散的稀土光学玻璃。20世纪60年代,成功研制出 CaF:Dy^{2+} 红外连续固体激光器。在激光与物质相互作用研究中发现受激克尔散射效应,并提出了相应的理论。60年代后期至70年代中期,参与了激光对靶材和光电元件的相互作用效应的研究。80年代领导开展了超声分子束激光光谱学实验方法研究。其后领导开展了激光生命科学研究,首次探测到常温下蛋白分子产生的双光子诱发荧光,系统研究了血卟啉衍生物治癌的光动力学机理,在中国激光生物学和激光医学领域做出了突出贡献。曾任中国科学院安徽光学精密机械研究所所长,华南师范大学校长等职务。[②]

王家骐

王家骐(1940—),江苏苏州人。光学仪器专家,中国科学院长春光学精密机械与物理研究所研究员,中国科学院院士。1963年毕业于哈尔滨工业大学锻造工艺与设备专业,1966年中国科学院长春光学精密机械研究所硕士研究生毕业。长期从事大型光学精密仪器设计、空间对地图像信息获取技术研究及总体误差理论分析。20世纪60年代末,主持我国首个光电测控仪的研制并获得成功;70年代中期,主持光电测控仪二型的研制;80年代初期,主持光电测控仪正

---

① 北京航空航天大学官网 http://www.buaa.edu.cn/szdw/lyys/ys/13204.htm.
② 中国科学院官网 http://sourcedb.cas.cn/sourcedb_ad_cas/zw2/ysxx/xxjskxb/200906/t20090624_1807771.html.

样的研制，解决了一系列关键技术问题；80 年代中期，主持研制了星敏感器和星光仿真器。其后参与我国载人航天工程，领导开展航天有效载荷的研究，为“神舟”系列飞船的成功上天做出了重要贡献。曾获国家科技进步二等奖，中国科学院科技进步一、二等奖等奖励①。

徐至展

徐至展(1938—)，江苏常州人。物理学家，中国科学院上海光学精密机械研究所研究员，中国科学院院士，第三世界科学院(TWAS)院士。1962 年毕业于复旦大学物理系，1965 年北京大学物理系研究生毕业。主要从事激光物理和强光光学研究，在激光核聚变、强激光与物质相互作用、高功率激光和 X 射线激光等方面做出过重要贡献。在早期的激光核聚变研究中，在实现激光打靶发射中子、微球靶压缩、建立总体计算机编码及建成六路激光打靶装置等多项重大成果中均有重要贡献。在强激光与等离子体相互作用研究领域，对非线性和不稳定过程等方面的研究，在实验和理论上都取得了开创性的成果。在 X 射线激光物理研究领域，1981 年实现粒子数反转并发现了新反转区；在国际上首次用类锂离子和类钠离子方案获得 8 条新波长 X 射线激光，最短波长已达 46.8 埃；发现新的跃迁能级并在泵浦功率很低的水平下成功输出激光。在强场激光物理领域，在超短脉冲强激光与电子、原子、分子、团簇的相互作用，强激光驱动粒子加速以及新型超短超强激光等研究方面都取得过重要成果。在人才培养方面，他近年培养的 4 位博士的学位论文被评选为全国优秀博士学位论文(1999，2000，2004 和 2009 年)。曾获国家科技进步奖一等奖 1 项、国家自然科学奖二等奖 2 项；中国科学院自然科学奖一等奖 2 项，中国科学院科学技术进步奖一等奖 2 项。1998 年获何梁何利基金科学与技术进步奖。曾任中国科学院上海光学精密机械研究所所长②。

林尊琪

林尊琪(1942—)，原籍广东潮阳，生于北京市。高功率激光技术专家，中国科学院上海光学精密机械研究所研究员，中国科学院院士。1964 年毕业于中

---

① 哈工大人王家骐、方滨兴当选 2005 年新院士[M]//吴建琪. 哈尔滨：哈尔滨工业大学出版社，2006：218 - 219.

② 中国科学院上海光学精密机械研究所官网 http://www.siom.cas.cn/jggk/lyys/.

国科学技术大学无线电系，1966 年中国科学技术大学研究生院(今中国科学院大学)研究生毕业。长期从事激光惯性约束核聚变、高功率激光驱动器和 X 光激光研究。在神光Ⅱ激光装置研制中，解决了同轴双程主激光放大器的新型空间滤波技术、全激光系统像传递技术、新型三倍频模拟光技术、三倍频稳定高效转换系列技术、神光Ⅱ高效全光路系统自动准直技术等难题，使我国独创的组合同轴双程放大方案得以实施，成为国际上有代表性的四个多程放大方案之一，为实现我国激光驱动器研究的跨越发展做出了重要贡献。曾获中国科学院自然科学奖二等奖、中国科学院科技进步奖二等奖[①]。

范滇元

范滇元(1939—　)，江苏常熟人。激光技术专家，中国科学院上海光学精密机械研究所研究员，中国工程院院士。1962 年毕业于北京大学物理系，1966 年中国科学院上海光机所研究生毕业。长期从事激光约束核聚变激光驱动器的研究工作，“星光Ⅰ”、“神光Ⅰ”、“神光Ⅱ”等大型激光核聚变装置的主要完成人之一。在新一代巨型激光核聚变装置“神光Ⅲ”装置的设计与研制中，任总体技术专家组总工程师。在激光系统总体设计光束传输理论与应用、强激光与物质相互作用等方面取得了一系列先进成果。曾获国家科技进步一等奖、中科院科技进步特等奖等奖励[②]。

龚知本

龚知本(1935—　)，江苏太仓人。大气光学专家，中国科学院安徽光学精密机械研究所研究员，中国工程院院士。1960 年毕业于北京大学地球物理系。长期从事大气光学及其工程应用研究，在激光大气传输及其相位校正、高分辨率大气吸收光谱、大气气溶胶光学特性、大气光学参数探测及其设备研制等领域做了大量开拓性工作。主持建成了激光大气传输及其相位校正实验系统，对激光大气传输湍流效应及其校正进行了系统的研究，获得了相位校正效率与湍流强度关系的定量实验结果等原创性成果；负责建成我国最大的公里级控温高分辨率高灵敏度大气分子吸收光谱实验系统，性能达到国际先进水平，并获得了大量高

---

① 中国科学院上海光学精密机械研究所官网 http://www. siom. cas. cn/jggk/lyys/.

② 中国科学院上海光学精密机械研究所官网 http://www. siom. cas. cn/jggk/lyys/.

分辨率大气分子吸收光谱实验数据;主持研制了我国最大的平流层气溶胶探测激光雷达、第一台可移动双波长米散射激光雷达、紫外差分吸收激光雷达和车载测污激光雷达等一大批大气光学参数测量设备,并系统地开展了大气光学参数测量研究,为我国大气光学学科及其工程应用的发展做出了重要贡献。曾获国家科技进步二等奖 3 项、中国科学院等部委级科技进步一等奖 4 项、二等奖 2 项。曾任中国科学院安徽光学精密机械研究所所长①。

牛憨笨

牛憨笨(1940—),山西壶关人。光电子技术专家,中国科学院西安光学精密机械研究所研究员,深圳大学光电子学研究所教授,中国工程院院士。1966 年毕业于清华大学无线电电子学系。1979 年 8 月至 1981 年 11 月在英国帝国理工学院物理系进修学习。长期从事微光夜视、变像管超快诊断和生物医学成像等方面的研究工作。在西安光机所工作期间,先后研制成功国防军工用的 9 种变像管和 7 种变像管相机,由此打破了西方国家的技术禁运,为我国地下核试验、激光核聚变、X 光激光等研究提供了有效的诊断设备,使我国在变像管诊断技术领域进入国际先进行列。在此期间还展开了极端条件下的图像信息获取技术的研究工作,如瞬态显微技术、光 CT 技术、荧光寿命显微成像技术、X 射线数字成像技术等。曾获国家科技进步特等奖 1 项、三等奖 2 项;获中国科学院科技进步一等奖 5 项、二等奖 1 项②。

曹健林

曹健林(1955—),吉林长春人。光学专家,曾任国家科学技术部副部长。1982 年毕业于复旦大学物理系,1989 年获中国科学院长春光机所与日本东北大学联合培养博士学位,导师是王大珩和陈星旦。从事软 X 射线多层膜技术研究,采用多重反射的物理模型,将软 X 射线多层膜膜厚、表面和界面等数据解析方法程序化,拟合精度达到当前软 X 射线波段反射率测量的极限;用数值分析方法估算了光学常数的误差,精密测定了一批材料的软 X 射线超薄膜光学常数;主持设计研制了国内第一台离子束测射镀膜设备,技术性能达到该类产品的

---

① 中国科学院安徽光学精密机械研究所官网 http://www.aiofm.cas.cn/rcdw/.

② 中国科学院西安光学精密机械研究所官网http://sourcedb.opt.cas.cn/zw/zjrc/ys/200907/t20090722_2134000.html.

国际先进水平;制备的多层膜反射镜应用于国家重点工程,有效 GL 值达 17.5。曾获国家科技进步二等奖 2 项。曾任中国科学院长春光学精密机械研究所所长、中国科学院副院长[①]。

朱健强

朱健强(1964—　),江苏苏州人。激光技术专家,中国科学院上海光学精密机械研究所研究员。1988 年毕业于哈尔滨工业大学精密仪器系应用光学及光学工程专业,1993 年中科院上海光机所研究生毕业,获博士学位,导师是邓锡铭。主要从事激光驱动器的总体光学设计、结构设计、相关检测技术和测控技术等研究工作。设计了国际首例同轴双程主放大器的反射腔镜架,主持了"神光Ⅱ"靶场终端光学系统的设计和改造,组织并指导了"神光Ⅱ"高效三倍频系统的工程设计。开展了光学精密机械设计的研究,将有限元法用在光学工程领域,成功地解决了激光放大器设计中的一系列关键技术难题。曾获首届中国科学院杰出科技成就奖。获国家科学技术进步奖二等奖 1 项。曾任中国科学院上海光学精密机械研究所所长[②]。

李儒新

李儒新(1969—　),福建建瓯人。激光物理学家,中国科学院上海光学精密机械研究所研究员,现任所长。1990 年毕业于天津大学,获光电子技术专业学士学位;1995 年毕业于中科院上海光机所,获光学专业博士学位,导师是徐至展。1996—1998 年在瑞典乌普萨拉大学和日本东京大学做博士后。主要从事 X 射线相干辐射、激光等离子体光谱学与光谱技术、超快强场激光物理与技术等方面的研究工作。曾获国家科技进步奖一等奖、国家自然科学奖二等奖等奖励[③]。

相里斌

相里斌(1967—　),陕西西安人。光学家,中国科学院副院长。1990 年毕

---

① 中国科学院光电研究院官网 http://www.aoe.cas.cn/yjsjy/dsjj/200911/t20091102_2646464.html.

② 中国科学院上海光学精密机械研究所官网 http://www.siom.cas.cn/jggk/lrld/.

③ 中国科学院上海光学精密机械研究所官网 http://sourcedb.siom.cas.cn/zw/rck/200908/t20090820_2429866.html.

业于中国科学技术大学精密机械与仪器系，1995 年毕业于西安光学精密机械研究所光学专业，获博士学位，导师是薛鸣球。长期从事光谱成像技术、光学成像技术研究，提出了大孔径静态成像光谱仪 LASIS 的创新方案，基于此方案研制成功了“轻型高稳定度干涉成像光谱仪”原理样机；提出了“空间调制干涉成像光谱仪”创新方案，获得了较好的超光谱图像实验结果；提出了具有优化和强度修正功能的光谱分辨率增强 FATIC 方法，达到了谱分析方法的极限。曾任中国科学院西安光学精密机械研究所所长、中国科学院高技术研究与发展局局长、中国科学院光电研究院院长等职[①]。

赵卫

赵卫(1963—)，陕西西安人。瞬态光学专家，中国科学院西安光学精密机械研究所研究员，现任所长。1987 年毕业于西安电子科技大学。1994 年 3 月至 1996 年 3 月在英国卢瑟福实验室激光中心、英国巴斯大学物理学院进行合作研究。主要从事超快光学、超快光电子学以及高功率激光技术的研究工作。曾获中国科学院科技进步一、二等奖。“第 29 届国际高速成像和光子学会议”授予其高速成像领域最高奖——“高速成像金奖”(High-Speed-Imaging Gold Award)，是继龚祖同之后第二位获得该类奖项的中国学者[②]。

张雨东

张雨东(1964—)，福建闽侯人。光学专家，中国科学院成都光电技术研究所研究员，现任所长。1985 年毕业于浙江大学光学仪器系，1991 年 6 月中国科学院上海光学精密机械研究所博士毕业，导师是王之江。从事光电技术多个领域的研究工作，参加过高频振动法波前校正技术研究工作，开展了亚微米准分子激光光刻系统的研究并研制成功光刻物镜样机；开展了新型非线性光学晶体的性能研究及器件研制，主持研制了人眼视网膜成像自适应光学系统，建立了一套采用整体集成式微小变形镜的轻小型人眼视网膜成像自适应光学系统[③]。

---

① 中国科学院西安光学精密机械研究所官网http://sourcedb.opt.cas.cn/zw/zjrc/br/200907/t20090722_2134249.html.

② 中国科学院西安光学精密机械研究所官网 http://sourcedb.opt.cas.cn/zw/ld/200907/t20090720_2128293.html.

③ 中国科学院成都光电技术研究所 http://sourcedb.ioe.cas.cn/cn/rck/yszj/201003/t20100318_2799594.html.

刘文清

刘文清(1954—),江苏邳县人。光学专家,中国科学院安徽光学精密机械研究所研究员、现任所长。1978年毕业于中国科学技术大学物理系。1986—1989年在意大利米兰工业大学、日本国立公害研究所进修学习。1993—1995年在希腊克里特大学获博士学位;1996—1998年在日本千叶大学环境遥感中心做博士后。从事过超短脉冲激光器、激光遥感、激光散射成像、新型环境监测仪器、有害痕量气体光学与光谱学监测技术、环境监测仪器的研制与研究工作。在光电测量系统、微弱信号检测、目标及其环境特性、激光应用等研究方面有着丰富的实践经验。曾获中国科学院科技进步二等奖2项。①

第二节 王淦昌激光约束核聚变学术谱系

1964年,王淦昌几乎与苏联和美国学者同时独立提出了激光约束核聚变(ICF)思想,并积极倡导开展这项研究工作。在他的组织指导下,上海光机所、中国工程物理研究院、中国原子能科学研究院先后开展了这项研究工作,建成了以"神光"系列激光驱动器为代表的一系列大型装置,取得了多项处于国际先进水平的研究成果,使我国的激光核聚变研究居于国际先进行列。我国激光约束核聚变研究队伍的形成及其开展的多项研究工作,都是在王淦昌的指导和影响下进行的,由此形成了一个以王淦昌为首的学术谱系。

一、中国激光约束核聚变研究的发展历程

氢的同位素氘和氚在高温高压下聚合成氦核并释放出中子的过程称为核聚变,在此过程中有巨大的能量释放出来。氢弹的爆炸就是在核聚变反应下实现的。自20世纪中期以来,世界上一些发达国家一直在探索如何能在人工可控条件下实现核聚变反应,以解决人类面临的能源危机问题。激光约束核聚变是有望在不久的将来实现这一目的的一种重要途径。

---

① 中国科学院安徽光学精密机械研究所官网 http://www.aiofm.cas.cn/rcdw/xsdtr/201006/t20100611_3433.html.

国际上,激光约束核聚变研究兴起于20世纪60年代。该研究的实验设想最早由苏联科学家巴索夫(Basov)于1963年提出,[①]1964年美国物理学家道森(Dawson)也公开发表了类似思想的学术论文。[②] 中国著名核物理学家王淦昌也于1964年独立提出了利用激光打出中子的实验设想,并于当年指导上海光机所的研究人员开展了这项研究工作。

20世纪80年代,美国利用地下核爆辐射的X射线作为驱动源辐照氘氚靶丸,成功地实现了具有10～100倍能量增益的聚变反应,证实了惯性约束核聚变的可行性。实验结果表明,激光能量只有达到百万焦耳级时才能实现约束核聚变的要求。其后,建造百万焦耳级的巨型激光驱动装置即成为一些发达国家在这一领域的主要目标。目前,国际上比较先进的大型激光装置有日本大阪大学的GEKKO-XⅡ装置、法国里梅尔实验室的PHEBUS装置,英国卢瑟福实验室的VULCAN装置,美国里弗莫尔实验室的NOVA装置,美国罗彻斯特大学的OMEGA装置。2009年,美国耗资35亿美元建成了进行点火实验的“国家点火装置”(NIF),由此标志着这项研究进入到新的发展阶段。

1964年,中国科学院上海光学精密机械研究所(简称“上海光机所”)在王淦昌指导下开展了激光约束核聚变的探索性研究,并在70年代取得了一系列新进展。1979年开始,上海光机所与中国工程物理研究院开展合作研究,先后成功建成“神光Ⅰ”、“神光Ⅱ”、“星光Ⅰ”、“星光Ⅱ”装置。中国已有的激光约束装置在规模上相对国外较小,但具有自己的特色,技术性能达到国际同类装置的先进水平。中国学者利用这些规模较小的装置做出了一批与国外大型装置同等先进的研究成果,其中一部分达到了当时国际领先水平。2007年,中国工程院激光聚变中心研制的“神光Ⅲ”原型装置通过国家验收,这标志着我国成为继美国之后世界上第二个具备独立研究、自主建设新一代高功率激光驱动器能力的国家,使我国在该领域跻身世界先进行列。目前“神光Ⅲ”巨型激光驱动器正在建造之中。

综观中国激光约束核聚变的发展历程,大致可分为以下两个阶段。

(一) 开创时期(1964—1977)

这一时期,中国的激光约束核聚变研究主要在王淦昌的指导下,由上海光机

---

① BASOV N G, KROKHIN O N. Proceeding of Conference on Quantum Electronics [C]. Paris:1963.

② DAWSON J M. On the Production of Plasma by Giant Pulse Lasers [J]. Phys Fluids, 1964, 7(7): 981-987.

所邓锡铭具体领导开展。通过十几年的努力，一支高水平的激光驱动器研制队伍得以建立起来，为大型激光驱动器的建造奠定了坚实的基础。

1961 年，中国的第一台红宝石激光器在长春光机所研制成功，这引起了当时正在从事核武器研制工作的王淦昌的关注。激光有单色性、相干性、方向性和高强度的特点，经过思考，王淦昌产生了用激光打击含氘物质，使之产生中子的设想。1964 年 10 月 4 日，他把这种设想撰写成《利用大能量大功率的光激射器(即激光器)产生中子的建议》论文。他在文中写道："我们认为，若能使这种光激射器与原子核物理结合起来，发展前途必相当大。其中比较简单易行的就是使光激射与含氘的物质发生作用，使之产生中子。"[①]同年 12 月，王淦昌遇到上海光机所从事高功率激光研究的邓锡铭，即把自己的设想告诉了他，并把这篇论文也交给了他，希望他们能够开展这方面的研究工作。就这样，在王淦昌的倡导下，中国的激光约束核聚变研究开始起步了。

当时，我国的研究人员并不了解国外科学家在该领域做的一些工作，若干年后他们才知道，苏联和美国的科学家也在这段时间里提出了类似的设想，也开展了激光约束核聚变的相关研究。王淦昌的激光核聚变思想是在不了解苏美科学家类似工作的情况下独立提出的，并且他还亲自组织开展了这项研究，因此他被学术界公认为是国际上激光惯性约束核聚变研究的奠基人之一[②]。

在邓锡铭的带领下，上海光机所的研究人员在 1965 年建立了第一台钕玻璃四级行波放大装置，输出功率达到 10^8 瓦，激光束在空气中传播时，由于引起空气电离而产生了电火花串。利用这台激光器，研究人员进行了激光打靶实验，第一次观察到从靶面发出的 X 射线穿过铝箔，使照相底片感光。"这在国际上属最早的实验成果之一。"[③]

1968 年，苏联科学家巴索夫在激光打靶实验中观察到了有中子产生[④]。这种现象表明，激光能在极短的时间内将物质加热到热核聚变所需的极高温度，由此证实了激光约束核聚变的可能性。所以，国际学术界通常把在激光打靶实验

---

① 王淦昌. 利用大能量大功率的光激射器产生中子的建议[J]. 中国激光，1987，14(11)：641 - 645.

② 胡仁宇. 王淦昌老师：我国惯性约束聚变研究的开创者与奠基人：纪念王淦昌老师诞辰 100 周年[J]. 物理，2007，35(5)：346 - 349.

③ 王淦昌. 最满意的一项研究[M]//王乃彦. 王淦昌全集：卷 5. 石家庄：河北教育出版社，2004：125.

④ BASOV N G, et al. Experiments on the Observation of Neutron Emission at a Focus of High-Power Laser Radiation on a Lithium Deuteride Surface [J]. IEEE Journal of Quantum Electronics: 1968 QE-4(11): 864 - 867.

中打出中子作为激光约束核聚变研究取得突破性进展的标志。

1970年后,上海光机所的研究人员开始注重靶点处功率密度的提高和输出激光光束质量的改善,并进行了这方面的实验尝试。

1973年,他们建成两台10^{10}瓦级的激光装置,于4月份进行了激光打靶实验,成功地从氘靶中打出了中子,中子产额达每次10^{3}个,实现了ICF研究的突破性进展。

1974年,美国KMS聚变公司用两束近乎正交的激光照射含氘氦混合气体的玻璃球壳靶,获得了3×10^{5}个的中子产额和50～100倍的体压缩。[①] 这是20世纪70年代国际ICF研究的标志性成果。

1974年,为了更充分地提取放大介质(钕玻璃)中的储能,提高总体效率,上海光机所的研究人员采用多程放大构形的大口径片状放大器,研制出新型的大型单路激光系统,使激光输出功率又提高了一个量级,达到2×10^{11}瓦,激光打靶实验的中子产额也提高到2×10^{4}个。

1972年,美国物理学家约翰·纳科尔斯(John Nuckolls)等人提出了激光约束的向心聚爆理论。[②] 这个理论认为,通过多路强脉冲激光对聚变燃料靶球进行球对称辐照后,靶球被激光加热,外层形成的几千万摄氏度的高温等离子体会向外迅速膨胀(所谓"消融过程"),从而产生向内的反向冲力,形成聚心冲击波,由此产生的压力可达10^{12}个大气压,可以将靶球中心压缩到液氢密度的一万倍以上,温度可以达到几亿度,依靠向心压缩的惯性,可使靶心在尚未来得及分散前即发生聚变,完成热核反应。该理论认为,由于向心压缩使靶材料密度大幅度提高,可以大大降低ICF实验中输入脉冲激光的能量,只需几万焦耳的能量就能使聚变反应成为可能。所以,在ICF研究中,能够实现对靶的向心压缩是一个标志性的实验进展。

为了开展向心压缩聚爆研究,1977年,上海光机所的研究人员利用六路激光装置中的四路激光进行了薄壁玻壳微球靶的打靶实验,通过对玻壳球中心发光区的X光针孔照相图像分析,发现体压缩达到了30～50倍,由此说明中国的激光等离子体研究已接近消融型压缩水平,"标志着我国的ICF进入了逐级论证

---

① CAMPBELL P M, et al. Laser-Driven compression of Glass Microspheres[J]. Phys. Rev. Lett., 1975,34(2):74-76.

② NUCKOLLS J, et al. Laser Compression of Matter to Super-High Densities: Thermonuclear (CTR) Applications [J]. Nature, 1972,239(9):139-142.

向心聚爆原理的重要发展阶段”。[①]

（二）发展时期(1978—2007)

20 世纪 70 年代中期后，在王淦昌的组织下，中国工程物理研究院也开始了激光约束核聚变的相关研究，并在 1977 年底与上海光机所达成了合作研究的意向，两家单位在上海光机所成立了“高功率激光联合实验室”，确定了以物理实验带动激光器的研制、以钕玻璃激光器的研制为工作突破点的研究方针。从此，中国的激光约束核聚变研究进入新的发展阶段。

这一时期，中国光学的奠基人王大珩也被王淦昌邀请加入了激光约束核聚变的研究队伍，他们一起带领着联合实验室的研究人员开始了大型激光驱动器的研制工作。与此同时，王淦昌还在中国原子能科学研究院开展了粒子束约束聚变的研究工作(后转向氟化氪准分子激光约束聚变研究)。

为了适应激光约束核聚变的发展，美国在 20 世纪 70 年代后期建成了功率达 10^{12}瓦的 ARGUS 装置，1978 年建造了更大规模的 SHIVA 装置，1982 年开始建造更大功率的 NOVA 装置。在这种形势下，上海光机所和中国工程物理研究院于 1982 年开始合作研制“神光Ⅰ”，于 1985 年研制成功。研究人员利用“神光Ⅰ”装置直接驱动打靶，得到了 4.5×10^{6} 个中子产额的实验结果，间接驱动打靶也有 1×10^{5} 个的中子产额，冲击波压强达 0.8 TPa($1\ \mathrm{TPa}=1\times10^{12}\ \mathrm{Pa}$)。

随着激光约束核聚变研究的发展，中国需要建造更大规模的激光聚变驱动器。1994 年，中国科学院、中国工程物理研究院、国家“863”高技术研究计划相关主题，向高功率激光物理联合实验室下达了研制“神光Ⅱ”装置的任务。“神光Ⅱ”装置于 2001 建成。该装置的规模比“神光Ⅰ”扩大了 4 倍，仅次于美国的 NOVA、OMEGA 以及日本的 Gekko-Ⅻ。利用“神光Ⅱ”装置，研究人员进行了多轮直接驱动打靶实验，结果获得单发 4×10^{9} 个中子，达到了国际同类装置中获中子产额的最好水平。截至 2005 年底，“神光Ⅱ”装置已经累计提供了有效运行打靶 2 200 多发次，平均成功率高达 77.62%。“神光Ⅱ”装置的建成，为我国 ICF 研究提供了可靠的实验平台，标志着我国已经跃上了一个短波长、大功率激光打靶的新阶段。[②]

---

① 谭维翰. 我国近十年来激光与等离子体相互作用的研究[J]. 中国激光，1984(11)：641 - 647.

② 朱健强. 中国的神光：神光Ⅱ高功率激光实验装置[J]. 自然杂志，2006(5)：271 - 273.

这一时期，为培养急需的激光技术人才，中国工程物理研究院在上海光机所的帮助下建成了“星光”装置。与之同时，中国科学院原子能研究院在王淦昌的带领下建成了“天光”系列氟化氪准分子激光器装置，中国科学院物理研究所建成了“极光”装置。

在我国已建成的激光核聚变装置中，“神光”系列主要进行大型总体实验；规模较小的“星光”装置用于分解实验和进行各类靶物理探测诊断设备的考核标定，同时开展一些激光新技术的预先研究，如在国内首先研制成功并达到国际先进水平的三倍频技术等；“天光”装置是为下一代候选驱动器作先导性判断研究[①]；“极光”装置则用于高能量密度物理的实验研究。由此，一个配套、互补的激光核聚变研究格局即在我国逐步形成。

在“星光”装置研制过程的锻炼培养下，中国工程物理研究院成长出一支年轻的激光约束核聚变研究队伍。依靠这支年轻的队伍，中国工程物理研究院成立了激光聚变研究中心，开始了“神光Ⅲ”原型装置的研制。2007 年，该装置顺利通过国家验收，由此使我国成为继美国之后世界上第二个具备独立研究、自主建设新一代高功率激光驱动器能力的国家。目前，“神光Ⅲ”巨型激光驱动器装置正在紧张建设之中。

经过 40 多年的发展，我国在激光约束核聚变研究领域培养了一支高素质的人才队伍，研究水平也跻身于国际先进行列，这一切与王淦昌的长期努力是分不开的。

二、王淦昌激光约束核聚变学术谱系结构

自王淦昌 1964 年提出激光约束核聚变思想后，在其精心指导下，中国先后有上海光机所、中国工程物理研究院、中国原子能科学研究院的三支研究队伍开展了这项研究工作，研究力量逐步壮大，目前已形成了具有一定层次结构的研究队伍。由于这支队伍长期接受王淦昌的指导，深受其学术思想的影响，因而其成员都可以看做王淦昌在这个领域的学术传承人。

---

① 范滇元，张小民. 激光聚变驱动器的发展与展望[M]//徐匡迪. 中国科学技术前沿. 北京：高等教育出版社，2000：361－400.

（一）谱系结构

根据受到王淦昌学术影响的激光约束核聚变研究队伍的构成情况，可以绘制出学术谱系如表 2.2 所示。

表 2.2 王淦昌激光约束核聚变学术谱系

第一代	第二代		第三代	第四代（主要为 2006 年前培养的博士）
	单位	姓名		
王淦昌	上海光机所	**邓锡铭**	**徐至展** **林尊琪** **范滇元**	**邓锡铭：**顾敏、朱健强、郭弘、陈惠龙、王春、李学春、谢兴龙、钱列加、文国军、沈小华、丘悦、毛宏伟、华仁忠、许发明、张筑虹、章辉煌 **林尊琪：**陈柏、范薇、朱鹏飞 **范滇元：**陈惠龙、杨军、张全慧、王韬、高艳霞、徐世祥、黄宏一、张华、刘忠永、卢兴强、刘代中、张小民、隋展、文双春、徐光 （徐至展 20 世纪 90 年代后转向强激光研究，其培养的研究生不计入本表）
	中国工程物理研究院		**胡仁宇** **傅依备** **王世绩** **贺贤土**	魏晓峰 **王世绩：**王琛、王伟 **贺贤土：**刘红、乔宾
	中国原子能科学研究院		**王乃彦**	**王乃彦：**高怀林、夏江帆、汤秀章

由表 2.2 可以看出，人才结构分布最为合理的是上海光机所这个分支研究队伍，而中国工程物理研究院和中国原子能科学研究院两支队伍比上海光机所少了一代人才，培养的人才也相对较少，这是由于后两支队伍开展这项研究的时间较晚造成的。随着“神光Ⅲ”装置在中国工程物理研究院的建成，这里将成为我国继上海光机所后的又一个激光核聚变研究中心，将会很快培养出一支技术力量更加雄厚的研究队伍。

为了更加清晰地显示王淦昌的学术思想在激光约束核聚变领域的传承情况，可以编制出其学术谱系结构图（见图 2.2）。由于目前这个研究队伍人数众多，难以把他们全部编入谱系图中，因此图中仅列出了曾经从事这项研究的两院院士和几位年轻的领军人才作为代表，人数虽然不多，但基本上可以反映王淦昌在激光约束核聚变研究方面的学术传承情况。

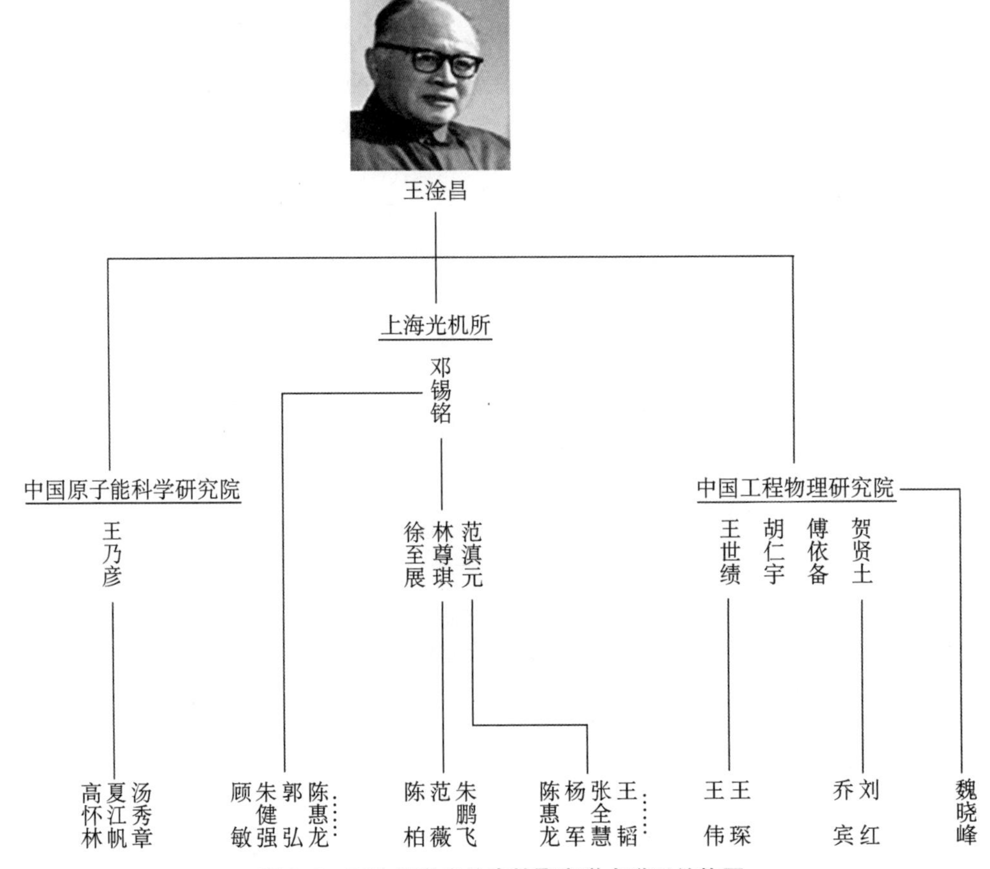

图 2.2　王淦昌激光约束核聚变学术谱系结构图

（二）代际关系

在谱系结构图中，由于王淦昌对中国激光约束核聚变研究的发展和研究队伍的成长都产生了举足轻重的影响，理所当然是这个学术谱系的第一代。

在中国激光约束聚变研究的发展历程中，上海光机所、中国工程物理研究院、中国原子能科学研究院从事激光约束核聚变研究的队伍都是在王淦昌的精心指导或组织下发展起来的，都受到了他的学术影响，所以可以把这三支队伍作为其学术谱系的有机组成部分。

上海光机所是中国开展激光约束核聚变研究最早的单位，该所的研究队伍大致可以分为三代。1965 年，邓锡铭接受了王淦昌的建议，开始领导组织这项研究工作。直至 1997 年去世前，他一直是上海光机所这项研究的组织者和领导者。邓锡铭组织了多学科的专业队伍合作攻关，主持研制了以“神光”系列为代表的高功率激光装置，在“神光”装置上进行的前沿性研究取得了一批重大成果。在中国激光约束聚变研究的发展历程中，邓锡铭的地位仅次于王淦昌，属于学术谱系的第二代。

徐至展、范滇元、林尊琪三位院士从20世纪70年代即跟随邓锡铭从事激光约束核聚变研究，可以看做这个学术谱系中上海光机所分支的第三代。徐至展自70年代到80年代一直从事激光核聚变研究，在早期的激光打靶发射出中子、微球靶压缩、建立总体计算机编码及建成六路激光打靶装置等项重大成果中均有重要贡献。范滇元长期从事大型激光装置的研制工作，先后参加了10^{10}瓦、10^{11}瓦和10^{12}瓦高功率钕玻璃激光装置的研制。在80年代研制“神光Ⅰ”装置过程中，他是主持此项工程的总体技术组常务成员、激光系统的研制负责人、总调试现场指挥和装置运行负责人，成功地解决了装置研制中出现的一系列工程性和实用性问题。在“神光Ⅱ”装置的研制中，范滇元又是研制项目的主要负责人之一，并兼任项目总工程师。林尊琪长期从事激光核聚变的相关研究，在激光与等离子体作用等很多方面都做出了突出成绩。在“神光Ⅱ”装置的研制过程中，林尊琪在我国独创的组合同轴双程放大方案中，创造性地发展了软边光栏、小圆屏调整机构、解决了同轴双程放大所特有的鬼像破坏问题、开发了有特色的双程主放系统离线调整和在线自动准直技术等多项关键技术，解决了长期困扰“神光Ⅱ”的几项主要技术难题，为“神光Ⅱ”装置的全面达标、首轮实验获得4×10^9个中子做出了重要贡献。

朱健强等一批由邓锡铭、范滇元、林尊琪培养起来的博士研究人员可以看做是上海光机所激光约束核聚变学术队伍的第四代，由于人数较多，仅选取了其中少部分人员编入该谱系图中。其中朱健强师从邓锡铭，主要从事激光驱动器的总体光学设计、结构设计、相关检测技术和测控技术等研究工作，曾主持设计了国际上首例同轴双程主放大器的反射腔镜架、“神光Ⅱ”靶场终端光学系统，组织了“神光Ⅱ”高效三倍频系统的工程设计，是上海光机所激光核聚变研究队伍中年轻一代的突出代表。

中国工程物理研究院在20世纪70年代末开始从事激光约束核聚变的研究工作。参与这项研究的胡仁宇、傅依备、王世绩三位院士和90年代末出任国家“863”计划惯性约束核聚变主题首席科学家的贺贤土等因参加这项研究的时间较晚，可以作为王淦昌学术谱系的第三代。胡仁宇主持了惯性约束聚变实验室的筹建，并和同事们陆续研制出一整套物理诊断技术设备，开展了有关物理实验研究，为中国工程物理研究院开拓这一前沿领域发挥了重要作用。傅依备主持组建了中国第一个激光驱动核聚变微靶制备实验室，研制出了一系列微型氘氚靶，为中国的激光惯性约束聚变实验做出了重要贡献。王世绩20世纪70年代末转向激光惯性约束核聚变研究，与上海光机所进行了长期的合作研究，为我国激光惯性约束核聚变的发展做出了重要贡献。在从事这项研究的早期，他领导研制了十多种配套等离子体实验的诊断设备，参与了激光与靶相互作用的实验研究。在"神光Ⅱ"高功率激光装置的研制过程中，他创造性地提出了双靶对接、多靶串接以及空间限束等方案，并在装置中得以实现。贺贤土在1996—2001年间任国家"863"计划惯性约束核聚变主题首席科学家，主持确立了中国激光驱动器和单元技术、靶物理理论、靶物理实验、精密诊断设备、靶的制备"五位一体"的协调发展思路，打破了西方的技术垄断和封锁，建立了独立自主研究ICF的体系，为在2020年左右我国实现实验室点火和热核燃烧计划打下了重要基础。

20世纪80—90年代，中国工程物理研究院在上海光机所的帮助下，建立了"星光"装置，目的是为该院的激光约束聚变研究培养一批年轻人才。经过多年的锤炼，张小民、魏晓峰等一批人才脱颖而出，成长为中国"神光Ⅲ"的主要研制力量。他们在整个谱系结构中处在第四代的位置。

中国原子能科学研究院的氟化氪激光约束聚变研究组是王淦昌亲自领导建立的一支队伍。1978年，从核武器的研究工作岗位上退下来的王淦昌，回到了中国原子能科学研究所，开始带领王乃彦等一批科研人员从事带电粒子束约束聚变的研究工作。20世纪80年代初，根据大量的实验结果，王淦昌敏锐地发现电子束聚变存在聚焦难的严重缺陷，决定从电子束聚变转移到电子束抽运的氟化氪激光聚变研究方向。于是从80年代中期开始，他带领这支队伍，一切几乎从零开始了氟化氪激光约束聚变的研究工作。不久，他们就成功地研制了氟化氪激光聚变装置，并且使装置的输出能量从几个焦耳很快提高到400多焦耳。在此基础上，他们于90年代末建成了六路百焦耳氟化氪激光系统，从而为激光聚变研究提供了性能优越的实验平台。[①] 在这支队伍中，王乃彦在王淦昌整个激光核聚变学术谱系中处在第三代的位置，现任研究室主任汤秀章则处于第四代的位置。

---

① 王乃彦.永攀科学高峰的王淦昌老师[J].物理，2007(5)：361－363.

三、王淦昌激光约束核聚变学术谱系的学术传统

王淦昌早期主要从事核物理和粒子物理研究，是中国核物理学和粒子物理学的主要奠基人之一。他在长期的核物理和粒子物理研究中形成了比较鲜明的学术风格，这种风格在激光约束核聚变学术谱系中得到了发扬和传承，主要表现在以下几个方面。

（一）创新精神

王淦昌在整个学术生涯中表现出来的最鲜明的特点就是创新精神。[①] 他一生始终以极大的兴趣关注着科学前沿的发展，经常提出一些别人没有想到的问题。例如，在德国留学期间，当他了解到国际上用 α 粒子轰击轻元素获得高能量射线的实验后，曾向导师迈特纳（Lise Meitner）提出利用云雾室来研究这个过程，遗憾的是这个建议没有得到导师的支持，以至于错过了可能发现中子的机会。在抗日战争期间，当他看到国际学术界关于中微子探测方面的研究论文后，提出了探测中微子的新方法，美国科学家利用这种方法成功地在实验中俘获了中微子。20 世纪 60 年代激光装置出现后，他很快就设想把激光和核物理研究结合起来，与苏美科学家几乎同时独立地提出了激光约束核聚变的思想。1978 年，年龄已逾 70 的他还带领王乃彦在中国原子能科学研究院开展带电粒子束约束聚变的研究；1985 年，他又根据带电粒子束约束聚变的发展困境，毅然带领研究人员转向氟化氪准分子激光约束聚变研究，并在 90 年代建成了百焦耳级的氟化氪准分子激光装置。这一切都充分体现了王淦昌的创新精神。长期在王淦昌指导下从事激光约束核聚变的研究队伍，深受其创新精神的影响，并在科研实践中自觉地将这种精神加以发扬，逐步发展成为这个学术团队最为鲜明的一种传统。

邓锡铭是在王淦昌指导下最先在中国领导开展激光约束核聚变研究的科学家。他在研制“神光Ⅰ”等一系列激光驱动器装置的过程中，长期受到王淦昌的指导和鼓励。他在纪念王淦昌 80 寿辰的文章中写道，“王老经常启发诱导我们说：‘我们在规模上、数量上没法和美国比，但我们希望在质量上、在创新上有自

---

① 吴水清. 王淦昌对科学创新的诠释：为怀念王老而作[J]. 世界科学，1999(3)：35 - 37.

己的创造。你们方案中有哪些是新东西?'"[①]在王淦昌的启发下,研究人员在“神光Ⅰ”装置上创造了15种新技术、新方法,装置也因此达到了国际同类装置的先进水平。

受王淦昌创新精神的影响,邓锡铭也在激光核聚变研究领域提出了一些很有影响的创新思想。其中最有影响的是被国际学术界称为“上海方法”或“LA”方法的采用透镜列阵的均匀靶面照明技术。这个创新思想产生于邓锡铭的一个实验发现。1978年,为提高激光束波面测量的精度,邓锡铭采用一个透镜阵列取代哈特曼板的小孔阵列。在实验中,他偶然发现在这个透镜阵列插入一个主聚焦光学系统时,焦斑上的光强分布与入射光束近场分布无关,由此使他产生了利用这一方法获得均匀焦斑的想法。1982年,为了在“神光Ⅰ”装置上实现靶面的均匀照射,他带领研究人员经过近三年的工艺探索和计算机模拟分析,终于用透镜列阵实现了无旁瓣的大焦斑靶面均匀照射。他的这个创新思想后来又被推广到X光激光实验的线聚焦均匀照射方面,同样取得了成功。后来,国际学术界把采用透镜列阵的均匀靶面照明技术誉称为“上海方法”或“LA”方法。[②] 邓锡铭的另一个比较有影响的创新思想是宽频带激光的应用研究。1982年,他在研究激光频带宽度时发现,窄频带激光由于其衍射效应及在等离子体中激发出的非线性受激散射等缺陷,对高功率激光系统本身以及与等离子体相互作用方面都产生了不利影响。为了解决这个问题,在随后的几年中,他领导的研究团队在宽频带激光的产生及在介质中的传输、宽频带激光与等离子体相互作用理论分析与实验验证等方面做了许多探索工作,取得了一系列创新性研究成果。国际上其他实验室开展这项研究则比他们晚了五六年的时间。

范滇元20世纪70年代就跟随邓锡铭从事激光驱动器的研制工作,深受邓锡铭学术风格的影响。邓锡铭有读学术原著的良好习惯,并有“看戏要看梅兰芳,读书要读玻恩、狄拉克”的名言。在邓锡铭的影响下,范滇元阅读了大量文献,为自己在研制高功率激光驱动器的工作中产生创新思想打下了基础。在研制高功率激光器的实践中,他针对中国整体技术水平与美国尚有差距的现实,创造性地提出了采用主动补偿的技术思路,并在“神光”装置上得到了实现。这种技术思想是:在一定限度内,降低对每个光学元件表面的平度要求,每个元件的

---

① 邓锡铭.激光惯性约束研究的倡导者 我们的好导师王淦昌[M]//胡济民,等.王淦昌和他的科学贡献.北京:科学出版社,1987:161-164.

② 邢新华.邓锡铭与激光、激光核聚变[M]//卢嘉锡.中国当代科技精华.哈尔滨:黑龙江教育出版社,1994:102-110.

平度公差可以大一些，由于这些元件的公差有正有负，这些元件组合起来会使不同表面的平度公差相互抵消，使组件公差的代数和仍然可以接近于零，因而可以使激光装置在总体上达到光束质量的高标准。在这种思想指导下，光学加工的技术人员摸索出了主动控制平面公差正负的工艺，成功地实现了这种技术设想。通过不断实践，在吸取团队经验的基础上，范滇元针对中国国情提出了“三大补偿”、“四项探索”的技术创新思路，即不追求单件光学材料、元件和器件的尽善尽美，而是在中等要求下，通过主动补偿的技术途径来实现激光驱动装置整体的高标准要求，具体包括：改进自适应光学技术用于相位均匀性补偿，采用液晶等光调制器技术实现光强均匀性补偿，应用级联非线性原理实现B积分补偿；探索将一维光子晶体、准周期匹配超晶格、线性和非线性光限幅器和纳米光学材料等四方面的激光物理基础研究成果应用于新型高性能光开关、光能稳定器、光子带隙选通氙灯光谱等方面的可能性，以实现较大幅度地提高聚变激光系统的总体性能。

林尊琪也是20世纪70年代即跟随邓锡铭从事高功率激光研究的激光物理学家。1976年，他从高功率激光研究转向当时国内研究力量薄弱的激光等离子体实验研究领域，领导开展激光等离子体诊断测试方面的研究工作，取得了一系列创新成果。其中邓锡铭倡导的宽频带激光研究就是由他具体指导开展的。他主持进行的大量实验研究表明，利用宽频带激光打靶可以实现靶面更加均匀的照明效果，具有窄频带激光所不具有的优势。90年代，在“神光Ⅱ”装置的研制中，林尊琪创造性地解决了同轴双程主激光放大器的新型空间滤波技术、全激光系统像传递技术、新型三倍频模拟光技术、三倍频稳定高效转换系列技术、“神光Ⅱ”高效全光路系统自动准直技术等难题，使我国独创的组合同轴双程放大方案得以实施，成为国际上有代表性的四个多程放大方案之一，为实现我国激光驱动器研究的跨越式发展做出了重要贡献。

朱健强是邓锡铭亲自培养的博士，受导师潜移默化的影响，继承和发扬了这个研究团队的创新精神。在2002年“快点火”激光驱动器的研制中，他独立提出了一系列创新设计思想，如提出采取光栅列阵拼接方法实现大尺寸光栅的实验方案，利用运动学原理设计了高精度、大口径精密调整架，成功地解决了激光放大器设计中的一系列关键技术难题。

长期跟随王淦昌从事核物理研究的中国工程物理研究院的一部分研究人员，在20世纪70年代中期开始从事激光约束核聚变研究，也在该领域产生了一些创新思想。王世绩就是其中比较有影响的一位。他在80年代后期进行X光激光研究时，创造性地提出了“多靶串接”新方案。这种方案应用于“神光Ⅰ”装置上进行的电子碰撞激发类氖-锗软X光激光的实验中，获得了近衍射极限(0.8MRAD)的软X光激光饱和输出(增益长度积GL超过17)，达到了当时国际同类实验中的领先水平。他创立的“多靶串接”方案因此成为国际学术界纷纷仿效的一种方法。

更有意义的是中国工程物理研究院新一代的研究人员继承和发扬了这个研究团队的创新精神，逐步成长为中国激光核聚变研究的中坚力量。通过“星光Ⅰ”的实践锻炼，张小民、魏晓峰等成长为该研究院在激光约束核聚变领域的领军人才。他们先是自主研制出具有大口径三倍频激光打靶能力和大纵横比线聚焦能力的“星光Ⅱ”装置。2007年又完成了“神光Ⅲ”原型装置的研制。目前，他们正在进行“神光Ⅲ”的建造。能够做出这些成绩，正是因为他们继承了激光核聚变研究团队的勇于创新的精神。参与组织和负责研制“神光Ⅲ”原型装置和“神光Ⅲ”主机装置设计和研制工作的魏晓峰就常用“学习、开拓、担当”六个字来督促自己的学生成长，其中“开拓”就是要努力创新。[①]

（二）注重实验细节

王淦昌是一位核物理学家，而核物理和基本粒子物理主要是通过实验研究发展起来的。做实验研究的关键一点就是注意对实验细节的把握和剖析。

20世纪30年代留学德国时，年仅23岁的王淦昌在一次学术报告会上听到了博格和贝克用α粒子射击铍产生了一种穿透力很强的射线时，就对他们作出的射线是高能量γ射线的结论产生了怀疑。这种怀疑就是基于他对该实验的一些细节进行认真思考后得出的。他认为，博格和贝克的实验方式不足以认定这种粒子的质量和能量，于是向导师迈特纳提出采用云雾室来探测这种粒子，遗憾的是迈特纳没有采纳他的建议。王淦昌关于中微子探测方法的物理构想也是基于他对实验细节的认真剖析。中微子是泡利于1930年为解释β衰变而假设存在的一种粒子，美国物理学家费米则于1934年提出了β衰变理论，从理论上论证了中微子的存在。为验证费米的理论，各国物理学家都试图从实验中找到中微子，但由于中微子质量很轻，不带电，且穿透力很强，探测起来非常困难，自费米提出β衰变理论起，许多实验物理学家做了很多努力，但一直都没有在实验中

---

① 温天舒，等.亮剑“星神”科技魂：记中国工程物理研究院激光聚变研究中心总师魏晓峰[J].科学中国人，2011(16)：68－71.

探测到中微子。1940年，王淦昌在对国外科学家的一些实验细节进行认真思考后，提出了用K电子俘获的方法来探测中微子，这个建议在美国《物理评论》上发表后，美国物理学家阿伦(Allen)按照该建议成功地探测到了中微子。

事实证明，王淦昌依据实验细节提出的上述实验设想是合理的，但由于当时自己没有开展实验研究的条件，这些实验构想都是由外国科学家完成的，因此，他非常希望通过中国人自己的努力来实现激光约束核聚变的实验设想。所以当联合实验室在1978年建立后，他督促研究人员积极开展相关物理实验。他说："建激光装置，就要做物理实验，拿到物理成果才是最重要的。"他一直认为："一个科学设想的实现，一定要有过硬的实验结果来保证。"①

为了保证实验结果的可靠性，王淦昌对中国激光约束核聚变取得的每一个阶段性实验结果都十分关注，都要对实验的一些细节进行详细询问。1965年，当激光打靶实验中发出的X射线穿过铝箔使底片感光的实验结果出来后，王淦昌向邓锡铭了解实验的每一个细节，在确认每一个细节都准确无误后才相信实验结果。1973年，上海光机所在激光打靶实验中打出了中子。听到这样的消息后，王淦昌在兴奋之余，又对他们的实验结果不放心，因此专门派中子专家王世绩携带中子探测器到上海光机所重新进行实验验证。

王淦昌注重实验细节的良好习惯深深影响了邓锡铭等科研人员。邓锡铭在王淦昌80寿辰的庆贺文章中写道："对于实验结果，他从不只听结果，而是要了解实验中的每个细节之后才相信实验结果的真实性。王老的这些好学风、好品德，永远是我们晚辈学习的榜样。"②在王淦昌的影响下，邓锡铭等科研人员养成了注重细节的工作习惯，并在实际工作中根据实验细节产生了许多创新思想。20世纪80年代，在研制"神光Ⅰ"的过程中，研究人员选取新的低非线性折射率、高增益材料——磷酸盐钕玻璃作为工作介质的技术路线就是在实验中发现的物理现象启发下提出的。当时，他们在六路激光装置上进行的一些实验中发现，输出激光因工作介质硅酸盐Ⅲ型钕玻璃的折射率的非线性变化出现了亮度明显下降的现象，所以决定采用这种玻璃作为激光系统的工作物质。③ 当时，这种技术路线在国际上尚无成功的先例。敢于采取这种技术路线，反映了我国

① 王淦昌.最满意的一项研究[M]//王乃彦.王淦昌全集:5卷.石家庄:河北教育出版社,2004:123-129.

② 邓锡铭.激光惯性约束研究的倡导者 我们的好导师王淦昌[M]//胡济民,等.王淦昌和他的科学贡献.北京:科学出版社,1987:161-164.

③ 邓锡铭,等.六束亚毫微秒高功率钕玻璃激光系统[J].光学学报,1981(4):289-298.

研究人员的胆识。后来的实践证明这一技术路线是非常正确的，因而成为了国际上大能量激光装置的主流路线。上文中所述的，被国际学术界称为“上海方法”或“LA”方法的均匀靶面照明技术的思想也是来源于实验中的一些细节发现。

由于中国的激光约束核聚变研究队伍更加注重实验细节，所以在建造大型核聚变装置时，不追求装置的大，而是从实验的实际需要出发，成功建成了“神光”系列装置。20 世纪 80 年代建成的“神光Ⅰ”装置，其技术指标与美国 70 年末的 ARGUS 装置基本相当，与当时美国的 NOVA 装置尚有较大差距，但研究人员利用这一装置直接驱动打靶得到了 4.5×10^6 个中子产额的实验结果，间接驱动打靶也有 1×10^5 个的中子产额，冲击波压强达 0.8 TPa。对于这样的实验结果，王大珩先生这样说道：“尽管国外激光输出功率还有比这大一个半数量级的，但这个装置世界上还是数得上的，……我们的工作有特色，在较小的装置上也能做出人家大装置的工作。”[①]90 年代建成的“神光Ⅱ”装置也不是当时国际上最大的，研究人员在该装置上进行直接驱动打靶实验，同样获得了国际同类装置中产生中子数额达到 4×10^9 个的最好水平。细节决定成败，这一系列国际一流的实验结果的获得，正是他们发扬注重实验细节的优良传统的最好体现。

（三）合作精神

激光约束核聚变研究是激光科学与核科学结合而产生的一门交叉学科。开展这项研究必然需要两个方面的研究人员合作进行，这就要求研究人员必须具有高度的合作精神。根据学科特点，王淦昌极力倡导从事激光约束核聚变的上海光机所与中国工程物理研究院进行合作，各自发挥自己的优势，共同做出激光核聚变研究的“中国牌”。

“团结协作是王老师在科研实践中一贯实行的准则”。[②] 这是 20 世纪 50 年代跟随王淦昌在苏联杜布纳联合原子核研究所工作的丁大钊的切身感受。在杜布纳联合原子核研究所，王淦昌“本着团结一切有志于科技工作的同事，加速进行分析，及早取得与该加速器相匹配的领先科研成果的急切精神，吸收了不同国籍的许多青年科技工作者。不论长期的工作或是短期的实习，他都一样分配任务，使他们的才智和积极性得到发挥，形成了一个团结、融洽、工作紧张的国际研

---

① 王大珩. 近年来我国的激光研究[J]. 国外激光，1991(5)：1－2.

② 丁大钊. 学称一代宗　德为百年师：纪念王淦昌老师[J]. 现代物理知识，1999(4)39－43.

究集体”。[1]

在王淦昌的指导下，早在1973年中国工程物理研究院就曾经与上海光机所进行过合作研究。1973年，上海光机所的研究人员在打出中子的实验中遇到了判定中子信号的难题。实验中，中子探测器记录到的信号一直存在干扰，总在一个“大信号”波形的背景上叠加了几个“小毛刺”。最初，研究人员认为“大信号”是中子信号，“小毛刺”是干扰信号，但一直没有找到干扰源。王淦昌知道这个情况后，指派王世绩专程从四川到上海鉴别实验结果。王世绩察看了实验现场和有关资料后，认为“大信号”才是干扰信号，“小毛刺”倒具有中子信号的特征。在这一思想指导下，研究人员经过反复的实验判断，终于找到了产生大信号的干扰来源——激光打靶时高温等离子体产生的电磁信号，从而确认“小毛刺”是真正的中子信号。原来，装置中夹持激光靶的部分是金属导体，当激光照射到靶上时，在产生高温、高密度的等离子体的同时，还产生了强烈的电磁干扰，通过金属夹持结构传导到中子探测器中，从而出现了一个“大信号”。后来研究人员采用塑料、玻璃纤维等绝缘材料夹持靶，成功地消除了干扰信号，得到了清晰的中子信号。[2][3] 这件事表明，两个单位合作可以优势互补，非常必要。

随着中国工程物理研究院在20世纪70年代中期也开始进行激光约束核聚变的相关研究，两个单位合作的必要性更加明显。当时，中国工程物理研究院主要从事等离子体物理理论研究和诊断、测试工作，实际工作中缺少激光技术的支持；上海光机所自1964年起一直主要从事激光驱动器的研制工作，在等离子物理领域缺少理论指导。从中国激光约束核聚变研究的全局来看，虽然这两个单位都做了许多工作，但都存在很大缺陷。在这种情况下，王淦昌建议两个单位联合起来从事激光约束核聚变研究。当时中国科学院管理部门的有些人曾担心与中国工程物理研究院的一纸协议会成为“卖身契”，王淦昌就借用“瞎子背拐子”的民间故事来向他们说明两个单位联合的好处。他说：“大家知道，中国有个民间故事，说一个瞎子，有腿，但看不见，走不了路，一个拐子，有眼睛，但腿不行，也是走不了路，这两个人一合作就可以取长补短，就能到处跑。故事中的道理同样可以用在上海光机所和九院（中国工程物理研究院）这两个单位，他们联合起来，成立联合研究室就可以发挥很大的作用，做许多事情，可以跟踪外国，可以做室内微型聚变

---

① 丁大钊. 反西格玛负超子的发现：记王淦昌在杜布纳联合原子核研究所[M]//胡济民，等. 王淦昌和他的科学贡献. 北京：科学出版社，1987，77－89.

② 范滇元. 理论实践创新[M]//卢嘉锡. 院士思维：4卷. 合肥：安徽教育出版社，2001：366－374.

③ 王淦昌. 一次难忘的盛会[J]. 现代物理知识，1993，5(1)：7－9.

装置实验。"[①]他反复强调:"搞激光聚变,我们不应当搞杂牌,而应当搞一个牌子,那就是'中国牌'。只有两个单位联合起来,才能做出像样的'中国牌'。"[②]

在王淦昌的不断努力下,大家消除了思想上的顾虑,达成了进行合作研究的共识。1977 年 10 月,王淦昌以中国工程物理研究院副院长的身份,亲自带领中国工程物理研究院从事等离子物理理论和实验研究的科技人员来到上海光机所,商谈合作进行激光约束核聚变研究的有关事宜。经过广泛讨论,两个单位达成共识,开始进行合作研究,并成立了"高功率激光联合实验室",中国工程物理研究院的中子专家王世绩成为联合实验室的主要成员,此后常驻上海光机所以指导开展等离子物理领域的相关工作。在双方共同推动下,上海光机所启动了 10^{12} 瓦高功率激光器的物理设计,中国工程物理研究院开始全面部署等离子体物理的理论研究、诊断技术、制靶技术等,两个单位精诚合作,在上海光机所建成了"神光Ⅰ"装置,从而有力地推动了我国激光约束核聚变的全面发展。

邓锡铭、范滇元在总结神光工程的建设经验时,对两个单位进行合作研究的重要意义进行了概括,他们认为:"最重要、最有深远意义的是在神光装置上开始了与中国工程物理研究院的长期合作。这种合作不只是技术和财力上的一般支持,而是从思想上破除了凡事都要以我为主包打天下的旧观念,确立了工程装置只有全心全意为使用服务才会长盛不衰的辩证关系;在组织管理上从研制阶段的协调小组发展到装置建成后的联合实验室,打破了部门所有制,两支队伍实质性地汇合在一起。近 20 年的实践已经证明这是正确的、有生命力的,是神光装置能够如期建成、正常运行和物理成果迭出的根本保证。……导致高功率激光工程持续发展的大好局面。追昔抚今,我们要永远记取王老"合则成,分则殆"的名言,把真诚合作的精神继续发扬光大。"[③]

两个单位除在上海光机所的合作研究之外,中国工程物理研究院在上海光机所的协助下建成了"星光Ⅰ"装置,目的是为中国工程物理研究院培养急需的激光技术人才。通过这台装置的实践锻炼,该研究院张小民、魏晓峰等成为两个单位合作研究的第一批受益者,目前已成长为新一代的激光约束核聚变的领军人才,成为新一代激光驱动器"神光Ⅲ"建设的主要科研力量。

今天,两个单位的合作已经发展到了新的阶段。继研究团队在上海光机所

① 王乃彦.王淦昌全集:1 卷[M].石家庄:河北教育出版社,2004:161.
② 王乃彦.王淦昌全集:4 卷[M].石家庄:河北教育出版社,2004:126.
③ 邓锡铭,范滇元."神光"装置的建造、应用和工程管理[Z].《科研工程》论文原稿,1997.

建成“神光Ⅰ”、“神光Ⅱ”后，新一代的激光核聚变驱动器“神光Ⅲ”则建设在中国工程物理研究院。这个事实表明，两个单位的合作真正融为一体，真正在打造激光核聚变研究的“中国牌”。

（四）敬业和奉献精神

在王淦昌一生的工作中，充满了对国家事业的敬业和奉献精神。20世纪60年代初，为了国防建设的需要，他毫不犹豫地放弃了多年从事的基础研究和大城市优越的工作和生活条件，远赴荒凉的戈壁高原，隐姓埋名20年，全身心投入到原子弹、氢弹的研制工作中。在青海221厂工作时，高原缺氧使得许多年轻人都感到很不适应，当时年近六旬的王淦昌克服了种种困难，兢兢业业地坚持在一线工作，成为大家学习的榜样。王淦昌这种忘我的敬业和奉献精神深深影响了跟随他工作的每一位工作人员，激光约束核聚变研究队伍在长期的探索工作中也继承和发扬了这种精神。

邓锡铭自1964年在王淦昌的指导下领导开展激光核聚变研究，直到生命的最后一刻，一直在为这项事业默默奉献着自己的一切。1997年底，他身患癌症，在身体极度疼痛的情况下，心中最关注的仍然是当时的“神光Ⅱ”装置的研制。一日清晨，他忍着化疗的极度不适，连续书写了3个多小时，在生命的最后时刻写下了20多页关于“神光Ⅱ”装置建设的“意见书”，把自己的生命融入到我国的激光核聚变事业之中。实际上，邓锡铭的奉献精神不仅表现在对我国激光约束核聚变事业的贡献方面，在其他许多方面也有充分的体现，例如他在我国“863”高技术计划立项方面的贡献。提到“863”计划，许多人都知道该计划是由王淦昌、王大珩、杨嘉墀、陈芳允四位科学家联名向中央建议的，极少有人会知道邓锡铭在这个计划中的贡献。1983年美国政府提出“战略防御计划”时，邓锡铭正好在美国访问，得知这个消息后，他立即省出全部费用购买了一大箱相关资料，回国后立即向王淦昌、王大珩介绍了这一情况，这才有了四位科学家的联名建议。

长期坚持在激光约束核聚变研究第一线的范滇元同样为我国的激光聚变事业做出了巨大的牺牲。1980年，范滇元获得了出国进修的机会，在向邓锡铭征求意见时，邓锡铭对他说道：“出国是件好事，扩大见识，经济上也富裕。但项目需要你留下。”[①]就这样，他毅然放弃了出国梦想，全身心投入到“神光Ⅰ”的研制

① 范滇元：人间正道是沧桑[M]//方正怡，洪晖，毓明．科学人生：院士的故事．上海：上海教育出版社，2006：110-114．

中。1987 年“神光Ⅰ”初步建成后，邓锡铭亲自为范滇元联系了赴美做访问学者的相关事宜，但因装置的运行需要，他再次放弃了自己的出国机会。在“神光Ⅰ”装置的总调试阶段，范滇元“作为现场指挥，不分昼夜连续工作在第一线，三个多月没有回家”。在研制“神光Ⅱ”装置时，由于妻子长期患病，范滇元只好将上小学的女儿托付给妹妹照料。更令人感动的是，由于工作太忙，他无暇照顾生病的妻子，以致妻子在 1998 年 5 月突发脑溢血倒在家中，他本人在一天期间数次打家里电话都无人接听的情况下，仍然坚持处理完实验装置故障，直到晚上才急急忙忙赶到家，而妻子已经失去了治疗的最佳时机，10 多日后即不幸去世。

长期工作在王淦昌、邓锡铭、范滇元的身边，对这些充满无私奉献精神事迹的耳濡目染，使年轻一代的科研人员也自然而然地继承了这种忘我的敬业和奉献精神。朱健强在回顾“神光Ⅱ”研制的过程时，就直言自己受到其导师邓锡铭和装置总工程师范滇元甘于奉献精神的影响，深切感受到“个人的奋斗应当融入到国家的需求中去”。[①] 因此，在工程研制阶段，他几乎放弃了所有的休息时间和节假日，放弃了与家人团聚的时间，全力投入这项研究，成功地解决了激光放大器设计中的一系列关键技术难题，为“神光Ⅱ”装置的研制做出了重要贡献。

在中国工程物理研究院，胡仁宇等一批科研人员在王淦昌领导下长期从事与核武器有关的科学研究，同样受到王淦昌“以身许国”献身精神的影响，在四川绵阳的偏远之地默默为国家奉献着自己的力量。而魏晓峰则正在将这种奉献精神向后辈传扬，他督促学生成长的“学习、开拓、担当”六字箴言中，“担当”二字就是要求后辈继承老一辈科学家对国家事业的敬业和奉献精神。

四、中国激光约束核聚变物理学家学术小传

王淦昌

王淦昌(1907—1998)，江苏常熟人。核物理学家，中国科学院院士。中国实验核物理、宇宙射线及基本粒子物理研究的主要学术奠基人和开拓者，中国激光约束核聚变研究的创始人。1929 年毕业于清华大学物理系。1930 年赴德国柏林大学学习，师从著名核物理学家迈特纳，1933 年获得博士学位。主要从事核

---

① 生命因“神光”而灿烂：记中国科学院上海精密机械光学研究所朱健强研究员[M]//上海市委组织部. 上海领军人才. 上海：上海文汇出版社，2009：88－92.

物理研究，1941年提出验证中微子的实验方案。20世纪50年代，领导建立了云南落雪山宇宙线实验站，使中国的宇宙线研究进入国际先进行列。在杜布纳联合原子核研究所，他领导的研究小组发现了反西格马负超子。60年代，提出了激光惯性约束核聚变思想，并指导相关人员开展这项研究。60—70年代，参与原子弹、氢弹的研制工作，为中国第一颗原子弹和第一颗氢弹的研制成功做出了突出贡献。80年代，从事激光约束核聚变的相关研究，领导建成了氟化氪准分子激光器。曾获国家自然科学一等奖2项、国家科学技术进步特等奖1项等奖励。1999年被国家追授“两弹一星”功勋奖章。曾任中国科学院近代物理研究所副所长、苏联杜布纳联合原子核研究所副所长、中国工程物理研究院副院长、中国原子能科学研究院院长、第二机械工业部副部长等职。①

邓锡铭（见本章第一节）

徐至展（见本章第一节）

范滇元（见本章第一节）

林尊琪（见本章第一节）

朱健强（见本章第一节）

王乃彦

王乃彦（1935—　），福建福州人。核物理学家，中国原子能科学研究院研究员，中国科学院院士。1956年毕业于北京大学技术物理系。早期从事核武器的相关研究。参加研制了我国第一台用于原子反应堆的中子飞行时间谱仪，测得第一批中子核数据。领导并参加了核武器试验中重要的11种近区物理测试项目，对探测器系统的响应函数、测试数据的解卷积复原处理等重要问题进行了创造性研究，促进了我国核武器设计和测试技术的进步。20世纪70年代末开始

① 朱光亚.总序[M]//王乃彦.王淦昌全集:1卷.石家庄:河北教育出版社,2004:1-6.

从事惯性约束核聚变领域的物理和技术问题研究，开展了高功率脉冲技术、束流物理和束靶相互作用等方面的研究。主持开展了电子束泵浦氟化氪准分子激光研究，领导建成了六束百焦耳级的氟化氪激光装置。①

胡仁宇

胡仁宇(1931—　)，浙江江山人，生于上海。物理学家，中国工程物理研究院研究员，中国科学院院士。1952 年毕业于清华大学物理系。1956—1958 年在苏联科学院列别捷夫物理研究所攻读研究生，导师是契仑柯夫。长期从事核物理实验、核试验诊断、惯性约束核聚变和核安全研究，领导筹建了多个核物理实验室，在聚合铀爆轰热核反应研究、核试验近区物理测量等方面解决了一系列重大技术问题，完成了有关中子物理、放射性核素测量和其他核测试工作，开展了强脉冲混合辐射场的各种特性测量工作，为中国核武器事业的发展做出了重要贡献。20 世纪 70 年代末以后，参加组建惯性约束核聚变实验室，使其初具规模并取得了富有特色的研究成果。曾获国家自然科学奖一等奖，国家科技进步奖特等奖等奖励。曾任中国工程物理研究院院长。②

傅依备

傅依备(1929—　)，湖南岳阳人。核化学与化工专家，中国工程物理研究院研究员，中国工程院院士。1953 年毕业于四川化工学院化学系。1955—1960 年在苏联列宁格勒化工学院学习，获副博士学位。早期从事放射性同位素分离和核燃料的研究与教学工作。在从事原子弹研究中，领导建立了钋的生产工艺，研制了模拟裂变中子源的钋中子源，完成了第一颗原子弹试验样品分析。1971—1991 年，负责核试验放化测试任务，建立起一套完整的测试方法，使放化测试技术顺利突破地下核试验关。为适应核武器研制发展的需要，提出了利用指示剂诊断聚变威力、裂变分威力及核爆压缩过程的方法。主持建立了钢丝绳快速气体取样方法，为现场速报核爆总威力做出了突出贡献。负责组建了激光聚变微靶实验室，研制了一系列惯性约束聚变实验用微型氘氚靶。负责裂变聚变混合堆的氚工艺研究，建立了在线产氚演示回路。在同位素标记的药物研制、辐射加

---

① 中国原子能科学研究院官网 http://www.ciae.ac.cn/subpage/duiwu_4.htm.

② 中国工程物理研究院官网 http://www.caep.ac.cn/zjzwy/kjyc/10928.shtml.

工等核技术应用领域也做出了重要贡献。曾获国家科技进步奖等多项奖励，2003 年获何梁何利科技奖。①

贺贤土

贺贤土(1937—　)，浙江镇海人。理论物理学家，北京应用物理与计算数学研究所研究员，中国科学院院士。1962 年毕业于浙江大学物理系。在核武器研究中，提出了局部热动平衡点火发展到非局部热动平衡燃烧的热核反应动力学模型，参与我国首次间接驱动出热核中子的实验研究。在等离子体物理研究中，在国际上首次提出电磁波产生自生磁场的正确表达式，首次从 Vlasov-Maxwell 方程组推导出立方-五次方非线性薛定谔方程和它的孤立波解，阐明了粒子在孤立波中的加速机制，获得了等离子体相干结构小尺度湍流等多项成果。在非线性科学研究中，开展了近可积哈密顿系统 Pattern 动力学和时空混沌研究。开展了与高能量密度物理有关的相对论激光等离子体特性和电子动力学的相关研究。1996—2001 年，任国家“863”计划惯性约束聚变主题首席科学家，为我国惯性约束聚变研究做出了重要贡献。曾获国家自然科学奖二等奖 1 项，国家科技进步奖一等奖、二等奖各 1 项。2000 年获何梁何利奖。②

王世绩

王世绩(1932—　)，上海人。物理学家，中国工程物理研究院研究员，中国科学院院士。1956 年毕业于北京大学技术物理系。长期从事核物理和激光等离子体物理实验研究。20 世纪 60 年代初在苏联杜布纳联合原子核研究所研制含镉大液体中子闪烁探测器，完成了共振中子裂变参数的测量。60 年代在核试验测试中，采用优化设计的气体契仑柯夫探测器，实现了高本低下高能 γ 射线测量，并据此确定了热核反应的持续时间。80 年代初，主持我国激光约束核聚变实验研究工作，领导研制了十余种诊断设备，组织多轮总体实验。80 年代后期开展 X 光激光研究并取得了一系列国际先进水平的研究成果。90 年代参与组织了“神光Ⅱ”高功率激光聚变装置的研制。曾获国家科技进步一等奖 1 项，二等奖 2 项，三等奖 1 项。③

---

① 中国工程物理研究院官网 http://www.caep.ac.cn/zjzwy/kjyc/10915.shtml.

② 中国工程物理研究院官网 http://www.caep.ac.cn/zjzwy/kjyc/10926.shtml.

③ 中国工程物理研究院官网 http://www.caep.ac.cn/zjzwy/kjyc/10925.shtml.

张小民

张小民(1955—)，山东莱西人。激光技术专家，中国工程物理研究院研究员。1982 年毕业于山东大学光学系。2006 年师从范滇元在复旦大学获得博士学位。长期从事高功率固体激光技术与工程的研究工作。在研制 LF-11#高功率固体激光装置上，重点解决了大口径高效率二次谐波转换和短波长激光探针技术。主持完成了"星光Ⅱ"高功率固体激光装置的研制任务，成功解决了激光脉冲宽度连续调整、大口径高效率三次谐波转换、高精度靶定位、窄线宽线聚焦光学系统和双脉冲产生等一系列关键技术。参与完成了"神光Ⅲ"原型装置的概念设计，提出采用多程放大等新方案，解决了一系列关键技术与工程问题，组织完成了"神光Ⅲ"原型装置的工程建设。曾获国家科技进步三等奖 1 项。①

魏晓峰

魏晓峰(1960—)，四川绵阳人。激光技术专家，中国工程物理研究院研究员，中国工程物理研究院激光聚变研究中心总工程师。1982 年毕业于云南大学物理系。2005 年获哈尔滨工业大学工学博士学位。研制"星光Ⅱ"激光装置的主要负责人之一，主持研制了"百钛瓦级超短超强脉冲激光系统"(SILEX-Ⅰ装置)。担任"神光Ⅲ"激光装置建设项目总工程师，主持开展了"神光Ⅲ"建设项目的技术工作，攻克了高精密、高稳定性和超级洁净闭环、电磁干扰等一个个工程技术难关。曾获国家科学技术进步奖一等奖和三等奖各 1 项。②

汤秀章

汤秀章(1966—)，江西永新人。中国原子能科学研究院研究员，高功率准分子激光实验室主任。1988 年毕业于清华大学物理系，2001 年在中国原子能科学院获得博士学位，导师是王乃彦。1991 年开始从事准分子激光研究，参加了"天光Ⅰ号"KrF 准分子激光系统及其物质高压状态方程实验平台的建设，利用该实验平台进行了多路激光打靶产生冲击波的实验研究，建成掺钛蓝宝石/准分子紫外超短脉冲激光系统并获得高功率紫外激光输出，相关技术达到国际先进

---

① 温天舒，等. 亮剑"星神"科技魂：记中国工程物理研究院激光聚变研究中心总师魏晓峰[J]. 科学中国人，2011(16)：68-71.

② 温天舒，等. 亮剑"星神"科技魂：记中国工程物理研究院激光聚变研究中心总师魏晓峰[J]. 科学中国人，2011(16)：68-71.

水平。①

第三节 陈创天非线性光学材料学术谱系

1960年激光诞生后，美国科学家弗兰肯(Franken)于1961年在石英晶体中发现了非线性光学现象。经过50年的发展，激光变频、调制、记忆、存储等非线性光学技术已深入应用到激光技术的各个领域，对当代科学技术，特别是高新技术的发展产生了很大的推动作用。而这些非线性光学技术的应用，必须通过优质的非线性光学材料才能实现。因此，我国著名人工晶体学家沈德忠院士把非线性光学晶体比作人类生存所必需的食盐来说明其重要性，他说："非线性人工晶体作为商品的产值，不能与钢铁、石油等相提并论。如果把钢铁、石油比作大米、白面，那么非线性人工晶体只相当于食盐，社会需要的量不可能像钢铁、石油那么大，但离开了非线性人工晶体，很多国防设备、工业加工技术、信息传递、信息记录等的运转及其发展都将会受到很大的影响。"②

为了满足激光技术的发展，中国科学家在20世纪60年代中期即开展了非线性光学晶体材料的研究，并在80年代成功研制出了偏硼酸钡(BBO)，三硼酸锂(LBO)、磷酸氧钛钾(KTP)等多种优质非线性光学晶体，从而奠定了中国在该领域的国际领先地位。③ 中国在非线性晶体材料研制方面的工作，引起了国外学者的关注。1986年10月，美国学者在华盛顿召开的非线性光学材料会议上，专门对中国的非线性光学材料研究进行了讨论，对国际上最先进的非线性光学材料思想(即陈创天的阴离子基团理论)不是来自美国而是来自中国进行了反思，希望美国能够迅速在该领域建立自己的优势。④ 90年代，中国科学家又研制出了新型深紫外非线性光学晶体KBBF，该产品成为我国目前首个对西方国家实行技术禁运的高技术产品，被国际学术界称为"中国藏匿的晶体"。⑤

---

① 汤秀章. 那么的精彩[J]. 中国核工业，2012(7)：57-58.

② 蒋民华. 中国晶体生长和晶体材料五十年[J]. 功能材料信息，2008(4)：11-16.

③ 沈德忠. 巩固优势　再攀高峰：记我国无机非线性光学晶体的发展历程[J]. 新材料产业，2009(10)：80-83.

④ AUSTON D H, et al. Research on Nonlinear Optical Materials: An Assessment [J]. Applied Optics, 1987,26(2):211-234.

⑤ CYRANOSKI D. China's Crystal Cache [J]. Nature, 2009,457:953-955.

在长期的探索实践中，福建物质结构研究所、山东大学、北京人工晶体研究所等几支研究队伍迅速成长，为中国非线性光学晶体研制技术的发展做出了重要贡献。在这几支研究队伍中，陈创天领导的一批研究人员在其 20 世纪 70 年代提出的阴离子基团理论指导下，相继研制出了被国际学术界称为“中国牌”的 BBO、LBO、KBBF 等优质非线性光学晶体，并在长期的实践中培养出了以吴以成院士为代表的一批非线性光学晶体研究人才，为我国的非线性光学晶体研制保持国际领先水平发挥了举足轻重的作用。有鉴于此，本节以陈创天非线性光学晶体研究学术谱系为案例，对其成长历程及学术思想进行初步分析和讨论。

一、中国非线性光学发展的历程

非线性光学是激光诞生后产生的研究领域，研究对象是激光与物质相互作用产生的各种非线性光学效应。非线性光学诞生于 1961 年，其基本理论在 20 世纪 60 年代中期建立，80 年代中期这门学科的发展已经成熟。虽然中国激光科学事业的开创与西方发达国家基本同步，但早期只有极少数学者关注到了这项研究，[①②]直至 1978 年，非线性光学研究才真正在中国兴起。根据中国开展非线性光学研究的特点，其发展过程大致可以分为两个阶段。

（一）快速兴起（1978—1985）

非线性光学研究在中国的兴起，离不开其发展的国际学术背景。1960 年，美国物理学家梅曼发明了世界上第一台红宝石激光器后，激光的一些特点——相干性、高亮度、单色性、方向性立刻引起了人们的兴趣。其中，激光的相干性缩小了光波和微波及无线电波的区别，这无疑使一些具有无线电学术背景的学者感到兴奋，他们开始探讨激光是否也能像无线电那样产生一些与相干性有关的非线性效应（混频、参量振荡等），这种探讨很快就得到了证实。1961 年，弗兰肯等人利用波长 694.3 nm 的红宝石激光照射石英晶体，激光在穿过晶体后出现了波长为 3 472 nm 的倍频光[③]。这是国际上最早发现的非线性光学现象，是非线

① 谭维翰. 关于受激光所引起的强场作用与非线性效应[G]//吕大元. 受激光发射论文汇编. 北京：科学出版社，1964：31－38.

② 李荫远. 论高阶辐射过程 Raman 效应及其在光谱学中的应用[J]. 物理学报，1964，20(2)：164－172.

③ FRANKEN P A, HILL C W, et al. Generation of Optical Harmonics [J]. Phys. Rev. Lett., 1961，7(4)：118－119.

性光学诞生的标志。在发现倍频现象后很短的几年内，科学家们又相继发现了受激拉曼散射、受激布里渊散射、和频、差频、参量振荡、四波混频、饱和吸收、反饱和吸收、双光子吸收、自聚焦、自相位调制、相位共轭等 10 多种非线性光学现象。同时，为了解释产生非线性光学效应的物理机理，美国物理学家布洛姆伯根（N. Bloembergen，1920—　）和他的学生创立了以介质非线性极化和耦合波方程为基础的非线性光学理论。国际学术界通常把 1965 年布洛姆伯根的著作《非线性光学》（*Nonlinear Optical Phenomena*）的出版作为非线性光学学科创立的标志。20 世纪 70 年代后，科学家们又相继发现了半导体量子阱、超晶格、光学双稳态和光学混沌、光学压缩态等非线性光学现象，从而丰富了非线性光学研究的内容；另一方面，扩展激光波长的范围、各种波段的频率连续调谐技术、非线性光学相位共轭技术及应用、光计算和光电子技术等一些应用研究也为一些科学家所关注，非线性光学的发展开始迈入成熟阶段。国际学术界通常把 1984 年美籍华裔物理学家沈元壤的著作《非线性光学原理》（*The Principle of Nonlinear Optics*）的出版作为非线性光学发展成熟的标志[①][②]。

所以，非线性光学研究在中国兴起之时，中国学者面对的是一个国际上正在走向成熟的学科，他们主要跟踪国外已有的研究。其时，国际上有两种研究风格：一种是有物理学学术背景的学者所具有的，代表人物是美籍华裔科学家沈元壤等一些学者，他们主要从理论方面来探索非线性光学现象的发生机制；另一种风格是有无线电学术背景的学者所具有的，代表人物是美国科学家雅锐（Yariv）等一些学者，主要致力于非线性光学效应的实际应用。受国际非线性光学研究的影响，中国非线性光学的起步之时，两种学术风格同时出现。以上海光机所等一些单位为代表，他们从事的是当时比较热点的相位共轭等一些应用方面的研究；而中国科学院物理研究所和一些高等院校，则倾向于非线性光学的发生机理研究。

上海光机所是这一阶段国内在非线性光学领域做出最多成果的研究单位。这一时期他们发表的论文数量说明了这个事实。该所 1982—1983 年发表各类非线性光学论文 112 篇，[③]1984—1985 年 120 篇。[④] 在该所的众多非线性光学研究中，有 5 项研究被选编入 1985 年成稿的《中国激光史概要》（该书编入的非线性光学研究成果共 8 项）。他们的一些非线性光学研究的实验室也成为那时国

---

① 李淳飞. 非线性光学[M]. 哈尔滨：哈尔滨工业大学出版社，2005：6－7.
② 叶佩弦. 非线性光学物理[M]. 北京：北京大学出版社，2007：12－17.
③ 中国科学院上海光学精密机械研究所年刊，1982—1983（内部资料）.
④ 中国科学院上海光学精密机械研究所年刊，1984—1985（内部资料）.

外学者访问上海光机所进行学术交流的主要场所之一。这一时期，上海光机所研究人员主要从事相位共轭、受激电子拉曼散射、光学双稳态等领域的研究，其中吴存恺在相位共轭方面做出了比较有影响的工作。[①]

中国科学院物理研究所是国内开展非线性光学研究比较有影响的单位之一。与上海光机所不同，他们的工作更具基础性研究的特点，其中叶佩弦和张洪钧两个研究组的工作最具代表性。叶佩弦从事四波混频方面的研究，从理论上把非线性光学的两个分支——四波混频和相干瞬态光学效应统一了起来，由此人们可用更简单和直观的方法去讨论传统的相干瞬态光学效应。[②] 这项研究成果后来被选入美国 SPIE 出版的里程碑系列丛书中的《非线性光学论文选集》(该文集共收集了 1961—1990 年间的非线性光学经典论文 130 多篇，叶佩弦的论文是文集收录的唯一一篇中国学者的论文)。[③] 在这项研究的基础上，叶佩弦又和其学生在非相干光时延四波混频方面取得了重要成果，建立了非相干光时延四波混频的多能级理论。[④] 张洪钧小组从事的是当时非常热门的光学双稳现象研究。他们在实验中发现了液晶的光学双稳、混沌现象，分析了液晶光学双稳系统中发生分叉和混沌现象的原因。[⑤]

在这场非线性光学研究的热潮中，许多高等院校积极参与并取得了许多研究成果。其中比较有代表性的有：哈尔滨工业大学李淳飞领导开展的利用 $LiNbO_3$ 晶体进行光电混合光学双稳性的研究，复旦大学物理系金耀根研究组进行的相干反斯托克斯拉曼光谱(CARS)的相关研究，中山大学物理系郑顺旋研究组开展的苯类物质高阶受激拉曼散射线的研究，北京大学孙陶亨研究组利用 Stak 开关技术进行的瞬态相干效应研究，清华大学物理系张培林研究组进行的六波混频过程研究等。

(二) 迅速发展(1986—)

20 世纪 80 年代后期，随着国际交流的逐步深入和自身研究水平的提高，中

---

① 邓锡铭. 中国激光史概要[M]. 北京：科学出版社，1991.

② PEIXIAN YE, YUANRANG SHEN. Transient Four-Wave Mixing and Coherent Transient Optical Phenomena [J]. Phys. Rev. A, 1982, 25, 2183 - 2199.

③ BRANDT H E. Selected Papers on Nonlinear Optics[M]. Washington, USA: SPIE Optical Engineering Press, 1991.

④ 无愧. 叶佩弦与非线性光学[M]//卢嘉锡. 中国当代科技精华：物理学卷. 哈尔滨：黑龙江教育出版社，1994：111 - 124.

⑤ 张洪钧. 光学混沌[M]. 上海：上海科技教育出版社，1997：123 - 203.

国在非线性光学领域取得了长足的进步，获得了一批具有国际先进水平的研究成果。

这一时期，国际上非线性光学研究呈现出的一个新热点是研制新型光学材料，科学家们发明了多种优质非线性光学晶体、具有多量子阱结构的半导体超晶格、有机聚合物等材料。在非线性光学晶体材料研究领域，中国科学家取得了一系列国际领先的研究成果。在该领域，最具国际影响力的是陈创天领导研制的、被国际学术界誉为“中国牌”晶体的 BBO、LBO、KBBF。除此之外，中国在国际学术界有较大影响的非线性晶体材料研究还有以下几个方面：山东大学蒋民华研究组和人工晶体研究所沈德忠研究组采用自己的独特工艺生长的 KTP 晶体，这种晶体不仅光学性能比美国的优越，而且把生产成本降低了 50 多倍，使得一直对中国实行技术禁运的美国反过来要从中国进口这种材料；南京大学闵乃本课题组在半导体超晶格理论成果的启发下，将周期微结构引入介电晶体，在他们自己提出的多重准位相匹配理论基础上，经过近 20 年的实践探索，研制出了能够同时输出三种激光的光学超晶格激光器件，成功地同时输出了红、绿、蓝三种基色的激光；[①]在铌酸锂晶体生长方面，南开大学与西南技术物理所合作，采用掺氧化镁的方法，把晶体的抗光损伤能力提高了一个数量级，对国际非线性光学晶体研究也做出了重要贡献。

利用这些优质的非线性光学材料，采用多种频率转换技术和光学参量过程，中国科学家研制了包含许多波段的激光光源，成功实现了全固态激光的输出。其中最具国际影响的是陈创天和物理研究所许祖彦合作研制成功的深紫外光源。他们利用自己生长的 KBBF 晶体，采用独创的棱镜耦合技术，在国际上首次实现了 Nd：YVO_4 激光的 6 倍频谐波光（177.3 nm），突破了被国际学术界称为“壁垒”的 200 nm 界限，为 193 nm 光刻技术的应用奠定了技术基础。其他比较有影响的成果还有：绿光激光器方面，电子工业部 11 所姜东升等人采用三镜 L 型腔实现了平均功率为 68 W 的高功率绿光输出，天津大学姚建铨研究组采用平凹腔先后获得了 85 W 和 110 W 的高平均功率绿光输出；在全固态红光激光器方面，天津大学和中科院物理研究所许祖彦都获得了 10 W 左右的高功率激光；全固态蓝光激光器方面，长春光机所钱龙生等人率先在国内开展了这项研究并实现了 473 nm（国际上最早）的蓝光激光输出，其后国内的其他研究单位也相

① 华珍. 闵乃本与晶体物理学[M]//卢嘉锡. 中国当代科技精华：物理学卷. 哈尔滨：黑龙江教育出版社，1994：219－227.

继在这个领域取得了重要进展;在基于全固态红、绿、蓝激光器为基础的激光显示技术方面,物理所许祖彦研究组和天津大学都取得了重要成果;①在半导体激光器方面,半导体研究所王圩领导研制出了应变量子阱结构的 1.5 μm 和 1.3 μm DFB 激光器,满足了我国光纤通信的实际需要。

在基础研究领域,光折变非线性光学研究是中国学者取得重要成果的一个领域。在该研究领域,物理研究所叶佩弦和南开大学张光寅做出了一些突出成果。叶佩弦首次提出并实现了被国际同行命名的"桥"式相互泵浦位相共轭器;他提出的"背向散射-四波混频"的光折变自泵浦位相共轭新机制,论证了随工作波长和掺杂浓度的变化可以有不同机制以及它们之间转换的规律,突破了长期以来认为光折变自泵浦位相共轭只有一种主要机制的观念。南开大学物理系张光寅课题组发现了 $LiNbO_3$:Fe 晶体光折变尺寸效应与"光爬行"效应,同时还观察到了光折变晶体的自衍射、准周期振荡锥形光散射等新效应;在 KNSBN:Cu 晶体中发现了光折变自弯曲效应,并利用这一效应发展了一种高性能的新型自泵浦相位共轭器(反射率达 68%),在此基础上提出了光折变自弯曲相继四波混频多作用区理论。②

这一时期,非线性光学技术迅速渗透到了许多前沿研究领域,形成了许多新兴研究领域,如超快光谱技术、X 光激光、自适应光学、激光冷却原子、相干非线性光学、强场激光物理和强非线性光学效应、激光锁模与光梳、高能密度物质等。③ 在这些领域,中国科学家也做出了出色的工作,如西安光机所侯洵领导的瞬态光学与超快研究、上海光机所徐志展的 X 光激光研究、成都光电研究所姜文汉领导的自适应光学研究,等等。

二、陈创天组织"中国牌"非线性光学晶体的研制

优质非线性光学晶体 BBO、LBO、KBBF 等是在陈创天阴离子基团理论指导下,并由他领导的研究团队发现的。他们探索非线性光学晶体的历程可以分为三个阶段。

---

① 姚建铨,徐德刚. 全固态激光及非线性光学频率变换技术[M]. 北京:科学出版社,2007:20-26.

② 葛云程. 张光寅与光折变效应[M]//卢嘉锡. 中国当代科技精华:物理学卷. 哈尔滨:黑龙江教育出版社,1994:351-360.

③ 沈元壤. 非线性光学 50 年[J]. 物理,2012(2):71-81.

（一）理论探索——阴离子基团理论的提出

20 世纪 60 年代早期，在对非线性光学效应的本质还没有真正了解的情况下，科学家根据二级非线性光学效应只能发生在不具有中心对称结构的化合物的事实基础，总结了一些经验规律，并根据这些规律发现了一批具有铁电特性的非线性光学晶体，如 KDP(KH_2PO_4)、$LiNbO_3$ 等。60 年代末，科学家开始注重探索非线性光学晶体的微观结构与宏观性质之间的关系，目的是为探索新型材料提供理论指导。美国科学家杰格(Jeggo)等人最早提出了键参数法，利用这个方法成功解释了 KDP 等晶体的倍频性质。其后，美国科学家莱文(Levine)提出了键电荷模型，苏联科学家达维多夫(Davydov)提出了分子轨道法，等等，这些理论都能解决一些问题，但都有一定的局限性，对探索非线性光学晶体材料没有产生有效的指导作用。经过一段时间的探索，美国科学家凯姆拉(Chemla)提出了电荷转移模型，较好地解释了有机非线性光学材料的结构起因。中国科学院福建物质结构研究所陈创天教授提出了阴离子基团理论，则较好地解释了无机非线性材料的结构起因，对其后的非线性光学材料探索工作起到了积极推动作用。[①] 在陈创天这一理论的指导下，中国科学家相继发明了被称为“中国牌”晶体的 BBO、LBO、KBBF 等一系列优质非线性光学晶体，使中国在这一领域的研究始终处于国际领先地位。

陈创天开始从事非线性光学晶体研究的单位是中国科学院福建物质结构研究所，这是我国著名化学家卢嘉锡先生[②]在 1960 年创办的一所研究机构，主要从事物质的微观结构与宏观性质之间关系的研究。建所之初，卢嘉锡制定了“理论与实验、物理与化学、结构与性能多重结合”的研究思路。为加强研究所的理论研究力量，卢嘉锡请他在北京大学的老朋友胡宁教授推荐一名理论物理专业的大学毕业生来所工作。这样，在胡宁的推荐下，陈创天于 1962 年来到福建物质结构研究所工作。初到福建，由于研究所主要从事化学方面的研究，为了让陈创天适应这里的工作，卢嘉锡要求他把研究重点从理论物理转到结构化学理论方面。为了弥补化学理论的不足，1962—1965 年期间，陈创天在卢嘉锡的指导下，学习了物理化学、结构化学、量子化学、群表示理论等理论化学知识，为后来

---

① 陈创天. 非线性光学晶体材料[M]//干福熹. 信息材料. 天津：天津大学出版社，2000：550 - 587.

② 卢嘉锡(1915—2001)，福建厦门人(原籍台湾台南)。物理化学家、化学教育家和科技组织领导者，中国科学院院士。1934 年毕业于厦门大学，1937 年至 1939 年在英国伦敦大学化学系学习，获哲学博士学位。曾任厦门大学理学院院长、研究部部长，福州大学副校长，中国科学院福建物质结构研究所研究员、所长，1981—1988 年间任中国科学院院长。

的研究工作打下了理论基础。①

1965年,陈创天开始选择研究方向。在晶体材料领域,当时福建物质结构所主要有两个方向,一是激光材料,一是非线性光学材料。经过认真思考,陈创天认为,激光材料的性质跟杂质的激发态性质有关,需要通过大量的实验才能发现,理论上很难预见,而当时福建物质结构所刚刚建立,条件比较差,不具备从事这项研究的实验条件;而非线性光学晶体的非线性光学效应主要由晶体的基本结构决定,可以利用量子化学的方法推导出微观结构与宏观性质的关系,不需要复杂的实验设备,相对容易开展。因此,他选择了非线性光学材料作为自己的研究方向。这种选择得到了卢嘉锡的肯定和支持。

自1966年起,在"文化大革命"的混乱环境中,陈创天排除周围的各种干扰,默默地进行着自己的理论探讨。1968年,他提出了关于非线性光学效应的阴离子基团理论。该理论认为,晶体材料的非线性光学效应是一种局域化的效应,是入射光波与各个阴离子基团中的价电子相互作用的结果,其宏观倍频系数是组成晶体的基本单元——阴离子基团的微观倍频系数的几何叠加,阴离子基团的微观倍频系数可以根据阴离子基团的局域化分子轨道利用量子力学的二级微扰理论计算出来,而阳离子对晶体倍频系数的贡献在一级近似下可以忽略不计。根据这个理论,陈创天首先计算了钛酸钡晶体的非线性系数。由于当时只有一个手摇计算机,这项计算花了他整整一年的时间。结果表明,钛酸钡晶体的非线性光学系数与阴离子基团理论完全吻合,由此证明阴离子基团理论是正确的。

接着,陈创天又陆续计算了铌酸锂和碘酸锂两种晶体的非线性光学系数。1972年,他根据这些推导和计算写成了三篇论文。著名量子化学家唐敖庆等对论文进行认真审阅后认为,陈创天的阴离子基团理论比较好地解释了氧化物晶体的基本结构,特别是钛酸钡、铌酸锂等晶体的基团结构与宏观非线性光学效应的关系,计算方法可行,计算结果可信。但由于当时国内学术期刊都处于停刊状态,这三篇论文没有地方发表。1976年,《物理学报》复刊,这三篇论文才得以在该杂志上发表。②③④

阴离子基团理论的提出,为探索新型非线性光学晶体提出了结构判据,自此福建物质结构研究所的非线性光学晶体研究在该理论的指导下逐步开展起来。

---

① 《卢嘉锡传》写作组. 卢嘉锡传[M]. 北京:科学出版社,1995:111.
② 陈创天. 晶体电光和非线性效应的离子基团理论(Ⅰ)[J]. 物理学报. 1976(2):146-161.
③ 陈创天. 晶体电光和非线性效应的离子基团理论(Ⅱ)[J]. 物理学报. 1977(2):125-132.
④ 陈创天. 晶体电光和非线性效应的离子基团理论(Ⅲ)[J]. 物理学报. 1977(6):487-498.

（二）实践探索——非线性光学晶体 BBO 的发现

在中国，自激光诞生后，中国科学院福建物质结构研究所、物理研究所、上海硅酸盐研究所、山东大学等很多单位都积极开展了非线性光学晶体的生长研究，成功生长出了 KDP、ADP、Nd:YAG、$LiTaO_3$ 等多种激光晶体材料或非线性光学晶体。到 20 世纪 70 年代，中国在晶体材料方面的研究水平得到了很大提高，国外已发现的晶体，中国科学家基本上都能研制出来。但是，当时中国的所有晶体研究都是在跟踪国外进行的，国外发现一个，中国科学家就跟着研制一个，完全是处在“仿制”状态。在陈创天提出阴离子基团理论后，中国开始了新型非线性光学材料的自主探索。

1974 年，在第三次全国晶体生长学术会议上，陈创天介绍了他关于非线性光学晶体的阴离子基团理论。20 世纪 70 年代，虽然中国的晶体生长研究有了很大进步，国外已发现的新晶体，国内很快也能研制出来，而且质量能达到甚至超过国际的先进水平，但中国还不能独立发现、研制一些新材料。因此，卢嘉锡在这次会上提出：我国的非线性光学材料研究要走自己的路，应研制出自己的新晶体材料。他说：“我不下地狱，谁下地狱！为了探索非线性光学材料，福建物质结构所先下！即使下地狱，也要干！”[①]卢嘉锡之所以做出这样的决定，是因为他相信陈创天提出的阴离子基团理论可以作为中国自己探索新材料的理论指导。但由于受“批林、批孔”运动的影响，这项研究直到 1977 年才正式开始。[②]

1977 年，卢嘉锡任命陈创天为非线性光学材料研究组组长，开始组建团队，进行研究工作。陈创天根据自己提出的理论模型和之前积累的研究经验，领导大家开展了非线性光学晶体的理论计算、结构选型、粉末倍频效应测试等工作。

在进行化合物的结构选型时，研究组最早选定的是具有氧八面体结构的物质。但经过一段时间的摸索后，他们发现，美国的一些著名实验室在这一领域有着很大的领先优势，如贝尔实验室已发现了铌酸锂、钛酸锂等晶体，杜邦研究发展中心已研制出了 KTP 晶体，而且国外的实验室条件非常优越，若要继续寻找具有氧八面体结构的优质晶体，即面临着与美国这些研究机构进行竞争的态势。同时，研究组根据阴离子基团理论分析后认为，磷酸盐系统的化合物是四配位基团结构，这种基团的化合物非线性光学效应比较低，也不适合作为非线性光学材料的探索对象。因此，研究组决定从其他晶体系统中寻找合适的化合物。

---

① 陈崇斌.“中国牌”晶体的探索过程：陈创天院士访谈录[J].中国科技史杂志，2011(1)：83－94.

② 陈创天.低温相偏硼酸钡(BBO)的发现和意义[J].中国科学院院刊，1987(1)：73－77.

当时，在已发现的非线性晶体材料中，铌酸锂、钛酸锂、KTP 等晶体材料能够产生可见光，而在紫外光谱区仅有一种材料——尿素，而且很容易潮解。经过分析，研究组发现，美国在非线性晶体材料方面的优势是在可见光区域，而在紫外光谱区则尚无优势。因此，研究组决定重点寻找紫外光谱区的非线性光学晶体。通过大量的调研，他们发现了紫外透过性能很好的五硼酸钾，但这种材料的倍频系数很小。在运用阴离子基团理论对这种晶体进行计算分析后发现，五硼酸钾倍频系数小的主要原因在于其基本结构是四配位的。因此，研究组决定在硼酸盐化合物体系中寻找具有非四配位基团的新型非线性光学材料。

经过实验分析，研究组很快查到了具有平面结构的 B_3O_6 基团，并在 1979 年 8 月找到了基于 B_3O_6 基团的偏硼酸钡晶体。当时的偏硼酸钡是高温相的，有对称中心，没有非线性光学效应。为了让这种化合物产生非线性光学效应，研究组对其进行了掺杂处理，即用钠离子取代钡离子，目标是合成具有非线性光学效应的新化合物。通过大量的试验，他们发现，当用钠离子部分取代钡离子(钠与钡物质的量之比是 4∶6)时，能够合成一种“新”的化合物，其非线性光学效应非常强，可以达到 KDP 效应的 5 倍多。

最初在判断这种新化合物的组成时，研究组认为是偏硼酸钡钠，并在 1979 年苏州召开的晶体学会议上公布了这个结果。年底，他们在对用提拉方法生长出的单晶进行化学分析时发现，新材料中钠是微量元素，其基本结构还是偏硼酸钡，这时他们意识到最初的判断可能有误，掺杂用的氧化钠可能只是起到了助溶剂的作用。为了搞清这个问题，陈创天派人到中科院物理研究所梁敬魁院士那里对样品进行相图分析。结果证实了他们的判断，生长出来的新晶体实际是低温相偏硼酸钡，氧化钠只是起了助溶剂的作用。虽然高温相的偏硼酸钡有对称中心，没有非线性光学效应，但掺入助溶剂后可以帮助其降低结晶温度，在 925℃以下即可生长出低温相的偏硼酸钡。这种偏硼酸钡不具有中心对称结构，因而具有很强的非线性光学效应。1980 年，研究组得出明确结论：低温相偏硼酸钡(β-BaB_2O_4，简写为 BBO)具有很强的非线性光学效应。

在确定氧化钠是助溶剂后，研究组开始采用溶剂法生长大尺寸偏硼酸钡晶体。1983 年底，他们生长出了一块厘米级尺寸的低温相偏硼酸钡单晶。利用这块晶体，研究组进行了光学性能测试，测试它的折射率、倍频系数，等等。测试结果表明，晶体的紫外吸收边达到了 185 nm 左右，倍频系数是当时常用 KDP 的 6 倍，较高的双折射率使之在紫外区有比 KDP 更宽的可匹配范围，适合做 Nd：YAG 激光的二倍频、三倍频、四倍频材料。这些数据说明，BBO 晶体是一种非常好的非线性光学材料。①

1984年,陈创天在广州国际激光学术会议上报告了BBO的性能测试结果。此事引起了来自美国斯坦福大学的一位学者的关注,他回国后向斯坦福大学的著名激光专家拜尔(R. Byer)进行了汇报。由于当时福建物质结构研究所和陈创天在国际学术界尚无名气,美国学者对其报告的真实性表示怀疑。1985年4月,为验证陈创天报告的真实性,斯坦福大学先进材料研究中心晶体组主任费格尔森(Feigelson)来到福建物质结构所。在对BBO晶体和相关测试结果进行认真考察后,他认为报告的内容是真实的,但是对研究组的测试结果仍有些怀疑,因为当时研究组测试所用的仪器非常落后。于是拜尔教授向陈创天发出邀请,让他带着BBO晶体到斯坦福大学重新进行性能测试。

1985年12月,陈创天与拜尔一起利用斯坦福大学的仪器对BBO晶体进行了系统的测试,结果发现各项数据均比在国内测定的要高得多,例如在国内测得的倍频转换效率只有20%,在斯坦福达到了60%,甚至可以达到70%。1986年,国际量子电子学和CLEO会议在斯坦福大学召开,陈创天在会议上报告了斯坦福大学对BBO的测试结果。从此,这一成果得到了国际科学界的普遍承认。

陈创天的阴离子基团理论最初是在对已有的晶体进行分析计算的基础上得出的,只能证明理论对已有晶体是适用的,而BBO优质非线性光学晶体的发现,证明这种理论能够指导并发现新的晶体。同时,BBO的发现也为探索硼酸盐系列优质非线性晶体奠定了基础,丰富和完善了阴离子基团理论。

(三) 理论的完善和新型非线性光学晶体LBO、KBBF的研制

在探索新型非线性光学材料的初期,科学家们主要是在无对称中心的铁电型晶体中寻找适合的材料,以后又扩展到大极性晶体类型。但由于人们对晶体的非线性光学效应的结构起因还没有真正理解,因此即使知道某种化合物的结构是无对称的,也无法判断其是否具有大的倍频吸收性能。为此,20世纪60年代末期,美国科学家库尔茨(Kurtz)提出了一套能够在样品的粉末阶段判断其倍频效应大小的实验方法。在60年代末到整个70年代,几乎所有在这一时期发现的非线性光学晶体都是先通过粉末倍频效应测试找到的。这种方法就是晶体

---

① 陈创天,等. 新型紫外倍频晶体 $\beta-BaB_2O_4$ 的光学性能和生长[J]. 中国科学B辑,1984(7):598-604.

学界通常所说的“炒菜方法”。这种方法可以确定化合物倍频效应的大小，但无法确定化合物的其他光学性能。而一个优质的非线性光学晶体，具有大的倍频系数仅仅是一个必要条件，宽的透光范围、适宜的双折射率、高的光损伤阈值等性质，同样对晶体的实际应用具有非常重要的意义。陈创天领导的研究团队，在阴离子基团理论指导和多年实践的基础上，在 80 年代后期建立了一个理论与实验相结合的流程（见图 2.3），提出运用分子工程学方法探索新的非线性光学晶体，[①]应用这一流程能够探索出一系列有应用前景的非线性光学晶体。

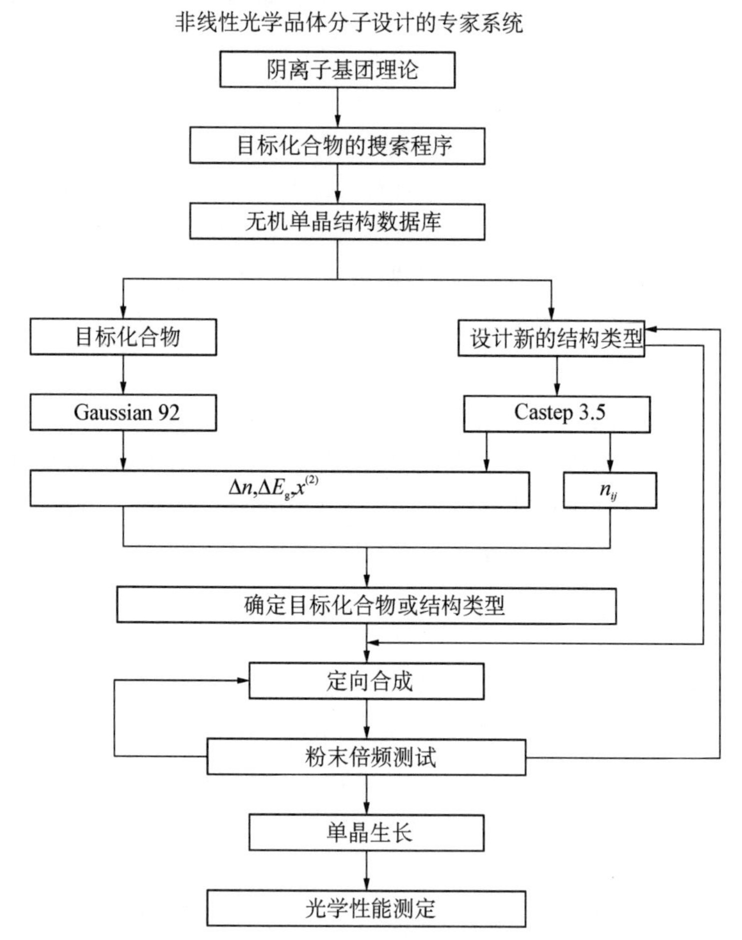

图 2.3　无机非线性光学晶体材料分子设计方法流程图

① 陈创天. 非线性光学材料[M]//干福熹. 信息光学. 天津：天津大学出版社，2000：561.

在发展探索新型非线性光学晶体的分子工程学方法中，20 世纪 80 年代跟随陈创天攻读博士学位的吴以成、李如康加入到这项研究中，在完善阴离子基团理论方面做出了重要贡献，并发现了一些优质非线性光学晶体。

80 年代中期，吴以成从阴离子基团理论出发，对上千种硼氧化合物的硼氧基团结构进行了分析归类，从中归纳出 10 种最基本的硼氧基团结构单元，经过大量的计算分析，和导师陈创天一起找了硼氧基团与倍频系数之间相互关联的规律，由此为系统分析硼氧基团结构的倍频系数奠定了基础。根据这种规律性，研究人员即很容易判断哪些基团可以产生比较大的非线性光学效应。这套理论中计算方法的完善主要是由李如康完成的，他把阴离子基团理论方法编成了计算机程序，利用这个程序对所有硼酸盐晶体的非线性光学效应进行计算，不仅速度快，而且计算的结果也更加准确。经过这样的完善，利用阴离子基团理论探索非线性光学晶体材料的分子工程学方法也就逐步形成了。

在探索新型非线性光学晶体的过程中，吴以成发现 B_3O_6 基团的截止边(截止波长)不能达到深紫外区域，于是提出在 B_3O_6 基团中加入一个四配位硼，形成 B_3O_7 基团，可以部分破坏平面 B_3O_6 基团的 π 轨道，大大增加晶体倍频系数的 Z 分量，且有利于晶体紫外透过波段的延伸，截止边可以达到 155 nm。经过分析，吴以成认为，以 B_3O_7 基团为结构单元的硼酸盐系统化合物中可能存在比 BBO 更为理想的非线性光学晶体材料。在这个思想指导下，他和陈创天领导的团队经过大量的化合物合成、倍频性能测试、物相分析，在 1987 年终于合成了基于 B_3O_7 基团的三硼酸锂 LiB_3O_5(简称 LBO)。经实验测定，LBO 有效倍频系数与理论计算完全一致，紫外透光性能比 BBO 更加优越。[①] 利用阴离子基团理论，吴以成后来又发现了性能优越的 CBO 晶体。

在 20 世纪 80 年代末 90 年代初，陈创天认为，在非线性光学晶体方面，BBO 已经能够解决紫外谐波光的有效功率输出，KTP 加上 LBO 可以解决可见光波段谐波光的输出问题，虽然 LBO 截止边可以达到深紫外 155 nm，但它的双折射率太小，甚至不能实现 Nd:YAG 激光的四倍频输出，也即连紫外 266 nm相干光都不能输出，更不能输出深紫外激光。也就是说，当时已有的优质非线性光学晶体 BBO、LBO、CBO、CLBO 等都不能输出波长要短于200 nm 的深紫外光。于是陈创天带领他的研究队伍开始寻找能够产生深紫外光的非

---

① 彭德建. 为“四化”大厦加砖添瓦：记中国科学技术大学教授吴以成[M]//陈明义. 科技闽星谱：福建省王丹萍科学技术奖获奖者报告文学集 1. 福州：福建科学技术出版社，1996：305 - 312.

线性光学晶体。经过理论计算后，他们发现，用小平面的 BO_3 基团有可能解决深紫外问题。为实现深紫外倍频光输出，他们对晶体结构提出了三个条件：一是 BO_3 基团的悬挂键要中和（也就是和其他原子相连），二是 BO_3 基团要保持在同一平面上，三是 BO_3 基团的密度要足够大。因为密度大，其非线性光学效应就大。按照这三个条件，李如康等在 1989—1990 年期间找到了晶体 KBBF（$KBe_2BO_3F_2$），其化合物空间结构非常符合他们提出的结构构想，于是开始合成这种化合物。①

虽然研究组能够基本确定 KBBF 单晶有很优异的深紫外非线性光学性能，但由于 KBBF 晶体的层状特性非常严重，再加上 KBBF 化合物在熔融状态下黏稠度很大，因此生长这种晶体的难度很大。研究组摸索了十多年，还无法使这种晶体沿 Z 轴方向的生长厚度达到基本要求，甚至达不到 mm 量级。2000 年，为了加快研究步伐，陈创天决定同山东大学晶体研究所合作，希望利用他们在熔剂法单晶生长方面的丰富经验，尽快实现对 KBBF 单晶生长技术的突破。陈创天科研团队与山东大学晶体研究所通力合作，经过近两年的努力，2002 年初终于生长出了沿 Z 轴方向的厚度达到 1.8 mm 的 KBBF 单晶体。

与此同时，由于 KBBF 单晶的厚度生长迟迟不能取得突破，陈创天和中国科学院物理研究所许祖彦院士合作，探索使用 KBBF 薄单晶实现深紫外倍频光输出的方法，提出了一种全新的 KBBF 单晶使用技术——非线性光学晶体的激光变频棱镜耦合技术，利用他们已研制出的沿 Z 轴方向厚度为 1.8 mm 的 KBBF 单晶，于 2002 年 3 月成功研制出光接触 KBBF－CaF_2 棱镜耦合器件。利用这种器件，陈创天同日本东京大学物性所合作，首次在实验中实现了使用倍频方法产生 Nd：YAG 激光的 6 倍频（波长为 177.3 nm），并获得了 2.5 mW 可使用的平均功率输出；不久输出的平均功率又提高到 3.5 mW。陈创天运用和频方法进一步实现了波长更短的 157 nm 谐波光输出，从而突破了被国际学术界称作“紫外壁垒”的 200 nm 界限。

由于 KBBF 棱镜耦合技术实现的 Nd：YVO_4 激光的 6 倍频谐波光输出（177.3 nm）的每个光子的能量为 6.994 eV，单光子的能量精确度达到 0.36 meV，光子流密度达到 10^{15} 秒$^{-1}$，能够满足建造超高分辨率光电子能谱仪的需要，因此中日两国科学家合作研制出了超高能量分辨率、角分辨光电子能谱

① 陈创天，等. 运用晶体非线性光学效应的阴离子基团理论探索新型紫外非线性光学材料[J]. 自然科学进展，2000(8)：673－683.

仪。利用这种装置，日本科学家首次直接观察到了 $CeRu_2$ 超导单晶在超导态时 cooper 电子对的形成。中国科学院物理研究所周兴江研究组利用陈创天、许祖彦研制的真空紫外激光角分辨光电子能谱仪，首次观察到高温超导体 $Bi_2Sr_2CaCu_2O_8$ 在超导态时的一种新的电子耦合模型，由此显示了 KBBF 晶体在前沿科学研究中的极大潜在应用价值。同时，KBBF 晶体在 193 nm 光刻技术中也有着巨大的实际应用价值。陈创天研究组在实验中使用一块 2.3 mm 厚的 KBBF 棱镜耦合器件，产生了 360 mW/200 nm 的平均功率输出，从而为 KBBF 晶体在 193 nm 光刻技术中的应用奠定了基础。

随着 KBBF 单晶生长技术的改进和规模的扩大，陈创天研究组目前已能生长出沿 Z 轴方向达 3.7 mm 厚的 KBBF 单晶体，北京晶体中心已具备年产 50 个 KBBF 棱镜耦合器件的能力，为全固态深紫外相干光源的应用奠定了坚实的基础。由于 KBBF 晶体的优异性能，美国 IBM 公司沃森（Watson）研究中心、斯坦福大学、利弗莫尔（Livermore）和布鲁克海文（Brookhaven）国家实验室、意大利国家同步加速器激光实验室、德国明斯特大学物理研究所、以色列联合技术大学物理系等许多知名机构纷纷请求中国提供 KBBF 晶体和棱镜耦合器件。但鉴于 KBBF 器件在前沿科学研究和光刻技术中的应用价值，中国目前还不允许把这种器件卖到欧美国家。

非线性光学晶体 KBBF 取得的成绩引起了国际学术界的广泛关注，2009 年《自然》(*Nature*)杂志以“中国藏匿的晶体”为题，对陈创天团队的研究工作发表了一篇长达 3 页的评述。实际上，利用非线性光学晶体的阴离子基团理论，陈创天发现的优质非线性光学晶体远不止 BBO、LBO、KBBF 三种，而是有很多系列，比如 KBBF 系统的就还有 RBBF，CBBF，近年发现的还有 SBBO、KABO 系列，等等，他们发现的硼酸盐系列的优质非线性光学晶体目前已有 20 多种。

三、陈创天非线性光学材料学术谱系的结构及学术风格

经过长期的探索，陈创天早期领导的研究组发现了 BBO 晶体，在其指导下，吴以成发现了 LBO 晶体，李如康发现了 KBBF 晶体。在研究工作中，陈创天及其弟子吴以成、李如康又培养了一批非线性光学晶体的研究人才，使研究队伍不断壮大，形成了一个特点鲜明的非线性光学材料学术谱系。

（一）谱系结构

为展示这个学术谱系的发展过程，根据陈创天培养的博士和吴以成、李如康培养的博士研究人员情况，可以编制出其谱系表（见表 2.3）。当然，在长期的探索活动中，整个研究组的人员也都受到了陈创天学术思想的影响，只是他们与陈创天没有传统意义的师承关系，本表未作统计。

表 2.3 陈创天非线性光学学术谱系结构表

第一代	第二代	第三代
陈创天	吴以成 李如康	**陈创天：** 林树杰、吴克琛、叶宁、王西安、孟祥颖、温小红、戚华、林哲帅、吴喜泉
		吴以成： 桂宙、李志华、万松明、徐子颉、李云阁、王国富、潘世烈、张国春、郭锐、景芳丽
		李如康： 夏文兵

在表 2.3 中，陈创天是阴离子基团理论的提出者，并亲自领导研究组发现了中国第一个优质非线性光学晶体 BBO，是这个学术谱系的创始人，谱系的第一代。

吴以成、李如康是陈创天 20 世纪 80 年代培养的博士，为阴离子基团理论的完善做出了有益的工作，并领导发现了 LBO、CBO、KBBF 等非线性光学晶体，可以看做这个学术谱系的第二代。

陈创天 90 年代以后培养的博士研究人员以及吴以成、李如康培养的博士研究人员可看做这个学术谱系的第三代。

在探讨这个学术谱系的形成时，我们不能忽略老一辈科学家的贡献，特别是著名化学家卢嘉锡的贡献。陈创天之所以能在非线性光学材料领域取得成功，与早期接受卢嘉锡的理论指导与实践训练是密不可分的。卢嘉锡在建所之初提出的"物理与化学结合、理论与实践结合"的研究思路，对陈创天产生了重要影响。

从事非线性光学晶体材料研究，需要具备物理学和化学两个学科的知识，同时还需要大量的实践经验。在北京大学物理系学习期间，陈创天受教于一批著名物理学家，使其在物理学方面的理论素养得到了很好的训练。当时的北京大学物理系，黄昆教授讲授固体物理和固体理论，王竹溪[1]教授讲授热力学和统计物理，郭敦仁[2]教授讲授特殊函数，褚圣麟[3]教授讲授原子物理，胡宁[4]教授讲授场论。在这些名师的训练下，陈创天在理论物理方面打下了坚实的基础。到了福建物质结构研究所后，卢嘉锡又悉心指导他学习了化学方面的相关理论。用陈创天自己的话说，他"实际上成了卢先生的业余研究生"。在卢嘉锡的指导下，陈创天用三年时间系统学习了结构化学、量子化学、群表示理论等化学知识。

1969 年，"文革"运动进入"肃反"阶段，陈创天也被迫参加了这次运动，中止了其阴离子基团理论方面的推导与计算。"肃反"运动结束后，组织运动的工宣队认为做理论计算是搞修正主义，让陈创天上山下乡锻炼或者参加研究所的实验工作。在这样的情况下，陈创天选择了参加实验工作，在材料的合成、晶体生长、性能测试等方面都积累了实践经验，为后来领导开展非线性光学材料研究打下了实践基础。

可以毫不夸张地说，是卢嘉锡给陈创天创造了成功的机遇，使他得到了理论和实践的多重训练，为后来的成功奠定了重要基础。陈创天非常看重这种经历的重要性，认为是"经历加上个人的努力和机遇，便取得了成功"。

为了更准确地表达这个学术谱系的发展过程，可以绘制出其谱系图如图2.4所示。在图 2.4 中，北京大学黄昆、王竹溪、郭敦仁、褚圣麟、胡宁等先生和福建物质结构所卢嘉锡都对陈创天的成长产生了积极影响，是陈创天的良师，对这个学术谱系的形成产生了至关重要的作用，所以他们可以看做这个学术谱系的源头。

吴以成、李如康是陈创天亲自培养出来的学生，在探索非线性光学晶体的研究中做出了贡献，是陈创天弟子中的杰出代表。陈创天及吴以成等近年培养的博士研究人员，可以作为这个学术谱系的新一代，但由于人数众多，本图选择了部分人员将其列出。

---

① 王竹溪(1911—1983)，湖北公安人。物理学家，北京大学教授，中国科学院院士。1933 年毕业于清华大学，1938 年获英国剑桥大学博士学位。主要从事理论物理特别是热力学、统计物理学、数学物理等方面的研究。

② 郭敦仁(1917—2000)，广东中山县人。物理学家，1940 年毕业于西南联合大学。1950 年到清华大学物理系任教，1952 年后到北京大学物理系任教，主讲数学物理方法、特殊函数、量子力学、经典电动力学等课程。

③ 褚圣麟(1905—2002)，浙江省杭州人。物理学家、教育家。1926 年毕业于之江大学，1933—1935 年在美国芝加哥大学学习，获博士学位。主要从事高等院校物理学教育事业。

④ 胡宁(1916—1997)，江苏宿迁人。理论物理学家，中国科学院院士。1938 年毕业于西南联合大学物理系，1941 年赴美国加州理工学院物理系学习，1943 年获得博士学位。中国基本粒子理论和广义相对论研究的奠基人之一。

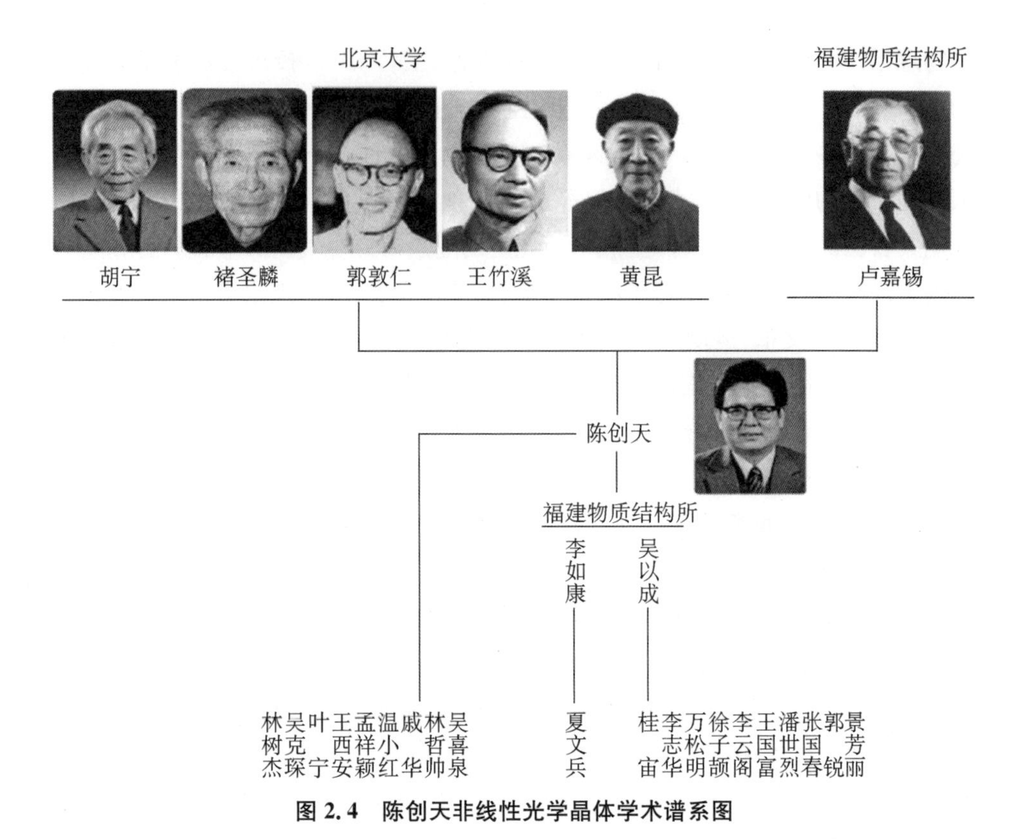

图 2.4　陈创天非线性光学晶体学术谱系图

（二）学术风格

回顾自己的非线性光学晶体探索历程，陈创天曾感慨地说："搞科学，需要付出一辈子的心血。要达到科学研究的顶峰，就要有献身科学的精神，甘心过清贫寂寞的生活，不要为金钱所诱惑，要实事求是、艰苦奋斗、努力创新。"①这段话反映了陈创天及其弟子在长期探索非线性光学晶体实践中所养成的学术风格。

1. 重视理论的指导作用

在非线性光学晶体研究过程中，陈创天研究组通过艰苦探索相继发现了BBO、LBO、KBBF 等一系列优质非线性光学晶体。能取得这样的成就，最为关键的因素在于陈创天自己提出了阴离子基团理论，并在新晶体探索实践中始终

① 周洪英，卢利平. 世界著名的晶体材料科学家　北京人工晶体研究发展中心主任　中国科学院理化技术所研究员、博士生导师　中国科学院院士、发展中国家科学院院士：陈创天[J]. 功能材料信息，2009(4)：1-7.

坚持用该理论来指导他们的研究工作。

1965年，陈创天开始进行非线性光学材料研究时，首先做的是理论研究。通过对当时已知的非线性光学晶体钛酸钡、铌酸锂和碘酸锂的分析计算，他提出了能够指导晶体探索实践的阴离子基团理论。20世纪70年代末，在这一理论的指导下，陈创天带领研究人员对各种不同结构类型的非线性光学晶体进行了系统分析，其中包括 MO_6 氧八面体结构、PO_4 四配位结构、IO_3 基团、NO_2 基团，甚至还分析了 SbF_5 平方锥结构的基团，但分析结果表明，这些基团对晶体倍频效应的贡献都不够理想。所以，他们把目标转向了紫外透过性能很好但倍频系数很小的五硼酸钾。他们利用阴离子基团理论对五硼酸钾做了计算分析，认为该晶体倍频系数小的主要原因在于其基本结构是四配位的。根据这个分析结果，研究组开始在硼酸盐化合物体系中寻找具有非四配位基团的化合物，并很快发现了具有平面结构的 B_3O_6 基团。于是决定选择以 $(B_3O_6)^{3-}$ 平面基团为基本结构单元的化合物作为探索新型非线性光学晶体的候选者，后来他们成功发现了基于 B_3O_6 基团的优质非线性光学晶体偏硼酸钡(BBO)。[①]

在发现LBO时，研究组同样进行了大量理论分析。他们认为，一个晶体要具有大的宏观倍频系数，首要条件是它的基本结构单元——孤立硼氧阴离子基团必须具有大的微观倍频系数。吴以成运用阴离子基团理论对硼酸盐系统的 BO_3、BO_4、B_3O_6、B_3O_7、B_3O_8、B_3O_9 等六种孤立硼氧基团的微观倍频系数进行了计算。结果表明：平面 BO_3 基团有较大的微观倍频系数，而四面体 BO_4 基团的微观倍频系数相对小得多；B_3O_6 基团由3个 BO_3 基团构成，最有利于产生大的倍频效应；B_3O_7 基团含有两个 BO_3 基团，也有利于产生倍频效应；B_3O_8 基团只含有一个 BO_3 基团，其微观倍频系数比 B_3O_7 基团的小；而 B_3O_9 基团全部由 BO_4 基团构成，不利于产生倍频效应。[②] 根据这个分析结果，他们开始寻找基于 B_3O_7 基团的非线性光学晶体，后来于1987年成功发现了三硼酸锂(LBO)。

在陈创天研究组发现三硼酸锂(LBO)时，美国利弗莫尔实验室著名非线性光学晶体专家戴维·艾莫尔(David Eimerl)同时发现了四硼酸锂晶体。四硼酸锂晶体是一种很好的压电晶体材料，晶体生长比较容易，可以长得很大，但其非线性光学效应远没有三硼酸锂突出。后来艾莫尔就问陈创天："从晶体生长的角度来讲，应该长四硼酸锂，为什么你偏偏去长不好长的三硼酸锂？"陈创天回答

---

① 陈创天. 探索硼酸盐非线性光学晶体的艰难历程[J]. 中国激光，2010(9)：2208－2212.

② 吴以成. B_3O_7 基团型硼酸盐非线性光学晶体研究进展[J]. 人工晶体学报，2001(1)：44－48.

说:“那是因为你没有我们这个理论,我们已经用理论模型把三硼酸锂、四硼酸锂的倍频系数算出来了,算出的结果是三硼酸锂的倍频系数比四硼酸锂大 4 倍,从非线性光学效应的角度,我们应当生长三硼酸锂,而不应当去生长四硼酸锂。”① 这表明,阴离子基团理论在探索非线性光学晶体材料的历程中确实起到了非常关键的作用。

KBBF 晶体的发现同样是在阴离子基团理论指导下发现的。根据阴离子基团理论,陈创天提出了探索非线性光学晶体的三条结构判据,即,晶格中 BO_3 基团的三个终端氧与其他原子相连以消除终端氧的悬挂键;BO_3 基团在晶格中保持平面同向排列以产生大的双折射和宏观倍频系数;单位体积内 BO_3 基团的数目尽可能多。② 正是在这个结构判据的指导下,他们成功发现了 KBBF 晶体。

2009 年,鉴于中国的材料科学取得的成就及其较高的国际影响力,《自然》杂志亚洲部编辑戴维·齐拉诺斯基(David Cyranoski)对中国在这一领域的研究状况进行了广泛调研,希望找到中国取得成功的原因。在访问了 20 多位中国相关专家后,他以“中国藏匿的晶体”为题对陈创天发现的 KBBF 晶体进行了评述。他认为,中国的这项研究具有原创性,有自己的理论模型,有新材料的合成,所有这套东西不是跟着外国人在做,而是按照中国自己的思路走,在这个领域不是中国向外国学习,而是外国向中国学习。对此,陈创天本人也有深刻的体会,他在工作回顾中写道:“总结硼酸盐非线性光学晶体发现的历史,我们深深地感到,要创新就必须有自主的科学思想,只有有了自己的科学思想,才能获得自己的成果,才能自立于世界民族之林。”③科学思想的形成,既需要事实根据,更需要相关理论的指导。陈创天所说的科学思想,是指在一定的理论指导下所形成的关于研究对象的某种判断。这充分表明,重视理论研究是陈创天研究组在探索新型非线性光学材料过程中取得成功的最关键因素。

2. 积极进取的探索精神

积极进取,勇于探索,是陈创天谱系最鲜明的学术风格,也是他们能够取得成功的重要原因。

1956 年,陈创天进入北京大学学习时,正值国家提出“向科学进军”之时,看到当时中国的科学技术水平非常落后,同学们都抱定一个目标,要通过自己的努

① 陈崇斌.“中国牌”晶体的探索过程:陈创天院士访谈录[J]. 中国科技史杂志,2011(1):83-94.

② 陈创天. KBBF 族非线性光学晶体的发现及其深紫外谐波输出能力[J]. 光学学报,2011(9):0900108-1~0900108-9.

③ 陈创天. 探索硼酸盐非线性光学晶体的艰难历程[J]. 中国激光,2010(9):2208-2212.

力，为国家在科学事业上打个翻身仗，争取让中国的科学技术水平进入国际先进行列。在这样的精神支持下，参加工作后，陈创天长期坚持每天工作 12 个小时，上午 8 点到 12 点，下午 2 点到 6 点，晚上 8 点到 12 点，无论是在“三年困难”时期，还是在“文化大革命”时期，始终没有间断过。能够这样坚持，靠的就是通过努力为国家的科学事业做贡献的信念。为了探索新型非线性光学晶体，他在 20 世纪 70 年代中期提出了阴离子基团理论。由于不满足于我国非线性光学晶体研究始终跟踪国外的现状，卢嘉锡指派陈创天领导开拓了中国自己的探索道路。经过艰苦的探索过程，他们终于在 80 年代发现了光学性能优异的 BBO 晶体。这一发现给他们带来了巨大的荣誉，但他们并未满足于现状，而是根据 BBO 存在的缺陷继续探索新型晶体材料。为了解决 BBO 晶体吸收边在 190 nm、谐波的转换角较小、离散角太大、紫外区限制等难题，陈创天指导吴以成发现了 LBO 晶体。与 BBO 相比，LBO 晶体的紫外截止波长移到 160 nm，双折射率也从0.12 降至 0.045 左右。同时，LBO 有适当的硬度和良好的机械加工性能，不潮解，容易长出大尺寸、高质量的单晶。但陈创天仍不满足已有的成绩，在看到 BBO、LBO、KTP 晶体不能实现深紫外光输出的问题后，又带领李如康等科研人员开始了新的探索，经过了十多年的艰苦努力，终于实现了 KBBF 晶体的深紫外光输出。在回顾发现 KBBF 晶体的历程时，陈创天坦言：“科学追求是发现深紫外非线性光学晶体的原动力。”①BBO 等一系列优质硼酸盐系统非线性光学晶体的研制，充分体现了这支队伍孜孜不倦的进取精神。

3. 非功利主义的科研态度

陈创天在探索非线性光学晶体方面取得了巨大成就，因此人们经常会问他成功的秘诀，而他则无一例外地将之归结于自己非功利主义的科学态度。

陈创天认为，每个人活在世上，没有功利思想是不现实的，但必须处理好国家、集体和个人的关系，国家、集体一定要放到第一位，个人第二位，个人利益要放在国家利益、集体利益之下。BBO、LBO 发现后，其产品很快销售到国外，为国家赚取了大量外汇。据统计，LBO 晶体的年销售额达到了 700 万美元，到 2008 年仅 LBO 创造的产值就已超过 10 亿元人民币。② 在国外，科学家凭借高技术产品的专利费、技术转让费可以获得巨大财富。然而当 BBO 发现后，陈创

---

① 陈创天. 探索硼酸盐非线性光学晶体的艰难历程[J]. 中国激光，2010(9)：2208 - 2212.

② 沈德忠. 巩固优势　再攀高峰：记我国无机非线性光学晶体的发展历程[J]. 新材料产业，2009(10)：80 - 83.

天获得的奖励是工资从 86 元增加到 147 元，他认为这就是国家给他的最好回报。对此，外国人很难理解，因为比起 BBO 所创造的价值，增长的那点工资确实微不足道。这时，陈创天就会向他们阐明，"搞科研一定不能功利主义"，在处理国家利益与个人利益的关系时，一定要把国家利益放在首位。

在指导自己的学生时，陈创天也把培养这种非功利主义的科研态度作为首要任务。他说，"文革"期间培养人才强调要"又红又专"，现在仍然适用，不过这个"红"是指为国家、为人民服务的品德。他担心目前科学界存在的一些功利思想会影响自己的学生，就对每个新来的学生进行教育，告诉他们要打好理论基础，锻炼研究能力，不要贪图眼前小利，要专注于科研，只要做出成绩，国家是会给予回报的。

受陈创天言传身教的影响，他的学生都养成了积极进取、艰苦奋斗、不计个人得失的良好品格。吴以成在读博士期间，经常和导师陈创天在深夜讨论学术问题，最后历尽各种艰辛，成功发现了 LBO 晶体。其后他又领导发现了 CBO 晶体。谈到陈创天对自己的影响，吴以成说："在陈老师这里我不仅学到了更系统的理论知识和一整套实验技能，而且学到了严谨的治学作风、实事求是的科学态度，以及拼搏创新、勇攀高峰的精神。这是我享用终生的财富。"①

四、中国非线性光学材料研究取得成功的原因

目前，国际上能够实用化的优质非线性光学晶体共有四种，分别是 BBO、LBO、KBBF 和 KTP。其中 KTP 晶体是美国杜邦公司发明的，其余三种均是在陈创天的阴离子基团理论指导下，并由他的研究组一起发现和研制出来的。这三种晶体中，BBO 和 LBO 在 20 世纪 90 年代被国际学术界誉为"中国牌"晶体，KBBF 是中国首个对西方发达国家实行技术禁运的产品。因此，非线性光学晶体研究被国际学术界认为是中国最有国际影响力的研究领域之一。

在中国，陈创天领导开展的硼酸盐非线性光学晶体材料研究始终处于国际领先水平。此外，中国其他科学家也取得了一些在国际上比较有影响的研究成果。其中之一是中国科学家对 KTP 晶体的研制。美国杜邦公司生长 KTP 的方法是水热法，KTP 单晶是在 3×10^8 Pa、800℃下的 KOH 水溶液中生长出来的。

---

① 彭德建. 为"四化"大厦加砖添瓦：记中国科学技术大学教授吴以成[M]//陈明义. 科技闽星谱：福建省王丹萍科学技术奖获奖者报告文学集 1. 福州：福建科学技术出版社，1996：305－312.

由于生长条件十分苛刻，不仅长出的晶体体积小，质量也不理想；而且价格昂贵，一块 $3\times3\times5\ mm^3$ 的KTP晶体在20世纪80年代要卖2 750美元。在中国，山东大学蒋民华、北京人工晶体研究所沈德忠分别使用自己发明的熔剂法成功生长出了KTP晶体。这项工作不仅打破了美国的技术垄断，而且大大降低了KTP的研制成本，使得一块 $3\times3\times5\ mm^3$ 的KTP晶体价格下降至不足50美元。这是中国对国际非线性光学材料的一个重大贡献。另一个是铌酸锂晶体的生长，铌酸锂的抗激光损伤能力本来很低，南开大学与西南技术物理所合作，采用掺氧化镁的方法，结果把晶体的抗光损伤能力提高了一个数量级，这也是中国对国际非线性光学晶体的一个重要贡献。在器件研制方面，南京大学闵乃本研究团队根据多重准位相匹配理论，将三个独立的光参量过程高效地、全固态地集成在一块介电体超晶格中，由此可以将一种颜色的激光同时转换成红、绿、蓝三基色激光，这项研究在国际上也很有影响。

目前，中国整体的科学技术发展水平与西方发达国家尚有较大差距，而非线性光学晶体研究却一直处于国际领先地位。我国在这一领域取得成功的原因，主要可以归结于以下几个方面。

（一）国家的长期支持

我国的晶体材料研究长期得到国家的支持，即使在“文化大革命”期间也没有中断，这是能够取得成功的主要原因。

1962年12月，我国的人工晶体研究队伍刚刚形成，为交流研究经验，中国物理学会就在北京组织召开了全国第一次晶体生长研讨会，比国际学术界的第一次晶体生长会议（ICCG－1，1966）还要早4年。这表明中国一开始就对人工晶体生长研究非常重视。

“文化大革命”期间，在绝大多数学科都中断研究的情况下，中国的晶体生长研究仍然在坚持发展，没有中断。以山东大学蒋民华组织的晶体生长研究为例，1958年“大跃进”时期，山东大学的多数研究项目都已停下来，化学系的领导以晶体生长不属于化学学科为由打算停掉这项研究，而当时的晁哲甫校长是一位军工出身的教育家，很有远见，考虑晶体有很好的应用前景，是国家急需发展的学科之一，同时也被蒋民华等那批年轻人的干劲所感染，他决定继续保留这方面的研究。为保持学科发展的持续性，山东大学做出了“研究方向必须与学科、人才培养相结合”的规定，在“文化大革命”期间也没有中断晶体材料的研究工作。

同样,在“文化大革命”期间,陈创天的大部分时间也都在从事与非线性晶体材料相关的理论研究和实验工作。

20 世纪 90 年代,国家对人造晶体研究的支持力度更大。陈创天的 KBBF 晶体研究就是其中的受益者。1998 年,中国科学院开始实施科技创新计划,以加快我国科学技术的发展。在这一计划支持下,陈创天被调至中国科学院新组建的理化技术研究所,负责组建北京晶体材料研究发展中心,前后两期投入资金 6 000 万元。依靠这一计划,陈创天吸收了一批年轻有为的青年科学家,形成了力量更加雄厚的研究队伍,同时还购买了多种现代化的合成和单晶生长设备,为 KBBF 单晶的生长奠定了人才和设备基础。在 KBBF 棱镜耦合器研制成功后,为推进这种仪器的应用,中国科学院和财政部又联合提供了 1.8 亿元的专项经费,支持他们进行仪器设备研究,其中包括利用 KBBF 单晶和棱镜耦合器件所提供的全固态深紫外相干光源的研制、自旋分辨和角分辨光电子能谱仪的研制、可调谐角分辨光电子能谱仪的研制、深紫外激光受激 Raman 光谱仪的研制、深紫外相干光激发光电子显微镜(PEEM)的研制,等等。

20 世纪 90 年代,山东大学蒋民华研究组也得到了国家的大力支持。依靠国家“211”工程提供的上千万元经费,他们开始了硅晶体材料的研究。他们利用这笔资金购置了全套设备,在 600 多次实验的基础上,把晶体生长的周期从 6 年时间缩短为 2—3 年。他们又很快解决了晶体硬度大、难于加工的困难,一举实现了产业化加工和生产,产品震惊了欧美国家,实现了这项研究的跨越式发展。能有这样的发展速度,是与国家的大力支持分不开的。

因此,陈创天在总结我国晶体光学材料技术发展较快的原因时,把国家的长期支持作为其中一个非常重要的因素。

(二)坚持自力更生的创业精神

由于人工晶体有着非常重要的军事应用价值,西方国家一直在这个领域对中国实行技术禁运。在晶体生长研究的初期,国外对于晶体生长的原理和技术是严格保密的,中国的金刚石、水晶和红宝石等晶体的生长技术,都是经过自力更生的艰苦探索才取得突破的。[①]

在卢嘉锡的“我不下地狱,谁下地狱”豪言壮语感召下,陈创天领导研制出了一系列优质非线性光学晶体。这是坚持自力更生,实现原始创新的典范。

---

① 蒋民华. 我国人工晶体的发展与展望[J]. 硅酸盐学报,1993(6):548 - 553.

中国科学家对于KTP晶体的研制,同样依靠的是自力更生的创业精神。20世纪80年代,由于KTP晶体的倍频转换效率比当时同样的铌酸锂高得多,特别是光损伤阈值比铌酸锂高2个数量级,美国对中国实行严格的技术禁运。天津大学姚建铨和山东大学蒋民华的经历可以反映当时美国对中国实行禁运的严厉程度。1982年,姚建铨在美国做访问学者,看到KTP晶体的优异性能,虽然当时价格非常昂贵,买2750美元一块的这种晶体要花掉他在美国期间的全部积蓄,但他还是决定买一块带回中国。但等凑足了这笔钱准备买时,美国人却说不卖给他。后来有一天,姚建铨的老板在做实验时不小心打碎了一块KTP晶体,姚建铨打算向老板要一块碎片带回来,然而他的老板回答说:“不行,KTP是美国军方资助的项目,对共产党国家禁运。碎片也不许带出实验室!”[①]而蒋民华到美国做访问研究时,美国方面根本不允许他进实验室,只能通过看美国学生的上课笔记了解一些他们的晶体生长方法。

由于美国的严格禁运政策,中国科学家只能自力更生,依靠自己的智慧探索KTP晶体的研制技术。通过努力,1985年,北京人工晶体研究所沈德忠在生长铌酸钾工艺基础上,创造性地设计出一种能够控制熔体液面自发结晶的顶部籽晶熔剂法,很快成功生长出了尺寸达 $25\times15\times10\ mm^3$ 的光学质量更加优异的KTP单晶。

蒋民华回国后,最初尝试用美国科学家发明的水热法生长KTP晶体,但当时国内生产的钢材根本无法达到实验所要求的高温高压条件,容易产生爆炸。于是他另辟蹊径,发明了籽晶浸没法(即把籽晶插入熔体中进行晶体生长),也成功长出了KTP晶体。由于中国的生长工艺相对简单,大大降低了KTP的研制成本,美国反过来要从中国进口优质KTP晶体。蒋民华、沈德忠创造的KTP晶体生长工艺,也充分体现了自力更生的创业精神。

(三)坚持实事求是和非功利主义的科学态度

在谈到中国晶体材料技术的发展时,陈创天曾直言:“晶体材料是非常实用的科学,以应用为目的,以拿得出有用的材料为目的,在这个领域很难弄虚作假,所以晶体材料领域的科学作风比较好。”[②]这种良好的科学作风表现在他们长期

---

① 沈德忠.巩固优势 再攀高峰:记我国无机非线性光学晶体的发展历程[J].新材料产业,2009(10):80-83.

② 陈崇斌.“中国牌”晶体的探索过程:陈创天院士访谈录[J].中国科技史杂志,2011(1):83-94.

的科研实践中始终坚持实事求是和非功利主义的科学态度。这是中国人工晶体材料研究能够始终处于国际先进水平的又一重要原因。

人工晶体生长周期长，而且很容易受温度等外界条件的影响而开裂、破碎。所以维护晶体生长是一个细致而艰苦的过程，曾经有人形象地说“要像保姆照看孩子，护士照顾病人”①那样细心照看，才能生长出有用的晶体。以 KBBF 晶体的生长为例，虽然陈创天研究组在 1990 年就能够确定 KBBF 单晶具有优异的深紫外非线性光学性能，但由于该晶体的层状习性非常强，再加上 KBBF 化合物在熔融状态下黏稠度很大，晶体沿 Z 轴方向的生长厚度很难达到 mm 量级。同时，KBBF 单晶在 820℃时会很快分解，如何选取 800℃以下的助溶剂也是一个难题。再加上 BeO 化合物是一种剧毒物质，合成、单晶生长等工作必须在全封闭状态下进行，具体操作非常不便。所以从 1990 年开始，陈创天研究组历经 10 年时间都未能在大尺寸(cm 量级)KBBF 晶体生长方面取得突破，直到与山东大学合作后，才长出了沿 Z 轴达 1.8 mm 的单晶。生长出实用的单晶是这项研究的唯一评判标准，很难弄虚作假。所以陈创天告诫自己的学生：“搞科学研究，最重要的就是实事求是。”②中国晶体材料研究正是长期坚持这样实事求是的科学态度才取得了今天的成就。

陈创天研究组进行的 KBBF 晶体生长研究，经过 10 多年的艰苦探索才取得突破；闵乃本研究组的介电超晶格研究则前后经历了 19 年才取得成功。在这样长的探索过程中，研究人员要付出大量的艰苦劳动。对此，闵乃本是这样体会的，他说：“做科学工作，我体会的是自讨苦吃，没有钟点，没有假期，没有周末，一有时间想到的就是科研，尤其在没有突破的时候非常痛苦。”而他们能在这样的艰苦条件下坚持，必须具有非功利主义的科学态度，所以闵乃本说：“科学研究不能以功利为目的。当我们设想介电体超晶格这个研究系统的时候，根本没有预想到今天的这些成果，只是埋头做下去……”③同样，陈创天也把坚持非功利主义的科学态度看做是中国非线性光学晶体研究取得成功的主要因素之一，并要求他的学生要坚持这种“甘于寂寞，甘于坐冷板凳，能十年如一日地坚持”的非功利主义科研态度。

---

① 蒋民华. 晶体人生[J]. 宁波大学学报(人文社科版)，2009(5)：5－9.

② 罗静，等. 二十年磨一剑：记本届国家自然科学一等奖获得者闵乃本院士课题组[N]. 科技日报，2007－3－2(1).

③ 罗静，等. 二十年磨一剑：记本届国家自然科学一等奖获得者闵乃本院士课题组[N]. 科技日报，2007－3－2(1).

（四）具有真诚的团队合作精神

非线性光学晶体研究本身就是一个交叉学科，涉及理论计算、化合物的合成、晶体生长、晶体的光学性能测试等多个方面，这就需要各个方面的研究人员通力协作，具有很好的合作精神。

在发现硼酸盐系列优质非线性光学晶体 BBO 的过程中，陈创天是研究组的带头人，提供理论指导，吴柏昌进行化合物的合成，江爱栋进行晶体生长，等等，相图分析则是在物理研究所梁敬魁院士的帮助下完成的，充分发挥了团队合作精神。而陈创天阴离子基团理论的发展与完善则有其弟子吴以成、李如康等一批学生的贡献。所以，团队合作精神是他们取得成功的一个重要因素。

2006 年，南京大学闵乃本院士课题组通过 19 年的不懈努力，终于在介电超晶格研究方面取得了突破性进展，利用自行研制的介电体超晶格成功实现了全固态超晶格红、绿、蓝三基色和白光激光器的研制。他们因此获得了 2006 年度的国家自然科学一等奖。在获奖之际，闵乃本把成功的首要因素归功于团队合作精神，他说："该项目从提出基本概念、建立基本理论、证实基本效应一直做到最终研制成功全新的原型器件，历经 19 年。这不是一个人能完成的，也不是我和朱永元、祝世宁、陆亚林、陆延青 4 位教授完成的，还有陈延峰、王振林、王慧田和何京良等，包括许多研究生，他们都是贡献者。这项成果的取得，是团结合作、勇于创新的结晶。"①

除了团队自身需要精诚合作外，开展与其他单位科研人员的合作，甚至与国外科研人员的合作也非常重要。在 KBBF 晶体的生长和应用研究中，陈创天也和国内、国际的几个研究组通力合作，才成功实现了 KBBF 晶体的深紫外光输出和应用。在大尺寸 KBBF 晶体生长迟迟不能取得进展的情况下，陈创天先是与中国科学院物理研究所许祖彦合作，探索利用薄单晶来实现深紫外光输出的方法，结果成功提出了棱镜耦合技术。之后，陈创天又与山东大学蒋民华合作以加快其晶体生长研究。在山东大学的大力协助下，短短 2 年的时间就长出了沿 Z 轴达 1.8 mm 的单晶，满足了棱镜耦合技术的需要。由于中国的一些激光设备与国际先进水平尚有差距，为了尽快实现 KBBF 晶体的应用，陈创天在 2005 年开始与日本科学家合作。在这一项合作中，陈创天研究组提供紫外非线性光学晶体 KBBF 和棱镜耦合技术，日方研究组提供了为产生深紫外谐波光所需要的

① 罗静，等. 二十年磨一剑：记本届国家自然科学一等奖获得者闵乃本院士课题组[N]. 科技日报，2007-3-2(1).

激光系统。在中日两国科学家的真诚合作下，一台超高分辨率光电子能谱仪顺利研制出来，对 KBBF 晶体的实用化产生了积极推动作用。[①] 在谈到与陈创天研究组的合作时，蒋民华说："KBBF 的成功，也是合作的成功。"[②]基于在实现 KBBF 晶体实用化过程中陈创天、许祖彦、蒋民华的精诚合作，他们三人荣获了 2007 年度香港求是科学基金会颁发的"求是杰出科学家集体奖"。

进行合作研究，可以优势互补，加快研究进度。开展广泛的国内、国际合作，是中国非线性光学晶体研究能处于国际领先地位的重要原因之一。

（五）老一辈科学家学术积淀的传承

在中国非线性晶体材料研究领域，陈创天、蒋民华、沈德忠、闵乃本等都是 20 世纪 50—60 年代中国本土培养的人才，他们的成长与老一辈科学家长期的学术积淀密切相关。

陈创天在回顾自己的研究生涯时，特别强调了老一辈科学家对自己的重要影响。他认为在北京大学学习期间黄昆、王竹溪、褚圣麟、郭敦仁、胡宁等先生的教导使他打下了坚实的理论物理基础，所以在以后的工作中从不会在基本概念上犯错误。而在福建物质结构研究所，他就是卢嘉锡的业余研究生，在理论化学方面又打下了坚实基础。这些先生的教导为他提出阴离子基团理论奠定了重要基础。

闵乃本大学毕业后一直师从冯端教授从事科学研究。在冯端的指导下，他于 20 世纪 50 年代末就开始了当时国内尚是空白的晶体生长、晶体缺陷与晶体物性研究，70 年代从事铌酸锂晶体的生长研究，80 年代开始进行介电体超晶格的相关研究，他的研究生涯长期受到冯端先生的影响。[③] 闵乃本在总结自己的工作经验时说："在继承前人的基础上加以发展，在发展当代前沿的过程中才能创新。也就是在继承中发展，在发展中创新。这实际有一个积累的过程，是一个自然的过程。"[④]这其中即强调了继承老一辈科学家学术积淀的重要性。

实际上，卢嘉锡等这一批老科学家对非线性光学晶体材料的影响远不止这

---

① 林瑞思. 长路漫漫孜孜求索：记陈创天院士[J]. 中国科技成果，2009(20)：44 - 49.

② 蒋民华. 人工晶体跨世纪的 10 年：1995—2005[J]. 硅酸盐通报，2005(3)：3 - 6.

③ 杨亲民. 世界著名的固体物理学家　国家自然科学奖一等奖获得者　中国科学院院士、第三世界科学院院士：闵乃本[J]. 功能材料信息. 2009，(5 - 6)：60 - 63.

④ 罗静，等. 二十年磨一剑：记本届国家自然科学一等奖获得者闵乃本院士课题组[N]. 科技日报，2007 - 3 - 2(1).

些。通过课程教学和学术交流，还有非常多的人才受到过他们的影响。蒋民华也是在卢嘉锡的影响下走上晶体生长的科研道路的。1956年，蒋民华在山东大学毕业后留校任教，不久即被派往厦门大学进修学习。在厦门大学，他旁听了卢嘉锡先生讲授的晶体力学课程，此课对其日后的工作产生了深远的影响。因此，他也把卢嘉锡看做自己从事晶体生长研究的启蒙老师。①

科学技术研究活动是在继承基础上的不断创新过程，老一辈学者的言传身教对后辈学者具有重要影响。这是普遍现象，也是一般规律。我国非线性晶体研究领域的发展情况也是如此。

五、陈创天非线性光学材料学术谱系代表人物学术小传

陈创天

陈创天（1937— ），浙江奉化人。非线性光学晶体材料专家，中国科学院理化技术研究所研究员，中国科学院院士，第三世界科学院院士。1962年毕业于北京大学物理系。1962—1998年在中国科学院福建物质结构所工作，提出了探索非线性光学材料的阴离子基团理论，并领导研制出BBO、LBO、KBBF等优质非线性光学晶体。利用KBBF棱镜耦合技术，与人合作实现了Ti：Sapphire激光的4倍频、5倍频输出（170～200 nm）和Nd：YVO_4激光的6倍频输出（177.3 nm），并将6倍频光源成功应用于超高分辨率光电子能谱仪。曾获国家科技发明一等奖，中国科学院科技进步特等奖，中国科学院科技发明一等奖。BBO、LBO晶体还分别于1987、1989年获美国光电子产业界颁发的十大光电子产品奖。1989年获首届陈嘉庚物质科学奖。②

吴以成

吴以成（1946— ），广西玉林人。非线性光学晶体材料专家，中国科学院理化技术研究所研究员，中国工程院院士。1970年毕业于中国科学技术大学近代化学系，1986年获中国科学院福建物质结构研究所博士学位。长期从事非线性光学材料研究工作，领导发明了LBO、CBO等优质非线性光学晶体。曾获国家

---

① 蒋民华.晶体人生[J].宁波大学学报(人文社科版)，2009(5)：5－9.

② 中国科学院理化技术研究所官网 http://sourcedb.cas.cn/sourcedb_ipc_cas/cn/lhsrck/200904/t20090415_49527.html.

科技发明一等奖，美国光电子产业界颁发的十大光电子产品奖。①

李如康

李如康(1962—　)，安徽怀远人。非线性光学晶体材料专家，中国科学院理化技术研究所研究员。1982 年毕业于中国科学技术大学近代化学系，1988 年获中国科学院福建物质结构研究所博士学位。曾在德国斯图加特马普固体研究所、英国伯明翰大学化学系工作。在从事非线性光学材料研究中，将量子化学的计算方法编成了计算机软件，并应用于硼酸盐非线性光学材料性能的计算，实现了对多种新型非线性光学晶体的性能预测。曾获中国科学院自然科学三等奖等。②

① 中国科学院理化技术研究所官网 http://sourcedb.cas.cn/sourcedb_ipc_cas/cn/lhsrck/200904/t20090415_49487.html.

② 中国科学院理化技术研究所官网 http://sourcedb.cas.cn/sourcedb_ipc_cas/cn/lhsrck/200904/t20090415_49486.html.

第三章　当代中国半导体物理学家学术谱系

半导体物理学是凝聚态物理学领域一门重要的分支学科，是半导体技术的理论基础。20世纪中叶以来，晶体管的发明引发了现代电子学革命，半导体技术迅速成为推动信息技术产业发展的高新技术。现阶段，半导体微电子技术与光电子技术，日益显示出对人类文明进步所产生的重要作用，同时也促进了半导体物理研究的蓬勃发展。在当今技术竞争十分激烈的国际环境下，半导体物理研究有利于推动半导体技术的发展，对于国家经济建设和国防建设具有重要的战略意义。世界各发达国家无不在半导体物理研究领域投入大量的人力和物力。①

我国半导体物理学是新中国建立的新科学。它是由几位留学欧美的青年学者回国后建立和发展起来的。新中国成立初期，这批固体物理专业人才在国家支持下迅速建立起半导体研究基础，为我国"两弹一星"的研制发挥了重要作用。同时，他们创建了半导体物理学科，为国家培养了许多专业人才，后来成为我国半导体科技事业发展的骨干力量。目前，我国高校和有关科研单位已经具有一批从事半导体物理研究的专门机构和研究团队。另外，我国的固体物理学乃至凝聚态物理学一定程度上是在早期半导体物理学科的基础上快速拓展、裂变并逐步发展起来的。

本章通过对有关历史档案和文献资料的调研，在概述我国半导体物理学发展简史的基础上，整理了我国半导体物理学家的学术世系表，并选取黄昆和谢希德作为该学科主要奠基人的代表，对他们的学术谱系进行分析探讨，以此展示当代中国半导体物理学家学术谱系的形成与传承情况。

第一节　中国半导体物理的发展历程

新中国成立之初，国家的科学基础非常薄弱，关于半导体方面的研究处于空

---

① 孙连亮，李树深，张荣，何杰. 半导体物理研究新进展[J]. 半导体学报，2003，10(24)：1115.

白状态。但是，基于经济建设和国防建设的战略需要，国家非常重视这方面的研究工作。1956 年，新中国制定的第一个科学技术远景规划——《1956—1967 年科学技术发展远景规划》即把发展半导体技术列为 12 项重点任务之一，并将其作为采取"四项紧急措施"建设的内容之一。[①] 在国家的支持下，几位留学归来的年轻学者白手起家，开创了新中国的半导体物理研究及人才培养工作，并做出了一系列重要成绩。

我国半导体物理学的发展大致可以分为下述四个阶段。

一、初步奠基(1950—1956)

这一时期，欧美发达国家的半导体技术正处于突破性发展初期。我国几位刚刚留学回国的青年学者，在毫无研究基础的条件下，开始了半导体研究与人才培养的最初尝试，为我国半导体事业的发展奠定了初步的基础。

在国际上，半导体研究最早可以追溯到 1833 年法拉第发现硫化银电阻率的负温度系数[②]。不过，半导体物理的快速发展则是在 20 世纪初期量子力学建立之后实现的。早期的半导体技术主要是由美国研究机构在国防部门的大力支持下发展起来的。1947 年 12 月，美国贝尔实验室的布拉顿(W. H. Brattain)和巴丁(J. Bardeen)合作发明了点接触晶体管，随后肖克利(W. Shockley)发明了结型晶体管。晶体管与真空管相比，具有重量轻、体积小、能耗低、性能稳定等明显优点，这对于计算机技术、军事通信技术、导弹引爆电子引信、导弹系统数字信号传输，以及战场雷达定位计算和炮火控制技术等都具有重要意义，因而引起了美国国防部门的高度重视。在美国军方的大力资助下，贝尔实验室以及一些无线电公司相继加强了半导体技术的研发。[③] 此后，美国半导体理论研究与器件制造技术得到了迅速发展，半导体集成电路技术、半导体太阳能电池技术以及微波技术也逐步成熟，从而大大提高了其国防军事技术水平，也满足了卫星发射

---

① 陈毅，李富春，聂荣臻. 关于科学规划工作向中央的报告[M]//中共中央文献研究室. 建国以来重要文献选编：第九册. 北京：中央文献出版社，1994，428 - 504.

② BRAUN E. Selected Topics from the History of Semiconductor Physics and Its Applications [M] // HODDESON L, BRAUN E, TEICHMANN J, WEART S. Out of the Crystal Maze—Chapters from the History of Solid-State Physics. Oxford: Oxford University Press, 1992:443.

③ RIORDAN M, HODDESON L. Crystal Fire: The Invention of the Transistor and the Birth of the Information Age [M]. New York: W. W. Norton & Company, Inc, 1997.

与"阿波罗计划"等重大航天项目的有关技术需求。同时,美国半导体技术的发展,也引发了国际半导体科技产业的兴起,推动了世界信息技术的巨大变革。

新中国成立时,我国在半导体方面的研究毫无基础。1950 年,刚成立的中国科学院应用物理研究所,鉴于半导体技术的应用前景,将其确定为研究所的一个研究方向。1951 年,从美国留学回国的王守武、汤定元,加上几名刚走出校门的大学毕业生在中国科学院应用物理研究所组成了"半导体研究小组",开始了我国半导体研究工作的最初摸索。1952 年,从美国留学归来的洪朝生,来到应用物理研究所从事材料低温特性研究。他在美国曾经做过锗低温电学测量,提出过杂质导电带概念。

当时国内没有半导体方面的专门人才,学固体物理出身的人员也很少。当时的固体物理学主要研究金属、绝缘体、半导体等固体材料的物理性质。半导体物理是固体物理研究的一个重要方向,是半导体技术的理论基础。1951 年,在英国从事固体物理研究的黄昆博士回到北京大学任教。1953 年,他在北大物理系开创了国内首个固体物理专业。

1953 年 2—5 月,中国科学院组织代表团赴苏联访问。苏联当时在半导体科学技术方面所取得的成就,引起了中科院领导的重视,随后中科院应用物理研究所开始学习苏联的经验,把半导体研究列为主要方向。① 翌年,中科院应用物理研究所进行机构调整,设置了半导体专门研究组,由王守武任组长。他与汤定元带领廖德荣、周帅先、殷士端、庄蔚华、姜文甫等近 10 名刚毕业的大学生,开展了硫化铅材料研究和氧化亚铜整流器的试制工作。

这一时期,黄昆在北大固体物理专业开始设立半导体物理方向,使北京大学成为我国最早培养半导体专业人才的单位。并且,他与应用物理研究所的王守武、洪朝生、汤定元,就如何发展我国半导体物理等问题进行了多次研讨。他们明确了半导体放大器(晶体管)在国防及经济建设方面具有重大意义之后,双方一致认为要以此作为主要研究目标,并计划在人才培养方面进行合作。1955 年,黄昆向应用物理研究所的研究人员讲授了"固体物理"课程,并与王守武、洪朝生、汤定元根据各自熟悉的知识,合作承担了北大"半导体物理"课程的教学任务。② 北京大学首届半导体方向的 3 名研究生,也是在他们合作指导下完成了

---

① 中国科学院所长会议物理学数学组会议总结[J]. 物理通报,1954(1):6.

② 黄昆. 我的治学之路[M]//黄昆. 黄昆文集. 北京:北京大学出版社,2004:592.

毕业论文。[①] 在我国，北京大学物理系通过与应用物理研究所的合作，开始了半导体专门人才培养的最早尝试。

1955—1956 年，高鼎三、成众志、吴锡九相继从美国回国。高鼎三在加州大学物理系获硕士学位，1953 年曾进入洛杉矶国际整流器公司工作。成众志于 1947 年在哈佛大学电信工程系硕士毕业。其后，他在美国无线电公司（RCA）工作期间，提出了晶体管等效电路的 H 参数，并与电子学专家罗无念等合作撰写了《晶体管电子学》（*Transistor Electronics*）。该著作 1955 年在美国出版后，连续三次再版，成为当时晶体管电子学领域十分重要的参考书。吴锡九毕业于加州大学伯克利分校电子工程系，1954 年获得麻省理工学院硕士学位。他们回国工作，壮大了我国半导体研究队伍。高鼎三回国后到东北人民大学（吉林大学的前身）任教，成众志、吴锡九进入中科院应用物理研究所工作。

1956 年初，中国物理学会在北京召开了全国首届“半导体物理讨论会”。[②] 在会上，黄昆、高鼎三、王守武、成众志、汤定元、洪朝生等分别对国际上半导体的重要研究领域和发展状况作了综述报告，还对如何发展我国的半导体事业进行了讨论。这次会议引起了国家对半导体研究工作的重视，促进了国内半导体事业的发展。

二、规划发展（1956—1966）

这一时期是我国半导体物理学科建立与技术发展的关键阶段。新中国第一个科学技术规划把发展半导体技术确定为国家重点任务后，国内半导体人才培养工作和技术研究得到了快速发展。

（一）《十二年科学规划》与半导体技术

1956 年，国家制定了《1956—1967 年科学技术发展远景规划纲要》（简称《十二年科学规划》）。《十二年科学规划》包含 13 个主要方面的 57 项任务。为了抓住重点带动全局，这次规划确定了 12 项重点任务，还编制了一份《发展计算技术、半导体技术、无线电电子学、自动学和远距离操纵技术的紧急措施方案》（通

---

① 郭长志. 忆我国半导体专业人才教育点滴[M]//夏建白，等. 自主创新之路：纪念中国半导体事业五十周年. 北京：科学出版社，2006：26.

② 中国物理学会. 半导体会议文集[C]. 北京：科学出版社，1957：i.

常简称“四项紧急措施”)。其中,半导体技术被列入第二项重点任务。[①]

《十二年科学规划》把发展半导体技术作为“四项紧急措施”的内容,并且列入国家重点任务,是基于国民经济建设与国防建设的战略需要。规划强调,包括半导体技术在内的无线电电子学新技术,涉及广播、电视、通信、遥远测位以及遥远控制等应用领域,这些技术不仅与我国的国防建设密切相关,而且还能够提高我国的科研与工业生产效率。其中,半导体技术是研制自动控制系统和电子计算机等高新技术设备、实现我国生产过程从机械化走向自动化的技术基础。规划指出,我国在这些方面还没有基础,这些领域的专业人才与现实需要相差很大,因而应当受到国家特别的关注。《十二年科学规划》制定之后,教育部和中科院在半导体物理学科建设、人才培养以及科研机构建设等方面立即采取了多项重要举措。

(二)“半导体专门化”与研究队伍建设

根据《十二年科学规划》中的紧急措施,为尽快落实半导体专业人才的培养工作,教育部决定由北京大学、复旦大学、南京大学、东北人民大学与厦门大学五所高校联合,在北大开办我国第一个“半导体专门化”,[②]由五校教师联合成立半导体教研室,黄昆任教研室主任,复旦大学谢希德任副主任。同时,由这五所高校物理系选派一批学生到北京大学集中接受半导体专业教育。

1956 年秋,黄昆和谢希德带领五校物理系 30 多名教师(见图 3.1),先后开设了“固体物理”、“半导体物理”、“晶体管原理”、“半导体器件”、“半导体物理实验”等系列课程。当时,国际上尚无“半导体物理”专业教科书,黄昆与谢希德通过搜集国外期刊的相关论文编写讲义,合作进行课程教学。为了加强教学力量,北京大学还邀请了苏联专家 A. B. 桑杜洛娃来参与工作。1956—1958 年,桑杜洛娃为教师开设了半导体工艺课程,并参加了有关实验室建设工作。五校联合开办半导体专门化,对于我国半导体科技事业的发展,意义重大。三年期间,共培养了 241 名半导体专业本科生(见表 3.1),他们后来成为我国半导体专业教学与科研工作的骨干力量。

---

① 1956—1967 年科学技术发展远景规划纲要(修正草案)[M]//中共中央文献研究室. 建国以来重要文献选编:第九册. 北京:中央文献出版社,1994:504.

② 联合开办“半导体专门化”,即利用五所学校的师资联合培养半导体物理专业人才。当时“专门化”是指在“专业”内设立的一个专业方向。

图 3.1　五校联合半导体专门化教研室教师合影(1957 年,前排左起:左 7 黄昆,左 10 谢希德)

表 3.1　五校联合"半导体专门化"毕业生情况统计表[①]

<table>
<tr><th rowspan="2">学　校</th><th colspan="2">毕业生分布情况</th><th rowspan="2">各校毕业人数(名)</th><th rowspan="2">总数(名)</th></tr>
<tr><th>1957 年人数(名)</th><th>1958 年人数(名)</th></tr>
<tr><td rowspan="2">北京大学</td><td rowspan="2">17</td><td>17(4 年制)</td><td rowspan="2">67</td><td rowspan="6">241</td></tr>
<tr><td>33(5 年制)</td></tr>
<tr><td>复旦大学</td><td>28</td><td>33</td><td>61</td></tr>
<tr><td>南京大学</td><td>14</td><td>19</td><td>33</td></tr>
<tr><td>东北人民大学</td><td>12</td><td>20</td><td>32</td></tr>
<tr><td>厦门大学</td><td>27</td><td>21</td><td>48</td></tr>
</table>

联合"半导体专门化"工作结束后,这五所学校相继成立了半导体物理教研室,各自开始培养专业人才。1960—1966 年间,北大半导体物理专业培养了 325 名本科生。黄昆和其他教师们在北大还开展了半导体物理专业研究生的培养工作,"文革"前共培养了 20 余名学生。[②] 这一时期,谢希德在复旦大学物理系共培养了约 280 名半导体专业本科生和 10 名研究生。[③] 此外,吉林大学(原"东北

① 本表根据五校联合半导体专门化的毕业生名单整理而成。参见:夏建白,等. 自主创新之路:纪念中国半导体事业五十周年[M]. 北京:科学出版社,2006:4.

② 数据源于北大物理系毕业生名单。出自:沈克琦,赵凯华. 北大物理九十年. 北京:[出版者不详],内部资料,2003:195－208.

③ 阮刚. 半导体专业创办和事业发展及有关纪念活动:若干史实回忆[Z]//十周年纪念:复旦大学信息科学与工程学院. [出版者不详],2010:126.

人民大学”)、南京大学、厦门大学、清华大学，教育部 1956 年创办的成都电讯工程学院，以及中国科学院 1958 年创建的中国科学技术大学等，也都设有半导体物理专业，相继正式招生。

《十二年科学规划》制定后，中国科学院对于半导体研究队伍建设也采取了一些重要措施。1956 年，应用物理研究所在半导体组的基础上成立了半导体研究室。他们从上海调来了王守觉，又先后接收了 20 余位大学毕业生。中科院还邀请国内高校和工业部门一些与半导体有关的科研人员来半导体研究室合作开展研究工作。例如南京大学熊子敬、吴汝麟，武汉大学戴春洲，二机部 11 研究所武尔祯、邓先灿，一机部电器科学研究院杨恒彩，北京工业学院李卫、刘颖等都参与过半导体研究室的相关工作。1957 年，从事硅材料研究的青年专家林兰英从美国回国，被分配到应用物理所半导体研究室从事半导体材料研究工作。至此，半导体室已有 40 余人，在王守武的带领下，群策群力，开始了我国半导体材料与器件的研制工作。①

1960 年 9 月，中国科学院半导体研究所正式成立，成为国内第一个从事半导体材料、器件、电子学等综合研究的专业研究所。这是我国半导体事业发展中的重大事件。半导体研究所是在原应用物理研究所半导体研究室的基础上建立的，研究队伍得到了很大扩充，达到 255 人。随后，从苏联留学回来的梁骏吾、殷士端与孔光临等人又相继加入研究队伍。至 1965 年，研究所已发展到 900 人，其中高级研究员 5 人，助理研究员 17 人，实习研究员 356 人。②

（三）半导体技术的研究进展

《十二年科学规划》制定以后，国内很多高校和研究机构相继开展了半导体研究工作，有些单位甚至还建立了半导体工厂。不过，就研究水平而言，“直到‘文化大革命’前夕，半导体研究所在半导体材料、半导体电子器件和半导体激光器方面，一直处于国内领先地位”。③ 在科研人员的共同努力下，中科院半导体研究所取得了一系列重要研究成果。

1956 年底，王守武、洪朝生、成众志、吴锡九等 9 人随中科院技术考察团赴

---

① 何春藩. 中国半导体科学技术的发展[M]//夏建白，等. 自主创新之路：纪念中国半导体事业五十周年. 北京：科学出版社，2006：103.

② 中国科学院半导体研究所档案. 北京：中国科学院档案馆，A023 - 137.

③ 王守武. 我国半导体科学技术发展历史的回顾[G]//中国科学院半导体研究所建所四十周年纪念文集. 北京：中国科学院半导体研究所，2000：18.

苏联考察。他们分为半导体物理、材料、器件与电子学 4 个小组，在苏联科学院、乌克兰科学院、高等院校以及工业部门的半导体研究机构进行了为期三个月的学习与考察活动。回国后，借鉴苏联的锗单晶材料制备方法和晶体管制造工艺，半导体室很快取得了一些重要成果。王守武领导研究人员，利用自行制造的单晶炉，于 1957 年拉制出我国第一根锗单晶，并且采用苏联制作工艺研制出国内第一只锗合金结晶体管。1957 年，王守觉赴苏联学习晶体管制作工艺，回国后研制出我国第一只锗合金扩散晶体管"П401"。同年，林兰英领导的材料组，成功制备出我国第一根硅单晶。如果从这些成果在中美两国首次完成的时间来看(见表 3.2)，国内锗硅单晶材料与晶体管器件的研制技术落后于美国大约五六年时间。这说明我国半导体研究工作起步还是比较及时的。

表 3.2 应用物理研究所早期半导体研究与美国研究情况对比①

材料或器件名称	首次制成时间	
	中科院应用物理研究所	美　国
锗单晶	1957 年	1950 年
硅单晶	1958 年	1952 年
锗合金晶体管	1957 年	1952 年
锗合金扩散晶体管	1958 年	1954 年

1958 年，根据国家下达的任务，中科院计算技术研究所开始与物理研究所②联合研制用于国防建设的晶体管专用计算机——"109 乙机"。为此，物理研究所建立了附属 109 工厂，开始对自行研制的锗合金扩散晶体管进行批量生产。至 1963 年底，109 工厂共提供了 14 万多只锗晶体管，其中包含 12 个品种，保证了"109 乙机"的研制成功。该机是我国第一台国产大型晶体管通用数字计算机，标志着我国电子技术从真空管时代进入了固体电子时代。

中苏关系破裂后，苏联撤销了对华的技术援助。当时，新成立的中国科学院半导体研究所通过自力更生取得了许多重要研究成果，不仅为我国光电子技术和微电子技术的发展打下了基础，而且满足了国防建设的有关需求。

---

① 根据中科院半导体所纪念文集与迈克尔·赖尔登著《晶体之火——晶体管的发明及信息时代的来临》的内容整理。

② 中国科学院应用物理所 1958 年更名为"中国科学院物理研究所"。

20世纪60年代初,硅平面晶体管器件因其具有良好的性能,成为制造高速晶体管计算机的基本结构单元。在王守觉的带领下,半导体所器件组利用材料组研制出的高纯度、无位错的硅单晶材料,1963年完成了五种硅平面器件的研制任务。半导体研究所附属109厂掌握这项技术后,批量生产了这些硅平面晶体管器件,从而保证了中科院计算技术研究所成功制造出"109丙机"。这台晶体管计算机后来承担了我国第一代核武器的研制、定型以及后期发展中的计算工作,在"两弹一星"研制过程中发挥了重要作用,被国防科委誉为"功勋计算机"[①]。中科院副院长张劲夫曾回忆说,"在原子弹研制中,(钱)三强最感谢的就是科学院提供的计算机,对二机部帮助很大";"第二代计算机出来了,晶体管的,科学院半导体研究所搞的。从美国搞半导体材料的林兰英和科学家王守武、工程师王守觉两兄弟,是他们做的工作。第二代计算机,每秒数十万次,为氢弹的研制做出了贡献"。[②]

1962年,世界第一支砷化镓激光器在美国问世。同年,林兰英带领半导体材料组研制出了砷化镓单晶材料,次年王守武和庄蔚华等人就研制出我国首支830 nm砷化镓激光器。砷化镓材料和砷化镓激光器的成功研制为我国光电子技术的发展奠定了基础。

1964年,中科院半导体研究所开始了集成电路的研究工作,第二年研制出了4种固体组件,使我国具备了微型计算机的研制基础。其后,半导体所和109厂的科技人员密切配合中科院"156工程处"[③],用固体组件完成了我国第一台导弹专用微型计算机(代号156)的研制任务,使我国计算机从第二代(晶体管型)发展到第三代(集成电路型),实现了一次质的飞跃。[④]

在理论研究方面,值得提出的是,20世纪60年代初我国基于国家任务和半导体专业规划的综合考虑,在重点开展半导体材料和器件研制的同时,开始重视半导体物理理论研究。中科院半导体所为加强物理和应用基础研究,组建了理论研究小组,开展了半导体表面物理特性研究。在高等院校,黄昆和谢希德倡导的固体能谱研究被列为国家重点基础项目。黄昆在北大半导体研究室基础上成

---

① 潘钏.中国科学院早期对国防尖端技术发展的贡献[J].院史资料与研究,1999(6):39-40.

② 张劲夫.请历史记住他们[J].中国高校技术市场,1999(7):14.

③ 为配合国防部五院研制空间计算机(代号156),"三线建设"时期,在北京成立的"156工程处"又迁至陕西临潼,后组建了陕西微电子研究所。

④ 王守武.我国半导体科学技术发展历史的回顾[G]//中国科学院半导体研究所建所四十周年纪念文集.北京:中国科学院半导体研究所,2000:6.

立了固体能谱研究室，并进行了实验基地建设；谢希德则在复旦大学带领自己的研究生开展了半导体能带理论研究。[①] 遗憾的是，这些基础研究刚起步不久，即因“文革”运动的开展而被迫中断。

三、遭受挫折(1966—1976)

自 1966 年起，新中国经历了一场史无前例的“文化大革命”。这场历时十年的政治运动使我国的科学技术事业受到严重影响，半导体物理方面也不例外。这一时期，我国的半导体技术研究工作虽然完成了一些国家军工任务，在推动我国国防事业的发展方面发挥了重要作用，但由于“文革”运动干扰了正常的科研工作，使国家的半导体事业遭受了很大挫折。

(一)“文革”对人才培养与基础研究的冲击

“文革”期间，政治运动扰乱了国内高校和科研机构的正常工作。“文革”前期，大学停止招生；“文革”后期，仅开始招收工农兵学员，半导体人才培养工作因此受到严重影响。与此同时，许多单位的半导体科研活动也几乎陷入停顿状态。“文革”开始后，北京大学停止了半导体物理专业的招生。黄昆主持开展的固体能谱国家重点基础研究项目，刚启动不久即被迫停止，被作为推行修正主义路线的典型进行批判。他本人被安排到昌平县北大电子仪器厂进行“劳动改造”。谢希德在复旦大学也成了“反动学术权威”，不准继续开展半导体研究，也不能参加外单位的学术会议。中国科学院半导体研究所的研究工作也受到了干扰，自 1966 年开始，一些基础研究工作因为“脱离实际”而被取消，[②]半导体物理基础理论组的研究人员全部被解散，转向半导体器件和固体组件的研制工作。

(二)国防任务主导下中国半导体研究的进展

20 世纪 60 年代中期，基于我国同时遭受美苏两面夹击的国际形势，毛泽东提出了“备战、备荒、为人民”的战略方针。在随后的一段时间内，我国半导体工作全面转向了为国防建设服务。尽管当时的科研工作受到了“文革”运动的严重干扰，但部分科技人员通过开展半导体技术攻关，在国防任务方面还是做出了成

---

① 夏建白，等. 自主创新之路：纪念中国半导体事业五十周年[M]. 北京：科学出版社，2006：14，65.

② 中国科学院半导体研究所档案. 北京：中国科学院档案馆，档案号：A023－44.

绩，满足了国家对于一些尖端技术的急需。

1965年，我国正式启动研制第一颗人造卫星——“东方红一号”卫星（也称“651任务”）。中央对于这次卫星研制和发射工作的要求是：“上得去、抓得住、看得见、听得见。”[①]其中，“抓得住”是指在卫星发射现场能够立即“捕获”到刚刚升空的卫星，并在卫星运行过程中可以对它实时跟踪，测定其运行轨道。实现“抓得住”这一目标的关键设备是安装于卫星本体内的微波信标机，当时由中科院半导体研究所负责研制。“文革”开始后，为了保证我国第一颗人造卫星研制任务的正常进行，中央决定对中科院“651”设计院及有关任务中涉及的研究所实行军事接管。[②] 1967年，中科院半导体研究所开始划归第十四研究院，由国防科委管理，更名为1420所。1420所电子学研究室经过长达四年的努力，最终成功研制出我国最早的卫星专用固体微波信标机。这种微波信标机在“东方红一号”卫星的发射与运行过程中发挥了重要作用。1970年4月24日，它与地面引导雷达相结合，圆满完成了对卫星的跟踪任务，成功实现了“抓得住”卫星的既定目标。这一时期，研究人员还为“实践一号”科学实验卫星研制出了硅太阳能电池，还制造了供部队军事演习使用的我国第一代激光通信设备。1972年，研究所研制出超高速缓冲存储器，为远洋测量船所使用的巨型计算机的成功制造做出了贡献。在我国首次向太平洋发射洲际导弹的任务中，该巨型计算机工作性能稳定，圆满完成了有关任务。另外，1973年，研究所成功研制出半导体缓存集成电路、STTL高速与非集成电路；1970—1976年，研制了混合集成电路高阻抗运算放大器，等等。[③] 这些技术成果，为我国研制卫星、导弹、雷达、计算机、军用通信设备等做出了重要贡献。

另外，这一期间，国内高校也开展了一些半导体材料和器件的研制工作。例如，北京大学开展了砷化镓单晶材料激光器的研制。1973年，刘弘度、虞丽生等人研制的砷化镓双异质结激光器，实现了温室连续激射，与世界第一只砷化镓双异质结激光器问世仅相差4年。不过，多数高校开展的技术研究，仅凭自力更生、艰苦奋斗的精神去探索，制作工序没有严格的检验和把关，又缺乏必要的科

---

① 中国网络电视台：《（面对面）孙家栋：守望嫦娥》，2010年10月10. http://news.cntv.cn/china/20101010/102382.shtml.

② 汪前进. 从遵循“理论联系实际”原则到瞄准“战略高技术”方针：中国科学院技术学科布局的历史脉络及反思[J]. 中国科学院院刊，2011，26(6)：708.

③ 何春藩. 中国半导体科学技术的发展[M]//夏建白，等. 自主创新之路：纪念中国半导体事业五十周年. 北京：科学出版社，2006：106.

研基础,产品质量往往无法保证。[①] 当然,这些工作为他们后来发展半导体技术还是打下了一些基础。

(三) 中国半导体技术发展的困境

“文革”时期,为了服务于国家任务,国内形成了一支庞大的半导体工业生产队伍,大约有 13 万人。[②] 中科院、高等学校及各地方机构兴办了大量半导体工厂,但几乎没有从事半导体基础研究的单位和部门。由于忽视了半导体理论和应用基础研究,“反修”运动又削弱了专家的作用,甚至采取群众“大炒菜”的方式开展工作,导致我国固体组件向微型化、集成化发展后劲不足,半导体集成技术水平与国外差距逐年增大。这一时期,我国集成电路工业产品成品率极低,技术水平与国外差距十分明显。有资料表明,1976 年,全国有 600 多家半导体工厂,但集成电路的总产量还不到当时日本 2 000 人规模的工厂月产量的 1/5;国外已制成 16 000 余位的集成电路,而我国只能仿照国外技术试制出 1 024 位的样品。

由于缺乏必要的理化分析手段和基础理论研究工作,研究人员在研制半导体材料和器件时,对于属于表面薄层和微区中出现的问题,只能根据现象加以推断,具有很大的盲目性,难以提高产品的质量,致使我国的大规模集成电路制造技术严重落后于世界先进水平。[③] 为满足国防建设和电子工业发展的迫切需要,1974 年全国大规模集成电路及基础材料会战会议决定,在 1420 所建立半导体理化分析中心,强调要加强基础理论研究,着重弄清器件的物理机理,扎扎实实解决科研工作中所出现的问题。为了加强基础理论研究,1975 年 6 月,国防科委把 1420 所重新划归中国科学院,半导体研究所的研究工作开始从承担国防任务逐步向侧重基础研究调整。

四、改革前进(1977—2010)

改革开放以后,我国的半导体研究开始实行基础研究与技术研发并重的发

---

① 夏建白. 揭开北大光电子的序幕[[M]//夏建白,等. 自主创新之路:纪念中国半导体事业五十周年. 北京:科学出版社,2006:76.

② 中国科学院半导体研究所档案. 北京:中国科学院档案馆,档案号:A023 - 121.

③ 中国科学院半导体研究所档案. 北京:中国科学院档案馆,档案号:A023 - 91.

展方针。伴随国家科研投入不断加大，我国的半导体物理与技术研究获得了很大发展。

（一）半导体理论研究的进展

黄昆和谢希德是我国半导体物理理论研究的两位主要学术带头人。“文革”结束后，为了加强半导体基础理论研究，邓小平亲自提名黄昆担任中科院半导体研究所所长。[①] 1977年，在黄昆领导下，半导体研究所开始确立以半导体基础理论作为主要研究方向之一。黄昆带领理论组成员在国内最早开展了半导体超晶格物理研究。谢希德在复旦大学筹建了以表面物理为重点的现代物理研究所，成为我国表面物理研究的先驱。黄昆在北京大学任教时指导的研究生秦国刚与甘子钊，也开始领导北大物理系有关科研组开展半导体物理方面的研究。秦国刚在北京大学恢复了半导体教研室，开始了以半导体中杂质、缺陷和深能级为研究方向的半导体物理研究；甘子钊则在北大恢复了固体物理教研室，1984年，又成立了固体物理研究所，在半导体光电子器件与材料中的物理问题、光与物质相互作用、低维半导体体系电子结构、声子行为和光谱特性等方向进行了研究。

随着我国科教兴国战略的实施，国家加大了对科学技术基础研究的资金投入。20世纪80年代以来，我国在半导体研究领域建设了一批国家重点实验室，主要包括：中国科学院半导体研究所建立的“半导体超晶格国家重点实验室”以及与物理研究所共建的“表面物理国家重点实验室”、复旦大学建立的“应用表面物理国家重点实验室”、北京大学建立的“人工微结构和介观物理国家重点实验室”，等等。

这些重点实验室为研究人员提供了良好的科研平台，大大促进了我国半导体理论研究的发展。中科院“半导体超晶格国家重点实验室”在超晶格声子模理论、超晶格和纳米材料电子态理论、拉曼光谱、瞬态光谱、压力光谱、输运性质、自组织生长量子点等方面的研究，取得了许多具有国际水平的研究成果。其中，黄昆和朱邦芬开展了关于超晶格中光学声子模式的研究，提出了“偶极子超晶格”模型，有力地推动了该领域研究的深入发展，被国际学术界称为“黄-朱模型”。黄昆和他的研究组还创造了一种用有限几个平面波展开计算超晶格空穴子带结构的方法，并将其用于量子阱中激子态、外电磁场下超晶格能带、一维及零维量子结构的研究，使我国在超晶格电子态结构领域的研究大体上与国外平行。郑

---

① 邓小平.邓小平文选：第二卷[M].北京：人民出版社，1993：32-34.

厚植因在低维量子结构研究领域做出了重要成果，于 1995 年当选为中国科学院院士；2001 年，夏建白因在超晶格微结构理论方面的研究成果当选为中国科学院院士。黄昆因为在固体物理和半导体物理学方面的重大贡献，获得 2001 年度国家最高科学技术奖。在北京大学，秦国刚领导了“纳米硅-纳米氧化硅体系发光及其物理机制”研究，张树霖等人开展了“若干低维材料的拉曼光谱学研究”。他们的研究成果曾先后获得国家自然科学二等奖。另外，沈学础院士在上海技术物理研究所结合半导体物理实验研究成果，发展了固体中杂质振动的理论。他还发现了半磁半导体中 d 电子和 p 电子态间杂化现象，研究了塞曼杂化态波函数的混合与重组，并在测定 GaAs 调制掺杂多层结构的量子化能级的基础上，揭示了这种结构可以形成超晶格和量子阱。

（二）半导体技术研究的进展

改革开放以来，我国先后组建了一批国家级半导体技术研究中心和重点实验室，并取得了许多重要成果。这方面的重要机构包括：中科院半导体所建立的光电子器件国家工程研究中心，由中科院半导体所、清华大学、吉林大学联合组建的集成光电子国家重点联合实验室，复旦大学建立的专用集成电路和系统国家重点实验室，中科院上海微系统与信息技术研究所建立的信息功能材料国家重点实验室，长春理工大学建立的高功率半导体激光国家重点实验室，西安电子科技大学建立的宽带隙半导体技术国家重点学科实验室等。同时，中国科学院、国家部委和地方政府也建立了一些半导体技术研究方面的重点实验室。这些研究中心与重点实验室的建立，为我国微电子技术、光电子技术的快速发展，发挥了重要的推动作用。

多年来，中国科学院半导体所引领着国内半导体科学技术的发展方向，并在国际半导体科学技术领域占有一席之地。在半导体材料方面，中科院半导体所开创了我国太空生长砷化镓单晶的研究，还在纳米结构材料生长、性质和应用方面，以及在自组织生长量子点激光材料和器件研究等方面取得了重要研究成果。在半导体相关设备方面，半导体所联合国内有关单位先后自主研制成我国第一代和第二代分子束外延设备(MBE)，以及气态源分子束外延设备，既推动了我国半导体超晶格研究的开展，也打破了国外的相关技术禁运。中科院半导体所还筹建了光电子器件国家工程研究中心，具有从外延材料生长、芯片制备到耦合封装与测试、老化一整套的半导体光电子器件自主技术，建设了一条完整的工艺生产线。目前,该研究中心主要承担国家探月工程等重大急需工程项目的配套光电子器件的研制和工程化研究,同时重视进行光电子器件在民用产品上的推广,并提供技术支持;此外还从事大功率半导体激光二极管、列阵与相关组件、模块以及新型半导体光电子器件的研发与生产。

20 世纪 90 年代,半导体所涌现出一批优秀的科研工作者。作为光电子学专家的王启明,于 1991 年当选为中国科学院院士。1995 年,从事半导体材料研究的王占国,由于在硅太阳电池辐照效应研究及半导体光谱和深能级物理研究工作中做出过重要贡献,当选为中国科学院院士。1997 年,曾经领导 DFB 等激光器研究的王圩,也当选为中国科学院院士。在硅、砷化镓、碳化硅、氮化镓等材料的研制工作中做出重要成绩的梁骏吾,以及在研制量子阱激光器和建设"光电子器件国家工程研究中心"工作中有过重要贡献的陈良惠,分别于 1997 年与 1999 年当选为中国工程院院士。

另外,北京大学和电子工业部第十三研究所等单位在半导体技术研究领域也都取得很大进展。北京大学王阳元院士与合作者提出了反映多晶硅发射极晶体管物理特性的解析模型,研发了先进的双极集成电路工艺技术。20 世纪 90 年代,他领导了我国第一个集成化的 VLSI 计算机辅助设计(ICCAD)系统的研制,使我国能自行开发大型 ICCAD 工具;他领导建设的国内第一条 12 英寸纳米级集成电路生产线,使集成电路大生产技术达到国际先进水平。电子工业部第十三研究所由于在技术攻关方面成果突出,曾获得数十项国家级奖项。

总体来看,改革开放以来,我国的半导体技术研究获得了很大的发展。

五、中国半导体物理发展的特点

我国半导体物理学是新中国建立的新科学,其建立与发展既具有我国当代科学发展的典型特征,也有其自身的特点。

(一) 改革开放前实行"以任务带学科"的发展模式

新中国成立初期,科学基础十分薄弱,为了首先满足国家建设尤其是国防建设的需要,国家采取了"以任务带学科"的发展方针,半导体技术作为国防建设急需的一种高尖端技术,在国家《十二年科学规划》中被作为重点任务加以发展。

在高等教育部的组织下，北京大学等五所高校迅速开展了联合培养半导体物理专业人才工作，短期内为国家培养了一批专门人才；中科院则立即加强了半导体研究机构建设，经过几年时间，由最初的研究小组迅速建起了半导体研究所，专门开展半导体理论、材料和器件的研究工作。因此，我国的半导体物理学是在新中国成立初期快速建立起来的一门新兴科学，是作为国家科学发展规划中的重点任务由国家“自上而下”的推动而建立的。

同时，我国的半导体研究工作在很长时期内也都是围绕着国家下达的任务而展开的，半导体研究机构和器件生产单位大多是为了完成国家任务的需要而建立起来的。例如，20 世纪 50 年代，为配合国家发展核技术和航天技术，科学院下达了制造大型晶体管计算机“109 机”的任务，应用物理所为此开展了所需晶体管器件的研制工作，并建立了国内最早的半导体生产单位——109 厂。60 年代，为了研究导弹专用微型计算机（156 任务），1965 年 8 月，科学院将所属与微电子学有关的研究单位进行合并，组建了微电子研究所。① “文革”期间，我国的半导体研究工作也主要是服务于国防建设任务的需要。

因此，“以任务带学科”是我国半导体物理学发展的典型特征。我国半导体物理专业教育与科研机构主要是由国家研究任务的带动而建立起来的，早期所开展的科研工作首先是为了完成国家任务，在完成一系列任务的过程中锻炼和培养人才，提高研究水平，带动学科发展。

“以任务带学科”的发展模式，既有一定的历史合理性，也有一定的局限性。在这种方针的指导下，我国集中了国内半导体领域有限的科技力量，在不太长的时间内解决了一系列国防建设中的重大技术问题，完成了半导体物理学科的建立。不过，这种发展模式也有缺陷。因为以任务为中心的研究工作，会使科研人员忙于竭力解决任务所规定的各种问题，基础理论研究则得不到应有的重视或者难以有精力去开展；而且，因为国家下达的任务经常会随着实际需要而变化，因而研究活动也缺乏持续性。这些因素客观上会造成国家任务是完成了，但并不能真正带动半导体学科的迅速发展。

（二）改革开放前重视技术研究而忽视理论研究

改革开放以前，我国半导体研究已有近三十年的发展历史，“强调技术攻

---

① 吴锡九，陈兴信，陈一询. 中国微电子技术的发展和第一台微型计算机[J]. 微纳电子技术，2007(6)：339.

关、忽视理论研究”是其基本特征。我国两次科学技术规划都强调要重点发展半导体技术。1956年制定的《十二年科学规划》将半导体技术列入国家采取“四项紧急措施”建设的内容。尽管当时国内政治运动频繁，但我国在半导体人才培养、半导体材料与器件的研制方面的工作还是取得了很大进展。1962年，我国制定的《1963—1972年十年科学技术发展规划》仍然强调要加速研究和试制各种半导体器件。这一时期，中科院半导体研究所、机械工业部的有关科研机构以及部分高校和许多地方单位都相继建立起半导体研究实验室或工厂，进行半导体材料与器件的研制与生产。1976年，全国已经有600多家半导体工厂。

20世纪60年代，当时特殊的国际环境突显了国防建设的重要性和紧迫性，所以解决“国防任务”中的相关技术问题几乎成为我国半导体科研工作的主要内容。1967年，中国科学院半导体研究所由国防科委军事接管，开始贯彻“使用-科研-生产”的工作方针，全力进行晶体管器件、固体组件以及集成电路的研制工作。研究所研制生产的半导体器件，曾保证了晶体管计算机“109机”、微波信标机和硅太阳能电池等一些关键技术设备的成功制造。这些设备在“两弹一星”的发射中发挥了重要作用。

然而，半导体理论研究因为不能与实际任务相联系，长期得不到国家重视。在各种政治运动中，理论研究还经常受到冲击和破坏。例如，基于国家任务和半导体专业规划的综合考虑，国家科委半导体小组制定的《1963—1972年全国半导体科学发展规划》中关于半导体理论研究的内容，实际上并没有真正落实。“文革”时期，理论研究几乎全部遭到破坏。1966年开始，中国科学院半导体研究所不仅取消了绝大部分理论研究项目，还解散了物理研究组。北京大学黄昆教授所开展的固体能谱研究，在“社教运动”中就因为“脱离实际”而受到冲击，后来被作为推行修正主义路线的典型进行批判。

半导体物理对于半导体材料与器件的发展具有重要影响。国际半导体材料与器件研制技术的一些重要进展都与半导体物理研究息息相关。这一时期，我国重视半导体技术研究，忽视基础理论研究，这既是由于当时国家任务对于半导体技术研究的迫切需要，也是由于我国对于半导体物理研究的重要性认识不足。由此不仅造成我国半导体物理的理论水平远远落后于国际水平，也导致半导体技术的发展严重后劲不足，同样落后于国际先进水平。

（三）改革开放后实行了理论与技术并重的发展方针

20 世纪七八十年代，国际半导体技术发展非常迅速，已经成为电子信息技术产业的支撑技术。我国实行改革开放政策之后，国家在半导体技术方面开始学习和引进国外技术。但是在技术竞争日益激烈的国际环境下，高新技术转让存在许多壁垒，尤其是涉及国防建设的关键技术，无法从国外得到。为促进半导体技术水平的提高，我国开始实行理论与技术并重的发展方针。1977 年，邓小平亲自提名黄昆担任中科院半导体研究所所长，并且指出："要他当所长，就是要他进所直接到实验室去。"①

要推进技术发展，就要加强基础理论研究。改革开放以后，中国科学院作为我国半导体研究的主要阵地，开始重视基础研究。《1978—1985 年中国科学科学院半导体科学技术发展规划（草案）》即指出："半导体理论与实际结合极为密切，理论对技术的指导作用显著"，"我院半导体研究工作必须坚持侧重基础、侧重提高，把科学研究往高里提，使科学研究走在生产的前面"。②

这一时期，我国在加速推进大规模集成电路、光电子、微电子技术研究的同时，不断加强基础理论研究，积极探索半导体材料的物理规律，发现新现象、建立新理论、开发新技术。为此，国家建立了一批半导体技术研究中心、微电子研究所以及国家重点实验室，也组建了有关半导体基础理论研究的国家重点实验室和专业研究机构。

20 世纪 80 年代，中国科学院半导体研究所作为我国半导体领域的代表性研究机构，对基础研究与技术研发开始实行两种管理机制，建立了"开放"与"开发"相结合的运行模式（被称作"两种运行机制的'双开'结构模式"）。③ 一方面，研究所以重点实验室和工程中心为依托，组织队伍形成一个联合体，深入开展半导体基础研究，同时以"开放、流动"的方式吸引国内外优秀人才进行合作研究。另一方面，组织富有研究经验和开发意识的人员构成研发队伍，采用"开发公司"模式，按照企业管理运行，开发已有科研成果，直接为发展国民经济服务。这种理论与技术并重的方针，才真正符合科学技术发展的基本规律。

---

① 黄昆. 在所长的岗位上[G]//中国科学院半导体研究所建所四十周年纪念文集. 北京：中国科学院半导体研究所，2000：3.

② 中国科学院半导体研究所档案. 北京：中国科学院档案馆，档案号：A023 - 121.

③ 王启明. 继往开来　再谱新篇[G]//中国科学院半导体研究所三十年庆筹委会. 奋进的三十年. 北京：中国科学院半导体研究所，1991：iii.

第二节　中国半导体物理学家学术谱系表与代际分析

我国半导体物理研究是在新中国成立之后逐步建立和发展起来的。经过近60年的发展，虽然我国的半导体科学技术与世界先进国家相比仍有差距，但在人才培养和科学研究方面还是取得了许多重要的成绩。发展半导体技术需要半导体物理与应用基础研究作为理论支撑，其中，半导体物理包括半导体理论、半导体材料及半导体器件三个方面。目前，我国在这些方面已经建立了相应的人才队伍，形成了一定的研究基础。本节将通过半导体物理学家学术谱系表的形式，反映我国一些高校与研究机构中半导体物理专业人才结构及其学术传承的代际关系。

半导体物理学家学术谱系表是以学术谱系的领袖人物为第一代创始人，后代人员以及他们之间的代际关系的确定，主要以师承关系为基本线索，兼顾实际工作中的"师傅带徒弟"培养关系。基于半导体物理学家学术谱系可以分为半导体理论物理学家谱系以及半导体材料与器件物理学家谱系两个部分(见表3.3、表3.4)①，以下分别予以讨论。

一、半导体理论物理学家学术谱系表及其代际关系

黄昆和谢希德是我国半导体物理学科的开创者和主要奠基人。1956—1958年，教育部在北京大学组织开展了"五校联合半导体专门化"工作，复旦大学当时是主要参与单位之一。早期集中创办半导体物理专门化的具体工作，是由黄昆与谢希德共同负责的。我国半导体物理的学科建设最初也主要源自他们的工作，其后逐步在全国推广开来。

(一) 半导体理论物理学家学术谱系表

从我国半导体人才培养和理论研究的总体情况看，北京大学、复旦大学，以

① 此表基于中科院半导体研究所和有关高校关于人才培养方面的资料，以及中国国家图书馆博士论文数据库的信息整理而成，表中第三代、第四代主要包括已获得博士学位或2000年以前取得硕士学位的人员，获博士学位者以划线标记。

及改革开放以后的中科院半导体研究所在这些方面具有代表性，因此下面主要依据这些单位的相关情况来考察我国半导体理论物理学家的师承关系及学术传承的基本情况。我国半导体理论物理学家学术谱系的基本概况如表 3.3 所示。

表 3.3 半导体理论物理学家学术谱系表

<table>
<tr><th>第一代</th><th>第二代</th><th>第三代</th><th>第四代</th></tr>
<tr><td rowspan="12">**黄昆**
(1919—2005)
北京大学工作期间（1951—1977）</td><td rowspan="3">甘子钊(1938—)
(北京大学)</td><td>黄永箴
(中科院半导体所)</td><td>张玮、陆巧银、国伟华、陈沁、赵洪泉、胡永红、肖金龙、李敬、杨跃德、车凯军、王世君、王世江</td></tr>
<tr><td>兰胜(华南师范大学)</td><td>刘海英、邓海东</td></tr>
<tr><td colspan="2">徐东升、陈颖健、江华明、江旭东、党小忠、安宏林、刘文德、代涛、刘萃、李睿</td></tr>
<tr><td>秦国刚(1934—)
(北京大学)</td><td colspan="2">金鹰、宋海智、张亚雄、林军、马书懿、李安平、衡成林、孙文红、冉广照、陈源、霍海滨、马国立、杨卫全、赵伟强、孙凯、陈挺、吴志永、李延钊、刘萃、王海萍、黄远明、宗伯青、王志明、张立东、白国峰、王艳兵、王孙涛、孙永科</td></tr>
<tr><td rowspan="2">王阳元(1935—)
(北京大学)</td><td>黄如(北京大学)</td><td>刘文安、刘金华、王晓峰、石浩、卜伟海</td></tr>
<tr><td colspan="2">马平西、奚雪梅、康晋锋、李志宏、吴拥军、汪红梅、杨兵、廖怀林、万新恒、曹新平、张国艳、张威、于民、安霞、阮勇、石浩、卜伟海、李修函、蔡一茂</td></tr>
<tr><td>张树霖
(北京大学)</td><td colspan="2">贾霖、阎研、夏磊、侯永田、何国山、王昕、杨昌黎、黄福敏、李碧波</td></tr>
<tr><td rowspan="2">章蓓
(北京大学)</td><td colspan="2">张振生、包魁、代涛、熊畅</td></tr>
<tr><td>戴伦(北京大学)</td><td>霍海滨、马仁敏、刘萃</td></tr>
<tr><td>莫党
(北京大学)
(中山大学)</td><td colspan="2">(保)库意沃(Ivoil Petrov Koutzarov)、黄秀清、张海燕、阳生红、陶科玉</td></tr>
<tr><td>孔光临
(中科院半导体所)</td><td colspan="2">孙国胜、王燕、盛殊然、岳国珍、马智训、王永谦、张世斌、周江淮、黄林、丁海亭、赵奕平</td></tr>
<tr><td colspan="3">曹昌祺、强元棨、任尚元、蒋翔六、虞丽生……
夏建白(1939—)、王圩(1937—)、顾宗权、周洁……(科学院半导体所)
王天爵(清华大学)、李克诚……(北京大学、电子工业部十三所)</td></tr>
</table>

（续表）

<table>
<tr><th>第一代</th><th>第二代</th><th>第三代</th><th>第四代</th></tr>
<tr><td rowspan="15">黄昆
(1919—2005)
中科院半导体所工作期间
(1977—2005)</td><td colspan="3">王炳燊、陈纯达、许光男、杨桂林</td></tr>
<tr><td rowspan="5">夏建白(1939—)
(半导体所)</td><td>李树深(1963—)
(中科院半导体所)</td><td>艾合买提·阿不力孜、金光生、董庆瑞、王亮、孙连亮、迟锋、杨谋、白彦魁、刘永辉、王飞、许强、王雪峰、方志杰、段益峰、彭浩为、袁子刚、王建伟、李春雷、周利玲、刘国才、时洪亮、熊稳、朱正、邓惠雄、姜向伟</td></tr>
<tr><td>李京波
(中科院半导体所)</td><td>彭浩为、朱峰、陈伟槟、刘超人、杨冠东</td></tr>
<tr><td colspan="2">张耀辉、俞继新、张建忠、盛卫东、武海斌、崔草香、郑玉宏、张秀文、朱元慧、刘端阳</td></tr>
<tr><td>常凯与夏建白合作</td><td>武海斌</td></tr>
<tr><td>常凯
(中科院半导体所)</td><td>王立国、张振中、刘江涛、李晓静、盛劲松、王淼、李俊、朱家骥、刘羽、吴振华</td></tr>
<tr><td rowspan="2">合作者：
朱邦芬(1948—)
(半导体所)
(清华大学)</td><td colspan="2">张建忠、陈佐子、卢海舟、阎结昀、刘朝星、陈裕、王靖、姬胜男、黄浪涛、尚尔轶、卢德宇、俞榕、于浦、陈永强</td></tr>
<tr><td>刘仁保
(香港中文大学)</td><td>胡建良、陈婷、王振宇、王大伟</td></tr>
<tr><td rowspan="2">单位研究人员：
郑厚植(1942—)
(半导体所)</td><td>姬扬(1971—)
(中科院半导体所)</td><td>阮学忠、罗海辉、何江海、谷晓芳、钱轩、赵伟杰</td></tr>
<tr><td colspan="2">宋爱民、邵华、罗克俭、王志明、谭平恒、唐艳、江兆潭、李桂荣、章昊、周霞、胡冰、李海峰、陈远珍、邓元明</td></tr>
<tr><td rowspan="2">单位研究人员：
江德生</td><td>孙宝权(1961—)
(中科院半导体所)</td><td>窦秀明、王宝瑞、马珊珊、张俊、常秀英</td></tr>
<tr><td colspan="2">张耀辉、刘伟、武建青、陈宜宝、李昌义、崔丽秋、贾锐、陆书龙、梁晓甘、边历峰、马文全、屈玉华</td></tr>
<tr><td rowspan="2">单位研究人员：
徐仲英</td><td>刘宝利</td><td>王宝瑞、叶慧琪、王刚</td></tr>
<tr><td colspan="2">袁之良、吕振东、刘波、罗向东、孙征、李晴、黄劲松</td></tr>
<tr><td>单位研究人员：
汪兆平</td><td colspan="2">朱作明、陈晔</td></tr>
</table>

（续表）

<table>
<tr><th>第一代</th><th>第二代</th><th>第三代</th><th>第四代</th></tr>
<tr><td rowspan="2">黄昆
中科院半导体所工作期间</td><td>单位研究人员：
李国华</td><td colspan="2">朱作明、陈晔、方再利、马宝珊、苏付海</td></tr>
<tr><td colspan="3">单位研究人员：邢益荣、续竞存、钟战天、韩和相、刘东元……</td></tr>
<tr><td rowspan="13">谢希德
（1921—2000）
复旦大学工作期间
（1952—2000）</td><td rowspan="3">王迅（1934—　）
（复旦大学）</td><td>陆昉（1957—　）
（复旦大学）</td><td>黄仕华、李汐、凌严、张希、刘天宇</td></tr>
<tr><td colspan="2">黄春晖、陈可明、周国良、卢学坤、王向东、胡长武、哈克(Aziz-Ul-Haq Qureshi)、王杰、龚大卫、李喆深、杨宇、蔡群、朱海军、靳彩霞、林峰、万钧、张胜坤、杨建树、陈刚、胡艳芳、赵登涛、彭向阳、徐飞、李云</td></tr>
<tr><td>合作者：蒋最敏</td><td>徐闰、秦娟、朱燕艳</td></tr>
<tr><td rowspan="3">王迅与谢希德合作
（复旦大学）</td><td>侯晓远（1959—　）
（复旦大学）</td><td>袁泽亮、周翔、熊祖洪、何钧、钟高余、徐少辉、张松涛、周卫、詹义强、王希祖、宋群梁、周叶春、吴勇</td></tr>
<tr><td>金晓峰（1962—　）
（复旦大学）</td><td>吴义政、吴镝、钱冬、唐文新、田传山、殷立峰</td></tr>
<tr><td>王虹川</td><td></td></tr>
<tr><td rowspan="3">张开明与谢希德合作
（复旦大学）</td><td>资剑（1964—　）
（复旦大学）</td><td>王国忠、贾武林、韩德专</td></tr>
<tr><td>车静光（复旦大学）</td><td>何垚、洪峰</td></tr>
<tr><td colspan="2">田曾举、唐少平、朱梓忠、路文昌、乔皓、谢建军、杨中芹、韦广红、杨宗献</td></tr>
<tr><td>叶令、蒋平与谢希德合作
（复旦大学）</td><td colspan="2">傅华祥、孙强、杨中芹、黄忠</td></tr>
<tr><td rowspan="3">单位研究人员：
沈学础（1938—　）
（中科院上海技术物理所）</td><td colspan="2">俞志毅、李齐光、罗宁胜、单伟、韩平、方晓明、邱岳明、姜山、章灵军、张家明、李成虎、茅惠兵、石晓红、胡灿明、黄醒良、王防震、黄少华</td></tr>
<tr><td>陆卫
上海技术物理所</td><td>郭方敏、钟红梅、全知觉、熊大元、王茺、夏长生、杨希峰、江俊、段鹤、陈洪波、李为军、崔昊杨、刘昭麟、王良、李亚军、侯颖</td></tr>
<tr><td>沈文忠
上海交大</td><td>吴华、陈新义、陈静、丁古巧、陈红</td></tr>
</table>

（续表）

<table>
<tr><th>第一代</th><th>第二代</th><th>第三代</th><th>第四代</th></tr>
<tr><td>谢希德
复旦大学工作期间</td><td colspan="3">研究生：屈逢源、陆栋、鲍敏杭、陆奋、薛舫时、陈良尧、徐永年、陈湛
本科生：王启明、陈良惠（中科院半导体所）
单位研究人员：阮刚、唐璞山（复旦大学）</td></tr>
<tr><td rowspan="9">黄昆
谢希德
北京大学五校联合半导体专门化期间
（1956—1958）</td><td>郑有炓（1935— ）
（南京大学）</td><td colspan="2">刘建林、袁晓利、郑泽伟、杨红官、卢佃清、田俊、周春红、叶建东、孔月婵、陈辰</td></tr>
<tr><td colspan="3">陈存礼、稽福权（南京大学）</td></tr>
<tr><td>刘式墉（1935— ）
（吉林大学）</td><td colspan="2">祝进田、安海岩、陈松岩、孙洪波、杨毅、陈佰军、彭宇恒、谢志元、黄劲松、敖金平、李传南、赵毅、张冶金、孙宏宇、杨开霞、高文宝、李峰、闫发旺、冯晶、谢文法、程刚、王静、张颖芳、吴志军、李江、杨惠山、陈淑芬、胡伟、李玉德、杨东辉、白冬菊、王志杰、唐建国、胡朝晖、赵铁民、薛善华、黄劲松、刘国利、曹晓光</td></tr>
<tr><td>黄美纯、郑健生
（厦门大学）</td><td colspan="2">王小军、柯三黄、李开航、吴丽清、张志鹏</td></tr>
<tr><td colspan="3">王阳元、陈辰嘉、叶良修……（北京大学）（见本表王阳元部分）</td></tr>
<tr><td colspan="3">韩继鸿（南京电子器件所）王公治、陈苏卿（复旦大学）</td></tr>
<tr><td colspan="3">卢纪、马俊如、叶式中、徐鸿达、彭怀德、陈廷杰、庄婉如、尹永龙……
（中科院半导体所）</td></tr>
<tr><td colspan="3">许居衍、王长河、曹余禄、于培诺、季超仁、江福来、李添臣……
（电子工业部）</td></tr>
<tr><td>助手：秦国刚、王迅</td><td colspan="2">（见本表秦国刚、王迅部分）</td></tr>
</table>

由上表可以看出，黄昆和谢希德在北大创办了“五校联合半导体专门化”，培养了我国最早的一批学生，这些人成为我国早期半导体科技事业发展的骨干力量。其后，黄昆在北京大学物理系和中科院半导体研究所，谢希德在复旦大学各自又培养了许多专业人员。因此，北京大学是我国半导体物理人才培养的摇篮和半导体理论研究的大本营。黄昆和谢希德是我国半导体理论物理学家学术谱系的第一代，他们为国家培养了大量半导体物理专业人才，师承关系已经延续了四代。

（二）黄昆半导体物理学术谱系的代际分析

黄昆（1919—2005），浙江嘉兴人，我国著名物理学家和教育家，2002 年获得第二届国家最高科学技术奖。黄昆对我国半导体物理学科的建立和发展影响深远。1951年,他回国在北京大学任教,随后开创了我国固体物理专业教育。在教育部组织下,1956—1958年间,黄昆和谢希德领导开展了"五校联合半导体专门化"的人才培养工作,集中培养了241名专业学生。20世纪60年代,他创建的北京大学半导体物理专业又先后培养了325名本科毕业生和20余名研究生。[①] 这些学生为我国半导体事业的早期发展做出了重要贡献。

为了推动我国半导体物理研究工作的开展,20世纪60年代初,黄昆带领教师们在北京大学组建了半导体物理教研室,并开始创建固体能谱实验室。虽然这些工作刚起步不久因为"文革"运动的爆发遭到破坏,但它为学校半导体物理研究后来的发展建立了基础。1977年,黄昆在邓小平的推荐下担任中科院半导体研究所所长。在这期间,他开始着力推动我国半导体物理研究的发展。黄昆后来带领研究人员开展了国际上刚刚兴起的半导体超晶格研究,倡议建立了半导体超晶格国家重点实验室,并由此推动我国半导体研究进入了国际前沿领域。

黄昆是我国半导体物理学科的一位开创者,同时也是半导体物理研究的奠基人之一。[②] 他在长期的教学和科研工作中,培养和锻炼了一批杰出的专业人才(见表3.3),其中两院院士有十余人,形成了一个富有特色的学术传承谱系(见图3.2)。这支谱系的学术队伍已经成为我国该研究领域最主要的力量之一。

黄昆学术谱系的源头孕育于欧洲的学术传统,他在英国留学长达六年,得到了国际著名物理学家莫特和玻恩的培养。谱系的第二代主要是其在北京大学所培养的学生和在中科院半导体所培养和锻炼出的专业人才。其中,秦国刚、甘子钊与夏建白三位院士,是其在北大培养出来的半导体物理专业研究生。秦国刚与甘子钊毕业后一直留在北大工作,前者对于多孔硅和纳米硅镶嵌氧化硅光致发光的机制,提出了"量子限制-发光中心模型"解释,得到了国际同行的广泛认同;后者在对半导体隧道效应的研究方面解释了锗材料中隧道过程的物理机理。夏建白后来又跟随黄昆到半导体研究所从事半导体超晶格研究。他与朱邦芬院士在研究所得到了黄昆长期的言传身教,他们在半导体超晶格微结构研究方面

---

① 数据源于北大物理系毕业生名单,取自:沈克琦,赵凯华. 北大物理九十年[Z]. 北京:[出版者不详],2003.

② 朱邦芬. 黄昆:中国固体物理和半导体物理奠基人[J]. 中国科学院院刊,2005,20(5):412-416.

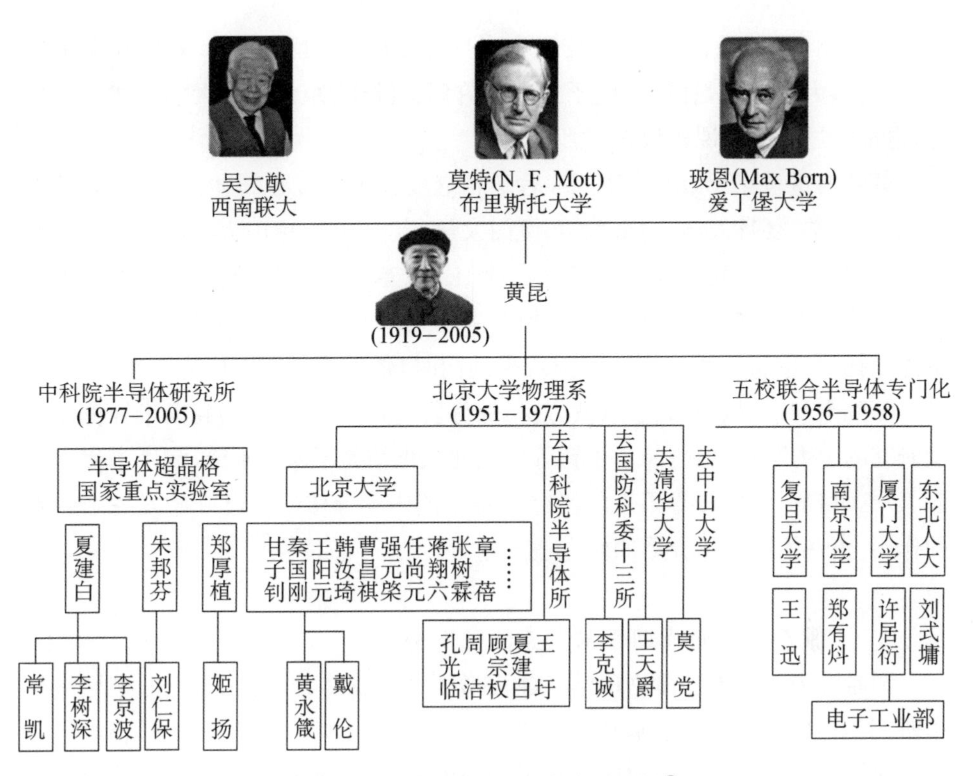

图 3.2　黄昆半导体物理学术谱系树①

取得了一些具有国际影响力的科研成果。其中，夏建白在发展半导体超晶格、微结构电子态的理论研究方面，做出了创造性的工作；朱邦芬在担任黄昆的研究助手期间就取得了十分重要的研究成果，物理学中著名的“黄-朱模型”便是其重要的学术成果之一。另外，半导体研究所的郑厚植院士也得到了黄昆先生的培养和锻炼，因黄昆推荐，他先后赴德国、美国进行学术交流和合作研究，回国之后，又在黄昆的带领下负责筹建了半导体超晶格国家重点实验室。②

20 世纪五六十年代，黄昆在北京大学半导体专门化培养了一批专业学生。北京大学微电子学研究院院长王阳元院士，中科院半导体研究所的王圩院士，北京大学张树霖教授，中山大学莫党教授等，都是黄昆的学生。王阳元、王圩对我国半导体微电子、光电子器件技术的发展做出了重要贡献。张树霖则在超晶格、纳米等新材料的物性、制备及相关拉曼光谱学研究方面取得了进展。另外，

① 学术谱系中的后代学生很多，绘制谱系树时仅选取部分学生作为代表。

② 郑厚植. 一代宗师　高尚人格[M]//陈辰嘉，虞丽生. 名师风范：忆黄昆. 北京：北京大学出版社，2008：198 - 203.

1956—1958年，黄昆在北大“五校联合半导体专门化”工作期间，复旦大学王迅院士、南京大学郑有炓院士、电子工业部许居衍院士、东北人民大学刘式墉教授等，也都受过其专业课程教育和影响。

黄昆的这些弟子和研究助手，后来相继成为中科院半导体研究所、北京大学、清华大学、复旦大学、南京大学、厦门大学、吉林大学、中山大学以及电子工业部等单位半导体研究领域的开拓者或骨干。改革开放之后，他们又培养出了第三代人才队伍。例如，夏建白、郑厚植和朱邦芬以半导体所超晶格国家重点实验室为依托，在取得一系列重要研究成果的同时，带出了一支出色的人才队伍，如李树深院士和常凯、姬扬、李京波、刘仁保等研究人员，已经成为我国半导体超物理研究的生力军；秦国刚与甘子钊等依托北大也培养了像黄永箴、戴伦等优秀专业人才。目前，李树深等第三代研究者对于国内半导体研究已开始发挥引领者的作用，正在为国家培养第四代专业人才。

（三）谢希德表面物理学术谱系的代际分析

谢希德为我国半导体物理学科建设做了大量工作，同时也为上海半导体技术研究的早期发展奠定了基础。她在北大协助黄昆领导开展“五校联合半导体专门化”之后，回到复旦大学创办了半导体专业，并联合中科院上海分院筹建了上海技术物理研究所。“文革”前，他们培养了约280名该专业本科生和10名研究生，[①]使复旦大学物理系成为我国半导体专业人才培养的重要基地之一。“文革”期间，谢希德受到政治运动冲击，被作为“反动学术权威”加以批判。“文革”结束后，她对国际半导体领域的研究状况作了大量资料调研之后，在复旦大学带领科研人员开展了表面物理研究。这项研究因为谢希德的倡议，后来得到了国家的重视，进而推动了表面物理学在我国的建立与发展。1990年，谢希德带领王迅等人开始筹建应用表面物理国家重点实验室，围绕半导体表面和界面，半导体光电子材料的制备、性质及其应用等重大科技问题开展研究工作。她以实验室为依托，培养了一批杰出人才。

谢希德在几十年的教学和研究生涯中，培养了一大批半导体专业人才。通过对表3.3中代表人物的调查分析可以发现，迄今已经形成了由四代人构成的学术谱系，大致结构如图3.3所示。

---

① 阮刚.半导体专业创办和事业发展及有关纪念活动：若干史实回忆[Z]//十周年纪念：复旦大学信息科学与工程学院.[出版地不详]：内部资料，2010：126-130.

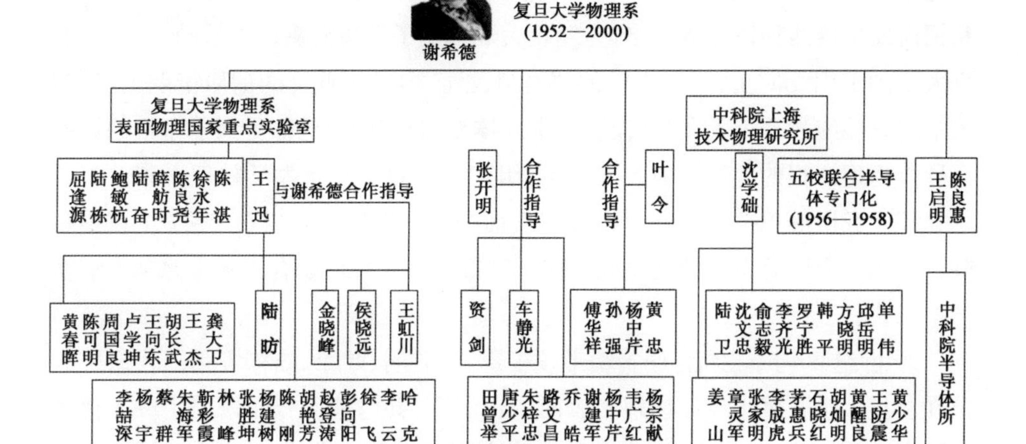

图 3.3　谢希德表面物理学术谱系树①

20 世纪 50—60 年代,谢希德在复旦大学物理系和在北京大学开展“五校联合半导体物理专门化”工作期间培养了一批半导体物理专业人才。这批人才是我国早期发展半导体事业的重要力量。例如,王迅、沈学础、王启明、陈良惠四位院士,以及陆栋、鲍敏杭教授等都是她这一时期在复旦大学培养的学生。其中,王迅是谢希德最早培养的研究生,早期参加了北大举办的“五校联合半导体专门化”,后来一直在谢希德指导下从事半导体物理与表面物理的研究工作。20 世纪 90 年代,他负责筹建了复旦大学应用表面物理国家重点实验室,并为实验室的发展作出了重要贡献。沈学础院士曾担任上海技术物理所红外物理国家重点实验室主任,在半导体物理与光谱学领域取得了许多重要成果。他于 1955 年考入复旦大学物理系学习,在谢希德负责筹建上海技术物理研究所之初即进入研究所工作,受到了谢希德的培养。在谢希德的领导和指导下,沈学础参加了重掺杂半导体隧道结的压力效应研究,1963 年曾代表该研究所在全国物理学会上宣读研究论文。② 王启明、陈良惠院士也是谢希德早年在复旦大学的学生,他们先后任职于中科院应物理研究所与半导体研究所,为我国光电子学研究和半导体激光器研制做出了突出贡献。复旦大学的阮刚、唐璞山教授曾在谢希德的带领

---

① 学术谱系中第三、第四代学生数量很多,绘制谱系树时仅选取部分学生作为代表。

② 沈学础. 回忆我的人生和学术道路[G]//复旦大学物理系. 风雨春秋物理系. 上海:复旦大学物理系,2005:57.

下参加了“五校联合半导体专门化”和上海技术物理研究所的早期筹建工作。20世纪60年代初，他们开展了锗单晶材料和器件的研制，试制成功了多谐振荡器和锯齿发生器两种锗集成电路，为复旦大学微电子学研究奠定了基础。另外，北京大学的王阳元院士、南京大学的郑有炓院士、电子工业部的徐居衍院士、厦门大学的黄美纯教授等人在“五校联合半导体专门化”期间也都受到了谢希德讲授半导体物理课程的教育。因此，谢希德组建并培育了复旦大学物理系和上海技术物理研究所等单位的半导体物理与表面物理研究队伍，并有一些学生在中科院半导体研究所等单位开展研究工作。这批研究人员可以看成谢希德学术谱系的第二代。

20世纪80年代以后，谢希德带领王迅、张开明、叶令、陆栋等第二代研究人员在复旦大学开展半导体物理和表面物理研究，并与他们合作培养了一支优秀的研究队伍。陆昉、侯晓远、金晓峰、资剑是其中的代表人物，他们在前后两代人的共同培养下，在复旦大学获得博士学位并留校任教，为物理系与应用表面物理国家重点实验室的发展做了许多工作。陆昉关于“硅基低维结构材料的研制、物性研究及新型器件制备”的研究成果获得2002年国家自然科学进步二等奖；侯晓远、金晓峰、资剑相继被教育部遴选为“长江学者特聘教授”；2001年，资剑被科技部聘为973项目首席科学家。

在上海技术物理研究所，谢希德虽然于“文革”运动爆发后不再担任该研究所的行政领导，但一直关心所内科研人员的成长，[①]她早期在研究所组建的科研队伍中也培养了一批优秀的专业人才。例如，沈学础指导了一批博士研究生，其中代表人物有中科院上海技术物理研究所所长陆卫研究员、上海交通大学沈文忠教授、南京大学物理系韩平教授等，他们都在半导体器件与物理研究领域做出了成绩。陆卫于1997年入选国家人事部首批“百千万人才工程”国家级人才，沈文忠曾被聘为教育部“长江学者奖励计划”凝聚态物理学科特聘教授，并于2007年入选“新世纪百千万人才工程”国家级人才。

20世纪80—90年代，谢希德与学生、合作者在复旦大学物理系与上海技术物理研究所培养出来的上述这些学生，是其学术谱系的第三代的主体。本世纪初以来，这些人培养的学生构成了这支谱系的第四代。

---

① 中国科学院上海技术物理研究所. 怀念我所创始人谢希德教授[M]//王迅. 谢希德文选. 上海：上海科学技术出版社，2001：32.

二、半导体材料与器件及电子学家学术谱系表及其代际关系

我国在半导体材料、器件及电子学等研究领域，王守武、林兰英等人是最主要的奠基人。20世纪50—60年代，由王守武负责筹建的中科院应用物理研究所半导体研究室和中科院半导体研究所，是我国早期开展半导体材料与器件研究的最重要的机构，在承担完成国家重点任务的同时，为国内有关研究单位培训了大量的技术人员。这一时期，王守武与汤定元、王守觉以及后期留美回国的成众志、吴锡九等人一起，在实际工作中培养和锻炼出了一支优秀的半导体器件与电子学研究队伍，成为服务于当时国防技术任务的中坚力量。在半导体材料的研究方面，早期主要由林兰英、许振嘉领导一批大学毕业生开展研制工作，之后从苏联留学回来的梁骏吾、殷士端与孔光临等人又相继加入了研究队伍，他们也为国家培养了一大批半导体材料方面的专业人才。

（一）半导体材料与器件及电子学家学术谱系表

王守武负责创建的中科院应用物理所半导体研究室，是我国最早的半导体研究机构。1960年，中科院在该研究室的基础上，建立了半导体研究所，成为我国早期从事半导体材料与器件物理以及电子学研究最为重要的单位。为了反映我国半导体材料、器件与电子学家学术传承情况，以下根据该研究机构的有关资料，绘制了几位主要科学家的学术谱系表（见表3.4）①。

表3.4　半导体材料、器件与电子学家学术谱系表

第一代	第二代	第三代	第四代
王守武（1919—2015） 中科院应用物理研究所、半导体研究所	庄蔚华 （1934—1996） （应用物理研究所） （半导体研究所）	李玉璋、顾纯学、陈培力、滕达、岳京兴、胡天斗	

① 此表基于中科院半导体研究所关于人才培养方面的资料和中国国家图书馆博士论文数据库信息整理而成，表中第三代、第四代主要包括已获得博士学位或2000年以前取得硕士学位的人员，获博士学位者以划线标记。

（续表）

<table>
<tr><th>第一代</th><th>第二代</th><th>第三代</th><th>第四代</th></tr>
<tr><td rowspan="5">王守武
(1919—2015)
中科院应用物理研究所、半导体研究所</td><td>余金中(1943—)
(半导体研究所)</td><td colspan="2">李代宗、韩伟华、魏红振、严清峰、王章涛、樊中朝、夏金松、王晓龙、杨笛、刘敬伟、李艳萍、陈媛媛、孙飞、韩根全、曾玉刚、刘艳、余和军、李运涛、李智勇、肖希、黄庆忠、徐学俊、朱宇、周亮、胡应涛、熊康、林桂江、周志文</td></tr>
<tr><td>林世鸣(1945—)
(半导体研究所)</td><td colspan="2">程澎、渠波、刘文楷、张光斌</td></tr>
<tr><td colspan="3">王仲明(1944—)(半导体研究所)</td></tr>
<tr><td></td><td>王守武：
牛智川(1963—)
(半导体研究所)</td><td>王晓东、周大勇、孔云川、徐晓华、龚政、方志丹、董庆瑞、佟存柱、张石勇、彭红玲、黄社松、郝瑞亭、吴东海、吴兵朋、赵欢、熊永华、王鹏飞、周志强、王海莉、汤宝、郭忠圣、朱岩、贺继方、王国伟、尚向军</td></tr>
<tr><td></td><td colspan="2">王守武:滕达(1958—)、王宁、郗小林</td></tr>
<tr><td rowspan="5">王守党(1925—)
中科院应用物理研究所、半导体研究所</td><td>魏希文(1934—)
(大连理工大学)</td><td colspan="2">李雪梅、张富斌、窦红飞、安俊明</td></tr>
<tr><td>林雨(1939—)
(半导体研究所)</td><td colspan="2">王东辉、奚宝中、李云岗、肖钢、路斌、李长海、王久江、王再跃、周建华、李永勤、庄昕辉、孙瑜、施映、蒋伟斌、李刚</td></tr>
<tr><td>仇玉林(1942—)
(半导体研究所、微电子研究所)</td><td colspan="2">李金城、杨曙辉、王晋、赵冰、王江、苏立</td></tr>
<tr><td>石寅(1950—)
(半导体研究所)</td><td colspan="2">李世祖、王萍、兀革、李拥平、李志刚、毕卓、王磊、吴杰、姚远、原钢、于雪峰、耿学阳、马德胜、徐化、于云华、刘扬、高雪莲、倪卫宁、肖宛昂、方治、颜峻、朱旭斌、曹晓东、陈备、贾海珑、袁凌、张雪莲、陈方雄、马文龙、兰晓明、鉴海防、刘斯琳、于鹏、袁芳、毕卓、易勇、马何平、胡雪青、楚晓杰、姚小城、彭苗、郝志坤、尧横、赵锦鑫、龚正、马波、陈铭易、边程浩、周立国、彭锦、杜兴</td></tr>
<tr><td>王玉富(1947—)</td><td colspan="2"></td></tr>
</table>

（续表）

<table>
<tr><th>第一代</th><th>第二代</th><th>第三代</th><th>第四代</th></tr>
<tr><td rowspan="2">王守觉
(1925—)
中科院应用物理研究所、半导体研究所</td><td rowspan="2"></td><td>鲁华祥(1965—)
(半导体研究所)</td><td>陈旭、时海涛</td></tr>
<tr><td colspan="2">王守觉：李亦奇、冯宏娟、李炳辉、陈咏梅、陈志超、王丽艳、周宝霞、曾玉娟、李玉鉴、王向东、魏云、史静朴、魏方兴、陈川、陈向东、李兆洲、邢藏菊、李倩、邓浩江、罗予晋、曲延锋、冯浩、李卫军、赵星涛、陈旭、安冬、来疆亮、李新宇、莫华毅、金骥、吴丽丽、戴雷、殷维栋、曾文蓉、郭婷婷、陈新亮、刘星星、陈阳、金小贤、覃鸿、蒋雪娜、李阳鹏、王徽、梁先扬、夏永伟、骆家贤、吴克之、吴锦中、李亦奇、周亦农、翁思游、刘宇杰、张晓刚、蔡元明、陈起辉、王成靖、徐海峰、梅冰峰、王柏南、吴高巍</td></tr>
<tr><td rowspan="6"></td><td rowspan="3">合作者：
王启明(1934—)
(应用物理研究所)
(半导体研究所)</td><td>潘钟(1969—)
(半导体研究所)</td><td>李联合</td></tr>
<tr><td>成步文
(半导体研究所)</td><td>薛海韵、胡炜玄</td></tr>
<tr><td colspan="2">李建蒙、熊飞克、钱毅、董文甫、王志杰、颜学进、康学军、杨国文、朱育清、陈昌华、司俊杰、于卓、雷红兵、薛春来、李成、李代宗、欧海燕、赵德刚、刘世安、黄昌俊、左玉华、邓晓清、杨林、李传波、徐应强、毛容伟、王晓欣、赵雷、张建国、曾玉刚、屠晓光、陈平、徐学俊、刘艳、丁武昌、郭剑川、张云、黄庆忠、张江勇、朱宇、白安琪、汪巍、张岭梓、郑军、曹权、苏少坚、林世鸣、黄熙、包庆成、陈琼、张永航、何振华、庄严、胡迪</td></tr>
<tr><td>合作者：
吴德馨(1936—)
(半导体研究所、微电子研究所)</td><td colspan="2">刘洪刚、袁志鹏、郑丽萍、陈延湖、王显泰、程伟、葛霁</td></tr>
<tr><td>合作者：
王圩(1937—)
(半导体研究所)</td><td colspan="2">王志杰、周凯明、许国阳、陈博、刘国利、颜学进、张瑞英、胡小华、陆羽、邱伟彬、王书荣、张靖、李宝霞、谢红云、赵谦、丁颖、阚强、侯廉平、王路、冯文、廖栽宜、程远兵、孙瑜、张云霄、汪洋、牛斌、何振华、张济志、王之禹、赵艳蕊、徐遥、孙洋、邱应平</td></tr>
<tr><td>合作者：
陈良惠(1939—)
(半导体研究所)</td><td colspan="2">王国宏、韦欣、朱晓鹏、李世祖、康香宁、徐云、叶晓军、钟源、侯识华、孙永伟、苏艳梅、王青、任刚、刘运涛、郭宝山、颜廷静、汪卫敏、饶岚、张宇、陈熙、霍永恒、李世祖、伍立京</td></tr>
</table>

（续表）

第一代	第二代	第三代	第四代
	合作者： 吴荣汉 （半导体研究所）	陈志标、徐大鹏、李联合、杨晓红、梁琨、张玮、韩勤、陈弘达、高洪海、张益、赵军、袁立	
合作者： 成众志（1921—　） 中科院应用物理研究所、半导体研究所	范华东		
	魏策军（1939—　）	尹晓明、吴琦、张晓玲	
	单位研究人员： 李锦林（1932）	时芝明、周谡	
	单位研究人员： 邓兆扬（1937—　）	覃志武、于强、张辉	
	单位研究人员： 谢福增（1940—　）	马艳、左昉、江鹏飞	
	单位研究人员：李怡群、张执中、周庭、韩汝水、潘桂堂、周旋		
合作者： 汤定元（1920—　）（中科院应用物理研究所、半导体研究所、中科院上海技术物理研究所） 吴锡九（1932—　）（中科院应用物理研究所）			
林兰英 （1918—2003） 中科院应用物理研究所、半导体研究所	江德生（1940—　） （中科院半导体研究所）	（见表2.1江德生部分）	
	陈治明（1945—　） （西安理工大学）	刘健、雷天民、张昌利、张志勇、马剑平、卢刚、杜忠	
		林兰英： 陈诺夫（1959—　） （中科院半导体研究所）	杨君玲、张富强、周剑平、宋书林、刘力锋、陈晨龙、李艳丽、尹志岗、白一鸣、杨霏、彭长涛、刘磊、崔敏、杨晓丽、王彦硕、陈晓峰、施辉伟、黄添懋、张汉、汪宇、付振
		林兰英：杨保华、杨斌、刘爱民、韩玉杰、庄乾东、王引书、高斐、罗木昌、王正元、高致宜、王建农、范仁永、徐波、马震宇	
	合作者： 王占国（1938—　） （中科院半导体研究所）	陈涌海（1967—　） （中科院半导体研究所）	张志成、郝国栋、丁飞、贾彩虹、刘根华、周冠宇、周晓龙

（续表）

<table>
<tr><th>第一代</th><th>第二代</th><th>第三代</th><th>第四代</th></tr>
<tr><td rowspan="7">林兰英
(1918—2003)
中科院应用物理研究所、半导体研究所</td><td rowspan="2">合作者：
王占国(1938—　)
(中科院半导体研究所)</td><td>刘峰奇(1963—　)
(中科院半导体研究所)</td><td>刘俊歧、车晓玲、邵烨、李路、陆全勇、张伟、尹雯、张锦川</td></tr>
<tr><td colspan="2">李瑞钢、李伟、杨斌、董建荣、邹吕凡、林兆军、朱东海、张兴宏、江潮、李含轩、龚谦、汪连山、周伟、梁建军、姜卫红、孙小玲、刘舒曼、孙中哲、刘会赟、张元常、叶小玲、李月法、陈振、廖梅勇、何军、张子旸、孟宪权、李成明、张志成、陆沅、黎大兵、韩修训、张春玲、路秀真、郭瑜、史桂霞、李若园、于理科、丛光伟、彭文琴、雷文、李成民、赵昶、孙捷、石礼伟、梁志梅、王志成、梁凌燕、范海波、赵暕、周振宇、高瑜、张长沙、阮军、郝亚非、汤晨光、王智杰、石明吉、刘王来、赵超、刘建庆、宋华平、吕雪芹、彭银生、张全德、姜立稳、孔宁、唐光华、王佐才、梁德春、刘石勇、刘万峰、李冬梅、张芊、戴元筠、徐波、李胜英</td></tr>
<tr><td rowspan="2">合作者：
梁骏吾(1933—　)
(中科院半导体研究所)</td><td>杨辉(1961—　)
(半导体研究所)
(中科院苏州纳米技术与纳米仿生研究所)</td><td>孙元平、赵德刚、沈晓明、刘建平、金瑞琴、张纪才、陈俊、孙钱、黄勇、王建峰、刘卫、卢国军、吴玉新、张立群、孙苋、张爽、王辉、程绮文、刘文宝、郭希、季莲王、良吉、朱继红</td></tr>
<tr><td colspan="2">廖奇为、金晓军、郝茂盛、万学元、朱建军、于卓、郑新和、冯淦、张宝顺、李德尧、王莉莉、马志芳、谭付瑞、金兰、沈厚运、栾洪发、谭凌、庞海</td></tr>
<tr><td>合作者：
许振嘉(1929—　)</td><td colspan="2">张玉爱、李宝骐、丁孙安、何杰、徐世红、周凌云</td></tr>
<tr><td>合作者：
孔梅影(1934—　)
(中科院半导体研究所)</td><td colspan="2">潘栋、李晓兵、王红梅、周宏伟、刘金平、张剑平、王春艳、张学渊</td></tr>
<tr><td></td><td>合作者：
曾一平
(半导体研究所)</td><td>崔利杰、段瑞飞、张晓昕、董志远、王晓峰、张南红、沈文娟、林郭强、高宏玲、曹峻松、曹国华、李东临、张杨、段垚、崔军朋、丁凯、赵杰、李林森、吴猛、杨秋旻、林燕霞</td></tr>
</table>

（续表）

第一代	第二代	第三代	第四代
林兰英 （1918—2003） 中科院应用物理研究所、半导体研究所		合作者： 李晋闽 （半导体研究所）	董宏伟、王军喜、高欣、刘喆、赵永梅、高海永、张扬、何金孝、闫建昌、刘乃鑫、孙莉莉、赵婧、纪攀峰、熊波、易勇
	单位研究人员： 孔光临	孙国胜、王燕、盛殊然、岳国珍、马智训、王永谦、张世斌、周江淮、黄林、丁海亭、赵奕平	
	单位研究人员： 叶式中、殷士端、郁元桓、陈廷杰、褚一鸣、秦复光、林耀望、刘巽琅、徐鸿达、周伯骏、何宏家、蒋四南、郭钟光、扬雄风、钟兴儒、方兆强、庄婉茹、高季林、周鲁生、王树堂、周旋、何希哲		
高鼎三 （1914—2002） 东北人民大学、吉林大学	合作者： 刘式墉（1935— ） （吉林大学）	（见表 2.1 刘式墉部分）	
	刘式墉与高鼎三合作指导	陈维友 （吉林大学）	张冶金、张爽、郭文滨、董玮、贾翠萍
		胡礼中 大连理工大学	王兆阳、霍炳至、于东麒
		张国义 （北京大学）	杨志坚、周劲、陆敏、陈志涛
		李玉东、刘宝林	
		肖建伟 （中科院半导体研究所）	与马骁宇合作培养：王晓薇、方高瞻、刘斌、刘媛媛
		高鼎三：蔡敏、王文、赵方海、张晓波、赵善麒、孙伟、贾刚、李天望、马东阁、刘颖、王庆亚、张佰君、赵永生、秦莉、李红岩、齐丽云、张彤、童茂松、薄报学	

由表 3.4 可以看出，中科院应用物理研究所半导体研究室是我国半导体材料与器件研究和人才培养的发祥地与孵化器。王守武、林兰英、王守觉、汤定元、成众志等人在该研究室以及后来建立的半导体研究所的科研实践中，培养了一大批专门人才。改革开放以后，他们为国家又培养出许多专业研究生。应该说，中科院应用物理研究所及后来的半导体研究所是我国半导体材料与器件研究的

学术大本营。另外，从美国留学回国的高鼎三早期在东北人民大学及后来的吉林大学也培养出了一批专业人才。

（二）半导体材料与器件及电子学家学术谱系代际分析

关于半导体材料、器件与电子学研究，王守武、林兰英等人作为中科院应用物理研究所半导体室和中科院半导体研究所的主要创建者，他们是学术谱系的第一代。通过对表 3.4 中代表人物的考查可以看出，迄今为止他们的学术谱系已具有四代结构。

在半导体器件物理与电子学研究方面，早期主要由留美回国的王守武、汤定元[①]、成众志、吴锡九，以及王守觉等人，培养了一支优秀的科研队伍（见图 3.4）。20 世纪 50—60 年代，在王守武的领导下，这几位研究人员带领一批刚毕业的大学生白手起家，开始广泛开展半导体器件和电子学研究工作。这一时期，许多年轻的科研人员在研究实践中迅速成长为服务于当时重大国防技术任务的中坚力

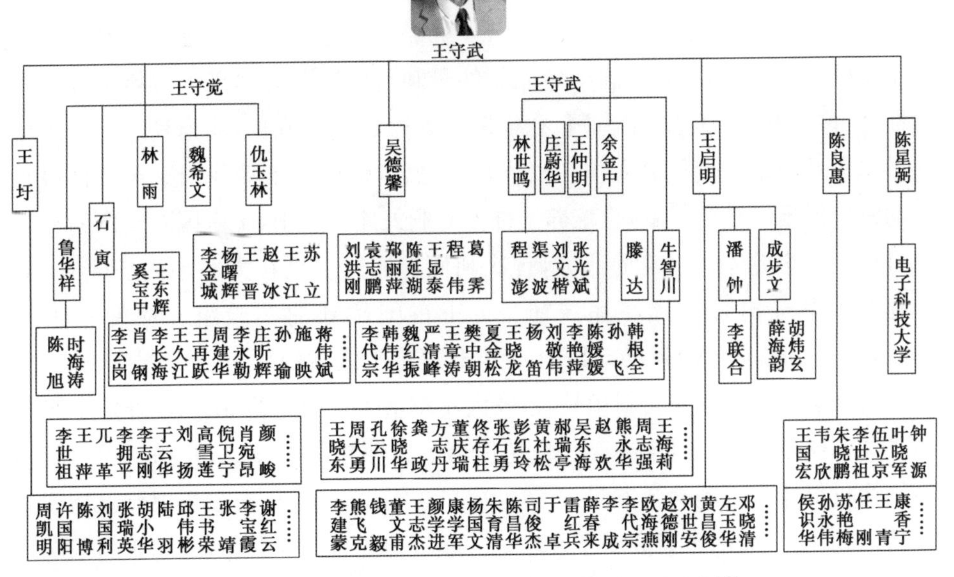

图 3.4　半导体材料与器件及电子学家学术谱系树[②]

① 1964 年，汤定元转至上海技术物理研究所从事红外物理与技术研究。

② 学术谱系中第三、第四代学生数量很多，绘制谱系树时仅选取部分学生作为代表。

量。王启明、吴德馨、王圩、陈良惠后来相继成为中科院半导体所器件与电子学研究的主要负责人,并且都先后当选为中国科学院院士或中国工程院院士。另外,为了帮助中科院有关分院和各地方单位培养业务骨干,王守武等人还开展了一系列专业培训工作。电子科技大学陈星弼院士早年即是在他们的培训和指导下进入半导体研究领域的,因为在半导体器件研究方面的突出贡献,他也于1999年当选为中国科学院院士。因此,王启明、吴德馨、王圩、陈良惠、陈星弼都是学术谱系中的第二代代表人物。

改革开放以后,王守武、王守觉在中科院半导体所又领导或协助研究人员创建了中科院微电子研究所、光电子器件国家研究中心,以及与清华大学和吉林大学共建的集成光电子国家重点实验室等。依托这些科研平台,他们与二代研究人员共同培养了许多专业研究生。这些学生构成了学术谱系的第三代,主要以牛智川等人为代表。目前,这批专业人员培养的学生构成了学术谱系的第四代。

在半导体材料研究领域,林兰英从美国留学回国后,早期带领一批学生在中科院应用物理研究所和半导体研究所开始了硅、砷化镓等材料的研制工作。20世纪下半叶,她在为我国半导体材料的研制做出重要贡献的同时,培养了两代专业人才(见图3.5)。在林兰英的领导下,半导体所材料研究室通过自力更生突破了国外的技术封锁,为我国半导体器件研制与生产及时提供了材料来源。在这期间,许振嘉、梁骏吾、王占国、孔梅影等人得到快速成长,成为我国半导体材料学术谱系中第二代代表人物。改革开放之后,他们为推动我国半导体材料研究的发展做出了重要贡献,也培养了许多专业人才。其中,王占国院士协助林兰英进行太空半导体材料实验研究,首次利用返回式卫星在太空中生长出GaAs单晶并对其光电性质做了系统研究。王占国领导的实验组在应变自组装In(Ga)As/GaAs、In(Ga)As/InAlAs/InP等量子点(线)研究、量子点(线)超晶格材料和量子级联激光材料生长,以及大功率量子点激光器、中远红外量子级联激光器等研制方面获得了突破。他还提出了柔性衬底的概念,开拓了大失配异质结构材料体系研制的新方向。[①] 20世纪70年代以来,孔梅影与中科院物理研究所周筠铭、上海冶金研究所李爱珍等一起带领各自的课题组,成功研制了两代分子束外延设备(MBE)和国内首台气态源分子束外延设备,并研制出一系列

---

① 中国科学院半导体研究所官网 http://sourcedb.cas.cn/sourcedb_semi_cas/zw/rczj/yszj/200907/t20090730_2285799.html.

MBE低维结构材料。[①] 他们取得这些重要的研究成果，既打破了西方对我国的相关技术禁运，使国内半导体超晶格和微结构研究得以起步和发展，也促进了我国研制的新型半导体器件在性能方面不断提高。这一时期，梁骏吾、王占国、孔梅影等人在科研实践中培养了一批优秀的研究人员，其中包括原中科院半导体研究所所长李晋闽、中科院苏州纳米技术与纳米仿生研究所所长杨辉、国家杰出青年基金获得者刘峰奇、陈涌海等。他们构成了学术谱系中的第三代。21世纪以来，这些人逐渐成为我国半导体材料研究的生力军，正在为国家培养第四代专门人才。

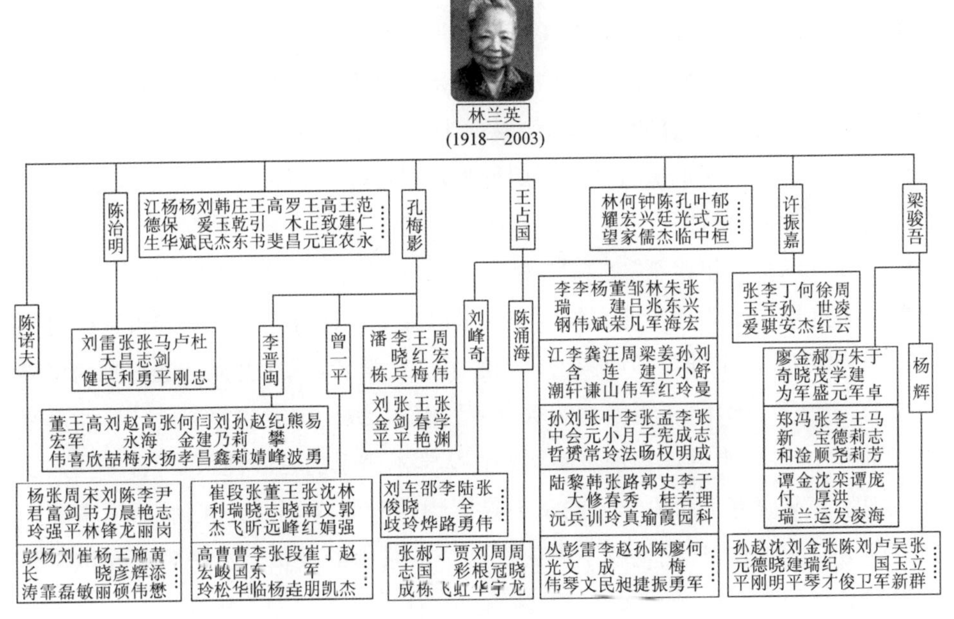

图3.5 半导体材料物理学家学术谱系树[②]

三、半导体物理学家学术谱系的代际传承方式

黄昆、王守武、林兰英、谢希德等老一辈科学家，在半导体物理与半导体材料、器件及电子学研究领域为祖国培养出了几代专业研究人才，形成了相应的学

---

① 孔梅影.开拓和发展我国的分子束外延研究领域[M]//李晋闽.拓荒者的足迹：建所初期科技人物事迹选.北京：科学出版社，2010：224.

② 学术谱系中第三、第四代学生数量很多，绘制谱系树时仅选取部分学生作为代表。

术谱系。由于国内国际环境的变化,这些半导体物理学家代际之间的学术传承方式也随之有所不同。

(一) 改革开放前表现为国内合作的协同培养模式

新中国成立初期,我国半导体物理学家代际之间的学术传承,主要依赖于在"国家任务"主导下的集中培训与合作研究。1956 年,新中国制定了第一个科学技术远景规划,半导体技术被列为《十二年科学规划》中重点发展的对象。为了迅速建立半导体科学技术的研究基础,国家在人才培养方面采取了两项重要举措:一是教育部在北京大学组织创办了"五校联合半导体物理专门化",另一是中科院应用物理研究所为全国各有关研究机构举办了针对半导体技术业务骨干的培训活动。"五校联合半导体物理专门化"是北京大学等五所高校之间的大力协同,中科院应用物理研究所为各单位培训半导体技术骨干也是集全所之力开展协作工作的结果。培训班教育是短期行为,是特殊时期的一种应急措施,受训者所得到的教育相对有限。

从 20 世纪 50 年代至"文革"开始之前,北京大学、复旦大学等高等学校协作培养了一批半导体物理专业本科生和少量研究生。这批人才受到的教育相对比较系统和深入,在半导体领域做出成绩的第二代学者,基本上都是这一时期培养出来的。"文革"十年,正规的大学教育遭到破坏,致使国家的整个科技事业后来出现了人才断层,半导体物理也不例外。从学术谱系的延续性来看,有一些人虽然在大学甚至研究生阶段学习的是半导体物理专业,但走出校门后所从事的不再是这方面的工作,他们也就不再属于这个谱系中的成员。这种现象在该学科是普遍存在的。

整体来看,20 世纪六七十年代,我国的半导体研究工作主要是跟踪国外技术研究成果进行技术模仿和技术应用研究,当时一批技术专家根据国家下达的任务,带领年轻科技人员联合各相关研究机构,开展了一系列的技术攻关研究。正是在这种工作实践中,一批年轻人才不断得到锻炼和培养,得以逐渐成长起来。

(二) 改革开放后主要是以科研平台为依托的师承方式

改革开放以后,我国加强了高层次科研人才的培养工作,恢复了研究生教育并开始逐步加大培养力度。由此,我国半导体专业人才的培养工作有了很大发展。这一时期,因为发展信息技术产业的实际需要,国家开始重视半导体技术的应用基础研究，建设了一批研究所和重点实验室。中国科学院和国内有关高校以这些研究所、实验室和学科点为平台，大力培养专业人才，毕业研究生的数量逐年增加。

在中科院半导体研究所，王守觉、王启明、王占国、郑厚植、夏建白等十余位院士，依托半导体超晶格国家重点实验室、光电子器件国家工程研究中心、集成光电子国家重点联合实验室、中科院半导体材料科学重点实验室等科研平台，采取"研究生兼任科研助理"的培养模式，为国家培养了一大批高层次科研和技术人才。截至 2010 年，半导体研究所已培养了 1 180 名研究生，其中博士研究生有 787 名，先后有 115 名博士后进站工作，同时，该研究所通过科研平台建设也培养了一支优秀的年轻科研队伍，其中包括国家"杰出青年基金"获得者 15 人。[①] 另外，在上海技术物理研究所、北京大学、复旦大学、南京大学、吉林大学等单位，秦国刚院士、王阳元院士、王迅院士、沈学础院士、郑有炓院士、高鼎三院士、刘式墉等人，也都依据各单位的科研平台领导培养了大量专业研究人才。

现阶段，依托科研平台，以各类科研课题为导向，逐渐成为第三代研究人员培养专业人才的重要特征。他们往往要求研究生要"密切结合课题组的重要科研项目进行学位论文的研究工作"。[②] 因此，改革开放以后，我国半导体研究人员学术传承的方式，主要是依托科研平台的师承模式。

（三）改革开放后国内培养与国际交流相结合

现代科学技术研究日益呈现出国际化的趋势，各国同行之间的学术交流与合作越来越密切。因此，加强国际学术交流，对于一个国家科学技术的发展具有重要意义。20 世纪 80 年代初，老一辈科学家为了尽快提高我国半导体技术及其基础研究的水平，开始选派年轻研究人员出国学习或开展合作研究。国家实行"对外开放"政策，也为研究人员进行国际学术交流铺平了道路。改革开放后成长起来的沈学础、王阳元、王占国、郑厚植等一批院士即是这一阶段受前辈科学家推荐进入欧美主要研究机构访学的主要代表。[③] 其中，因黄昆推荐，

---

① 半导体所所庆纪念册编委会. 物穷其理 宏微交替：中国科学院半导体研究所成立 50 周年. 北京：中国科学院半导体研究所，2010：163－165.

② 中国科学院上海技术物理研究所官网 http://www.sitp.ac.cn/rcjy/dszjk/bssdsk/201109/t20110910_3345621.html.

③ 沈学础进入德国马普研究所，郑厚植进入德国慕尼黑工业大学和美国普林斯顿大学电子工程系，王占国进入瑞典德隆大学物理系，王阳元进入美国加州大学伯克利分校。

郑厚植先后赴德国和美国与冯克利钦(K. von Klitzing)、崔琦(D. C. Tsui)共同开展合作研究,而这两位外国物理学家后来分别因为量子霍尔效应的研究,获得1985年、1998年诺贝尔物理学奖。① 另外,黄昆和谢希德等人还为推动我国半导体物理研究领域的国际学术交流,做了大量工作。他们不仅带领研究人员积极参加国际交流,还设法争取在国内举办国际性学术会议,努力为科研人员与国际同行的学术交流搭建平台。1992—1993年,他们成功举办了第21届国际半导体物理会议,第4届国际表面物理会议,第6届国际超晶格、微结构和微器件会议。

这一时期,一些高校和研究机构为了提升研究生的科研能力和学术水平,在人才培养方面也越来越重视加强国际学术交流,同时,国家也开始重视对国外高层次人才的引进。这些因素使得我国半导体物理学家代际之间的学术传承出现了多元化和国际化的特征。在学术交流日益便捷的今天,学术后辈的科研风格,甚至学术方向也常常会在相互交流中受到影响。

第三节 当代中国半导体物理学家的学术传统

新中国成立初期,在高等教育部的组织下,黄昆和谢希德联合国内五所学校的有关教师在北京大学培养了我国最早一批半导体物理专业人才。其后,黄昆又在北京大学和中国科学院半导体研究所组织培养了一大批优秀人才,并创建了半导体超晶格国家重点实验室,在半导体物理前沿领域取得了一些具有国际影响的学术成果。谢希德在复旦大学也培养了一支优秀的科研队伍,这支队伍在复旦大学把半导体物理研究拓展到表面物理学研究领域,创建了应用表面物理国家重点实验室,推动了我国表面物理学的发展。对于我国半导体物理学科的建立与发展,黄昆、王守武、谢希德、林兰英、汤定元等是最主要的奠基者。下面以黄昆和谢希德的学术谱系为例,分析一下他们的人才培养工作及学术思想传承情况②。

---

① 郑厚植.一代宗师 高尚人格[M]//陈辰嘉,虞丽生.名师风范:忆黄昆.北京:北京大学出版社,2008:199.

② 汪志荣,丁兆君.黄昆半导体物理学术谱系初探[J].自然辩证法通讯,2015(1):77—83;汪志荣.谢希德半导体物理学贡献及学术谱系分析[J].物理教师,2015(7):72—75.

一、黄昆半导体物理学术研究传统

黄昆早年留学英国，从事固体物理研究。回国后，他参加制定了新中国第一个科学技术发展远景规划，为重点发展我国半导体物理提出了具体规划及措施建议。他对于我国半导体物理专业人才培养、研究机构的建设、学术研究传统的形成，乃至该学科的整体发展都产生了广泛而深远的影响。在黄昆的教学和科研工作中，一大批人受到过他的教育和影响，并继承了他的学术思想和研究风格，形成了鲜明的学术传统。以下对黄昆学术谱系的形成和传承情况做以初步讨论。

（一）英国留学期间黄昆受到的教育及其学术成果

1937—1941 年，黄昆在燕京大学物理系学习。当时，量子力学已经成为现代物理学最重要的理论之一。黄昆对于这门难以学习的新理论很有兴趣，在英籍教师赖朴吾(E. Ralph Lapwood)的引导下，他通过自学具备了一些量子力学基础知识。在物理系主任、英国人班威廉的指导下，他撰写了题为“海森伯和薛定谔量子力学理论的等价性”的毕业论文。1941 年，他从燕京大学毕业后到西南联大担任助教工作，次年考取西南联大理论物理研究生，师从吴大猷先生做光谱研究。在吴先生的指导下，1944 年，黄昆以题为“日冕光谱线的激起”的学位论文获得硕士学位。研究生的学习和培养，使黄昆进一步打下了扎实的物理学理论基础。1944 年 8 月，他考取了“庚子赔款”留英公费生资格。根据庚款留英公费生章程规定，留学的学校和导师可以通过自由选择的方式确定。由于黄昆在国内已经掌握了良好的现代物理学知识，并受到了一定的科研训练，因此，与早期“庚款”留学生不同，他在留学前已经具有较为明确的专业目标，并且根据自身条件和兴趣选择了导师与研究方向。①

1945 年，黄昆赴英国布里斯托尔大学留学，成为莫特(N. F. Mott)教授第二次世界大战后招收的第一名博士生。莫特是国际著名的固体物理学家，已经在原子碰撞问题、金属合金理论、离子晶体中的电子运动过程等方面做出一系列有影响的工作，后来因为在非晶半导体理论研究方面的贡献获得了 1977 年诺贝尔物理学奖。当时，固体物理学是刚刚兴起的物理学分支学科，这一学科后来奠定了以半导体技术、微波技术、激光技术等为代表的现代技术的理论基础。黄昆师

---

① 黄昆. 生平自述[M]//黄昆. 黄昆文集. 北京：北京大学出版社，2004：577.

从莫特学习，使自己得以在固体物理学发展的初期即进入了前沿领域。由于具备良好的理论功底且善于主动钻研，黄昆在莫特的指导下很快进入固体物理研究领域，并提前完成了博士论文。在这期间，他发表了《稀固溶体的X光漫散射》、《金银稀固溶体的溶解热和电阻率》及《轻核的束缚能》三篇研究论文。这些研究成果对固体物理学的发展产生了很大影响。其中，黄昆关于稀固溶体的X光散射的理论预言，后来由德国科学家派斯尔(H. Peisl)等人在实验中证实[①]，被物理学界称为"黄漫散射"；固体物理学中著名的"夫里德耳振荡"是夫里德耳(J. Friedel)在黄昆"金银稀固溶体的溶解热和电阻率"研究工作的基础上完成的。[②]

1947年，黄昆在爱丁堡大学跟随著名物理学大师玻恩(M. Born)进行了为期半年的访学。玻恩是量子力学的建立者之一，因为在量子力学方面的研究工作，尤其是对波函数的统计解释，获得1954年诺贝尔物理学奖。同时，玻恩也是固体物理领域晶格动力学的开创者。

在这次访学之后，黄昆与玻恩合作完成了一本以量子理论为基础的专著《晶格动力学理论》。该书通过清晰的物理图像和严谨的理论论述，系统总结了玻恩学派晶格动力学的基本理论，并对其有所完善和发展。该书后来成为固体物理学领域的经典著作，在国际物理学界长期享有盛誉。直至1973年，国际晶格动力学大师柯克兰(W. Cochran)仍然认为该书"是关于这个学科许多方面的权威著作"。[③] 玻恩对黄昆与自己合作中所做的这些工作给予了高度评价。他在《晶格动力学理论》的序言中指出，黄昆对自己原来的讲稿"在很多方面使之更普遍化，并增加了新的章节"；[④]他甚至褒奖该书内容超出了自己所理解的范围。[⑤] 玻恩选择与黄昆合作完成他的著作，既是对年轻学者的提携，也是对黄昆固体物理学水平的认可。

1948—1951年，黄昆在利物浦大学理论物理系任ICI博士后研究员。在这期间，他除了合作撰写了《晶格动力学理论》著作之外，还发表了其一生中最有影响力的三篇论文。他与艾夫·里斯女士合作完成的《F中心的光吸收和无辐射

---

① PEISL H, SPALT H. X-ray Diffuse Scattering in γ-irradiated LiF [J]. Phys. Stat. Solidi., 1967 (23):K75.

② 朱邦芬. 黄昆：声子物理第一人[M]. 上海：上海科学技术出版社，2002：33-35.

③ 柯克兰 W. 晶体原子动力学[M]. 吕世骥，译. 北京：高等教育出版社，1983：4.

④ 玻恩 M. 黄昆. 晶格动力学理论[M]. 葛惟锟，贾惟义，译. 北京：北京大学出版社，1989：vi.

⑤ 玻恩 M，爱因斯坦 A. 玻恩-爱因斯坦书信集：1916—1955[M]. 范岱年，译. 上海：上海世纪出版社，2010：214-215.

跃迁理论》，是关于固体中束缚在杂质和缺陷上的局域电子的跃迁，以及半导体中载流子复合研究的奠基性工作，被物理学界称为“黄-里斯理论”。另外，黄昆在一份英国电气研究报告中为描述极性晶体中光学位移、宏观电场以及电极化三者的关系，引入了一组唯象方程，后来被命名为“黄方程”；他在《关于辐射场和离子晶体的相互作用》论文中指出晶体中电磁波与晶格振动的格波会产生相互耦合，这种新的耦合模式现在已成为理解电磁波与固体、等离子体等相互作用的基本范式。①

黄昆在欧洲留学期间，得到了莫特与玻恩两位国际物理学大师的培养，已经在固体物理学前沿领域作出了一流的研究成果。他在欧洲的科研经历，不仅使自己具备了扎实的固体物理理论功底和突出的科研能力，而且拓宽了自己的学术视野，能够正确把握国际前沿研究方向，发现真正值得关注的问题。他与著名物理学家的合作研究，也承袭了其先进的科学理念、科研方法和专注求真的治学精神。此外，莫特等英国科学家的出色工作，使黄昆认识到“少数几个人就支住了整个英国的科学研究”，由此也激发了他致力于科学强国的使命感。② 因而，新中国成立后，尽管黄昆在国外的研究工作已取得重要进展，但他仍然选择了回归祖国工作，致力于推动自己国家的固体物理学科建设与发展。

（二）黄昆半导体物理学术传统的内涵与传承

半个世纪以来，黄昆先后在北京大学和中科院半导体研究所培养了一大批半导体物理专门人才。我国半导体领域与黄昆有直接师承关系的研究人员，主要是其在北大培养的学生，且集中在“文革”之前十年。“文革”期间，我国的高等教育受到很大冲击，黄昆及其学生的教研工作也都被迫中断。“文革”之后，黄昆开始领导中科院半导体研究所的工作，他主要在组织科研工作与实际研究过程中锻炼和培养人才，直接师承弟子不多。改革开放以后，他在20世纪五六十年代培养的学生，开始逐渐成为我国一些高校与研究机构中半导体人才培养和科研工作的骨干力量，此后便薪火相传、代际相承。因此，黄昆半导体物理学术谱系形成于“文革”之前十年，壮大于改革开放时期，并于新世纪日益兴盛。这支谱系既展示了黄昆学术传承的历史脉络，也反映了我国半导体物理学科的基本发展过程。

---

① 甘子钊，韩汝琦. 杰出的固体物理学家：黄昆教授[J]. 物理，1990(9)：570.

② 黄昆. 1947年黄昆给杨振宁的信[M]//黄昆. 黄昆文集. 北京：北京大学出版社，2004：6-7.

在长期的教学和科研工作中，黄昆带出了一支优秀的半导体物理专业队伍，他“把深刻的物理思维和严谨的作风传给了学生，学生的学生……”[①]同时，他在科研方向、研究方法以及治学精神等方面对后辈也产生了很大影响，形成了一定意义上的学术传统。受这种传统的影响，他的许多弟子及合作者在科研工作中取得了重要的成果。这种传统主要体现在以下几个方面。

1. *以半导体超晶格研究为主要方向*

黄昆强调，研究工作有三个决定性步骤，其中选择一个真正值得关注的课题是最重要的。[②] 20 世纪 80 年代，黄昆在担任中科院半导体研究所所长期间，他认为，新中国成立后，我国虽然建立了发展半导体技术的工作基础，但由于在国家任务主导下基础理论研究长期得不到重视，半导体技术水平不高，缺乏自主创新能力，与国际先进水平存在很大差距。为此，他领导半导体研究所开始加强基础理论研究。1969 年，美国 IBM 公司沃森研究中心的江崎玲於奈(Leo Esaki)和朱兆祥(R. Tsu)提出超晶格概念后，国际半导体超晶格研究发展十分迅速，该研究方向又是半导体理论、材料与器件研究的结合点，黄昆预计，超晶格理论对半导体物理的“影响将不亚于 40—50 年代 PN 结物理的发展所带来的重大进展”，[③]因此决定将半导体超晶格物理确定为半导体研究所的重点研究方向。

在半导体研究所，黄昆亲自组建了物理研究室。在他的领导下，1982—1983 年物理室分子束外延组成功用分子外延技术制备了性能良好的薄层晶体，开展了超晶格实验研究。[④] 1985 年，他带领夏建白、汤蕙、朱邦芬等研究人员开始对超晶格低维结构进行理论研究，很快取得了一些具有国际影响的成果，有力地推动了国内该领域研究的发展。1988 年，美国科学院院士、国际超晶格领域著名学者张立纲对此评价说，“量子阱物理研究领域，国内有非常显著的成就，尤其是半导体所，在这方面的物理班子又颇具规模，我想不亚于任何其他一处”。[⑤]

在已有研究工作基础上，他还协助郑厚植筹建了半导体超晶格国家重点实验室。二十多年来，该实验室科研队伍不断成长壮大，黄昆两代弟子相继成为主

① 朱邦芬. 黄昆[M]. 贵阳：贵州人民出版社，2004：96.

② 黄昆. 我的研究生涯[J]. 物理，2002，3(31)：132.

③ 黄昆. 量子阱中空穴子带[M]//黄昆，谢希德，等. 半导体物理进展与教学. 北京：高等教育出版社，1989：9.

④ 黄昆. 量子阱中空穴子带[M]//黄昆，谢希德，等. 半导体物理进展与教学. 北京：高等教育出版社，1989：9.

⑤ 朱邦芬. 黄昆：声子物理第一人[M]. 上海：上海科学技术出版社，2002：110.

要的研究骨干(见表3.5)。为弥补"文革"造成的第三代科技人才缺乏,该实验室对优秀的年轻人才进行了重点培养,同时引进一些国内外杰出人才加入研究队伍。这支科研团队先后完成了半导体超晶格电子态和声子模理论、半导体超晶格阱拉曼散射的微观理论、低维半导体量子输运、Ⅲ-Ⅴ族化合物半导体超晶格的光学性质等一批高质量的研究成果,[①]在国际学术界享有一定的声誉。由此,黄昆获得第二届国家最高科学技术奖,郑厚植和朱邦芬被授予"国家有突出贡献的中青年专家"称号,夏建白被评为中科院有突出贡献的中青年专家,有十余名研究人员获得政府特殊津贴。郑厚植、夏建白、朱邦芬与李树深,先后当选为中国科学院院士。目前,李树深与常凯、李京波、姬扬等组成的年轻研究团队,正在不断开拓以量子阱超晶格为代表的低维量子结构研究新领域。

表3.5　半导体超晶格国家重点实验室中黄昆的部分弟子名单

第一代	第二代	第三代
黄昆	夏建白	李树深、常凯、李京波
	郑厚植	姬扬、谭平恒、李桂荣、章昊
	江德生	孙宝权

在中科院半导体研究所,通过推进半导体超晶格研究与国家重点实验室建设,黄昆为我国半导体物理乃至凝聚态物理研究,开创了一条具有特色的发展道路。近年来,一批年轻学者沿着这条道路正在不断做出成绩。他们先后参加完成了"半导体纳米结构物理性质的理论研究"、"半导体低维结构光学与输运特性研究"等一批高质量的科研成果。半导体超晶格国家重点实验室现已成为我国半导体超晶格、异质结和人工微结构研究的中心,在国际上产生了一定的影响。

另外,20世纪80年代后期,复旦大学表面物理实验室、南京大学微结构物理实验室等国内研究机构也开始关注半导体超晶格研究。南京大学闵乃本还把超晶格概念推广到介电材料研究领域,带领科研团队开辟了介电体超晶格研究新方向,在介电体超晶格的理论预言、材料制备、实验验证和原型器件研制等方面,做出了系统的原创性工作,引领了国际介电体超晶格研究的发展。[②] 虽然不

---

① 汪兆平,郑厚植. 半导体超晶格国家重点实验室的建立和发展[G]//中国科学院半导体研究所建所四十周年纪念文集. 北京:中国科学院半导体研究所,2000:37.

② 国家自然科学基金委员会,中国科学院. 未来10年中国学科发展战略·物理学[M]. 北京:科学出版社,2012:67.

能说国内研究人员对超晶格研究方向的选择与黄昆对半导体超晶格研究的推动有直接关系，但由此至少显示了黄昆对这一研究方向的提倡是富有远见的。

2. 善于运用简化模型方法解决问题

善于提出简化模型来解决复杂的物理问题，是黄昆科研活动最为鲜明的特色。他在总结自己的科研经验时曾多次强调科学研究要做到“三个善于”，其中就包括“善于提出模型或方法去解决问题”。① 黄昆的这种研究风格受其导师的影响很大。莫特在自己的研究工作中，“尽管他有深厚的数学理论修养，但最善于抓住问题的物理实质提出形象的模型，以最简单的数学获得结果”。② 在非晶态半导体的电子学理论方面，他提出的“莫特模型”便是其获得1977年诺贝尔物理学奖的主要成果之一。黄昆在英国留学期间，也十分重视培养自己建立物理模型的能力，重视这种方法的运用。他在英国的几项重要研究成果，都是能够抓住问题的本质，提出正确的物理模型而获得的。例如，他在研究稀固溶体的X光衍射时提出了一种简化模型，经过理论计算后，发现固溶原子(点缺陷)在晶格中引起了长程弹性畸变，会导致X射线发生漫散射，此即“黄漫散射”预言的由来。黄昆的这一理论现已成为研究晶体中微缺陷的有效手段。另外，1950年，为了描述极性晶体中光学位移、宏观电场与电极化三者的关系，黄昆引入了一组唯象方程，由此既抓住了问题的实质，也表达了清晰的物理图像，受到了学界广泛的重视，被称为“黄方程”。这组方程所代表的物理模型被称为连续介电模型。③ 回国之后，黄昆在超晶格电子Kronig-Penney模型的基础上，对复杂的空穴结构采用有限平面波展开近似，有效地简化了复杂的空穴态理论，在国际上最先发现了激子光跃迁规律。

另外，黄昆在课程教学和指导学生科研过程中，也特别强调运用简化模型方法解决问题的重要性。在授课中，他“侧重于物理模型和物理概念的诠释，通过物理模型的建立把物理公式自然而然地显示在黑板上”。④ 讲授固体物理课程时，“在每一部分的开头，黄昆总是先扼要地指出这一部分提出了什么模型，解释了什么实验规律，还遇到什么样的困难，使学生对它有一个正确的概念。他在讲课中强调，模型总是从复杂的事物中抽象出主要因素，以便有针对性地解决一些特定的问题，而新的模型通常既包含旧模型的合理因素，又必然考虑了另外一些

---

① 黄昆. 在国家科学技术奖励大会上的发言[M]//黄昆. 黄昆文集. 北京：北京大学出版社，2004：571.

② 黄昆. 自叙(黄昆手稿电子版照片，半导体研究所何春藩保存).

③ 甘子钊，韩汝琦. 杰出的固体物理学家：黄昆教授[J]. 物理，1990(9)：570.

④ 夏建白，等. 自主创新之路：纪念中国半导体事业五十周年[M]. 北京：科学出版社，2006：64.

主要因素，以解决新的问题”。[①] 在指导学生研究活动中，黄昆也注意培养其运用建立模型方法以解决问题的能力。据秦国刚院士回忆：“通过毕业论文，特别是通过与黄昆老师的许多次讨论，我进一步认识了清晰的物理概念、鲜明的物理图像、抓住物理问题的要害、提出能反映这些要害的物理模型等的重要性，这些都深深地影响了我后来的学习与治学。”[②]黄昆这种解决问题的方法对其学生及助手都产生了深刻的影响。一些学生由于在研究工作中采用了恰当的简化模型方法，结果做出了出色的成绩，朱邦芬与夏建白即是这方面典型的代表。

固体物理理论认为，晶体内部的晶格振动是一种基本物理现象，对于晶体材料的物理性能具有重要影响。在20世纪70—80年代，随着半导体低维结构研究的兴起，晶体内部准二维量子结构中的声子模式及其影响受到了研究者的关注。其中，以连续介电模型理论为分类基础，光学振动模式通常包括类体模和界面模。对于光学声子LO类体模，研究人员一直采用由宏观介电模型导出的片层模型来解释。但是，在短周期超晶格拉曼散射实验中，德国卡多纳（M. Cardona）研究组发现实际类体模的奇偶性与理论预言的结果相反，这个发现引起了国际学术界的困惑。为解决这一问题，黄昆和朱邦芬开始设计微观模型来研究超晶格中光学声子模式，进而提出了一种与连续介电模型完全相容的“偶极子超晶格”模型。[③] 这项研究成果既解决了原有模型理论与超晶格拉曼散射实验结果之间的矛盾，也澄清了传统理论与实验结果出现矛盾的原因，有力地推动了该领域研究的深入发展，引起了国际学术界的普遍重视。他们的微观模型现已作为必读文献内容列入许多国外学术专著和研究生教材之中，被学界称作“黄-朱模型”。

通过运用简化模型的方法，夏建白在低维半导体微结构电子态的量子理论方面也做出了创造性工作。他通过提出量子球空穴态的张量模型，获得了重轻空穴混合的本征态，并且得出了正确的光跃迁选择定则。[④] 对于运用简化模型解决问题的方法，夏建白有很深的体会。他认为“研究任何问题，首先要抓住事物的本质，了解它的物理概念，然后再考虑如何建立模型和采用什么数学

---

① 朱邦芬. 黄昆[M]. 贵阳：贵州人民出版社，2004：87.

② 夏建白，等. 自主创新之路：纪念中国半导体事业五十周年[M]. 北京：科学出版社，2006：62.

③ HUANG K，ZHU B. Dielectric Continuum Model and Fröhlich Interaction in Superlattices [J]. Phys. Rev.，1988(38)：13377.

④ JIANBAI XIA. Electronic Structures of Zero-Dimensional Quantum Wells [J]. Phys. Rev.，1989(40)：8500－8507.

方法”。[①]

另外，常凯作为黄昆的第二代弟子，在夏建白、朱邦芬等人影响下，也继承了重视提出物理模型的研究方法。在半导体自旋电子学研究中，线性拉什巴(Rashba)自旋-轨道耦合模型被国际学术界广泛采用，但常凯发现，在电子浓度很高的情况下，这种电子自旋与轨道耦合的行为会严重偏离线性关系，据此他提出了非线性的拉什巴模型。该模型可以很好地解释电子自旋与轨道耦合发生非线性效应的实验结果，并提供了清晰的物理图像，因此拉什巴教授认为这项研究成果将会被广泛使用。[②]

在半导体超晶格研究领域，尽管中科院半导体研究所起步时主要是跟踪国际前沿研究，但很快即取得了一系列重要的研究成果。这些成绩的取得，在黄昆看来，很多是基于理论研究中采用了关键的简化模型(方法)。[③] 可以说，重视运用简化模型方法解决理论问题，不仅是黄昆在科研工作中不断取得创新的宝贵经验，也是后来几代人从事研究工作的重要方法，已经形成了一种学术传统。

3. 重视基础理论研究

黄昆一直重视基础理论研究。他早年在国外主要从事固体物理学理论研究，回国后仍然重视这方面的理论研究工作。黄昆认为，基础理论是技术应用的基础，“半导体之所以能够成为当代如此重要的技术，是一些远见卓识的科学家和企业家重视深入开展物理研究的直接结果，并且随着半导体技术的发展，半导体物理研究在精确和深入程度上也登上了一个新的高度”。[④] 20 世纪 60 年代，尽管当时我国科研工作强调要密切联系实际，但他仍然与谢希德联合向国家有关部门积极倡议和推动固体能谱研究。在国家《1963—1972 年科学技术规划》中，这项研究被列为重点研究项目，黄昆是该项目的主持者，可惜在随后的政治运动中因其“脱离实际”未能付诸实施。

“文革”结束后，黄昆调任中科院半导体研究所所长，开始竭力推动我国半导体物理方面的基础理论研究。他对研究所有关人员进行了整合，调来自己以前的研究生夏建白、顾宗权，又吸收了一批“文革”后毕业的研究生，由此组建了半

---

① 夏建白. 教书育人的楷模[M]//陈辰嘉，等. 名师风范：忆黄昆. 北京：北京大学出版社，2008：195.

② 中国科学院半导体研究所官网 http://lab. semi. ac. cn/cjg/contents/256/5559. html.

③ 黄昆. 简化模型和超晶格的理论研究[G]//中国科学院半导体研究所建所四十周年纪念文集. 北京：中国科学院半导体研究所，内部资料，2000：27.

④ 黄昆. 半导体物理研究的兴起[G]//中国科学院半导体研究所三十年庆筹委会. 奋进的三十年. 北京：中国科学院半导体研究所，内部资料，1991：7.

导体理论组和实验组，并将原来归属不清的分子束外延设备研制组也包括在物理组。为了提高研究所的科研水平，他举办理论培训班，系统地给研究人员讲授现代半导体物理知识，并亲自在科研一线开展工作。改革开放以后，他所组建的物理研究室确立了以半导体超晶格作为主要研究方向，并逐步深入发展到量子阱、量子线、量子点等低维半导体物理研究领域。这一时期，他们筹建了半导体超晶格国家实验室，取得了多项具有国际影响力的科研成果。对于这些工作，黄昆在总结时说："幸运的是，正值我来所之后，在全国范围经过反思，总结经验教训，形成了重视加强基础研究的气候，使我在所内有了开展半导体物理研究的客观条件。"①

在黄昆的影响下，一些学生和合作者逐步成长为我国半导体技术领域从事物理基础研究的主要力量。在中科院半导体研究所，夏建白、郑厚植和朱邦芬等人带领他们的研究团队一直重视半导体物理研究，取得了一系列重要成果。改革开放以来，研究所获国家级二等奖以上的科研成果共 17 项，主要包括国家自然科学二等奖 4 项、国家科学技术进步奖二等奖 12 项和国家最高科学技术奖 1 项。② 其中，获国家自然科学二等奖的成果中有 3 项是黄昆与其培养的科研团队在半导体理论研究方面取得的，分别是："半导体超晶格的电子态与声子模理论"、"半导体纳米结构物理性质的理论研究"、"半导体低维结构光学与输运特性"。在北京大学，秦国刚主持完成的"纳米硅-纳米氧化硅体系发光及其物理机制"研究，提出了纳米硅-纳米氧化硅体系光致发光机制的"量子限制-发光中心"模型，建立了自己的理论，并对该体系电致发光现象进行了研究，设计并研制出一系列硅基电致发光新结构。这项成果获得 2007 年度国家自然科学二等奖。另外，张树霖和其科研团队开展了"若干低维材料的拉曼光谱学研究"，他们的研究成果也获得了 2004 年度国家自然科学二等奖。

据不完全统计，我国在半导体物理领域共获得国家自然科学二等奖 7 项，其中 5 项是由黄昆及其后代弟子完成的，这些成绩与黄昆对于基础理论研究的重视是分不开的。可以说，在黄昆的影响下，重视开展基础理论研究已经成为其学术后辈的基本共识。

4. 坚持严谨的科研作风

黄昆认为，科研活动的目的就是要解决科学问题。虽然他发表的文章数量

① 黄昆. 半导体物理研究的兴起[G]//中国科学院半导体研究所三十年庆筹委会. 奋进的三十年. 北京：中国科学院半导体研究所，内部资料 1991：7 - 8.

② 中国科学院半导体研究所官网 http://www.semi.cas.cn/kycg/hjcg/index_6.html.

并不多,但这些文章对固体物理学的发展却产生了很大影响。固体物理学领域有一系列以黄昆名字命名的学术成果,如:"黄漫散射"、"黄方程"、"黄-里斯理论"以及"黄-朱模型"等。黄昆要求自己的学生不要在乎发表论文的数量,"可发可不发的文章不要发",更不能通过拼凑文章来增加数量,要注重真正解决物理问题。[①] 受导师莫特"专注于思考他感兴趣的具体科学问题"的影响,黄昆认为,无论理论研究还是实验研究,都要把大量时间用在解决细节问题上,许多思想是靠解决细节问题而慢慢成熟起来的。[②] 在他看来,不深入思考具体科学问题,不亲自动手计算与研究,很难做出创新性成果。

在利物浦大学,黄昆正是通过深入思考晶体学中"F 中心"的光谱学问题,从而提出了著名的"黄-里斯理论"。"F 中心"又称"色心",是卤化碱晶体中的一种负离子空位,也是研究者十分关注的一种晶体缺陷。研究发现,由于原子热运动的影响,"F 中心"束缚的电子跃迁时所产生的吸收光谱是一个很宽的光谱带。1947 年,有科学家在一次学术讨论会上指出,这种光谱的宽度相当于几十个声子的能量,然而采用微扰的方法进行理论计算要考虑到几十阶微扰,因此得到这种光谱的定量化理论是不可能的。但黄昆认为,这种大家普遍见到的物理现象在理论上却难以描述,是一个值得深入思考的问题。其后,他正是因为在与玻恩合写《晶格动力学理论》时,对原子的振动问题进行了深入思考,几年之后找到了解决这个问题的线索。[③] 黄昆想到,晶体中"F 中心"的电子发生跃迁前后,晶格振动的平衡位置应有所不同,电子跃迁会破坏声子波函数的正交性,因此,在电子跃迁前后可以有任意数目声子的变化。在此基础上,最终黄昆与其合作者提出了包含多个光学声子吸收和发射的"F 中心"光跃迁理论。

黄昆担任中科院半导体研究所所长期间,尽管其科研工作过去曾被迫中断了数十年,且已年近花甲,却仍然坚持在科研第一线开展研究工作。著名的"黄-朱模型"便是他在这一时期的研究成果。他曾对其学生甘子钊院士说:"一个科学工作者一定要做科学问题,不能只是领导了什么,推动了什么,组织了什么。"[④]他与学生或助手合作研究,如果涉及理论计算,一定要"自己算过才踏实"。他认为,这样既有利于深入思考问题,也可以确保计算结果的可靠

---

① 葛惟昆. 严师黄昆[J]. 物理,2009,38(8):594.
② 黄昆. 1947 年给杨振宁的信[M]//黄昆. 黄昆文集. 北京:北京大学出版社,2004:6-7.
③ 黄昆. 黄方程、多声子理论背景[M]//黄昆. 黄昆文集. 北京:北京大学出版社,2004:594-598.
④ 甘子钊. 探索真理和造福人民:悼念黄昆先生逝世两周年[M]//陈辰嘉,等. 名师风范:忆黄昆. 北京:北京大学出版社,2008:111.

性。[①] 黄昆开展研究工作总是以我为主，从最基本的概念开始思考，即从“第一原理出发”。

黄昆还强调，科研人员要充分尊重他人的研究成果，严格遵守学术规范。“作报告、写论文、发表文章都应毫不含糊地对前人的成果给予明确的说明”，“别人对自己工作的启发、帮助和支持，同样也应毫不含糊地、明确地给予肯定”，“不清楚地说明这一点，实际上就客观地把前人的成果都记在了自己的账上”。[②] 在他看来，科学研究往往受益于学术交流和前人的工作基础，只有严格遵守学术规范，才会使研究人员之间敞开交流，否则必然会阻碍正常的学术合作与交流。

另外，黄昆主张“在对成果的评价问题上，首先是要由他人来做，由历史去做，不需要自己去大吹大擂”。他作为一名国际著名的物理学家，却很少愿意接受媒体的采访。对于单位介绍自己优秀事迹的文章，他要求：“我们的报刊文章也应该向学术刊物一样严肃，甚至应该更严肃一些。”物理学家冯端认为，黄昆“对物理学工作和物理学者的评价，惯于作具体分析，而不讲关系的亲疏，充分体现了严谨求实的科学精神，而他严于律己的事例，更是不胜枚举”。[③]

在教学和科研活动中，黄昆十分严谨的态度和作风，对其学生和研究助手有深刻的影响。“在黄昆的影响下，黄昆的弟子们大都学风严谨，很少有人为了追求发表论文的数目而把学术论文‘注水’的。”[④]多年深受黄昆影响的朱邦芬在一篇文章中强调[⑤]，我们的科学研究应该始终把质量放在第一位，要重视切切实实解决基础物理问题或有实际应用前景的物理问题，那些从事基础研究的人或机构炮制“垃圾文章”的做法是一种学术不端正行为。他并且认为，科研成果的评价往往需要借助局外人，高水平成果要依靠国内外一流同行学者的评价，归根结底要由历史来判断。通过黄昆的言传身教，黄昆的研究生和助手们大多继承了其“勤奋、严谨、唯实、唯真”的治学风格，已经成长为我国许多单位教学和科研工作的骨干，成为固体物理或半导体物理方面的领军人物[⑥]。

20 世纪 60 年代初，黄昆和北京大学段学复、张龙翔教授曾发表文章指出：“要认真开展现代科学技术的研究，没有一个有组织的协作集体就很难进行工

---

① 朱邦芬. 黄昆[M]. 贵阳：贵州人民出版社，2004：132.
② 何春藩. 黄昆关于“科学道德讨论”报告：增强道德观念　克服利己主义[R]. 内部资料，1982.
③ 冯端. 悼念黄昆先生[J]. 物理，2005，8(34)：611.
④ 朱邦芬. 黄昆[M]. 贵阳：贵州人民出版社，2004：133.
⑤ 朱邦芬. 对物理系学术评价的几点想法[N]. 新清华，2004 - 6 - 4.
⑥ 朱邦芬. 黄昆[M]. 贵阳：贵州人民出版社，2004：139.

作。""在这样的集体里,要有高瞻远瞩、善于敏锐地抓住科学上带有方向性问题的科学家作为学术领导人,要有能在局部范围内指导研究工作的中层骨干,还要有在具体工作中能够发挥个人积极性和创造性的一般研究人员。"①我国在半导体超晶格研究方面能够跻身于国际前沿领域,正是依赖于黄昆在国内的人才培养工作和他所培育的研究基础,以及他对于国际半导体物理发展方向的正确把握。

可以说,由于受科研环境的影响,黄昆的学术潜力并没有得到充分的发挥。20世纪50年代初期回国后,他几乎中断了自己已经取得重要成就的固体理论研究,把全部精力用于培养人才。在基础理论研究得不到国家重视的情况下,他也难以真正开展自己的研究工作。"文革"十年,他又受到了政治运动的冲击。直至改革开放之后,他才真正得以开展半导体理论研究工作,而这时的他已步入古稀之年。尽管如此,他仍然老当益壮,培养和带领自己的团队很快做出了令国际同行瞩目的成绩。因此,有理由认为,如果黄昆回国后即有一个理想的科研平台,使其充分发挥自己的专业特长及学术创造力,将会在学术上做出更多的成绩,也会建立起自己很好的学术传统,因而会对我国半导体物理学和固体物理学的发展有更大的推动。黄昆学术谱系的成长及其成员所做出的成绩,显示了良好的学术传统对于科研工作的重要性,同时也说明,研究传统的形成不仅需要科学家自身的推动,还需要社会提供良好的科研环境。

二、谢希德半导体物理学术研究传统

谢希德是我国半导体物理学的开拓者之一,同时也是表面物理学的先驱者和奠基人。她为我国半导体物理学科建设作出了重要贡献,尤其在专业人才培养、研究方向的确立与研究机构建设以及推动国际学术交流方面,对我国半导体物理研究产生了重要影响。许多人受到过谢希德的教育或引导,在半导体物理领域做出了突出的成绩,由此也形成了一个具有特色的学术谱系。以下对这一谱系作一总结和分析。

(一)谢希德与中国半导体物理学

谢希德早年在厦门大学数理系学习。1947年,她自费赴美留学,两年后获得史密斯女子文理学院硕士学位,开始进入麻省理工学院物理系攻读博士学位。

---

① 段学复,黄昆,张龙翔.鼓足干劲,奋发图强,积极开展科学研究[J].前线,1962(20):4.

在阿里斯(W. P. Allis)和莫尔斯(P. M. Mors)教授的指导下,她主要从事高压状态下氢气的阻光性理论研究。当时进行这项研究的目的是为了探索恒星物质的光谱,后来关于阻光性的分析方法也被用于凝聚态物理中分析物质的相变。1951年,谢希德以论文《高压气体内部电子的波函数》通过博士答辩,获得博士学位。同年,应美国物理学家斯莱特(J. C. Slater)的邀请,她留在麻省理工学院固态分子研究室任博士后研究员,进行锗微波特性的理论研究,并因此对半导体物性研究产生了兴趣。

1952年,谢希德回国,在复旦大学先后开展了力学、光学、量子力学、固体物理等物理基础理论课与专业课教学。1955年,她与方俊鑫开始在物理系开办固体物理专门化,使复旦大学的固体物理专业人才培养工作处于全国高校前列。

1956—1958年,谢希德协助黄昆在北京大学领导开展了"五校联合半导体物理专门化"人才培养工作。之后,她在复旦大学物理系组建了半导体物理教研组,开始从事半导体物理专业人才培养和理论研究工作。1958年底,复旦大学在大跃进高潮中兴办了"红旗半导体工厂",进行半导体产品研制,物理系的学生在半导体厂进行半工半读活动。谢希德为坚持基础理论与应用技术并重,继续开展固体物理与半导体理论教学,并参加由上海物理学会组织的半导体讲座,培养了一批半导体专门人才。1961年9月,教育部下发了《教育部直属高等学校暂行工作条例(草案)》(简称"高校六十条"),强调高校必须以教学为主,努力提高质量。为贯彻文件精神,复旦大学停办了半导体工厂,同时把半导体物理确定为全校13个重点发展的学科之一,半导体理论研究也作为物理系的重点课题由谢希德负责承担。[①] 另外,经过谢希德与黄昆的共同倡议,固体能谱研究被我国《1963—1972年科学技术发展规划》列为国家重点研究任务,复旦大学也成为该项目研究的承担单位之一。尽管这些项目后来在"文革"期间被迫终止,但已经开展的筹备工作促进了物理实验室的建设。

1958年10月,上海市委为推动半导体技术和原子能技术等国家急需的尖端技术在上海的发展,决定中科院上海分院与复旦大学合作筹建上海技术物理研究所和上海原子核研究所。谢希德受学校委托,负责上海技术物理研究所(当时称"101所")的筹建工作,并于1959—1966年兼任研究所副所长。[②] 这一时

---

① 复旦大学物理系. 风雨春秋物理系[G]. 上海:复旦大学物理系,2005:134-138.

② 阮刚. 我与上海技术物理研究所:若干"记忆忧新"的杂忆[G]. 中国科学院上海技术物理研究所建所50周年文集. [出版地不详],2008:477.

期，她为上海技术物理研究所的建立与发展做了大量工作。

"文革"爆发后，谢希德经受了各种政治运动的冲击。直到 20 世纪 70 年代中期，她才得以重新为推动我国半导体事业而开展工作。通过对国外研究文献的大量调研，谢希德发现半导体与金属的表面和界面研究在国际半导体物理领域受到普遍重视，并已经取得很大进展。为推动这个新兴研究领域在我国的发展，她于 1977 年在全国自然科学规划会上提出了发展表面物理学的倡议，得到了国家科委和高等教育部的支持。随后，谢希德开始在复旦大学筹建以表面物理为重点的现代物理研究所。90 年代前后，在她和王迅等人的努力下，复旦大学又筹建了应用表面物理国家重点实验室。

（二）谢希德半导体物理研究传统的形成与传承

谢希德在复旦大学物理系不仅推动了应用表面物理国家重点实验室建设，而且形成了一定的研究传统，主要表现在以下两个方面。

1. 以表面物理为主要研究方向

半导体表面和界面研究对于促进半导体技术的发展具有重要意义。材料的表面性状在很大程度上决定着器件性能的稳定性。在早期工艺加工过程中，由于技术条件的限制，难以严格控制半导体表面条件，研究者只能对其表面实施钝化处理。后来随着超高真空技术的发展，人们不仅可以制备清洁的半导体表面，而且能够在超高真空中进行表面物理实验研究，表面科学由此在欧美国家得到了较大发展。

20 世纪 70 年代末，谢希德认识到表面物理研究的重要性及其潜在的发展前景，开始推动我国表面物理学的建立与发展。① 她在复旦大学开创的表面物理学研究方向，已经在国际学术界产生了一定的影响。王迅在回顾复旦大学物理系的发展历史时说："复旦大学能够在国内跻身于领先地位，我想谢希德先生所开拓的学科是国内公认的，而且在国际上大家也是认可的。"诺贝尔奖获得者崔琦曾经评价说："谢希德就是中国表面物理学的先驱和开拓者，我想这是对她贡献的评价。她本人在科学上所作的贡献，可能深远地影响几代人。"②

---

① 应用表面物理国家重点实验室. 光辉的一生，崇高的品质：深切怀念谢希德教授[M]//王迅. 谢希德文选. 上海：上海科学技术出版社，2001：32.

② 王增藩，刘志祥. 谢希德传[M]. 上海：复旦大学出版社，2005：184.

表面和界面物理是材料科学中新兴起的重要研究领域。谢希德在国内开展半导体表面和界面研究，显示其具有高度的科学敏锐性。她先后开展了半导体表面结构电子态理论与实验研究、镍硅化合物和硅界面理论研究，以及金属在半导体表面吸附及金属与半导体界面的电子特性研究，先后获得1986年、1987年国家教委科技进步二等奖。美国著名物理学家科恩曾评论认为，谢希德教授在复旦大学开展表面物理研究是一种明智的选择。[①] 在谢希德的组织领导下，一批研究人员在表面物理领域做出了一系列的重要工作。1992年，该校建立了应用表面物理国家重点实验室。

王迅院士是谢希德早期指导的研究生，一直在其身边从事半导体物理教学与科研工作。他先后对InP、GaAs、Si、SiC等材料的表面性质进行了大量研究，由其主持的InP极性表面的原子结构和电子态研究以及Ⅲ-Ⅴ族化合物半导体的极性表面和界面研究分别获得1988年和1995年国家教委科技进步二等奖。另外，王迅与谢希德在开展表面物理研究过程中培养了一支优秀的人才队伍。这支队伍不仅继承了两代导师的研究工作，并在此基础上不断开拓新的研究方向。例如，复旦大学物理系侯晓远教授在开展无机/有机半导体表面与界面物理研究的同时，又开辟了有机半导体薄膜物理与器件研究；金晓峰教授长期致力于表面与超薄膜磁性的实验研究；资剑教授主要从事半导体低维结构的振动特性、光子晶体、自然界光子结构及结构色、液体表面波在周期结构中的传播等方面的研究。目前，他们分别组建了自己的科研团队，在这些领域取得了许多出色的成果。例如，在半导体低维结构研究中，资剑建立的纳米颗粒振动特性和拉曼谱的微观理论模型，以及在液体表面波研究方面发现的超透镜现象和负折射现象，都在国际学术界产生了一定的影响。

几十年来，经过几代师生的共同努力，复旦大学的表面物理学研究取得了丰硕的科研成果；该校物理系与应用表面物理国家重点实验室已经成为我国表面物理学研究和人才培养的基地，并在国际物理学界争得一席之地。这一切都与谢希德开创的研究方向具有直接关系。

2. 重视国际学术交流和坚持科学研究的开放性

谢希德十分重视国际学术交流，强调开展科学研究要有国际化的学术视野。20世纪70年代，她在确定开始从事表面物理学研究之前，曾对国际前沿研究做

---

① 应用表面物理国家重点实验室. 光辉的一生，崇高的品质：深切怀念谢希德教授[M]//王迅. 谢希德文选. 上海：上海科学技术出版社，2001：26.

了大量调研。改革开放以后，谢希德几乎每年都参加美国物理春季年会的“3 月会议”。她还为推动我国半导体领域的国际学术交流做出了很大贡献。

1992—1993 年，谢希德先后在国内组织召开了“国际半导体物理会议”(ICPS)和“国际表面结构会议”(ICSOS)。其中，“国际半导体物理会议”是国际半导体界最为重要的会议之一，一直由西方发达国家组织召开。1986 年，我国半导体物理学界提出了争取在北京召开“国际半导体物理会议”的建议，希望由黄昆、谢希德组织领导会议的申办事宜。[①] 随后，相关工作便正式启动。几年内，申办会议工作遭遇了多种挑战，美国物理学会部分成员甚至借用政治问题之名对我国举办会议予以抵制。[②] 不过，谢希德等人“经过一场艰苦卓绝的战斗”，最终在北京成功召开了第 21 届国际半导体物理会议。在此基础上，谢希德还在上海成功举办了第 4 届国际表面结构会议。这两次会议邀请了许多国际一流学者作了精彩的学术报告，为国内学者进行国际学术交流与合作提供了很好的机会，对于我国半导体物理学研究的发展产生了很大的促进作用。

另外，谢希德主张科学研究要具有开放性，反对在封闭的状态下进行科研活动或培养学术接班人。她认为，科学研究中的“近亲繁殖”，“在科学尚未充分发展的历史条件下，对于传承传统的特色，形成学派起过一定的作用，但是，在科学技术高度发展的今天，这种结构已经不能适应形势了”。[③] 因为，随着一个研究领域的新理论、新技术层出不穷，我们只有坚持开放的思路，积极参加国际学术交流，才能及时了解国内外新的研究动态，把握自己的研究方向。[④] 谢希德积极支持博士生和研究人员到国外学术机构进行访学与合作研究，鼓励其建立广泛的学术联系。她担任复旦大学校长期间，该校从 1978 年至 1985 年就有 600 多人参加了国外学术交流活动。

谢希德关于学术研究要重视开放性的思想在后辈中得到了继承。王迅院士在回忆自己的工作时说：“我是传承了我们老一辈教师的心愿，把他们的希望传给了我们的学生一辈乃至我们学生的学生。”他多次指出，在基础学科领域的青年教师成大器者，要在国外名校或著名实验室工作过，最好受到名师的指导；必

---

① 黄昆，谢希德，等. 半导体物理进展与教学：纪念我国半导体专业创办三十周年[M]. 北京：高等教育出版社，1989：4.

② Questions Raised about Beijing Conference [J]. Physics Today, 1991，44(12)：62.

③ 谢希德. 打破近亲繁殖的队伍结构：尽快改变“近亲繁殖”的师资结构[M]//王迅. 谢希德文选. 上海：上海科学技术出版社，2001：32.

④ 谢希德. 让人才脱颖而出[M]//王迅. 谢希德文选. 上海：上海科学技术出版社，2001：71 - 72.

须经常参加国际重要学术会议与一流的科学家对话，多在国外大学或国际学术会议上作邀请报告，最好能在国际学术机构中任职。① 王迅也反对“近亲繁殖”现象。他在领导复旦大学应用表面物理国家重点实验室工作时，积极引进国内外优秀人才，并要求研究队伍中的本校博士毕业生必须到国外进行一段时间的访学或合作研究。在该实验室中，金晓峰教授、侯晓远教授是复旦大学物理系培养的博士，他们曾多次到国外著名学术机构进行合作研究，开拓了与导师完全不同的研究方向。至于从事表面物理研究的年轻一代，则更具有国际化视野。例如，资剑教授曾任德国明斯特大学博士后研究员，先后赴意大利国际理论物理中心、日本通产省融合学科研究所、美国艾姆斯(Ames)国家实验室、日本东北大学、香港科技大学、新加坡国立大学、西班牙瓦伦西亚理工大学等学术机构进行访问研究。因此，在国际学术视野下开展科研工作，重视学术交流，坚持科学研究的开放性，已经成为复旦大学物理系几代科学家的基本理念，形成了一种传统。

在国家实行改革开放政策以后，谢希德带领青年学者广泛开展国际学术交流与合作，搭建起先进的科研平台，营造出有利于科学创新的学术环境，并且不断拓展研究领域，为我国半导体物理和表面物理学科的发展做出了重要贡献。半个世纪以来，她在开展半导体物理研究的基础上，不仅开辟了表面物理学新领域，而且在复旦大学培育了一支优秀的科研队伍。目前，复旦大学已经成为我国半导体物理乃至凝聚态物理研究领域一个十分重要的研究基地。

从科学发展的历史来看，国际著名科研机构能够引领科学前沿，其原因除了在于它拥有一流的科研条件之外，也因为研究机构中具有战略眼光的科学大师去把握科研方向，组建优秀的研究团队，以及形成优良的研究传统。我国半导体物理学是由黄昆和谢希德等人在当代中国创建的一门新兴基础学科。通过对上述两支学术谱系的分析可以看出，他们在半个世纪内培养了大量专业人才，开辟了重要的研究领域并带领研究团队取得了具有国际影响力的科研成果，同时也初步形成了各自的学术谱系。他们的学术视野、研究风格以及对于推动我国科学发展的历史责任感对于后代研究人员产生了很大影响。遗憾的是，黄昆和谢

---

① 营造快乐教学的人：中科院院士王迅访谈[J/OL]. 科学生活，2004. http://www.physics.fudan.edu.cn/tps/people/xwang/report_1.htm.

希德回国以后的科研工作曾被迫长期中断，限制了他们科研潜力的发挥，也影响了他们的学术传承。

第四节　中国半导体物理学家学术小传

黄昆

黄昆(1919—2005)，浙江嘉兴人。著名物理学家、教育家，中国科学院院士，我国固体物理学的开创者和半导体学科的奠基人。1941 年毕业于燕京大学物理系。之后，在西南联合大学师从吴大猷学习理论物理，1944 年获硕士学位，同年考取“庚子赔款”留英公费生资格。翌年，赴英国布里斯托大学师从固体物理学家莫特进行“稀固溶体的 X 光衍射”研究，1948 年获得哲学博士学位。1947 曾在英国爱丁堡大学物理系跟随著名物理学家玻恩访问学习，1948—1951 年在利物浦大学理论物理系任 ICI 博士后研究员。在国外留学期间，完成了被国际学术界称为“黄散射”、“黄方程”、“黄-里斯理论”的重要研究成果，并与玻恩合著了享誉固体物理学界的《晶格动力学理论》专著。[①] 1951 年，黄昆回国到北京大学物理系任教授，随后创建了固体物理专业和半导体物理专业，为中国培养了最早一批专业人才。1977 年后，由邓小平提名，黄昆出任中国科学院半导体研究所所长，[②]为推动我国半导体物理基础理论研究工作做出了重要贡献。在半导体所工作期间，他开创了国内半导体超晶格研究新方向，倡议建立了半导体超晶格国家重点实验室，取得了半导体超晶格光学声子模式理论(学界称为“黄-朱模型”)等一些具有国际影响的研究成果。

黄昆于 1955 年当选为中国科学院第一批学部委员(数学物理学部)，1980 年当选为瑞典皇家科学院外籍院士，1984 年获得美国圣母大学(University of Notre Dame)第二届理论物理弗雷曼奖(Freiman Prize)，1985 年当选为第三世界科学院院士，1993 年、1995 年先后两次获国家自然科学二等奖，1995 年获得何梁何利科学与技术成就奖，1996 年获得国家科技进步二等奖、陈嘉庚数理科

① 朱邦芬. 黄昆[M]. 贵阳：贵州人民出版社，2004：37 - 76.

② 黄昆. 永远铭记小平同志的关怀[M]//春天长在　丰碑永存：邓小平同志与中国科技事业. 北京：科学技术文献出版社，2004：152 - 154.

学奖，2002年荣获2001年度国家最高科学技术奖。[①] 黄昆曾任北京大学物理系副主任，中国科学院半导体研究所所长，中国人民政治协商会议全国委员会第五、第六、第七、第八届常务委员。

王守武

王守武（1919—2015），江苏苏州人。著名半导体器件物理学家，中国科学院院士，我国半导体学科的奠基人。[②] 1941年毕业于同济大学机电系。1945年赴美国普渡大学工程力学系学习，1947年获硕士学位。同年，转入物理系从事"计算金属钠的结合力和压缩率的新方法"研究，1949年获博士学位，后留校任助理教授。1950年回国后，在中科院应用物理研究所工作，先后筹建了中国第一个半导体研究室、半导体器件工厂（109工厂）。1960年筹建中国科学院半导体研究所，任副所长，同时兼任中国科学技术大学、清华大学和北京大学教授。他在研究与开发中国半导体材料、半导体器件及大规模集成电路方面做出了重要贡献，领导设计制造了我国第一台拉制锗的单晶炉，研制成功我国第一根锗单晶、第一批锗合金管和合金扩散管。从1963年开始，致力于砷化镓激光器的研究工作，创造了简易的光学定晶向方法，促进了我国第一个砷化镓激光器的研制成功。1978年带领科技人员进行提高大规模集成电路芯片成品率的研究，解决了一系列技术难题，使我国大规模集成电路芯片的成品率有显著提高，成本大为降低。

王守武于1980年当选为中国科学院学部委员（信息技术科学部），曾任中国科学院半导体研究所副所长，兼任中国科学技术大学物理系副主任，担任过第三、第四届全国人大代表，第五、第六届全国政协委员。

林兰英

林兰英（1918—2003），福建莆田人。著名半导体材料物理学家，中国科学院院士，我国半导体材料科学的开拓者。1940年毕业于福建协和大学（福建师范大学前身）物理系。1948年去美国狄金逊学院学习，1949年获数学学士学位。同年，转入美国宾夕法尼亚大学学习固体物理，1951年获硕士学位，1955年获哲

---

① 黄昆. 黄昆文集[M]. 北京：北京大学出版社，2004：627－631.

② 何春藩，夏永伟. 王守武院士伟略[M]//郑厚植，仇玉林. 王守武院士科研活动论著选集. 北京：科学出版社，1999：2－8.

学博士学位。1955—1957 年在美国索文尼亚(Sylvania)公司担任高级工程师，从事半导体材料的物理性能研究。1957 年回国后，在中国科学院应用物理研究所工作，任研究员，主要从事半导体材料制备与物理研究，先后负责研制成我国第一根硅、锑化铟、砷化镓、磷化镓等单晶，为我国微电子和光电子技术的发展奠定了基础；负责研制的高纯度砷化镓液相和气相外延材料达到国际先进水平；在国内开创了微重力环境下半导体材料科学研究新领域，并在砷化镓晶体太空生长和性质研究方面取得重要成绩。[①]

林兰英于 1980 年当选为中国科学院院士(技术科学部)，1980 年、1981 年、1982 年与 1989 年先后四次获中国科学院科学技术进步奖一等奖，1985 年获国家科学技术进步奖二等奖，1990 年获国家科技进步三等奖，1996 年获何梁何利科技进步奖，1998 年获霍英东成就奖；[②]曾任中国科学院半导体研究所副所长；担任过第四、第五、第六届全国人大代表，第三、第七届全国人大常务委员会委员，中国科协第二、第三、第四届副主席。

谢希德

谢希德(1921—2000)，福建泉州人。著名物理学家、教育家，中国科学院院士，我国表面物理学的先驱者与奠基人，半导体物理学的开拓者之一。1946 年毕业于厦门大学数理系，次年赴美国史密斯学院留学，1949 年获物理学硕士学位。同年，至麻省理工学院从事高度压缩下氢原子的波函数研究，1951 年获哲学博士学位。1952 年回国后，在复旦大学物理系工作。1956—1958 年，她与黄昆在北京大学举办了五校半导体专门化培训班，合作撰写出版了专著《半导体物理学》。1958 年夏，回复旦大学物理系任教，负责筹建该校与中国科学院上海分院联合成立的上海技术物理研究所，1959—1966 年兼任研究所副所长。1978 年以后主要从事半导体表面物理理论与实验研究，1990—1992 年筹建了复旦大学应用表面物理国家重点实验室。

谢希德于 1980 年当选为中国科学院学部委员(数学物理学部)，1988 年当选为第三世界科学院院士，1990 年当选为美国文理科学院外籍院士，1997 年获

---

① 林兰英.我与半导体材料[M]//夏建白，等.自主创新之路：纪念中国半导体事业五十周年.北京：科学出版社，2006：128-132.

② 林兰英院士科研活动论著选集编辑委员会.林兰英院士简历[M]//林兰英院士科研活动论著选集.北京：科学出版社，2000：29.

得何梁何利科学与技术进步奖。[①] 她曾任复旦大学现代物理研究所所长、复旦大学副校长、校长等职；担任过中共第十二、第十三届中央委员，第七届上海市政协主席和第八、第九届全国政协常务委员。

汤定元

汤定元(1920—　)，江苏金坛人。物理学家，中国科学院院士，中国科学院上海技术物理研究所研究员，我国半导体学科和红外物理与技术学科的开创者之一。1942 年毕业于中央大学物理系。1948 年赴美国留学，1950 年获美国芝加哥大学物理系硕士学位。1951 年 5 月回国在中国科学院应用物理研究所工作，1960 年任职于中国科学院半导体研究所，1965 年任中国科学院上海技术物理研究所研究员。他发现了金属 Ce 的高压相变源于原子半径的突然收缩现象，研制了用于高压物理研究的重要仪器——金刚石高压容器，开创了我国窄禁带半导体分支学科，领导研究人员对碲镉汞晶体的材料、器件和物理性能进行了系统研究，参与研制了太阳能电池、温差电致冷器、半导体高能粒子计数器，以及硫化铅、热敏电阻、锑化铟、锗掺汞和碲镉汞等红外探测器，许多器件被成功应用于我国的空间遥感与探测工作。

汤定元于 1991 年当选为中国科学院学部委员(数学物理学部)，1989 年获国家科技进步三等奖，1992 年获国家科技进步二等奖，1993 年获国家自然科学三等奖，2002 年获得何梁何利科学与技术进步奖；曾担任中国科学院上海技术物理研究所所长，红外线物理国家重点实验室学术委员会主任，担任过第六、第七届全国政协常务委员。[②]

王守觉

王守觉(1925—　)，江苏苏州人。半导体电子学家，中国科学院院士，中国科学院半导体研究所研究员，我国半导体器件研究的开拓者之一。[③] 1949 年于同济大学电气工程专业毕业后，曾任职于北平研究院镭学研究所，1956 年调入中科院应用物理研究所工作。同年参加研制了我国第一支锗晶体管，1958 年负

---

① 王迅. 谢希德文选[M]. 上海：上海科学技术出版社，2001：282 - 290.

② 宓正明. 汤定元传[M]. 北京：科学出版社，2011：188 - 191.

③ 何春藩. 王守觉[M]//中国科学技术协会. 中国科学技术专家传略：工程技术编：电子通信计算机卷 1. 北京：电子工业出版社，1998：500 - 510.

责研制成功我国第一支数百兆赫的锗高频扩散晶体管。1959—1963 年，负责硅平面工艺技术研究，成功研制出 5 种硅平面型晶体管，为保证“109 丙机”的研制做出了贡献。1974 年，运用自制的图形发生器自动制版技术研制出大规模集成电路掩模版。1976 年起从事新电路研究，提出了一种多值与连续逻辑高速电路——多元逻辑电路，并试用于整机。1979 年后主要从事多值与连续逻辑电路系统的研究并使之应用于实际生产当中。20 世纪 90 年代起，致力于神经网络模式识别等机器形象思维的基础理论与应用研究，研制了中国唯一一个产品化的半导体神经网络硬件系列。

王守觉于 1980 年当选为中国科学院学部委员（信息技术科学部），2000 年获何梁何利科学与技术进步奖，2002 年获台湾潘文渊文教基金杰出科研奖，曾获得国家发明奖、国家工业新产品一等奖、中国科学院重大科技成果一等奖等奖项；曾任中国科学院半导体研究所所长，中国科学院半导体研究所神经网络与形象思维实验室负责人，兼任同济大学信息工程学院名誉院长。

高鼎三

高鼎三（1914—2002），上海人。半导体物理与器件专家，微电子与光电子学家，中国工程院院士，我国半导体事业的开创者之一。[①] 1941 年毕业于西南联大物理系。1947 年赴美国加州大学物理系学习，1951 年获硕士学位。1955 年回国至东北人民大学（现为吉林大学）物理系任教，1959 年创建了当时国内唯一的半导体系。1977 年晋升为教授。在国内首先研制成锗大功率整流器、锗点接触二极管和三极管、锗光电二极管，并在研制半导体激光器、大功率晶闸管等方面取得了很大进展。

高鼎三于 1995 年当选为中国工程院院士，1978 年曾获全国科学大会奖，1988 年、1992 年先后两次获得国家发明三等奖，曾任吉林大学物理系副主任、电子工程系（原半导体系）主任、集成光电子学国家重点联合实验室学术委员会主任。

成众志

成众志（1921— ），湖南湘乡人。半导体电子学家，中国科学院半导体研究

---

① 杨崇志. 高鼎三[M]//中国科学技术协会. 中国科学技术专家传略：工程技术编：电子通信计算机卷 1. 北京：电子工业出版社，1998：218－225.

所研究员，我国半导体电子学的开拓者与奠基人。[①] 1943 年毕业于重庆中央大学电机系，1945 年赴美留学，1947 年在哈佛大学电信工程系获硕士学位。1952 年在美国无线电公司(RCA)沙莫夫研究中心从事半导体电子学研究，提出了晶体管等效电路的 H 参数，并与电子学专家罗无念等人合作出版了专著《晶体管电子学》(*Transistor Electronics*)，该书成为国际半导体电子学界的经典著作。1955 年回国后，在国家《1956—1967 年科技发展远景规划》的制定中，参加了"电子学"、"半导体"两个规划小组的工作，编写了"半导体电子学"的规划内容。他培养的科研队伍完成了用于"东方红一号"卫星测轨的"微波信标机"研制任务，为我国固体高速脉冲、微波倍频技术和航天事业的发展做出了突出贡献。

黄敞

黄敞(1927—)，江苏无锡人，生于沈阳市。航空航天部研究员，我国航天微电子与微计算机技术研究的开拓者之一。[②] 1947 年毕业于清华大学电子系，1948 年自费赴美留学。1950 年在美国哈佛大学研究院工程科学及应用物理系获硕士学位，随后开始从事微波空洞与盘体衍射的理论和实验研究，1953 年获博士学位。1953—1958 年受聘于雪尔凡尼亚半导体厂，从事半导体科学研究工作，并任美国麻省东北大学研究院兼职教授，讲授微波学原理及应用。1959 年回国，在北京大学物理系任副教授，并兼任中国科学院计算技术研究所 11 室主任、副研究员。1965 年，参与筹建中国科学院 156 工程处，从事航天微电子与微计算机研究，1978 年在七机部晋升为研究员，先后参加组建了 771 研究所和 772 研究所。这一时期，设计并成功研制了我国第一个航天集成电路系列——TTL 双极小规模集成电路系列 B↓0、B↓1，被应用于战略导弹和运载火箭上的制导计算机研制当中，领导研制了远程导弹弹用计算机。

黄敞于 1985 年荣获国家科技进步奖特等奖，曾担任七机部 771 所副所长、骊山微电子公司副总经理兼总工程师、航天部科技委员会常务委员。

王启明

王启明(1934—)，福建泉州人。半导体光电子学家，中国科学院院士，中

---

① 李锦林. 众志成城：回忆成众志先生对半导体电子学室的贡献[M]//李晋闽. 拓荒者的足迹：建所初期科技人物事迹选. 北京：科学出版社，2010：107.

② 宋立志. 名校精英　哈佛大学[M]. 呼和浩特：远方出版社，2005：157 - 167.

国科学院半导体研究所研究员。1956 年毕业于复旦大学物理系,同年任职于中国科学院应用物理研究所。1963 年起,开始致力于半导体光电子学研究,在中国首先研制成功连续激射的室温半导体激光器,先后使短波长和长波长激光器寿命突破 10 万小时,达到实用水平,还成功研制出新型 pnpn 双向负阻激光器、双向共腔(CCTS)双稳态激光器,为我国光电子事业的发展作出了重要贡献。[①]

王启明于 1991 年当选为中国科学院院士(信息技术科学部),1985 年获国家科技进步二等奖,1986 年始曾连续三次被授予国家级有突出贡献的中青年专家称号,1999 年获何梁何利科学与技术进步奖,2001 年被中国光学学会、电子学会和通信学会联合提名获我国光通信与集成光学杰出贡献奖;曾任中国科学院半导体研究所副所长及所长、集成光电子学国家重点联合实验室副主任、国家光电子技术研究中心学术委员会主任。

吴德馨

吴德馨(1936—),河北乐亭人。半导体器件和集成电路专家,中国科学院院士,中国科学院微电子研究所研究员。1961 年毕业于清华大学无线电电子工程系,同年进入中国科学院半导体研究所工作。20 世纪 60 年代初,作为主要负责人之一,在国内首先研制成功硅平面型高速开关晶体管,为成功制造 109 计算机提供了重要器件;60 年代末研制成功介质隔离数字集成电路和高阻抗运算放大器模拟电路;70 年代末研制成功 MOS4K 位动态随机存储器,在国内首先将正性胶光刻和干法刻蚀等技术运用于大规模集成电路的研制,并进行了提高成品率的研究,为我国突破大规模集成电路成品率低下的局面做出了贡献,随后又相继研制成功 16K 位和 64K 位动态随机存储器;80 年代末期自主开发成功 3 微米 CMOSLSI 全套工艺技术,用于专用电路的制造。研制成功多种专用集成电路,并研制出 VDMOS 系列功率场效应器件和砷化镓异质结高电子迁移率晶体管;90 年代研究成功 0.8 微米 CMOSLSI 工艺技术,以及 0.1 微米 T 型栅 GaAsPHEMT 器件。[②] 目前正在从事砷化镓微波集成电路和光电模块的研究。

吴德馨于 1991 当选为中国科学院院士(信息技术科学部),1999 年获国家科学技术进步二等奖,2004 年获何梁何利科学与技术进步奖,曾担任中国科学

① 余金中. 王启明[M]//中国科学技术协会. 中国科学技术专家传略:工程技术编:自动化仪器仪表卷 3. 北京:中国科学技术出版社,2007:206-216.

② 中国科学院微电子研究所官网 http://www.ime.ac.cn/skjs/zjys/200909/t20090915_2483602.html.

院微电子研究中心副主任、主任，第九届、第十届全国人大常务委员会委员。

王占国

王占国(1938—　)，河南镇平人。半导体材料物理学家，中国科学院院士，中国科学院半导体研究所研究员。1962 年毕业于南开大学物理系，同年到中国科学院半导体研究所工作，长期从事半导体材料物理研究。1980—1983 年在瑞典隆德大学固体物理系进修，从事半导体深能级物理和光谱物理研究。1986 年任中科院半导体研究所研究员。在半导体深能级物理和光谱物理研究方面取得多项成果，提出了识别两个深能级共存系统是否为同一缺陷不同能态的新方法，解决了国际学术界对于 GaAs 中 A、B 能级和硅中金受主及金施主能级的本质的长期争论，提出了混晶半导体中深能级展宽和光谱谱线分裂的物理模型，解释了它们的物理起因，提出了 GaAs 电学补偿五能级模型以及电学补偿的新判据，提出了柔性衬底的概念，开拓了大失配材料体系研制的新方向；协助林兰英首次在太空从熔体中生长出 GaAs 单晶并对其光电性质作了系统研究；领导实验组在应变自组装 In(Ga)As/GaAs、In(Ga)As/InAlAs/InP 等量子点(线)、量子点(线)超晶格材料和量子级联激光材料生长，以及大功率量子点激光器、中远红外量子级联激光器等研制方面获得了突破。[①]

王占国于 1995 年当选为中国科学院院士(信息技术科学部)，曾获国家自然科学二等奖和国家科技进步三等奖，中国科学院自然科学一等奖和中国科学院科技进步一等奖，2003 年获何梁何利科学与技术进步奖，曾任中科院半导体研究所副所长，中科院半导体材料科学重点实验室主任。

王圩

王圩(1937—　)，河北文安人。半导体光电子学家，中国科学院院士，中国科学院半导体研究所研究员。1960 年毕业于北京大学物理系，同年进入中国科学院半导体研究所工作。早期率先在国内研制成功无位借硅单晶，通过对Ⅲ-Ⅴ族化合物异质结液相外延研究，解决了高掺杂和结偏位等关键问题，为使我国 GaAs 激光器的工作温度从 77K 提高到室温作出了贡献。20 世纪 80 年代以后，

---

① 范春蕾. 记半导体材料和半导体物理学家王占国院士[M]//李晋闽. 拓荒者的足迹：建所初期科技人物事迹选. 北京：科学出版社，2010：84 - 93.

从事长波长镓铟砷磷四元双异质结激光器和动态单频激光器研究，研制出应变层多量子阱分布反馈激光器、反位相增益耦合型分布反馈激光器及其与扇形放大器单片集成的主振功放器件、电吸收调制器与分布反馈激光器单片集成器件等，为我国运用于光纤通信方面的半导体光电子器件的发展作出了贡献。①

王圩于 1997 年当选为中国科学院院士（信息技术科学部），曾获国家科技进步二等奖两项、中国科学院科技进步一等奖一项、二等奖两项。

梁骏吾

梁骏吾（1933— ），湖北武汉人。半导体材料学家，中国工程院院士，中国科学院半导体研究所研究员。1955 年毕业于武汉大学。1956—1960 年在苏联科学院冶金研究所从事高纯半导体硅单晶研究，获副博士学位，同年进入中国科学院半导体研究所工作。20 世纪 60 年代初，自行设计制造区熔炉，并研制出区熔硅单晶，纯度达到国际先进水平，获国家科委新产品二等奖和科技成果二等奖。1964 年研制成功 GaAs 液相外延材料，为我国第一支室温相干激光器的成功研制做出了贡献。1979 年研制成功应用于大规模集成电路的无位错、无旋涡、低微缺陷、低碳、可控氧量的优质硅区熔单晶。90 年代初研究 MOCVD 生长 AlGaAs/GaAs 超晶格量子阱材料，在晶体完整性、电学性能和超晶格结构控制方面，将中国超晶格量子阱材料推进到实用水平。

梁骏吾于 1997 年当选为中国工程院院士，20 世纪 80 年代其"掺氮中子嬗变硅单晶"成果获中科院科技进步一等奖。

陈良惠

陈良惠（1939— ），福建福州人。半导体光电子学家，中国工程院院士，中国科学院半导体研究所研究员。1963 年毕业于复旦大学物理系，同年进入中国科学院半导体研究所工作。主持研制成功高速硅光探测器，首次发现长波长激光器的空穴泄漏现象，提出了俄歇泄漏模型；主持研制成功我国第一支量子阱激光器，并形成系列产品，使我国光电子器件跃上量子阱结构新阶段，器件性能达到国际先进水平；20 世纪 90 年代，在中科院半导体研究所筹建国家光电子器件

---

① 黄瑛. 记半导体光电子学家王圩院士[M]//李晋闽. 拓荒者的足迹：建所初期科技人物事迹选. 北京：科学出版社，2010：102.

工程研究中心并通过验收,使之成为我国国家级光电子器件的研发和产业化基地。[①]

陈良惠于1999年当选为中国工程院院士,曾获国家科技进步奖二等奖两项、三等奖两项、中国科学院科技进步一等奖三项,曾任半导体研究所副所长、光电子器件国家工程研究中心主任。

王迅

王迅(1934—),江苏无锡人。物理学家,中国科学院院士,复旦大学物理系教授。1956年毕业于复旦大学物理系。1958年随导师谢希德赴北京大学参加"五校联合半导体专门化"培训班工作。1960年复旦大学物理系研究生毕业后,留校从事半导体物理学和表面物理学的教学、科研与学科建设工作。对半导体表面与界面的结构和电子态作了系统研究,其中对InP极性表面进行了开拓性研究;发现多孔硅的光学非线性现象,并实现了多孔硅的蓝光发射,被国际上称为1992年多孔硅研究的6项进展之一;发现多孔硅发光峰位钉扎现象,测量了多孔硅/硅界面的能带偏移;在高质量锗硅超晶格的研制、锗硅量子阱和量子点物理特性的研究、新型硅锗器件的合作研制等方面做出了多项创新性成果。[②]20世纪90年代初,负责筹建了复旦大学应用表面物理国家重点实验室。

王迅于1999年当选为中国科学院院士(数学物理学部),1998年获得何梁何利科学与技术进步奖,2002年获得国家自然科学二等奖;曾担任复旦大学应用表面物理国家重点实验室主任、复旦大学学术委员会副主任,国际纯粹与应用物理联合会(IUPAP)半导体委员会委员(1993—1999)。

秦国刚

秦国刚(1934—),江苏昆山人,出生于江苏南京。半导体材料物理学家,中国科学院院士,北京大学物理学院教授。1956年毕业于北京大学物理系。同年师从黄昆从事固体物理研究,1961年研究生毕业,留校从事半导体材料物理研究。在半导体杂质与缺陷研究中,最早揭示硅中存在含氢的深中心,发现了在含氢的硅材料中主要辐照缺陷的退火消失温度基本相同,发现了氢能够显著影

---

① 中国科学院半导体研究所官网 http://sourcedb.semi.cas.cn/zw/rczj/yszj/200907/t20090730_2285807.html.

② 两院院士资料库 http://www.people.com.cn/GB/keji/25509/29829/2095732.html.

响金属与硅接触的肖特基势垒高度；对于多孔硅和纳米硅镶嵌氧化硅的光致发光机制，提出了“量子限制-发光中心模型”解释，得到国际同行的广泛认同；发现了p型硅衬底上氧化硅发光中心的电致发光现象，提出了电致发光来自氧化硅中发光中心，设计并研制出一系列硅基电致发光新结构，所提出的电致发光机制模型被学界同行广泛引用。①

秦国刚于2001年当选为中国科学院院士(信息技术科学部)，曾获国家教委科技进步一、二等奖，2007年获国家自然科学二等奖一项。

王阳元

王阳元(1935—)，浙江宁波人。光电子学家，中国科学院院士，北京大学信息科学技术学院教授，我国硅栅N沟道MOS集成电路技术的开拓者之一。1958年毕业于北京大学物理系，同年留校任教。1982—1983年在美国加州大学伯克利分校访问学习。20世纪70年代，主持研制成功我国第一块3种类型(硅栅N沟道、硅栅P沟道、铝栅N沟道)1024位MOS动态随机存储器。80年代，提出了多晶硅薄膜“应力增强”氧化模型、多晶硅薄膜氧化特征参量与工程应用方程；基于晶粒间界陷阱模型，提出了载流子迁移率随掺杂浓度变化关系，发现了磷掺杂对固相外延速率的增强效应以及$CoSi_2$栅对器件抗辐照特性的改进作用。1990年以后，提出了硅单晶薄膜器件浮体效应模型和相关工艺设计技术，与合作者提出了反映多晶硅发射极晶体管物理特性的解析模型，并研发了先进双极集成电路工艺技术；领导了我国第一个集成化的VLSI计算机辅助设计(ICCAD)系统的研制，使我国能自行开发大型ICCAD工具，并且领导建设成功我国第一条12英寸纳米级集成电路生产线，使集成电路大生产技术达到国际先进水平。②

王阳元于1995年当选为中国科学院院士(信息技术科学部)，曾获全国科学大会奖一项、国家科技进步二等奖一项、国家教委科技进步一等奖一项，2003年获何梁何利科学与技术进步奖；曾任北京大学微电子学研究院院长，微电子学系主任。

---

① 两院院士资料库 http://www.people.com.cn/GB/keji/25509/29829/2095732.html.

② 王阳元.王阳元小传[M]//王阳元文集.北京：北京大学出版社，1998：Ⅰ-Ⅲ.

陈星弼

陈星弼(1931—　),出生于上海。半导体器件及微电子专家,电子科技大学教授,中国科学院院士。1952年毕业于同济大学,其后曾任职于厦门大学、南京工学院。1956年至今,在成都电讯工程学院、电子科技大学工作。1980—1981年,先后在美国俄亥俄州立大学、加州大学伯克利分校做访问学者。20世纪50年代,对漂移晶体管的存贮时间问题最早作了系统的理论分析,提出了新的电荷法基本方程、不均匀介质中镜像电荷方程等;80年代以来,从事半导体电子器件的理论与结构创新方面的研究,从理论上解决了提高p-n结耐压的平面及非平面工艺的终端技术问题,作出了理论分析解,对MOS功率管的导通电阻与耐压性能方面的问题的解决作出了重要贡献,发明了3种耐压层的新结构,提高了功率器件的综合性能。①

陈星弼于1999年当选为中国科学院院士,先后任电子科技大学微电子科学与工程系主任、微电子研究所所长。1996年获国家发明四等奖,1998年获国家科技进步三等奖。

阙端麟

阙端麟(1928—　),福建福州人。半导体材料专家,中国科学院院士,浙江大学教授。1951年毕业于厦门大学。1953年起先后任职于浙江大学电机工程学系、无线电系、材料科学与工程学系。1964年,首先用硅烷法制成纯硅及高纯硅烷,负责并领导了极高阻硅单晶的研制,并成功研制出探测器级硅单晶;在硅单晶电学测试方面,进行了新的测试方法和理论研究,提出了双频动态电导法和间歇加热法测试硅材料导电型号;发展了单色红外光电导衰减寿命的测试技术和理论,研制生产了仪器,使硅单晶工业产品寿命测试仪全部国产化;20世纪80年代,首先提出用氮作为保护气直拉硅单晶技术,生产出优质低成本硅单晶,开辟了微氮直拉硅单晶基础研究工作。②

阙端麟于1991年当选为中国科学院院士(信息技术科学部),1989年获国家发明奖二等奖一项,1990年获全国"五一"劳动奖章,先后任浙江大学半导体

---

① 电子科技大学党委宣传部.中国半导体功率器件领路人:中国科学院院士陈星弼传略[M].成都:电子科技大学出版社,2010.

② 中国科学院学部与院士 http://sourcedb.cas.cn/sourcedb_ad_cas/zw2/ysxx/xxjskxb/200906/t20090624_1807755.html.

材料研究所所长、浙江大学副校长等职，担任过第六届全国政协委员。

许居衍

许居衍(1934—)，福建福州人，生于福建闽侯。微电子技术专家，中国工程院院士，中国电子科技集团公司第五十八所研究员。1957 年毕业于厦门大学，曾在北京大学参加“五校联合半导体专门化”培训班学习。1958 年，进入国防部第十研究院第十研究所工作，1961 年任职于中国电子工业部第十三研究所。20 世纪 60 年代，研制成功中国第一代单片硅平面集成电路，成功研制出高速发射极分流限制饱和逻辑电路、集成注入肖特基逻辑电路等创新结构，为发展我国集成电路事业做出了贡献；70 年代，参与创建了中国第一个集成电路专业研究所——第二十四研究所，并筹建大规模集成电路新工艺，成功研制出离子注入新工艺和计算机辅助制版系统，为 4 096 位动态随机存储器等多种大规模集成电路的研制奠定了技术基础；80 年代，参与筹建电子工业部无锡微电子研究中心(后称电子科技集团公司第五十八研究所)工作，并促成了无锡微电子联合公司的建立；90 年代，在“1～1.5 μm 大生产技术优化”研究方面取得了重要成果。

许居衍于 1995 年当选为中国工程院院士，曾获全国科学大会奖、国家科技进步二等奖。

郑有炓

郑有炓(1935—)，福建大田人。半导体材料与器件物理学家，中国科学院院士，南京大学物理系教授。1957 年毕业于南京大学物理系。1956 年在北京大学参加“五校联合半导体专门化”培训班学习，毕业后留南京大学任教。1984—1986 年在美国纽约州立大学(布法罗)访问学习。主要从事半导体异质结构材料、器件及物理研究，在Ⅲ族氮化物异质结构、锗硅异质结构、硅基纳米结构材料及其器件应用等方面取得了一系列创新成果：发展了生长锗硅、Ⅲ族氮化物异质结构材料的光辐射加热技术，成功研制了多种新器件，研制成铁磁/半导体异质结构的新体系；发现锗硅合金应变诱导有序化新结构，提出了新模型；揭示了Ⅲ族氮化物异质结构的极化、二维电子气的相关性质；发现了 CdTe/InSb 异质结构二维电子气占据子带的规律，开拓了Ⅱ-Ⅵ/Ⅲ-Ⅴ族异质体系二维电子气的研究领域。①

郑有炓于2003年当选为中国科学院院士(信息技术科学部),曾获国家自然科学二等奖一项、国家技术发明奖三等奖一项。

甘子钊

甘子钊(1938—　),广东信宜人。物理学家,中国科学院院士,北京大学物理系教授。1959年毕业于北京大学物理系。同年师从黄昆从事半导体物理研究,1963年研究生毕业后留校任教。在半导体中的隧道效应研究方面,解释了锗材料中隧道过程的物理机理;在二氧化碳气体激光器和燃烧型气体动力型激光器的研制,以及气体激光器频率特性等方面的理论与实验研究方面的工作,对于我国大能量气动激光技术的发展作出了贡献;提出了多原子分子多光子离解的物理模型,发展了光在半导体中相干传播的理论,并在凝聚态物理的一些前沿研究方面作出了一定的贡献。② 1991—1994年,负责筹建了人工微结构和介观物理国家重点实验室。

甘子钊于1991年当选为中国科学院院士(数学物理学部),曾任国家超导专家委员会首席科学家,北京大学固体物理研究所所长,北京现代物理中心副主任,曾担任全国政协第九、第十届常务委员。

沈学础

沈学础(1938—　),江苏溧阳人。物理学家,中国科学院院士,中国科学院上海技术物理研究所研究员。1958年毕业于复旦大学物理系。同年,去中国科学院上海技术物理研究所工作,1979—1981年在德国马普研究所学习。提出并首先实现了光调制共振激发谱、高压下调制吸收光谱、带间跃迁增强与诱发回旋共振,使对一些弱固体光谱现象的观测研究成为可能;观察到半导体晶体中新一类局域化振动模,发展了固体中杂质振动理论,发现半磁半导体中d电子和p电子态间杂化现象,首先测定了塞曼杂化态波函数的混合与重组;观测和测定了GaAs调制掺杂多层结构的量子化能级,通过实验证明了这种结构可以形成超

---

① 中国科学院学部与院士 http://sourcedb. cas. cn/sourcedb _ ad _ cas/zw2/ysxx/xxjskxb/200906/t20090624_1807680. html.

② 中国科学院学部与院士 http://sourcedb. cas. cn/sourcedb _ ad _ cas/zw2/ysxx/sxwlxb/200906/t20090624_1792067. html.

晶格和量子阱；同时，通过研究发展了获取光热电离谱的方法，并将硅光热电离光谱灵敏度提高了1～2个数量级，成为目前超纯材料浅杂质检测的首选方法之一。①

沈学础于1995年当选为中国科学院院士(数学物理学部)，曾获国家自然科学三等奖，获中国科学院自然科学一等奖二项，1990年、1994年两次获国家“金牛奖”，2002年获何梁何利科学与技术进步奖，2006年获国际电磁波科学领域最高奖——“巴顿奖”。曾任红外物理国家重点实验室主任，现任上海大学理学院院长。

夏建白

夏建白(1939—)，江苏苏州人。半导体物理学家，中国科学院院士，中国科学院半导体研究所研究员。1962年毕业于北京大学物理系。同年师从黄昆从事半导体物理研究，1965年研究生毕业，并留校任教。1970年起在西南物理研究院从事等离子体物理研究，1978年调至中国科学院半导体研究所从事半导体和凝聚态物理等领域的研究，在发展半导体超晶格、微结构电子态理论方面作出了创造性的贡献。在低维半导体微结构电子态的量子理论及其应用方面进行了系统的研究，提出量子球空穴态的张量模型，获得重轻空穴混合的本征态，发现了光跃迁选择定则；提出介观系统的一维量子波导理论，对任意复杂的一维介观系统给出了直观、简单的物理图像和解析结果；提出(11N)取向衬底上生长超晶格的有效质量理论，解决了一大类非(001)取向衬底上生长超晶格的空穴子带的理论问题；提出了计算超晶格电子态的有限平面波展开方法，用赝势理论研究了长周期超晶格，解决了用平面波方法计算大元胞晶体电子态的困难；提出了半导体双势垒结构的空穴隧穿理论，发展了多通道的传输矩阵方法。

夏建白于2001年当选为中国科学院院士(信息技术科学部)，曾获国家自然科学二等奖三项、中国科学院自然科学一等奖两项，2005年获何梁何利科学与技术进步奖。

郑厚植

郑厚植(1942—)，江苏常州人。物理学家，中国科学院院士，中国科学院

---

① 何梁何利基金评选委员会.物理学奖获得者:沈学础[M]//何梁何利奖:2002.北京:中国科学技术出版社,2003:31-33.

半导体研究所研究员。1965 年毕业于清华大学无线电电子学系，被分配到中国科学院半导体研究所工作。1979—1981 年，在德国慕尼黑工业大学从事二维电子气物理研究。1983—1986 年，在美国普林斯顿大学与著名物理学家崔琦教授进行合作研究，揭示了量子霍尔电势在导电沟道中的分布特性，证实了在宽沟带样品中霍尔电流是由体内承担、边缘态不起重要作用，并最早发现了量子霍尔效应的尺寸效应，揭示了窄道样品中朗道电子态局域化的特异行为。1986 年以后，在国内率先开展了低维半导体结构输运物理方面的多项开创性研究，与英国桑顿（Thornton）同时独立提出了分裂栅控技术，并用此技术实现了具有高迁移率的一维异质结量子线，这被认为是近年来国际上在低维半导体结构物理方面重要的先驱性工作；在空穴多体作用诱导的磁阻现象、量子霍尔区的磁阻现象、量子霍耳区的扩散系数、各类共振隧穿现象、朗道态密度测量和低维激子光谱研究等方面取得了多项有价值的成果；研制了可调谐量子点微腔探测器、光存储探测器等新器件。[1] 1988—1991 年，负责筹建了半导体超晶格国家重点实验室。

郑厚植于 1995 年当选为中国科学院院士（数学物理学部），获中国科学院自然科学一、二等奖各一项，曾担任半导体超晶格国家重点实验室主任、中国科学院半导体研究所所长，现任北京邮电大学理学院院长。

朱邦芬

朱邦芬（1948—　），江苏宜兴人。物理学家，中国科学院院士，清华大学物理学院教授。1970 年毕业于清华大学工程物理系。1981 年获清华大学固体物理学硕士学位，同年就职于中国科学院半导体研究所，1989 年担任研究员。在半导体所工作期间，他与黄昆合作提出了半导体超晶格光学声子模式理论（国际学术界称作“黄-朱模型”）；他还建立了量子阱中激子旋量态波理论，给出了量子阱中激子光跃迁选择定则，并与黄昆等合作建立了一个系统的量子阱中拉曼散射的微观理论，在国际上具有较大影响，该理论所预言的外电场下拉曼散射的特点、宇称禁戒激子态对拉曼散射的重要贡献，均被实验证实。[2] 他提出了时间域介观物理概念，并通过与学生合作研究，提出了半导体中动力学法诺（Fano）共

---

① 中国科学院半导体研究所院士介绍 http://sourcedb.cas.cn/sourcedb_semi_cas/zw/rczj/sxkxj/200907/t20090729_2282927.html.

② 中国科学院学部与院士 http://sourcedb.cas.cn/sourcedb_ad_cas/zw2/ysxx/sxwlxb/200906/t20090624_1791955.html.

振原理，预言了激子稳化现象；并在低维结构的电子态、输运性质等其他多个领域进行了开创性的研究工作。[①]

朱邦芬于2003年当选为中国科学院院士（数学物理学部），1995年获香港求是科技基金会杰出青年学者奖，曾获国家自然科学奖二等奖两项、中科院自然科学奖一等奖一项，曾担任清华大学物理系主任，清华大学理学院院长。

孔梅影

孔梅影（1934—　），上海人。中国科学院半导体研究所研究员，我国半导体低维结构材料研究领域的主要奠基人和开拓者之一。1956年毕业于四川大学物理系，并留校任教，1963年进入中国科学院半导体研究所工作，1982年曾赴英国电信研究所进行合作研究。20世纪80年代，负责研制了多种型号的分子束外延（MBE）设备，在国内首次生长出高纯MBEGaAs单晶薄膜和调制掺杂的异质结、量子阱、超晶格等材料，研制出国内领先水平的高电子迁移率晶体管材料；90年代初参与研制成功Ⅳ型MBE设备，并负责研制出我国第一台气态源分子束外延设备，进一步提高了我国MBE技术水平，也打破了国外在该领域对我国的技术禁运。[②]

孔梅影曾获国家科技进步二等奖两项、三等奖两项，获得中国科学院科技进步一等奖三项、国家“七五”科技攻关重大成果奖一项、国家“八五”科技攻关重大成果奖两项。

刘式墉

刘式墉（1935—　），辽宁锦西人。吉林大学教授。1958年毕业于东北人民大学（现吉林大学）物理系。长期从事信息光电子学的研究，在光波导器件物理、半导体激光器及物理、光电子集成器件、有机发光器件及物理、聚合物AWG和多晶硅TFT阵列设计及其版图人工布图等方面做了一些创新性工作。曾获教育部一等奖一项，二等奖两项，中国高校自然科学二等奖一项，吉林省科技进步一等奖一项。

---

① 清华大学物理系官网 http://166.111.26.11:8080/chinese/personnel/profile.php?id=42.

② 孔梅影.开拓和发展我国的分子束外延研究新领域[M]//李晋闽.拓荒者的足迹：建所初期科技人物事迹选.北京：科学出版社，2010：219－225.

黄美纯

黄美纯(1937—　),出生于福建泉州。厦门大学物理系教授。1958年毕业于北京大学物理系半导体物理专业,后任教于厦门大学物理系;1962—1964年曾在复旦大学物理系谢希德教授研究组进修学习,1981—1983年在美国西北大学物理系弗里曼(Freeman)教授研究组进行学术访问。长期从事半导体物理方面的教学和研究工作,与合作者一起发展了计算开结构共价半导体化合物及其混晶电子结构的理论和方法;用第一性原理FLAPW方法澄清了C_{15}结构金属间化合物的磁性和超导性的来源和特性;发展了计算半导体异质结界面能带带阶的新方法——平均键能理论,确定了一系列晶格匹配及失配的异质组合的带阶行为;发展了光信息处理中的分数变换理论;在硅基光电子新材料的设计中提出了一种可获得直接带隙硅基光发射材料的计算设计新原则,设计了有特殊性能的硅基新材料。

黄美纯曾任厦门大学物理系副主任、主任,曾获国家教委科技进步奖和国防科工委光华科技奖。

陈治明

陈治明(1945—　),四川重庆人。西安理工大学教授。1969年毕业于北京机械学院工程经济系,同年留校在半导体材料与器件教研室任教。1978年考入中国科学院半导体研究所,师从林兰英攻读研究生,1981年获硕士学位,1982年曾赴加拿大西安大略大学学习。1986年回西安理工大学任教,长期从事半导体材料与器件的教学与研究工作。

陈治明先后获省、部级科技进步二等奖三项,历任西安理工大学副校长、校长等职。

李树深

李树深(1963—　),河北保定人。半导体器件物理学家,中国科学院院士,中国科学院半导体研究所研究员。1983年毕业于河北师范大学物理系。1989年在西南交通大学获硕士学位,1996年在中国科学院半导体研究所获得博士学位。先后在日本NEC电器株式会社筑波研究所、意大利国际理论物理中心和香港科技大学物理系进行光电子器件方面的研究。主要从事半导体低维量子结构中的器件物理基础研究,提出了一种解释半导体耦合量子点(环)电子态结构的物理模型，发现了半导体量子点电荷量子比特真空消相干机制，发展了电子通过半导体量子点的量子输运数值计算方法。[①]

李树深于2011年当选为中国科学院院士(信息技术科学部)，2004年、2009年先后两次获国家自然科学奖二等奖，2011年获何梁何利科学与技术进步奖，现任中国科学院半导体研究所所长，半导体超晶格国家重点实验室主任。

陆昉

陆昉(1957—)，江苏无锡人，生于上海。复旦大学物理系教授。1979年毕业于复旦大学物理系。1982年在复旦大学获微电子专业硕士学位，同年留校任教，其后又师从王迅从事凝聚态物理研究，1995年获博士学位。1986—1988年，在美国纽约州立大学奥尔巴尼分校做访问研究；1996—1998年，在日本东北大学金属材料研究所做访问研究。主要在半导体材料中的深能级缺陷以及半导体异质结、量子阱、超晶格结构材料的光电特性等方面进行了系统研究。

陆昉于2002年获得国家自然科学进步二等奖，曾任复旦大学物理系主任，复旦大学副校长。

侯晓远

侯晓远(1959—)，山东肥城人。复旦大学物理系教授。1982年毕业于复旦大学物理系，同年师从谢希德从事凝聚态物理研究，1987年获博士学位，并留校任教。1988年和1993年两次获德国洪堡研究奖学金作为访问学者赴德国杜依斯堡大学固体物理实验室进行合作研究。主要从事低维凝聚态物理研究，研究方向包括有机半导体薄膜物理与器件、硅基纳米材料与物理、人工低维功能材料物理等。

侯晓远于1996年获得求是科技基金会杰出青年学者奖、上海市自然科学牡丹奖，曾获国家教委科技进步二等奖四项，曾任复旦大学应用表面物理国家重点实验室主任。

金晓峰

金晓峰(1962—)，复旦大学物理系教授。1983年毕业于复旦大学物理

① 中国科学院半导体研究所官网 http://sourcedb.semi.cas.cn/zw/rczj/yszj/201112/t20111222_3416277.html.

系，同年师从谢希德和张开明从事凝聚态物理研究，1989 年获博士学位，并留校任教。1990—1991 年先后在法国同步辐射中心、瑞典查尔姆斯(Chalmers)大学做博士后研究；1994—1996 年在美国加州大学伯克利分校做访问学者。1999 年任教育部长江学者奖励计划特聘教授，主要从事半导体和金属的表面与界面、同步辐射应用以及表面与超薄膜磁学方面的研究。

金晓峰于 1998 年获得求是科技基金会杰出青年学者奖，曾获国家教委科技进步二等奖二项，曾任复旦大学物理系主任，复旦大学应用表面物理国家重点实验室主任。

资剑

资剑(1964—　)，四川成都人。复旦大学物理系教授。1985 年毕业于复旦大学物理系，同年跟随谢希德和张开明攻读固体物理专业研究生，先后获得理学硕士与博士学位，1992—1994 年在德国明斯特大学做博士后研究。曾先后在意大利国际理论物理中心、日本通产省融合学科研究所、美国艾姆斯国家实验室、日本东北大学、香港科技大学等学术机构做访问研究。在半导体低维结构研究中建立了纳米颗粒振动特性和拉曼谱的微观理论模型；在液体表面波研究方面，首次观察到超透镜现象和负折射现象；在光子晶体研究方面，揭示了孔雀羽毛绚丽色彩产生的物理机理，引起了国际科技媒体的关注。

资剑于 1993 年获教育部科技进步二等奖，1998 年获国家人事部、中组部、中国科协颁发的国家青年科技奖，2001 年被科技部聘为 973 项目首席科学家，同年入选教育部“长江学者奖励计划”特聘教授。

杨辉

杨辉(1961—　)，中国科学院苏州纳米技术与纳米仿生研究所研究员。1982 年毕业于北京大学无线电系，同年考取中国科学院半导体研究所研究生，先后于 1985 年和 1991 年获得硕士、博士学位。1993—1996 年，在德国柏林 P-D 固态电子学研究所(Paul-Drude-Institute for Solid State Electronics)任博士后和客座研究员，1997 年被中国科学院半导体研究所聘为研究员，2006 年开始筹建中国科学院苏州纳米研究所。主要从事Ⅲ-Ⅴ族化合物半导体的材料生长、物理分析及器件研究，成功研制出我国第一只立方相 GaN 蓝色发光二极管器，提出了立方相 GaN 材料生长的外延异质成核模型，发现立方相 GaN 的 3 种表面再构并且提出了相应表面原子再构模型，提出了新型高效 p 型掺杂的反应原子共掺杂原理等。[①]

杨辉获中国科学院科学技术进步二等奖两项，1998 年获"国家杰出青年基金支持"，2002—2006 年曾任中科院半导体所副所长，现任中国科学院苏州纳米技术与纳米仿生研究所所长。

牛智川

牛智川(1963—)，山西太原人。中国科学院半导体研究所研究员。1991 年获得清华大学物理系硕士学位，1996 年获得中科院半导体所半导体物理与器件物理专业博士学位。曾留学德国与美国。主要从事半导体低维材料、受限光电子体系量子效应和光电量子信息器件方面的研究，采用单原子层循环外延温度调制技术获得高密度 1.3 微米 InAs/GaAs 自组织量子点，研制成功量子点激光器；通过极低密度量子点可控生长方法，研制成功液氮温度电驱动量子点单光子发射器件；发明 N 等离子源真空控制装置，突破了 GaInAsNSb 异质结材料生长技术难题，研制成功 1.3～1.5 微米 GaInAsN/GaAs 量子阱激光器；利用 In 组分线性控制 InGaAs/GaAs 异变结生长技术，研制成功低阈值 1.33 微米 InGaAs/GaAs 异变量子阱激光器和 1.55 微米 InGaAsSb/GaAs 异变量子阱激光器；通过优化 Sb 诱导分子束外延方法，生长出 GaAs 基长波长 InGaAs 异变量子阱、InAs 量子点和 InAs/GaSb 超晶格。[②]

牛智川于 2001 年获国家自然科学奖二等奖，1999 年入选中科院"百人计划"，2004 年入选"新世纪百千万人才工程"国家级人才，2006 年获得"国家杰出青年科学基金"。

李京波

李京波(1971—)，湖南道县人。中国科学院半导体研究所研究员。1994 年毕业于湖南师范大学。1997 年在华南师范大学获硕士学位，并于 2001 年在中国科学院半导体研究所凝聚态物理专业获博士学位。2001—2004 年，在美国

---

① 中国科学院半导体研究所官网 http://sourcedb.cas.cn/sourcedb_semi_cas/zw/rczj/yjsds/200907/t20090730_2285706.html.

② 中国科学院半导体研究所官网 http://sourcedb.semi.cas.cn/zw/rczj/brjh/200907/t20090730_2285767.html.

伯克利劳伦斯国家实验室做博士后研究；2004—2007年，任美国再生能源国家实验室助理研究员；2007年担任半导体研究所研究员。从理论上研究了形状对纳米团簇电子态的影响，并且对相关的实验进行了解释；与合作者提出了电荷补偿(Charge Patching)方法，实现了上万原子的第一性原理精度计算，该方法特别适用于大原胞的半导体合金和纳米团簇的大规模计算；对半导体掺杂机制研究，提出了GaN和ZnO等实现p型掺杂的实验模型，并用第一性原理进行计算，获得国际同行的广泛关注；预言了CdS量子点比CdSe量子点更容易观察到“暗激子现象”，该预言被美国芭芭拉(P. F. Barbara)教授的实验小组所证实。[①]

李京波于2007年入选中国科学院“百人计划”，2009年获国家杰出青年基金。

① 中国科学院半导体研究所官网 http://sourcedb.semi.cas.cn/zw/rczj/brjh/201004/t20100429_2835089.html.

第四章　当代中国高能实验物理学家学术谱系

高能物理是研究物质的基本组元及其相互作用规律的一门科学，是当今物理学乃至自然科学中最前沿的学科之一，其发展对于一系列基础科学和应用科学具有很大的推动作用。自 1901 年颁发诺贝尔奖至今，180 余位诺贝尔物理奖获得者中，约有 50 余位与高能物理研究相关(其中从事实验研究与技术发明者约占 2/3，理论研究者约占 1/3)，使得高能物理学科成为物理学中获诺贝尔奖最多的一门分支。“高能物理”与“粒子物理”是基本重合的概念范畴，两者在大多数场合下通用。实验家惯于使用“高能物理”，而理论家则倾向于使用“粒子物理”。本书亦基本沿此惯例。

高能物理学科在中国起步较晚，对于核物理有着较长的依附性。在高能加速器发展迟缓的情况下，我国高能物理发展早期走过了一段“理论先行”的道路。发展高能实验物理或凭宇宙线观测，“靠天吃饭”；或依托中外交流，“寄人篱下”。

本章以及下一章将分别讨论我国高能实验物理学家与理论粒子物理学家的学术谱系。

第一节　中国高能实验物理学的发展历程

学科基础薄弱，物质手段匮乏，使得高能物理学科在我国的建立与发展历经坎坷，具有与其他国家不同的特色，且在其每一个领域、每一个发展阶段都各具特色，各有其经验与教训。以下从高能物理学科在中国的萌芽与奠基、学科机构与人才队伍建设、研究设备建设、实验研究进展，以及学科发展特点等几个方面展开论述。

一、萌芽与奠基

新中国成立之前，高能物理还未形成一个独立的学科，尚处于萌芽阶段。一批中国留学生在西方发达国家参与了前沿的亚原子物理实验研究，在回国之后为中国高能物理学科的建立与发展奠定了基础。

（一）20世纪上半叶国际亚原子物理研究的进展

20世纪上半叶，正值现代物理学蓬勃发展的阶段。自相对论与量子力学创立以来，原子物理、原子核物理相继得到飞速发展，在此基础上，高能物理学也随之萌芽、产生了。

在早期的原子物理、原子核物理研究中，电子、光子、质子、中子先后被发现，“基本粒子”的概念逐渐形成。而为了研究高速运动的微观粒子，人们将相对论与量子力学有机结合，发展出量子场论等一些高层次的理论。通过量子场论的研究，物理学家先后预言了正电子、介子等粒子的存在。这些预言结果都通过对宇宙射线的研究而得到证实。

在研究微观粒子的过程中，首先不可或缺的是探测技术的运用，而依靠验电器计数、照相底片显影等进行粒子观测的手段也越来越不能满足精确实验的需要，于是人们发明了各种粒子探测器。早期的基本粒子研究对象基本局限于核反应中的放射线与宇宙射线，其能量及强度受到很大限制。为此，物理学家发明了各种类型的粒子加速器，以便于得到研究所需的高能量粒子，由此推动了粒子加速技术的发展。

经过第二次世界大战的推动，原子核物理也得到了迅猛发展。随着核物理研究的深入及其水平的提高，逐渐形成了一个独立的研究方向，并发展成一个新的物理学分支学科——高能物理学，其理论基础和实验手段与核物理学一脉相承，并很快成为现代物理学研究的最前沿领域之一。

（二）早期中国学者的基本粒子实验研究

20世纪早期，中国人在亚原子物理领域所做出的贡献，基本上都是赴海外深造的一些留学生、访学人员在国外完成的。

自近代科学传入中国以来，我国早期从欧美留学归来的物理学家当中，从事实验研究者居多。受这些前辈的影响，20世纪30年代前后主修物理的留学生中，大多从事实验物理研究。留学、访学期间，在亚原子物理领域做出突出成绩者，有赵忠尧（1902—1998）、王淦昌（1907—1998）、张文裕（1910—1992）等。

赵忠尧在美国攻读博士期间（1927—1930），通过实验测量发现，硬 γ 射线只有在轻元素上的散射才符合克莱因-仁科（Klein-Nishina）公式的预言；而当硬 γ 射线通过重元素时，他测得的吸收系数比公式的结果大了约 40%。之后他又发现，伴随着硬 γ 射线在重元素中的反常吸收，还存在一种各向同性的特殊辐射，其能量大约等于一个电子的质量。后来人们认识到，赵忠尧与英、德的两个实验组同时发现的硬 γ 射线的反常吸收是由于部分硬 γ 射线经过原子核附近时转化为正负电子对；而赵忠尧首先发现的特殊辐射则是一对正负电子湮灭并转化为一对光子的湮灭辐射。这一研究工作为正电子的发现做出了贡献。

王淦昌在德国攻读博士学位期间（1930—1934），曾向其导师迈特纳建议用云室做探测器重新研究法国物理学家玻特所发现的贯穿辐射（中子），但这一建议未被迈特纳所接受，从而失去了发现中子的机会。他还曾以精确的实验结果证实了美籍奥地利物理学家泡利关于 β 衰变连续谱有明晰上限的预言。为了确证中微子的存在，1941 年，跟随浙江大学迁至四川湄潭工作的王淦昌发表文章建议，可以避开普通 β 衰变过程末态存在三体，以至于反冲元素电离效应过小的反应（$A \rightarrow B + e^{+} + \nu$），而选择反应末态只有二体的 K 电子俘获过程（$A + e^{-} \rightarrow B + \nu$），通过测量反冲元素的能量即知中微子的质量。王淦昌的论文发表两个月之后，美国物理学家阿伦即根据这个建议，实验证实了中微子的存在。

张文裕在美国普林斯顿大学工作期间（1943—1949），与罗森布鲁姆（S. Rosenblum）合作建造了一台 α 粒子能谱仪，并利用这台谱仪测量了几种放射性元素的 α 粒子能谱，用多丝 α 火花室或核乳胶片做记录。当 α 粒子进入由八根丝组成的 α 火花室时，肉眼可以看见火花，这就是最早的多丝火花室探测器。张文裕还自制了一套记录宇宙线的云室系统，进行 μ 子被物质吸收的研究。他得出了 μ 子和原子核没有强作用的结论，并发现了 μ 原子，从而开创了奇异原子的研究领域。

除了上述三位在基本粒子实验研究中获得重要成就之外，霍秉权（1903—1988）在英国对于威尔逊云室的改进，郭贻诚（1906—1994）、梅镇岳（1915—2009）分别在美国、加拿大所从事的宇宙线研究，谢家麟（1920— ）在美国进行的电子直线加速器的研制，都取得了一定成果。

（三）新中国成立前国内高能物理研究的薄弱基础

早期出国留学的中国学者基本上没有机会接触新兴的亚原子物理学。自

20 世纪 30 年代之后，赵忠尧、王淦昌、张文裕、霍秉权等陆续从国外学成归来，才将原子核物理及有关宇宙线与基本粒子的知识带到中国。在新中国成立之前，中国能形成一个薄弱的亚原子物理研究基础，大多归功于上述一些留学海外的学者归国之后所做出的努力。

赵忠尧自 1932 年回国后，先后任职于清华大学、云南大学、西南联合大学与中央大学。在其回国之初，国内核物理研究尚属空白。他和清华大学物理系的同事们积极组建核物理实验室，在极其简陋的条件下，进行 γ 射线、人工放射性与中子共振等一系列前沿的、开创性的研究工作。直至西南联大期间，赵忠尧还在做一些关于核物理的实验研究。赵忠尧在德国时，曾联系聘请了一名技工到清华大学，协助制作小型云室等科研设备。而盖革计数器之类简单设备则自己动手制作。钱三强、何泽慧、彭桓武、张宗燧、梅镇岳等就是他在这一时期培养的学生。

张文裕于 1938 年回国之后不久，受南开大学之聘，也任教于西南联合大学。他首次为研究院讲授“放射性与原子核物理”课程，并努力开展研究工作。张文裕曾与赵忠尧计划建造一台静电加速器，但由于条件限制而未果，后来他们就用盖革-米勒(Geiger-Müler)计数器做了一些宇宙线方面的研究工作。张文裕带着年轻人自己吹玻璃做盖革计数管，用以测量宇宙线强度随天顶角和方位角的变化，研究结果在中国物理学会的年会上做了报告。另外，他还与妻子王承书合作进行了一些核物理研究。

此外值得一提的是，霍秉权自 1935 年起在清华大学、西南联大任教期间，仍没有放弃云室研究。他自制小云室，并在此基础上做成了“双云室”，以结合计数管探测宇宙射线。

从清华大学到西南联大，几位在国外受过扎实训练且卓有成就的核与粒子物理研究者，不仅填补了在该领域国内研究的空白，亦造就了一批优秀人才。除李政道、杨振宁外，朱光亚、邓稼先、肖健、郑林生、黄祖洽等都是西南联大的学生，他们后来之所以能在亚原子物理领域取得令人瞩目的成就，与当初在西南联大所受的教育不无关系。

王淦昌于 1934 年回国后，历任山东大学、浙江大学教授。他不仅在课堂上讲授核物理知识，还始终坚持实验与理论研究，抗战期间亦未中断。他积极创造条件开设实验课，还教学生吹玻璃、抽真空，制作盖革计数管。他曾试图用中子轰击雷酸镉来引爆炸药，还与学生冒着敌机空袭的危险进行实验研究。这期间，他也培养了一批优秀的物理人才，如李政道就曾在浙大受教于王淦昌，还有程开甲、胡济民、忻贤杰、汪容等，都是日后中国核与粒子物理学科的带头人。

新中国成立前我国核与粒子物理薄弱基础的形成，不仅要归功于上述一批归国的留洋学子在一些高等院校与研究院所展开的教学、科研与人才培养等开创性工作，第二次世界大战以来的“核物理热”对中国亚原子物理的发展亦起到了一定的推动作用。

第二次世界大战后，全世界都竞相开展核物理研究。国民党当局也开始关注这一国际性的以核武器制造为目的的核物理研究热潮。1945 年，国民政府将北平研究院镭学研究所改为原子学研究所。时任中央研究院总干事的萨本栋曾上呈关于设置近代物理研究所的方案，1946 年又推荐赵忠尧作为中国科学家代表参观美国原子弹试验并采购核物理实验设备。中央研究院与中央大学还合作建造了一个原子核实验室，努力建立实验设备并广募人才，计划聘请吴有训、张文裕、吴健雄、钱三强与彭桓武等人参与工作。1947 年，北京大学校长胡适致信国民政府国防部长白崇禧与参谋总长陈诚，“提议在北京大学集中全国研究原子能的第一流物理学者，专心研究最新的物理学理论与实验，并训练青年学者，以为国家将来国防工业之用”。胡适开列了一份“极全国之选”的名单，包括钱三强、何泽慧、胡宁、吴健雄、张文裕、张宗燧、吴大猷、马仕俊与袁家骝等 9 人（见图 4.1）。[①] 清华大学当时也计划开展核物理研究，并提前给钱三强发了聘书。钱三强还竭力拥护在北平建立一个“联合原子核物理中心”。1948 年，钱三强、何泽慧与彭桓武回国后，积极组建了北平研究院原子学研究所。

北平研究院、中央研究院、北京大学、清华大学等单位在这场核物理研究的热潮中相继成立了核物理研究机构，组织了人员，拟订了相关的研究计划，各自加强了原子核物理的教研活动。由于高能物理的研究方法与原子核物理一脉相承，在这场核物理热中所筹备的研究机构、设备与人员，对于日后开展核物理与高能物理研究是同等重要的。当然，这是新中国成立之后的事了。

二、新中国成立后的学科、机构与人才队伍建设

国际上，20 世纪 40 年代末、50 年代初是高能物理学开始形成独立的物理学分支学科并且初步获得一些重要成果的时期。而在中国，高能物理脱离核物理而取得独立的过程，却相对迟缓得多。

---

① 耿云志. 胡适遗稿及秘藏书信：第 19 册[M]. 合肥：黄山书社，1994：35.

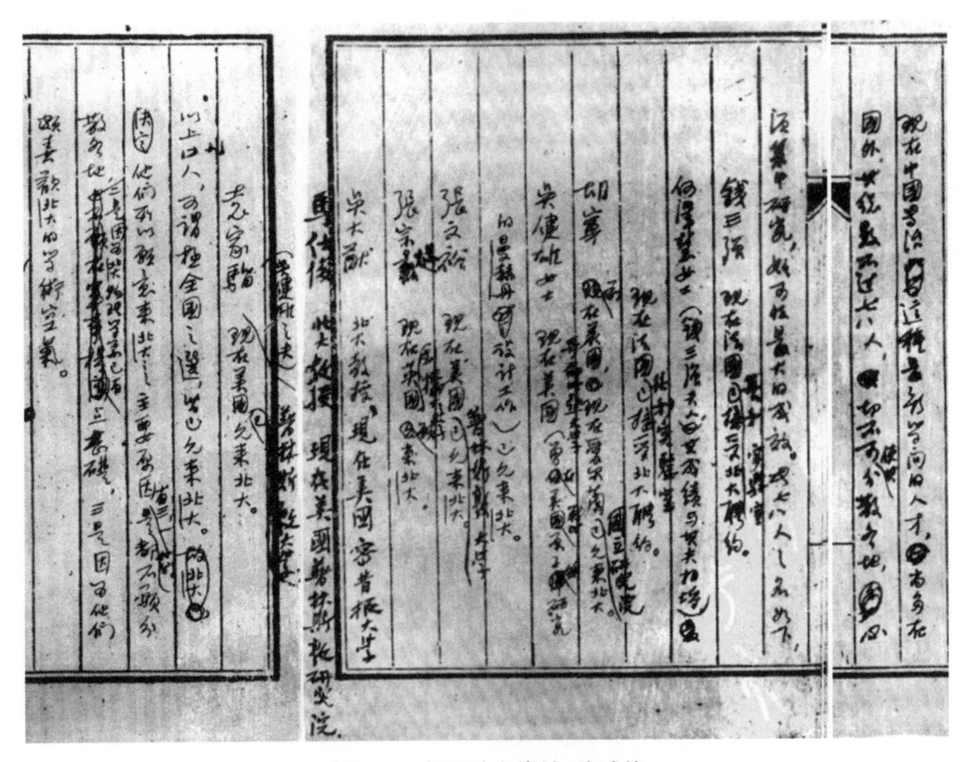
钱三强 现在法国国立研究院
何泽慧女士 现在法国
胡宁 现在美国
吴健雄女士 现在美国
张文裕 现在美国 已允来北大
张宗燧 现在英国 已允来北大
吴大猷 北大教授，现在美国密歇根大学
马仕俊 北大教授 现在美国普林斯顿研究院
袁家骝 现在美国 允来北大。
以上九人，可谓极全国之选，

图 4.1 胡适致白崇禧、陈诚信

（一）近代物理所、物理所与原子能所

新中国成立之后，为发展核物理，1950 年，中科院将原北平研究院原子学研究所和中央研究院物理研究所原子核物理部分合并，在北京东黄城根建成近代物理研究所（简称“近物所”）。为发展核物理实验研究中所必需的电子学，1953 年，科学院又将电子所筹备处和数学所的电子计算机部分组合并到近物所，研究所更名为“物理研究所”（简称“物理所”），并于次年初迁到北京西北郊中关村。1955 年初，毛泽东主持召开了中央书记处扩大会议，讨论在我国建立核工业，发展核武器问题，会上做出了建立中国原子能事业的决策。此后，我国与苏联签订了关于接受其援助的协议，其中包括由苏联向我国出售一个重水型反应堆和一个回旋加速器。为此，中国决定在北京西郊坨里另建一个新的原子能科学研究基地。1956 年，物理所与坨里新科研基地合并，中关村部分称为所的“一部”，坨里部分称为所的“二部”。1958 年，物理所更名为“中国科学院原子能研究所”（简称“原子能所”）。

在钱三强的组织领导下，赵忠尧、王淦昌、张文裕、何泽慧、彭桓武、胡宁、朱洪元、谢家麟等自海外留学归国的物理学家先后到近物所(物理所、原子能所),开展核与粒子物理的研究与人才培养工作。

从近物所到物理所,再到原子能所,这样一个经过几年大发展所形成的初具规模的核物理研究基地,在理论与实验研究方面,使得我国亚原子物理研究得以有组织地开展,同时形成了一支实力迅速增长的研究队伍,在为我国高能物理研究培养、输送人才方面起到了奠基的作用。表 4.1 列出了从 1950 年到 1960 年上半年,近物所(物理所、原子能所)的职工人数与科研人数的增长情况,由此可以看出该研究队伍的迅速发展。

表 4.1　1950—1960 年近物所(物理所、原子能所)人员统计状况

年份	1950	1951	1952	1953	1954	1956	1957	1958	1959	1960(上半年)
职工人数	36	50	76	156	170	638	800	1 753	3 586	4 345
科研人数	未统计		51	88	90	377	560	840	1 493	1 884

此外,物理所、原子能所还先后分建、援建了兰州近代物理研究所、上海原子核研究所、西南物理研究所等有关核物理研究单位。

(二)三个物理系的创办

在 1955 年初的中央书记处扩大会议之后,中央很快决定筹建北京、兰州两个物理研究室,作为专门培养核科技人才的基地。按照周恩来总理的指示,高等教育部(简称"高教部")决定在北京大学和清华大学设置相关专业,以培养从事原子能的科学研究和工程技术人才。此外,高教部指定由副部长黄松龄、清华大学校长蒋南翔等 5 人组成原子能人才培养小组,并由钱三强协助领导小组统一负责全国高等院校核专业的设置与发展工作。

1955 年 8 月,高教部正式通知,决定在北京大学设立物理研究室,并任命胡济民为室主任,虞福春为副主任。此后,又先后调来东北人民大学陈佳洱、北京大学孙佶、复旦大学卢鹤绂等人参与研究室创建工作。1958 年,物理研究室成为北大领导下的一个独立单位,后更名为"原子能系",再于 1961 年更名为"技术物理系"。

1955 年 9 月,高教部组织了一个以蒋南翔为团长,成员有周培源、钱伟长与胡济民等人的访苏代表团,了解苏联有关核专业及其他尖端专业的办学情况。访问回国后,蒋南翔报告高教部,提出要在清华大学创办工程物理系。1956 年,工程物理系正式成立,何东昌被任命为首届系主任。

1958年,中国科学院创办了中国科学技术大学。在最初设置的13个系中,01系为原子核物理和原子核工程系(后更名为近代物理系),由赵忠尧兼任系主任。本着“全院办校、所系结合”的方针,当时的01系汇集了中科院的一批知名专家,其中包括严济慈、赵忠尧、张文裕、朱洪元、彭恒武、李正武、梅镇岳,等等。

北京大学技术物理系、清华大学工程物理系、中国科技大学近代物理系创办后,很快培养出了一批在原子核物理、高能物理方面的教学、研究与管理人才。在这三个以培养原子核物理人才为目的物理系此后的发展过程中,除直接为我国核工业输送了大批优秀人才外,还培养了很多后来活跃在核与粒子物理研究前沿的专家、院士(见表4.2)。

表4.2　北大技术物理系、清华工程物理系、中国科大近代物理系部分早期毕业生名单

毕业院校	部分早期毕业生
北大技术物理系	冼鼎昌、王乃彦、王世绩、陈中谟、许伯威、谢去病、陆埮、任敬儒、张启仁、薛生田、过雅南、杜东生、吴咏时、毛慧顺、刘洪涛
清华工程物理系	吴济民、郁忠强、李惕碚、陈森玉、郭汉英、李小源、周宏余、张闯、陈和生、姜春华
中国科大近代物理系	韩荣典、许咨宗、杨保忠、何多慧、裴元吉、郑志鹏、赵维勤、张肇西、李炳安、何景棠、朱永生、闫沐霖、漆纳丁、李卫国

除北京大学、清华大学、中国科大三校外,解放军军事工程学院[①]等其他一些高校也先后设置了与核物理有关的系科专业。

(三) 中国科学院高能物理研究所的成立

为建设我国高能物理基地,1972年8月,张文裕、朱洪元、谢家麟等18人联名,先后致信国务院总理周恩来、二机部副部长刘西尧和中科院院长郭沫若。信中提到“高能物理工作十几年以来五起五落,方针一直未定”的状况,再次强调发展高能物理的重要性,并指出发展高能物理不能仅依靠宇宙线,而必须建造高能加速器。此外,信中还提出,考虑到当前中国高能物理技术力量薄弱且经济力量有限,因而不主张马上建造高能加速器,但必须抓紧时间进行有关高能加速器的

① 建于1953年,因校址在哈尔滨,所以又简称哈军工;1966年更名为哈尔滨工程学院;1970年后内迁,其主体划归七机部迁往长沙,成立长沙工学院,1978年改建为解放军国防科学技术大学。

预先研究。[①] 同年 9 月 11 日，周恩来在给张文裕和朱光亚的回信中指示(见图 4.2)[②]:“这件事不能再延迟了。科学院必须把基础科学和理论研究抓起来，同时又要把理论研究与科学实验结合起来。高能物理研究和高能加速器的预制研究，应该成为科学院要抓的主要项目之一。”几天之后，在朱光亚的召集下，二机部、国防科委、科学院、北京大学等有关方面的负责人就如何贯彻周恩来总理的回信精神进行了讨论。之后，中科院与二机部及有关单位经过研究，提出了建设高能物理实验基地的初步方案，包括成立高能物理研究所，建设高能加速器和附属设备。这个方案报告得到了周恩来的批示同意。

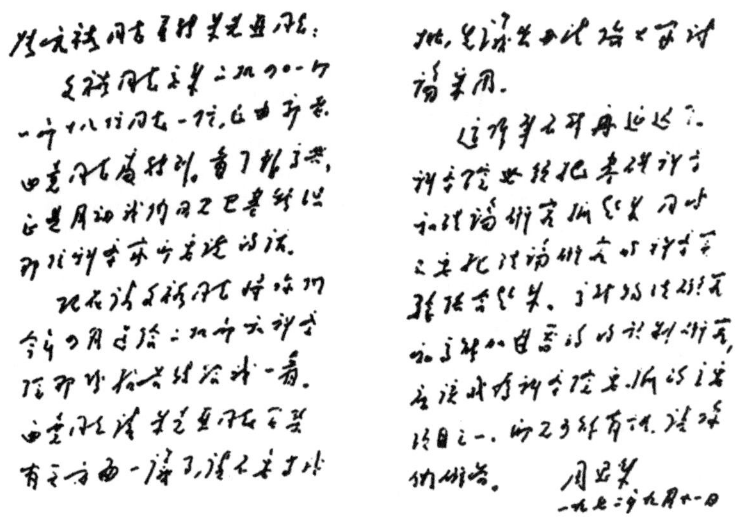

图 4.2　周恩来总理致张文裕、朱光亚信

1973 年初，二机部决定将原子能所赵忠尧、彭桓武、张文裕、何泽慧、苏振芳等副所长与中关村分部(一部)全体人员连同仪器、设备、房屋资产等全部从原子能所分出，交由中国科学院组建高能物理研究所(简称“高能所”)。由张文裕任“革委会”主任，冯国彦、赵忠尧、彭桓武、何泽慧、李彬、郭维新任副主任。

高能所的成立是我国高能物理学科发展中最重要的转折点。从此，我国高能物理从核物理中脱胎而出，成为一个独立的学科分支。

---

① 张文裕等十八位同志给刘西尧同志的信[Z]//中国科学院高能物理研究所年报：1972—1979. 北京：[出版者不详]，1979：4－5.

② 周总理给张文裕，朱光亚同志的信[Z]//中国科学院高能物理研究所年报：1972—1979. 北京：[出版者不详]，1979：1－3.

（四）学术刊物与学会建设

1976年，由高能所主办的《高能物理》杂志创刊，定位为我国物理学科的一份中高级科普性期刊，主编为朱洪元。该杂志信息量大，知识面广，所发表文章具有很强的科学性、知识性和趣味性，在传播和普及高能物理知识方面起到了积极的作用，也为高能物理教学与科研提供了可靠的参考资料，在高能物理学界具有广泛的影响。

1977年，高能所主办的另一杂志——《高能物理与核物理》创刊，该刊为一专业性学报，主编亦为朱洪元。此前，国内核物理与粒子物理学界的学术论文多发表于由中国物理学会主办的《物理学报》上。自《高能物理与核物理》创刊之后，高能物理学界就有了专门的学术刊物，这对于我国高能物理学科的建制化有着十分重要的意义。《高能物理与核物理》主要发表高能物理、核物理、宇宙线物理、加速器及同步辐射等领域在理论、实验与应用方面的研究论文，反映了我国上述学科的研究水平，推动了学科的发展与人才的成长，并促进了国内外的学术交流。

在1978召开的中国物理学会年会中，根据中国科协“成熟的学科分支可以独立成立分会”的精神，理事会建议成立“高能物理”及“核物理”分会，分别由高能物理研究所所长张文裕和原子能研究所所长王淦昌负责筹备，并分别挂靠于此二所。1979年2月，高能物理学会筹备小组成立，张文裕为组长。同年4月，在第一次高能实验物理讨论会期间成立了高能物理学会筹备委员会，并开始发展会员。1981年7月在承德召开了第一届会员代表大会，选出第一届理事会36人，张文裕为理事长，胡宁、朱洪元、谢家麟为副理事长，郑林生为秘书长。

除了成立高能物理学分会之外，1980年，中国物理学会成立了粒子加速器分会，挂靠在高能物理研究所，由力一任理事长，谢家麟、王传英任副理事长，秘书长为方守贤。此外，中国物理学会于1995年又成立了同步辐射专业委员会，冼鼎昌任主任。这些组织在中国高能物理的发展过程中都起到了积极的促进作用。

三、研究设备建设

与西方高能物理发展早期一样，中国物理学家对高能粒子的研究也是从宇宙线研究开始的。宇宙线观测站及所需的粒子探测仪器和设备建设，相对高能加速器而言，耗资不多，因而起步较早。而高能加速器则经过 20 多年“七上七下”的波折之后才最终建成。

（一）宇宙线观测设备建设

在近物所成立之初，宇宙线研究即被列为该所四大研究方向之一。为切实开展宇宙线研究，宇宙线观测站建设很快被列入议事日程。1954 年，在王淦昌、肖健等的直接领导下，近物所在云南落雪山海拔 3 180 m 处建立了我国第一个宇宙线高山实验站。这也是我国第一个高能物理实验基地，是我国宇宙线物理研究大规模开展的起点。而此前赵忠尧、王淦昌从国外带回的 $50 \times 50 \times 25\ cm^3$ 多板云室与直径为 30 cm 的圆云室为宇宙线观测提供了必要的手段，亦为此后系列云室及其他探测仪器的建造奠定了基础。1956 年，北京刚建造成功的 $30 \times 30 \times 10\ cm^3$ 磁云室及其配套设施也被安装到落雪实验站。此外，实验站还安装了观察宇宙线强度变化的 μ 子望远镜和中子记录器。

1958 年，在“大跃进”精神的鼓舞下，原子能所决定建立一个大型的云雾室组。为此，在离原落雪实验室 9 km，海拔 3 222 m 处又筹建新的宇宙线观测站。1965 年底，大云室组安装、调整完毕。[①] 落雪实验室以大云室为主的探测设备规模与性能大大增强。在大云室组的建造过程中，1956 年回国的张文裕起到了积极的促进作用，他从国外带回来的一些实验仪器为云室的建造奠定了一定的基础。

作为研究超高能粒子相互作用的有效探测器，乳胶室具有结构简单、探测能量高、分辨本领强等优点。高能所 1974 年在云南宇宙线站首次装设了面积为 $0.3\ m^2$ 的乳胶室，1975 年发展到面积为 $5\ m^2$ 的乳胶室。根据周恩来总理所批示的宇宙线研究要“多设几个点”的精神，高能所于 1976 年在西藏 5 500 m 的甘巴拉山顶上设置了面积为 $0.3\ m^2$ 的乳胶室，又于 1977 年建成面积为 $13.5\ m^2$ 的乳胶室。此外，还于 1978 年在珠峰脚下海拔 6 500 m 处设置了面积 $0.1\ m^2$ 的乳胶室。至 1984 年，甘巴拉山高山乳胶室的规模已达到 300 吨铁组成的厚室，面积为 $50\ m^2$ 和 80 多吨铅板组成的薄室。参加乳胶室合作建设的山东大学、郑州大学与重庆建筑工程学院等也都自备了一套简单的观测设备。[②] 由于日本缺

① 云南站的大云室组由从上至下放在一条铅垂线上的三架云雾室组成：上面是 $70 \times 120 \times 30\ cm^3$ 的上云室；中间是 $150 \times 150 \times 30\ cm^3$、磁场 7 000 高斯的磁云室；下面是 $150 \times 200 \times 50\ cm^3$ 的多板云室。这种安排可以在宇宙线观测中获得比较全面的信息。

② 乳胶室[Z]//中国科学院高能物理研究所年报：1972—1979. 北京：[出版者不详]，1979：104 - 105.

少高山，日本宇宙线工作者从 1977 年开始来华谋求中日合作。[①] 1979 年中日合作建成的乳胶室分为室内、室外两部分，总面积为 14.8 m^2。[②]

除建立高山乳胶室之外，高能所与大气物理研究所等其他几个单位于 1977 年开始着手高空科学气球的研制工作。此外，经过几年的研制，还建成了由十个闪烁体组成的小型广延空气簇射阵列。至 20 世纪 80 年代，我国先后建造了怀柔、梁王山、羊八井和郑州四个广延大气簇射(EAS)阵列，建造了漂移扫描式和自动跟踪式两套观测大气切伦科夫(Chelenkov)光的甚高能 γ 望远镜，并引进国外天文卫星的 X、γ 天文数据库，建立了先进的数据分析设施，开展了天体物理数据分析方法和高能天体物理的研究。[③]

中日羊八井宇宙线合作实验是中日合作甘巴拉山乳胶室实验的发展和继续。1984 年高能所的宇宙线研究人员赴西藏考察，选中了拉萨市西北的羊八井作为宇宙线观测站点。1986 年，国际宇宙线超高能作用讨论会在北京召开，高能所向国际宇宙线学界推出了"西藏计划"，提出国际合作的建议。同年，中日双方开始商讨在羊八井建造先进的广延大气簇射阵列，开展超高能 γ 天文研究的计划。[④] 1988 年，中日 ASγ 合作计划正式开展，并开始了基地建设。至 1990 年初，北半球最高也是世界上常年观测站中海拔最高的羊八井宇宙线观测站初步建成。此后 ASγ 探测器经过不断发展，规模逐渐扩大。[⑤] 2000 年，中国与意大利合作的羊八井 ARGO 计划又正式启动。

此外值得一提的是，我国还参与了丁肇中所领导的在宇宙空间用磁谱仪进行反物质、暗物质探测的大型国际合作实验组——AMS 实验组。由高能所负责为阿尔法磁谱仪研制大型永磁体系统，这是人类送入宇宙的第一个大型永磁体系统。

（二）"七上七下"的高能加速器建设[⑥]

加速器的建造在经济、技术基础薄弱的中国历经曲折。1955 年，赵忠尧利

---

① 任敬儒. 近年来甘巴拉山乳胶室的进展[J]. 高能物理，1982(4)：28.

② 任敬儒. 中日合作的甘巴拉山乳胶室建成[J]. 高能物理，1981(1)：27.

③ 丁林垲. 我国十年来的宇宙线研究[Z]//高能物理学会成立十周年专辑：1981—1991. 北京：[出版者不详]，1990：114 - 121.

④ 郑志鹏，巨新. 中日高能物理合作的回顾和展望[J]. 中国科学院院刊，1997(4)：305 - 307.

⑤ 谭有恒. 我国 4 300 m 高度上的高能宇宙线研究[J]. 天文学进展，2003，21(4)：318 - 333.

⑥ 丁兆君，胡化凯. "七下八上"的中国高能加速器建设[J]. 科学文化评论，2006，3(2)：85 - 104.

用从美国带回的部件主持建成了一台 700 keV 的质子静电加速器,从此中国在该领域实现了零的突破。同年,谢家麟自美国回国,开始了电子直线加速器的研制。此后陆续建造的一些加速器,均属于低能小型加速器,仅适于做低能的核物理实验,对于高能粒子物理实验却只有"望能兴叹"。1956 年,我国制定的《1956—1967 年全国科学技术发展远景规划》明确提出:"必须组织力量,发展原子核物理及基本粒子物理(包括宇宙线)的研究,立即进行普通加速器和探测仪器的工业生产,并在短期内着手制造适当的高能加速器。"

1956 年,由苏联、中国等 12 个社会主义国家共同建立了杜布纳联合原子核研究所。1957 年,在王淦昌的领导下,我国选派了一个 7 人小组赴苏联学习高能加速器的设计与建造。最后在苏联专家的指导下,完成了 2 GeV 电子同步加速器的设计,准备回国实施。但第二年"大跃进"开始,这个加速器方案因"保守落后"而下马。

之后赴苏小组在苏联当时建造的 7 GeV 质子同步加速器的基础上,经过修改,完成了 12 GeV 的质子同步加速器的设计。由于未能吸收欧美一些新的设计思想,该方案规模大而性能差,后来经钱三强等专家研究,决定暂停。这个经过"大跃进"的高能加速器建设方案再次下马。

1959 年底,王淦昌、朱洪元、周光召、何祚庥等建议我国建造一台比较适合国情的中能强流回旋加速器。原子能所副所长力一带领一批人赴苏实习并进行初步方案设计,将加速器能量定为 420 MeV。后来经过论证,认为建造该加速器对物理工作意义不大。加之国内工业技术条件不具备,科学水平和技术力量不够,1961 年,该设计方案被取消。[①]

中苏关系破裂后,1965 年,我国决定建设自己的高能物理实验基地。按照钱三强的建议,在力一的主持下,计划建造一台 3.2 GeV 的质子同步加速器,后又将能量提高到 6 GeV。在进行同步加速器的方案设计同时,还进行了选址勘察工作。但在"文化大革命"开始后,这个项目再次下马。

1969 年,一部分人提出了一个直接为国防建设服务的"强流、质子、超导、直线"八字方案,计划建造一台以生产核燃料为目的的 1 GeV 质子直线加速器,被称为"698 方案"。还有人提出要建造烟圈式加速器和分离轨道回旋加速器。但后来由于原子能所关于设计方案的讨论不能达成共识,该方案又不

---

① 中国原子能科学研究院. 1950—1985 年大事记[Z]. 初稿:北京:[出版者不详],1987:116 - 117.

了了之。[①]

自新中国成立至1970年代初，我国高能加速器建造“五起五落”，由于各种原因，始终处于“纸上谈兵”的状态。但与此同时，通过高压加速器、静电加速器、感应加速器、电子直线加速器、回旋加速器等一系列低能加速器的建造实践，为我国高能加速器的建造培养和储备了人才，同时在技术方面也积累了必要的经验。

高能所成立之后，中科院在北京香山召开了高能物理研究和高能加速器预制研究工作会议。会议决定预制研究由一个直线的(利于强流)和一个圆形的(利于超高能)常规加速器组成的中能加速器作为高能加速器模型。1973年9月，科学院向国务院提交报告，明确提出要预研制一台质子环形(同步)加速器(包括直线注入器)，能量为1 GeV或更高，流强争取超过国际现有的同类加速器，约需耗资3亿元人民币。[②] 同年12月，国务院副总理李先念对此做出同意批示。次年，全国展开了“批林批孔”运动，这个在周恩来总理关心下所开展的高能加速器预制研究计划也就此搁浅。1975年初，中科院和国家计委再次向国务院上报了关于高能加速器预制研究和建造的计划，计划在10年内经预制研究建造一座能量为40 GeV，流强为0.75 μA的质子环形加速器，约需经费4亿元。[③] 该报告经华国锋批示，由时任国务院副总理兼国家计委主任的余秋里转呈周恩来与邓小平圈阅批示同意(1975年3月)。[④] 经中科院建议，国家计委同意把高能加速器研制工程列为国家重点科研项目，代号定为“七五三工程”。[⑤] 当年11月，“批邓反击右倾翻案风”运动开始，对高能加速器建设产生了消极的影响，致使“七五三工程”最终未能顺利实施。但这一时期所获得的国家领导的关注却是此后我国高能加速器最终建成的至为重要的保障。

“文革”后，恢复工作的邓小平对高能加速器的建设做了一系列重要的指示，

---

① 方守贤.北京正负电子对撞机的建设及成就[M]//谢家麟.北京正负电子对撞机和北京谱仪.杭州：浙江科学技术出版社，1996：1-6.

② 中国科学院关于高能物理研究和高能加速器预制研究工作会议的报告[Z]//中国科学院高能物理研究所年报：1972—1979.北京：[出版者不详]，1979：12-14.

③ 关于高能加速器预制研究和建造问题的报告[Z]//中国科学院高能物理研究所年报：1972—1979.北京：[出版者不详]，1979：23-24.

④ 华国锋同志对《关于高能加速器预制研究和建造问题的报告》的批示，周总理，邓小平同志圈阅批示的余秋里同志的报告[Z]//中国科学院高能物理研究所年报：1972—1979.北京：[出版者不详]，1979：21.

⑤ 国家计划委员会会议纪要[1975]2号[Z]//中国科学院高能物理研究所年报：1972—1979.北京：[出版者不详]，1979：24-25.

强调:“这件事(指七五三工程)现在不要再拖了。我们下命令,立即开工,限期完成。”[①]之后不久,国家科委、国家计委联合向华国锋、邓小平等中央领导请示报告,要求加快建设中国的高能物理实验中心,计划首先建造一台 30 GeV(后提高到 50 GeV)的慢脉冲强流质子环形加速器;到 1987 年底,建成一台 400 GeV 左右(后提高到 1.2 TeV)的质子环形加速器及相应的实验探测器;到 20 世纪末建成世界第一流的高能加速器;建设投资约需 10 亿元人民币,此外尚需外汇 3 000 万美元左右。[②] 该报告经邓小平批示“拟同意”,然后又经华国锋、李先念等领导人圈阅批示同意。[③] 这项工程代号定为“八七工程”,谢家麟被任命为加速器总设计师。[④] 之后能量指标提高,再次为邓小平等领导人所批准。但中国于 1979 年进入国民经济三年调整时期,基本建设开始紧缩。虽然有邓小平对高能加速器建设再一次做出批示:“此事影响太大,不能下马,应坚决按原计划进行。”[⑤]但国内外仍不断有反对的声音。1980 年底,在国民经济调整的大局下,中央有关部门最终还是决定“八七工程”缓建。与此前的几次仅限于纸上谈兵的高能加速器建造计划不同的是,“八七工程”取得了一些实质性的进展。在预制研究阶段,完成了选址、勘探、规划设计,并建成了北京玉泉路预制研究基地及一台10 MeV 质子直线加速器,并与国际同行建立了广泛的交流,这些工作都为后来的北京正负电子对撞机的建造奠定了坚实的基础。[⑥]

(三) 北京正负电子对撞机的建成[⑦]

1981 年初,邓小平要求重新讨论高能加速器的建造方案。[⑧] 经调研、论证,中央决定利用“八七工程”预制研究剩余的部分经费进行较小规模的高能物理建设。朱洪元和谢家麟会同当时在美国访问的叶铭汉在李政道的协调下赴美与中美高能物理联合委员会的几个成员实验室的所长、专家进行了非正式会晤,通报

---

① 邓小平副主席在会见丁肇中教授夫妇前同方毅同志等的谈话[Z]//中国科学院高能物理研究所年报:1972—1979. 北京:[出版者不详],1979:37 - 38.

② 关于加快建设高能物理实验中心的请示报告[Z]//中国科学院高能物理研究所年报:1972—1979. 北京:[出版者不详],1979:55 - 57.

③ 中央首长对《关于加快建设高能物理实验中心的请示报告》的批件[Z]//中国科学院高能物理研究所年报:1972—1979. 北京:[出版者不详],1979:54.

④ 中国科学院高能物理研究所大事记[Z]. 北京:[出版者不详],2003:26 - 27.

⑤ 中国科学院高能物理研究所大事记[Z]. 北京:[出版者不详],2003:40 - 41.

⑥ 方守贤. BEPC 的前前后后[Z]//高能物理学会成立十周年专辑. 北京:[出版者不详],1991:29 - 38.

⑦ 丁兆君,胡化凯. “七下八上”的中国高能加速器建设[J]. 科学文化评论,2006,3(2):85 - 104.

⑧ 中国科学院高能物理研究所. 邓小平与我国高能物理的发展[Z]. 画册,2004.

中国高能加速器调整方案，并听取他们的建议。斯坦福直线加速器中心(SLAC)主任潘诺夫斯基(W. K. H. Panofsky)提出中国可以建造一台2.2 GeV正负电子对撞机的建议。[①] 该建议获得中科院数理学部与国家科委“八七工程”指挥部的同意。1981年底，李昌、钱三强致信中央领导，请求批准正负电子对撞机(BEPC)方案。邓小平批示：“这项工程已进行到这个程度，不宜中断。他们所提方案比较切实可行，我赞成加以批准，不再犹豫。”[②]

1982年，BEPC工程总体组及各分总体组成立。总体组由谢家麟、朱洪元、肖健、郑林生、徐建铭、叶铭汉等组成；电子直线分总体组由周述、朱孚泉、潘惠宝等组成；电子储存环分总体组由徐建铭、方守贤、严太玄等组成；对撞机谱仪(BES)分总体组由叶铭汉、肖健、章乃森等组成。[③] 1983年4月，万里、方毅、张劲夫、姚依林等批示同意了《关于2×22亿电子伏正负电子对撞机建设计划的请示报告》，BEPC工程正式立项，总投资9 580万元。同年12月，中央书记处会议决定将BEPC列入国家重点工程建设项目，并成立由中科院新技术局局长谷羽、国家计委副主任张寿、国家经委副主任林宗棠以及北京市副市长张百发组成的工程领导小组(亦称四人领导小组)，在中央书记处的直接领导下，对BEPC工程实施领导。后来BEPC建造工程被定名为“8312工程”。

1984年初，“8312工程”四人领导小组向中央汇报，要求调整工程建设方针为“一机两用，应用为主”，将同步辐射应用研究直接编入对撞机工程的扩初设计。在一次与李政道的会谈中，邓小平了解到，当时中国共有三台加速器正在建设，一台在北京，一台在合肥，另一台在台湾，都准备在五年左右建成。在另外一次与丁肇中的谈话中，邓小平表示一定要将大陆的加速器赶在台湾的前面建成。1984年6月底至7月初，在北京举行了关于BEPC与合肥同步辐射实验室扩初设计审查会，会议建议国家对这两项工程采取特殊措施和政策，确保其保质保量按期完成。[④] 邓小平还为此专门批示(见图4.3)：“我们的加速器，必须保证如期

---

① 谢家麟. 纪念我国杰出理论物理学家朱洪元逝世十周年[M]//朱洪元论文选集. 北京：爱宝隆图文，2002：307-309.

② 李昌，钱三强致中央领导的信[G]//高能所文书档案室. 北京正负电子对撞机工程文书档案摘要汇编. 北京：[出版者不详]，1990：5.

③ 关于加强工程计划，技术管理工作的几项决定[G]//高能所文书档案室. 北京正负电子对撞机工程文书档案摘要汇编. 北京：[出版者不详]，1990：20-21.

④ 关于北京正负电子对撞机工程和合肥同步辐射实验室工程扩初设计审查会的报告[G]//高能所文书档案室. 北京正负电子对撞机工程文书档案摘要汇编. 北京：[出版者不详]，1990：10-11.

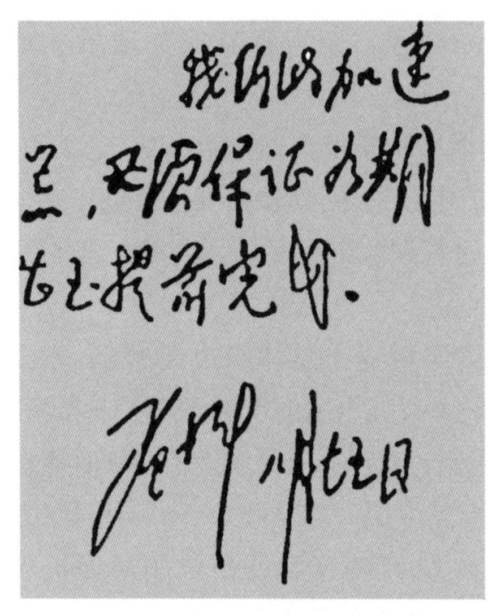

图 4.3　邓小平关于高能加速器建造的题词

甚至提前完成。”同年 9 月，国务院批准了国家计委关于审批 BEPC 建设任务和规模的报告，明确了“一机两用”的方针，增加了同步辐射光实验区的建设，批准总投资为 2.4 亿元。[①] 1984 年 10 月 7 日，BEPC 工程在玉泉路高能所内破土动工，邓小平等中央领导人参加了奠基仪式。邓小平在奠基仪式上说：“我相信，这件事不会错。”[②]10 月底，国务院重大技术装备领导小组和 BEPC 工程领导小组召开了“研制北京正负电子对撞机工程设备会议”，决定将这套工程设备列入国务院重大技术装备领导小组的工作范围，成立“8312 工程”设备协调小组。[③]

1988 年 10 月 16 日，BEPC 首次实现正负电子对撞。《人民日报》称“这是我国继原子弹、氢弹爆炸成功，人造卫星上天之后，在高科技领域又一重大突破性成就”。“它的建成和对撞成功，为我国高能物理和同步辐射应用开辟了广阔的前景，揭开了我国高能物理研究的新篇章”。10 月 24 日，邓小平参观了北京正负电子对撞机，并发表了讲话，强调了“中国必须在世界高科技领域占有一席之地”。[④]

2004 年，BEPC 重大改造工程被列入国家“十一五”计划，总投资 6.4 亿。至 2009 年 6 月，工程顺利通过国家验收。BEPCⅡ的亮度在 1.89 GeV 束流能量下达改造前的 30 余倍，是此前该能区对撞机亮度世界纪录的 4 倍以上。

与 BEPC 建设的同一时期，1989 年，中国科技大学也建成了能量达 800 MeV的第二代同步辐射加速器（HLS）。此后于 1993 年，台湾新竹建成 1.3 GeV 同步辐射加速器（SRRC）。2009 年，上海又建成了第三代同步辐射装置（SSRF），能量达 3.5 GeV。

---

① 关于审批北京正负电子对撞机（即 8312 工程）建设任务和规模的报告[G]//高能所文书档案室. 北京正负电子对撞机工程文书档案摘要汇编. 北京：[出版者不详]，1990：11.

② 打开中美高科技合作之门：方守贤缅怀邓小平催生电子对撞机[N]. 大公报，2004-8-12.

③ 关于加快研制北京正负电子对撞机工程设备的通知[G]//高能所文书档案室. 北京正负电子对撞机工程文书档案摘要汇编. 北京：[出版者不详]，1990：41.

④ 邓小平文选（第三卷）[M]. 北京：人民出版社，1993：279-280.

除宇宙线观测设备与高能加速器的建设之外，高能所近年还在广东深圳兴建了大亚湾反应堆中微子实验站。该实验项目由国家科技部、国家自然科学基金委员会、中国科学院、广东省政府、深圳市政府、中国广东核电集团支持，并有来自美国、俄罗斯、捷克、中国台湾、中国香港等国家和地区的经费支持和科学家参加。其目标是利用大亚湾核电站与岭澳核电站的核反应堆所产生的电子反中微子测定中微子混合角 θ_{13}。此外，高能所正在广东东莞兴建一个质子束功率达100 kW、有效脉冲中子通量居世界前列的散裂中子源装置，其科学目标是建成世界一流的大型中子散射多学科研究平台；还将在广东江门设计、研制并运行一个国际领先的中微子实验站，以测定中微子质量顺序、精确测量中微子混合参数，并进行其他多项科学前沿研究。

四、实验研究进展

在高能加速器建成之前的几十年间，我国高能物理实验研究只能凭宇宙线观测，“靠天吃饭”；或者依托中外交流，“寄人篱下”。北京正负电子对撞机建成之后，这种被动局面才彻底改变。基于 BEPC 的一系列实验成就，终使我国在世界高能物理学界拥有了一席之地。

（一）反西格马负超子（$\tilde{\Sigma}^-$）的发现

1956 年 9 月，在杜布纳联合原子核研究所全世界能量最高的 10 GeV 质子同步稳相加速器建成之前，王淦昌被派往该所工作，后于 1959 年 1 月当选为副所长。他所领导的研究组最初由两位中国籍（丁大钊、王祝翔）和两位苏联籍青年研究人员及一位苏联籍技术员组成，1960 年发展到由中国、苏联、朝鲜、罗马尼亚、波兰、民主德国、捷克、越南等国二十多位科技工作者，四位技术员及十余位实验员组成的研究集体。

王淦昌根据当时的各种前沿课题，结合联合原子核研究所的优势，提出两个研究方向：①寻找新奇粒子，包括各种超子的反粒子；②系统研究高能核作用下各种基本粒子（π，Λ^0，K^0，…）产生的规律性。他将工作分成三个小组并列进行，即新粒子研究（由王淦昌负责）、奇异粒子产生特性研究（由丁大钊负责）和 π 介子多重产生研究（由王祝翔负责）。他们选择放置在磁场内能显现粒子径迹、可进行动量分析的气泡室作为主要的探测器。1957 年夏，王淦昌提出利用高能

π^-介子引起的核反应系统来研究新奇粒子及其特征。1958年春,长度为55 cm,容积为24 L的丙烷气泡室建成。

1958年秋,王淦昌研究小组开始了6.8 GeV/c的π^-介子与核作用的数据采集。1959年春又建立了8.3 GeV/c的π^-介子束,开始新的一轮数据采集。前后总共得到了近10万张气泡室照片,包括几十万个高能π^-介子核反应的事例。由于反超子衰变的重产物一定是反质子或反中子,湮没星是鉴别其存在的确切标准。王淦昌据此画出了$\tilde{\Lambda}^0$、$\tilde{\Sigma}^-$存在的可能图像,要求组内研究人员在扫描照片时注意与图像吻合的事例。1959年秋,他们从4万张照片中发现了第一张反西格马负超子($\tilde{\Sigma}^-$)事例的图像照片,经过计算,正与预期的一致,而且是一个十分完整的反超子"产生"事例。1960年3月24日,王淦昌小组正式将有关$\tilde{\Sigma}^-$发现的论文交苏联《实验与理论物理期刊》(*ЖЭТФ*)及我国《物理学报》[①]发表。

王淦昌等人的发现对证实反粒子存在的普遍性提供了有力证据,这也是世界上首次发现带电的反超子,因此受到各国物理学家的赞扬和重视。两年后(1962年),在欧洲核子研究中心新建成的当时世界上能量最高(30 GeV)的加速器上发现了$\tilde{\Xi}^-$。该中心主任韦斯科夫(V. F. Weisskopf)指出:"这一发现证明欧洲的物理学家在这一领域内已与美国、苏联并驾齐驱了。"其意显然是相对于反质子和反西格马负超子的发现而言的。1972年,杨振宁访华时曾对周恩来总理说,杜布纳联合原子核研究所这台加速器上所做的唯一值得称道的工作,就是王淦昌及其小组的反西格马负超子的发现。[②]

除发现$\tilde{\Sigma}^-$之外,王淦昌等人还取得了一系列其他实验成果,如奇异粒子的产生、高能π^-p弹性散射的研究等。[③] 1982年,王淦昌、丁大钊、王祝翔因发现反西格马负超子的工作获我国自然科学奖一等奖。

(二) 宇宙线研究进展——一个可能的重质量荷电粒子事例

如前述,早在新中国成立之前,张文裕就曾利用盖革-米勒计数器等简单的探测仪器进行过宇宙线研究。此外,王淦昌在浙江大学进行过宇宙线研究;霍秉

---

① 王淦昌,等. 8.3Бев/c的负π介子所产生的$\tilde{\Sigma}^-$超子[J]. 物理学报,1960,16(7):365.

② 范岱年,亓方. 王淦昌先生传略[M]//胡济民,许良英,等. 王淦昌和他的科学贡献. 北京:科学出版社,1987:224-268.

③ 王祝翔. 王淦昌的实验工作之一:反西格马负超子($\tilde{\Sigma}^-$)的发现[M]//胡济民,许良英,等. 王淦昌和他的科学贡献. 北京:科学出版社,1987:141-144.

权曾在清华大学制作了“双云室”，并用之观察宇宙线；郭贻诚在燕京大学、北京师范大学任教期间也曾发表过宇宙线研究的论文。这些零星的研究工作使我国的宇宙线研究实现了零的突破。新中国成立后，高山宇宙线观测站的建成，使得我国宇宙线研究得以大规模开展，并取得了一系列成果。此处仅举一个突出的例子。

自从云南宇宙线观测站的大云室组及其外围设备安装、调整完毕之后，即刻被用来进行宇宙线观测实验。研究人员 24 小时昼夜不停地收集数据，拍摄了大量的云室照片。在搜集了近一万套事例照片之后，1972 年，在站长霍安祥的领导、组织下，云南站的工作人员终于用磁云室发现了一个令人振奋的事例。

在一组磁云室的照片上，显现有三个能量很高的粒子径迹 a、b、c(见图 4.4)，是一个超高能核作用事例。尤其引起研究人员注意的是，其中的 c 粒子在六千多高斯的强磁场中飞行了一米多的距离却不因磁场作用而使其径迹略显弯曲，显然其动量很高。此外，相对 a、b 而言，c 径迹单位长度上的水珠密度又明显偏小。由于在速度接近光速的相对论性区域中，水珠密度与速度成正比，因而可以判断 c 粒子速度比 a、b 相对偏小。动量大而速度小，说明 c 粒子的质量较大。经过研究人员的测量分析，a 粒子是 π 介子，b 粒子可能是普通强子，而 c 粒子很难用已知粒子来解释，其质量小于或等于质子质量的概率小于千分之二，它可能是一个质量大于 10 GeV/c^2(质子质量的 10 倍以上)的重质量粒子。①

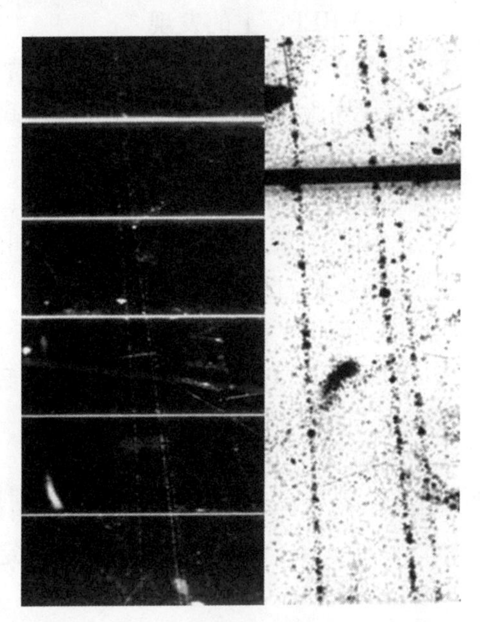

图 4.4　“一个可能的重质量荷电粒子事例”

从左至右三条径迹分别为 a、b、c

云南站的观测结果确认之后，就是否发表、如何发表的问题，经过长久讨论，并上报了各级领导，周恩来总理也对此十分关注。通过征求李政道的意见，他主张应该发表。此外，钱学森等科学家也赞成将文章发表。1972 年 10 月，云南站的文章“一个可能的重质量荷电粒子事例”在《物理》杂志上发表，引起了国内外

① 原子能研究所云南站.一个可能的重质量荷电粒子事例[J].物理，1972，1(2)：57－61.

的重视。在1973年10月周总理接见吴健雄、袁家骝夫妇时,他们还专门讨论了此事。据袁家骝所言,新西兰用电子学方法在宇宙线研究中也找到了两个与云南站所发现的基本相同的重粒子,但发现时间稍晚,且因其观测方法所限,缺乏云南站粒子径迹的可见性。在该年夏举行的第13届国际宇宙线会议上,国际同行们对此进行了热烈的讨论。可惜的是,这个唯一的事例太过稀少,观测工作虽在继续,但却找不出另一个相同的事例。根据这种情况,周恩来总理指示张文裕等人:"总得想个办法。稀少,能不能多设几个点?"①这句话再次极大地鼓舞了我国高能物理研究者的热情,并实际促进了我国宇宙线物理在此后一个阶段的发展。

(三) BEPC上的发现

自BEPC/BES建成之后,由于其特有的在τ-c能区的亮度优势,不仅使中国的高能实验物理工作者终于有了用武之地,同时也吸引了国外的高能物理同行参加BES上的实验合作。

根据粒子物理的标准模型,τ轻子、μ子与电子e和它们相应的中微子ν_τ、ν_μ与ν_e构成三代轻子家族,具有完全相同的弱电统一相互作用。通过研究τ轻子衰变到e、μ的过程,测出e与μ的两个带电弱作用耦合常数之比g_μ/g_e与标准模型的预期值1极为一致,从而检验了e与μ之间的普适性。但当人们观察μ与τ的两个耦合常数之比g_τ/g_μ(同τ轻子的寿命τ_τ、质量m_τ和衰变分支比B_τ直接相关)时,却发现存在着可能的不一致(2.4个标准偏差)。20世纪70～80年代所测出的τ质量$m_\tau = 1\,784.1^{+2.7}_{-3.6}$ MeV,90年代据此得出$g_\tau/g_\mu = 0.941 \pm 0.025$,与1相差较大。通过近一步精确测量,$\tau_\tau$的值有所下降,而$B_\tau$改变甚微,②从而$\tau$轻子质量$m_\tau$值的精确测定成为检验轻子普适性原理至为关键的一步。

1992年,BES合作组开展了τ轻子质量的测量工作。他们把BEPC的能量设在τ轻子产生阈值附近收集实验数据,采用最大似然法跟踪实验点的选取和数据分析,采用近阈、远阈相结合和双参数拟合等实验与分析方法,最终得到了精确的τ轻子质量值。其值为$m_\tau = 1776.9^{\pm 0.2}_{\pm 0.2}$ MeV,比原先的世界平均值下降7.2 MeV,测量精度高于国外10倍。这一结果也推动了τ轻子寿命和衰

---

① 周恩来总理对云南站重粒子事例的有关指示[Z]//中国科学院高能物理研究所年报:1972—1979.北京:[出版者不详],1979:97.

② 郑志鹏,张长春.在北京正负电子对撞机上进行的粲物理与τ轻子物理研究[J].中国科学基金,1994(2):94-97.

变分支比的进一步实验测定。[①] 根据 BES 合作组的测量结果，得出 $g_\tau/g_\mu = 0.995 \pm 0.006$，[②]已非常逼近标准模型的预期值 1，对于确定轻子普适性的成立起到了关键的作用。同一时期，德国 ARGUS 组及后来美国 CLEO 组亦发表了他们对于 τ 轻子质量的测量数据，但都没有达到 BES 组的测量精度。

τ 轻子质量的测量，被国际公认为“1992 年高能物理领域中最重要的成果之一”，在国内被评为世界十大科技新闻之一。[③] 李政道在 1993 年的一次演讲中强调：“最近两年粒子物理最重要的发现是在北京，是北京正负电子对撞机的 τ 质量的测量。”[④]

在理论粒子物理中利用标准模型进行精确计算时，受非微扰效应的限制，通常采用实验上测量的强子产生截面（参数化为 R 值）作为输入参数，因此，降低非微扰区 R 值的实验误差对于标准模型的精确检验具有非常重要的物理意义。R 值定义为正负电子 e^+e^- 经单光子湮灭产生强子的总截面与产生 $\mu^+\mu^-$ 对的 Born 截面的比值，即 $R = \frac{\sigma(e^+e^- \to \gamma^* \to \text{强子})}{\sigma(e^+e^- \to \gamma^* \to \mu^+\mu^-)}$。世界上许多实验组都进行过 R 值的测量，但在不同能区的测量误差却有所不同，高能区的 R 值误差较小，而低能区的误差却较大，理论计算的精度受到该误差很大的制约。

20 世纪 90 年代中期，BEPC/BES 进行了一次升级改造，从而使其整体综合性能大幅度提高。在 1998—1999 年间，BES 合作组在 2～5 GeV 能区进行了两轮 R 值扫描实验，共测量了 91 个能量点的 R 值，使其平均误差降低到 6.6%左右，精度比原有实验提高一倍以上。报道测量结果的两篇文章发表在国际权威物理杂志《物理评论快报》上。欧洲核子研究中心的物理学家引用 BES 的 R 值数据，对电弱数据重新进行了整体拟合，结果表明，希格斯粒子的质量中心值由 60 GeV 上升到 90 GeV，上限由 170 GeV 增大到 210 GeV，这对希格斯粒子的实验寻找具有重要的指导意义。

BES 的 R 值测量得到了国际高能物理学界的重视与高度评价，其测量结果被国际同行频繁引用，并且多次应邀在重大国际会议（如国际高能物理会议、国际轻子-光子会议、国际强子谱大会等）上报告。2000 年 7 月，R 值测量的初步

---

① 1989 年至 1996 年北京正负电子对撞机成就综述[Z]. 北京：[出版者不详]，1997：36.

② 根据郑志鹏 2005 年报告的测量结果，$m_\tau = 1776.96^{+0.30}_{-0.27}$MeV，$g_\tau/g_\mu = 1.0005 \pm 0.0069$。

③ 中国科学院高能物理研究所、北京正负电子对撞机国家实验室[Z]//1989 年至 1996 年北京正负电子对撞机成就综述. 北京：[出版者不详]，1997：36.

④ 李政道. 基础科学和现代物理的前景[M]//李政道文录. 杭州：浙江文艺出版社，1999：72.

结果在日本大阪举行的第 30 届国际高能物理大会上报告时，得到了与会物理学家的极大关注和赞赏，被大会多个报告引用。关于标准模型的理论总结报告将 BES 的 R 值结果列为近年来国际高能物理研究的重大成果之一。法国科学院院士戴维尔(M. Davier)称之为“北京革命”。[①]

粲能区的粒子一般都含有粲夸克和反粲夸克，称为粲偶素。这些粒子都是中性的，不带电荷。2013 年，BESⅢ实验采集的数据中发现了一个新的共振结构，命名为 $Z_c(3900)$。$Z_c(3900)$含有粲夸克和反粲夸克，且带有和电子相同或相反的电荷，提示其中至少含有 4 个夸克，可能是科学家们长期寻找的一种奇特态强子。

除 τ 轻子质量与 R 值的精确测量及 $Z_c(3900)$发现之外，我国高能实验物理工作者在 BEPC/BES 上还进行了诸如 $\psi(2S)$粒子及次生粲偶素的系统研究，发现了 $\psi(3770)$非粲介子衰变以及可能有新的粒子 X(1835)存在等重要现象。

在非加速器物理方面，2012 年 3 月，在新建成的大亚湾反应堆中微子实验站工作的国际合作组发现了一种新的中微子振荡，其振荡概率为 $\sin^2(2\theta_{13}) = 0.092 \pm 0.017$。假若这一结果成立，物理学者可以开始研究中微子与反中微子之间的不对称性，从而尝试解释为什么宇宙中的物质远远多于反物质。

这一系列成果的取得，使得我国高能物理研究工作受到了世界的关注，从此我国在国际高能物理学界占据了一席之地。

五、中国高能物理发展的特点[②]

20 世纪的中国高能物理学，经历了新中国成立前的萌芽与奠基、50 年代直至“文革”开始的起步与加速、十年动乱到 80 年代初的挫折与复苏，以及此后的蓬勃发展。百年中，它见证了西方近代科学传入我国以来受到本土化色彩的浸染，直至在全球化的趋势下逐渐融入世界科学大潮这一跌宕起伏的发展历程。通过对这一过程做系统的宏观考察，可以初步得出我国高能物理发展的一些特点。

（一）各阶段的发展特点

我国高能物理学科在发展的不同时期，各有其阶段性的特点。

新中国成立之前，高能物理在我国尚依附于核物理而获得发展，尤其受到了

---

① 赵政国. 北京谱仪 R 值测量研究成果简介[J]. 中国科学基金，2003(4)：239－240.

② 丁兆君. 20 世纪中国粒子物理学史的分期、脉络及特点述评[J]. 科学文化评论，2010，7(4)：74－84.

“核物理热”的推动。其主要成就由赴海外深造的留学生、访学人员完成。“非独立性”是这一阶段我国高能物理的主要特点。

自新中国成立到“文化大革命”开始，这一时期，我国高能物理虽并没有如西方那样适时形成一个独立学科，却也获得了较快的发展。不论是机构、队伍的建立，还是教学、科研的开展；也不论是基地的创建，还是实验的筹划，都实现了质的飞跃，与国际的差距日渐缩减。“奋起直追”是这一阶段的主要特色。

“文革”开始至 1981 年高能物理学会成立，这一时期我国高能物理虽然经历曲折，并未取得重要成果，但却终于从核物理中脱离出来，并完成了学科的建制化，为下一步的蓬勃发展奠定了基础。“气候初成、局面渐开”是这一阶段的主要特点。

20 世纪 80 年代以来，我国高能物理学科终于度过了其“少年期”而发展成熟。虽姗姗来迟，未能登上国际学科发展的高峰而取得硕果，却也小有所成，在国际同行中拥有了一席之地。随着改革开放与科技全球化的进程，我国高能物理学科在实验(及其装置建设)方面除与国际同行携手并进之外，尚具有“小而精”的特点。

（二）各领域的发展特色

我国高能物理各分支领域的发展，也分别具有不同的特色。

在宇宙线物理方面，云南宇宙线观测站的建立是我国宇宙线物理大规模研究的开端。1972 年“一个可能的重质量荷电粒子”的发现是一个重要的历史转折点，自此我国的宇宙线研究才走上健康发展的道路。此后高山乳胶室的建立，羊八井国际宇宙线观测站的中日、中意合作研究更使我国的宇宙线研究迈入了国际前沿行列，也是我国宇宙线物理持续健康发展的一个新的良好开端。发挥地理优势，积极推进中外合作，是我国宇宙线物理的发展特色。

在加速器物理方面，“七下八上”的高能加速器建设过程如实地反映了我国政治、经济与科技水平的演变。一系列低能、中能加速器的建造提供了高能加速器建造的技术与人才基础。“七五三工程”为我国高能建设带来了转机，“八七工程”激发了我国高能物理工作者的热情，同时为后期建设做了重要铺垫。规模适中的北京正负电子对撞机在符合我国国情及领导人的一贯重视下得以顺利建造成功，是在“以自力更生为主，争取外援为辅”的大原则下，我国政治、经济与科技等诸方面因素合力作用的结果。立足国情，走小而精之路，不求能量求亮度，是我国加速器物理的发展特色。

在基于加速器的高能实验物理方面，杜布纳联合原子核研究所的成立为我国高能物理工作者提供了一个接触国际高能物理前沿并展示国人才华的一个重要平台。王淦昌等人的实验成就的重要意义不仅在于其科学贡献，还体现在科学之外。中科院高能物理研究所的成立是我国高能物理发展史上最重要的转机，而北京正负电子对撞机的建成最终使我国高能实验物理走上了蓬勃发展之路。τ 轻子质量、R 值的精确测量等实验研究使我国高能物理在世界同行中占据了一席之地。这些科学成就在当今高能物理高潮期已过的平缓发展时期已属于世界一流的工作。从寄人篱下走向务实、开放、别具特色的自主研究之路，是我国高能实验物理的发展特色。

第二节　中国高能实验物理学家学术谱系结构

在本书论述中，我国高能实验物理学家也包括加速器物理学家与宇宙线物理学家。几个分支领域的物理学家学术谱系各成系统又相互交织。本节先列出其学术谱系表，然后基于该表对中国高能实验物理学家的学术谱系结构与代际关系进行简要分析。

一、高能实验（加速器、宇宙线）物理学家学术谱系表

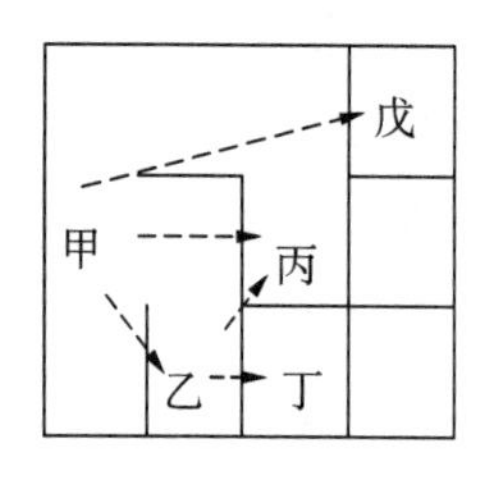

在下面的学术谱系表 4.3 中，左侧大致标出第一、第二代学者的主要工作单位（有的还大致标出其主要研究方向）。每位学者右方（上下以横线为界）第一道竖线后为其弟子。如左图中，乙为甲的弟子，丁为乙的弟子；而丙为甲和乙共同的弟子，戊为甲和丙共同的弟子。

我国高能物理研究单位众多，在高能实验物理学家学术谱系表（以下简称“高能实验谱系表”）中，我们仅选取其中较有影响者。各代之间以师承关系（包括导师与研究生、学术带头人与主要受其影响的学者）为主线。第四、第五代未必是知名的高能物理学家，有的仅是毕业不久的研究生，在此（不完全）列出的目的只是为了突出其导师人才培养之功。

表 4.3 中第一代高能物理学家多曾在抗战之前赴欧美留学；而改革开放之后出国攻读（博士、硕士）学位，学成归国的，因之前无明确的国内师承关系，回国之后尚未形成具有一定规模的持续传承的学术谱系，因而在谱系表中暂不予体现。

表 4.3　高能实验谱系表

单位		第一代	第二代		第三代	第四代	第五代
中科院原近物所（物理所、原子能所）、高能所	加速器	赵忠尧 张文裕 杨澄中 李正武	叶铭汉		游科		
				郑志鹏	金山	庄胥爱、李晓玲	
					陈少敏	衡阳	
					董燎原	秦虎	
					马东红、张文宁、杨杰、柴正维、熊伟军、胡敬亮、祁向荣、黄光顺、邱进发、张琳、孙胜森、姜志进、马爱民、朱莹春、孙志嘉、乔山、杨帆、赵明刚、刘宏邦		
					王宝义	张兰芝	
					田卫华、冯忠、海洋、刘健、王耀辉、于润升、郭子金、马创新、万冬云、周春兰、张辉、付国涛、唐晓、赵维		
			徐建铭、金建中、孙良方、叶龙飞、李寿�、陈志诚				
			张闯		秦庆（见后）、张晓龙、王兰法、罗云、李中泉、罗骧、刘波、陈锦晖、魏国辉		
			陈思育、吴英志、国智元、陈利民				
			方守贤		秦庆	魏源源	
						季大恒、王逗	
						魏涛	
					傅世年	彭军、周建新、毕宏宇、阮玉芳、孙志锐、刘华昌、慕振成、肖帅、吴小兵	
					王九庆	焦毅	
						周德民	
					王东、邢庆子、李光晓、舒航、黄文会、邱静、陈沅、孙安、许守彦		

（续表）

单位		第一代	第二代	第三代	第四代	第五代
中科院原近物所（物理所、原子能所）、高能所	加速器	（见上页）	陈森玉	康文、何晓业、王光伟（见后）		
			魏宝文	唐靖宇	郑启文	
					王兵、雷文、赵新桥、何源、李浩虎、魏国辉、邱静	
				赵红卫、原有进、饶亦农、刘胜利、李立武、袁平、张文志、张崇玄、宋明涛、王水清、郑启文、顾伟、夏国兴、马力祯、王兵、魏计房、张勇、殷达钰、王庆武、韩励想、刘勇、田茂辉、张金泉、冒立军、李朋		
			潘惠宝、李广林、朱孚泉、顾孟平			
		谢家麟	裴国玺	高文春、顾鹏达、苟卫平、胡伟、耿哲峤、崔艳艳、刘佳、马忠剑、刘少真、宋金星、王梨兵、马新朋、徐成海、乔显杰		
			王光伟	张宏、吴勇、李云、刘一蕾、刘熔、邱丰		
			黄永章、叶冠中、李逢天、王发芽、顾小冯、罗小为			
	宇宙线	王淦昌 张文裕 肖健	吕敏、胡文琦、郑仁圻、郑民、陆柱国			
			霍安祥	戴宏跃、张春生、孙欣新、刘绍敏		
				陈江川	刘汇慧	
				曹臻	张丙开、马玲玲、张寿山、李晓晓、刘加丽、丁凯奇、陈垚	
			丁林恺	姚志国、张吉龙、查敏、许贤武、叶子飘		
			任敬儒	范晓舲、邱进发、祁向荣、解卫、周绥健		
			谭有恒	曹臻（见前）、史策、彭朝然		

（续表）

<table>
<tr><th colspan="2">单位</th><th>第一代</th><th>第二代</th><th>第三代</th><th>第四代</th><th>第五代</th></tr>
<tr><td rowspan="20">中科院原近物所(物理所、原子能所)、高能所</td><td rowspan="4">宇宙线</td><td rowspan="4">(见上页)</td><td rowspan="3">李惕碚</td><td rowspan="2">卢方军</td><td colspan="2">李刚、杨雪娟、葛明玉</td></tr>
<tr><td>李向华</td><td></td></tr>
<tr><td colspan="3">王建中、程凌翔、张澍、余文飞、陈勇、冯育新、陈黎、屈进禄、申荣锋、丁国强、杨芳、刘聪展、董永伟、王于仨、陈玉鹏、熊少林、卢宇</td></tr>
<tr><td>马宇倩</td><td colspan="3">马琳、张鹏、邵晓红、赵莉、徐玉朋、徐菁、雷宇、张超</td></tr>
<tr><td rowspan="16">高能实验</td><td rowspan="16">王淦昌
张文裕
赵忠尧
郑林生
李正武
梅镇岳
何泽慧
戴传曾
杨澄中</td><td rowspan="2">丁大钊</td><td>柳卫平</td><td colspan="2">曾晟、李志宏、连刚</td></tr>
<tr><td colspan="2">安竹、竺礼华、夏海鸿</td><td></td></tr>
<tr><td rowspan="2">王祝翔</td><td rowspan="2">李卫国</td><td>陈申见</td><td>胡小为</td></tr>
<tr><td colspan="2">孙式军、徐春成、谢跃红、袁野、臧石磊、张建勇、王大勇、俞国威</td></tr>
<tr><td>王乃彦</td><td colspan="3">汤秀章、冯国刚、唐志宏、姚刚、马景龙、夏江帆、高怀林、张骥、严琪琪、肖华林、黄鸿、李玉德</td></tr>
<tr><td>唐孝威(见前)</td><td></td><td></td><td></td></tr>
<tr><td>何景棠</td><td>田建玲、谢小波</td><td></td><td></td></tr>
<tr><td>况浩怀</td><td></td><td></td><td></td></tr>
<tr><td rowspan="3">马基茂</td><td>欧阳群</td><td>庄胥爱</td><td></td></tr>
<tr><td>何康林</td><td colspan="2">郭云均、王大勇、刘颖、赵川、范荆洲</td></tr>
<tr><td colspan="3">颜蜀平、许国发、叶红、张纯、吕峰</td></tr>
<tr><td>童国梁</td><td colspan="3">冯胜、祝红国、王君、洪涛、徐晔、张丙新、袁建明、周能锋</td></tr>
<tr><td>张长春</td><td colspan="3">刘靖、谢昱、陈虔、孙良峰、袁野、杨胜东、王喆、任震宇、王建</td></tr>
<tr><td>吴坚武</td><td>伊福廷</td><td></td><td></td></tr>
<tr><td rowspan="2">陈和生</td><td>刘振安</td><td colspan="2">龚文煊、王科、卢云鹏</td></tr>
<tr><td colspan="3">周广静、刘海涛、熊兆华、田丁、孟祥伟、张峰、刘建北、杨民、关梦云、钟玮丽、李立、李祖豪、王玲玉</td></tr>
</table>

（续表）

单位		第一代	第二代	第三代	第四代	第五代
中科院原近物所（物理所、原子能所）、高能所	高能实验	（见上页）	郁忠强	李卫东	邹佳恒、张瑶	
				谈益平、顾建辉、李忠朝、王瑞光		
			朱永生	马东红、郭愚益、李群、方伟贞、柳峰、莫晓虎、陈爱东、张琳、王文峰、迟少鹏、王至勇、杨胜乐、李刚、马连良、傅成栋、焦健斌		
			谈益平、叶诗章、王俊、顾建辉、李小南、马爱民、谢跃红、李海波			
			严武光	衡月昆	王凤梅、吴金杰、徐明、贾如、李绍莉	
				胡涛	袁诚	
				陈申见（见前）、陈少敏（见前）、徐春成、罗春晖、杨杰、赵海文、刘靖		
			徐英庭	李印华、章琳、周瑶琪、王江		
			席德明	房宗良		
			范晓舲、姜鲁华、李新华、吴伯冰、盛祥东			
			苑长征		史欣、刘晶、杜书先、陈海璇、沈成平、徐新平、钟彬、俞玲、王小龙、李秀荣、王亚乾、刘虎	
			唐孝威	陈国明	杨海军、王小斌、张少鹤、李新乔	
				陈刚	程耀东、刘爱贵、汪璐	
				单保慈	闫镔、刘华、支联合、王燕芳、鲁娜、李琳	
					叶婷	
				刘开武、许国发、张守宇、张鸿冰、叶竞波、张杰、姚学毅、刘振安、杨海军、陈伟杰、苟全补、梁天骄、王小斌		
				杨长根	张峰、刘金昌、蒋胜鹏、徐吉磊	
			陆祖荫、孙汉城、胡仁宇、王树芬、李忠珍、李德平、肖振喜			

（续表）

单位	第一代	第二代	第三代	第四代	第五代
中国科大	梅镇岳	许咨宗	常进	徐荣、胡一鸣、顾强、熊小川、张昆峰、马涛	
			张杰、蒲剑、曾海宁、韩家详、叶竟波、伍健、吴冲、刘杨、徐晟波、杨杰、王全、刘士涛、黄胜利、吴岳雷、单卿、张云龙、黎先利		
		赵政国	黄光顺、张雷、鄢文标、迟少鹏、吴雨生、吴硕星、李数、徐超		
		杨保忠、吴卫民、郭学哲			
		马文淦	蒋一	张沛、汪虎林	
			韩良	龚谌伟、尹航、韦洪堂、张冬亮	
				张世明	
			戴青海、于曾辉、周缅来、周鸿、万浪辉、孙衍斌、侯红生、邢丽荣、王雷、吴鹏、周雅瑾、李刚、刘婧婧、贺胜男、郭磊、张仁友、张永明、周珮珺、韩萌、宋昴、刘宁、王少明、孙昊、苏纪娟、蒋若澄、段鹏飞		
		陈宏芳	汪晓莲	侯云珍、宋勇、李伟峰、吴岳雷、赵艳娥、单卿、刘海东、明瑶、郭军军、唐浩辉、袁波、邹涛、张云龙、黎先利	
				薛镇	
			胡涛	袁诚、赵正印	
			赵家伟、常进（见前）、曾海生、邵明、周欣、叶树伟、陈涛、许彤、赵家伟、陈辉、阮丽娟、李昕、徐浩浩		
中国科大		王砚方	安琪	张艳丽、张庆民、陈曦、张鹏杰、邢涛、蒋文奇	

（续表）

单位	第一代	第二代	第三代	第四代	第五代
中国科大		王砚方	安琪	刘树彬	尹春艳、单陈瑜
					刘序宗、刘广栋、封常青、郝新军、曹喆、郑伟、朱翔、冼泽、郭建华、张恒、王进红、李成
				赵雷、沈文博、刘继国、李浩、乔崇、赵龙、周浩、刘小桦、宋健、张俊杰、何正森、廖娟娟、李玉生、廖维平、唐邵春、周家稳、严晗、陈凯	
			王永纲	郑裕峰、章涛、戴雪龙、颜天信	
				李凯、都军伟、杨盈、周忠辉	
				陈尚文、王健	
		杨衍明	阴泽杰	唐瑜、钱卫明、李政、盛锦华	
				张健、刘士兴、杜先彬、马庆力、詹志锋、蒋宁、卫小乐、居桐、王科、晏骥	
			金革	王坚	朱利平、黄鲲、姚仰光、袁海龙、刘光曹
				陶宁、万长胜、郝黎凯、李昔华、聂际敏、姚春波、董健、刘光曹、陈炼、张岳华、林成生、蔡文奇、江晓、黄姗姗、梁晓磊	
			王延颋、程晓晟、黄敬宁、陈羽、刘海涛、梁昊、唐海清、伍评、姚新、李勇平、杨震宇、叶邦角		

（续表）

单位	第一代	第二代	第三代	第四代	第五代
中国科大		金玉明	殷立新、李永军		
		何多慧		罗箐、曹涌	
			孙葆根	林顺富、李鹏、王晓辉、周泽然、郑普、张剑锋、王宝云、李建伟、申超波、周伟、张春晖、王季刚、顾黎明、肖云云、方佳	
			徐宏亮	朱家鹏、江陵、孙玉聪、张剑锋、赵祥学	
			徐玉存、胡跃全、郭卫群、张善才、陈念、谢东、王文生、刁操政、胡焰、邹冰、李明光、王卫兵、范为、高巍巍		
		裴元吉	冷用斌	王宝鹏、黄国庆、杨嵩、黄思婷、阎映炳、杨桂森、孙旭东、张佰春、刘畅	
			樊宽军、田忠、张海鸥、冯光耀、谢爱根、周洪军、刘建宏、孙红兵、何文灿、唐颍德、尹厚东、张海燕、汪亦凡、董晓莉、郭春龙、喻娇、叶剑锋、何笑东、黄贵荣、尉伟		
			尚雷	郭亮、谭泓、孙宇翔、丛晓艳	
				刘超	
		刘祖平	胡中文、李京祎、田忠、王琳、郑凯、邢江峰、刘群、张耀锋、何晓业、杨永良、陈园博		
		王相綦	冯光耀	梁军军	
			樊宽军、尚雷（见前）、王琳、陈莉萍、赵涛、何宁、王发芽、徐玉存、郝浩、田佳甲		
清华大学		刘乃泉	赵振堂	卜令山、陈建辉、赵玉彬、储建华、付泽川、张同宣、王洪涛、王宏飞、黄刚、梁永男、马广明、姜伯承、顾强、于成浩、蒋志强、冯超	
				戴建枰	武锦、邹毅、于莹、顾小冯
			郑曙昕、张昆玉		

（续表）

单位	第一代	第二代	第三代	第四代	第五代
北京大学	胡济民	沈肖雁	朱莹春、杨杰、李树敏、魏代会、秦虎、刘北江、张振霞、刘宏邦、王雅迪、赵海升、廖小涛		
		马伯强	丁勇、郭志强、周启华、于江浩、吕宝贵、李戟、陈妍、高溥泽、吴飞、吕准、张运华、张冰、钱文、谌勋、杨世民、黄峰、吕晓睿、李楠、华靖、曾定方、张永军、李世文、薛巍、黄洋、宋会英、佘俊、肖智、刘海涛、贾寒冰		
山东大学	王普	王承瑞	李惠信、邹宝堂、傅宇、孔繁敏		
			刘峰	刘志旭、刘涵、刘复明、柳峰、谢菲、徐永飞、李会红、程运华、王文玲、吴科军、俞玲、周铀、施梳苏、徐新平、林晓燕、吕龑、陈佳赟、乐天	
			张学尧	王文峰、邹佳恒、马丽娜、马连良、张瑶、焦健斌、刘传磊、王永刚、刘健、薛良、苏恒、曲晓波、赵荣霞、战志超、孟召霞	
		何珰	冯存峰	李朝举、王旭	
				李衡讷	
				刘栋、蒋治国、王所杰、王旭、钱祥利、王锦、吴洪金	
			祝成光	李波	
				苗家远	
				刘明辉	
			黄性涛、季晓斌、刘丰珍、刘健、盛祥东、赵昕、薛良、李群、解卫、闫真		
		张乃健	傅强、戴志强、薛良、王河		
			刘山亮		

（续表）

单位	第一代	第二代	第三代	第四代	第五代
南京大学		陆埮	宋黎明	向飞、雷亚娟、李志兵、张翼飞	
			韦大明、戴子高、黄永锋、王祥玉、马忠祥		
郑州大学	霍秉权	鲁祖惠	马长征、李志宏、史卫亚		
		孙洛瑞	赵书俊、岳学东、郭郑元、王春华、李彬		
重庆大学		方祯云	曾代敏、陆易成、陈文锁、李志峰、陈教凯、吴兴刚、陈学文、桑文龙、孙红娟、陈刚、柳星、陈周牛、彭川黔、曾代敏、张波、杨克升、刘速、田静、林恺、张家伟、钟涛、廖其力		

二、中国高能实验物理学家的学术谱系结构与代际关系浅析

在高能谱系表中，第一代人物共有 14 人，年龄跨度达 20 岁。他们都曾于中华人民共和国成立前先后赴欧美留学、访学。如表 4.4 所示。

表 4.4　第一代中国高能物理学家简况

姓名	生卒年	留学、访学国家、时段	
赵忠尧	1902—1998	美国	1927—1930、1946—1950
王普	1902—1969	德国、美国	1935—1939、1947—1956
霍秉权	1903—1988	英国、美国	1930—1935、1943—1944
王淦昌	1907—1998	德国、美国	1930—1934、1947—1948
张文裕	1910—1992	美国	1934—1938、1943—1956
杨澄中	1913—1987	英国	1945—1951
何泽慧	1914—2011	德国、法国	1936—1948
梅镇岳	1915—2009	英国、美国、加拿大	1945—1953
李正武	1916—2013	美国	1946—1955
胡济民	1919—1998	英国	1945—1949
肖健	1920—1984	美国	1947—1950
谢家麟	1920—	美国	1947—1955
戴传曾	1921—1990	英国	1947—1951
郑林生	1922—	美国	1948—1955

我们将以上诸位列为我国第一代高能实验物理学家的理由很简单，首先，在他们之前，中国本土并无高能实验（包括加速器、宇宙线）物理研究者；其次，他们都于中华人民共和国成立前后（6 年之内）回国，仅具有（高能物理）谱系的国外源头，而在国内未曾受过该领域的系统教育与训练。因此，把他们作为我国高能实验物理的开山鼻祖，是不容置疑的。

需要指出的是，取自高能谱系表中的这些人，并非我国第一代高能实验物理学家的全部。只是他们谱系脉络相对明确，从一定意义上来说具有代表性而已。如出生于 1905 年的褚圣麟，1931 年获燕京大学硕士学位，后赴美国芝加哥大学深造，受教于著名物理学家 A. H. 康普顿、A. J. 丹普斯特和 R. A. 密立根，1935 年获博士学位后回国，先后在岭南大学、同济大学、燕京大学、辅仁大学、北京大学任教，从事物理学教育事业 50 余年，其研究领域涉及宇宙线和粒子物理方面。虽然褚圣麟是我国最早立足国内开展宇宙线实验研究的先驱者之一，但因我们所掌握资料有限，未发现其明晰的学术谱系，所以未将其列入高能谱系表。

有必要说明，这十数人之间年龄差距达 20 岁，且存在着师生关系，如王淦昌、何泽慧都曾为赵忠尧在清华大学任教时的学生。但这种师生关系，仅是普通任课教师、助教与学生的关系，非本文所指构成学术谱系的师承关系。且彼时的授课缺少系统的高能物理学内容。对于高能物理而言，他们都是在外国接受的系统教育，而归国之后则成为首批布道者。

在这些第一代高能实验物理学家中，尤以赵忠尧、王淦昌、张文裕影响最大。他们不仅做出了更有影响的科学发现，培养了更多更有影响的弟子，而且长期发挥着引领作用。因而后文我们将此三位作为我国第一代高能实验物理学家的代表加以重点讨论。

表中的第二代年龄跨度较大。年纪最长的金建中生于 1919 年，而相对年轻的赵政国则生于 1956 年，相差近 40 岁。这一代高能物理学家可大致分为两部分，他们分别在“文革”前后师从他们的前辈进入亚原子物理研究领域。

在“文革”之前的十数年，年富力强的第一代高能物理学家培养了我国土生土长的第一批亚原子物理实验研究人才。而由于研究单位有限，研究者相对集中，这批迅速成长起来的第二代高能物理学家往往长期追随着他们的老师从事研究工作，鲜有另立门户者，金建中算是一个特例。他于 1950 年进入近代物理所，之后成为赵忠尧的四大弟子之一，从事静电加速器研究，尤其是静电加速器研制中的真空技术研究。后来，根据周恩来总理关于“应在兰州设一原子核科学研究点”的指示，物理研究所于 1956 成立了由杨澄中为主任，金建中等人参加的兰州物理研究室，该室于 1957 年迁往兰州，后来发展成为中国科学院兰州近代物理研究所。真空科学技术为兰州物理研究所的一个主要学科任务，金建中成为当然的学科带头人，并培养了一批真空科技人才。就这一点而言，我们将其视为第一代人物也未尝不可。

按照在早期中国科学院从事人事工作的任知恕的回忆，那时高、中、低职称人员的指导比例为 1∶2∶5，即 1 个科学家带 2 个助手，下面再配 5 个研究实习员。虽未实行导师制，但研究室主要的科学家实际即室内研究实习员的导师。[①] 在"文革"之前，除去金建中这样的特例，其余二代人物基本上都从研究实习员做起，到成为第一代高能实验物理学家的学术助手为止，鲜有能成为学术带头人者，尽管很多二代人物在"文革"前夕已人到中年。

"文革"中，由于众所周知的原因，我国实验高能物理学家学术谱系基本停止了发育。第一代学者难以传道授业，第二代学者的业务也不能得到良性发展而只能蹉跎岁月。

"文革"之后，第一代高能实验物理学家已步入老年，而他们之前培养的第二代人物则正值中年。随着科技、教育形势的好转，他们不仅再次积极地投入科研工作，也先后开始了人才培养工作。仅从师承关系而论，此后产生了像赵政国这样"年轻"的由第一代人物在晚年培养的又一批第二代人物，以及由早期第二代人物培养的像李卫国（生于 1946 年）这样"年长"的第三代人物。

无论如何，第三代中国高能实验物理学家全都产生于"文革"之后。而自第三代之后，代的划分逐渐模糊（见下一节论述）。尤其是在学位制度逐步完善之后，基于师承关系的代的划分愈发混乱，以至难以辨别的程度。因而本书对第三代之后的高能实验物理学家的代际划分大多具有一定的相对性。

第三节　中国高能实验物理学家学术谱系的历史发展

自高能物理学由西方传入中国，半个多世纪以来，其发展脉络明晰，而学术谱系线条则稍显模糊。这与我国科技、教育发展的相对滞后不无关系。

---

① 熊卫民. 我所参与的中国科学院的人事和教育工作：任知恕先生访谈录[J]. 院史资料与研究，2013(2)：45－65.

一、谱系之源

如前述，我国第一代高能物理学家，多为抗战前赴欧美留学，并有在国外学术机构工作的经历，之后陆续归国。他们是形成我国高能实验物理学家学术谱系（以下也简称“高能实验谱系”）的本源。

图 4.5 我国第一代高能物理学家与其国外导师

图 4.5 所示的几位中国高能物理学家在留学期间，追随世界著名的物理学大师，参与了最前沿的亚原子物理研究，奠定了良好的科研基础，并作出了骄人的成就。

（一）科研道路的衣钵相传

几位中国亚原子物理实验研究的拓荒者早年在欧美留学时，师从世界著名的物理大师，对他们之后的科研之路产生了重要的影响。

美国实验物理学家密立根以其油滴实验（1909—1917）对电子电荷的精确测量而举世闻名，此后又由光电效应实验精确测量了普朗克常数。他在加州理工学院工作期间（1921—1945）的主要研究集中于他自己命名的“宇宙射线”方面。赵忠尧投入密立根门下后，接受了密立根新提出的研究课题——“硬 γ 射线通过物质时的吸收系数”测定。在亚原子物理发展的初期，赵忠尧师从密立根这样的大师，又选择了导师当时主攻的亚原子物理，适时做出了重要发现，并启发了其同门安德森(C. D. Anderson)，最终导致正电子的发现。

德国女物理学家迈特纳被爱因斯坦称为“我们(德国)的居里夫人”，因发现铀核裂变而闻名于世。她从20世纪20年代末对放射线连续能谱进行了准确测定，从而导致泡利1930年提出中微子假说。王淦昌到柏林大学时，所从事的研究工作正是用β谱仪测量放射性元素的β能谱。

英国物理学家卢瑟福不仅被公认为20世纪最伟大的实验物理学家，而且桃李满天下，培养了多位诺贝尔奖获得者。张文裕进入剑桥大学后，由时任卡文迪什实验室主任的卢瑟福亲任其导师，具体领导他工作的则先后有埃利斯(C. D. Ellis)与考克饶夫(J. D. Cockcroft)。张文裕开始从事的研究工作是用α粒子轰击轻元素来研究原子核的结构，可以说是卢瑟福早年惊世成就的延伸。埃利斯的悉心指教对他影响很深，而考克饶夫是第一台质子加速器的发明人，且首次以人工方式实现了原子核分裂。在剑桥大学期间，张文裕受到了系统的核物理实验研究训练。这对他后来建造α粒子能谱仪与多丝火花室探测器有重要的影响，而μ原子的发现也显然得益于这一阶段的训练。

(二) 欧美学术传统的承继

上述三位中国高能物理学家都于新中国成立之前赴欧美留学或访学。他们在国内都曾受过系统的科学教育，受过留学归国的前辈物理学家科学思想与科学方法的教导与熏陶(见表4.5)。但在20世纪30年代之前出国留学的叶企孙、吴有训、谢玉铭等老一辈物理学家基本上没有机会接触新兴的亚原子物理学。当时中国的物理学研究尚处于起步阶段，远不能达到西方对基本粒子的研究前沿。国内大学物理系所授课程涉及近代物理的内容除相对论与量子论外，仅限于原子核与放射性现象的基本知识。

表4.5　三位中国高能物理学先驱的国内学术传承情况

姓名	时段	就读学校	授业教师
赵忠尧	1920—1927	南京高等师范学校、东南大学(化学系)	叶企孙
		清华大学(工作)	
王淦昌	1925—1929	清华大学	叶企孙、吴有训
张文裕	1927—1934	燕京大学	谢玉铭、班威廉

而在他们先后出国留学的 20 余年间，正值西方核物理研究的基本粒子大发现时期，研究理论、方法与设备日新月异，研究队伍(其中包括他们的导师与其他学术关联者，见表 4.6)也渐成规模，从而最终催生出新的物理学分支——高能物理学。在这门学科诞生的前夜，中国的先驱性人物因承袭了欧美的优秀物理学传统而崭露头角。

表 4.6　三位中国高能物理学先驱的国外学术传承情况

姓名	时段	求学、就职单位	导师	其他学术关联者
赵忠尧	1927—1930	美国加州理工学院	R. A. 密立根	C. D. 安德森、G. P. S. 奥恰里尼、P. M. S. 布莱克特
王淦昌	1930—1934	德国柏林大学	L. 迈特纳	W. 玻特、K. 菲利普、J. S. 阿伦
张文裕	1934—1938	英国剑桥大学	E. 卢瑟福	C. D. 埃利斯、J. D. 考克饶夫、S. 罗森布鲁姆

20 世纪上半叶的欧美物理学界，洋溢着求真的科学精神、浓厚的学术气氛，自由、开放而交流频繁，远非贫穷、闭塞且战乱频仍的中国可相比拟。尤其重要的是，他们的导师皆为成就卓著的近代物理学领头羊、优秀科学传统的缔造者。密立根是加州理工学院学派的创建者；迈特纳为奥地利学派著名的实验物理女杰；卢瑟福则是卡文迪什学派的灵魂。处于良好的学术氛围中，在物理大师的指导下，几位中国高能物理学的拓荒者幸运地融入到科学发现者的行列，做出出色的成就，显然得益于其科学传统的浸染与传承。在此过程中，广泛、迅捷的学术交流也对他们产生了重要影响。王淦昌因听了玻特的报告而萌生探测贯穿辐射的念头；张文裕由罗森布鲁姆的火花室设想而付诸实践。另一方面，赵忠尧的硬 γ 射线研究直接促成了安德森正电子的发现；王淦昌验证中微子存在的建议被阿伦采纳而证实。这种相互影响、相互启发而共同进步的科学传统也在他们的思想中生了根，对他们之后的物理生涯产生了重要的影响。

回到中国后，上述几位学者继续开展他们在国外所从事的研究工作。赵忠尧在 20 世纪 30 年代继续进行 γ 射线、人工放射性与中子物理等一系列前沿的、开创性的研究工作，这正是他此前研究工作的后继，而后期进行的加速器研制及基于其上的研究工作则受到他抗战后在美国研究工作的影响。王淦昌在浙江大学任教时建议测量 K 电子俘获过程中反冲元素的能量而推算中微子的质量，跟迈特纳的研究方向一脉相承。而张文裕后来担任中科院高能物理研究所所长，领导中国的高能物理研究，与他早年在世界首屈一指的卡文迪什实验室几年的学习工作经历所奠定的坚实的基础也不无关系。

虽然上述诸位中国高能物理学的鼻祖在国外留学、访学期间做出了一定的成绩，承继了优秀的科学传统，但在回国之后，他们的科研、教学之路远不够顺利。中国的现状使他们脱离了科学前沿，虽坚持科研并着力培养科学人才，甚至还辗转从国外带回了部分研究器材与设备，但他们传承自大师的优秀科研水平却难以为继。在信息交流闭塞、物质条件匮乏的情况下，他们既不易继续以前的研究工作，也难于开展新的创新性研究。理论研究如此，实验方面更甚。而他们的人才培养工作与科研水平也正相应，因而他们在将承继自国外的优良研究传统引进中国时已大打折扣。

二、群贤毕集的科研队伍与人才培养机制

中华人民共和国成立之后，我国高能物理进入起步、加速阶段。在一批归国学者的领导、示范下，我国核与粒子物理领域第一批骨干得以茁壮成长。多位亚原子物理学科的领军人物云集于一所，在人才培养方面产生了极高的效率。处于中国高能实验谱系源头的一批学者，就此形成了自己的谱系树，并开枝散叶，日渐繁茂。

（一）中国高能实验物理学家学术谱系的形成

因高能物理脱胎于原子核物理，高能实验物理学家学术谱系自然也依附于核物理学家学术谱系。中国因近代物理起步相对较晚，这种依附性表现得尤为突出。赵忠尧、王淦昌、张文裕等人不仅是我国高能物理学的鼻祖，同时也是我国原子核物理学的泰斗、宗师。他们回国后科研工作的开展与亚原子物理人才的培养有赖于国家研究机构的建立。

为发展原子核物理，中国科学院建院伊始就决定将原北平研究院原子学研究所和中央研究院物理研究所原子核物理部分合并，组成近代物理研究所（简称近物所）。在当时国内核物理研究人才稀缺的情况下，为延揽人才，切实组织起核物理研究队伍，尚在筹建近物所之时，次年担任所长的钱三强便分别向清华大学的彭桓武、浙江大学的王淦昌发出邀请，终使这两位业已成名的年轻学者于

1950 年调入科学院参与近物所的筹建工作，后于 1952 年双双被任命为近物所副所长。赵忠尧回国后，亦接受聘任于 1950 年到近物所工作。同年，肖健等实验物理学家也归国参加近物所的工作。从国内各方面调到近物所工作的科学工作者还有肖振喜、忻贤杰、陆祖荫、叶铭汉等。

为聚集人才，从 1950 年起，钱三强等近物所领导做了三方面的工作：尽量争取科学家、教师和技术人员来所工作或兼职；争取在国外的中国科学家及留学生归国参加工作；选拔国内优秀大学毕业生来所培训。此后的几年间(1951—1957 年)，又有一批学有所成的科学家、留学生从国外归来，参加了近物所的工作。他们当中有杨澄中、戴传曾、梅镇岳、谢家麟、李正武、郑林生、张文裕等人。此外，近物所还从 1951 年、1952 年毕业的大学生中选拔了一批较为优秀者到所工作。

近物所初期设定的研究工作分为实验核物理、宇宙线、放射化学和理论物理四个部分，前二者都与高能实验物理学直接相关。前述从海外归来的一批物理学家处于本领域学术谱系的始端，而从各方面调入及毕业分配到所的年轻人才则成为他们的首批弟子，也就是高能实验谱系表中的第二代(见表 4.7)。

表 4.7　近物所(物理所、原子能所)早期培养的青年技术骨干

研究方向	学术领导人	所培养出的技术骨干
静电加速器	赵忠尧、杨澄中、李正武	叶铭汉、徐建铭、金建中、孙良方、叶龙飞、李寿枬等
直线加速器	谢家麟	潘惠宝、李广林、朱孚泉、顾孟平等
探测器	何泽慧、戴传曾、杨澄中	陆祖荫、孙汉城、胡仁宇、王树芬、肖振喜、项志遴、唐孝威、李忠珍、李德平等
宇宙线	王淦昌、张文裕、肖健	吕敏、胡文琦、郑仁圻、霍安祥、郑民等
电子学	杨澄中、忻贤杰	陈奕爱、林传骝、席德明、许廷宝、方澄等

自新中国成立，尤其是近物所的建立，几年间，多位在欧美留学的亚原子物理学家归国，在相对稳定的研究机构从事核与粒子物理研究，同时开始培养年轻人才。我国高能物理学家学术谱系就此发端(其中高能加速器、探测器、宇宙线与高能实验领域所形成的谱系分别见图 4.6 至图 4.9)。

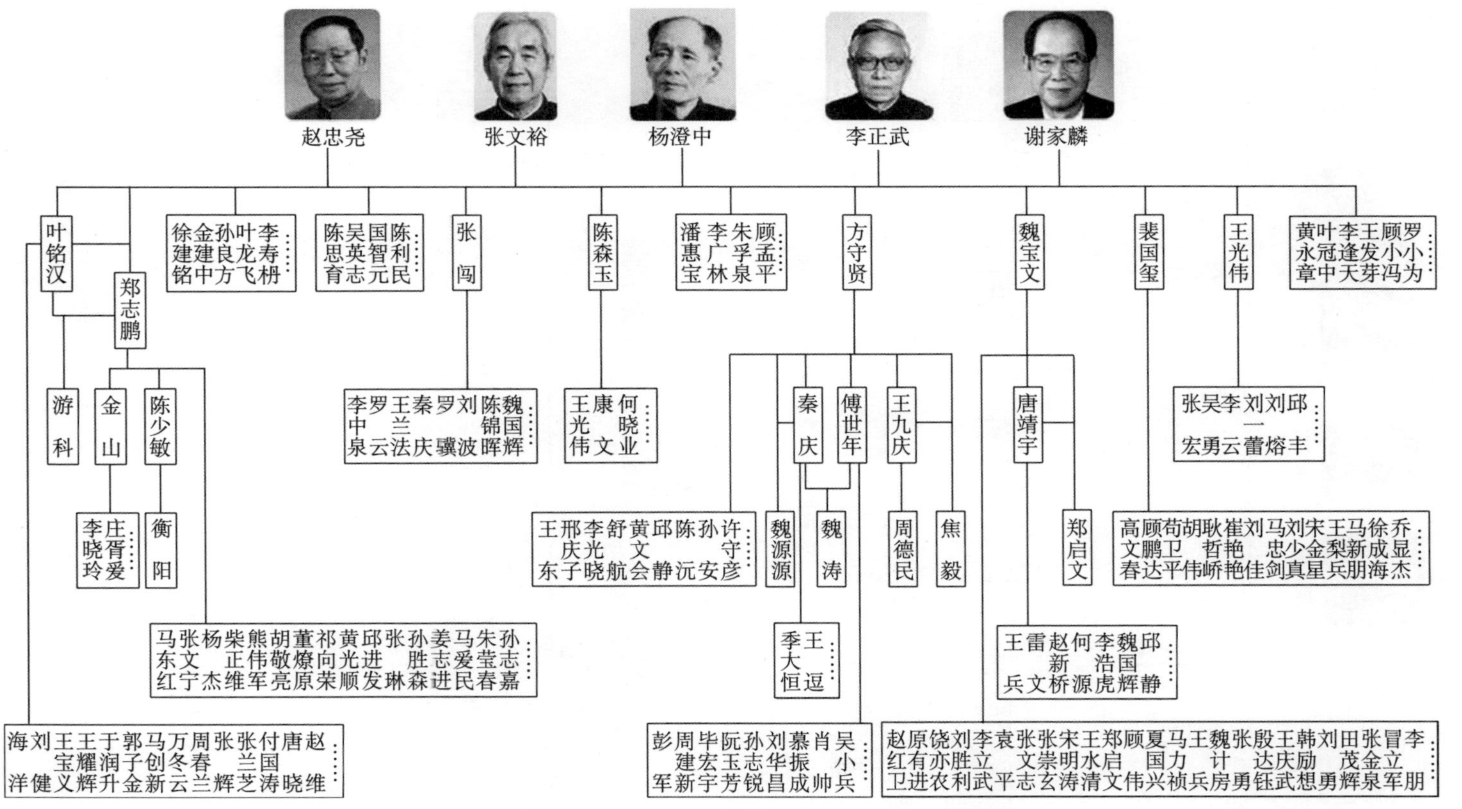

图 4.6 近物所加速器物理学术谱系图

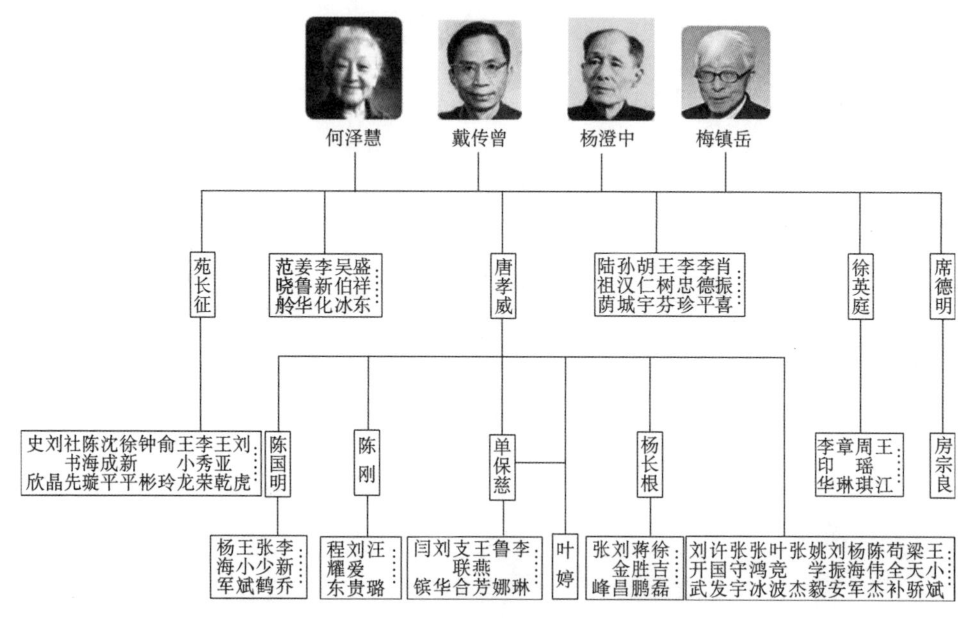

图 4.7 近物所探测器物理学术谱系图

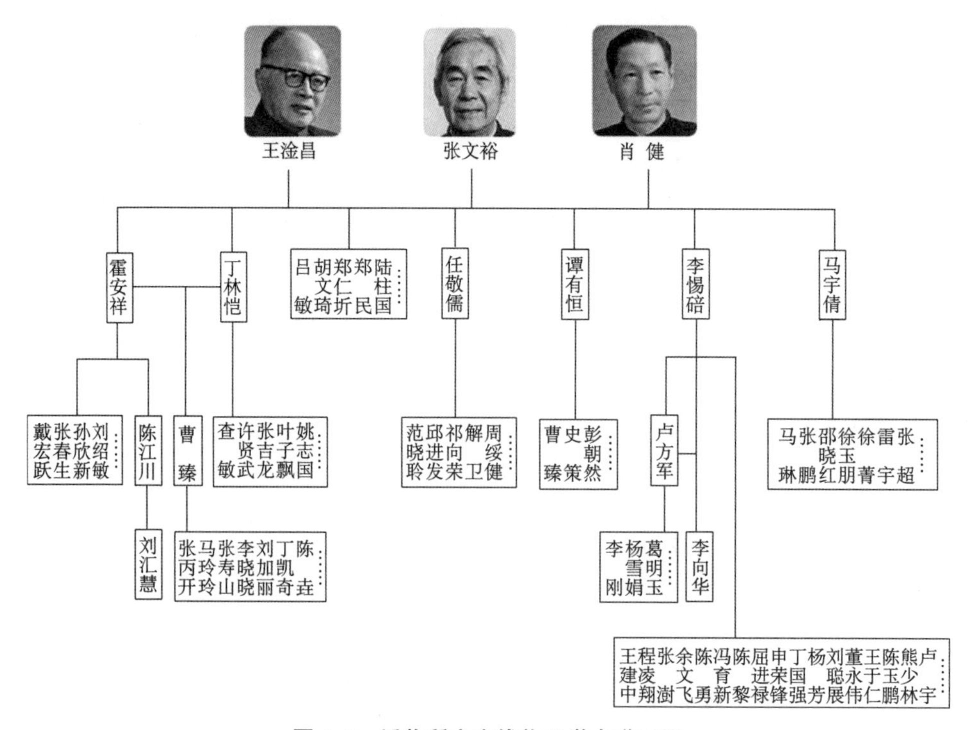

图 4.8 近物所宇宙线物理学术谱系图

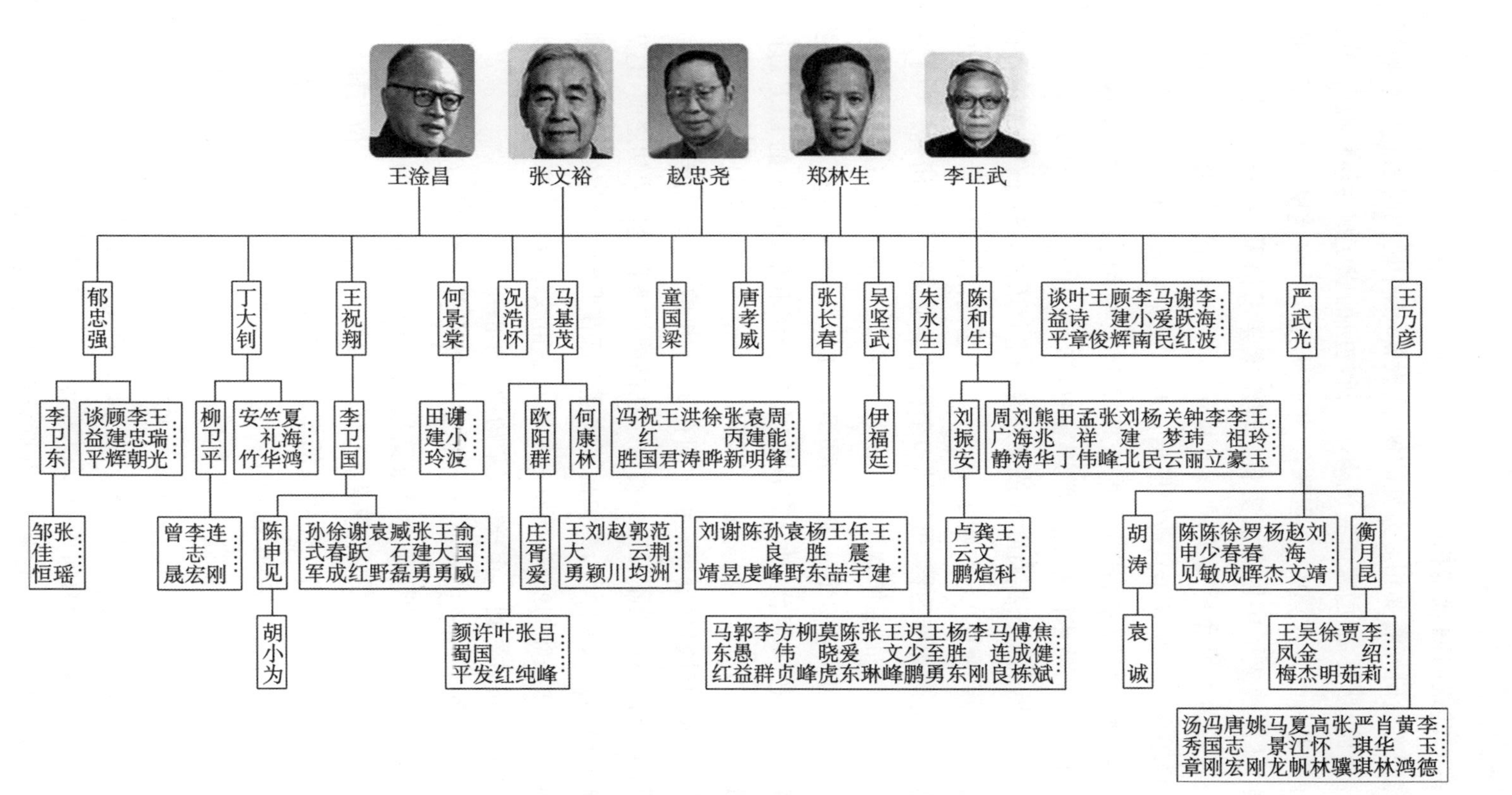

图 4.9　近物所高能实验物理学术谱系图

（二）谱系的链式与网状结构

亚原子物理实验研究需要相对大型的仪器、设备，因中国当时的经济水平所限，非一般单位所能开展，而国家研究机构——近物所的成立则为核物理研究提供了一个良好的平台。人才集中，强强联合，年轻研究人员在这里得到了多位前辈的学术指导，从而造成了中国高能实验物理学家学术谱系线条模糊的特点。这一点与欧美等发达国家和地区不同。20 世纪 50—60 年代，美国已拥有阿贡国家实验室（ANL，建于 1946 年）、劳伦斯伯克利国家实验室（LBNL，建于 1946 年）、布鲁克海文国家实验室（BNL，建于 1947 年）、斯坦福直线加速器中心（SLAC，建于 1962 年）、费米国家加速器实验室（FNAL，建于 1967 年）等几个大型高能物理实验室；欧洲也已拥有欧洲核子研究中心（CERN，建于 1954 年）、德国电子同步加速器研究所（DESY，建于 1959 年）。这些国立的或者多国共建的实验室都建成了大型高能加速器，可容纳多个科学小组进行实验研究。如丁肇中 1974 年发现 J/ψ 粒子的工作就在美国 BNL 的 AGS 加速器上完成；1978 年，他又领导自己的工作组（MARK-J 组）在 DESY 的 PETRA 对撞机上发现了强子三喷注现象；20 世纪 80 年代，他又率领 L3 国际合作组在 CERN 的 LEP 对撞机上进行寻找新粒子的实验。欧美实验室不仅实验设备完善，而且工作分组明确，因而学术领导人相对容易确定。而中国在 1984 年前，建造高能加速器始终处于纸上谈兵的状态，与欧美不可同日而语。在高能加速器建造成功之前，赵忠尧、王淦昌、张文裕、力一、何泽慧、梅镇岳等物理学家在低能加速器的研制、高能加速器的预制研究、探测器的研制、核物理实验及宇宙线研究中多采用合作的方式，所培养的团队也同时受到不止一位前辈物理学家的影响。

另一方面，中国在 20 世纪 80 年代之前，尚未建立起完善的学位制度，研究生培养相对滞后，大多年轻的科研人员仅受过大学本科教育，参加科研工作后，对他们产生影响的自然就是其学术领导。但学术领导人通常不止一位，且时有更换，因而往往难以确定一些第二代的高能实验物理学家在学术谱系中的确切位置。所以在“高能实验谱系表”中出现了多对多的网状结构，而非绝对的一对多的链式结构。如唐孝威大学仅读三年，就提前毕业到近物所，在戴传曾、何泽慧等的领导下从事探测器研究工作，但他却把赵忠尧、王淦昌、张文裕都视为师长，故而不能简单地把他归为某一位第一代高能物理学家的门下。但这并不排除链式结构的存在，如赵忠尧有所谓的“四大弟子”——叶铭汉、徐建铭、金建中、孙良方，有着确切的师承关系；王淦昌在苏联杜布纳做出惊世成就时，也有一个比较明确的团队，丁大钊、王祝翔便是其得力助手与弟子。

综上所述，在特定的时代背景下，我国第一、第二代高能物理学家的学术谱系，既有链式结构，也有网状结构，另外还有链式与网状交错的结构。

三、高能实验学术谱系的早期发展

20 世纪下半叶的高能物理学发展日新月异，而与此同时，中国的内政外交却跌宕起伏。诸多因素，导致了中国高能物理研究队伍的变化。

（一）杜布纳、核武器与“文化大革命”

1956 年 3 月，当时社会主义阵营的各国代表在莫斯科签署协议，组建联合原子核研究所。在联合所建立后的 9 年[①]内，我国共派出 130 多人参加该所工作。物理所自 1956 年起先后派出王淦昌（1956—1960 年）、张文裕（1961—1964 年）、唐孝威（1956—1960 年）、丁大钊（1956—1960 年）、方守贤（1957—1960 年）等多批科技人员到联合所工作。中国政府的首任全权代表是钱三强，首届学术委员会中国委员有赵忠尧、王淦昌和胡宁。王淦昌于 1959 年当选为该所副所长。1961 年后，张文裕接替王淦昌任中国组组长。在杜布纳期间，王淦昌带领丁大钊、王祝翔等人发现反西格马负超子（$\tilde{\Sigma}^-$），举世瞩目。其他人也都各有所得——有的做出了研究成果，更多的则是经受了科研锻炼。这是我国高能实验谱系与国际接轨的重要机遇。与此同时，因研究队伍的大规模赴苏，国内的高能物理及其研究队伍的发展都相应减缓。

1960 年前后，因中苏关系恶化，中国开始在没有苏联的援助下自主研制原子弹。此举对增强我国国防军工力量、提高中国国际地位的意义自不待言，对于核物理研究更是一次空前巨大的推动。此后一段时期，依附于核物理的高能物理发展相应减缓。王淦昌、彭桓武、周光召等一批重要的亚原子物理学家从此投身于核武器的研制而难以再进行高能物理研究。王淦昌从此再未涉足高能实验物理领域，而唐孝威等人则于 20 世纪 70 年代之后才又陆续开始高能物理研究。

“文革”开始后，教学、科研受到了严重影响，高能物理研究以及与国外学术界的交流都几乎完全中断。物理学家们有的投身“文革”，有的成了专政对象，被关进“牛棚”，其余多数人则无所事事，学术谱系自然也就此停止发展。

---

① 1965 年，因中苏关系破裂，我国退出了联合所。

以上三个因素不仅导致了我国高能物理学对于核物理的更长久的依附，也导致了高能物理学家谱系的短期断裂与局部变异。

（二）高能物理研究队伍的独立与扩张

20世纪50年代高山宇宙线观测站的建立，填补了我国在高能加速器建成之前高能物理实验研究的空白，我国第一批宇宙线物理研究队伍也自此组建，为我国宇宙线物理学家学术谱系的构建与传承奠定了物质基础。如前所述，1972年“一个可能的重质量荷电粒子事例”，引起了国内外的重视。周恩来总理的关注极大地鼓舞了我国高能物理研究者的热情，并促进了我国宇宙线物理及其研究队伍在此后一个阶段的发展。

1973年高能物理研究所建成，这个在我国高能物理学发展史上具有里程碑意义的事件，直接促使了我国高能物理学科的形成以及高能实验学术谱系的独立。

在特定的国情下，大批学者投入核物理研究并有一部分学者从此投身于国防军工事业，这在当时的国内外环境下具有其历史合理性。待核工业发展到一定阶段，基本满足了国家需求后，一部分学者转入纯学术研究，从而使得高能物理研究队伍得到了扩充与加强。另一方面，核物理促生了核武器研制；在高能物理发展的初期，人们自然也会产生发展“高能武器”的念头。正如张文裕所言：“五十年代初，苏、美、欧等少数工业发达的国家已开始大力筹建高能加速器。……我国在当时则是毫无条件可言，但鉴于他的技术及应用可能与核工业有关，也确认了要开展高能物理的研究。”[①]钱学森也曾撰文：“原子核物理引出了原子能技术革命；高能物理呢？高能物理也完全有可能引起另一场新的技术革命而更加推动生产向前突进，从而带来一场深刻的变革。”[②]这也是促使高能物理学科及其学术谱系获得独立发展的一个重要因素。

（三）箕裘颓堕——阻碍谱系形成与发展的变数举例

在学术谱系发展过程中，由于领军科学家研究领域、方向的改变，或研究生涯的中止，往往会导致该学术谱系的弱化。此外还存在另一个特殊情况，就是第一代的物理学家并未能将其学术流传下去而形成连续的学术谱系，如霍秉权、朱

---

① 张文裕. 我国高能物理三十五年的回顾[J]. 高能物理，1984(3)：1－6.

② 钱学森. 作为尖端科学技术的高能物理[J]. 高能物理，1978(1)：1－3.

福炘与郭贻诚就是典型的例子。

霍秉权(1903—1988)于1931年赴英国伦敦大学,师从云室的发明人威尔逊(C. T. R. Wilson)攻读博士学位。其间他对导师的云室作了改造,大大提高了其功效。1934年回国后,霍秉权到清华大学任教,自制成"双云室",并用来研究宇宙线。抗战中学校南迁后,他曾赴美从事加速器研究。新中国成立后,他先后工作于清华大学、东北工学院、东北人民大学,直到1955年被调到郑州大学。如此20余年,霍秉权虽科研、教学不辍,但受各方面条件的限制,其学术传承受到了影响。

再如朱福炘(1903—2003)。1946年,已是浙江大学教授的他赴美国进修,曾于美国麻省理工学院宇宙线研究所从事改进宇宙线研究仪器的研究工作。但自1948年回国后,他辗转于之江大学、浙江师范学院、杭州大学等校直至退休,未能在高能物理研究方面实现有效的学术传承。

郭贻诚(1906—1994)则是另一种情况。他于1936年自山东大学赴美国加州理工学院攻读博士学位,师从安德森进行宇宙线研究,曾为导师的μ介子的发现提供了新证据。1939年回国后,他先后就职于浙江大学、燕京大学、北京师范大学、北京临时大学,其间曾发表关于宇宙线研究的论文。但自1946年调回山东大学后,在教学与行政工作之外,他的研究兴趣转到了磁学方面,因而其宇宙线方面的研究未能得到传承。

上述三位第一代高能物理学家因受工作单位变换、工作性质变更与学术兴趣转移等方面的因素,而致箕裘颓堕,后继乏人,未能形成重要的学术谱系,因而也未能充分发挥其一代宗师的作用,对我国高能物理学科的发展未能产生应有的重要影响。

四、国际交流对高能实验学术谱系的冲击与影响

"文革"结束后,我国科学界对外交流的渠道"豁然开朗"。这对于中国高能物理学家谱系产生了多方面的影响。

(一) 血统与学缘——走出去

在推进中国高能物理学发展过程中,李政道、杨振宁、丁肇中、邓昌黎、袁家骝、吴健雄等海外华裔高能物理学家发挥了重要作用。

1977年，刚刚恢复工作的邓小平先后接见了丁肇中和美国FNAL的加速器专家邓昌黎。在接见丁肇中时，他提出派人去联邦德国DESY参加丁肇中的高能物理实验组工作，丁肇中当即表示接受。之后不久，由唐孝威带队的10人小组(成员分工见表4.8)赴DESY丁肇中实验组(MARK-J组)进行了一年多的工作，这是新中国成立以来首次参加西方国家大规模国际合作实验研究。

表4.8　唐孝威带队的首批赴DESY科研人员分工

姓名	分工	姓名	分工	姓名	分工
马基茂	漂移室	吴坚武	计算机	郁忠强	触发电子学
朱永生	气体系统	张长春	计算机在线分析	许咨宗	亮度监测器
杨保忠	漂移室	郑志鹏	飞行时间计数器	童国梁	数据分析

次年，高能所招收了一批以丁肇中为导师的研究生，其专业方向包括理论物理、快电子学、数据处理、在线分析、低温和超导磁体以及新实验技术和新探测器等6个方面。考生在国内参加统一考试，被录取后经挑选赴DESY实习。后来MARK-J组在分析实验数据时，发现了强子三喷注现象，从而首次显示了胶子喷注的存在，这两批中国年轻学者的贡献不可忽略。经过此次国际合作，这些年轻的研究人员，包括后来分别任高能所第四、第五任所长的郑志鹏与陈和生，此后都成为中国高能实验物理研究的骨干。土生土长的中国高能实验谱系在自中国退出杜布纳联合所之后十数年再次与国际接轨。这在“高能实验谱系表”中难以得到客观的反映。

早于“八七工程”下马之前，1979年初，在李政道等华裔物理学家的推动下，经邓小平的亲自过问，中美两国成立高能物理联合委员会。根据两国高能物理合作执行协议，高能所和美国五个高能物理国家实验室(ANL、BNL、FNAL、LBL、SLAC)建立了技术合作关系，在BEPC上马之后，我国派出了大批科技人员赴美学习、进修。这使得我国高能物理原来模糊的网状学术谱系结构愈显模糊。

(二) 基地与人才——请进来

BEPC及BES建成之后，由于其特有的在$\tau-c$能区的亮度优势，不仅使中国的高能实验物理工作者终于有了用武之地，同时也吸引了国外的高能物理同行参加BES的实验合作。美国SLAC关闭了因BEPC的存在而已处于劣势的

SPEAR 对撞机之后，也加入了 BES 合作组。如今的 BES 合作组已包括中、美、英、日、韩等国的上百位高能物理学家。

在宇宙线研究方面，1988 年中日 ASγ 合作计划正式开展，2000 年中国与意大利合作的羊八井 ARGO 计划又正式启动，也改变了过去“闭门造车”的状态。

2007 年，中美合作的大亚湾反应堆中微子实验工程动工建设。合作组由中国（包括香港和台湾）、美国、俄罗斯等六个国家和地区的近 40 家科研单位，约 250 名研究人员组成。

一系列高能物理国际合作组在中国的高能实验平台上开展科研工作，中外物理学家零距离接触，不仅有利于取得世界前沿的研究成果，同时对中国高能物理人才的培养亦产生了重要的影响。参与国际合作研究，不仅开拓了青年学者的视野，而且师生之间的沟通与互动的方式、模式、渠道、方法也逐渐国际化。高能实验学术谱系的中国特色随之逐渐淡化。

另一方面，自 20 世纪 90 年代以来，留学归国的博士与自海外引进的研究人员日益增多。他们在中国高能物理各研究、教学单位的科学研究与人才培养中担当越来越重要的角色。如高能所第五任所长陈和生①、副所长李卫国②，第六任所长王贻芳③、副所长魏龙④，都是从海外留学归国的博士。他们在留学期间就已获得系统的科研训练，回国后即可独当一面参加科研工作。他们要么直接担当起学术领导的重任，要么在学术团队中发挥着重要作用。当然，在后一种情况下，他们与学术领导人之间也无从谈师承关系了。而像王贻芳这样博士毕业后又在国外从事 10 年的研究工作，本身已是成熟的科研人员，跟国内上一辈的高能物理学家更没有多少学术传承可谈了。立足于国内的高能实验学术谱系显然已难以包括这些“海归”博士。

五、中国高能物理学家群体的现状与分布

经过半个多世纪的发展，中国高能物理学家群体的现状与新中国成立之初的筚路蓝缕、一穷二白已不可同日而语。学术传承的方式与学术队伍的分布都有了较大的改观。

---

① 1984 年获美国麻省理工学院博士学位，同年回国。

② 1985 年获美国伊利诺伊大学博士学位，1988 年回国。

③ 1991 年获意大利佛罗伦萨大学博士学位，2001 年回国。

④ 1994 年获日本筑波大学博士学位，同年回国。

(一)“代”的日益模糊与学术传承的渐趋淡化

随着经济社会的进步,高能物理学家的寿命与学术生涯都日渐延长。而高等教育的发展,致使各科学门类研究生数量也急速膨胀,高能物理亦不例外。自第二代高能物理学家之后,研究生培养成为他们科研传承的一个最重要的组成部分,而且大量的研究生也成为他们从事科研工作不可或缺的重要助手。资深的高能物理学家担任 20 年以上研究生导师者比比皆是。在其科研团队内,年轻弟子与年长弟子的下一代弟子已无本质区分。“文革”那样长期的教育断层已成过去,研究生培养在长时段趋于稳定。由此导致在第三代高能物理学家之后,“代”的区分日益困难。

如高能加速器专家谢家麟自 1955 年回国后不久,就带着几个年轻的大学毕业生开始研制电子直线加速器,后于 1964 年建造成功。在此过程中,他培养了表 4.7 中所列的潘惠宝、李广林、朱孚泉、顾孟平等青年骨干。他的这几位首批弟子,最年长的李广林生于 1932 年,最年轻的潘惠宝生于 1935 年,如今都已年届八旬。而谢家麟在中国高能物理学界活跃了半个多世纪,指导了多名年轻助手与研究生。其 2010 年毕业的博士生罗小为生于 1984 年,才 30 来岁。若仅以师承关系定“代”,显然是不合适的。相对而言,说谢家麟培养了几代人则是容易为人接受的。

鉴于以上情况,我们在绘制“高能实验谱系表”时,只将中国高能物理学家大致划分为五代。第三代至第五代的界限相对模糊,有时只好将某些支系做归并处理。对于学术生命较长、培养弟子众多的学者,不明确其弟子所属“代”,而给予 2 代甚至 3 代的自由度。

在高等教育迅速发展、人才培养模式渐趋一致,且学术交流日益广泛的现代,虽然学术谱系中的师承关系逐渐明晰,但学术传统却呈现出日渐大同而泛化的趋势。高能物理领域内的一些著名学者则根本否定当今中国还有学术谱系的存在。此外,“海归”的逐渐增多,从另一个方面使得中国高能物理学家谱系以及在此基础上形成的学术传统愈加淡化。具有国际视野的“洋博士”甚或“洋专家”归国后,往往难以融入本土的学术谱系之中,接受几代高能物理学家传承的学术传统的同化。国内如此,国外亦如是。一个由来自多个国家数百名研究人员组成的学术团队,未必会秉承共同的学术纲领或规范。

（二）中国高能物理研究队伍的分布

经过半个世纪的发展，新世纪以来，中国高能物理研究队伍渐趋扩大。截至2002年，高能物理学会会员已达千人，其中占据较大人数比例（10人以上）的单位罗列如表4.9所示，从中可以管窥出我国高能物理研究队伍的分布概况。

表4.9　高能物理学会2002年成员单位人数统计

单　位	人数	单　位	人数	单　位	人数
高能物理所	271	云南大学	27	山东大学	17
中国科技大学	103	清华大学	25	武汉大学	16
北京大学	45	河南师范大学	20	南开大学	14
理论物理所	44	中山大学	18	浙江大学	14
华中师范大学	40	西北大学	18	兰州大学	12
原子能科学研究院	37	广西大学	18	复旦大学	10
郑州大学	29	南京大学	17	四川大学	10

我国的高能物理研究队伍在广泛分布的同时又相对有所集中，作为"国家队"的高能物理研究所起着一定的导向作用。以高能所为依托的北京正负电子对撞机国家实验室、大亚湾反应堆中微子实验站及宇宙线实验站无疑地成为全国高能实验研究的中心，很多高校都参与其中。就如同20世纪80年代前的近物所、物理所、原子能所与高能所一样，多数高校要么依托中外交流、所校合作，"寄人篱下"；要么仅凭宇宙线观测，"靠天吃饭"。

在高能实验物理领域，各高校中，中国科技大学、山东大学、南京大学、华中师范大学等校的教学与研究都较为活跃，且各有特色。就高能物理研究的综合实力而论，中国科技大学依托科学院，"所系结合"，又有自身的同步辐射装置，具有无可比拟的优势。

1. 中国科学技术大学

自1958年创立之初，中国科学技术大学就因名师荟萃而一时领风气之先。近代物理系集中了赵忠尧、张文裕、彭恒武、朱洪元、李正武、梅镇岳等原子能所的多位著名亚原子物理学家在此兼职任教，因而也培养了大批优秀的毕业生。这些毕业生在此后中国的高能物理发展中发挥了重要的作用。据统计，截至2008年，仅1963—1970届毕业生在高能所工作的就达44人。

该系建立之初，设有原子核物理、原子核工程2个专业，原子核物理专业又分为实验原子核物理、理论原子核物理和电物理3个专门化,电物理专门化又分为核电子学和加速器2个方向。1973高能所成立之后,中国科技大学根据实际情况,向中国科学院计划局报告了对全校37个专业的调整意见,其中包括将原子核理论物理专业改为原子核及粒子理论物理专业,实验原子核物理专业改为原子核及高能实验物理专业,其目的就是对口高能所。从此,该系开始重点发展高能物理。

1978年由唐孝威带队,赴德国汉堡参加丁肇中领导的MARK-J国际合作组实验工作的10人科研小组中,就有2位是中国科技大学近代物理系的教师——许咨宗和杨保忠,另外还有3位该系的校友——1963届的郑志鹏、吴坚武与1964届的朱永生。此后该系派到MARK-J组工作过的人员包括张振华、韩荣典、杨炳炘、虞孝麒、王忠民、马文淦等。[①] 1982年,丁肇中访问中国科大,与该校就学生培养、L3合作达成协议,签订了备忘录。同年,中国科学院批准组建"中国科大高能物理组",参加L3国际合作,中国科大高能物理实验室正式成立。此后该系又派出多人参加CERN的LEP/L3合作。几年间,通过参与国际合作,中国科技大学的高能物理实验室不断发展,锻炼了队伍,积累了经验,培养了多批学生。1984年,该系在系主任阮图南以研究室代替教研室的改革思想指导下,还成立了高能重离子研究室,又建立了高能实验数据处理和高能物理数据分析实验室。

除参与国际合作之外,中国科学技术大学近代物理系于20世纪80年代还组织了一些对硬件要求不高的实验研究。如梅镇岳领导了中微子质量测量实验,通过该研究,培养出赵政国、吴为民2位博士及几名硕士。此外,中国科技大学近代物理系的核电子学专门组从1973年起,就由杨衍明发起,开始研制多丝正比室。至2000年,该系核电子学专业改名为物理电子学专业。2005年,近代物理系与高能所共同建立了"核探测器与核电子学联合实验室",该室后来发展成为国家重点实验室。

尤其值得一提的是,1977年,中国科技大学近代物理系加速器专业率先在国内提出了建造电子同步辐射加速器的建议,后被列入全国科学技术发展规划。经过几年的预制研究,1983年,国家计委批准在中国科大筹建国家同步辐射实验室。这也是我国由国家计委批准建立的第一个国家实验室。该实验室以近代物理系加速器专业为基础,结合其他院系,后来发展成为中国科技大学一个独立的研究机构。以近代物理系与国家同步辐射实验室为依托,中国科技大学在高

---

① 韩荣典.中国科学技术大学五十年[M].合肥:中国科学技术大学出版社,2009:213.

能物理实验研究与加速器、探测器研制等方面培养了大批优秀人才。

2. 山东大学

山东大学于1930年创办物理系，是国内高校中较早开展亚原子物理研究的单位之一。这与该系的创始人王普不无关系。1956年，在王普的带领下，山东大学物理系建立了核乳胶实验室，进行高能宇宙线研究。1958年张宗燧、朱洪元在青岛向来自全国各高等院校和研究所的60多名学员系统讲授量子场论课程，正是受到王普的邀请。此后，其后继者王承瑞又利用参与杜布纳联合所的机会，在加速器物理方面有所发展，培养出了何瑁等一批骨干人才。在大办原子能的热潮下，该系1960年兴办的核物理专业很快从物理系中分出，单独成立“物理二系”，专事亚原子物理教学与研究，2年后又作为一个专门化并回物理系，简称“原子组”。

改革开放后，山东大学物理系积极参与了国内外的高能物理合作实验研究。如1978年参与创立中日合作西藏甘巴拉山高山乳胶室实验，1994年参加西藏羊八井宇宙线观测站的国际合作实验；1980年起分别与美国费米实验室(FNAL)及欧洲核子研究中心(CERN)建立了密切的合作关系；1989年起参加了北京谱仪的建设和研究。几十年不间断的发展，使得山东大学物理系成为在国内高校中从事宇宙线与高能实验研究的一支重要力量，也培养了大批高能物理研究人才。1984年，山东大学培养出了我国第一位高能物理学博士。

3. 南京大学

南京大学在高能实验物理与宇宙线方面的研究也颇具特色。在缺乏高能实验设备的情况下，南京大学物理系积极参与国内外高能实验合作，如欧洲大型强子对撞机上的ATLAS实验和北京正负电子对撞机上的北京谱仪实验，以及基于非粒子加速器的实验，如深圳大亚湾核反应堆中微子实验等。在该系高能天体物理科研与教学的发展过程中，陆埮起到了重要的作用。

此外，华中师范大学刘连寿等人则偏重于高能重离子核乳胶实验研究。其他一些高等院校在高能物理方面亦有不同程度的教学、研究工作，且或多或少各有其学术带头人。他们各自在高能物理的不同领域、不同方向，或教学，或科研，都做出了具有一定影响的工作，且大多在某个方面有所专长。但从整体的学术氛围而论，这些高校在高能物理研究方面大多是少数人孤军作战，难以在一定范围内形成气候。

通过对历届高能物理学会与粒子加速器学会部分理事的毕业院校与工作单位进行统计分析(见表4.10)，可对我国高能物理学家的分布得到一个全局性的概括认识。150人中，从事理论研究者过半(80余人)，这显然与高能物理设备的

表 4.10 历届高能物理学会

学习地 工作地	前燕大	前清华	近物所、原子能所	高能所	数学所、理论所	北大	科大	清华	复旦	浙
近物所、物理所、原子能所、高能所	张文裕 谢家麟	王淦昌 叶铭汉 何祚庥 何泽慧 唐孝威 徐建铭	叶铭汉 朱永生 丁大钊 李寿枬 柳卫平 王祝翔 赵维勤	何祚庥 杜东生 冼鼎昌 黄涛 张肇西 邹冰松 邢志忠 金山 杨长根 曹俊 曹臻 王萌	何祚庥 邹冰松	张宗烨 冼鼎昌 黄涛 邢志忠 高原宁 吕雨生 胡红波 赵强	张肇西 赵维勤 郑志鹏 李卫国 吕军光 朱永生 陈元柏 杨长根 马力 娄辛丑	郁忠强 陈思育 陈森玉	丁大钊 金山 方守贤	李 汪
数学所、理论所		彭桓武 何祚庥 周光召		何祚庥 张肇西 刘纯	戴元本 朱重远 周光召 何祚庥 吴岳良	周光召 马建平	张肇西			
北大	褚圣麟	胡宁	冒亚军	郑汉青	黄朝商	赵光达 高崇寿 于敏 宋行长 彭宏安 郑汉青 李重生 张启仁 黄朝商 刘川 乔从丰 朱守华 叶沿林				
科大		梅镇岳				刘耀阳 阮图南	井思聪 马文淦 韩良 卢建新 赵政国 何多慧 裴元吉 刘祖平	陈宏芳 刘乃泉		

速器学会部分理事分布表

山	华中师大	西北大学	南开	吉大	新大	广西大学	山大	重大	郑大	云大
				王祝翔						曹臻
							王群			

学习地 工作地	前燕大	前清华	近物所、原子能所	高能所	数学所、理论所	北大	科大	清华	复旦	浙
清华							邝宇平 方祯云		方祯云 何红建 陈怀璧	
复旦							苏汝铿			倪[illegible] 杨[illegible]
浙大										
中山										
华中师大							刘连寿			
西北大学						侯伯宇	王佩			
南开					杨茂志					
吉大										
新大										
广西大学										
山大								王萌		
重大						吴兴刚				
郑大										
云大										

（续表）

山	华中 师大	西北 大学	南开	吉大	新大	广西 大学	山大	重大	郑大	云大
铸 兴										
	李华钟 郭硕鸿 罗向前									
		刘连寿 吴元芳 刘峰					刘峰			
			岳瑞宏							
				陈天仑 李学潜 杨茂志						
				苏君辰						
征						沙依甫 加马力· 达吾来 提				
							顾运厅			
								梁作堂 王群 何瑁		
									吴兴刚	
										鲁祖惠
										高晓宇 张力

稀缺有关。从事高能实验、加速器、宇宙线研究者多集中于高能所;中国科大与上海应用物理研究所各自具备同步辐射装置,因而也各有加速器物理研究队伍;其余各单位的非理论高能物理研究者主要依托国内外合作开展工作。从人才培养的角度来看,半个多世纪以来,北大与中科大的毕业生占了较大的比重。从表4.10中可以看出,作为高能物理研究"国家队"的高能所不仅研究队伍庞大,研究领域广泛,学术谱系也较为庞杂,既有大批本所培养的"土著",亦有从多个渠道引进的各方面人才。理论物理所亦有类似特征。而各高校从事高能物理研究的主力,则主要是本校的"土著"。虽然他们当中,很多人有过在校外求学的经历,但最终倾向于回到母校工作。学者的这种"认祖归宗"的恋旧情结在学术谱系形成与发展过程中发挥着重要的影响。

第四节　中国高能实验物理学术传统浅析

按美国科学哲学家劳丹(L. Laudan)的说法,研究传统是关于一个研究领域中的实体和过程,以及该领域中研究问题和建构理论的适当方法的普遍假定。"一个研究传统就是一组本体论和方法论的'做什么'与'不做什么'。"[①]

按照我国科学史界一些学者的观点,科学传统(或称之为"学术传统"),不仅包括研究传统,还包括科学价值观和行为规范[②](我们在这里称之为"精神传统")。科学传统的核心内容为科学探索的热情、方向与技艺,以及维系、传承和发扬这门技艺的科学组织、规范和相应的社会基础。[③]

根据上文对中国高能物理学科与高能学术谱系的历史讨论,以下我们将从研究传统与精神传统两个层面讨论我国高能物理学家的学术传统。

一、中国高能实验物理学家的研究传统——以赵忠尧谱系为例

下面以赵忠尧学术谱系为例,来说明高能实验物理学家研究传统的发展与

---

① 劳丹L.进步及其问题:科学增长理论刍议[M].方在庆,译.上海:上海译文出版社,1991:81.

② 乌云其其格,袁江洋.谱系与传统:从日本诺贝尔奖获奖谱系看一流科学传统的构建[J].自然辩证法研究,2009(7):57-63.

③ 郝刘洋,王扬宗.科学传统与中国科学事业的现代化[J].科学文化评论,2004(1):18-34.

演变。王淦昌、张文裕等老一辈高能实验物理学家的学术谱系及其所反映的研究传统亦类似。

（一）赵忠尧

赵忠尧被称为中国核物理、中子物理、加速器和宇宙线研究的先驱者和奠基人之一，一生授徒众多（见表 4.11）。中国亚原子物理领域的物理学家中，受赵忠尧间接影响者居多。很多人从赵忠尧那里首次学习了亚原子物理的基础知识，为他们此后从事该领域的研究奠定了基础。

表 4.11　赵忠尧在不同时期教过的学生

时　间	学术机构	学　生
1925—1927	清华学校	王淦昌、周同庆、施士元……
1932—1937	国立清华大学	钱三强、何泽慧、彭桓武……
1938—1945	国立西南联合大学	李政道、杨振宁、朱光亚、邓稼先……
1950—1973	近物所、物理所、原子能所	叶铭汉、徐建铭、金建中、孙良方、陈志诚、唐孝威……
1958—1966	中国科学技术大学	何多慧、裴元吉、郑志鹏、朱永生……
1973—1998	高能物理研究所	……

赵忠尧以其谦虚谨慎、实事求是、严谨踏实、一丝不苟的极端负责精神而广为弟子赞誉。用叶铭汉的话说："赵老师十分关心青年人的成长。工作中他把握方向放手让年轻人干，注意发挥他们的积极性、主动性，培养他们的独立工作能力。他对青年人要求十分严格。他的一丝不苟的精神教育了广大群众。""赵老师待人诚恳、谦虚。工作细致、踏实、严谨。"在 20 世纪 50 年代，赵忠尧的四大弟子，以及其他随其走上科研道路的年轻学者，大多仅受过大学教育，毫无科研经验可谈。赵忠尧对他们的教导与训练几乎从零开始，因而对他们此后的科研生涯产生了深远的影响。此后叶铭汉与徐建铭一直在近物所（物理所、原子能所、高能所）工作，在北京正负电子对撞机建设中分别负责谱系与储存环的研制；金建中调往兰州物理研究室，成为我国真空科学的主要创始人之一；孙良方调入中国科技大学，成为该校同步辐射加速器建设的首批骨干。在赵忠尧的嫡系弟子中，叶铭汉-郑志鹏一支最有代表性。

（二）叶铭汉

叶铭汉 1949 年自清华大学毕业后曾师从钱三强在该校读了一年研究生，从事回旋加速器有关技术的调研。后因了解到加速器之类大型设备只在科学院建造，钱三强让叶铭汉转入近物所工作。起初，他在王淦昌、萧健领导下的宇宙线研究组参加安装一台云室及其控制线路工作。之后不久，赵忠尧回国，近物所成立了由其领导的静电加速器组。叶铭汉随即被调入该组作为赵忠尧的主要助手参加 V1(700 keV)和 V2(2.5 MeV)静电加速器的研制，后任 V2 静电加速器组副组长，负责 V2 的运行和改进。此外，他还在赵忠尧指导下，做了一些基于加速器的核物理实验研究，1962 年在^{22}Na(p, α)反应研究中，首次发现^{24}Mg 的一个新能级。1973 年，叶铭汉担任静电加速器组组长，负责“文革”中被拆改的 V2 加速器的修复与改进工作，后又与物理所（原应用物理研究所）合作开展了静电加速器在固体物理方面的应用研究，研制出“接近国际水平”的半导体激光二极管。在此 20 余年中，叶铭汉深受赵忠尧的言传身教，积累了静电加速器的建造、运行以及核反应实验的丰富经验，也为他以后的高能物理工作打下了坚实的基础。

1975 年之后，叶铭汉开始转向高能物理实验研究。在他和萧健的建议下，高能所成立了一个专门研究多丝室、漂移室的小组，叶铭汉任组长，随后很快建造了多丝室，并利用自己研制的 CAMAC 插件和数据获取系统，在国内首次实现了在线数据获取，以后又成功地建造了我国第一个大面积漂移室。

叶铭汉此后的研究工作已超越了之前低能加速器及核物理研究，与其师赵忠尧的研究工作鲜再有交集。

在北京正负电子对撞机（BEPC）工程批准之前，叶铭汉自 1982 年起任高能所物理一室主任，负责北京谱仪（BES）的预制研究。1984 年工程上马之时，叶铭汉又被任命为高能所所长，领导全所投入研制 BEPC 和 BES，并具体负责 BES 的研制。直到 1988 年 BEPC/BES 基本建成，叶铭汉功成身退。

（三）郑志鹏

郑志鹏 1963 年毕业于中国科技大学近代物理系。此前他已于该系接受过赵忠尧、张文裕、梅镇岳等人在核物理、宇宙线与高能物理方面的教育。之后到原子能所工作，在赵忠尧、叶铭汉指导下，利用 V2 加速器进行核反应实验研究，完成了核磁共振测磁系统、半导体探测器研制等项工作。“文革”后期开始与唐孝威等人合作开展寻找单电荷重粒子实验。

“文革”结束后，郑志鹏参加了由唐孝威带队的10人小组，赴DESY丁肇中实验组(MARK-J组)进行了一年多的工作，负责完成了大面积闪烁计数器的研制。首次参加大规模国际合作高能实验研究，使郑志鹏的研究范围与视野大为开阔。回国后，郑志鹏开始参加BEPC/BES的预制研究，领导了飞行时间计数器的制造；并成为叶铭汉的副手，1986年后全面负责BES的研制，按计划联调成功。20世纪80年代中，郑志鹏与祝玉灿等人合作，开展了BaF_2晶体性能的研究和应用；之后又与叶铭汉及博士生游科等人合作完成了^{40}Ca双β衰变实验研究。尤其突出的是，1992年升任高能所所长后，郑志鹏领导BES合作组完成的τ轻子质量的精确测量，在国际高能物理界产生了重要的影响。此后他还组织、推动了2～5 GeV能区强子反应截面的测定、Ds物理、J/ψ物理和ψ(2S)物理等多方面的研究，直到1998年从所长任上退下。

与叶铭汉相似，郑志鹏亦从基于低能加速器的核物理实验研究转向了高能物理研究，尤其是高能探测器的研制。尤为突出的是，郑志鹏利用业已建成的高能加速器，领导一个团队，完成了国际前沿的高能物理研究，取得了τ轻子质量的精确测量结果。这与早前赵忠尧的研究工作已相去甚远，比叶铭汉又更进了一步。

（四）陈少敏

郑志鹏的学生读研时多从事基于北京谱仪的实验研究工作，陈少敏就是其中较为突出的一位。就如在赵忠尧所领导的学术团队中，叶铭汉等青年学者不可避免地要受到同在该团队中的杨澄中、梅镇岳、李正武等我国第一代核物理学家的影响一样，即使是当今高能加速器已然具备的情况下，合作实验研究也依然是很普遍的形式，合作培养研究生也较为常见。陈少敏在高能所攻读硕士、博士①期间就由郑志鹏分别与祝玉灿、严武光联合指导(见图4.10)。

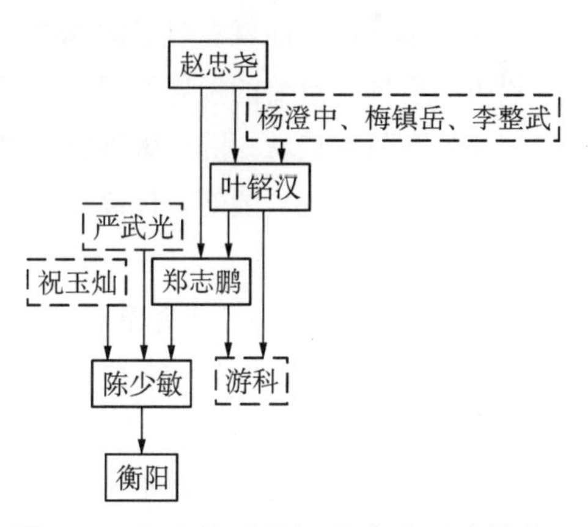

图4.10　赵忠尧-叶铭汉-郑志鹏-陈少敏谱系

---

① 两阶段学位论文分别为：J/Ψ衰变到$2(\pi^+\pi^-)\pi^0$和$2(K^+K^-)$终态的强衰变研究，τ含三个带电膺标介子衰变与τ中微子质量测量的实验研究。

陈少敏自1994年博士毕业后，先后在美国斯坦福大学、法国巴黎大学、法国粒子与核物理国立研究所、加拿大英属哥伦比亚大学、日本东京大学等单位从事高能物理实验研究，在国外多年。2005年起，陈少敏到清华大学任职，负责组织该校中微子物理研究小组，参与日本超级神冈中微子实验和中国大亚湾核电站反应堆中微子实验。其硕士研究生衡阳所做论文即为《超级神冈实验中弱作用重粒子的直接寻找研究》。

虽然陈少敏在国外期间以及回国后所从事的研究方向与其当初学位论文研究方向相近，但从论文的合作发表与引用方面来看，博士毕业后，他与其导师郑志鹏等鲜有学术关联，更遑论赵忠尧、叶铭汉等前辈了。

（五）赵忠尧谱系学术传承浅析

从赵忠尧到叶铭汉、郑志鹏，再到陈少敏，历经半个世纪，从他们从事实验研究的领域、方向到设备、方法，都已今非昔比。赵忠尧主攻低能核物理研究与低能加速器研制，待国际上高能物理兴盛之时，虽已年过半百，但仍研究不辍，在力争建设中国高能物理基地、培养高能物理人才等诸方面继续发挥着重要作用。叶铭汉起步于低能加速器研制及基于其上的核物理研究，中年之后转向高能探测器研究。至“文革”结束，叶铭汉也已经年过半百。但他后来在我国高能加速器，尤其是高能探测器的建造上做出了重要贡献。从他这一代起，完成了从低能核物理研究到高能物理研究的转型。郑志鹏则更进一步，不仅完成了这个转型，而且在改革开放之前就参与了国际高能物理合作研究，在此后的高能物理基地建设方面发挥了重要的领导作用，尤其是在基于BEPC/BES的高能实验方面取得了举世瞩目的成就。陈少敏则已是我国高能物理学科发展成熟之后所培养出的具有开阔国际视野的新一代高能物理学家，其研究工作与国际同行相比已处于同一起点。

经过半个多世纪，赵忠尧谱系中几代高能物理学家的研究工作随着中外高能物理学的发展，我国政治环境的转变与经济、科技水平的进步，以及科技全球化的趋势而不断发展、变化。在研究对象与工具、研究方向与方法等诸多方面，从第四代物理学家身上已找不出其“先祖”的特征与印记。以赵忠尧为代表的老一辈高能物理实验学家对后代弟子的学术影响，因客观环境、条件的发展而逐渐淡化，唯有一些精神层面的感召力常存于后世。

二、中国高能物理学家的精神传统

回顾我国高能实验(包括加速器、宇宙线)物理几十年的历史,以及基于其上的我国几代高能物理学家的学术谱系的发展,可以将我国高能物理学家最重要的精神传统归结为两个方面。

(一) 因陋就简、白手起家的拼搏精神

这一点,在前两代高能物理学家中表现得尤为突出。而随着时代的发展,国民经济、科技水平的提高,这个传统逐渐地弱化乃至消亡。

早在民国时期,我国亚原子物理学家就开始因陋就简地从事零星的研究工作。物质条件匮乏、科研基础薄弱,是我国各领域科学家长期面临的无可选择的境况。

我国第一代亚原子物理学家赵忠尧、王淦昌、霍秉权、张文裕、郭贻诚等人先后于 20 世纪 30 年代自欧美留学归国,成为中国原子核物理与高能物理学科的拓荒者。其筚路蓝缕的创业历程,是此后几十年间高能实验物理学家因陋就简、白手起家的拼搏精神的本源。

赵忠尧与张文裕在清华大学、西南联大期间,在极其简陋的条件下,自己动手制作仪器,进行核物理与宇宙线研究。对于这段经历,几十年后,他们都难以忘怀。

赵忠尧回忆说:“当时,清华大学正在成长过程中……这个时期,在极为简陋的条件下,大家齐心协力,进行教学和科研,办好物理系,实为难得。……我们自己动手制作盖革计数器之类简单设备,还与协和医院联系,将他们用过的氡管借来作为实验用的放射源,我们先后在 γ 射线、人工放射性、中子共振等课题上做了一些工作。之后,由于日寇的步步进逼,大部分国土沦陷,清华大学南迁,研究工作不得已而中断。……三校共同在昆明成立了西南联大,我便在那里任教,前后呆了八年之久。这期间,除了教学之外,我还与张文裕教授用盖革-密勒计数器作了一些宇宙线方面的研究工作。可是,随着战局紧张,生活变得很不安定。由于物价飞涨,教授们不得不想办法挣钱贴补家用。我自制些肥皂出售,方能勉强维持。”①

---

① 赵忠尧. 我的回忆[J]. 现代物理知识,1992(6):11 - 12.

张文裕回忆说:"我和赵忠尧先生想建造一台静电加速器,一有闲功夫就上街去跑货摊,想凑些零件。跑了两年,除了找敲水壶的工人做了一个铜球,搞到了一点输送带,做了个架子外,其他一无所获,最后不得不放弃了这个计划。两年的努力,算是徒劳了。我们感叹地说,这项工作只有留给后代去完成了!由于工作条件不具备,我就改作宇宙线……我们什么都从零开始,自己准备吹玻璃的工具,自己吹玻璃做盖革计数管。"①

王淦昌于1934年回国后,历任山东大学、浙江大学教授。抗战期间,浙大几年数次迁移中,除在课堂上讲授核物理知识之外,王淦昌始终没有放弃实验与理论研究。他积极创造条件开设实验课,还教学生吹玻璃,抽真空,制作盖革计数管;他曾试图用中子轰击雷酸镉来引爆炸药,还与学生冒着敌机空袭的危险进行实验研究。

据王淦昌的学生们回忆:"王先生刚到浙大不久,就开展宇宙线方面的研究。当时浙大经济拮据,实验条件很差,进行这类新的实验研究几乎不可能,但这并没有阻止王先生的决心。他自己动手,从实验仪器制造开始做起。搞一个云雾室,没有橡皮膜,就找一个破球胆代替;没有空气压缩机,就用手工打气筒,逐步搞出了一套颇具规模的实验设备。艰苦的环境使王先生养成了勤俭的习惯。抗日战争结束后搞自动化研究,王先生买的是美军剩余物资中的过时电子元件。直到新中国成立后,王先生的许多实验仪器都是自己设计,然后让机械厂的工人制作的。浙大在抗日战争中的西迁是极其艰苦的,在这样的恶劣环境之下,王淦昌先生还念念不忘物理实验。1938年1—2月间,浙大在吉安白鹭洲停留不到一月,王先生也抓紧开实验课。1939年在广西宜山,敌机天天轰炸,因跑警报闹得人心惶惶,而王先生和助教钱人元却不管个人安危,坚持要到龙江对岸存放仪器的木棉村去开箱做实验。有人反对,说:'饭都吃不上,还做什么实验?'王先生坚定地表示:'没有饭吃也要做实验!'就是这种精神使王先生成为一位杰出的物理学家。"②

新中国成立之后,随着近物所(物理所、原子能所)的建立,亚原子物理研究的机构、队伍以及各种物质条件得到了改观,但与前沿高能物理研究的实验需要还相距甚远,我国第一代高能物理学家艰苦朴素的精神依然没有改变,而且在他

---

① 张文裕.关于选著及有关的回忆[M]//张文裕论文选集.北京:科学出版社,1989.

② 在杭部分浙大老校友关于王淦昌先生回忆的片断[M]//胡济民,许良英,汪容,等.王淦昌和他的科学贡献.北京:科学出版社,1987:10.

们的言传身教之下，第二代高能物理学家继承了这种精神。王淦昌称，他们“学习和发扬‘自己动手，丰衣足食’的延安精神，群策群力，从研制仪器设备开始，逐步建立了从事原子核科学研究的基本条件”。[①]

赵忠尧主持建造的我国第一台 700 keV 质子静电加速器，主要是利用他“在美国费尽辛苦购置的一点器材”。[②] 据叶铭汉回忆：“在 20 世纪五六十年代这段时间，主要是与加速器有关的技术，是我们发展起来的。譬如说，真空技术，高电压技术，都是我们过去不掌握的，开始摸索起来。也通过静电加速器培养了一批搞加速器的人才。我们也用加速器进行了一点点核物理的实验，在国内也是首先做的。总的来说，不能说做了多了不起的工作，我们是在什么技术都没有的情况下，做了一些开创、摸索性的工作。”[③]在什么技术都没有的情况下，一批年轻人在前辈科学家的带领下，摸索性地工作。相对于物质条件而言，这种技术基础的贫乏，可能更需要自力更生、顽强拼搏的科研决心与斗志。

在宇宙线研究方面，这种艰苦创业的奋斗精神也同样得到了很好的发扬。当年在王淦昌、张文裕、肖健等前辈科学家的带领下建设云南宇宙线观测站的骨干人员之一霍安祥多年后还对此记忆犹新：“初创时期的工作条件十分艰苦，动力变压器尚未到货，只能临时从百米以外将民用照明电接输到实验室以便开展工作，由于电力不足连一台云室上使用的一千瓦空气压缩机有时都启动不了，经常需要科研人员用手去帮忙拉一下皮带才能启动。而在正常开展研究工作时，平均每小时要启动一次空气压缩机。就在这样简陋的工作条件下，科研工作者努力工作，很快就把云室调整到较好的工作状态，拍出了质量相当高的照片。”[④]

这种因陋就简，在艰难困苦中仍能顽强拼搏，从事科研活动的精神，是在我国高能加速器建造成功之前，支撑高能物理实验研究持续发展的主要动力之一。

（二）积极交流、海纳百川的开放精神

由于中国学术界长期处于封闭状态，我国学者一直都有着对外交流的强烈需求与渴望。高能物理学家们尤其如此。在有限的国际交流中，他们把握机遇，着力创新，在交流中做出了骄人的成绩，同时也显示了中国高能物理学家这种积

---

① 王淦昌. 祝贺　回顾　期望[J]. 中国科学院院刊，1994(4)：293－294.

② 赵忠尧. 我的回忆[M]//赵忠尧论文选集. 北京：科学出版社，1992：198－206.

③ 叶铭汉. 原子能楼[M]//中关村科学城的兴起：1953—1966. 长沙：湖南教育出版社，2009：38－52.

④ 霍安祥，郑民. 难能可贵的奋斗精神：纪念我国第一个宇宙线高山实验室工作三十周年[J]. 高能物理，1984(3)：7－8.

极交流的开放精神。

1956年，我国加入苏联杜布纳社会主义国家联合原子核研究所，并连续派出大批学者赴苏，我国高能物理学家首次参加了广泛的国际学术交流。王淦昌等人在实验方面取得了惊世发现之外；理论方面，周光召等理论工作者也充分利用国际交流的机会，努力工作，从而也取得了举世瞩目的成就。虽然在中苏关系破裂后，我国最终于1965年退出了杜布纳联合所，但在合作的早期几年，我国学者切实地在国际交流合作中得到了训练，开阔了视野。

在"八七工程"提上议事日程之前，1977年，刚刚恢复工作的邓小平先后接见了美籍华裔诺贝尔物理学奖获得者丁肇中，欧洲核子研究中心总主任阿达姆斯(J. B. Adams)，以及美国费米国家实验室(FNAL)的加速器专家、美国最大高能加速器的设计者美籍华人邓昌黎。在接见丁肇中时，邓小平提出派10人去联邦德国电子同步加速器研究所(DESY)参加丁肇中的高能物理实验组工作，丁肇中当即表示接受。之后不久，由唐孝威带队的10人小组赴DESY丁肇中实验组进行了一年多的工作。在会见阿达姆斯与邓昌黎时，邓小平与他们分别商定派人赴西欧与美国工作和学习。

待"八七工程"上马之后，由于我国在高能加速器建设方面缺乏实践经验，在初步完成工程理论设计后，工程指挥部派出了两个考察组出国考察，深化设计。何龙和方守贤到欧洲粒子物理研究所(CERN)，而谢家麟、钟辉等六人赴美国FNAL，由邓昌黎负责安排。鉴于BPS与美国BNL的AGS加速器能区相近，谢家麟等人在FNAL完成深化设计后，在李政道与袁家骝的建议下，又到BNL进行了短期工作学习，并与该所相关专家商讨适合BPS的探测器与计算机制造等问题。为了加强与国际同行的学习交流，截至1978年9月底，我国先后派出考察和学习人员5批32人，请进相关专家10多批；1979年派往欧(CERN、DESY)、美(ANL、BNL、FNAL、LBL、SLAC)、日(KEK)各大高能物理实验室考察与学习的人员更是多达百余人。尤其重要的是，1979年1月，邓小平率中国政府代表团访美期间，与美国签订了"在高能物理领域进行合作的执行协议"，并成立了中美高能物理联合委员会。

虽然"八七工程"最终下马，但这一时期我国高能物理学家与国外同行所建立起来的广泛交流，为此后BEPC的建立奠定了基础。北京正负电子对撞机就是在对外交流的过程中，在国外专家的建议与帮助下建成的。

在"八七工程"下马已成定局之后，由于原计划将于1981年6月在北京举行的中美高能物理联合委员会第三次会议召开在即，而中国的高能加速器建设计划却遇波折，李政道来电询问关于下一步中美高能物理合作事宜。为此，中科院派朱洪元和谢家麟会同当时在美国访问的叶铭汉在李政道的协调下到美国FNAL与中美高能物理联合委员会的几个成员实验室的所长、专家进行了非正式会晤，通报中国高能加速器调整方案，并听取他们的建议。潘诺夫斯基提出中国可以建造一台2.2 GeV正负电子对撞机的建议。[①] 后来，诺贝尔奖获得者里克特(B. Richter)也提出中国建造一个能在5.7 GeV能区工作的对撞机的方案。此后在1982年度中美高能物理联合委员会第三次会议期间，潘诺夫斯基强调了2.8 GeV能区粲重子方面有大量工作可做，希望中方在建造加速器时注意该能区研究工作的开发，力争束流高亮度和对强子探测的高效率。[②] 后来经谢家麟向中科院副院长钱三强汇报，决定将BEPC的能量由2.2 GeV延伸至2.8 GeV，以有助于扩展其研究领域，延长其使用寿命，于是将BEPC的能量指标定为2.2 /2.8 GeV。

在BEPC的建设过程中，根据中美高能物理合作执行协议，高能所和美国五个高能物理国家实验室(ANL、BNL、FNAL、LBL、SLAC)建立了技术合作关系，并在美国设立了办公室，负责协调双方的合作项目和在美国采购高能工程急需的仪器和元器件。这对对撞机的最终建成产生了重要的作用。

在北京正负电子对撞机建成之后，如前述，吸引了国外的高能物理同行参加BES的实验合作。以我国高能物理学家为主体的BES合作组已包括美、英、日、韩等国的上百位高能物理学家，国际合作交流的深度与广度都有了质的提高，我国高能物理学界也已经在国际上拥有了一席之地。而宇宙线研究中的中日ASγ合作计划、中意ARGO计划也同样反映了我国高能物理学家积极参与、组织国际交流的精神传统。

通过以上实例可以看出，在有限的对外交流中，中国的高能物理学家们不失时机地通过交流而获得进步，终使自己的努力工作获得国际同行的认可。而借助外国同行的技术与经验支持，也是我国高能物理后来获得蓬勃发展的一个重要因素。积极交流，海纳百川，这是中国老一辈高能物理学家们所形成的一个得到最有效传承的学术传统。

---

① 谢家麟. 纪念我国杰出理论物理学家朱洪元逝世十周年[M]//朱洪元论文选集. 北京：爱宝隆图文，2002：307－309.

② 谢家麟同志与美国斯坦福直线加速器中心所长潘诺夫斯基教授谈话纪要[G]//高能所文书档案室. 北京正负电子对撞机工程文书档案摘要汇编. 北京：[出版者不详]，1990：77.

三、中英学术传统的简单比较与讨论

综观新中国成立以来60余年的历史，作为科技后发国家的中国，在高能物理领域，从来就不是一个领跑者，早期甚至一直处于亦步亦趋的跟踪学习阶段。可以说，我国的高能物理学家还未能形成一个相对稳定、持续传承的研究传统。

一个优秀研究传统的形成，离不开一个适宜发展的外部环境，一个优秀的学术团体，尤其是一位熟谙科技发展前沿、有敏锐科学预见力与科研组织力的学术领袖。汤姆孙-卢瑟福谱系（见图4.11）就是典型的例证。

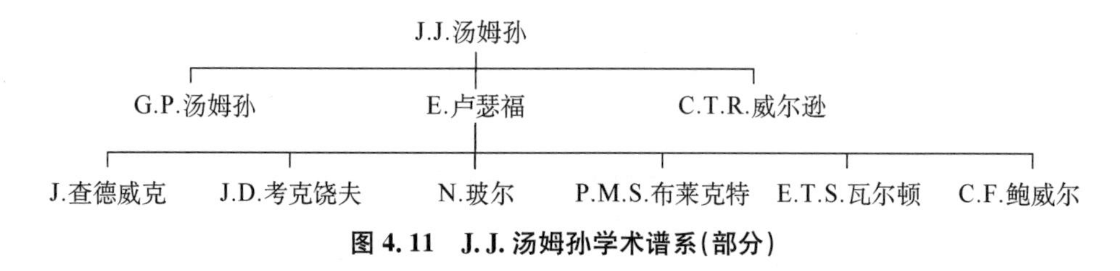

图4.11　J.J.汤姆孙学术谱系(部分)

1897—1899年，J.J.汤姆孙(Thomson)在实验中发现了电子。此前他已经在剑桥大学卡文迪什实验室研究阴极射线7年之久。发现电子之后，J.J.汤姆孙又于1904年提出了著名的"葡萄干-蛋糕原子结构模型"。

卢瑟福于1895年到卡文迪什实验室学习。在J.J.汤姆孙的建议下，他把研究方向从无线电转移到放射性上，这为他后来研究放射性元素衰变，发现α、β射线奠定了基础。1908年，卢瑟福的助手盖革(H. Geiger)及其学生马斯登(E. Marsden)在实验中发现了α粒子大角度散射。据此，他于1911年提出了原子的核式结构模型。

在卢瑟福之前，威尔逊(C. T. R. Wilson)就已进入卡文迪什实验室学习。他因受阳光返照云彩的启发，在卢瑟福的支持下开始在实验室让潮湿空气膨胀，制造人工云雾。之后他不断实验，改进其云室，为汤姆孙电子的发现作出了贡献。1925年，布莱克特(P. M. S. Blackett)在威尔逊工作的基础上，进一步改进云室，实验得到了原子人工转变的证据。

J.J.汤姆孙之子G.P.汤姆孙21岁大学毕业后就在父亲的指导下做气体放电等方面的研究工作。30岁升任教授后，他继续做其父一直从事的正射线的研究，最终在电子散射实验中发现了电子衍射花纹，证实了德布罗意(L. V. de Broglie)的物质波假说。

玻尔(N. Bohr)于1912年在曼彻斯特大学卢瑟福的实验室工作了四个月，参加了α粒子散射的实验工作。他坚信卢瑟福的原子核式结构模型，也了解该模型所面临的稳定性的困难，于是他引入量子假说，次年提出了定态跃迁原子理论。

卢瑟福一直希望用高能量的粒子击破更多元素的原子核。1930年，考克饶夫与瓦尔登(E. T. S. Walton)在卢瑟福的支持和鼓励下，发展了电压倍加方法，用于加速质子，最终建成世界上第一台加速器。

为解释原子核的结构，卢瑟福早在1920年就提出了中子假说。其弟子查德威克(J. Chadwick)锁定目标，经过11年的实验探索，终于1932年发现了中子。

在卢瑟福去世10年后，鲍威尔(C. F. Powell)从宇宙线中发现π介子。其高度完善的用感光乳胶探测重电离粒子的方法正源自卢瑟福的早期工作。①

从一定意义上来说，核物理与高能物理在中国的建立，与半个世纪前原子物理与核物理在欧洲尤其是在英国的建立具有一定的可比性。在学科创立之初，作为国家最重要的学术机构，中国科学院近物所(物理所、原子能所)与剑桥大学卡文迪什实验室一样，承担着引领新学科建立与发展，培养优秀人才的作用。其学术谱系，乃至基于其上的学术传统，也应当具有某种程度的可比性。以下我们将从学科发展环境、早期学术传统、学术带头人的学术视野、研究方向的选择、老师对学生的扶持与培养等方面将中国高能实验物理学家的学术谱系与汤姆孙-卢瑟福学派的学术谱系加以对比，进而看出在不同的时空条件下，不同学术团体在学术传统上的差异。

J. J. 汤姆孙入主卡文迪什实验室之时，近代科学中心在欧洲已经意大利、英国、法国转移到了第四站——德国。当时物理学研究的热点问题就是电磁学。包括J. J. 汤姆孙与他的2位前任——麦克斯韦(J. C. Maxwell)与瑞利勋爵(Lord Rayleigh)，以及他的研究生卢瑟福早期所倡导、从事的都是电磁理论与实验方面的研究工作，且形成了稳定的学派与学术传统。尤其是J. J. 汤姆孙领导的气体放电研究，已在世界范围内产生了广泛影响。可是，从19世纪的最后5年开始，物理学界从一系列令人眼花缭乱的发现中酝酿了一场翻天覆地的变革。1895年，德国的伦琴(W. K. Röntgen)发现了X射线；1896年，法国的贝克勒尔(A. H. Becquerel)发现了放射性现象。当欧洲大陆的这些发现迅速传到剑桥大学时，J. J. 汤姆孙敏锐、迅速地对此做出反应，立刻带领卢瑟福等研究生、助手投入X射线与放射线的研究，并很快获得新的发现。他们不仅阐明了X射线的电磁波本质，卢瑟福还通过实验得出了铀射线由α、β射线组成的结论，并预言

① 派斯 A. 基本粒子物理学史[M]. 关洪，等，译. 武汉：武汉出版社，2002：574.

了 γ 射线的存在。而对于各国科学家已做过广泛研究的阴极射线，J. J. 汤姆孙、卢瑟福师生进一步通过大量实验测定其组成，从而发现了电子，一时震惊了整个物理世界。此后 20 年间，卡文迪什实验室都主要从事原子物理方向的研究。

在卢瑟福 1919 年回到剑桥大学继任卡文迪什实验室主任之时，他也将此前在其他地方关于放射性元素衰变规律与人工打破原子核的研究方向与成就引入卡文迪什实验室，从而开创了原子核物理研究领域，培养了第一代核物理学家。此后近 20 年，关于元素的人工嬗变及加速器的发明与研究等核物理前沿问题成为卡文迪什实验室的主要研究方向，直至卢瑟福去世。

玻尔后来在卢瑟福的鼓励与支持下回到丹麦建立了理论物理研究所，并很快集中了一批最优秀的物理人才，使该研究所成为全世界最重要的物理研究圣地之一。他既受到欧洲大陆的分析方法影响，又获得过英国实验室研究的培养，“在青年时代就接受了两个世界的优秀传统，这两个传统是大陆的理论传统和英国的经验主义”。①

从上面关于汤姆孙-卢瑟福学派部分成员的研究工作及成就的论述也可以看出，能引导众弟子在科学研究中做出卓著成就的关键因素除了科学发展阶段、经济社会水平与个人资质高低等难以人为改变的因素外，主要在于其学习、工作机构(卡文迪什实验室)良好的科研条件与学术氛围，以及导师(汤姆孙、卢瑟福)引领世界科学前沿的学术水平以及把握科学发展方向的判断力和预见力。卡文迪什实验室不仅执当时英国物理研究之牛耳，也是世界上最主要的几大物理研究中心之一。而当时欧洲作为世界物理学的中心，不仅优秀物理学家辈出，重大物理学发现层出不穷，而且交流频繁，信息通畅，J. J. 汤姆孙甚至可以面向世界招收研究生。如此良好的学术氛围与环境，在新中国成立之初高能物理学崭露头角之时，是根本无法想象的。

从海外留学归国的第一代中国高能物理学家，虽大多曾在西方著名的科研机构师从世界著名的科学大师，做出过杰出的科研工作。但在他们回国之后，不复有优越的科研条件，也不再有大师的指导与合作，他们成为中国高能物理学科的拓荒者。科研环境要靠他们自己来争取、创造，科研队伍要靠他们来引领、教导。他们的目标，就是要在中国实现零的突破。他们的科研活动，很多时候只是为了要使中国有科研。特别地，在很长一段时间内，中西交流的大门几乎完全关闭，我国的高能物理学家基本不可能及时了解西方同行的科研新成就，而只能从

① 阎康年. 英国卡文迪什实验室成功之道[M]. 广州：广东教育出版社，2004：244.

有限的一些过时期刊中对前一阶段物理学的发展得到些许片面的了解。对比汤姆孙-卢瑟福学派与世界同行的交流频仍、信息通畅，中国高能物理学的开拓者们基本上是在“摸着石头过河”。对比卡文迪什实验室从电磁学到原子物理，再到原子核物理，研究领域、方向与方式、方法等研究传统的不断发展、变革，中国高能物理界所能形成的最主要研究“传统”可能就是“摸着石头过河”了。

1955 年，赵忠尧利用从美国费尽周折带回的部件主持建成的质子静电加速器 V1，其能量仅达 700 keV。而当时美国布鲁克海文(BNL)的 Cosmotron 加速器能量已达到 3 GeV，伯克利(LBL)的 Bevatron 加速器能量已达到 6 GeV。很难想象在中国 700 keV 的加速器上还能做出世界一流的实验发现。但不可否认的是，其肇始之功不可磨灭。张文裕在美国对于多丝火花室的设计、加工深为同行赞叹，后来他还将自己制作的多丝室带回中国。但他却未能利用此火花室开展多少科研工作，长期放在办公桌下的多丝室也在搬家时丢失了。[①] 可以设想，如果他们活跃在西方物理学研究的前沿阵地，如卡文迪什实验室的历任学术领导一样，有着宽泛的学术视野、优秀的科研环境、先进的科研仪器与设备，也可能做出重要的物理发现。他们的加速器、火花室即便不是很先进的，也完全可以在一个良好的学术环境与条件下得到不断改进、完善。但所有这一切他们都没有，连学生都是高校分配来的，根本没有自我选择的余地。从另一个角度来说，那些新分配到研究所做研究实习员的大学生也未必会对他们将要从事的工作有兴趣，只是服从国家需要而进入该领域罢了。这跟卡文迪什实验室由汤姆孙开创的面向世界招收研究生的人才选拔培养模式岂可同日而语！

中国第二代高能物理学家大多是在国内自主培养成才的，天然地缺乏国际视野。他们追随第一代高能物理学家而入科研之门。由于他们的前辈本身就难以把握国际高能物理的研究前沿，所以他们并无紧随前辈学者的研究课题或方向而持续研究的必要性。只是在初步掌握了“渡水”之术后，加入前辈“摸着石头过河”的队伍罢了。在他们从事科研的黄金时段，又赶上了“十年浩劫”。其间进行的零星研究，大多仅是在别人拾起西瓜时，捡起他们丢下的芝麻而已。

因此可以说，新中国的前 30 年，第一、第二代高能物理学家并未能形成持续传承的研究传统。而只是因受国内外环境等诸多因素的影响，形成了如前所述的一些特定历史条件下的精神传统。

20 世纪上半叶，正值物理学风起云涌的黄金时代。以汤姆孙-卢瑟福谱系

① 据张文裕的弟子何景棠研究员接受笔者访问时的录音材料整理。

为灵魂的卡文迪什实验室在英格兰独领风骚之际，欧洲大陆也早已群雄并起，尤其是处于当时世界科学中心的德国。其中以柏林大学为根据地的 M. 普朗克(Planck)学派，以慕尼黑大学为根据地的 A. 索末菲(Sommerfeid)学派，以哥廷根大学为根据地的 M. 玻恩学派最为突出。而新成立的以丹麦哥本哈根大学为根据地的玻尔学派，吸引了一批当时最优秀的青年人才，一时呈后来居上之势。此外，以 P. 朗之万(Langevin)、M. 居里、L. V. 德布罗意等为代表的法国学派，以 J. R. 里德伯(Rydberg)等为代表的瑞典学派，以 H. 洛伦兹(Lorentz)、P. 埃伦费斯特(Ehrenfest)等为代表的荷兰学派，以 E. 薛定谔、V. F. 赫斯(Hess)等为代表的奥地利学派，以 L. 曼德尔斯塔姆(Mandelstam)、S. I. 瓦维洛夫(Vavilov)等为代表的苏俄学派，也都是成果斐然、人才辈出。多位物理学大师在那个特殊的年代，为近代物理学的创建、变革而竞相登场，成逐鹿天下之势。每一学派、学术谱系也大多各具特色，有其与众不同的风格与传统。如卢瑟福学派主张一切通过实验去揭露事物的真相；玻恩学派注重理论物理学成果的数量化，重视研究成果内部的逻辑结构；而玻尔学派主张靠猜测和直觉，把理论和实验结合起来。[①] 但在这样一个大师云集、学派林立、百家争鸣、传统各异的黄金时代，中国尚处于物理学科建立与发展的初始阶段。待中国高能物理学科初步建立、“十年浩劫”也告结束之后，中国物理学家才开始与国际接轨。但此时与 20 世纪上半叶有所不同的是，近代物理学，包括核物理与高能物理，早已过了学科创建与初步发展的“婴幼儿期”乃至“青少年期”，其汹涌澎湃的发展势头早已减缓。在学科的平稳发展期，或者说下一场物理学革命到来之前，那种各自为政、特色迥异的学派与传统已逐渐淡化。

改革开放之后，中国的高能物理学迅速融入了世界高能物理发展的大潮中。经过 30 余年的发展，在第一、第二代前辈的垂范下，第三、第四代，甚至第五代高能物理学家迅速崛起。而当今的国际、国内环境都有了显著变化，尤其是经济与科技全球化的趋势，使得中国的高能物理学家的学术传统，与前 30 年相比，又呈现出新的面貌。就国际高能物理学界而言，随着学术交流的发展，具有共同研究纲领与学术传统的学派已不多见。各大高能物理研究机构(多具备大型高能加速器)都是“铁打的营盘，流水的兵”，国际化的研究机构容纳着来自世界各地的物理学家。中国的相关研究机构与研究队伍亦不例外。作为国际高能物理领域的一员，中国已拥有一席之地。高能物理学家们根据所占有的资源(包括经费、设备、队伍)，因地

---

① 唐永亮. 仁科芳雄及仁科研究室传统[J]. 自然辩证法研究，2004，20(12)：85－89.

制宜地确定自己的研究方向，并不时地根据研究进展与国际同行的工作，而阶段性地调整、改变、增减自己的研究重点与方向。一线学者多有留学、访学或在国外从事研究工作的经历。本土学者与国外同行不乏学术交流，“海归”学者更具国际视野。在这种形势下，比前30年更难以形成一个持续、稳定的研究传统。而之前第一、第二代高能物理学家所秉承的那些具有时代特色的精神传统，在新的历史条件下日趋淡化，唯有团队合作、寻求交流的传统长存，但已无本国特色。

在赵忠尧谱系中，叶铭汉、徐建铭、金建中、孙良方等人是赵忠尧等前辈科学家精神传统的主要继承者。叶铭汉、徐建铭所参与的加速器建设的“七下八上”的艰难过程前已述及。金建中在领导组建中科院兰州物理研究所之时，“实验条件差，缺少良好的测试设备，一切都因陋就简，从无到有”。“凭着一股不畏艰险的忘我拼搏精神”，最终取得成功。[①] 孙良方所参与的中国科大同步辐射加速器建设也是一个非常艰苦的过程，此处不做详述。在落后、封闭的环境中，他们发扬前辈的精神传统，勤俭节约，艰苦奋斗，通力合作，在有限的条件下，努力做出优秀的科研工作，以实践他们为国家多做贡献的理想。

“文革”之后，第一代高能物理学家逐渐衰老或故去，此后由第二、第三代物理学家为主导的高能物理学界师承关系逐渐明晰。网状的学术谱系结构随着中国高能实验基地的建成、学位制度的完善而呈现出新的面貌。与此同时，第一代学者们原先在国家贫穷、落后之时白手起家、因陋就简、闭门造车的客观条件不复存在，由此而形成的一些精神传统也因经济、科技条件的发展而不再持续发挥主要作用。虽然何泽慧、谢家麟等老一辈物理学家仍多年活跃在科研前线，其科学研究与人才培养的环境、氛围已不可同日而语。即便他们仍秉承着过去的一些传统，但随着时代的变迁，那些具有时代特色的精神传统已难以得到有效的传承。赵忠尧等老一辈高能实验物理学家的学术谱系中，其隔代弟子能传承其研究风格与方向者已不多见，能继承前辈们在特定的历史条件下所形成的精神传统者，亦是凤毛麟角。

在20世纪80年代高能物理实验基地建成之后，年轻的高能实验物理学者不但人数倍增，而且多经过系统的文化课学习，在仪器、设备相对齐全完善的实验室经过实践训练，在导师的指导下，多选择一些较为明确的科研任务、方向，流动性不强，变数不大，经几年的学习与实践，在获得学位后走上工作岗位。之后所从事的工作可能与学位论文相关或相近，在分工相对明确的工作组，经其学术领导布置任务，不时加以指点，由此开展研究工作，已不像其前辈那样迫切需要

---

① 宋立志. 名校精英：北京大学[M]. 呼和浩特：远方出版社，2005：187－188.

有人手把手地“传帮带”了。他们与第二代高能物理学家的学习、科研环境都显著不同，因而在传承前辈的精神传统方面亦表现迥异。

在叶铭汉的印象中，“赵老师从不把自己的工作建立在热情的幻想上，而力求一点一滴的实际进步。……在20世纪50年代中期讨论建造我国自己的加速器时，他从我国的经济实力出发，主张先搞个在科研上有用，但能量较低的加速器，以便取得经验”。而20世纪80年代之后，国家经济实力大增，高能物理实验经费相对充足，科研条件与国外相比已逊色不多，第二、第三代物理学家们已少有前辈们那种量入为出、捉襟见肘的窘迫。

赵忠尧、张文裕等老一辈高能物理学家为建成我国的高能加速器，努力了30多年，却因经济匮乏等原因而“七上七下”。在叶铭汉任高能所所长的4年内，北京正负电子对撞机从开工建设到最终对撞成功，实现了我国高能物理发展史上质的飞跃，国家为此投入2.4亿元。在郑志鹏所长任内，1997年国家批准的上海同步辐射装置工程总投资已高达12亿元。此后，2003年，国家批准北京正负电子对撞机重大改造工程项目，总投资预算达到6.4亿元。姑且不论通货膨胀等因素，此次加速器的改造投资额比当初建设投资还多出4亿元！相比其他领域而言，如今高能实验物理甚至已成为科学的奢侈品。

由上述可见，随着时代的发展，对于我国第一、第二代高能物理学家所形成的一些精神传统，改革开放以后的后辈学者已难以产生深刻的影响了。

研究传统阙如，精神传统淡化，这是通过对中国高能物理学家学术谱系的考察而得出的一个自然而然的结论。

狄更斯(C. Dickens)曾言：“这是最好的时代，这是最坏的时代。”对于当代中国高能物理学家而言，这是走向世界的时代，这也是传统缺失的时代。不过也许，这并不算坏事。

第五节　中国高能实验物理学家学术小传

一、高能实验物理学家

赵忠尧

赵忠尧(1902—1998)，浙江诸暨人。1925年毕业于东南大学，1927年赴美国加州理工学院留学，师从R. A. 密立根。1930年获得哲学博士学位后回国，先后在清华大学、云南大学、西南联合大学、中央大学任教。1946年赴美参观原子弹试验后，购置核物理实验设备和其他科研器材。1950年回国后，到中国科学院近代物理研究所工作。1958年参与中国科技大学筹建工作，并主持创办原子核物理和原子核工程系，任系主任。1973年后担任中国科学院高能物理研究所副所长。此外曾任中国核学会名誉理事长。1955年当选为中国科学院学部委员。

主要从事核物理、高能物理研究，是中国核物理、加速器、宇宙线研究的开拓者之一。1929年与欧洲学者同时最先观察到γ射线通过重物质时的“反常吸收”，并首先发现“特殊辐射”，最早观察到正负电子对产生和湮没的现象，对正电子的发现和物理学家接受量子电动力学理论起了重要作用。主持建成我国第一、第二台质子静电加速器，为在国内建立核物理实验基地做出了重要贡献。①②

王淦昌（见第二章第二节）

张文裕

张文裕（1910—1992），福建惠安人。1931年毕业于燕京大学，1933年取得硕士学位。次年赴英国剑桥大学留学，师从E. 卢瑟福，1938年获哲学博士学位。曾任四川大学、西南联合大学教授，中国科学院高能物理研究所研究员、所长、名誉所长。我国宇宙线研究和高能实验物理的开创者之一。1957年当选为中国科学院学部委员。

主要从事高能物理和宇宙线物理等方面的实验研究。验证了N. 玻尔的液滴模型。发明了多丝火花计数器。20世纪40年代后期进一步研究确定μ子和原子核没有强作用，并在μ子吸收的研究中确证了μ原子的存在，从而开拓了奇异原子物理研究领域。在超子与核子散射研究、北京正负电子对撞机建造的奠基性工作、筹建高山宇宙线实验站等方面做出了重要贡献。③④

① 汪雪瑛，郑林生. 赵忠尧[M]//中国现代科学家传记：4. 北京：科学出版社，1993：85－93.
② 郑文莉，毛振麟. 赵忠尧[M]//中国科学技术专家传略：理学编：物理学卷1. 北京：中国科学技术出版社，1996：237－248.
③ 何景棠. 张文裕[M]//中国现代科学家传记：4. 北京：科学出版社，1993：118－126.
④ 汪雪瑛. 张文裕[M]//中国科学技术专家传略：理学编：物理学卷1. 北京：中国科学技术出版社，1996：474－490.

何泽慧

何泽慧(1914—2011),女,生于江苏苏州,祖籍山西灵石。1936 年毕业于清华大学,1940 年获德国柏林高等工业大学工程博士学位。曾任中国科学院原子能研究所和高能物理研究所副所长。1980 年当选为中国科学院学部委员。

在德国海德堡皇家学院 W. 玻特领导下的核物理研究所工作期间,发现并研究了正负电子几乎全部交换能量的弹性碰撞现象。在法国巴黎法兰西学院核化学实验室和居里实验室工作期间,与钱三强及两位研究生合作,首先发现并研究了铀的三分裂和四分裂现象。主持研制国产原子核乳胶,为开拓我国原子能科学事业并配合核武器做出贡献。她还积极推动我国宇宙线物理及高能天体物理研究。[①]

梅镇岳

梅镇岳(1915—2009),浙江杭州人。1939 年毕业于清华大学(西南联合大学)物理系后留校任教。1945 年考取中英庚款公费生赴英国留学,进入伯明翰大学,在核物理学家 P. B. 穆恩(Moon)的指导下,先后获得理科硕士学位(1947 年)和哲学博士学位(1949 年)。1948 年,梅镇岳到美国印第安纳大学随 A. C. G. 米切尔(Mitchell)小组作实验研究。1950 年,他又到加拿大国家实验室研究宇宙线。1953 年回国后,在中国科学院近代物理研究所任研究员。

从事核谱和宇宙线研究,在电子能谱学、电子能谱仪和以 β 谱测定电子中微子的静止质量等方面均有成就。在筹建并主持中国科技大学近代物理系、发展中国核谱研究和培养中国核物理人才方面做出了贡献。[②]

金建中

金建中(1919—1989),生于北京,原籍安徽黟县。1944 年毕业于北京大学,1946 年于辅仁大学研究生院毕业。先后在北洋大学(现天津大学)物理系、清华大学物理系任教。曾任航天工业部总工程师、中国科学院兰州物理研究所所长、中国真空学会第一届理事长。1980 年当选为中国科学院学部委员。

---

① 顾以藩. 何泽慧[M]//中国科学技术专家传略:理学编:物理学卷 2. 北京:中国科学技术出版社,2000:104-116.

② 戴念祖. 梅镇岳[M]//中国科学技术专家传略:理学编:物理学卷 2. 北京:中国科学技术出版社,2000:199-205.

主要从事真空物理与技术的研究，是中国真空科学的创始人与开拓者。负责研制出性能接近当时国际水平的电磁双聚焦反应粒子能谱仪等多种核物理仪器。在中国最早的高气压质子静电加速器的加速管及真空系统的研制和建立中做出了突出贡献。在研制与建立金属高真空油扩散泵和金属超高真空系统、创建与发展中国真空科技研究机构等方面做出了重要贡献。

郑林生

郑林生(1922—　)，广东中山人。1944 年西南联大物理系毕业，1951 年获美国俄亥俄州立大学博士学位。先后任中国科学院原子能研究所研究员、室主任，高能物理研究所研究员、实验物理部副主任、所学位委员会主任、所科技委员会主任，中国高能物理学会秘书长、理事长。

长期从事原子核物理与高能物理研究，对中国实验核物理发展做出了重要贡献。20 世纪 70 年代带领一批中青年实验研究者由低能实验核物理转向高能实验物理领域，为中国建立高能实验物理队伍奠定了基础。领导北京正负电子对撞机试验束的设计、安装、调试和实验工作，并为开展国际合作做出了贡献。[①]

叶铭汉

叶铭汉(1925—　)，上海人。1949 年毕业于清华大学物理系。先后在中科院近代物理研究所、物理研究所、原子能研究所、高能物理研究所工作。曾任高能物理研究所所长、中国高能物理学会理事长、核电子学与核探测技术学会理事长。现为高能物理研究所研究员，中国高等科学技术中心学术主任。1995 年当选为中国工程院院士。

20 世纪 50 年代参加我国第一、第二台带电粒子加速器(700 keV 和 2.5 MeV静电加速器)的研制，建成后负责其运行和改进，对我国低能加速器的发展做出贡献。后率先研制和发展多种粒子探测器，开展了我国第一批核物理实验，做出了国际水平的物理工作。20 世纪 70 年代开展多丝正比室、漂移室等高能物理实验常用的粒子探测器的研制，首先在国内实现多丝正比室计算机在线数据获取。1982 年起主持大型高能物理实验粒子探测装置“北京谱仪”的研

① 金世恒，汪雪瑛. 郑林生[M]//中国科学技术专家传略：理学编：物理学卷 2. 北京：中国科学技术出版社，2000：511 - 518.

制，是大型科研工程“北京正负电子对撞机和北京谱仪”的主要科技领导人之一。1990 年获国家科技进步奖特等奖。①

杨衍明

杨衍明(1927—2009)，山东青岛人。1950 年毕业于清华大学电机系，1955 年获苏联列宁格勒电机学院副博士学位。历任中国科学院原子能所二部核电子学研究室副主任，中国科学技术大学近代物理系核电子学专业主任、计算机科学技术系主任，中国核电子学与核探测技术学会副理事长。

杨衍明是中国核电子学的主要创始人之一。早在 20 世纪 60 年代，他就主持建成了中国首台百道多道分析器。70 年代初，研制完成我国首台宽带行波示波器并应用于科研工作。后相继主持建成了我国首个大型多丝正比室及其计算机在线数据获取和处理系统、多处理机分布式核信息处理系统、DJS-130 屏幕编辑管理系统、弯晶谱仪数据获取系统等重要实验设备。②

唐孝威

唐孝威(1931—)，江苏无锡人。1952 年毕业于清华大学物理系，之后到中国科学院近代物理研究所工作，1956 年被派往苏联杜布纳联合原子核研究所从事研究工作，1960 年回国后到核工业部九院从事原子弹和氢弹研制工作。1973 年调入中国科学院高能物理研究所。现为浙江大学教授，北京大学、中国科学技术大学等校兼职教授。1980 年当选为中国科学院学部委员。

主要从事原子核物理、高能实验物理、生物物理、医学物理、核医学、脑科学等方面的研究。20 世纪 60 年代参加中国原子弹、氢弹的研究、试验，在中子点火实验和核试验物理诊断等方面做出了贡献。70 年代进行了卫星舱内空间辐射剂量的测量。70 年代末率领中国实验组到德国汉堡电子同步加速器中心进行高能实验，参加的马克-杰国际合作组在实验中发现胶子。80 年代初领导中国科学院高能物理研究所实验组参加 L3 实验及 AMS 实验等国际科技合作，在实验证实自然界存在三代中微子以及实验测定中间玻色子特性等方面做出了贡献。90 年代起和我国神经科学家一起推动和组织脑功能成像实验和神经信息

---

① 月生. 叶铭汉[M]//中国科学技术专家传略：理学编：物理学卷 3. 北京：中国科学技术出版社，2006：83－100.

② 杨衍明[J]. 核电子学与探测技术，1993，13(2)：129.

学研究，并在多个交叉学科研究领域开展了一系列探索工作。[①②]

严武光

严武光(1934—　)，浙江东阳人。1959年毕业于苏联列宁格勒大学物理系，1962年获苏联莫斯科大学物理学副博士学位。1965年回国，在中国科学院原子能所工作，1978年后调中国科学院高能物理所工作。

从事中子物理和奇异粒子性质的研究。曾在苏联镭学所、杜布纳联合核子研究所、中科院原子能所、高能所从事核物理和粒子物理实验30多年。1981年建议建造一台正负电子对撞机和谱仪，1983—1986年期间负责谱仪的预制、设计和建造，以后转入物理选题和数据分析。曾两次获国家级重大成果奖。[③]

丁大钊

丁大钊(1935—2004)，江苏苏州人。1955年毕业于复旦大学物理系。之后一直工作于中国科学院物理研究所(原子能研究所、中国原子能科学研究院)。1991年当选为中国科学院学部委员。

1959年在发现反西格马负超子的工作中提出并发展了一种确定径迹气泡密度进而鉴别粒子的方法，解决了反西格马负超子事例鉴定与分析的关键问题。20世纪60年代初负责轻核反应实验小组，为完成氢弹研制所需部分基础数据的测量准备了条件。70年代中期及以后负责开辟快中子核反应γ谱学分支学科，并领导开展了热中子辐射俘获与原子核巨共振研究。80年代负责串列加速器核物理实验室的实验区建设，建成适于进行精细核反应谱学与核结构研究的实验室。1990—1995年兼任北京正负电子对撞机国家实验室副主任，负责同步辐射应用并参与高性能同步辐射光源的建设。是国家重大科学工程项目上海光源建设的最早建议人之一。1982年获国家自然科学奖一等奖。[④]

---

① 周发勤. 唐孝威科学实验四十年[M]. 合肥：中国科技大学出版社，1997.

② 周金品，张春亭. 从原子弹到脑科学：唐孝威院士的传奇人生[M]. 北京：科学出版社，2003.

③ 计毅. 中华人民共和国享受政府特殊津贴专家、学者、技术人员名录：1992年卷：第三分册[M]. 北京：中国国际广播出版社，1996：384.

④ 赵志祥. 丁大钊[M]//中国科学技术专家传略：理学编：物理学卷4. 北京：中国科学技术出版社，2012：182-195.

鲁祖惠

鲁祖惠(1936—),河南新野人。1960 年郑州大学物理系毕业后留校任教,曾任物理系副主任,原子核物理和粒子物理硕士点负责人,中国核物理学会固体核径迹专业组领导成员。1993 年被国务院批准享受政府特殊津贴。

曾为本科生和研究生开设"原子物理""原子核物理""粒子物理""粒子探测技术与应用""高等量子力学"等课程,并承担指导研究生的任务。1994—1995 年,利用射线扫描和计算机断层图像处理方法,在我国首次从西峡恐龙蛋化石中发现了恐龙胚胎结构显示。①

王砚方

王砚方(1937—),上海人。1961 年毕业于清华大学工程物理系。1972 年起在中国科学技术大学工作。其间于 1981—1983 年在美国威斯康星大学物理系物理科学实验室工作进修。

主要从事快电子学(高速数据采集和实时信号处理)的研究和应用推广工作。在快电子学应用方面开拓了广阔的领域,取得了一定的经济和社会效益。曾获中国科学院科技进步奖、国家科技成果证书。②

陈宏芳

陈宏芳(1938—),女,上海人。1961 年于清华大学工程物理系毕业后,到中国科技大学任教至今,曾任该校近代物理系副主任。1979—1982 年美国威斯康星大学访问学者,1989—1991 年欧洲粒子物理研究中心交换学者。享受政府特殊津贴。曾承担"原子物理""近代物理专题""高能对撞物理"等课程教学。

长期从事高能粒子物理实验和新探测器的研发及有关应用的研究工作。主持或作为主要参加者承担多项国家自然科学基金项目。曾参加 E609(美国费米国家实验室),L3、CMS(欧洲粒子物理研究中心),BESⅡ、BESⅢ(北京正负电子对撞机国家实验室),STAR(美国布鲁克海文国家实验室)等多个国际高能物理合作组。③

---

① 秦俊,李鸿庆. 南阳当代名人录[M]. 北京:中国国际文化出版社,2000:127.
② 中国科学技术大学教授名录[M]. 合肥:中国科学技术大学出版社,1998:40.
③ 中国科学技术大学教授名录[M]. 合肥:中国科学技术大学出版社,1998:46.

许咨宗

许咨宗(1938—　)，福建晋江人。1963年毕业于中国科学技术大学近代物理系实验原子核物理专业，之后继续攻读研究生，1967年毕业后留校任教。1969—1970年在北京电器科学院参加北京市组织的半导体离子掺杂的实验研究，1971—1972年参加上海原子核所核电站的零功率试验堆的实验，1973年在中国科学院高能物理研究所参加唐孝威主持的“新的单电荷重粒子的寻找”的研究课题，1974—1976年参加中国科学技术大学“大型多丝正比室”的制作和测试，1978—1979年作为中国科学院10人科学研究小组成员之一参加PETRA/DESY丁肇中领导的Mark-J组合作研究，1982—2002年参加LEP/CERN丁肇中领导的L3组合作研究，2001—2003年参加“多间隙电阻板”气体探测器的研发。

多年从事量子电动力学检验、电弱统一理论检验等实验研究，开设并主讲“核与粒子物理导论”课程。①

郑志鹏

郑志鹏(1940—　)，广西宁明人。1963年毕业于中国科技大学近代物理系。后在中国科学院原子能研究所、高能物理研究所工作至今。曾任高能物理研究所所长、广西大学校长、《高能物理与核物理》杂志主编、中国物理学会副理事长、国际纯粹与应用物理联合会会员、亚洲未来加速器委员会主席等职。

20世纪60年代初在赵忠尧、叶铭汉指导下，利用2.5 MeV质子静电加速器进行核反应实验研究，完成了核磁共振测磁系统、半导体探测器研制等项工作。70年代中期参加寻找单电荷重粒子实验。1978年曾在德国丁肇中小组学习，参加了发现胶子的工作。1985年在日本高能物理所参加AMY探测器建造。回国后领导了北京谱仪的建造、运行和数据分析，负责北京谱仪的加工、安装和调试。探测器建成后参加了τ轻子质量的精确测定、$\theta(1720)$粒子特征、τ中微子质量的测量等研究工作。曾获国家科技进步特等奖、中国科学院自然科学一等奖。合著《粒子物理实验方法》一部。②

---

① 中国科学技术大学教授名录[M].合肥：中国科学技术大学出版社，1998：44.

② 何梁何利基金评选委员会.何梁何利奖：2005[M].北京：科学出版社，2006：27－30.

朱永生

朱永生(1942—)，浙江萧山人。1964年毕业于中国科学技术大学近代物理系，1967年中科院原子能研究所核反应专业研究生毕业，导师为赵忠尧。此后一直工作于中国科学院原子能研究所、高能物理研究所。

1973年开始从低能核物理实验研究转向高能物理实验和探测器的研究。曾在丁肇中领导的MARK-J合作组研究正负电子对撞物理，参加量子电动力学(QED)精密检验和胶子存在实验验证的工作。20世纪90年代初在美国费米国家实验室 D_0 合作组研究对撞物理，参加 μ 探测器建造、测试和top夸克寻找的物理分析工作。1987年后参加北京正负电子对撞机和北京谱仪(BEPC/BES)的建造、实验运行和物理分析，主持完成北京谱仪 μ 计数器研制和 J/ψ 共振参数的实验测定，参加 $\psi(2S)$ 物理分析。独著《实验物理中的概率与统计》，合著《北京谱仪正负电子物理》。获国家和中国科学院科技进步特等奖各一项。

童国梁

童国梁(1942—)，浙江绍兴人。1966年毕业于北京大学技术物理系，之后一直在中国科学院高能物理研究所工作。

一直从事高能实验物理的研究工作，早期从事探测器研制，1978年在DESY丁肇中领导的MARK-J组工作，承担数据分析，参加了胶子证据的三喷注发现的研究工作。1983年起在CERN的L3组工作，参加了LEP上新粒子(超对称性粒子和激发态轻子)寻找以及轻子物理研究。1991年参加BES合作组工作，领导一个小组参加了 τ 轻子质量精密测量的数据分析工作。该项研究工作获中科院自然科学一等奖和全国自然科学研究二等奖。先后任高能所KLOE国际合作联系人，ATLAS国际合作的中国联合组副组长等职。合著《粒子物理实验方法》和《正负电子物理》两部专著。

吕雨生

吕雨生(1943—)，上海人。1968年毕业于北京大学物理系。1980年到中国科学院高能物理研究所工作至今。

长期从事高能物理实验和探测器的研究。1983年起参加丁肇中领导的L3国际合作实验，先后参加了L3电磁量能器、强子量能器研制建造和 τ 轻子物理研究。1994年起参加丁肇中领导的阿尔法磁谱仪国际合作实验，进行寻找反物质和暗物质的研究，先后承担 AMS 反符合探测器和电磁量能器的研制。1998—1999 年领导完成 L3 宇宙线实验 T0 探测器的研制。

张长春

张长春(1943—)，上海人。1966 年毕业于北京大学技术物理系。1967 年到中国科学院原子能研究所(高能物理研究所)工作至今。

1978 年和 1980 年两次在联邦德国电子同步辐射中心丁肇中领导的实验组工作，参加了 MARK-J 探测器的建造和物理研究。1986 年起参加北京谱仪建造，负责北京谱仪数据获取系统的建立和运行。1988 年“北京谱仪的建造”获国家科技进步特等奖，张长春获二等奖。1992—1993 年任北京谱议 Ds 物理组组长，1993—1996 年任物理一室副主任，负责北京谱仪数据离线分析系统及其升级。1997 年作为外籍教授受邀访问日本 KEK 加速器研究机构，参加 B 介子工厂 BELLE 探测器的建造。与人合著《粒子物理实验方法》和《北京谱仪正负电子物理》两部专著。

陈和生

陈和生(1946—)，湖北武汉人。1970 年毕业于北京大学技术物理系，1984 年获美国麻省理工学院博士学位。曾任中国科学院高能物理研究所所长、中国高能物理学会理事长、中国物理学会副理事长、亚洲未来加速器委员会主席等职。2005 年当选为中国科学院院士。

1979—1986 年参加丁肇中领导的 MARK-J 实验，1983 年起参加欧洲核子研究中心 L3 实验物理方案制定和探测器设计，负责强子量能器设计、模拟和重建程序工作，主持 τ 物理分析组工作。1995—1997 年主持阿尔法磁谱仪(AMS)大型永磁体系统的研制，在北京成功研制了人类送入太空的第一个大型磁体。该项目获国家科技进步二等奖。提出 BEPC 发展的科学目标和方案，担任北京正负电子对撞机重大改造工程(BEPCⅡ)经理，按计划完成工程建设，达到设计指标。

李卫国

李卫国(1946—)，上海人。1968 年毕业于中国科学技术大学近代物理系。1985 年获得美国伊利诺伊大学物理学博士学位。1985—1988 年在美国阿贡国家实验室做博士后研究，参加 CDF 实验。1988 年回国后，参加北京谱仪的实验和分析工作。

长期从事高能物理实验研究。1994 年因北京谱仪的数据获取和分析工作获物理学会胡刚复物理奖，1997 年因北京谱仪上的 Ds 物理研究获中国科学院自然科学一等奖。

吕军光

吕军光(1956—)，云南保山人。1980 年毕业于中国科技大学近代物理系，之后在高能物理研究所从事高能物理实验研究至今。参与北京谱仪的飞行时间探测器的设计、研究和制造，负责飞行时间组的工作。负责北京谱仪的运行、维护工作。

主要从事固体闪烁体探测器的应用研究，以及新探测器原理和应用研究。参与了国产 BaF_2 闪烁体晶体的性能和探测器的应用研究，^{48}Ca(利用 CaF_2 闪烁晶体)无中微子双 β 衰变的实验研究。负责设计和制造了北京谱仪的飞行时间探测器Ⅱ，将系统时间分辨由 330 ps 改善到 170 ps。2000 年以后，负责北京谱仪的电磁量能器的改进研究。

赵政国

赵政国(1956—)，湖南靖州人。1982 年毕业于中国科学技术大学近代物理系，1988 年获得中国科技大学理学博士学位。曾在中科院高能物理所、瑞士联邦苏黎世高等工业大学从事博士后研究。1997—2001 年担任北京谱仪负责人、BES 国际合作组发言人、高能物理所实验物理中心主任、高能物理所物理一室主任。2013 年当选为中国科学院院士。

主要从事高能物理研究，特别是在 $\tau - c$ 物理领域。首次观测了 pionichydrogen 和 pionicdeuterium($\pi\rho$, πd)因强相互作用引起的基态能级展宽，并精确测量了因强相互作用引起的基态能级移动。主持完成了强子产生截面 R 值测量，将 2～5 GeV 能区的 R 值精度提高 2～3 倍。在欧洲核子研究中心(CERN)大型强子对撞机(LHC)主探测器 ATLAS 国际合作组中承担 μ 室的建造工作。2002 年获得北京市科学技术一等奖，2003 年获得中科院杰出科学成果奖，2005 年获得国家自然科学二等奖。

刘峰

刘峰(1960—),1982年7月毕业于北京师范大学物理系,1984年获华中师范大学理学硕士学位,1999年获山东大学理学博士学位。1999年12月任华中师范大学粒子物理研究所教授。

曾承担国家自然科学基金项目"各向异性阶乘矩及其在夸克物质探测中的应用"研究,参加NA27实验组的泡室实验研究、北京谱仪的数据分析、AMY国际实验协作组TRISTAN正负电子对撞实验研究。1996年开始从事相对论重离子碰撞实验的物理研究,两次赴欧洲参加SPS上最大的相对论重离子碰撞实验组NA49实验的数据处理工作,进行核-核碰撞中单事件横动量起伏的研究。1999年成为RHIC上STAR实验组的成员,领导一个小组承担了STAR实验TOFp数据获取系统DAQ的开发研制工作。曾两次获湖北省自然科学二等奖。

杨长根

杨长根(1962—),山西太原人。1982年毕业于中国科学技术大学近代物理系,1985年获该校理学硕士学位,1993年在中国科学院获博士学位。1985年起参加L3国际合作实验,L3宇宙线T0实验,AMS国际空间站合作实验。2000年起任粒子天体物理中心副主任。

从事长基线中微子振荡物理前期研究,大亚湾反应堆中微子实验等。任大亚湾反应堆中微子实验副经理、反符合探测器中方负责人。

沈肖雁

沈肖雁(1962—),女,上海人。1987年毕业于南京大学物理系,先后获学士、硕士学位。1990年毕业于北京大学技术物理系,获理学博士学位。先后任高能物理研究所学位委员会副主任,实验物理中心学术小组组长、物理组组长,BESⅡ实验J/ψ课题组组长,BESⅢ实验轻强子谱组召集人。

1993年以前主要从事原子核理论的研究。1993年至今参加北京谱仪上的物理分析工作,主要从事J/ψ物理的研究。从事胶子球和多夸克态的寻找以及强子谱的系统研究等方面的工作,全面负责J/ψ课题的物理分析。

王贻芳

王贻芳(1963—)，江苏南京人。1984 年毕业于南京大学物理系原子核物理专业，同年赴丁肇中领导的 L3 实验组深造，1991 年获意大利佛罗伦萨大学博士学位。之后在意大利国家核物理研究所、美国麻省理工学院核物理实验室、美国斯坦福大学物理系从事研究工作，2001 年回国。2011 年起任中国科学院高能物理研究所所长、北京正负电子对撞机国家实验室副主任、核探测与核电子学国家重点实验室主任、中国物理学会高能物理分会副理事长、中国核学会核电子学与核探测技术分会理事长、亚洲未来加速器委员会副主席、国际未来加速器委员会委员。

曾参加 L3、AMS、Palo Verde 和 KamLand 等实验。担任北京谱仪总体主任，领导新北京谱仪的设计、建造，领导 BESⅢ的科学研究。提出在大亚湾核电站用反应堆中微子测量中微子混合角 θ_{13} 的完整实验计划，包括探测器的设计、本底的估计、误差分析和解决办法、最佳实验点的选取等。2012 年，在其领导下的大亚湾反应堆中微子实验站发现了新的中微子振荡，其振荡概率为 $\sin^2(2\theta_{13})=0.092\pm0.017$。

高原宁

高原宁(1963—)，黑龙江牡丹江人。1983 年毕业于北京大学物理系，1989 年获北京大学理学博士学位。1989—1992 年在中国科学院高能物理研究所工作。1992 年起先后于英国皇家霍洛威学院、美国威斯康星大学-麦迪逊分校、欧洲核子研究中心(CERN)从事高能物理实验研究。2000 年后在清华大学工作，任清华大学高能物理研究中心主任。

主要从事高能对撞机上高能物理实验和粒子物理理论研究，先后在 $\tau-c$ 物理，新粒子寻找和量子色动力学的实验检验以及 B 物理和 CP 破坏方面从事研究工作，在高能物理的几个国际合作项目(BES、ALEPH、LHCb)中取得一系列成果。

冒亚军

冒亚军(1963—)，江苏如东人。1983 年毕业于北京大学技术物理系。1996 年获中国原子能科学研究院博士学位。1989—1991 年先后在美国加州理工学院和欧洲核子研究中心参与 L3 国际协作。1996—2001 年在日本理化学研究所和美国布鲁克海文国家实验室参与“RHIC自旋物理研究计划”。2001年至今担任北京大学物理学院教授，兼中国科学院高能物理研究所客座研究员和日本理化学研究所共同研究员。

主要研究领域包括奇异强子物理、核子自旋结构、夸克胶子等离子体和$\tau-c$物理。

胡红波

胡红波(1964—)，安徽旌德人。1985年毕业于北京大学物理系，1991年获北京大学物理系博士学位。1991—1993年在中科院高能所做博士后研究，参加BES实验中的数据产生和软件维护。1993—2001年在美国威斯康星大学做博士后研究，参加ALEPH实验以及BaBar实验中的物理分析工作。2000年回国任高能所非加速器物理中心研究员。

长期从事高能物理实验数据分析，参与了对ALEPH及BaBar实验上的几项重大物理课题的研究，如中性Higgs粒子的寻找、Bs混合的研究、强相互作用as的测量以及中性B介子系统的CP破坏测量。

金山

金山(1965—)，江苏淮安人。1987年毕业于复旦大学，1990年于复旦大学获硕士学位，1995年于中国科学院高能物理研究所获博士学位。之后于中国高等科技中心、美国威斯康星大学做博士后研究。现为高能物理所研究员。

曾先后参加ALEPH实验组、BES合作组，参与$\xi(2230)$和胶子球研究。1996年后从事ALEPH实验Higgs粒子寻找及W粒子物理研究。2001年后担任中国科学院高能物理研究所实验物理中心副主任，负责物理分析和软件方面工作。

二、加速器物理学家

杨澄中

杨澄中(1913—1987)，江苏武进人。1937年毕业于南京中央大学物理系，后留校任教。1945年赴英国利物浦大学留学，获博士学位后留校工作。1951年回国后，历任中国科学院近代物理研究所研究员，兰州近代物理研究所副所长、所长,兰州分院副院长,中国核物理学会理事长。1980 年当选为中国科学院学部委员。

杨澄中是我国原子能科学研究开拓者之一,是国际上最早研究轻核削裂反应的少数人之一,首次测量(d, p)反应出射质子角公布,得到削裂反应机制的证据。参与领导建立中国自制的第一台质子静电加速器和高压倍加器,创建兰州中国科学院近代物理研究所,领导建成 1.5 米回旋加速器和第一台大型分离扇重离子回旋加速器系统,领导完成一批重要的热核材料轻核数据的测量任务,领导开创了中国重离子反应实验研究,为中国原子核物理的加速器研究培养了大批人才。[①②]

力一

力一(1913—1996),原名力伯皖,祖籍福建永泰。1935 年毕业于北平大学电机系。1955 年随钱三强率领的科学代表团赴苏联考察回旋加速器,任加速器组组长。参加制订《1956—1967 年全国科学发展远景规划》和平利用原子能部分的修改稿。考察回国后任中国科学院原子能研究所副所长,兼回旋加速器总工程师。1975 年调任中国科学院高能物理研究所副所长,分管加速器新技术、新原理的研究及加速器辐射防护与剂量监测工作,参与了高能加速器的方案论证和工程的组织领导工作。1979 年起,兼任高空气球总体技术组组长。

电信和粒子加速器工程专家,早期从事电信工作。参与开创我国原子能事业,主持我国第一台回旋加速器的基建、安装和调试工作。创建中国物理学会加速器分会及中国电子学会核电子与核探测技术专业委员会。[③]

谢家麟

谢家麟(1920—),生于黑龙江哈尔滨,祖籍河北武清。1943 年毕业于燕京大学物理系。1947 年赴美留学,1948 年获美国加州理工学院硕士学位,1951 年获美国斯坦福大学博士学位,1955 年回国。一直工作于中国科学院物理研究

---

① 闵亚.杨澄中[M]//中国现代科学家传记:4.北京:科学出版社,1993:143-148.

② 魏宝文,刘建业,李桂生.杨澄中[M]//中国科学技术专家传略:理学编:物理学卷 2.北京:中国科学技术出版社,2000:52-62.

③ 王甘棠,孙汉城.力一[M]//中国科学技术专家传略:理学编:物理学卷 3.北京:中国科学技术出版社,2006:1-10.

所、原子能研究所、高能物理研究所，先后任加速器研究室主任、副所长、“八七”工程加速器总设计师、北京正负电子对撞机工程经理等职。1980 年当选为中国科学院学部委员。

主要从事加速器研制。在美国期间领导研制成功世界上能量最高的医用电子直线加速器。1964 年领导建成我国最早的可向高能发展的电子直线加速器。20 世纪 80 年代领导了北京正负电子对撞机工程的设计、研制和建造。90 年代初领导建成了北京自由电子激光装置。曾获国家科技进步特等奖、中国科学院科技进步特等奖等。①②

李寿枬

李寿枬(1922—)，浙江人。1947 年毕业于浙江大学物理系，先后工作于中央研究院物理研究所，中国科学院近代物理研究所、物理研究所、原子能研究所，中国原子能科学研究院。

核科学组织管理专家和核物理学家。长期从事核科学组织管理工作，为中国原子能科学研究院的创建、发展付出了毕生精力。在创建中国核数据中心和北京串列加速器核物理实验室，推进中国核物理基础研究发展方面做出了贡献。曾任全国同位素应用委员会办公室主任、原子能所第二办公室和学术秘书室主任、研究室主任、副所长等职。长期从事科技管理，为原子能所的发展、“两弹”过关和同位素应用作出了贡献。建成我国第一台电子静电加速器、串列实验室。领导核数据编评和电子直线研制，倡议混合堆研究。晚年积极倡导在中国开展聚变-裂变混合堆和不产生长寿命高放射性废物的先进核能系统的研究，对中国长远核能发展战略研究起到了积极的推动作用。③

徐建铭

徐建铭(1925—)，河北保定人。1951 年毕业于清华大学电机系，后赴苏联学习，回国后长期工作于中国科学院近代物理研究所、物理研究所、原子能研

① 谢家麟. 没有终点的旅程[M]. 北京：科学出版社，2008.
② 范绪箕. 谢家麟[M]//中国科学技术专家传略：理学编：物理学卷 2. 北京：中国科学技术出版社，2000：393－406.
③ 钱道元. 李寿枬[M]//中国科学技术专家传略：理学编：物理学卷 3. 北京：中国科学技术出版社，2006：16－31.

究所、高能物理研究所。

长期从事加速器设计研究工作。参加了国内第一台大气压型静电加速器和2.5 MeV静电加速器的设计、制造、调试、运行工作。参加了40 GeV、50 GeV质子同步加速器设计和研究的组织指导工作。1957年提出的分离作用强聚焦原理,与国际上的发展动向相符合。后领导了正负电子对撞机工程储存环的研制。著有《加速器原理》。

方守贤

方守贤(1932—),上海人。1955年上海复旦大学物理系毕业。长期工作于中国科学院物理研究所、原子能研究所、高能物理研究所。1957—1960年在苏联列别捷夫研究所及联合核子研究所实习和工作。曾任北京正负电子对撞机工程副经理、高能物理研究所所长、北京正负电子对撞机国家实验室主任、中国科学院数学物理学部主任。1991年当选为中国科学院学部委员。

20世纪60年代初发现等时性回旋加速器中存在着一种由于自由振荡而引起的不等时性现象。1982—1983年在欧洲核子研究中心工作,参加新型强流反质子储存环设计、负责聚焦结构设计,发展了一种适合于小中型环形加速器的消色散方法。1983—1986年参加北京正负电子对撞机储存环设计,对其理论设计做了改进。1986—1992年全面领导BEPC工程建设、运行及改进。他还曾从事强流质子加速器、同步辐射光源、散裂中子源等前沿领域研究。1990年获国家科技进步特等奖。①

刘乃泉

刘乃泉(1932—),北京人。1953年毕业于清华大学电机系后留校任教,1958—1960年赴苏联杜布纳联合核子研究所进行合作研究,回国后继续任教于清华大学。曾任加速器研究室主任、工程物理系副主任、工程物理研究所所长、近代物理系常务副主任、理学院副院长等职,并曾兼任中国核学会学术工作委员会副主任、全国粒子加速器学会副理事长等职。1984—1985年在日本的东京大学和美国的BNL进行过合作研究。1988年调任中国科技大学党委书记兼第一

---

① 沈健.方守贤[M]//中国科学技术专家传略:理学编:物理学卷4.北京:中国科学技术出版社,2012:118-138.

副校长，后又调任中国科学院副秘书长。1992—1997 年任国家同步辐射实验室主任。1997—1999 年到德国 DESY 和日本 KEK 国家实验室从事研究工作。

早在赴苏期间，刘乃泉参加研制螺旋线回旋加速器，解决了螺旋线中心区域磁场的理论计算问题，获研究所年度优秀成果奖。1960—1971 年从事电子感应加速器研究，获 1978 年全国科学大会科技成果奖。1972—1981 从事电子直线加速器研究，获北京市科技成果一等奖。1982—1987 年从事同步辐射光源研究，主编的《加速器理论》被核工业部核准作为全国统编教材出版发行。

冼鼎昌

冼鼎昌(1935—2014)，广东广州人。1956 年毕业于北京大学物理系。之后长期工作于中国科学院物理研究所、原子能研究所、高能物理研究所。1991 年当选为中国科学院学部委员。2002 年当选为第三世界科学院院士。

主要从事理论物理及同步辐射应用研究。领导建成高能物理研究所同步辐射实验室，并开展了我国的同步辐射应用领域。在同步辐射实验室的科学规划、物理设计、工程设计等方面作出决策，并解决了设计、施工、安装、调试中出现的一系列问题。与国外同时提出 X 光光声 EXAFS 的设想，开展实验并进行了这方面的理论研究。领导建成我国的同步辐射生物大分子晶体结构研究平台，并组织开展在平台上的合作研究。在粒子理论方面，发展了相对论不变的相空间计算方法、格点规范场理论中的累积量变分法、波函数计算的解析延拓法等，在经典规范场、介子四维波函数和格点规范场理论研究中取得多项成果。1990 年获国家科技进步特等奖。①

金玉明

金玉明(1935—　)，浙江临安人。1961 年毕业于大连工学院物理化学系原子核物理专业，毕业分配到中国科学技术大学任教至今。长期从事加速器物理的教学和研究工作。1973 年起任近代物理系电物理专业教研室副主任，并担任加速器物理及束流光学课程的教学。1978 年开始进行合肥同步辐射加速器的预制研究及物理设计，任同步辐射加速器筹备组副组长。1983 年任国家同步辐

① 江向东. 冼鼎昌[M]//中国科学技术专家传略：理学编：物理学卷 3. 北京：中国科学技术出版社，2006：503 - 522.

射实验室(NSRL)工程副总工程师,主持同步辐射加速器的物理设计,1985 年完成。1986—1988 年在美国阿贡国家实验室(ANL)做访问科学家 2 年。1988 年回国参加同步辐射加速器的安装调试,1989 年晋升为研究员。1992—1996 年初任 NSRL 加速器部主任,主管加速器的运行、改进及研究工作,任 NSRL 学术委员会副主任。

陈思育

陈思育(1938—),1965 年毕业于清华大学工程物理系加速器专业后,分配到原子能研究所工作,从事加速器物理理论研究和工程设计。曾参加 30 MeV 电子直线加速器运行、5 MV 强流脉冲发生器设计和运行、50 GeV 质子同步加速器理论研究和设计计算。从 1980 年开始,参加北京正负电子对撞机的设计和建造。在中国科学院高能物理研究所工作期间,曾于 1979 年和 1984 年被派往欧洲核子研究中心进修和工作两年。1988 年调到国家自然科学基金委员会工作,曾任数理科学部物理Ⅱ学科主任,负责理论物理、高能物理、核物理、核技术、加速器、探测器和等离子体物理领域的自然科学基金项目资助和管理,1995 起任数理科学部副主任。

何多慧

何多慧(1939—),四川仪陇人。1964 年毕业于中国科技大学近代物理系,后留校工作至今。1974—1981 年任近代物理系副主任,1978 年任同步辐射加速器筹备组副组长,1983 年任加速器工程总工程师,1984 年任国家同步辐射实验室(NSRL)工程总工程师,1990 年任加速器部主任、工程副经理,1992 年任 NSRL 副主任,2001 年任 NSRL 理事会理事长。1996 年之后连续任中国粒子加速器学会两届副主任、两届主任。1995 年当选为中国工程院院士。

长期从事加速器物理和技术、自由电子激光研究。主要研究项目包括合肥同步辐射加速器及光束线实验站、10 μm 康普顿型自由电子激光研究、短波长相干谐波辐射、储存环自由电子激光研究、深紫外自由电子激光实验装置前期研究。作为技术总负责人,主持完成了合肥同步辐射加速器及光束线实验站的预研、设计、建造和调试,建成 800 MeV 电子储存环、200 MeV 电子直线加速器、5 条同步辐射光束线和 5 个实验站。1993 年被人事部批准为 1992 年度国家级有突出贡献的中青年专家,1997 年获何梁何利基金科学与技术进步奖,2003 年被安徽省政府授予 2002 年度省重大科技成就奖。

陈森玉

陈森玉(1939—　),福建仙游人。1964 年毕业于清华大学。1982—1990 年参加北京正负电子对撞机(BEPC)工程的建设,是该工程的主持人之一。1986—1990 年任 BEPC 工程副经理,协助经理对工程的技术、质量、进度和投资全面负责。

在 BEPC 建造过程中,负责储存环的理论设计,主持储存环的加工制造、安装和调试,在我国首次建成 BEPC 储存环。主持了工程的总体调束,并突破国际上当时通行的理论指导调束,在很短的时间里实现了 BEPC 的主要性能在粲物理能区处于世界领先地位。1995—2009 年,先后任上海同步辐射光源(SSRF)可行性研究组组长、工程总经理、工程总顾问,负责组建 SSRF 工程研制队伍,提出并确定 SSRF 的设计目标和设计思想,主持完成 SSRF 工程的可行性研究、初步设计和预制研究工作,为 SSRF 的建成奠定了基础。曾获国家科技进步特等奖。

裴元吉

裴元吉(1939—　),湖南麻阳人。1964 年毕业于中国科技大学近代物理系,留校工作至今。主要从事加速器物理的研究和教学。曾任合肥同步辐射加速器工程副总工程师、国家同步辐射实验室副主任,是国家同步辐射实验室(NSRL)的一位主要开拓者和创业者。

自 1977 年起,作为合肥同步辐射加速器的总技术负责人之一,在立项、总体设计、工程建设、整机调试中做了诸多工作。推导了有关注入和电子储存环超高真空系统的设计计算公式,完成了其物理设计。主持攻克了冲击磁铁、切割磁铁、分布式离子泵等关键部件的技术难题,其中低放气率脉冲切割磁铁系世界首创。负责 200 MeV 直线加速器的设计、建造和调试,性能达到国际水平。此后又进行机器研究,提出了克服束流不稳定的措施。此外还在二期工程的立项和建设中做出了一系列新的工作,曾负责完成放射性药物 ^{123}I 的研究,为生产该药物奠定了基础,还在 X 波段行波加速器研制、微波电子枪研究以及应用型加速器研究等多方面取得成果。先后获中科院重大科技成果一等奖、科技进步特等奖、国家科技进步一等奖等。

郁忠强

郁忠强(1940—)，江苏人。1962年毕业于清华大学。多年从事核物理和高能物理实验研究，在核谱学和正电子湮灭谱学的研究和质子直线加速器束流测量方面多有成就。1978—1981年参加MARK-J合作组实验，承担读出电子学、触发判选、离线刻度和弱电理论的检验。1983年以后致力于北京谱仪的研制，领导了北京谱仪的安装、调试和运行。曾任BES合作组中方发言人，具体组织领导了粲粒子物理研究和τ轻子质量的精确测量。1990年获中国科学院科学技术进步一等奖，1993年获中国科学院自然科学一等奖，1995年获国家自然科学二等奖。1994年赴台访问期间组织了新型探测器MSGC和MGC的研制。1997年以后参加了在L3探测器上进行宇宙线研究的工作。

张闯

张闯(1944—)，上海人。1967年毕业于清华大学，1975年至今在高能物理所环形加速器室、加速器物理室、储存环室物理组工作。从事加速器和储存环设计研究、调试运行和改进。参加了北京正负电子对撞机的设计、建造、调束、运行和改进工作，与同事们一起完成了储存环调束任务。

刘祖平

刘祖平(1945—)，湖北武汉人。1967年毕业于中国科技大学近代物理系，之后在吉林省梨树县农机修造厂工作，1977年调回中国科技大学工作至今。历任同步辐射实验室加速器物理组组长，加速器部副部长、部长，二期工程指挥部经理兼总工程师，国家同步辐射实验室副主任，中国粒子加速器学会秘书长等职。

自合肥同步辐射光源(HLS)于1978年筹建以来，刘祖平一直从事加速器物理的研究与教学工作，在我国第一台专用同步辐射加速器的设计、制造、安装、调试、运行及改进等阶段都做了大量工作。曾应邀到美国斯坦福大学(四年)和德国BESSY研究所(半年)从事客座研究。1996—2004年，作为工程项目经理兼总工程师，负责国家同步辐射实验室二期工程建设。

马力

马力(1951—),1976年毕业于中国科技大学近代物理系,之后一直在高能物理所工作。1980—1982年参加北京质子同步加速器增强器凸轨磁铁脉冲电流源研制工作,1982—1985年负责北京正负电子对撞机(BEPC)静电分离器直流高压电源的研制,1985—1986年赴美国BNL参加NSLS光束位置反馈系统的研制,1992—1993年赴日本KEK参加KEKB束流反馈系统的研究,1994—1998年负责并组织完成了对BEPC束流测量系统的改进。1999年至今,作为主要成员,参加了四项国家自然科学基金项目的研究工作。从2000年起担任北京正负电子对撞机重大改造工程(BEPCⅡ)储存环分总体主任,全面负责BEPCⅡ储存环的设计和建造工作。

赵振堂

赵振堂(1961—),浙江人。1982年毕业于清华大学,1990年在清华大学获博士学位。现任中科院上海应用物理研究所所长、所党委书记,上海光源工程部副总经理,上海市超导高频腔技术重点实验室主任。

长期从事加速器物理和加速器高频技术研究,承担和负责大型粒子加速器设计和研制工作以及加速器的运行和升级改造工作。在欧洲核子研究中心做访问学者期间,对LHC超导高频腔的高次模等问题进行了深入研究。1998—2001年,作为工程副总经理,负责和组织完成了上海同步辐射装置预制研究项目中的加速器预研及其技术设计等科研任务。主持研制100 MeV高性能电子直线加速器和深紫外自由电子激光实验装置,负责和组织上海同步辐射装置加速器的优化设计工作。此外,在束流动力学、束腔相互作用、高频系统功率耦合与馈送等方面还进行了多项理论与实验研究。

刘桂民

刘桂民(1965—),1987年毕业于复旦大学,1993年获中科院上海原子核研究所理学博士学位。

长期从事加速器物理与束流动力学的研究,以及低发射度储存环磁聚焦结构设计与非线性优化、束流耦合阻抗与束流集体不稳定性的研究,注入与恒流(top-up)注入的研究,加速器应用软件与数据库开发建立等。对上海同步光源物理方案的设计及加速器非线性动力学做过系统研究。在日本SPring. 8做访问学者时对基于束流储存环线性光学的在线标定进行研究，取得了有意义的结果。

三、宇宙线物理学家

霍秉权

霍秉权(1903—1988)，字重衡，湖北鄂城人。1929 年毕业于南京国立中央大学，1930 年赴英国剑桥大学克莱尔(Clare)学院深造，1935 年 2 月回国后任清华大学物理系教授，1943 年赴美国华盛顿卡内基(Carnegie)研究所进行合作研究，次年回国，任清华大学物理系教授、系主任(1946—1949)。1951—1956 年，先后任东北工学院，东北人民大学教授、系主任，1956 年到河南筹建郑州大学，历任物理系教授、系主任，校长助理、副校长。

霍秉权是我国首批从事宇宙射线、高能物理和核物理研究的物理学家之一。他改进威尔逊云室，提高了云室的功能，并研制成我国第一台"双云室"宇宙线探测器，为开创我国宇宙线物理研究和发展核物理研究做出了积极的贡献。从事教育工作 50 余年，培养了大批人才，并为创办和发展郑州大学做出了贡献。①

褚圣麟

褚圣麟(1905—2002)，生于浙江杭州，祖籍浙江天台。1927 年毕业于杭州之江大学物理系，1931 年获北平燕京大学物理系理学硕士学位。1933 年赴美国芝加哥大学深造，受教于著名物理学家 A. H. 康普顿、A. J. 丹普斯特和 R. A. 密立根。1935 年获博士学位后回国，先后在广州岭南大学、昆明同济大学、北平燕京大学、北平辅仁大学担任讲师、副教授、教授，燕京大学物理系主任、理工学院院长、副教务长，北京大学物理系主任。

从事物理学教育 50 余年，对我国物理学人才的培养、物理科学知识的普及和发展，对北京大学物理系的建设和发展都做出了贡献。长期坚持科学研究，研究领域涉及离子分析、宇宙线和粒子物理、X 射线晶体结构、大气电现象以及磁

① 孙仲田. 霍秉权[M]//中国科学技术专家传略：理学编：物理学卷 1. 北京：中国科学技术出版社，1996：281 - 289.

学等多个方面。是我国最早立足国内开展宇宙线实践研究的先驱者之一。[①]

肖健

肖健(1920—1984),湖南长沙人。1944 年毕业于西南联合大学。1950 年获美国加州理工学院科学硕士学位。回国后,长期工作于中国科学院近代物理研究所、物理研究所、原子能研究所、高能物理研究所。1980 年当选为中国科学院学部委员。

主要从事基本粒子物理实验方面的研究并取得重要成果。早年对中性重介子和超子做了许多研究。负责筹建了云南落雪山宇宙线观测站并领导开展了宇宙线强度的观测研究,负责磁云室的设计与建造。负责研制了中国科学考察卫星用第一台宇宙线探测仪器并提出了相应的观测研究课题。组织领导了云南高山站大云室系统的设计、建造和调试等工作。在宇宙线粒子物理方面获多项成果。

王承瑞

王承瑞(1923—2009),天津人。1945 年北平辅仁大学物理系毕业。1946 年到山东大学物理系工作。1958 年创建原子核物理专业,1959 年开始招收高能物理方向研究生,1978 年在该校创建高能物理专业,1981 被批准为高能物理专业博士生导师。主持和参加了多项国家级和省部级研究项目。参加多项国际大型合作宇宙线和加速器高能物理实验。曾任中国高能物理学会副理事长、山东省物理学会理事长、国际宇宙线委员会乳胶室专门委员会委员等。

霍安祥

霍安祥(1930—),河北武安人。1953 年毕业于武汉大学物理系,此后一直工作于中国科学院近代物理所、物理所、原子能所、高能所。1959 年任宇宙线研究室助理研究员、业务组长,1965 年任宙线室副主任兼云南站主任,1978—1987 年任宇宙线室主任、副研究员、研究员、博士生导师。先后担任空间天文专业委员会副主任,空间物理专业委员会副主任,中国高能物理学会秘书长、副理

---

① 许祖华. 褚圣麟[M]//中国科学技术专家传略:理学编:物理学卷 1. 北京:中国科学技术出版社,1996:343 - 351.

事长，高能物理研究所研究生部主任、学位委员会主任、所长顾问。

多年来主要从事宇宙线物理学的研究工作。曾获全国科学大会重大成果奖、国家自然科学三等奖。

陆埮

陆埮(1932—)，江苏常熟人。1957 年毕业于北京大学物理系。先后在中国科学院原子能研究所、哈尔滨军事工程学院、长春防化学院、南京电讯仪器厂工作。1978 年调入南京大学天文系。2003 年调入中国科学院紫金山天文台。2003 年当选为中国科学院院士。

长期从事高能天体物理科研和教学。在伽玛暴余辉刚发现不久就研究了其星风环境和致密介质环境，有力地支持了伽玛暴起源于大质量恒星塌缩的观点，提出了伽玛暴余辉动力学演化的统一模型。最早发现夸克非轻子弱过程对奇异星的径向振荡有非常强的阻尼效应。对于脉冲星辐射，提出了一个“代参数”新概念。1996 年获国家教委科技进步奖一等奖。2003 年获教育部提名国家科学技术奖自然科学奖一等奖。2004 年获国家自然科学奖二等奖。

何瑁

何瑁(1934—)，安徽天长人。1956 年山东大学物理系毕业后，留校工作至今。

长期从事加速器高能物理和宇宙线高能物理的实验研究。在宇宙线物理方面，自 1978 年起就参加甘巴拉山乳胶室合作组，进行超高能宇宙线的形态及核相互作用的物理研究。1994 年加入中、日合作的西藏羊八井 ASγ 合作组，进行超高能 γ 天文学的研究。在加速器高能物理方面，曾先后在美国费米实验室参加过 E537、E705 与 E771 实验，对 J/Ψ、大质量 μ 子对、粲偶素态、直生光子及 B 强子进行研究，承担探测器的研制、调试、运行、探测效率的计算，带电粒子径迹的重建等工作。此外，还与欧洲核子研究中心合作，参加 ATLAS 组，进行 TeV 能区粒子物理的实验研究。在国内，参加 BEPC 的 BSE 合作组，进行 $\tau-c$ 物理的研究。

高晓宇

高晓宇(1938—)，云南会泽人。1961 年毕业于云南大学物理系，之后留校任教，1992—1998 年任云南大学宇宙线研究所所长。1997 年后任中国民主同盟云南省主委，云南省人大常委会副主任，全国政协委员，民盟中央委员、常委。

李惕碚

李惕碚（1939—　），生于重庆北碚，籍贯湖南攸县。1963 年毕业于清华大学工程物理系，以后长期工作于中国科学院原子能研究所、高能物理研究所。2000 年起任清华大学教授。先后任高能所粒子天体物理重点实验室学术委员会主任、清华大学天体物理中心主任、“973”国家重点基础研究发展规划“天体高能辐射的空间观测与研究”项目首席科学家。1997 年当选为中国科学院院士。

在宇宙线和高能天体物理实验研究与数据分析等方面取得多项成果。在国内倡议和组织开拓了高能天体物理的实验研究。提出银河系 γ 射线源的统计模型并获国际共识。建立寻找超高能天体的计算公式，成为宇宙线和高能天体物理数据分析的一个标准方法。建立对象重建的直接解调方法和研究快速变化现象的时域谱方法，获得日益广泛的应用。

朱清棋

朱清棋（1941—　），福建莆田人。1965 年毕业于北京大学技术物理系原子核物理专业。1997 年晋升为高能物理研究所研究员。

从事超高能强子碰撞和该能区宇宙线成分的研究，探索超高能区的新物理现象。

马宇蒨

马宇蒨（1943—　），女，江苏苏州人。1967 年毕业于北京大学技术物理系，1974 年以来在中国科学院高能物理研究所工作。

创建中国科学院宇宙线和高能天体物理重点实验室，任第一任主任。任国际应用和纯粹物理联合会宇宙线委员会委员、国际天文学联合会成员。成功领导高空气球观测、“神舟 2 号”空间天文观测等科研项目，获多项奖励。曾为 Auger 国际合作项目中方负责人，在与 CERN L3 组合作的宇宙线项目中为基金委重大项目负责人。

第六节 附 录

一、高能(粒子)物理获奖成果及其主要完成人

(限高能物理研究所、理论物理研究所参与的,国家级二等奖及院、省级一等奖以上)

(一) 国家科技进步特等奖

1. 北京正负电子对撞机(1990 年)

主要完成人:谢家麟、方守贤、叶铭汉、陈森玉、张厚英、柳怀祖、章炎、徐绍旺、石寅生、周述、郑志鹏、席德明、刘世耀、冼鼎昌、赵才度、阮倜、陆德奎、秦如申、曹均、李长春、王碧文、张钊、许明堂

2. “绕月探测工程”任务(2010 年)

高能所粒子天体物理中心探月项目组作为参加单位,研制成功我国第一台深空探测 Si-PIN 型 X 射线荧光谱仪和太阳监测器。

主要完成人:王焕玉、张承模、汪锦州、梁晓华、曹学蕾、杨家卫、高旻、崔兴柱、彭文溪、张家宇

(二) 国家自然科学一等奖

反西格玛负超子的发现(1982 年)

主要完成人:王淦昌、丁大钊、王祝翔

(三) 国家科技进步一等奖

北京 35 MeV 质子直线加速器(1991 年)

主要完成人:王书鸿、万恒芳、萧连荣、张华顺

(四) 国家自然科学二等奖

1. 强子结构的“层子模型”(1982 年)

主要完成人:朱洪元、胡宁、何祚庥、戴元本

2. 量子场论大范围性质的研究(1989 年)

主要完成人:周光召、郭汉英、侯伯宇、宋行长、吴可、侯伯元、王世坤

3. 北京谱仪-τ 轻子质量的精确测量(1995 年)

主要完成人:郑志鹏、李金、郁忠强、王泰杰、漆纳丁

4. ψ(2S)粒子及粲夸克偶素物理的实验研究(2001 年)

主要完成人:顾以藩、李新华、苑长征、白景芝、陈宇

5. 伽玛射线暴余辉和能源机制的研究(2003 年)

主要完成人:戴子高、陆埮、郑广生、黄永锋、王祥玉

6. 2～5 Gev 能区正负电子湮没产生强子反应截面(*R* 值)的精确测量(2004 年)

主要完成人:赵政国、黄光顺、胡海明、陈江川、吕军光

7. 电荷-宇称对称性破坏和夸克-轻子味物理的理论研究(2005 年)

主要完成人:吴岳良

8. BES-Ⅱ DD-bar 阈上粒子 ψ(3770)非 DD-bar 衰变的发现和 D 物理研究(2010 年)

主要完成人:荣刚、张达华、陈江川、马海龙

(五) 国家科技进步二等奖

1. 中国科学院万立方米级高空科学气球技术系统(1985 年)

主要完成人:顾逸东、荆其一、彭绪祥、叶士伟、张亚臣

2. 北京自由电子激光装置(1995 年)

主要完成人:谢家麟、庄杰佳、黄永章、李永贵、林绍波、毛成生、张玉珍、钟元元、钟世才

3. 阿尔法磁谱仪(AMS)永磁体系统含反符合计数器初样(2000 年)

主要完成人:陈和生(合作)

4. 宽波段空间伽马射线暴观测研究及仪器研制(2004 年)

主要完成人:马宇倩、张楠、王焕玉、常进、张承模、唐和森、徐玉朋、顾福源、蔡明生、沈培若

(六) 国家技术发明奖二等奖

同步辐射软 X 射线多层膜反射率计装置及其应用(2000 年)

主要完成人：崔明启

（七）中科院科技进步特等奖

北京自由电子激光装置（1994年）

主要完成人：谢家麟、庄杰佳、黄永章、李永贵、林绍波、毛成生等

（八）中科院杰出科技成就奖

2～5 GeV能区正负对撞强子反应截面的精确测量研究集体（2003年）

主要完成人：赵政国、吕军光、庄保安、吴英志、张闯、李卫国、杨大槛、沈定力、陈光培、陈江川、林国平、罗小安、郑志鹏、胡海明、赵棣新、秦庆、高翠山、黄光顺、裴国玺、薛生田

（九）中科院自然科学一等奖

1. 北京谱仪-τ轻子质量的精确测量（1993年）

主要完成人：郑志鹏、李金、郁忠强、毛泽普、王泰杰、漆纳丁

2. EMC效应及有关物理问题（1995年）

主要完成人：厉光烈、沈建平、曹志军

3. Bc介子等双重味强子的研究及其碎裂函数计算（1996年）

主要完成人：张肇西、陈裕启、江洪涛、韩国平

4. 北京谱仪Ds物理的研究（1997年）

主要完成人：张长春、李卫国、毛慧顺、顾建辉、李小南、荣刚

5. ψ(2s)衰变及次生粲夸克偶数物理的实验研究（2000年）

主要完成人：顾以藩、李新华、苑长征、过雅南、崔象宗

（十）中科院科技进步一等奖

1. 胶子球和四夸克态（1986年）

主要完成人：李炳安、刘克非、K.约翰逊(Johnson)、沈齐兴、郁宏

2. 10 MeV北京质子直线加速器（1986年）

主要完成人：周清一、潘惠宝、王书鸿、周金华、冯传谨

3. 大面积高山乳胶室建成及超高能核作用（1986年）

主要完成人：任敬儒、况浩怀、陆穗苓、苏实、王允信

4. 量子场论大范围性质的研究(1987 年)

主要完成人:周光召、郭汉英、宋行长、吴可、王世坤、李小源

5. 阿尔法磁谱仪(AMS)永磁体系统含反符合计数器初样(1999 年)

主要完成人:陈和生、吕雨生、庄红林

(十一) 北京市科学技术一等奖

利用北京正负电子对撞机上完成的 2～5 GeV 能区的 R 值测量(2003 年)

主要完成人:赵政国、黄光顺、胡海明、陈江川、吕军光、秦庆、庄保安、赵棣新、吴英志、陈光培、高翠山、薛生田

(十二) 山西省人民政府科学技术一等奖

一个具有内部相对论性的介子结构模型层的质量问题(1980 年)

主要完成人:朱重远、张鉴祖

(十三) 其他

2011 年,谢家麟获得国家最高科学技术奖

二、中国物理学会高能物理分会历届理事会

届　次	任　期	理事长	副理事长	秘书长	副秘书长
一	1979.5—1985.8	张文裕	胡宁、朱洪元、谢家麟	郑林生	钟辉、杜东生、汪雪瑛
二	1985.9—1989.10	叶铭汉	胡宁、谢家麟、郑林生	霍安祥	汪雪瑛、朱重远
三	1989.10—1994.5	郑林生	戴元本、霍安祥、王承瑞	郑志鹏	汪雪瑛、朱重远
四	1994.5—1998.4	戴元本	郑志鹏、霍安祥、王承瑞	黄涛	赵志泳、沈建平
五	1998.4—2002.10	戴元本	郑志鹏、刘连寿、黄涛、陈和生	黄涛	赵志泳、沈建平
六	2002.10—2006.10	陈和生	郑志鹏、黄涛、邝宇平、苏汝铿	李卫国	吴岳良、张新民

（续表）

届　次	任　期	理事长	副理事长	秘书长	副秘书长
七	2006.10—2010.4	陈和生	赵光达、李卫国、鲁公儒	王贻芳	吴岳良、张新民
八	2010.4—2014.4	赵光达	李卫国、鲁公儒、王贻芳	邹冰松	乔从丰、曹臻
九	2014.4—2018	赵政国	王贻芳、邢志忠、吴岳良	赵强	乔从丰、曹臻

三、中国物理学会粒子加速器分会历届委员会

届　次	任　期	理事长	副理事长	秘书长	副秘书长
一	1980.5—1984.9	力一	谢家麟、王传英	方守贤	汤城、沈宝华、梁岫如
二	1984.10—1988.9	谢家麟	王传英、方守贤	徐建铭	梁岫如
三	1988.10—1992.9	谢家麟	方守贤、刘乃泉、陈佳洱	梁岫如	朱惜安、钱锦昌
四	1992.10—1996.9	方守贤	陈佳洱、刘乃泉、杨天禄	王书鸿	翟兴林、赵渭江、张闯、唐金媛
五	1996.10—2000.9	方守贤	何多慧、杨天禄、林郁正、赵渭江	王书鸿	唐金媛、朱惜安、关遐令、张闯、方家训、张化一
六	2000.10—2004.9	方守贤	何多慧、樊明武、林郁正、赵渭江	张闯	唐金媛、郭之虞、夏佳文、张天爵
七	2004.10—2008.9	何多慧	张闯、郭之虞、林郁正、赵红卫	刘祖平	
八	2008.10—2012.11	何多慧	张闯、赵红卫、赵振堂、郭之虞	张闯	邓建军、李为民、苏萍（女）、张天爵、唐传祥、夏佳文
九	2012.12—2016	樊明武	郭之虞、张闯、赵红卫、赵振堂	唐传祥	陈德智、邓建军、李为民、苏萍、夏佳文、张天爵

第五章　当代中国理论粒子物理学家学术谱系

理论粒子物理学家群体，是与高能实验物理学家群体相伴并立的。其学术谱系乃至学术传统，都与后者息息相关。

第一节　中国理论粒子物理学的发展历程

理论粒子物理与高能实验物理是同一学科密不可分的两个部分，两者相互依存，相互促进，协同发展，同时又各有其独特的发展规律与特点，在高能实验基地、设备建设相对迟缓的中国尤其如此。有关粒子物理学科、机构等方面的建立与发展，前文已有涉及，以下仅按时间顺序简述 20 世纪以来我国理论粒子物理学的发展及其成就。

一、20 世纪上半叶中国学者的基本粒子理论研究

在新中国成立之前就曾于国外做出重要理论研究，并对此后我国理论粒子物理发展产生深远影响的物理学家，可以张宗燧（1915—1969）、彭桓武（1915—2007）、胡宁（1916—1997）、朱洪元（1917—1992）等几位为代表。

张宗燧于 1938 年在英国获得博士学位后，曾先后于丹麦、瑞士在玻尔、泡利等理论物理大师的指导下进行量子场论研究，回国后几年也一直未中断。1945 年，张宗燧再次赴英，在剑桥大学工作。除发表多篇关于量子场论的论文外，他还应狄拉克邀请，在剑桥讲授场论课程。在量子场论的形式体系的建立，特别是在高阶微商、约束系统的场论等方面，张宗燧做出了一系列有国际影响的工作。1939 年回国后，张宗燧任教于中央大学物理系。除教学外，他仍然继续研究统计物理与量子场论，且在国外著名学术杂志上发表了数篇文章。1945 年，经李

约瑟(J. Needham)推荐,张宗燧赴英工作,至1948年回国后到北京大学任教,之后又在国内刊物上发表了多篇关于量子场论的论文。

1941—1943年,彭桓武在爱尔兰从事博士后研究期间,与海特勒(W. H. Heitler)合作进行介子理论方面的研究工作,先后发表过有关介子散射、质子-质子碰撞产生介子、光子-核子碰撞产生介子以及宇宙线介子理论等论文。以作者哈密顿(Hamilton)、海特勒(Heitler)与彭桓武(Peng)三人姓氏缩写为代号的关于介子的HHP理论,发展了量子跃迁几率的理论,用能谱强度首次解释了宇宙线的能量分布和空间分布,在该理论中已经出现了后来被称为戴逊(Dyson)方程的方程,[①]在国际物理学界引起了较大的反响。

胡宁于1943年在美获得博士学位后,曾先后于美国、爱尔兰、丹麦和加拿大等多个国家从事理论物理研究。他与泡利、约赫(J. M. Jauch)合作,对早期核力介子理论的发展做出了贡献。胡宁还对核与介子理论中S矩阵的性质进行了系列研究,其间曾与海特勒合作,他的这些工作为后来强相互作用理论中色散关系理论的建立奠定了基础。后来他又受美国物理学家费曼(R. Feynman)的影响,投入到量子电动力学的研究,也取得了有意义的成果。

朱洪元在英国攻读博士学位期间(1945—1948),研究宇宙线中的高能电子在经过大气层后产生的光电簇射,得到了这种辐射(后称为"同步辐射")的能谱、角分布、强度、波长及极化表达式。他还最早对英国物理学家罗彻斯特(G. D. Rochester)和巴特勒(C. C. Buttler)拍摄到的大量宇宙线簇射粒子衰变所形成的V形径迹做了估算,并指出衰变前粒子质量的下限为电子质量的900倍。这就是后来发现的所谓"奇异粒子"。

除以上四位学者之外,马仕俊(1913—1962)在国外从事量子电动力学和介子场论研究,也取得了一些研究成果。1941年回国后,马仕俊受北京大学之聘,在西南联大任教,其间开设了包含量子场论内容的课程。

二、新中国成立后本土粒子物理研究团队的形成与粒子理论的普及

中华人民共和国的成立,尤其是中国科学院的成立,使得理论粒子物理研究在我国开始有组织、有系统地持续发展。在此过程中,几位粒子理论研究的先驱

---

① 黄祖洽.彭桓武[M]//中国科学技术专家传略:理学编:物理学卷2.北京:中国科学技术出版社,2000:210-218.

者发挥了至为重要的作用。

张宗燧于1948年回国，任北京大学教授，1952年调往北京师范大学，同时兼任中国科学院数学研究所研究员，1956年后调到中科院专任数学所研究员。他亲手组建了理论物理研究室，并任主任，主持工作10余年，主要开展统计物理和量子场论两方面的研究工作，培养了一批研究人员和院外进修人员，并招收、培养了一批研究生。在此期间，他还兼职任教于中国科技大学，讲授量子力学等课程，并指导学生的毕业论文。[①]

彭桓武于1947年底回国，先后任教于云南大学、清华大学，1950年被钱三强聘请到近代物理研究所(物理研究所、原子能研究所)工作，并任副所长。

胡宁于1951年初回国，任北京大学教授，并于同年受聘为近代物理研究所研究员。至20世纪60年代初，他始终是北大与原子能所两家合聘的教授、研究员。后来，在需要明确一个单位编制的情况下，胡宁选择成为北大的全职教授。[②]

朱洪元于1950年回国，此后一直任职于近代物理研究所(物理研究所、原子能研究所)、高能所，并兼职于中国科技大学。

近代物理研究所在1950年建立之初就专门设立了理论物理研究组(室)，由副所长彭桓武兼任组长(主任)，成员包括胡宁(兼)、朱洪元、邓稼先、黄祖洽、金星南、殷鹏程、于敏等人。至1956年，规模扩大后的理论物理研究室分为场论、核理论、反应堆理论与计算数学等四个组，由朱洪元任场论组组长。1958年，场论组全体赴苏联杜布纳联合核子研究所进行合作研究。20世纪60年代初，彭桓武、于敏、邓稼先等理论物理室部分人员转入核武器研究。研究室分成基本粒子理论与原子核理论两个大组，由朱洪元任主任。

北京大学理论物理教研室建立于1953年(张宗燧已于此前调离)，首任室主任为王竹溪。主要从事粒子理论研究的教师包括胡宁、周光召、高崇寿等，彭桓武、朱洪元也曾于该室兼职任教。他们在北大系统开设了原子核理论、群论、量子场论与基本粒子理论等课程，并逐渐形成了以胡宁为核心的基本粒子理论组。而周光召于1957年春被国家遴选派赴苏联莫斯科杜布纳联合原子核研究所从事研究工作，1961年回国后调入第二机械工业部第九研究院从事核武器理论研

---

① 陈毓芳. 张宗燧[M]//中国科学技术专家传略：理学编：物理学卷2. 北京：中国科学技术出版社，2000：188-198.

② 关洪. 胡宁传[M]. 北京：北京大学出版社，2008：168.

究，从而离开了北大。

除近代物理研究所（物理研究所、原子能研究所）与北大这两个规模较大的粒子理论研究团队之外，如前述，中科院数学所于 1956 年成立了以张宗燧为核心（室主任）的理论物理研究室，展开系列量子场论与粒子理论研究。稍晚一些，自苏联归国的张礼、段一士分别于 1957 年、1958 年到清华大学、兰州大学工作，开展场与粒子理论的教学与研究工作。同期，李华钟、郭硕鸿在中山大学，李文铸在浙江大学也开展了相关教研活动。

1954 年，教育部聘请苏联专家 И. В. 苏什金（Суцткин）在北京师范大学举办理论物理进修班，培训全国 20 多所高等师范院校的骨干教师，苏联专家按苏联教学大纲讲授本科课程，而张宗燧则讲授数学、统计物理、量子电动力学及其他辅助课程，并且指导了其中几位学员写出了研究论文。[①] 张宗燧量子电动力学课程的讲授，在充实各高校教师关于粒子物理的理论水平方面起到了重要的作用。

朱洪元作为北京大学的兼职教授，于 1957 年在北大首次开设了“量子场论”课，比较系统地讲授这门前沿理论课程。此课后由胡宁讲授。量子场论课程的开设使得北大粒子物理理论研究的实力大为增强，20 世纪 50 年代的北大物理系作为中国粒子物理研究人才最重要的输出基地之一，与此不无关系。

1958 年暑期，中科院在山东大学举办了基本粒子理论讲座。朱洪元与张宗燧为来自全国各高等院校和研究所的 60 多名学员讲授量子场论课，在 1 个月的时间内，他们把听众从最基础的出发点带领到当时量子场论发展的最前沿。[②] 朱洪元在北大与山东大学的授课讲义后来整理成《量子场论》[③]一书出版，成为我国几代粒子物理工作者的主要教科书和研究工作参考书。胡宁后来也著成了《场的量子理论》一书并出版。

通过以上粒子理论在全国范围内的普及，使中国粒子物理理论水平得到了大幅度的提高，甚至可以说培养了一代粒子物理学家，影响广泛而深远。

三、杜布纳的粒子理论研究

苏联杜布纳原子核研究所于 1955 年改为社会主义国家联合原子核研究所

---

① 蔡漪澜. 张宗燧[M]//自然杂志社. 科学家传记. 上海：上海交通大学出版社，1985：1－24.

② 李华钟，冼鼎昌. 粒子诗抄：续一[J]. 物理，2002，31(2)：122－124.

③ 朱洪元. 量子场论[M]. 北京：科学出版社，1960.

之后，我国自1956年起先后派出多名理论粒子物理研究人员前往该所进行合作研究。原子能所派出的人员有朱洪元(1959—1961)、何祚庥(1959—1960)、汪容(1959—1961)、冼鼎昌(1959—1961)等人，北大也派出了胡宁(1956—1959)、周光召(1957—1961)等人。1956年获莫斯科大学理论物理学副博士学位的段一士也曾在杜布纳短期工作。而与此同时，国内粒子理论研究一度群龙无首，部分谱系暂停或减缓发展。

新中国成立前后，我国一些学者的零散研究还仅限于亦步亦趋地追随国际潮流的发展。而在加入杜布纳联合所之后，我国的粒子物理理论研究开始与实验相结合，从而得以在不断加强的中外交流中获得发展。结合实验研究的成就，我国学者在杜布纳做出了优秀的研究工作，这对于提高我国在国际粒子物理学界的地位起到重要作用。

在联合所工作的中国理论粒子物理工作者所做出的系列研究工作中，以周光召的成就最为突出。在杜布纳期间，他在国外杂志上发表了33篇论文，得到了国际同行的好评。如《极化粒子反应的相对论理论》与《静质量为零的极化粒子的反应》，在散射理论中，这两篇文章最先提出螺旋态的协变描述；《关于赝矢量流和重介子与介子的衰变》是最早讨论赝矢量流部分守恒(PCAC)的文章之一。他所提出的弱相互作用中的赝矢量流守恒律这一观念直接促进了流代数理论的建立，是对弱相互作用理论的一个重要推进，得到国际上的承认和很高的评价，其成果达到了当时的世界先进水平，引起国际物理学界的普遍重视。此后，他又连续在《中国科学》等杂志上发表了12篇论文，其中有4篇在国际性的学术会议上进行了交流。在此期间，周光召较重要的学术成就可以归结为五个方面：①他严格证明了电荷共轭宇称(CP)破坏的一个重要定理，即在电荷共轭宇称时间(CPT)联合反演不变的情况下，尽管粒子和反粒子的衰变宽度相同，但时间(T)反演不守恒，它们到不同过程的衰变宽度仍可以不相同。②他在1960年简明地推导出赝矢量流部分守恒定理。这是他在强子物理的研究中做出的出色成果，对弱相互作用理论起了重要的推进作用，因此世界公认他是PCAC的奠基人之一。③为了适应分析高能散射振幅和当时的雷吉(Regge)理论的需要，他第一次引入相对论螺旋散射振幅的概念和相应的数学描述。④他最先提出用漏失质量方法寻找共振态和用核吸收方法探测弱相互作用中弱磁效应等实验的建议。⑤他还用色散关系理论对非常重要的光合反应做了大量理论研究工作。此外，周光召还在粒子物理各种现象性的理论分析方面做了大量工作，以至于国外人士称赞“周光召的工作震动了杜布纳”。[①] 而在 1980 年广州从化粒子物理理论讨论会后的一次宴会上，当钱三强向邓小平介绍周光召，称他为我国新一代科学家中的佼佼者时，李政道随即补充说：“他不仅在国内同行中是佼佼者，包括我们在内，在所从事的粒子物理领域内，他也是佼佼者。”[②]

自 20 世纪 50 年代中期以来，由于色散关系理论的发展，散射函数的解析性质引起了理论物理界广泛的兴趣。胡宁在杜布纳的研究指出，满足一定交叉条件和具有一定解析性质的散射函数的普遍形式是邱-骆(Chew-Low)方程的一般解；并且由于交叉对称的不同散射函数的解析性质可以有两种，其中一种当能量取负值时散射函数不再是幺正的。在基本粒子的分类方面，胡宁将盖尔曼(M. Gell-Mann)关于 π 介子和重粒子相互作用的数学形式扩充应用到 K 介子和重粒子之间的相互作用上去，得到的哈密顿量与普伦脱基和德斯派纳脱(Prentki-d'Espagnet)建议的哈密顿量不完全相同，但是也满足盖尔曼和西岛(Nishigima)所发现的规律。

在杜布纳期间，朱洪元利用色散关系对 π 介子之间及 π 介子与核子之间的低能强相互作用进行了深入的研究，并与其合作者发现当时流行的角动量分波展开引入了很大的误差，指出由此方法导得的方程含有不应有的奇异性质，从而否定了这个在 1959 年国际高能物理会议上由著名物理学家邱(Geoffrey F. Chew)、曼德尔斯塔姆(Mandelstam)提出的流行一时的方案，并推导出不含发散积分的 π-π 及 π-N 低能散射方程。

四、“文革”前粒子理论研究的高峰：“层子模型”研究[③]

在粒子物理学科形成之初，随着实验室中发现的“基本粒子”数目日益增多，对此寻求统一解释的强子(包括各种介子和重子)结构理论成为这一时期粒子物理蓬勃发展的一个重要方面。费米、杨振宁、坂田昌一(S. Sakata)、盖尔曼、纽曼(Y. Ne'eman)、兹维格(G. Zweig)等人都为此做了一定的努力。尤其是盖尔曼与兹维格于 1964 年分别提出了强子由带分数电荷的粒子组成的假说。盖尔曼称这种假想的粒子为“夸克”(Quark)，而兹维格则称之为“艾思”(Ace)，后来通

① 戴明华，等. 周光召[M]//中国现代科学家传记：6. 北京：科学出版社，1994：187－196.

② 葛能全. 钱三强年谱[M]. 济南：山东友谊出版社，2002：250.

③ 丁兆君，胡化凯. “层子模型”建立始末[J]. 自然辩证法通讯，2007，29(4)：62－67.

用“夸克”之名。但盖尔曼当初只是把夸克作为受到无限质量限制的数学符号，而非具有有限质量的实物粒子，认为“最高能量的加速器将会证实‘夸克’是没有真实意义的”。[①]

在国际物理学界不断深入探讨物质微观结构的同时，我国学者对物质结构的认识也在不断深入。早在1955年的中共中央书记处扩大会议上，毛泽东就曾向与会的钱三强表达了其物质无限可分的哲学思想。[②] 此后他又在不同场合几次加以强调，由此引起了我国科学家和哲学家的热烈讨论。物质无限可分的思想自此为我国绝大多数学者普遍接受，在学术界产生了广泛的影响。1965年8月，受中国科学院、教育部、中宣部和对外文化联络委员会的共同委托，在钱三强的组织下，中科院原子能研究所基本粒子理论组、北京大学理论物理研究室基本粒子理论组、中科院数学研究所理论物理研究室与中国科技大学近代物理系四个单位联合组成了“北京基本粒子理论组”(见图5.1)，根据毛泽东提出的物质无限可分思想，进行基本粒子结构问题的研究。

通过交流、讨论，“理论组”认为：“事物都是包含内部矛盾的对立统一体，基本粒子与强子的内部要素也不例外，物质结构具有无限的层次性。”[③]朱洪元指出，正像元素周期表反映原子的内部结构一样，强子质量谱的规律也是它们内部结构的反映，所谓的“基本粒子”并不基本，而是由几种组元组成的。[④] “理论组”先初步建立了一个描述强子内部结构的波函数理论；原子能所的研究人员使用波函数进行了一些粒子实验过程的计算，并加以比较，将波函数改写为B-S方程的协变形式；北大的研究人员利用群与群表示理论的技巧，又把SU(6)、S$\tilde{U}$(12)对称的波函数写成了简练而明确的形式；数学所的研究人员又将其改写成协变场论的形式，并提出了用以计算的一些费曼规则。[⑤] 中国科技大学的刘耀阳则引入了后来被称之为“颜色”的量子数。

经过不到一年的认真工作，由39人组成的“北京基本粒子理论组”，在三期杂志上共发表了42篇研究论文，提出了关于强子结构的理论模型。在钱三强的

① GELL-MANN M. A Schematic Model of Baryons and Mesons [M]//The Eightfold Way. New York. W. A. Benjamin, 1964.

② 葛能全. 钱三强年谱[M]. 济南：山东友谊出版社，2002：115－116.

③ HUNG-YUAN TZU. Reminiscences of the Straton Model [C]// Proceedings of the 1980 Guangzhou Conference on Theoretical Particle Physics. Beijing: Science Press, 1980, Vol. 1:4－31.

④ 戴元本. 怀念朱洪元先生[M]//朱洪元论文选集. 北京：爱宝隆图文，2002：321.

⑤ 何祚庥. 回忆朱洪元先生对我们的教导[M]//朱洪元论文选集. 北京：爱宝隆图文，2002：312－320.

图 5.1 “北京基本粒子理论组”(居中坐者为朱洪元、胡宁)

提议下,“用“层子”代替“夸克”或“亚基本粒子”、“元强子”、“基础粒子”等名称,因为这更能确切地反映物质结构的层次性。层子这一层次也只是人类认识物质结构的一个里程碑,也不过是自然界无限层次中的一个“关节点”。[①] 之后,国内学术界即把北京“理论组”提出的关于强子结构的理论统称为“层子模型”理论。

1966 年 7 月,在北京举行北京科学讨论会——暑期物理讨论会,来自亚洲、非洲、拉丁美洲和大洋洲国家及一些地区的 140 多位代表参加会议。其间,“理论组”共提交了 7 篇有关层子模型的论文在会上宣读,引起了很大的反响。日本代表团团长早川幸男回国后说,中国粒子物理研究人才辈出,达到了日本朝永振一郎年代的景象。[②]

1978 年,层子模型获得了中国科学院重大成果奖与全国科学大会奖。1982 年,层子模型理论又获得了国家自然科学奖二等奖。

五、“文革”中的硕果:规范场研究

杨振宁与美国物理学家米尔斯(R. L. Mills)于 1954 年提出了非阿贝尔规范场(Non-Abel Gauge Field)理论,在世界粒子物理理论的发展中产生了重要的影响。1962 年,格拉肖(S. L. Glashow)循此思路提出了 SU(2)×U(1)规范理论,但却因未能解决矢量介子的质量问题而不能重整化,后来特霍夫特(G. 't

---

① 李华钟,冼鼎昌.粒子诗抄:续一[J].物理,2002,31(2):122-124.

② 李炳安.怀念朱洪元老师:纪念朱先生诞辰八十五周年[M]//朱洪元论文选集.北京:爱宝隆图文,2002:338.

Hooft)与韦尔特曼(M. J. G. Veltman)于1972年证明了具有自发破缺的规范场论的可重整化与幺正性。1964年,希格斯(P. Higgs)引入了将标量场耦合到非阿贝尔规范场而使定域规范对称自发破缺的希格斯机制,成功地解决了规范场量子的质量问题、重整化问题。此后温伯格(S. Weinberg)于1967年,萨拉姆(A. Salam)于1968年又分别引入了弱相互作用与电磁相互作用统一的模型。如今,建立在定域非阿贝尔规范理论基础之上的弱电统一理论成为粒子物理学的理论基础。20世纪70年代初,杨振宁、吴大峻又将规范场理论与纤维丛数学结合,试图以磁单极来对物理系统作整体描述,从而使非阿贝尔规范理论在另一个方向获得了发展。在杨振宁的带动下,后来中国的理论粒子物理学家也在此方向开展了一些研究工作。

自1971年杨振宁首次回国探亲之后,他频繁来往于中美之间。在规范场研究方面,杨振宁曾在不同场合,如1972年在北京,1973年在广州,1974年在上海作过相关的学术报告,从而吸引了国内一大批物理学家、数学家从事相关的研究。其中中科院数学研究所的陆启铿早在1972年就开展了有关纤维丛与规范场关系的研究,他求出了非阿贝尔规范场中磁单极的严格解,证明杨振宁的规范场的积分定义等价于沿一曲线的平行移动。1974年,杨振宁到上海寻求进行微分几何研究的合作者,从而结识了谷超豪、夏道行等数学家。① 在一次与复旦大学教师的讨论中,杨振宁提出了若干值得研究的问题,谷超豪、胡和生夫妇很快就做出了研究成果,并与杨振宁合作完成了一系列有关规范场数学结构的研究。

除了以上对规范场的数学方面的研究外,北京、广州、西安与兰州等几个地方都开展了对规范场的理论物理方面的研究。北京地区,郭汉英、吴咏时、张元仲等人研究了一种以洛伦兹群为规范群的引力规范理论;戴元本、吴咏时开展了规范场在粒子理论中的应用研究,计算了高阶微扰量子色动力学(QCD);杜东生参与了杨振宁、吴大峻的磁单极研究。广州地区,中山大学李华钟、郭硕鸿与高能所冼鼎昌合作开展了规范场整体表述的研究,发展了纤维丛的一个物理模型的磁单极理论,研究了规范场真空的整体(拓扑)性质,吴咏时也参加了部分合作。兰州大学的段一士及其学生葛墨林与西北大学的侯伯宇合作完成了希格斯场的拓扑性质和规范场的拓扑学微分几何的分析,此后四川大学的王佩与内蒙古大学的侯伯元也参加了西北大学的研究工作。除了这些之外,在20世纪70年代后期关于规范场理论的研究还有周光召与中国科技大学的阮图南关于陪集

① 卓有成效的合作[M]//杨振宁文集.上海:华东师范大学出版社,1998:996-1001.

规范场的研究、中国科技大学赵保恒与阎沐霖关于非阿贝尔规范场正则量子化的研究、谷超豪与胡和生关于球对称规范场的研究、李华钟与郭硕鸿关于瞬子集团的研究等等。①

1982年,谷超豪、胡和生、李华钟、郭硕鸿、侯伯宇、段一士、葛墨林等人因“经典规范场理论研究”获国家自然科学三等奖。

六、粒子理论研究的复苏与对外交流大门的打开

由于“文化大革命”的干扰,包括粒子物理在内的学术研究与交流几乎完全中断,杨振宁在国内发起的规范场理论研究为不可多得的活动。直至“文革”行将结束,一系列粒子理论会议的召开,才使得理论粒子物理交流先是在国内、之后在国际逐渐得以展开。

1975年11月,中山大学物理系以李华钟、郭硕鸿为首的基本粒子理论研究组邀请北京高能所的粒子理论工作者到广州召开了一次基本粒子理论讨论会。何祚庥作了一次公开的学术报告,论述了基础研究之重要。② 此后,中科院建立了一个粒子理论组,负责领导组织全国粒子理论研究学术活动,由朱洪元任组长,胡宁、何祚庥、张厚英、李华钟任副组长,在钱三强的领导下,中科院二局具体领导这项工作。③ 1977年4月,中科院召开了高能物理会议,通过揭批“四人帮”对科学研究的破坏,决定尽快把我国高能物理和自然科学基础理论研究抓起来。④ 同年8月,第一次全国粒子理论座谈会在黄山召开,这是“文革”后第一次全国规模的粒子理论学术会议。与会代表们交流了中断多年的层子模型研究的发展及关于新粒子的理论研究、高能弱相互作用等几个方面理论研究所取得的一些成果与进展,同时也介绍了国外相应的工作情况,并讨论了之后理论研究的主攻方向。杨振宁参加了这次会议,并作了关于磁单极子和规范场的学术报告。⑤

1978年,对于中国粒子物理学来说,是名副其实的“科学的春天”。这一年,

---

① 李华钟.规范场理论在中国:为祝杨振宁先生80大寿而作[J].物理,2002,31(4):249-253.

② 李华钟,冼鼎昌.粒子诗抄:续一[J].物理,2002,31(2):122-124.

③ 李华钟.规范、相位因子和杨-米尔斯场:规范场理论在中国续记[J].物理,2004,33(12):861-864.

④ 在华主席、党中央亲切关怀下中国科学院召开高能物理会议[J].高能物理,1977(2):2.

⑤ “基本”粒子理论暑期座谈会在黄山举行:美籍物理学家杨振宁博士到会作了三次学术报告[J].高能物理,1977(3):8.

粒子物理学界的学术活动空前频繁，较大的全国性的会议就有5月份在广州召开的全国规范场专题讨论会、8月份在庐山召开的中国物理学会年会、10月份在桂林召开的微观物理学思想史讨论会。

20世纪70年代，中山大学已成为开展经典规范场研究的一个中心，广州规范场讨论会就是在李华钟的组织下召开的。会议报告内容包括欧氏空间和闵氏空间中SU(2)规范场经典解、赝粒子物理、色动力学、规范场的重整化、点阵规范理论、规范场的动力学自发破缺等多个方面，到会的六十多人通过十多天的集中讨论、学习，对规范场理论的认识显著提高。①

在庐山召开的中国物理学会年会是"文革"以来第一次召开，同时也是新中国成立以来全国物理学界一次空前的盛会，与会代表达600人，分固体物理、核物理、粒子物理与统计物理四个分会分别进行，其中粒子物理分会代表84人。杨振宁作了关于规范场理论的介绍与p-p碰撞理论的新进展的报告。基本粒子分会学术报告主要内容是对强子结构的进一步探讨与述评，也对近年来国外强子结构理论的进展作了报告。此外还有一些高能强作用现象的分析和新粒子研究的报告。中国物理学会的正、副理事长周培源与钱三强及高能所所长张文裕都在开幕式上发言，鼓励与会代表努力促进中国粒子物理的发展。②

桂林微观物理学思想史讨论会由钱三强主持，出席会议的有老、中、青三代知名的物理学家、数学家和自然辩证法理论工作者，包括彭桓武、胡宁、朱洪元、周光召、戴元本、何祚庥、李华钟、谷超豪等40余人。通过讨论，会议明确了近一两年的主攻方向为"强子结构及其动力学机制的场论研究"和"若干可能具有重要发展前景的新现象、新问题、新概念、新领域的研究"。钱三强发表了关于"百花齐放、百家争鸣"方针与集中主要力量攻重点的关系及学习外国和独创的关系的意见。③ 周光召作了题为"粒子物理研究的方法论问题"的发言，强调了关于总结物理学实验与理论成果、如何选择课题、对待新理论的态度、普遍性和特殊性等几个问题。④

尤其值得一提的是，1978年8月，朱洪元、胡宁、戴元本、叶铭汉与黄涛等5人代表我国高能物理学界参加了在日本举行的第19届国际高能物理国际会议，朱洪元在会上作了题为"关于中国高能物理初步规划"的报告。在闭幕式上，

---

① 全国规范场专题讨论会[J]. 高能物理，1978(3)：5.

② 争取在"基本"粒子理论方面做出好的成绩：中国物理学会召开年会[J]. 高能物理，1978(4)：1.

③ 葛能全. 钱三强年谱[M]. 济南：山东友谊出版社，2002：225－229.

④ 周光召. 粒子物理研究的方法论问题[J]. 自然辩证法通讯，1979(2)：2－7.

国际纯粹与应用物理联合会委员、未来加速器国际委员会主席高德瓦沙在演讲中说："这次会议有两件事值得祝贺，第一件事是国际高能物理会议首次在亚洲地区召开，第二件事是北京来的同行们参加了这次会议。"①

1980 年 1 月，在广州从化召开了广州粒子物理理论讨论会。这是华人学者的一次盛会，是经过近两年的酝酿，于 1979 年由中国科学院、国务院港澳办公室、外交部和教育部四个部门向国务院提出报告，经批准召开的。为筹办这个会议，中国科学院、中山大学和广东省做了大量的工作，先于 1979 年 3 月成立了由钱三强任主任的筹备委员会，同年 10 月与 12 月先后在合肥和北京对会议的学术活动做了十分细致的安排。来自海外四大洲的 50 余位华裔、华侨和港澳学者与来自全国各地的一百多位同行共同讨论粒子理论的最新进展，这次会议在我国理论物理发展史上是一个重要的里程碑，首开"文革"后在国内进行中外学术交流之先河，其规模此前只有 1966 年的北京科学讨论会可相比拟。② 在该会上，朱洪元代表当初北京基本粒子理论组作了名为"层子模型的回顾"的报告，李华钟总结了 1975—1979 年在国内期刊上发表的 60 余篇关于规范场研究的文章，报告了"关于经典规范场论的若干研究"。③ 李政道、杨振宁、彭桓武、周光召等也都相继在会上作了报告。从化会议为国内外从事粒子理论研究的华裔科学家提供了一个深入讨论的场合，也促进了科学家们对彼此工作的相互了解，初步建立起个人的友谊和合作关系，打开了一定的国际交流渠道。会议之后不久便出现了中国粒子物理学家出国访问交流的第一次高潮，许多人作为访问学者到国外的高等学校或研究机构做较长时间的合作访问。这次兴起的出国访问交流高潮对我国理论粒子物理学家走出国门，了解国外研究发展方向，融入国际研究的大潮起到了积极的作用。这个高潮在国内的一个附带结果是有两年时间开不成大型的全国性粒子物理综合学术会议。④ 会后，邓小平接见并宴请了与会的海外学者与大陆学者代表。杨振宁当着邓小平的面，称赞我国一批 40 多岁的科学家能力很强，这其中有很多人是当初参与层子模型会战的年轻研究人员。⑤

---

① 我国高能物理学工作者出席第十九届国际高能物理会议[J]. 高能物理，1978(4)：14.

② 李华钟，冼鼎昌. 粒子诗抄：续四[J]. 物理，2002，31(8)：540 - 542.

③ 李华钟. 规范场理论在中国：为祝杨振宁先生 80 大寿而作[J]. 物理，2002，31(4)：249 - 253.

④ 李华钟，冼鼎昌. 粒子诗抄：续五[J]. 物理，2002，31(9)：609 - 612.

⑤ 丁兆君. 华裔物理界的一次盛会：1980 年广州粒子物理理论讨论会的召开及其意义与影响[J]. 科学文化评论，2011，8(4)：45 - 65.

七、理论物理研究所的成立及新时期中国理论粒子物理研究

1962 年，国家制定《1963—1972 年全国科学技术发展规划（草案）》，其中言明："……1967 年之后，考虑在北京建立一个理论物理研究所，以集中人力发展理论物理的研究工作。""这个所的任务，除了负责执行理论物理的研究计划之外，还作为全国各地理论物理工作者来讲学，进行聚会和进行学术交流的中心。这个所应有一定的房屋，有重要的期刊等资料，有一架电子计算机。"该规划的理论物理部分由王竹溪主持起草，只是后来由于"文化大革命"的冲击而未能实行。后来，在 1977 年制定的《1978—1985 年全国基础科学发展规划（草案）》中的"物理学发展规划纲要"再一次明确规定："在北京筹建科学院理论物理研究所"。"这个研究所以少部分的专职研究人员为骨干外，吸收一批其他研究单位和高等学校的兼职研究人员，开展量子场论……基本粒子理论……方面的研究，……目的是解决重大和国家急需的问题，培养年轻人才，加强国际交流，促进学科之间的交流和渗透"。1978 年 5 月下旬，邓小平、方毅、万里、王震等中央领导批准了这个计划。

1978 年 6 月，中科院理论物理研究所正式成立。其第一批研究人员分别来自中科院物理研究所[①]、高能所、数学所，其中包括彭桓武、何祚庥、戴元本以及稍后由二机部九院九所调入的周光召等一些理论物理学家，由彭桓武、何祚庥分别任正、副所长，下设两个研究室，其中第一研究室从事粒子物理与场论等领域的研究工作，由戴元本、郭汉英分别任正、副主任，胡宁亦在此兼职。在庐山召开的物理学会年会期间，曾专门召开了关于理论物理所的座谈会。而在筹办广州从化粒子物理理论讨论会之时，理论物理所与高能所、北大同是主要的筹办单位。[②]

理论物理研究所集中了国内粒子物理理论研究的众多人才，除上述几位外，还有朱重远、安瑛、陈时、李小源、张肇西、吴咏时、赵万云、黄朝商等研究人员。一时间成为当时国内较大的一个理论粒子物理研究中心，为此后有关粒子物理的理论研究建立了一个良好的平台，并为中国理论粒子物理学的发展奠定了一

---

① 此物理研究所由原"应用物理研究所"于 1958 年更名而来，而 1953 年由"近代物理研究所"更名的物理研究所于 1958 年更名为"原子能研究所"。

② 中国科学院理论物理研究所：1978—1984[Z]. 北京：[出版者不详]，1986：28 - 29.

定的基础。

"文革"以后，由于我国粒子理论工作者与国际同行有了较广泛的学术交流，他们在国际合作和竞争中逐渐做出了一批在国际上有影响的工作。比较有代表性的有：

20 世纪 80 年代初，邝宇平和颜东茂合作提出了重夸克偶素激发态的强跃迁过程的一个合理模型和计算方案，成功地解释 γ 激发态的衰变宽度。

从 1983 年开始，朱伟、沈建国、邱锡钧、张肇西等研究核子内的夸克分布，指出 EMC 效应涉及两个不同层次的夸克概念，提出核内组分夸克模型的初步理论，预言核内海夸克不可能增强。该理论后来得到了国际高能物理学界的实验证实。他们还进一步发展了胶子聚变机制和阴影-反阴影理论，提出了核内阴影与反阴影共存的观点。

1984 年，周光召、郭汉英、侯伯宇、宋行长、吴可、侯伯元和王世坤用微分几何方法研究规范场论的大范围性质，导出了手征有效的拉氏量中的反常项和雅克比(Jacobi)恒等式的反常等结果。

1986 年，杜东生首先对 B 介子的非轻子衰变中的 CP 破坏效应作了较广泛的分析，并预言顶夸克的质量大于 50 GeV。

1987 年，徐湛、张达华、张礼发展了一种计算多胶子过程螺旋度振幅的方法，使原本很复杂的计算大为简化。

1990 年，李重生对一系列物理过程计算了 QCD 和超对称理论的圈图修正。

1992 年，邝宇平、何红建、李小源指出前人研究中的一些错误，给出了对称性破缺理论中的等价定理的正确形式和严格证明。

1992 年，张肇西、陈裕启指出，对 BC 介子的产生过程起决定作用的一种碎裂函数是可以计算的，并首先给出了它的正确公式。

此外还有赵光达在 $\xi(2.2)$，即 $f_J(2220)$粒子的胶球解释和非相对论 QCD 中的色八重态理论方面，黄涛在大动量转移的介子遍举过程方面，庆承瑞和何祚庥在 β 衰变中微子质量实验的理论分析方面，朱伟在深度非弹性过程方面等一批工作，在国际上也受到同行的注意。

我国还有一支人数众多的队伍工作于数学物理领域，他们也做出了不少有影响的工作，其中一部分与粒子物理有着密切的关系。①

---

① 戴元本，顾以藩. 我国粒子物理研究进展：50 年回顾[J]. 物理，1999，28(9)：548－557.

在我国理论粒子物理研究方面，几位理论物理大师的领导、示范作用尤为重要。层子模型的创立是我国粒子理论研究的第一个高潮。尤其重要的是，通过层子模型的创建，为我国粒子物理学的发展奠定了一定的知识与人才基础。从化会议的召开是我国理论粒子物理研究的转折点，也打开了粒子物理领域中外交流的大门。此后的中国理论粒子物理研究完全融入了世界粒子物理研究的大潮。从闭门造车走向积极进行中外交流的国际化道路，是我国理论粒子物理的发展特色。

第二节　中国理论粒子物理学家学术谱系结构

与第四章相似，这里先列出我国理论粒子物理学家学术谱系表，然后基于该表对中国理论粒子物理学家的学术谱系结构与代际关系进行简要分析。

一、中国理论粒子物理学家学术谱系表

与前一章的“中国高能实验物理学家学术谱系表”类似，在以下列出的“中国理论粒子物理学家学术谱系表”(以下简称“理论粒子谱系表”，见表 5.1)中，左侧大致标出第一、第二代学者的主要工作单位。每位学者右方(上下以横线为界)第一道竖线后为其弟子。如下图所反映出的学术传承关系为：

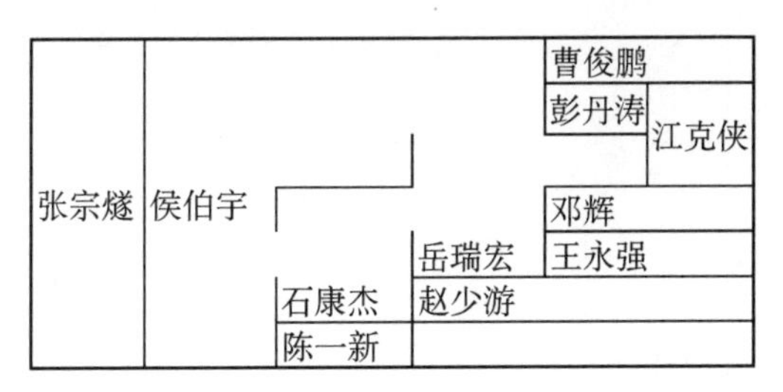

张宗燧指导侯伯宇；侯伯宇指导石康杰、陈一新；石康杰指导赵少游、(与侯伯宇共同指导)岳瑞宏；岳瑞宏指导王永强、(与石康杰共同指导)邓辉、(与侯伯宇共同指导)曹俊鹏、彭丹涛；彭丹涛(与岳瑞宏共同)指导江克侠。

一如“中国高能实验物理学家学术谱系表”，改革开放之后出国攻读(博士、硕士)学位，学成归国的，因之前无明确的国内师承关系，回国之后尚未形成具有一定规模的持续传承的学术谱系，因而在本谱系表中也暂不予体现。

表 5.1 理论粒子谱系表

单　位		第一代	第二代	第三代	第四代	第五代
中科院数学研究所	中科院理论物理研究所	张宗燧	戴元本	黄明球	王道伟、刘永录、黄志杰、樊洋、刘伟涛、张建荣、刘红亮、甘龙飞、崔春雨、张峰、徐宗浩、张平、张春旭、王玉、陈文博、贾辉	
				金洪英	刘少敏、张珠峰、袁远东、刘家益、刘刚、张劲、徐青	
					李文君	张向丹、郭伟、刘工卫、马艳芹、樊莹莹、张彦召、高素芝、李霜文
				黄朝商	孙国强、晏启树、严华刚、闫志涛、吴小红、程剑锋、李建涛	
					李田军	王煜恒、汪永瑞、唐召丰
					霍武军	马士营
					廖玮	李太东
				毕效军、刘东胜、李新强		
			侯伯宇			曹俊鹏、熊传华、王晓辉
						彭丹涛 江克侠、马龙、商玮
					岳瑞宏	邓辉、李广良
						王永强、惠小强、贺鹏斌、吴俊芳、赵秀梅、李晓军、杨涛、张涛、田晓东、柯三民、曾利霞、薛攀攀、解小宁、刘起、曹利克、周建华、张陈俊
				石康杰		

（续表）

单　位		第一代	第二代	第三代	第四代	第五代
中科院数学研究所	中科院理论物理研究所	张宗燧	侯伯宇		王延申	严学文、李博、唐美娟、王晶波、丁汉芹、郭艳华
					范桁	党贵芳
					杨战营	左坤、赵立臣
				石康杰	杨仲侠、杨文力、陈敏	
					赵少游、熊华晖、石国芳、温俊青、朱桥、刘宝盈、蔡小琳、宋培、王展云、吴晟、张利霞、杜亚利、曾育、张凯、王春、王耀雄	
				陈一新	曹超、梅玉雪、潘智刚、杜一剑、尹志、王永强、肖勇、李剑龙、曹巧君、李圣文、邵凯南、马骞	
				顾樵	吴朝新	
				赵柳	刘王云、索兵兵、何文丽、杜文波、孟坤	
					甄翼	
				丁祥茂	王贵栋、常文静、陈凌	
				杨焕雄	马洪亮	
				李卫、周玉魅、张耀中、李康、王美旭、陈凯、李剑、郝三如、岁旭东、雷依波		
			朱重远	卢仲毅、谭万鹏、金安君、鲍德海、范吉阳、陈文峰、邵明学、崔岩、高世武、张勇、罗焱、贺伟		
			安瑛、赵万云、陈庭金、胡诗婉、周龙骧			

（续表）

单位			第一代	第二代	第三代	第四代	第五代
中科院原近物所(物理所、原子能所)	二机部九所	中科院理论物理研究所	彭桓武	周光召	吴岳良	霍武军（见前）、周宇峰、王问宇、严运安、钟鸣、马永亮、张清俊、崔建伟、左亚兵、庄辞、苏方、汤勇、隋艳芹	
					吴可	罗旭东、李玉奇、李建明、戴建辉、张军、周彬、赵伟忠、蔡钰、蔡金芳、鞠国兴、阎宏、白永强、刘震、沙依甫加马力·达吾来提	
						陈斌	何亚丽、徐志波、郝晨光、岳毓蓓、刘啸、张帅、仉良、薛巍
					李定平	张立、陈硕、吴志钢、刘雪乐、冯波	
				高崇寿（见后）			
				黄祖洽	欧阳华甫	刘华昌	
				何祚庥	李国忠		
					邹冰松	季晓斌、卢宏超、周海清、张印杰、吴锋泉、刘伯超、谢聚军、魏方欣、何松、曹须、代建平、吴佳俊	
	中科院高能物理研究所		朱洪元		廖益	郭军玉、胡学鹏、任璐、卜建平、刘继元、曹雪峰、张有福	
					赵小麟、吴兴荣、陶志坚		
				张肇西		吴兴刚	唐云青
						单连友	
					陈裕启	杨岚斐、刘昌勇、吴素芝	

（续表）

单　位			第一代	第二代	第三代	第四代	第五代
中科院原近物所（物理所、原子能所）	中科院高能物理研究所	中科院理论物理研究所	朱洪元	张肇西	杨金民	高广平、曹俊杰、柳国丽、王雯宇、王飞、理记涛、李培英、王磊、武雷、冯磊、徐富强、衡朝霞	
					王建雄	常强、戚伟、龚斌	
					李良新、季永华、韩国平、谷天亮、孙为民、江洪涛、刘功成、孙国强、李红文、宗红石、王国利、冯太付、陈教凯		
				冼鼎昌	董宇辉	洪才浩、孙少瑞、高增强、侯海峰、刘超培、周亮	
					黄宇营、蒋东弘、陶程、海洋、谢亚宁、李学军、王俊、杨易、马宏骥、刘鹏、伊福廷、赵屹东、肖向辉、黄胜、华巍、姚德强、李明、侯海峰		
					薛社生		
				黄涛	闻家如		
					金山	廖红波、李晓玲、庄胥爱	
					郭新恒	魏科伟、张鲁、吕刚	
					卞建国、殷育东、曹福广、李作宏、杨建军、曹俊、罗传望、张爱林、张海东、吴向尧、王志刚、林志海、李琳、吴兴华、毛鸿、霍武军、冯太付、周明震		
				陈时、鞠长胜、阮同泽、徐德之			
				郁宏	张霖、方建、李德民		
				赵维勤	任江龙、黄梅、姚晓霞、张昭		
				李炳安	郑汉青	王建军、肖零亿、郭志辉、毛宇、周智勇、孙志祥、肖志广、张鹏、秦广友、何建阳、孟颜志、昂勤、张斌、刘威、苏明贤、张鸥、张振霞、陈国英、王轩弓、吴云飞	
					谷平		

（续表）

<table>
<tr><th colspan="2">单　位</th><th>第一代</th><th>第二代</th><th>第三代</th><th>第四代</th><th>第五代</th></tr>
<tr><td rowspan="15">中科院原近物所(物理所、原子能所)</td><td rowspan="4">中科院高能物理所</td><td rowspan="15">朱洪元</td><td rowspan="4">杜东生</td><td>刘纯</td><td>闫志涛</td><td></td></tr>
<tr><td>邢志忠</td><td colspan="2">梅健伟、郭万磊、罗舒、张贺</td></tr>
<tr><td>杨亚东</td><td colspan="2">衡朝霞、魏娜丽、徐元国、李新强、冯冠秋、常钦、谢振兴、王建军、张向丹、韩小芳、王帅伟、朱林婕、李祥、韩琳、苏方、郭艳青、郝红军、金丹、刘美香、张瑛</td></tr>
<tr><td colspan="2">张大新、郭立波、杨茂志、魏正涛、戴又善、朱国怀、宫海军、杨德山、麦迪娜·阿不里克木、晏启树、孙俊峰、李竞武</td><td></td></tr>
<tr><td rowspan="11">中国科大</td><td rowspan="8">阮图南</td><td>王安民</td><td colspan="2">牛万青、徐枫、展德会、王兆亮</td></tr>
<tr><td>范洪义</td><td colspan="2">姜年权、梁先庭、陈增兵、刘乃乐、陆海亮</td></tr>
<tr><td>卢建新</td><td colspan="2">吴荣俊、白桦、王兆龙、宁波、徐山杉</td></tr>
<tr><td rowspan="2">张鹏飞</td><td colspan="2">孙兆奇、黄时中、于淼</td></tr>
<tr><td colspan="2">庞宗柱、刘键恒、叶骞</td></tr>
<tr><td colspan="2">卫华、黄时中、郭建友、方向正、石名俊、谢彦波、朱界杰、吴宁、张宏光、马雷、刘延生、肖靖、陈志、王清海</td><td></td></tr>
<tr><td rowspan="2">井思聪</td><td colspan="2">吴宁、王志丹、左芬、李平、陶灵平、李云、杨为民、廖志胜、李虎、林冰生、衡太骅、管勇</td></tr>
<tr><td>张航</td><td></td></tr>
<tr><td rowspan="3">刘耀阳①</td><td>朱栋培</td><td colspan="2">石名俊、张鹏飞(见前)</td></tr>
<tr><td colspan="2">刘小伟、王斌、李书民、周剑歌</td><td></td></tr>
<tr><td>贾启卡</td><td colspan="2">李煜辉、蔡根旺、耿会平、何志刚、汪涛、王肖恩、李和廷、曹小雪</td></tr>
</table>

① 刘耀阳曾在朱洪元领导下工作，二者并无师生关系。其他地方亦有类似情况。

（续表）

单　位		第一代	第二代	第三代	第四代	第五代
中科院原近物所（物理所、原子能所）	中国科大	朱洪元	刘耀阳	高怡泓	曾定方、刘静、徐卫水、崔圣亮	
				闫沐霖	高道能	刘加丰、张浩然
					黄亦斌、孙胜森、庄霆亮、王小军、蒋吉昊、荆继良、李金屏、刘芳、陈明君	
	中科院研究生院		汤拒非、赵保恒			
			周邦融	王晓明		
北京大学		胡宁	丁亦兵	童胜平、朱界杰		
			侯伯元	杨富中		
			赵光达	乔从丰	李军利、石上钢、程硕、孙鹏、王健、郝钢、李曦坤、刘宾、孙立平、徐洪勃	
				陈南光、刘家福、梁桂文、陈莹、张春立、尹仁源、孙斌、刘经华、汤建、黄翰文、刘玉泉、贾宇、袁烽、肖振军、郝立昆、宋忠智、刘魁勇、高颖佳、孟策、李柏青、张玉洁、何志国、李荣、范莹、李旦、郭怀珂、马滟青		
			高崇寿	吕才典	宋歌良、李营、朱晋、余先桥、沈月龙、李润辉、邹浩、汪晓霞、周锐	
				朱守华	殷鹏飞、李文生、刘佳、周忠球、王由凯、肖波	
				胡红波	樊超、李红超、张毅、白云翔、汪越、吴含荣、李爱凤、张娟、刘成	
				陈学雷	张乐、王有刚、吴锋泉、徐怡冬、王鑫	
				高原宁	董清风、李雪松、钱文斌、阮曼奇、刘佳、何吉波、刘烨	
				胡海明、何斌、马忠彪、苗洪、张庆辉、卢为、何勇斌、张景山、闫志涛、黄波、胡敬亮、杨晓峰、刘大伟		

（续表）

单　位	第一代	第二代	第三代	第四代	第五代
北京大学	胡宁		郑汉青(见前)		
		吴丹迪	刑志忠(见前)		
		于敏	张宗烨	蒋明昉、任江龙、薛大力、陈洪、袁秀青、王平、王志刚、黄飞、王文玲、张丹、孙向明	
		王佩	胡占宁	王俊忠、赖云忠	
			范桁	党贵芳	
			丁祥茂	王贵栋、常文静	
			李康、杨涛		
		宋行长	何亚丽、吴俊宝、戴柬、刘啸、陈虹志、田雨、何建阳、张建强、昂勤、冯波、张兴军、潘斌、刘先忠、廖力、仉良		
		彭宏安	徐家胜、赵诗华、王文勇、罗佐明、张澍		
		张启仁	刘英太、高春媛、赵振民、张小兵		
		马中骐	殷育东、金柏琪、谢汨、侯喜文、董世海、段斌、顾晓艳		
		章德海	张永超、孙成一		
		郑哲洙、常铁强、胡希伟、丁浩刚、张凯慈、宋俊峰、秦旦华、黄念宁、韩其智、黄朝商、赵志咏			
		李重生	杨李林、李钊、李强、宋一平、聂一民、刘建军、金立刚、张清俊、肖振军、张栋、刘洪轩、杨亚声、曹庆宏、张嘉俊、高杨、赵俊、杨金民(见前)		
		朱允伦	陈莹		
		杨国桢	王太宏、张新惠、金奎娟、李建奇、李志远、吕力、汪力、龚尚庆		

（续表）

<table>
<tr><th colspan="2">单　位</th><th>第一代</th><th>第二代</th><th>第三代</th><th>第四代</th><th>第五代</th></tr>
<tr><td rowspan="12">北京大学</td><td rowspan="11">华中师范大学</td><td rowspan="12">胡宁</td><td rowspan="11">刘连寿</td><td></td><td>喻连枝</td><td></td></tr>
<tr><td rowspan="4">蔡勖</td><td colspan="2">李炜、吴双清、王晓荣、廖红波、曹艳青、赵婷婷、周代梅、王杜娟</td></tr>
<tr><td rowspan="2">杨纯斌</td><td>温雪沙、朱励霖、马科、黄瑞典、谭志光、张玉霞、郑华、郑方兰、柯伟、吴金波</td></tr>
<tr><td>彭茹</td></tr>
<tr><td>周代翠</td><td>冯又层、吴涛、刘涵、朱祥荣、徐桂芳、张晓明、万仁卓、毛亚显、丁亨通、向文昌、袁显宝、尹轩、罗杰斌</td></tr>
<tr><td>刘复明</td><td>朱燕</td><td></td></tr>
<tr><td>庄鹏飞</td><td colspan="2">杨振伟、陈昌波、黄梅</td></tr>
<tr><td colspan="2">邓胜华、陈相君、桑建平、沈坤、李云德、张阳、冯笙琴、陈刚、李高翔、张绘蓝、喻梅凌、张昆实、王琴、万坚、张帆、周宇峰、司宗国、陆烨、邓越、杜佳欣、许明梅、邢秀文、丁世学</td><td></td></tr>
<tr><td>吴元芳</td><td colspan="2">刘红平、付菁华、李娜、王美娟、李治明、冯傲奇、白宇婷、廖红波、江数范、孙晓光、左育红、黄燕萍、熊风波</td></tr>
<tr><td>陈相君</td><td colspan="2">孙秀晶、王栋、邹志宇、王钢</td></tr>
<tr><td>王恩科</td><td colspan="2">肖珺、张本威、张汉中、王茹敏、康忠波、程鸾、许红娟、王晓东、马丽丽、周丽娟、李汉林、陈晓芳、刘磊、柏静、郭云、吴译文、何云存、邢宏喜</td></tr>
<tr><td>中山大学</td><td>关洪、罗蓓玲</td><td></td><td></td><td></td></tr>
</table>

（续表）

<table>
<tr><th>单　位</th><th>第一代</th><th>第二代</th><th>第三代</th><th>第四代</th><th>第五代</th></tr>
<tr><td colspan="2" rowspan="8">中山大学</td><td>李华钟</td><td colspan="2">袁焯权、何广平、胡梁宾</td><td></td></tr>
<tr><td rowspan="7">郭硕鸿</td><td>胡连</td><td colspan="2">曹惠娟、涂杰、陈发炬、周明、菅晓丹、胡华、颜玉珍、赵士魁</td></tr>
<tr><td></td><td colspan="2">陈渊</td></tr>
<tr><td rowspan="2">李志兵</td><td colspan="2">何春山、庞玮</td></tr>
<tr><td colspan="2">吴良凯</td></tr>
<tr><td>罗向前</td><td colspan="2">黄纯青、罗志环、梅仲豪、刘岩、黎永耀、方奕忠、刘军、关毅、陈贺胜</td></tr>
<tr><td></td><td colspan="2">李洁明</td></tr>
<tr><td colspan="2">马中水、郑波、司徒树平、陈浩、薛迅、潘智刚、郑维宏、方锡岩、郑小平</td><td></td></tr>
<tr><td colspan="2" rowspan="4">复旦大学</td><td rowspan="2">倪光炯</td><td>杨继锋</td><td colspan="2">刘丹、潘召亭</td></tr>
<tr><td colspan="2">林琼桂、楼森岳、刘玉良、陈伟、汪荣泰、徐建军</td><td></td></tr>
<tr><td rowspan="2">苏汝铿</td><td>蔡荣根</td><td colspan="2">张宏升、武星、郭琦、胡彬、韦浩、李辉、曹利明、庞大伟、马寅哲、张益</td></tr>
<tr><td colspan="2">王斌、钱卫良、邱为钢、王斌、王平、高嵩、张益军、张旭明、杜达坪、吴琛、杨力、薛立徽、邵成刚</td><td></td></tr>
<tr><td colspan="2" rowspan="5">浙江大学</td><td rowspan="2">李文铸</td><td>应和平</td><td colspan="2">吴宁杰、徐兆新、陈文强</td></tr>
<tr><td colspan="2">董绍静、张剑波、费少明、陈锋</td><td></td></tr>
<tr><td rowspan="3">汪容</td><td rowspan="2">虞跃</td><td>杨师杰</td><td>陶志、刘月婵、陈永亮、郝雪、聂苏敏</td></tr>
<tr><td colspan="2">罗焱、李晋斌、文渝川</td></tr>
<tr><td colspan="2">沈建民、胡红亮、盛正卯</td><td></td></tr>
<tr><td colspan="2" rowspan="3">清华大学</td><td rowspan="3">张礼</td><td>龙桂鲁</td><td colspan="2">张进宇、张伟林、纪华鹰、李岩松、刘玉鑫</td></tr>
<tr><td>张达华</td><td colspan="2">郭恩益</td></tr>
<tr><td colspan="2">孙向中、周宜勇、吕嵘、毛娟娟、刘立宪、苗元秀、王青(见后)</td><td></td></tr>
</table>

（续表）

单　位	第一代	第二代	第三代	第四代	第五代
		邝宇平	王青	谭毅、梁颖斌、肖明、王智民、杨华、范晓斌	
				王学雷	
			岳崇兴	刘伟、闻佳、王丽娜、王丽红、宗征军、孙俊峰、王微、于东麒、杨硕、周丽、邸铁群、刘金岩、杨慧迪、王永智、朱世海、丁丽、张楠、赵爽、王磊、张凤、李建涛、李卫彬、徐庆君、冯皓琳、苏雪松、张婷婷、陈国春、李旭鑫、郭滨、王珏、郭晓娇	
			何红建	葛韶锋	
			张斌、周宏毅、陈裕启（见前）、王华、陈光培、韩文胜、胡卫国、杨志彤		
兰州大学		王顺金	吴绍全、房铁峰、赵先锋、王瑞平、贾文志、宋元军、郭袁俊、冯振勇、陈继延、颜骏、徐忠锋、陈明伦、夏政通、汪自庆、郭华、左维、谢奇林、黎雷、张光彪、贾焕玉		
		段一士	赵力、张力达、司铁岩、王军平、曹贞斌、曹利明、田苗、刘玉孝、王永强、何杰、张欣会、马宇尘、刘鑫、李然、史旭光、杨捷、朱涛、张永亮、李晟、王海军、赵振华、张修明、张桂戌、吴绍锋、贾多杰、贾文宝、王正川、张丽杰、秦波、钟握军、俞重远、邵明学、耿文通、马凤才、高党忠、杨孔庆、赵海文、陈文峰、冯世祥、吴森、任罡、黄永畅、李希国、张胜利、杨国宏、赵书城、董学耕、徐涛、张宏、傅立斌、姜颖、张鹏鸣、刘继承		
			赵鸿	王冠芳	
			苏刚、赵宏康、李有泉、王鲁豫、薛康		
南开大学		葛墨林	孙昌璞、刘旭峰、侯净敏、田立君、郭健宏、金硕、张宏标、胡良中、王义文、匡乐满、景辉、解炳昊、戴劲、于肇贤、陈景灵、白志明、刘永、傅洪忱、王宙斐、张家宁		

（续表）

单　位	第一代	第二代	第三代	第四代	第五代
南开大学		李学潜	戴伍圣	庞海、沈尧	
			刘翔、陈绍龙、赵树民、郝喜庆、乔庆鹏、李作、于彦明、牛旭文、曾小强、李佟、唐健、侯健、蒋胜鹏、柯红卫、晁伟、何大恒、张锋、刘广珺、王玉明、杨帆、王金锋、赵公博、赵明刚、郭鹏、钱可、陈杰、张锐、赵久奋、谢跃红、王闯、张俊顺		
		陈天仑	卢强、王庆、刘世安、周昌松、李红、黎海森、麻文军、王田、黄良鑫		
南京大学		王凡	宗红石	陈伟、杨峤立、冯红涛、侯丰尧	
			陈相松	朱本超、郝斌政	
			孙为民、张笋、庞侯荣、陈灵芝、何翔、陈春晖、周雨青、孙贺明、卿笛		
同济大学		殷鹏程	吴熙亮、严宗朝、沈建民、袁佰炯、周吴路		
西北大学		侯伯宇	见前		
		王佩	见前		
四川大学（成都科大）		郑希特	陈钢、雷春红、赵福川、何原、卢昭、陈洪、李玉良、杨宏春、章晖		
新疆大学		查朝征	沙依甫加马力·达吾来提	艾克拜尔·斯拉木	
			赵伟忠、赵彦明、朱春花、蔡钰、吾尔尼沙·依明尼牙孜、吕国梁、康俊佐		
山东大学		谢去病	王群	浦实、陈寿万、邓建	
			司宗国	刘洋、杨中娟、张乐、李洪蕾、郑亚娟	
			李世渊	商永辉、尹峰、邓维天、韩伟、黎明	
			金毅、邵凤兰		

（续表）

单　位	第一代	第二代	第三代	第四代	第五代
山东大学			梁作堂	周姗姗、董辉、高建华、周剑、李润辉、徐庆华、周伟、冯兆斌、李媛、刘春秀、吴齐、李铁石、薛丽丽、周双勇、李防震、陈晔、宋玉坤、牟宗刚、胡孝斌、宋军、李璇、李海峰、陈龙	
吉林大学		吴式枢	董宇兵	冯庆国、刘健、何军	
		吴式枢	孙慧斌、傅满正、曾国模、崔田、石端文、叶红星、张碧星、伍先运、刘刚、陈晓东、邸铁钢、吕品、陈佐群、李蕴才、赵树人、丁惠明、赵同军、张海霞、陈超、许春青、王丹、王世宽		
		苏君辰	田丁、陈佐群、王海军、陈建兴、杨辉、陈隽乔、曹英晖、衣学喜、吴向尧、单连友、李长武、周肇俊、杨易、董宇兵、金洪英（见前）、郑福厚		
北京工业大学		谢诒成	荆坚、廖帮全、熊立		
中科院理论物理研究所		郭汉英	常哲	罗旭东、黄新兵、关成波、陈绍霞、张鑫、郑映鸿、王平	
		郭汉英	阎宏、鞠国兴、张伟、张明亮、费少明、蔡钰、杨光参、刘润球、张军、戴建辉、李建明、胡红亮、罗旭东、李玉奇		

二、中国理论粒子物理学家的学术谱系结构与代际关系浅析

在理论粒子学术谱系表中，第一代中国理论粒子物理学家共有4位。也就是下面还要详细阐述的张宗燧、彭桓武、胡宁与朱洪元。他们年纪相当，学术经历相近，只是起步早晚不同。虽然在他们之前，中国已有夏元瑮、周培源、王守竞、吴大猷等著名的理论物理学家，但就理论粒子物理与量子场论研究而言，这些前辈大家未见有涉足者。而自张宗燧等几人先后归国之后，该领域的教学与

研究逐步得到开展。在新中国成立之后的短短十余年间，理论粒子物理与量子场论即已得到蓬勃发展。肇始之功，非此4位莫属。虽然与他们同时代的马仕俊亦为该领域内的翘楚，但因其长期旅居西方，在国内未能产生重要影响，因而我们不将其作为本书讨论的重点。

表中的第二代理论粒子物理学家基本上都成长于“文革”前，其中大部分为第一代人物的嫡传弟子，由他们的老师亲手培养成才。其余部分又可分为两类：一类如张礼、段一士，于20世纪50年代中后期留学归国，在国内粒子理论研究已渐成气候的时候，分别于清华大学、兰州大学自成体系，展开研究工作；另一类如李华钟、郭硕鸿、李文铸等人，未出国门，在第一代学者的影响、带动下，分别于中山大学、浙江大学展开粒子理论研究工作。“十年浩劫”之后，张宗燧已逝，彭桓武离开了粒子理论研究领域，朱洪元致力于高能加速器研制的调研与论证，尤其是，他们俱已过花甲之年，早已过了理论研究的黄金岁月。因而，由第一代人物在“文革”后直接培养的二代人物为数不多。

第三代中国理论粒子物理学家几乎无一例外地成长于“文革”后。在理论研究复苏之后，第二代人物的科研与人才培养工作得到蓬勃发展。他们从年富力强之时开始奋力工作，以“恶补”“文革”中失去的青春，直至耄耋之年。在科研成果之外，他们也培养了大批弟子，因而导致第三代人物的年龄跨度相对较宽。

自第三代以后，与高能实验物理学家类似，各代理论粒子物理学家的界限已日显模糊，代际划分呈现出相对性。

第三节　中国理论粒子物理学家学术谱系的历史发展

相对于高能实验物理而论，理论粒子物理学半个多世纪来的发展不仅脉络清楚，而且其学术谱系线条也相对较为明晰。

一、谱系之源

我国第一代理论粒子物理学家，皆出生于20世纪10年代中期，于30—40年代赴欧美留学。其中马仕俊于1941年博士毕业后回国到西南联大任教，1946年再赴海外从事研究工作，直至1962年去世。虽其学术成就相较其他人为高，但对中国后世理论粒子物理的发展影响较小。对我国理论粒子物理学科的发展产生重要影响的是张宗燧、彭桓武、胡宁、朱洪元 4 位学者。

图 5.2　我国第一代粒子物理学家与其国外导师

图 5.2 所示的几位中国物理学家在留学期间，追随世界著名的物理学大师，参与了最前沿的量子场论与粒子物理理论研究，奠定了良好的科研基础，并做出了优秀的成果。而比较有趣的是，这几位中国粒子物理理论研究的先驱从事量子场论与粒子理论研究几乎皆为“转行”所致。

张宗燧师从福勒(R. H. Fowler)攻读博士学位时研究的是统计物理。之后，他又先后在玻尔、泡利、狄拉克等人的影响下从事量子场论研究。

彭桓武师从玻恩攻读博士学位时从事固体理论研究，之后又在薛定谔(E. Schrödinger)、海特勒、玻恩等人影响下从事量子场论与粒子理论研究。

胡宁在加州理工学院师从 P. S. 爱泼斯坦(Epstein)攻读博士学位时，研究的是量子理论，之后又在泡利、约赫、海特勒、费曼的影响下，投入粒子理论与量子电动力学的研究。

朱洪元初赴曼彻斯特大学时学习的是机械，一年后才转入物理系，师从布莱克特进行粒子物理研究。

几位理论粒子物理学家在赴欧美留学之前，在国内未曾受过量子场论与基本粒子理论的专业教育。他们的老师要么从事实验研究，要么研究方向与理论粒子物理相去甚远(见表 5.2)。可以认为，国内的教育对他们后来从事理论粒子物理研究未产生多少重要影响。而在他们留学期间，西方的量子场论与粒子理论研究正方兴未艾。他们适时融入了这场理论研究的热潮中，从其他领域转入量子场论与理论粒子物理研究。其间他们师从或接触了世界著名的物理学家(见表5.3)，承继了优良的科学传统。

表5.2 几位中国粒子物理学先驱的国内学术传承情况

姓名	时段	就读学校	授业教师
张宗燧	1930—1935	燕京大学、清华大学	吴有训、赵忠尧
彭桓武	1931—1937	清华大学	吴有训、叶企孙、周培源
胡　宁	1934—1940	浙江大学、清华大学、西南联大	吴有训、叶企孙、周培源、吴大猷
朱洪元	1934—1938	同济大学(工学院)	

表5.3 几位中国粒子物理学先驱的国外学术传承情况

姓名	时段	求学、就职单位	导师	其他学术关联者
张宗燧	1936—1939	英国剑桥大学	R. H. 福勒	N. 玻尔、W. E. 泡利、P. A. M. 狄拉克
彭桓武	1938—1945	英国爱丁堡大学	M. 玻恩	W. H. 海特勒、E. 薛定谔
胡　宁	1941—1943	美国加州理工学院、普林斯顿高等研究院	P. S. 爱泼斯坦	W. E. 泡利、J. M. 约赫、W. H. 海特勒、R. 费曼
朱洪元	1945—1948	英国曼彻斯特大学	P. 布莱克特	H. 巴巴、G. D. 罗彻斯特、C. C. 巴特勒

福勒是著名统计物理学家，卢瑟福之婿，曾培养了包括狄拉克在内的多位著名物理学家；布莱克特则是卢瑟福的得意门生，在云室改进与宇宙线探测方面贡献卓著；玻恩是哥廷根学派的核心人物，因其对量子力学的基础性研究尤其是对波函数的统计学诠释而名垂青史；爱泼斯坦则是慕尼黑学派的重要一员。在这几位导师之外，玻尔、薛定谔、泡利、狄拉克、费曼等物理学大师也对他们的学术研究之路产生了重要影响，有的甚至超过了导师对他们的影响，并决定了他们此后从事理论粒子物理研究的方向。张宗燧多受玻尔、泡利、狄拉克的指导与提携而研究量子场论；彭桓武与海特勒合作而共同提出HHP理论；胡宁受到费曼的

影响而投身量子电动力学研究；朱洪元接触同门拍摄的奇异粒子照片而做出估算。

回国后，张宗燧继续从事量子场论的研究；彭桓武在参与核武器研制之前所从事的将量子力学运用于原子核的多体系统的研究，是他在国外关于介子问题研究的继续；胡宁继续做量子场论研究，并将主要研究方向集中于基本粒子理论领域；朱洪元也继续从事粒子物理和核物理方面的研究。

二、中国粒子物理学家学术谱系的形成与早期发展

彭桓武于1950年自清华大学调入中国科学院参与近物所的筹建工作，后于1952年被任命为近物所副所长。20世纪50年代初先后从国外回来到近物所工作的理论物理学家还有朱洪元、金星南、邓稼先、胡宁（与北大合聘）等人。几位中国理论粒子物理的拓荒者会聚一所，无论就科学研究还是人才培养而论，都产生了极高的效率。黄祖洽、于敏、何祚庥等一批年轻的理论物理研究者在他们的带领下得以迅速成长。

同一时期，在近物所兼职的胡宁主要在北京大学任教。他自成体系，带出了一大帮弟子。而张宗燧则辗转于北大、北师大与中科院数学研究所几个单位开展教学与科研，也带出了一个理论研究团队。

20世纪50年代不仅是我国第一代理论粒子物理学家开始从无到有，立足国内展开科研、教学，建立起我国粒子物理学科的时代，同时也是我国第二代理论粒子物理学家成长的时代。如前述，张礼于清华大学，段一士于兰州大学，李华钟、郭硕鸿于中山大学，李文铸于浙江大学也开展起场与粒子理论教学与研究。更为重要的是，周光召、戴元本、何祚庥等一批年轻的学者在张宗燧、彭桓武、胡宁、朱洪元等第一代理论粒子物理学家的指导下已经茁壮成长起来。

张宗燧所带弟子不多，其中入门最早也最为著名的于敏后来因张宗燧生病而改投胡宁门下。直至1958年以后，戴元本、侯伯宇、朱重远才先后考取张宗燧研究生，从事量子场论研究。此外数学研究所理论物理研究室还有一帮年轻的研究人员，在张宗燧的指导下从事研究工作。

彭桓武兴趣广泛，回国后在多个领域展开了科研与人才培养。20世纪50年代，他分别在清华大学、北京大学培养出了黄祖洽、周光召两位后来成为著名

学者的研究生。其中周光召从事粒子物理研究。1954年周光召研究生毕业后留校任教,后于1957年被选派苏联杜布纳联合原子核研究所,并在那里做出了重要的成就。

胡宁在20世纪50年代培养了多位研究生,其中最早指导的于敏、赵凯华广为人知。后来从事理论粒子物理研究的包括罗蓓玲、郑哲洙、黄念宁、王珮等人。60年代后,他又培养出了关洪、杨国桢、刘连寿、马中骐、吴丹迪等多位弟子。

朱洪元在近物所(物理所)更是培养了大批后来在中国物理界产生重要影响的弟子。自1956年之后,何祚庥、冼鼎昌、阮图南先后加入其研究队伍,甚至张宗燧的弟子戴元本也参与了该队伍的合作研究。20世纪60年代,朱洪元又培养出了以四大研究生(黄涛、张肇西、杜东生、李炳安)为代表的一批粒子物理研究人才。

自新中国成立直至"文革"爆发,中国理论粒子物理学科快速发展。相应地,中国理论粒子物理学家学术谱系也获得了较快的发展。

由于参与核武器研制,彭桓武、周光召师生俩离开了理论粒子物理研究领域,从而导致这一谱系形成不久即停止了发展。而其他三支主要的理论粒子物理学术谱系在这一阶段都获得了重要的发展,并在"层子模型"创建之时达到高峰。值得一提的是,如实验高能物理学家学术谱系一样,这三支理论粒子物理学术谱系链条在发展中也因学术交流的影响而形成一定范围内相互交叉的结构。

20世纪60年代初,张宗燧、胡宁与朱洪元就经常带一些弟子与助手共同讨论粒子物理理论问题,后来他们组织了一个由中科院原子能研究所基本粒子理论组、北京大学理论物理研究室基本粒子理论组、数学研究所理论物理研究室一些对此感兴趣的人员参加的"基本粒子讨论班",既举行座谈,也开展研讨活动。1965年,钱三强受中科院党组书记、副院长张劲夫之命,把这几个单位(后增加中国科技大学近代物理系)的粒子物理理论工作者组织起来,根据毛泽东提出的物质无限可分思想,进行基本粒子结构问题的研究。他们定期交流与讨论强子的结构问题,终于次年提出了关于强子结构的层子模型。这种团队协作的科研模式,产生了重要的成果,也为后来理论粒子物理学在中国的发展奠定了重要的知识基础和人才基础。该团队成员(见表5.4)中先后有几人当选为学部委员,其余人员后来也大都活跃在理论粒子物理学领域,成为各方粒子物理研究的学术领导人。几个单位原本单纯的链式学术谱系结构产生了交叉与融合，如张宗燧的研究生戴元本受朱洪元的学术影响，而与之建立了密切的合作关系；胡宁工作组的青年教师黄朝商则与戴元本合作，后来又攻读了戴元本的研究生。

表 5.4　北京基本粒子理论组成员名单[先后当选为学部委员(院士)者以粗字体表示]

单位	学术带头人	成　　员
北京大学	**胡宁**	赵志咏、**赵光达**、陈激、高崇寿、黄朝商、刘连寿、钱治碇、秦旦华、宋行长、**杨国桢**
数学所	**张宗燧**	安瑛、赵万云、陈庭金、朱重远、**戴元本**、侯伯宇、胡诗婉、周龙骧
原子能所	**朱洪元**	**张肇西**、陈时、**何祚庥**、**冼鼎昌**、黄厚昌(黄涛)、鞠长胜、李炳安、阮图南、阮同泽、杜东生、汪容、徐德之、杨祥聪、郁鸿源、周荣裕
中国科大		刘耀阳、赵保恒、周邦融

三、改革开放前后理论粒子学术谱系发展所受的不同影响与变化

在层子模型创建之际，中国几支主要的理论粒子物理谱系已发展到了一个空前繁盛的状态。但随后爆发的“文化大革命”使这一发展进程就此搁浅。如前所述，粒子理论家们有的投身“文化大革命”，有的则成了专政对象，被关进“牛棚”，其余多数人也无所事事，学术谱系自然停止了发展。更有甚者，正值壮年的张宗燧于 1969 年含冤自尽，使该支谱系受到了致命打击。国内理论粒子谱系这一停滞不前的状况，直到 20 世纪 70 年代才有所改观。

随着中国科学院原子能所、数学所与北京大学几个单位在几位大师的领导下蓬勃开展起理论粒子物理研究，中山大学、中国科技大学、兰州大学、西北大学、四川大学等部分高校的理论粒子物理研究也渐成气候。这主要得益于张宗燧、朱洪元等先前在北京师范大学、北京大学、山东大学等校所举办的理论物理进修班对量子场论和基本粒子理论知识的普及。尤其值得一提的是，杨振宁于 20 世纪 70 年代初多次来华，一时间掀起了国内规范场研究的高潮，理论粒子物理学家学术谱系首次在全国范围内得到了扩张(见图 5.3)。虽然这在“理论粒子谱系表”中并无直接体现，但这次高潮无疑对非“国家队”理论研究谱系的发展起了极为重要的促进作用。

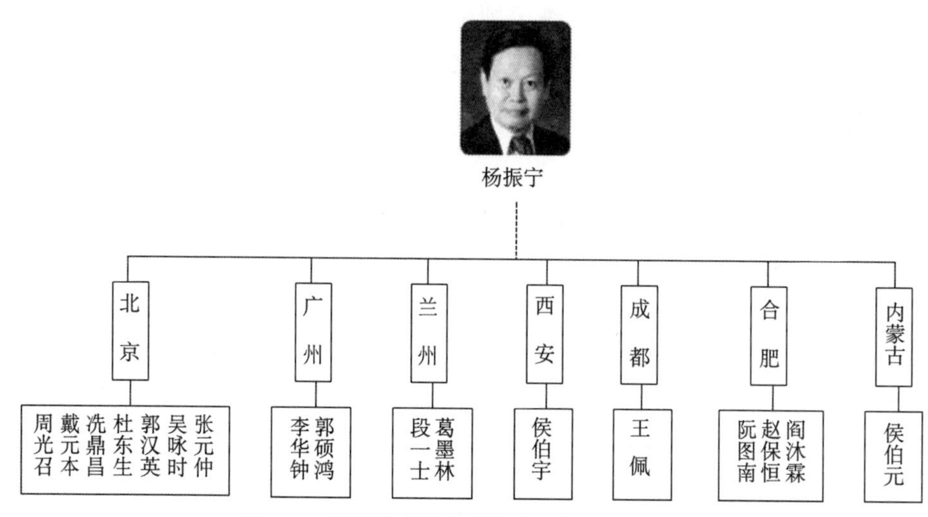

图 5.3　杨振宁在国内发起的规范场研究队伍

“文革”结束后的 1978 年，中科院理论物理研究所正式成立。这对于理论粒子物理学家学术谱系的独立发展亦起到了重要的促进作用。前述因彭桓武参与核武器研制、张宗燧在“文革”中故去而影响发展的 2 支学术谱系，在理论物理所这个平台得到了延续与发展。但相对于高能所的朱洪元谱系与北大的胡宁谱系 2 支的“人丁兴旺”，则稍显迟缓。

1980 年召开的广州粒子物理理论讨论会为国内外从事粒子理论研究的华裔物理学家提供了一个深入讨论的机会，也促进了物理学家们对彼此工作的相互了解，初步建立起个人的友谊和合作关系，打开了一定的国际交流渠道。之后不久便出现了中国粒子物理学家出国访问交流的第一次高潮，许多人作为访问学者到国外的高等学校或研究机构作较长时间的合作访问。此后的中国理论粒子物理研究完全融入了世界粒子物理研究的大潮，我国理论粒子物理学家谱系因此再难以表现出鲜明的本国特色。

在中国理论粒子物理学家学术谱系的形成与发展中，也存在着若干波折与变异。彭桓武因投身核武器研制而导致其粒子物理理论研究谱系的弱化，在后来将其谱系延续下去的乃是其早期弟子周光召。可以说，其粒子理论研究的学术谱系几近中断。其他学术谱系变异的例子也并不罕见。一个杰出学者的学术谱系当然主要是由其优秀的弟子传承下去。但不可避免的，弟子的学术兴趣与研究方向也会发生转变。如胡宁的弟子刘连寿(1932—2009)、杨国桢(1938—　)，在“文革”之前，都曾参加“层子模型”的研究工作。刘连寿研究生毕业到华中师范学院(大学)工作,仍从事基本粒子理论研究,且自成体系,培养了一批粒子物理研究人才。但自20世纪80年代到德国访问归来后,他便着手筹建高能核乳胶研究室,并加入欧、美高能物理实验国际合作组。自此,他所领导的团队转向理论与实验相结合的研究。而杨国桢研究生毕业后不久就被分配到了中科院物理研究所工作,可能是受该所学术环境的影响,他改行从事光学研究,彻底离开了理论粒子物理领域。朱洪元的弟子冼鼎昌长期在老师的指导下从事粒子理论研究。但自北京正负电子对撞机被确定为"一机两用",兼顾到同步辐射应用研究之后,冼鼎昌就将其研究方向转向了同步辐射,此后少有涉足粒子理论领域。

四、中国粒子物理学家群体的现状与分布

经过半个多世纪的发展,我国理论粒子物理学家学术谱系中的第一代俱已故去,自第二代起,共有四代并存于当世。但与高能实验物理学家谱系类似,代的划分也日益模糊。如段一士从1958年起到兰州大学工作至今,1959年开始招收、培养研究生,至今已超过半个世纪,近年来仍有研究生不断毕业,总计不少于70余人。其早年的弟子葛墨林,以及葛墨林的弟子孙昌璞,都已是中科院院士,且各自传道授业,桃李满园。显然,段一士谱系传承中的"代"已难以区分。

我国的理论粒子物理研究队伍广泛分布于全国各地科研院所、高等学校,呈遍地开花的状况。作为国立科研机构,中国科学院高能物理研究所与理论物理研究所研究实力相对雄厚,起着一定的引领与导向作用。其他研究单位则呈遍地开花的状况,其研究队伍的学术根源主要有二,其一是来自张宗燧、胡宁、朱洪元等学术谱系的分支,如中国科学技术大学、中国科学院大学主要分自朱洪元谱系,华中师范大学分自胡宁谱系,国防科学技术大学分自张宗燧谱系,西北大学分自张宗燧谱系与胡宁谱系;其二,如前述,主要得益于张宗燧、朱洪元、胡宁先前在北京师范大学、北京大学、山东大学等校所举办的理论物理进修班对量子场论及基本粒子理论知识的普及。

各高校的理论粒子物理教学、研究各有特色。北京大学由于胡宁等老一辈粒子物理学家的垂范及赵光达等人的努力,奠定了雄厚的粒子理论研究基础。中国科技大学依托科学院,"所系结合",也具有得天独厚的优势。其他一些高等院校在粒子物理方面亦有各具特色的教学、研究工作,且或多或少地各有其学术

带头人。如清华大学的张礼、邝宇平，山东大学的王承瑞、谢去病，南京大学的王凡，中科院研究生院的侯伯元、周邦融，同济大学的殷鹏程，复旦大学的苏汝铿、倪光炯，南开大学的葛墨林、李光潜、陈天仑，浙江大学的汪容、李文铸，中山大学的李华钟、郭硕鸿，吉林大学的吴式枢、苏君辰，西北大学的侯伯宇、王佩，兰州大学的段一士，等等，他们各自在粒子物理的不同领域、不同方向，或教学，或科研，都做出了具有一定影响的工作，且大多在某个方面有所专长。但从整体的学术氛围而论，有些高校在粒子物理研究方面可能只是少数人孤军作战，而难以在一定范围内形成气候。

第四节　中国理论粒子物理学术传统浅析

与高能实验物理学科类似，根据上文对中国理论粒子物理学科及理论粒子谱系的历史论述，以下我们将从研究传统与精神传统两个层面讨论我国理论粒子物理学家的学术传统。

一、中国理论粒子物理学家的研究传统

新中国成立之初的粒子物理理论研究以张宗燧、彭桓武、胡宁、朱洪元为核心。这“四大宗师”学术风格各异，其学术谱系也各有特点。

张宗燧的研究工作集中在统计物理和量子场论两个领域，分别做出了出色的研究工作，并培养了一批弟子。由于招收弟子较为严格，加之“文革”中又英年早逝，仅就量子场论方面而言，张宗燧的弟子数量相对有限，以戴元本和侯伯宇为代表。他们分别以中科院数学研究所（理论物理所）与西北大学为根据地，形成了两支较有影响的研究队伍（见图 5.6），但其研究方向、特色与张宗燧有所不同。

彭桓武因投身于核武器的研制，所培养的从事粒子理论方面研究的人才并不多，其中以具有类似经历的周光召为代表（见图 5.4）。但需要指出的是：彭桓武、周光召两人的量子场论研究在时间上相差了约 10 年，其研究内容与风格也有所不同，因而其研究传统的承继也不甚明显。在周光召的弟子中，吴岳良“出师”后赴海外多年，其研究方向已有所改变；而另一主要弟子吴可则为数学出身，

其研究也偏重数学，与侧重物理的周光召亦有所不同。

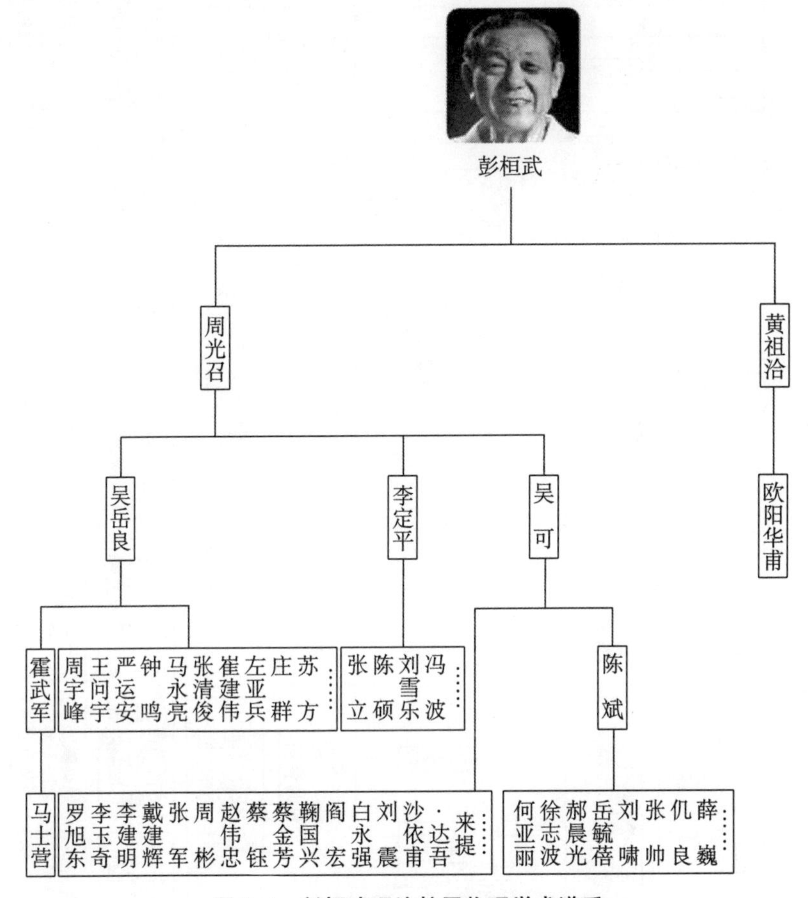

图 5.4 彭桓武理论粒子物理学术谱系

胡宁在研究中强调要选择有重要物理意义的工作，要有自己的独创性，不盲目跟着别人走。他因强调所研究问题的物理意义而不喜运用群论一类的数学工具。但他这个特点并未得到完全的传承，比如其弟子宋行长就比较偏好物理中的数学问题。胡宁一生培养了二十多个研究生，多是各单位理论粒子物理研究的带头人。虽未攻读研究生却经他直接指导过的学生与青年教师中也不乏出类拔萃者，赵光达、高崇寿就是其中的杰出代表(见图 5.5)。而高崇寿早年曾在周光召指导下从事场论和粒子理论研究，“文革”后还有合作，其研究风格已与胡宁不同。

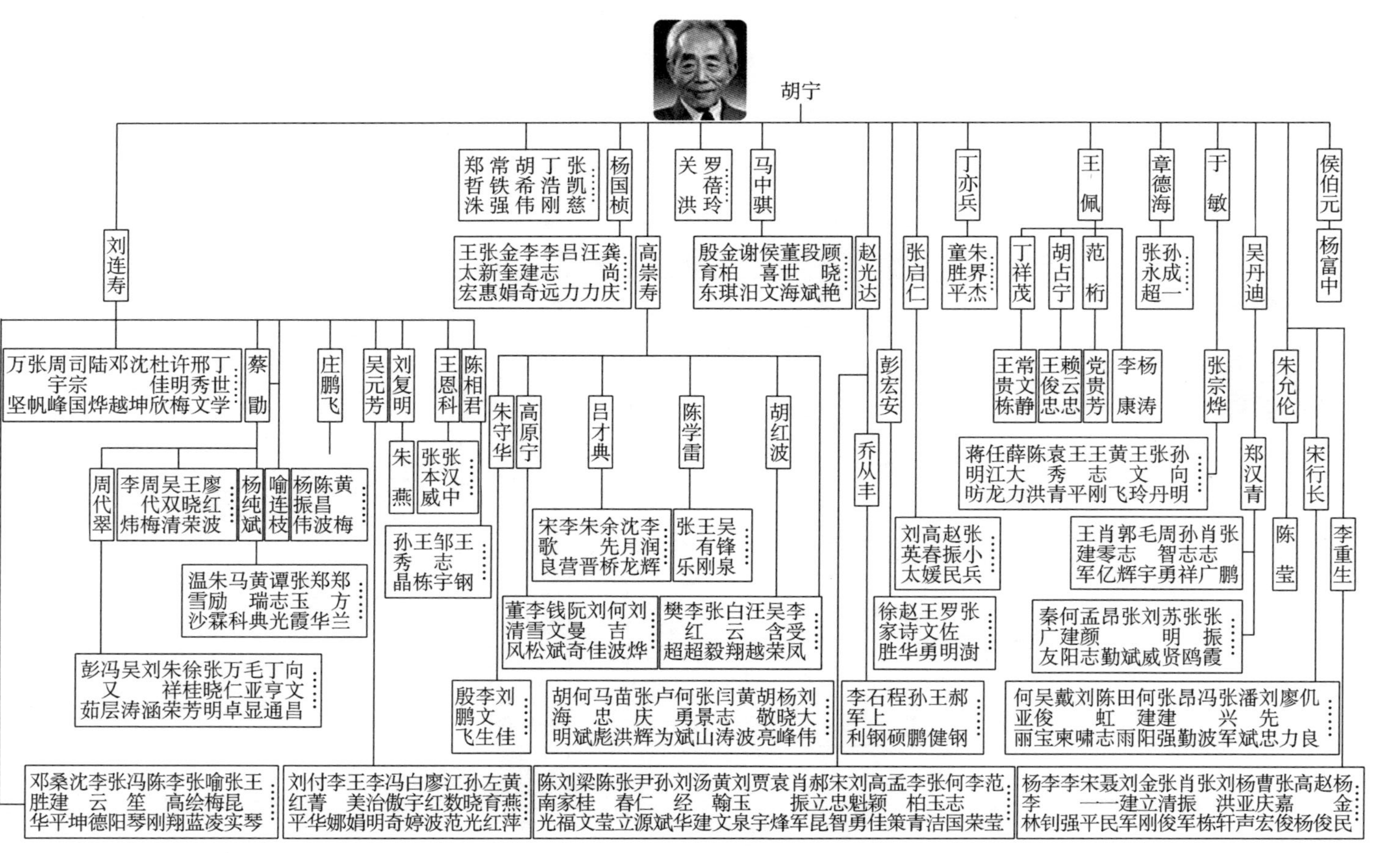

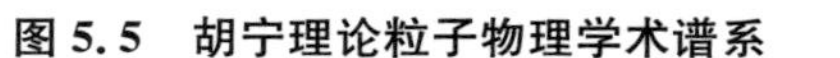
图 5.5 胡宁理论粒子物理学术谱系

朱洪元以其在学术问题上一丝不苟的“严格、严密、严谨”的学风而著称。凡是他亲自指导的工作，不仅从命题、立意上亲自把关，而且在方法的选择、计算正确性的验证方面，都事必躬亲。他多次为弟子们核算计算结果是否正确，所引用的科学实验数据是否确实可行。这在后辈学者中广为流传，甚至有人称“朱先生没错过!”。朱洪元培养和指导了一大批粒子理论工作者(见图 5.8)，在国内理论粒子物理学界的影响广泛而深远。而其后代弟子的研究领域与方向比起他已有很大发展。

在中国理论粒子物理“四大宗师”中，除彭桓武外，其余三位都曾在参与“层子模型”研究的“北京基本粒子理论组”中。后来胡宁与朱洪元两支学术谱系迅速发展、壮大，而张宗燧的学术谱系因前述原因具有其特殊性。以下分别以张宗燧谱系与朱洪元谱系为例来分析中国理论粒子物理学家的研究传统。

(一) 张宗燧学术谱系研究传统分析

相比彭桓武、胡宁与朱洪元，张宗燧在理论粒子物理与量子场论研究中“出道”是最早的。但令人叹息的是，他英年早逝，所培养的弟子不多，其学术谱系别具特色。

1. 张宗燧的粒子物理与量子场论研究

张宗燧在物理学上的主要贡献集中于统计物理与量子场论两个领域。从新近公开的史料来看，张宗燧步入量子场论研究领域，主要是受到玻尔的影响。1938 年张宗燧获得博士学位后，其导师福勒向玻尔推荐张宗燧到哥本哈根从事研究工作。在玻尔表示欢迎后，张宗燧致信玻尔表示感谢，并询问自己在赴哥本哈根之前应该具备何种预备知识。玻尔在回信中明确表示，“我们现在对原子核问题特别感兴趣”，还特别提到“莫勒(C. Moller)与罗森菲尔德(L. Rosenfeld)正在此研究与新基本粒子的发现有关的核力问题”。到达哥本哈根后，张宗燧开始了量子场论的研究。他在量子场论形式体系的建立，特别是在高阶微商、约束系统的场论方面做了很多重要工作。1939 年 1 月，玻尔在一封推荐信中提道，张宗燧在哥本哈根的半年来，显示了很高的科学才能和人品。除完成原先在剑桥开始的有关统计力学问题的研究外，他还在莫勒教授指导下，研究了核理论新近发展中所提出的各种问题，特别是有关 β 射线蜕变现象。玻尔还预言张宗燧对理论物理问题的热忱和敏锐的洞察力将为他未来的科学活动带来巨大的期

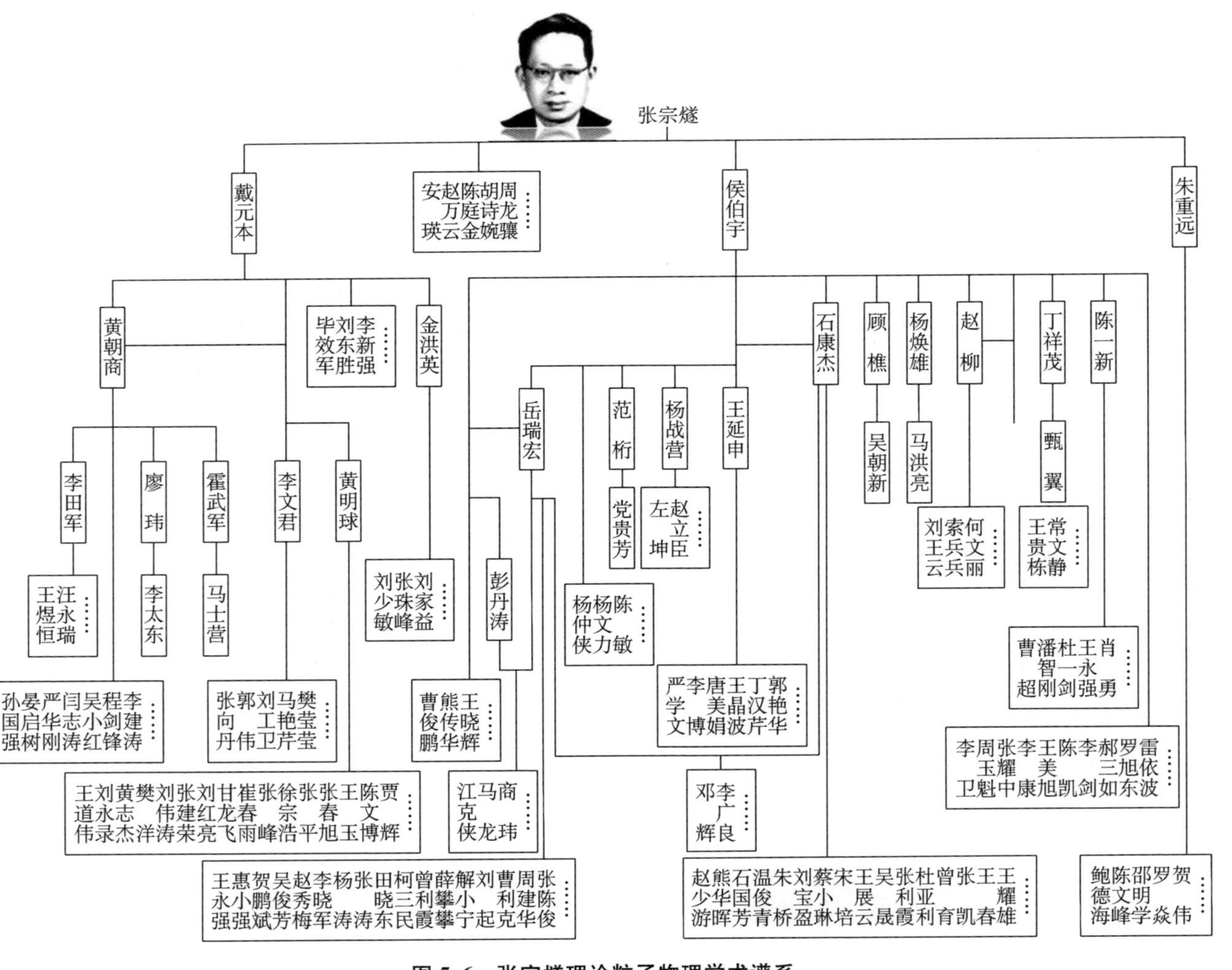

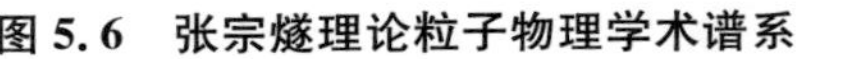
图 5.6　张宗燧理论粒子物理学术谱系

望。[①] 在张宗燧回国后，玻尔也曾来信表达他对张宗燧研究工作的极大兴趣。

从与玻尔的通信中，可以看出张宗燧对理论研究的偏好。他曾明确表示不愿在玻尔的研究所从事实验研究。而在理论研究中，张宗燧又有明显的数学倾向。他当初考取“英庚款”留学时选择的就是数学专业，赴剑桥大学入读的也是数学系。除导师福勒与玻尔外，张宗燧还受到泡利与狄拉克的学术影响。这种影响开始于他们在哥本哈根时的愉快交往。1939 年，张宗燧赴瑞士苏黎世联邦工学院，在泡利身边工作，同年秋回国。抗战后，张宗燧受李约瑟推荐，再次赴英国剑桥大学工作，并在狄拉克的支持下，在该校开设了量子场论课程；此后又在狄拉克的推荐下到普林斯顿高等研究所做短期研究。张宗燧一项特别突出的工作——首次给出有约束的哈密顿系统的量子化方案，就是在狄拉克的推荐下发表的。[②]

在国外的学习、研究经历，奠定了张宗燧此后研究工作的风格与特色。据其妹张宗烨所言：“玻尔研究所的自由学术气氛，诸多大师的指导和合作，使他的学术水准升华；而狄拉克方程的美丽简洁，午茶时无拘束的讨论，是他经常的回忆，这段在丹麦和瑞士的美好时光，使他终身难忘。”[③]

1948 年以后，张宗燧开始进行重整化理论的研究。他扩充了外斯(Weiss)理论中的波动方程，证明了对易关系的相对论不变性，使相互作用表象理论得到更普遍的基础。1952 年以后，张宗燧转入非定域问题的研究，比较了两种含有高阶微商的量子场论。此外，他还在洛伦兹(Lorentz)群的表示方面也进行了研究。其研究特点为：数学技巧强，善于应用数学解析物理理论问题。在物理研究中，他主张多做群论和对称性的工作。其研究成果中数学计算和表达都相当“清楚、干脆、可靠”，结论简明准确。[④]

张宗燧在数学研究所主持理论物理研究室工作期间，带领全室人员，在量子场论方面主要进行了微扰展开的解析性和色散关系等方面的研究。[⑤] 1958 年后，张宗燧在《物理学报》、《中国科学(英文)》上发表了如表 5.5 所示的 14 篇关于量子场论方面的研究论文。

---

① 范岱年. 尼耳斯 · 玻尔与中国(上)[J]. 科学文化评论，2012，9(2)：5－25.

② 尹晓冬，朱重远. 张宗燧对约束系统量子化的贡献[J]. 自然科学史研究，2011，30(3)：357－365.

③ 张宗烨. 张宗燧的学识和冤屈[OL]. http://tieba.baidu.com/p/939200627.

④ 陈毓芳：张宗燧[M]//中国科学技术专家传略：理学编：物理学卷 2. 北京：中国科学技术出版社，2001：188－198.

⑤ 喀兴林. 张宗燧[M]//中国现代科学家传记：5. 北京：科学出版社，1994：133－138.

表 5.5　张宗燧发表的部分论文

序号	年度	论　文
1.	1958	含有高次微商的量子理论
2.	1958	作用表示波动方程中与面有关项
3.	1958	关于展开子
4.	1958	色散关系的简单证明
5.	1958	关于 Chew-Low 理论
6.	1960	Remarks on Chew-low Equations
7.	1961	微扰展开的解析性
8.	1961	交换子的积分表示
9.	1962	微扰论与解析性
10.	1964	梯形图的渐近行为
11.	1964	具有交叉对称的李模型下的非弹性振幅
12.	1965	在微扰论中的 Regge 割线
13.	1965	关于微扰论振幅的奇异性
14.	1965	李模型中极点的运动

上述工作，除论文 10 提到该文由中山大学郭硕鸿启发，论文 13 中部分内容取自作者在中国科技大学指导的学生（吴中发、鞠长胜）毕业论文，其余所有文章皆由张宗燧独立完成。也就是说，在数学所，张宗燧未曾与他所领导的理论物理研究室成员有过量子场论方面的合作。在其研究生及所内年轻研究人员的论文中也未曾发现有对张宗燧研究工作的引用，只是偶有一次在文尾“对张宗燧老师的帮助表示深切感谢”。[①] 据戴元本回忆，张宗燧在量子场论方面注重研究基本理论形式的问题，譬如一个高阶微分或有约束条件的场论，如何量子化，如何写成哈密顿形式，这是他的特长。他比较喜欢数学推导。但张宗燧并未要求其弟子们也跟随他做这样的工作。他对弟子的指导形式主要为“在所里作一些报告，主持一些讨论班”。[②]

值得一提的是，在论文 7、12 中，张宗燧两次对戴元本“所进行的讨论及帮

① 姚景齐，赵汉章，陈庭金. 产生过程 $V+\pi \to V+\pi+\pi$ 的交叉对称性[J]. 中国科学技术大学学报，1966，2(1)：36－42.

② 取自笔者 2012 年 4 月 12 日对戴元本院士的电话访谈录音。

助”致以谢意。

2. 张宗燧学术谱系中的第二代

张宗燧共招收过 4 个研究生，其中于敏后转入胡宁门下，戴元本多与朱洪元合作，更年轻的弟子及团队中年轻的研究人员受到戴元本的影响相对较多。

戴元本 1952 年毕业于南京大学物理系后，任教于南京工学院。这一时期，他对新兴的粒子物理学产生了浓厚的兴趣。1956 年，他撰写了一篇用 Bethe-Salpeter (简写为 B-S)方程研究 π-N 散射的论文，受到审稿人朱洪元的鼓励。[①] 1958 年，戴元本考入张宗燧门下攻读研究生，时年 30 岁。毕业后，他留所工作，旋即被批准为“能够培养研究生的研究人员”[②]。1963 年，侯伯宇、朱重远成为他的师弟。

1958—1963 年间，戴元本先在张宗燧的鼓励下，与朱洪元(及其弟子何祚庥、冼鼎昌)合作进行了质子俘获 μ 介子的研究；后与周光召合作进行了介子-核子散射研究；还独自进行了弱作用对轻子电磁性质影响及介子衰变问题的研究；之后与数学所张历宁、安瑛、陈庭金、陈时等年轻同事合作进行了介子的衰变与辐射俘获、复合模型、高能核子-核子散射等方面的研究。

戴元本受张宗燧研究风格的熏陶，同时又受朱洪元学术思想的影响，因而能兼收并蓄。上述合作与独立研究的方向，与他此前的研究兴趣基本一致，而与其导师张宗燧的研究方向则显著有别。

1963—1964 年间，戴元本投入到当时国际粒子物理学界的一个研究热点——Regge 极点的探讨。他研究了奇异位势和非定域位势的 Regge 极点，指出在高奇异位势下由于 Regge 极点的不同分布导致散射振幅有与通常理论不同的高能渐近行为。这些研究对学界关于 Regge 行为的深入了解起到了积极作用，产生了重要影响。此时，戴元本已成长为一位成熟的理论粒子物理学家，他“重视对热点问题作深入的了解，但不人云亦云。他注重研究问题的物理意义，但不害怕去研究数学上较困难的课题，形成了自己的研究风格”。[③]

这一时期，戴元本对同室的师弟与年轻研究人员的科研工作也发挥了积极的引领作用。用朱重远的话说：“名分上他(戴元本)是我的师兄，实际上亦师亦友。”[④]如周龙骧，除与戴元本进行合作研究之外，在与其他人合作的论文中也不止一次表达对戴元本的谢意，因为“从题目的建议一直到工作中很多具体的讨论

① 朱重远. 认认真真做学问　实实在在作贡献：我所知道的戴元本先生[J]. 物理，2008，37(5)：348 - 351.
② 张藜，等. 中国科学院教育发展史[M]. 北京：科学出版社，2009：173 - 174.
③ 朱重远. 认认真真做学问　实实在在作贡献：我所知道的戴元本先生[J]. 物理，2008，37(5)：348 - 351.
④ 朱重远. 认认真真做学问　实实在在作贡献：我所知道的戴元本先生[J]. 物理，2008，37(5)：348 - 351.

他都给了我们很多帮助”。[①] 他还在戴元本关于奇异位势研究的基础上做了进一步探讨,并继续此研究前后达 10 年之久。[②③④]

侯伯宇与戴元本有相似之处,攻读研究生之前,他是西安矿业学院物理系教师。自 20 世纪 50 年代后期,侯伯宇就致力于群论在物理学中应用的研究。在量子场论方面,他曾于《物理学报》发表过关于“局部坐标系中的旋量球函数及算子”“Green 函数及 δ 函数的三方向球函数展开式”“散射矩阵的角分布不变变换群”等研究论文。1963 年,33 岁的侯伯宇以“数学 100 分、物理 99 分的优异成绩”考取研究生,师从张宗燧,继续从事经典规范场理论研究。虽然侯伯宇所从事的数学物理研究与其师有相近之处,但其课题为个人选定,非由张宗燧相传。在读研期间,他基本上是一个独行者,仅见其在一篇文章的结尾对导师的指导与支持表示了感谢,[⑤]而对导师的学术论著并无参照与引用。侯伯宇毕业后亦留所工作。

张宗燧的另一位研究生朱重远与侯伯宇同届,入学前,他刚由兰州大学物理系毕业,与该校教师段一士曾合作过一篇利用色散关系讨论介子衰变的论文。进数学所攻读研究生后,他与其他年轻研究人员一样,在科研上受到大师兄戴元本的影响。毕业后,朱重远也留所工作。

“文革”前,张宗燧带队参加“北京基本粒子理论组”讨论,但并未参与“层子模型”的具体研究工作。据戴元本回忆,最早两次关于层子模型的讨论会参加者仅有 4 人:原子能所的朱洪元与其学术团队中的何祚庥、汪容,以及与他们早有合作的数学所的戴元本,后来才逐渐扩大到 3 个单位的多位学者参加。作为“层子模型”合作研究的主要带头人和主要贡献者之一,戴元本在层子模型的计算方法和一些物理过程的研究方面做出了重要贡献,并对层子模型中的强子内部波函数和层子间相互作用的性质做了详细探讨。侯伯宇参与了其中对称性的研究,朱重远则参与了其中波函数与位势的旋量等方面的研究,数学所安瑛、赵万云、陈庭金、胡诗婉、周龙骧等人也都或多或少地参加了研究工作。而张宗燧对“层子模型”心存疑虑,认为其中有问题,但却未曾具体说出什么地方不对,问题

① 周龙骧. 低能 K-π 散射[J]. 物理学报,1965,21(1):67-74.

② 周龙骧. 高度奇异位势 ***S*** 矩阵元的一个表示式[J]. 物理学报,1966,22(9):1038-1045.

③ 周龙骧. 高度奇异位势 ***S*** 矩阵元在角动量变数 λ 的虚部趋于无穷大时的渐近行为[J]. 物理学报,1966,22(9):1046-1058.

④ 周龙骧. 在原点具有大于二阶的高度奇异位势的 ***S*** 矩阵元的 Regge 渐近行为[J]. 数学学报,1974,17(3):164-174.

⑤ 侯伯宇. SU3 群的多项式基底及其 Clebsch-Gordan 系数的明显表达式[J]. 物理学报,1966,22(4):460-470.

出在哪里。何祚庥认为："因为他一直认为基本粒子有结构的观念和狭义相对论有矛盾。"[①]在这种情况下，戴元本在数学所的团队中发挥了重要作用。1982 年，3 个单位因"层子模型"研究获得国家自然科学二等奖，起主要作用的 4 位获奖人为朱洪元、胡宁、何祚庥、戴元本。

"文革"中，张宗燧于 1969 年含冤自杀。之后戴元本、朱重远等人参加了中国科学院革命委员会领导的相对论批判组（后来成为物理研究所[②]第 13 室），侯伯宇则于 1973 年调到西北大学任教。曾参与"层子模型"研究的陈庭金、周龙骧等后来离开了粒子物理研究领域。1972 年后，美国粒子物理学家马文·戈德伯格（Marvin Goldberger）、杨振宁来华访问时，在交流中使中国同行得知了国际上关于弱电统一理论及规范场研究的进展，在国内引起了反响。如前述，我国的粒子理论研究得到了复兴，各地的理论工作者陆续参与了规范场研究，其中影响较大的就有戴元本、侯伯宇。戴元本与吴咏时合作开展了规范场在粒子理论中应用的研究，计算了高阶微扰 QCD；已身处西安的侯伯宇与其母校的段一士、葛墨林合作完成了 Higgs 场的拓扑性质和规范场的拓扑学微分几何的分析。该研究于 1982 年获国家自然科学三等奖。

1978 年后，戴元本、朱重远等调入新成立的理论物理研究所。是年，我国恢复研究生培养制度，戴元本、侯伯宇分别于理论物理所、西北大学招收理论粒子物理研究生。张宗燧门下的第三代人物开始登场。1981 年，戴元本的弟子黄朝商，侯伯宇的弟子石康杰分别获得博士、硕士学位。此后戴元本在手征对称性动力学自发破缺的计算方法、含有一个重夸克的重强子（包括高角动量态）束缚态波函数、量子色动力学求和规则、中微子振荡中的 CP/T 破坏等方面做出了一系列独创性的工作，并陆续又招收、培养了五六位博士生。而侯伯宇此后在近代场论与统计模型中的对称性、可积性、拓扑性行为等国际前沿领域内，率先发现了 SU(2)单极可约化拓扑性，完全可积场的几个系列的无穷多守恒流的产生算子（国际同行称之为"H 变换"、"Hou-Li 变换"）等规律，并运用它继续作出了一系列系统的研究成果。他长期工作于西北大学，自成体系，培养了 40 余名研究生。戴元本、朱重远如此评价他："侯伯宇为我国理论物理队伍培养了一大批人才，特别是对于得到广泛认可的我国理论物理'西北军'的形成，做出了重大贡献。"[③]

---

① 何祚庥. 回忆朱洪元先生对我们的教导[M]//朱洪元论文选集. 北京：爱宝隆图文，2002：312 - 320.

② 此物理研究所为原应用物理研究所 1958 年更名。

③ 牟丹渝. 忠诚应该成为道德的最高标准：记西北大学教授侯伯宇[J]. 中化魂，2012，(4)：19—21.

从张宗燧到以戴元本、侯伯宇为代表的张门弟子，如上所述，其工作领域与研究风格都迥然各异。在这两代人之间，我们并未发现有明显得以传承的研究传统存在。究其原因，虽然在“文革”结束前我国长期处于“与世隔绝”的封闭状态，但由于张宗燧、胡宁、朱洪元等几位第一代的领军人物相互之间积极进行学术交流，国内粒子物理的研究气氛较为活跃，各学术团队之间少有门户之见，因而才会出现戴元本较多地受到朱洪元的学术影响的现象。在同一师门之内，第二代的众弟子选题相对自主，合作研究也相对自由。如戴元本与侯伯宇的科研工作就基本上没有受到导师张宗燧的约束。在这种氛围之下，师生之间在研究领域与方向、研究技巧与方法、研究风格与特色等方面缺乏“一脉相承”传袭的必然性。

3. 张宗燧学术谱系中的第三代

在张宗燧学术谱系的第三代中，黄朝商、石康杰与他们的导师戴元本、侯伯宇有一些相似之处。入师门前，他们都在高校工作，有若干年的教学、科研经历。黄朝商原为北大胡宁团队中的一名青年助教，参与“层子模型”研究之时，就曾与戴元本合作过一篇关于介子电磁衰变和轻子型弱衰变的研究论文。39岁时成为戴元本的博士生，此前在北大已有14年的工作经历。博士毕业后，黄朝商留理论物理所工作。跟戴元本类似，其学术活动有兼收并蓄的特点。黄朝商主要从事微扰QCD、手征对称性自发破缺、电弱对称性动力学破缺和重夸克有效场论等多个领域的研究。此外，其研究方向还包括了弦理论和二维共形场论，未局限于其导师的研究领域。而石康杰亦为北大校友，毕业后于重庆交通学院任教，14年后考取侯伯宇的研究生，毕业后又赴美攻读博士学位，1987年回国后到西北大学任教，主要致力于量子力学、量子群共形场、可解模型统计等方面的研究。

黄朝商研究范围广泛，著述颇丰，与其导师戴元本合作发表过多篇研究论文，在QCD框架下运用协变的B-S形式对手征对称性自发破缺和Goldstone玻色子的性质以及重介子物理进行了研究，并将这一方法用于研究电弱对称性破缺，提出了可由top夸克凝聚模型得到不与实验矛盾的top夸克质量的方案。此外他还与多位同行进行过合作研究，合作者包括胡宁门下的其旧时同事，如北大的赵光达、赵志咏，中科院研究生院的丁亦兵等；也包括高能所朱洪元的弟子杜东生、再传弟子刘纯；其理论物理所的师弟金洪英，以及他本人的几位弟子。

在与他人的合作研究中，黄朝商发展了把重介子B-S方程按1/M展开的方法,得到了任意自旋、宇称态的B-S波函数在领头阶和次领头阶的普遍形式;发展了寻找重夸克有效理论高阶修正中的形状因子之间的关系的方法,这对重夸克有效理论及其应用很有意义。在弦理论和二维共形场论的研究中,他首先提出了群流形上的扭超弦模型,首次揭示了对于非阿贝尔群有零质量费米子的可能性,最先开始了高亏格黎曼面上扩充共形场论的研究,推导了扩充KN代数,证明了自旋3算符的乘积以及它与能量动量的乘积的奇异性和亏格无关,建立了高亏格黎曼面上群流形弦理论的整体算符形式,给出了超KN流代数并建立了它与超KN代数的联系,导出了环面上W_3和W_∞扩充共形场论的瓦德恒等式以及关联函数所满足的微分方程,对于$N=1$超共形场论,给出了得到null vectors的一般表达式的一种完全和直接的方法,导出了Kac-Moody代数的特征标所满足的微分方程,用解析方法证明了Weyl-Kac特征标公式。这些研究成果对弦理论、二维量子场论以及数学物理的发展都有一定的意义。[①]

除了与导师戴元本合作的研究论文之外,在黄朝商个人及与其他人合作的论文中,鲜有对其师工作的引用,除非他本人曾参与该工作。如戴元本所言:"黄朝商跟我还有些不同……他后来在我没有工作过的一些方面也做了一些工作。"[②]

从谱系表中看,在侯伯宇的门下弟子中,石康杰的地位相当于黄朝商在戴元本门下的地位。在培养研究生的数量方面,石康杰比侯伯宇相差不多。尤其是,侯伯宇门下的几位重要弟子都是与石康杰共同指导。可以说,除领军人侯伯宇外,石康杰算得上是"西北军"中最重要的人物之一。

在国外攻读博士期间,石康杰将经典动力学中的KAM定理推广到量子力学领域,在学界引起了一定的反响。回国后,他先是证实了共形场所具有的量子群对称性,又从量子群的推广即椭圆函数格点模型的研究中找到了量子群与Sklyanin代数的确切关系等。他还与国外的博士生导师张绍进共同研究了椭圆台球系统和庞赛勒定理。

根据"中国期刊全文数据库"与"Google学术搜索"的检索结果,以石康杰(Kang-jie Shi)为作者的中英文论文计有百余篇。其中以石康杰为第一作者的论文有十余篇。在与他人合作的诸多论文中,作者包含其导师侯伯宇的约占半数;其余合作者多为其指导的研究生。而侯伯宇直到2010年去世(时年80岁,

① 《玉山博士谱》编委会. 玉山博士谱[M]. 南昌:江西科学技术出版社,1998:28 - 30.
② 取自笔者2012年4月12日对戴元本院士的电话访谈录音。

石康杰 69 岁)，一直活跃在科研前线。在科研生命力旺盛的导师身边，石康杰这位优秀的“海归”在教学、科研方面发挥了重要的辅助作用。

第二、第三代学者初入师门研修量子场论与粒子物理在时间上有显著的差距：分别处于“文革”前后，因而第三代学者的年龄范围较广，其中部分人已在“文革”中度过了青年时代的宝贵时光。黄朝商与石康杰在“文革”结束后皆已人到中年，比他们的“师叔”朱重远还要年长。而他们的老师学术生命依然旺盛，在我国学位制度健全之后又培养了多位年轻的弟子。如 2007 年才获得博士学位的李新强，比其“师兄”黄朝商年轻了 40 岁！一概以“第三代”概括已未必合适，姑且如是称之。众弟子长幼悬殊，对学术传承本应影响无多。但有两个因素却不容忽略：年长者的学术经验与改革开放后日益广泛的学术交流。如黄朝商本为胡宁团队的一员，有着多年的研究经验，虽受导师戴元本的学术影响，仍有相当广泛的自主研究余地。另一方面，20 世纪六七十年代国际粒子物理发展日新月异。随着改革开放后对外交流的日渐广泛，在“文革”中荒废了诸多宝贵时间的第二代学者都从关注国际粒子物理学的发展及国际同行的工作而重新起步，由跟踪研究开始，力图赶超；第三代学者更是如此。如黄朝商在 20 世纪 80 年代多次到欧美进行学术访问；石康杰 1981 年硕士毕业后赴美攻读博士学位，直至 1987 年回国。其他第三代学者也多有与他们相似的经历。与其说他们是第二代学者的学术传人，毋宁说他们是在第二代学者的带领下，向国际同行学习的追踪者。

4. 张宗燧学术谱系中的第四、第五代

在人数上，第四代远胜于前三代。这当然与“文革”中人才培养断层及中国学位制度的发展滞后不无关系。黄朝商、石康杰开始攻读研究生时，皆已年近不惑。如把他们称为“第 2.5 代”可能更为合理(黄朝商本出自胡宁门下，将其列为第二代亦无不可)。

在黄朝商的弟子中，有些是由黄朝商与其导师戴元本共同指导。据戴元本言，黄明球主要由他指导，而李文君主要由黄朝商指导。黄明球的研究方向由当初跟戴元本合作之时确定，以后基本未变。黄明球、李文君分别任教于国防科技大学、河南师范大学，分别培养了一批理论粒子物理的研究生，是戴元本门下学术“传宗接代”的两支重要力量。

黄朝商的另一弟子李田军，硕士毕业后，于 1995 年赴美，先后于得克萨斯 A&M 大学、威斯康星大学、宾夕法尼亚大学、普林斯顿高等研究院、罗特格斯大学从事基本粒子物理学习与研究达 10 年之久，之后回国任理论物理研究所研究员。其研究兴趣包括加速器物理、超对称、大统一理论、超弦理论等多个方面。虽然其研究领域与其前辈有部分交叉、重叠之处，但从研究的方向、风格与兴趣而言，已关联不大。他近年所著研究论文及指导研究生所作学位论文与其学术"先祖"已相去甚远。

在侯伯宇与石康杰共同指导的多位研究生中，岳瑞宏是比较突出的一位。与黄明球、李文君相似，岳瑞宏在张门中可称之为"第3.5代"。而比起他与侯伯宇共同指导的彭丹涛及他又与彭丹涛共同指导的学生而言，其所属代的混淆已不足为奇。岳瑞宏1991年获得博士学位后，曾先后于中科院理论物理所、中国高等科学技术中心、美国加尼福尼亚大学、德国波恩大学、日本御茶水女子大学、美国佛罗里达州立大学、美国犹他大学任博士后与访问学者达7年之久。其研究范围包括弦论、量子场论、反常规范理论、共形场论、量子群与量子代数、可积模型的构造及求解、量子杂质等领域，在"西北军"的数学物理倾向之外已有所拓展。

根据"中国期刊全文数据库"与"Google学术搜索"的检索结果统计，李田军自2005回国后，以第一作者在国内外学术期刊共发表研究论文40余篇，其中有一篇引用黄朝商的文章1次；此外他还以第二作者跟黄朝商合作发表论文2篇。而岳瑞宏自2002年回国，10年间，共与侯伯宇、石康杰合作发表论文4篇，以其为第一作者的论文中未曾发现有对侯伯宇、石康杰工作的引用。

在张宗燧谱系的第五代中，尚未有成名的学者。攻读学位时，他们的论文方向基本与导师当时的研究方向一致。如李文君于2004年获得博士学位后到河南师范大学任教，从事"τ轻子稀有衰变、B介子稀有衰变和新物理模型唯象研究"[①]。此后几年中，她指导的研究生学位论文方向与此基本一致。

第四、第五代学者比起其前辈而言所处的时代更为开放。当今从事前沿研究的一流学者大多有在国外留学、访学的经历，在科技全球化的趋势下，交流更为广泛，视野更为开阔，已完全融入世界粒子物理学发展的大潮中。在他们身上，已难以找到其前辈研究传统的印记。

以上我们分别对张宗燧谱系中"戴元本-黄朝商-李田军""侯伯宇-石康杰-岳瑞宏"两个分支作了重点论述。这样的选择并非随意为之，主要基于两个方面

---

① 此处李文君的研究方向源于河南师范大学物理与信息工程学院网页介绍(http://www.htu.cn/s/40/t/1244/39/50/info14672.htm)，与其博士论文《SO(10)超对称大统一模型下若干B介子稀有衰变的研究》方向一致。

的原因：①所选择的人物在师门中学术成就非常突出；②两个分支都长期坚守在各自的学术阵地(中科院理论物理所、西北大学)。因而可以说，他们是师门具有代表性的传人。

名师出高徒，科学大师、著名科学家往往会对弟子产生较为深远的影响。但根据以上分析，我们可以看出，这种影响未必就表现为研究方向、技能与方法的传承。张宗燧的学术成就在老一辈粒子物理学家中有口皆碑。其弟子、再传弟子中也人才辈出。但就研究领域、风格与特点来说，几代相传，张宗燧谱系的研究传统已显模糊。虽大体可以戴元本与侯伯宇为两种研究风格的代表，但第四、第五代的研究工作与其先辈已相去甚远。可以说，基于张宗燧的学术谱系，并未形成一个持续传承的研究传统。个中缘由，既有学科发展的影响，也有研究兴趣的转移，更重要的应当是学术交流的日益广泛与深入所致。

(二) 朱洪元学术谱系研究传统分析

中国理论粒子物理的“四大宗师”年龄相仿，最大的张宗燧与最小的朱洪元仅相差不到2岁。但他们在学术上起步则相距甚远。朱洪元于1945年赴英攻读博士(见图5.7)，而张宗燧则于6年前业已取得博士学位。但就个人对中国理论粒子物理发展的作用而言，在“四大宗师”中，朱洪元是毫不逊色于其余几位的。

图5.7　1948年，朱洪元与导师P. 布莱克特(右)、J. G. 威尔逊(左)合影

1. 朱洪元的粒子物理与量子场论研究

自1950年回国，朱洪元一直工作于近物所（物理所、原子能所）与高能所，期间还曾兼职任教于中国科技大学。回国伊始，朱洪元即与彭桓武共同领导了近物所（物理所）的原子核物理及基本粒子的理论研究。彭桓武兼任理论物理研究室主任，朱洪元任副主任。1952—1962年间，胡宁亦于近物所（物理所、原子能所）兼职，[①]曾任副主任。这一时期，黄祖洽、于敏等一批理论研究的骨干得以成长，为后来我国原子能事业的发展发挥了重要作用。1956年后，理论物理研究室分为场论、核理论、反应堆理论、计算数学等四组，朱洪元兼任场论组组长，次年接任理论物理研究室主任。1958年，新更名的原子能所分设中关村一部与坨里二部，理论物理研究室搬迁到二部，而其中的场论组则于次年全部赴苏联杜布纳联合核子研究所进行合作研究。朱洪元任高级研究员，并当选为该所学者会议成员，后于1961年回国。1962年，包括彭桓武、于敏、邓稼先等在内的原子能所理论物理研究室部分人员转入核武器研究，基础研究部分则迁到一部，成立新的理论物理研究室。此后20年间，包括以原子能所一部为基础的高能所成立之后，朱洪元一直担任理论物理研究室主任，长期领导着我国粒子物理理论研究"国家队"的研究工作。而朱洪元"更为重要的贡献，是他培育和指导了一大批粒子理论工作者，现在或曾经活跃在粒子理论领域的工作者，如何祚庥、戴元本、冼鼎昌、李文铸、汪容、陈中谟、阮图南、黄涛、张肇西、杜东生、李炳安、吴济民等人，都先后在他领导下或指导下工作，得到他多方面的指教。在其他领域里工作的理论物理工作者，如邓稼先、于敏、黄祖洽、金星南等老一辈的理论物理工作者，也都直接或间接地受到朱洪元教授的影响"。[②]

研究工作之余，朱洪元在粒子物理理论教育工作上也倾注了一定的精力。1957年，他在北京大学开设"量子场论"课，较为系统地讲授这门前沿理论课程。1958年，在青岛举办了量子场论讲习班，朱洪元与张宗燧又为来自全国各高等院校和研究所的60多名学员讲授量子场论课，把听众从最基础的出发点带领到当时量子场论发展的最前沿。在北大的课程和青岛的暑期讲习班，是粒子理论在全国范围内的第一次普及，造就了一代的粒子物理学家，影响极其深远。朱洪元的授课讲义后来整理成《量子场论》[③]一书出版，成为我国几代粒子物理工作

---

① 关洪. 胡宁传[M]. 北京：北京大学出版社，2008：263.

② 何祚庥. 回忆朱洪元先生对我们的教导[M]//朱洪元论文选集. 北京：爱宝隆图文，2002：312－320.

③ 朱洪元. 量子场论[M]. 北京：科学出版社，1960.

者的主要教科书和研究工作参考书。中国科技大学成立不久，朱洪元就在原子核物理和原子核工程系（近代物理系）兼任教授、系副主任，讲授的课程有"量子力学""量子场论""群论"。朱洪元的治学严谨为粒子物理学界所公认，与此相应，他所授之课亦如他所著之书：结构严谨，逻辑严密，推导严格。其"四大研究生"之一、中国科大近代物理系毕业生张肇西，当初就是被朱洪元的"群论"课的内容及其严谨的讲授风格所吸引而报考了他的研究生；另一位弟子李炳安则是"量子力学"课的课代表，同样是为其渊博的学识与精彩的授课所吸引。

朱洪元在科学上的贡献可总结为以下几个方面：①全面研究了高速荷电粒子在磁场中运动时所发出的电磁辐射的性质，阐明了"同步辐射"的原理；②对利用色散关系和幺正条件建立低能强作用的理论问题进行了深入探讨，否定了美国物理学家 G. 邱(Chew)的方案；③对包含光子、电子、中子和原子核的高温高密度系统内部的运输过程、反应过程和流体力学过程等做了深入研究，取得了多项成果；④开辟了强子内部结构理论研究的新领域，提出了"层子模型"的基本思想，并率队完成了系列成果；⑤在北京正负电子对撞机的建造决策方案制订以及北京谱仪上物理目标的选定等过程中发挥了重要作用。[①] 据笔者检索，20 世纪 50 年代之后，朱洪元共署名发表研究论文 14 篇。[②③]

得到朱洪元学术传承，或受到其学术影响的学者，大体可分为四类：一是何祚庥、冼鼎昌、阮图南等曾长期在朱洪元身边，在其指导下开始科研工作的学者；二是黄涛、张肇西、杜东生、李炳安、周邦融等朱洪元的研究生；三是汪容、戴元本、高崇寿等与朱洪元虽无师生之名，却曾受朱洪元学术指导的学者；四是在北大、科大或青岛量子场论讲习班在朱洪元教授之下步入粒子物理之门的学者。理论粒子物理学术谱系表中主要体现了前二者（见图 5.8），以下摘其要者论述之。

2. 朱洪元学术谱系中的第二代

自 1950 年回国，直到 1956 年，由于近物所（物理所）规模有限，且研究方向侧重于核物理，朱洪元在此阶段未能培养出此后在理论粒子物理学界产生重要影响的弟子。1956 年后，何祚庥、冼鼎昌、阮图南等才先后加入其研究队伍。

---

① 冼鼎昌."层子模型"是强子结构研究的重要开拓[M]//中国科学院科技创新案例：2. 北京：学苑出版社，2004：54.

② 朱洪元论文选集[M]. 北京：爱宝隆图文，2002：312－320.

③ 冼鼎昌. 朱洪元[M]//中国科学技术专家传略：理学编：物理学卷：2. 北京：中国科学技术出版社，2000：236－242.

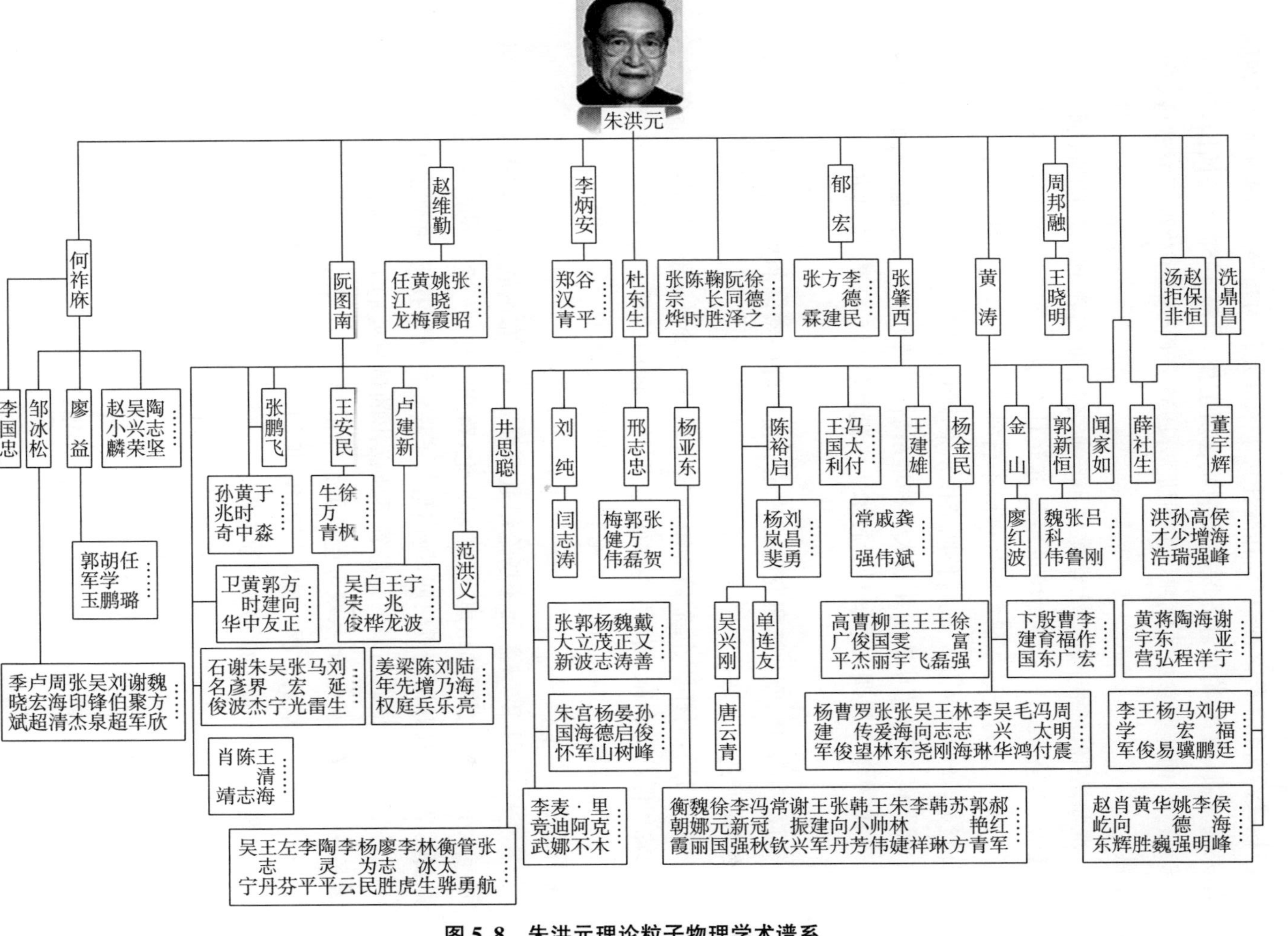

图 5.8　朱洪元理论粒子物理学术谱系

何祚庥1956年开始粒子物理研究时，师从彭桓武。但仅半年后，彭桓武因承担核武器研究工作之故，将何祚庥托付于朱洪元代为指导。① 1959年，何祚庥随朱洪元领导的场论组赴苏联杜布纳联合所工作，直至1960年底回国，1961—1965年间，何祚庥参加了氢弹理论预研究，1965年回到粒子物理研究领域，重归朱洪元团队。

冼鼎昌1956年于北京大学物理系毕业之后，被分配到原子能所，师从朱洪元任研究实习员，1959年随场论组赴苏联杜布纳联合所，任初级研究员，后于1962年后又赴丹麦玻尔研究所从事博士后研究，1963年返回杜布纳联合所任中级研究员，1964年回国。此后长期工作于朱洪元身边。

阮图南1958年毕业于北京大学物理系后，也被分配到原子能所任研究实习员，至1974年3月调入中国科学技术大学近代物理系任教，亦数年受到朱洪元的指导。

同在1958年，刚攻读研究生的戴元本在导师张宗燧的鼓励下，开始与朱洪元及其弟子进行合作研究。

这一时期，何祚庥、冼鼎昌等跟随朱洪元，从事介子、超子衰变，介子在核子上的辐射俘获等弱相互作用过程研究，开始了他们的理论粒子物理研究生涯。可以说，何祚庥、冼鼎昌，以及戴元本等，在此阶段，都打下了相似的学术基础，完成了相近的学术积累。

1959—1961年，朱洪元率场论组赴苏联。在杜布纳联合所期间，虽然朱洪元与众弟子分在不同的组里，但经常讨论，跨组合作。② 这一时期是何祚庥、冼鼎昌的学术成长并渐趋成熟期，他们具备了一定的国际视野，并做出了有一定影响的科学工作。他们在朱洪元带领下所做出的最重要的工作，就是发现了美国著名粒子物理学家G. 邱从双重色散关系导出的$\pi\pi$方程存在发散困难，并发展了一个新的不发散的方程。此后三四年，他们都暂时离开了朱洪元，开始了新的学术历程，一个回国参加氢弹研制工作，一个继续留在国外研究。

回国之后，自1963年起，朱洪元开始招收研究生，从而增添了几位重要弟子：原子能所的黄涛、张肇西、杜东生、李炳安（人称朱洪元的“四大研究生”，前二者为1963级，后二者为1964级），以及中国科大的周邦融（1963级）等。这一时期国际粒子物理界的研究热点是量子场论中的色散关系，1963级的研究生入门

---

① 何祚庥. 深切悼念彭桓武老师[J]. 北京师范大学学报：自然科学版，2007，43(3)：367 - 371.

② 冼鼎昌. 纪念朱洪元先生[J]. 现代物理知识，1993(2)：6 - 9.

伊始，接受的都是这方面的学习与训练。1964 级的研究生则由于“四清”的影响而稍晚一些才接受入门教育，此时何祚庥、冼鼎昌也已“归队”。

北大的胡宁团队自 1964 年底已对当时最新的 SU(3)对称性理论有所调研和掌握，并向同行们报告了该领域的国际进展。受其影响，朱洪元随后也带领其团队转入了 SU(3)对称性理论的研究。在参与层子模型联合攻关的 39 人“北京基本粒子理论组”中，朱洪元所领导的原子能所与中国科技大学 2 个单位成员共 19 人，接近半数。何祚庥、冼鼎昌与几位研究生成为该团队研究的骨干力量。

层子模型工作之后，“文化大革命”开始，此后几年，朱洪元团队没有新的发展。1973 年高能物理研究所成立后，朱洪元领导的原子能所理论物理室全部划归高能所，其弟子们也纷纷做出了一些较有影响的研究工作。可以说，自“文革”之后，随着众弟子的学术成熟，此后朱洪元对他们的学术影响已逐渐减弱，部分弟子先后离开了朱洪元的身边。周邦融 1966 年研究生毕业后就被分配到甘肃从事与专业无关的工作，直到 1973 年调到中国科大；阮图南亦于 1974 年调入中国科大；何祚庥、张肇西在 1978 年理论物理研究所成立后先后调往该所；李炳安则于 20 世纪 90 年代初赴美工作；而冼鼎昌、黄涛与杜东生一直长期工作于高能所。

朱洪元在理论粒子物理研究方面的代表作是层子模型，1966 年，他已年近半百，理论研究工作达到了巅峰。后来他在高能物理基地建设、中国高能加速器方案的论证和制订过程中起到了重要作用。随着年岁渐长，“文革”又荒废了几年，朱洪元此后在理论物理研究方面已鲜有重要的成果。而其众多弟子则年富力强，待国内政治形势稍有好转时，即紧密地跟上了国际理论粒子物理同行的研究，并分别做出了突出的工作。

1970—1974 年间，何祚庥与黄涛、张肇西等共同改造了复合粒子量子场论的新体系，从而进一步发展了层子模型，并首次构造了包含多种相等价的包含复合粒子在内的 S 矩阵。这一工作为复合粒子的场描述理论奠定了基础。1975—1980 年，何祚庥与黄涛、张肇西、庆承瑞、阮图南等人又致力于将上述复合粒子量子场论应用到原子、原子核、强子等复合粒子体系，撰写了大量研究论文。1980 年之后，何祚庥又转向了中微子质量、中微子震荡及双 β 衰变理论等的研究。①

---

① 戴禾淑. 何祚庥[M]//中国科学技术专家传略：理学编：物理学卷 3. 北京：中国科学技术出版社，2006：153 - 154.

冼鼎昌则于1975年开始与中山大学的李华钟、郭硕鸿合作,进行经典规范场理论的系统研究。在得到一些非阿贝尔规范场的磁单极解和类粒子解后,他因认识到这个领域发展太快,且朝着现代几何学的方向发展,从而退出了该领域的研究。[①] 1984年后,冼鼎昌转入了同步辐射应用的领域,主持建造依附于北京正负电子对撞机的同步辐射装置。此后他鲜有与理论粒子物理相关的研究工作。

阮图南则于1977年与周光召等共同提出陪集空间纯规范场理论和路径积分量子化的有效拉氏函数理论,丰富和发展了杨-米尔斯场论和费曼-李杨理论;1980年与何祚庥等共同提出相对论等时方程,重新建立复合粒子量子场论,并较早提出原子核的幺正对称理论和高能集团散射理论。离开朱洪元团队后,他成为中国科大理论物理的一位带头人。

"四大研究生"黄涛、张肇西、杜东生、李炳安都曾在"文革"之后赴欧美进行访学或合作研究,也都成就斐然,多年工作在理论研究的前沿,在我国粒子物理学界发挥着重要的影响。

在朱洪元团队中,用阮图南的话说,何祚庥就像个"大管家",[②]其地位类似于张宗燧门下的戴元本。何祚庥论著颇丰,在自然科学、哲学与社会科学方面发表了数百篇论文。笔者根据中国期刊网搜索统计,他在国内期刊发表的有关粒子物理方面论文达80余篇。从中可以看出,何祚庥早期发表的主要论文大多是与朱洪元及其他人合作完成的。1966年层子模型创建之后,"文化大革命"开始,何祚庥已年近不惑。此后他与朱洪元再无合作论文出现。倒是他与同为朱门弟子的黄涛、张肇西、阮图南等多有合作。在1966年以后的论文中,笔者仅发现何祚庥引用了朱洪元代表北京基本粒子理论组发表的综述论文一次[③]。同样通过中国期刊网搜索,统计张肇西、杜东生等朱洪元其他弟子的论文,也得到了相似的结果。杜东生也仅是在与马中骐合作的论文中表达过几次对他们的导师

---

① 江向东.冼鼎昌[M]//中国科学技术专家传略:理学编:物理学卷3.北京:中国科学技术出版社,2006:510-511.

② 此系2005年阮图南教授接受笔者访谈时所言。

③ TSO-HSIU HO. JIANZU ZHANG. The Relativistic Equal Time Equation and the Potential Model of the Mesons Spectrum [J]. Acta Mathematica Scientia,1987(2):133-138.

朱洪元、胡宁"有益讨论"的谢意。①②③④ 而冼鼎昌自"文革"以后的研究工作，可以1987年底作为分界线，大致分为2个阶段，前一阶段主要从事规范场论研究，后一阶段主要从事同步辐射研究。笔者对其前一阶段的论文按照上面同样的方法进行搜索、统计，也得出了相似的结论；其后一阶段虽然专事朱洪元作为理论奠基者之一的同步辐射研究，但明显偏重于实验、技术方面，与其师朱洪元当年的奠基性理论研究并无多大关联。

3. 朱洪元学术谱系中的第三代

朱洪元谱系中的第三代为数众多，这里仅举邹冰松、陈裕启为例简述之。他们二人年龄相当，学术经历亦有相似之处。

2012年开始主持中科院理论物理研究所工作的副所长邹冰松，1984年毕业于北京大学技术物理系，之后考入高能物理所攻读理论核物理专业研究生，师从姜焕清，1987年获硕士学位；此后又考入理论物理所攻读博士研究生，师从何祚庥、庆承瑞夫妇；1990年获得博士学位后，他先后赴瑞士国立粒子和核物理研究所做博士后研究，在英国伦敦大学、卢瑟福实验室工作，直至1998年回国。

同在理论物理所工作的陈裕启1983年毕业于四川大学物理系，1988年在清华大学物理系获硕士学位，导师邝宇平；1992年在中科院理论物理研究所获博士学位，导师张肇西；其后在中国高等科学技术中心做博士后研究，又赴美国西北大学、俄亥俄州立大学开展合作研究，直至1999年回理论物理所工作。

邹冰松主要从事强子物理方面的研究，研究介子和重子的夸克、胶子结构，强子-强子相互作用，强子-核相互作用。对 $\pi\pi-s$ 波相互作用和标量介子谱进行了系统的研究，为发现和确立最佳标量胶球候选者做出了贡献；在反核子物理和 J/Ψ 物理研究中进行了一些开拓性的工作，提出并主持开展了在北京正负电子对撞机上核子和超子激发态研究。

陈裕启主要从事重味夸克物理和量子色动力学(QCD)等方面的研究工作。先后在Bc介子物理、重夸克偶素产生的碎裂函数、重夸克有效场论、重夸克相互

---

① 马中骐，杜东生，岳宗五，等. 代统一问题和SU(7)大统一模型[J]. 中国科学A辑，1981(4)：415－426.

② ZHONGQI MA, DONGSHENG DU, PEIYOU XUE, et al. A Possible SU(7) Grand Unified Theory with Four Generations of Light Fermions [J]. Scientia Sinica, 1981, 24(10): 1538－1565.

③ 马中骐，杜东生，薛丕友. 剩余分离对称性和SU(8)大统一模型[J]. 中国科学A辑，1981(11)：1322－1328.

④ DONGSHENG DU, ZHONGQI MA, PEIYOU XUE. Residual Discrete Symmetry and SU(8) Grand Unified Model [J]. Science in China, Ser. A. 1982, 25(1): 51－58.

作用和自旋相关相互作用势，非相对论 QCD 有效场论和 J/Ψ 衰变等方面做出了有影响的工作。

邹冰松在国内外期刊发表了多篇论文，在从中国期刊网所查询到的 30 余篇发表于中文期刊的研究论文中，能体现邹冰松与其博士生导师何祚庥夫妇合作关系的仅见 2 篇 4 人合作论文（作者还包括其硕士阶段导师姜焕清），且邹冰松并非主要作者。相对而言，邹冰松与姜焕清的合作论文达 11 篇之多。利用 Google 学术搜索，可以发现邹冰松在外文期刊上发表的文章也与此类似。

陈裕启在中文期刊上鲜有论文发表，在利用 Google 学术搜索所查询到的 18 篇发表于国外期刊的学术论文中，除 2 篇独立作者的论文外，其余文章的合作者包括陈裕启的硕士生导师邝宇平、博士生导师张肇西、美国西北大学的合作者罗伯特·奥克斯（Robert J. Oakes）、美国俄亥俄州立大学的合作者埃里克·布拉滕（Eric Braaten）等人。在不同学术阶段，他与不同的合作者研究彼此感兴趣的问题，引用的文献也基本以作者本人（独立或合作研究）的论文及相关领域著名学者，如诺贝尔奖获得者的文章为主。前后少有承继关系。

如前述，朱洪元在 20 世纪 60 年代亲自指导弟子们学习与研究工作中，在一段时间内主攻的强相互作用的色散关系理论曾在国际上盛极一时，而强子结构的层子模型理论则无疑是我国理论粒子物理发展史上最辉煌的一笔。但这些研究最终都成为了历史陈迹。70 年代以来，弱电统一理论、量子色动力学等成为国际粒子物理学界理论研究的主流理论。且伴随着中国改革开放的进程与科技全球化的趋势，中国第二代理论粒子物理学家及其后来者也逐渐融入了世界理论粒子物理发展的大潮中，再难反映出鲜明的本国特色。朱洪元的弟子们也不例外，他们的研究方向、方法与早年在师门所受教育已然迥异，风格、特色也各有不同。可以说，弟子们从朱洪元那里接受了入门教育与科研训练，并于特定时期在朱洪元的教导下参与了当时的理论粒子物理前沿研究。朱门弟子及再传弟子，形成了我国理论粒子物理学界最大的一支学术谱系，但这一学术谱系也并未形成特定的研究传统。这正印证了中国的一句俗语："师父领进门，修行靠自身。"朱洪元与其他几位中国粒子物理的宗师一样，虽然为中国粒子物理学科的创立与发展贡献卓著，但却鲜有做出引领世界同行的开创性成就。弟子们在其门下经过入门教育与科学训练之后，逐渐成长为成熟的物理学家，眼界自然放开，注意力也就相应转移到了粒子物理研究的国际前沿，而不再局限于老师的研究方向与领域，研究专长与特点也有所不同，从而也导致了研究传统的难以形成。尤其是第三代之后的弟子，大多具有丰富的求学、研究经历，从他们身上很难看到其学术“先祖”的印记，基本上没有多少持续传承的研究传统可言。

二、中国粒子物理学家的精神传统

以下从共性与个性两个方面分别讨论中国粒子物理学家的精神传统。

（一）共性精神传统

历经半个多世纪的发展，中国粒子物理学科从萌芽到兴盛，已在国际同行中拥有了一席之地。这与张宗燧、彭桓武、胡宁、朱洪元等老一辈理论粒子物理学家艰苦卓绝的科研努力和人才培养工作直接相关。以他们所创立的团队为基础，加之此后在全国遍地开花的粒子物理研究队伍，在几十年的学术传承中，形成了一些有中国特色的、有些是阶段性的精神传统。通过对该学科在中国发展的历史考察及粒子物理学家的学术谱系分析，我们将这种精神传统总结为以下几个方面。

1. 量力而为，封闭中求发展

现代科学传入我国相对较晚，科研基础薄弱，这是我国各门自然科学在很长一段时间内的普通状况，理论粒子物理学科也不例外。而对外交流的困难，则是限制我国粒子物理学科发展的另一个不利因素。自新中国成立至改革开放的30年，除与苏联、东欧等国有过短暂的“亲密”之外，我国基本上处于“与世隔绝”的封闭状态。即便在改革开放之后，由于社会制度、意识形态等诸多方面的差异，中国与欧美等发达国家在政治、经济，乃至科技、文化领域，仍长期保持着一定的距离。在这种长期封闭的状态下，中国第一、第二代理论粒子物理学家自强不息，在艰难的条件下发愤图强，立足于国内，努力做出一些有意义的研究工作，并形成了延续多年的传统。

虽然理论粒子物理研究无需贵重的仪器、设备，似乎一支笔、一张纸足矣，其实不然。新中国长期“与世隔绝”的封闭，使得我国粒子理论研究者因不能及时有效地与国外同行进行学术交流，而长期处于闭门造车的状态。而理论研究不能与高能实验研究有机结合，则是我国粒子物理学科早期发展中的另一障碍。封闭中求发展，这是我国粒子物理学家在不利的环境中努力从事科研工作的坚忍不拔精神的另一侧面。

在封闭的环境下，我国老一辈理论物理学家从20世纪50年代开始进行理论物理的普及工作，先后在北京大学等单位开设讲习班、教师进修班、研究生班，系统讲授电动力学、数学物理方法、量子力学、量子场论等课程。使得一批人掌握了理论粒子物理研究的基础知识，培养了一代粒子物理学家，影响广泛而深远。在此基础上，“四大宗师”带着年轻的研究人员展开研究工作。20 世纪 50 年代初，张宗燧进行重整化理论研究；彭桓武在参与核武器研制之前，延续其在国外关于介子问题的研究而转入关于核力的研究；胡宁除继续进行介子理论的一般性研究之外，主要从事强相互作用的色散关系方面的研究；朱洪元也继续从事由于中子跃迁而产生的电多极辐射内转换等核与粒子物理等方面的理论研究。与此同时，他们的弟子得到不断成长，为以后的研究工作奠定了基础。

戴元本在回忆文章中写道：“当时的研究工作在相当大的程度上是在封闭条件下进行的，对国际上粒子物理学的新进展的了解往往要靠迟到的国外期刊，国际上对我国的研究工作知之甚少。1957 年至 1962 年间有几位粒子物理学工作者先后在位于前苏联杜布纳的联合原子核研究所工作。这是当时一个对外联系的窗口。”①

在老一辈理论物理学家的垂范下，1960 年前后，部分第二代理论粒子物理学家已做出了优秀的研究工作。如何祚庥、冼鼎昌等合作，在 V-A 弱相互作用、μ 俘获以及双重色散关系等问题上发表了多篇文章；周光召在螺旋度振幅理论、轴矢量流部分守恒理论等方面取得了重要成果；戴元本开展了高奇异位势和非定域位势的 Regge 极点研究，得出在高奇异位势下由于 Regge 极点的分布不同而导致散射振幅高能渐近行为不同的结论；在苏联获副博士学位归国的段一士已在兰州大学培养研究生，并进行基本粒子相互作用、介子衰变、共振态等多方面研究；中山大学的李华钟开始了关于费米子 Regge 轨迹的解析性和阈行为、ρ 介子 Regge 极迹与 π 介子电磁形式因子、弱相互作用 SU(3)对称性的研究。

由于长期的封闭，我国理论粒子物理学工作者难以把握国际粒子物理学的发展方向，对国外同行的研究工作也经常是后知后觉，很多时候只能靠摸索着前进，甚至找个合适的研究课题都不容易。但在胡宁、朱洪元等的带领下，一批粒子理论工作者很快进入强子结构的研究前沿。据李炳安回忆：“记得组里一位老同志曾对我说，以前找个可做的题目十分困难，谁要是找到一个合适的题目，大家都向他祝贺，现在一下子有了做不完的题目。”②

---

① 戴元本，顾以藩. 我国粒子物理研究进展：50 年回顾[J]. 物理，1999，28(9)：548 - 557.

② 李炳安. 我的老师朱洪元先生[J]. 现代物理知识，1995(3)：40 - 41.

“文革”前夕，“北京基本粒子理论组”集体合作，进行了层子模型的研究，如前所述，不仅取得了一系列有意义的结果，更为重要的是培养了一批我国粒子理论研究的中青年骨干，为此后我国理论粒子物理学的发展奠定了基础。

上述研究，除周光召的一些工作在苏联完成，其余基本上都是在国内“自力更生”完成的。

“文化大革命”开始后，中国几乎进入了全封闭状态，科学研究领域也成为一个孤岛。但就在这种环境下，我国的理论粒子物理学工作者仍然做了一些研究工作。如关于J/ψ粒子性质的研究，关于强子结构波函数性质的深入讨论，关于强子质量谱的规律性的分析，以及关于束缚态体系场论方法的试探等。何祚庥、黄涛、张肇西、庆承瑞、阮图南等做了有关复合量子场论方面的多种研究，改造了复合粒子量子场论新体系，从而进一步发展了层子模型。在20世纪70年代中后期，胡宁仍坚持在我国自己提出的层子模型的框架上，继续探讨强子结构和强相作用动力学等问题，其中包括强子的分类和质量谱、它们之间的相互作用及其所满足的运动方程等几个方面的问题，试图得出能够包括新发现的一些粒子现象在内的新理论模型。

正是由于第一、第二代粒子物理学家这样自强不息地坚持研究工作，才使我国的粒子理论研究不掉队、不断线，在改革开放后不久即融入了国际学术潮流之中。

2. 精诚协作，后来者求居上

由于历史原因，中国的自然科学研究，包括粒子物理研究，一直落后于西方。但处于全面追赶阶段的中国粒子物理学家从不甘人后，他们团结合作，以一种后来者居上的自强信念，在不利的条件下仍不断做出一些出色的工作。

在粒子物理学萌芽之际，由于中国在该领域的研究者稀如风毛麟角，采取合作研究，互相取长补短，是他们开展科研的有效方式。新中国成立后，因粒子物理基础薄弱，这种合作研究的方式在一定范围内长期存在。层子模型与规范场研究就是其中的典型代表。

20世纪中期，正值粒子物理学从其母体——原子核物理学中脱胎出来并渐趋成熟之际。强子结构理论是这一时期粒子物理学蓬勃发展的一个重要方面。美国物理学家费米与杨振宁早于1949年就合作提出了π介子是由核子与反核子组成的假说。1955年，日本物理学家坂田昌一进一步把更为基本的粒子数扩充至质子、中子和Λ粒子三种，称之为“基础粒子”，认为各种介子是由基础粒子及其反粒子构成。1964年，美国物理学家盖尔曼与兹维格分别提出了强子(包括各种介子和重子等)由带分数电荷的粒子组成的夸克模型,统一地解释了强子的组成,获得了很大的成功。

与此同时,我国学者对物质结构的认识也在不断深入。20世纪60年代初,张宗燧、胡宁和朱洪元所领导的团队就经常一起讨论基本粒子理论问题。讨论的内容随着国际粒子物理学界主流理论的发展由量子场论中的色散关系逐渐转向了基于群论的粒子对称性理论。后来他们组织了一个由几个单位感兴趣的人员参加的基本粒子讨论班,即后来的"北京基本粒子组"成员。1965年,该组明确地提出了所有强子都由属于物质结构的下一层次的几种粒子组成的观念。此后经过不到一年的认真工作,共发表了42篇研究论文,提出了关于强子结构的理论模型。

何祚庥对这段往事印象尤深。据他回忆:"在那一段激动人心的日子里,北京基本粒子组全体同志是以何等高涨的热情工作着,每天都沉浸在反复的计算和激烈的讨论之中。几乎每天都有新的计算结果出现。几乎每天都忙于组织小型的交流会。"①

1979年诺贝尔物理学奖获得者格拉肖、萨拉姆与温伯格因建立弱电统一理论而在国际理论粒子物理学界享有盛誉。他们都曾在不同场合表达出对中国层子模型研究的认可与赞赏。萨拉姆曾称:"这是第一流的科学工作!"②并积极提倡开展"亚层子"问题的研究;格拉肖提议把构成夸克与轻子的下一级结构成分命名为'毛粒子'(Maons),以纪念已故的毛泽东主席;③温伯格也曾提到:"北京的理论物理学家小组长期以来一直偏爱某个夸克理论,但他们却称之为'层子',而非夸克,因为这些粒子比寻常强子代表着更深层的现实。"④

20世纪60年代,夸克模型只限于讨论由对称性能够得出的强子分类、新粒子预言和粒子的质量、自旋、电荷、磁矩等静态性质;⑤而层子模型不但考虑了对称性,还考虑了强子的高速运动,包含层子动力学的某些信息,是相对论协变的,这些都是其胜于夸克模型之处。但随后几年国际粒子物理学飞速发展,夸克模

---

① 何祚庥.回忆朱洪元先生对我们的教导[M]//朱洪元论文选集.北京:爱宝隆图文,2002:312-320.

② 何祚庥.关于新中国理论物理研究的一段回忆[J].北京党史,2005(1):55-58.

③ GLASHOW S L. Proceedings of the Seventh Hawaii Topical Conference on Particle Physics,1977 [C]. Honolulu: Univ. of Hawaii Press, 1978:161.
HARARI. A Schematic Model of Quarks and Leptons [J]. Physics Letter,1979(B86):83.

④ 温伯格.宇宙最初三分钟:关于宇宙起源的现代观点[M].北京:中国对外翻译出版公司,2000:111.

⑤ 冼鼎昌."层子模型"是强子结构研究的重要开拓[M]//中国科学院科技创新案例:2.北京:学苑出版社,2004:54-57.

型不断得到完善和提高，很快成为国际科学界普遍接受的一种正统理论，而层子模型已经成为止步不前的历史陈迹。但这丝毫不影响它在我国理论粒子物理学发展史上的地位。

中国的理论粒子物理学家在薄弱的基础上，吸收了国外有关理论和思想，后来者居上，集体创造而完成了层子模型。它在理论上和方法上都有创新，研究结果得到了国际同行的认可和好评，是当时我国粒子物理理论研究领域取得的一项重要成果。层子模型的研究工作也为我国粒子物理学的发展奠定了坚实的知识基础和人才基础。这是一个后来者求居上，进行理论创新的典型案例。

早于 1954 年，杨振宁与米尔斯就奠定了非阿贝尔规范场理论的基础。此后，1961 年南部阳一郎（Y. Nambu）将对称性自发破缺概念引入粒子物理；次年，格拉肖提出定域 SU(2)×U(1)规范理论；1967 年温伯格，1968 年萨拉姆分别引入弱相互作用和电磁相互作用统一的模型；1971 年荷兰物理学家特霍夫特与韦尔特曼证明了弱电统一规范理论的可重整化，这一系列基于非阿贝尔规范场的理论研究，都取得了巨大的成就。

上述理论研究都属于对物理系统的微分描述。关于非阿贝尔规范理论的另一方向是将物理学和纤维丛数学相结合，对物理系统进行整体描述。

1971 年，杨振宁来华访问，引起了我国学者进行规范场理论研究的高潮。除前述戴元本与吴咏时合作开展的规范场在粒子理论中的应用研究，侯伯宇与段一士、葛墨林合作完成的 Higgs 场的拓扑性质和规范场的拓扑学微分几何的分析之外，郭汉英、吴咏时、张元仲研究了一种以洛伦兹群为规范群的引力规范理论，中山大学的李华钟、郭硕鸿与高能所的冼鼎昌合作开展了规范场整体表述的研究。他们发展了一个关于磁单极的理论，研究了规范场真空的整体(拓扑)性质。吴咏时也参加了合作。其后四川大学的王佩和内蒙古大学的侯伯元也加入了西北大学的研究工作，高能所的杜东生参与了杨振宁、吴大峻的磁单极研究。此外还有一些数学家参与了此项工作。其中包括复旦大学的谷超豪、胡和生完成的系列规范场数学结构的研究，中科院物理所陆启铿关于规范场与主纤维丛上联络的研究等。

1980 年在广州从化召开的广州粒子物理理论讨论会上，李华钟代表国内几地的规范场理论研究学者在大会做了综述报告。此外，周光召和中国科技大学的阮图南做了关于陪集规范场的研究报告，中国科技大学的赵保恒、阎沐霖做了关于非阿贝尔规范场正则量子化的报告……同朱洪元所做的关于层子模型的报告一起，这些关于规范场研究的报告在会上引起了国内外学者的很大反响。

值得注意的是,“当年国内规范场研究者,就它的开拓者和主力大都不是从国外留学回国的,在当时甚至是未出过国门的‘土包子’。在30年封闭与国外没有直接交流情况下只有凭过时的出版刊物了解国际成就和动向,这一代的物理学者可说完全是‘中国制造’”。①

可就是这些“中国制造”的“土包子”,在我国粒子物理水平已远远落后于西方的不利形势下,团结合作,后来者求居上,做出了一系列出色的工作,也为我国粒子物理学科此后的发展与人才培养奠定了基础。尤其是,国内关于层子模型与规范场的研究工作在国门打开之后,很快为国际同行所了解,为我国学者迅速融入世界粒子物理发展的大潮产生了不可忽视的作用。而这种精诚协作的团结精神与后来者求居上的创新意志,不仅对第一、第二代粒子物理学家而言,对此后的粒子物理学者也产生了深远的影响。

3. 放眼世界,交流中求前进

与其他学科一样,中国粒子物理学界也长期处于封闭状态。而在难得的国际交流中,他们善于把握时机,锐意创新,在国际学术交流中做出了优秀的工作。以下举例说明中国理论粒子物理学家的这种交流中求前进的国际视野。

如前述,在参与苏联杜布纳社会主义国家联合原子核研究所合作研究期间,我国学者凭借杜布纳的高能实验设备,理论研究开始与实验研究相联系,且做出了一系列成就。除王淦昌等人在实验方面取得了惊世发现之外,周光召等理论工作者也充分利用国际交流的机会,取得了举世瞩目的成就。

在杜布纳,周光召在电荷共轭宇称(CP)破坏、赝矢量流部分守恒、相对论螺旋散射振幅的概念和相应的数学描述、用漏失质量方法寻找共振态和用核吸收方法探测弱相互作用中弱磁效应等实验、用色散关系理论研究光合反应等方面做了大量理论研究工作。此外,他还在粒子物理各种现象的理论分析方面做了大量工作,以至于有国外人士称赞“周光召的工作震动了杜布纳”②。

与国外同行进行学术交流,不仅能启发研究思路,而且在甄别、确证研究成果等方面都大有裨益。在杜布纳的一次学术讨论会上,周光召提出了与苏联教授对“相对性粒子自旋问题研究结果”的相反的意见,引起了激烈的争论。周光召未向权威妥协,用了三个月的时间,严格证明了自己的意见,然后把研究结果

① 李华钟.规范场理论在中国:为祝杨振宁先生80大寿而作[J].物理,2002,31(4):249-253.

② 戴明华.周光召[M]//中国科学技术专家传略:理学编:物理学3.北京:中国科学技术出版社,2006:218-230.

写成论文,发表在《理论与实验物理》杂志上。过了些时候,美国科学家在研究中也得到相似的结果。这就是"相对性粒子螺旋态"理论提出的经过。①

1958年,尚在国内的朱洪元从来访的苏联物理学家塔姆(I. Y. Tamm)处得知刚被提出的普适弱相互作用中的V-A理论,便立即领导其小组进行了研究,讨论了介子和超子的衰变过程,并探讨了μ^-介子在质子上的辐射俘获过程,发现一个严格的选择定则。后来朱洪元进一步阐明了其产生原因。在杜布纳期间,朱洪元、冼鼎昌、何祚庥等发现美国物理学家G. 邱从双重色散关系导出的$\pi\pi$方程存在着发散困难,于是他们发展了一个新的不发散的方程,并由他们的研究小组中一个苏联组员带到美国国际高能物理会议上报告。"这成为当时这一会议上的爆炸性的新闻!"②也使得朱洪元"在杜布纳的理论家圈子中声誉鹊起"③。在国际合作的氛围中,朱洪元有了重要的发现,在国际学术界展现了我国物理学家的成就。但在中苏关系恶化之后,这个当时对外交流的唯一窗口彻底关闭了。

"文革"结束后,我国理论粒子物理学家长期对外交流的渴望终于得以实现。1980年召开的广州粒子物理理论讨论会是"文革"后我国理论粒子物理研究蓬勃发展的开端,首开"文革"后在国内举办中外学术交流会议之先河,是中华民族粒子物理理论学者的一次空前盛会。会议不仅在粒子物理理论领域进行了比较广泛的学术交流,而且增进了海内外学者之间的相互了解,加深了友谊。它不仅对我国粒子物理理论研究起到了促进作用,而且对其他学科召开类似会议提供了经验。会后,美国、欧洲一些著名大学和研究机构纷纷邀请我国粒子物理理论学者去访问和工作,讨论会的论文集也在世界范围内发行,产生了广泛的影响。之后不久便出现了中国粒子物理学家出国访问交流的第一次高潮,许多人作为访问学者到国外的高等学校或研究机构做较长时间的合作访问。

从化会议的召开是我国理论粒子物理研究的转折点,也打开了粒子物理领域中外交流的大门。此后的中国理论粒子物理研究完全融入了世界粒子物理研究的大潮,再难以表现出鲜明的本国特色。自从化会议之后,我国的粒子物理理论研究迅速完成了与国际粒子理论研究的接轨。

---

① 戴明华,等. 周光召[M]//中国现代科学家传记:6. 科学出版社,1994:187-196.

② 何祚庥. 记朱洪元教授在粒子物理学的贡献[J]. 现代物理知识,1990(6):1-3.

③ 冼鼎昌. 纪念朱洪元先生[J]. 现代物理知识,1993(2):6-9.

以上几例中所述的中国粒子物理学家，充分利用不可多得的交流机会，通过卓越的创新工作，取得了令世人瞩目的成绩。交流中求前进，这个由前辈粒子物理学家所开创的传统，在后世不断得到发扬光大。

（二）个性精神传统——以朱洪元谱系为例

在中国理论粒子物理学界，朱洪元学术谱系既具有代表性，又具有其特殊性。除了具有前述精神传统外，该谱系还自朱洪元而下，在特定的阶段形成了独具特色的精神传统。

1.“三严”作风

朱洪元的“严”在理论粒子物理学界是公认的。关于这种严谨的学风，何祚庥回忆说：“对于我们这些直接聆听朱洪元先生教导的学生，更强烈地感受到朱洪元先生在学术问题上的一丝不苟的‘严格、严密、严谨’的学风。凡是他亲自指导的工作，不仅仅从命题、立意上亲自把关，而且在方法的选择、计算是否正确上，都事必躬亲。他多次为他的弟子们核算他们的计算结果是否正确，所引用的科学实验数据是否确实可行。我本人就从朱洪元先生的直接教导中获益匪浅。”①

朱洪元“四大研究生”之一李炳安曾在理论计算中得出粒子的电荷不守恒这一不可能出现的结果，并视为“重大发现”而广为宣扬。朱洪元得知后，对之不训斥、不叫停，而是拿起笔来重复李炳安的计算，检查出计算过程中所出现的大大小小共 26 处错误。为验算这个算稿，朱洪元花费了整整两个星期的时间！事后，朱洪元说：“谁叫我是他的老师！既然我是他的老师，我就应该对我的学生负责！我有责任对他进行教育！不过，我也只能做这一次了！他如果接受教训，那算是我‘教导有方’；但如果他不接受教训，那只好由他自己去走！我终究不能管他一辈子！希望他从这一事件中认真吸取教训！”②

不论对学生，对自己，对年轻学者，朱洪元在学术上的要求总是“严”。戴元本也曾回忆：“朱先生学风非常严谨。他对自己的工作非常严谨，他对物理的了解和计算能力都非常强，极少发生错误。他也不能容忍别人工作中的错误，有时近于严肃。朱先生审稿是非常认真的，经常把投稿文章中的公式自己推导一遍，检查有没有错。这种严谨的态度对我有不自觉的影响，但我不能做得像朱先生

---

① 何祚庥.回忆朱洪元先生对我们的教导[M]//朱洪元论文选集.北京：爱宝隆图文，2002：312－313.

② 何祚庥.回忆朱洪元先生对我们的教导[M]//朱洪元论文选集.北京：爱宝隆图文，2002：312－313.

那样好。”①

朱洪元根据其在北大讲课和青岛讲学基础上写成的《量子场论》一书结构严谨、逻辑严密、推导严格，成为中国粒子物理学界几代人的教科书、参考书。其弟子黄涛称：“后来几次想提笔写一本新的量子场论参考书，总感到要写出一本包含最新量子场论发展的像朱先生那样结构严谨、逻辑严密、推导严格的书是很不容易的。”②

2. “以勤补拙”

“以勤补拙”本是朱洪元的弟子、现为中科院院士的张肇西的自谦语，反映出了朱洪元培养弟子及其对科学研究的另类严格。黄涛与张肇西都对此印象尤深。

20 世纪 60 年代，中国的研究生培养制度尚未完善，在刚完成本科学业的弟子们入门之初，朱洪元会安排他们阅读如狄拉克《量子力学原理》之类的经典著作及当时学界的前沿研究方向如色散关系方面的几篇经典论文。经过一段时间之后，朱洪元会组织一个学术小组，要学生在小组中汇报其对所学习、阅读经典文献的理解与体会。朱洪元及小组其他成员会随时提出问题，甚至使得报告人“难以招架”，而只得以“可能”、“我想”、“大概”等词来应对。每遇到这种情况，朱洪元就会毫不客气地说：“科学问题懂就是懂，不懂就是不懂，你就是不懂，今天的报告到这里，下去搞懂以后，下星期再讲。”③如此当头一棒，逼着弟子再埋头苦干。几次三番，直到学生对所布置的特定文献完全掌握为止。经过这段时间的阅读-报告训练，使得弟子对某一方面的研究前沿迅速得以了解。

张肇西在这种反复的“阅读-报告”中感受到了老师施于其身的认真、负责的精心教导，“以勤补拙”，从而不断地在学术上取得进步。他还有意识地按老师培养自己的这种方法来培养自己的学生，从而使这种严格的学术训练在后代弟子中得到了传承。④

3. “直接上前沿”

对于入门不久的学生，除了上述“阅读-报告”的培养方式外，在“时间紧、任务急”的情况下，朱洪元会安排学生以“拿来主义”的态度，在前人的研究基础上，

---

① 戴元本. 怀念朱洪元先生[M]//朱洪元论文选集. 北京：爱宝隆图文，2002：321.

② 黄涛. 回忆我的导师朱洪元先生[M]//朱洪元论文选集. 北京：爱宝隆图文，2002：330.

③ 黄涛. 回忆我的导师朱洪元先生[M]//朱洪元论文选集. 北京：爱宝隆图文，2002：329.

④ 张肇西. 回忆朱洪元导师指导我做研究：怀念朱洪元老师[M]//朱洪元论文选集. 北京：爱宝隆图文，2002：332－334.

直接开展前沿研究，而跳过系统学习预备知识的阶段。

在层子模型联合攻关之初，朱洪元要求学生很快从原计划开展的色散关系研究直接转到基本粒子结构理论研究中。而其弟子们原先所学习的都是为研究色散关系所需的解析函数理论和量子场论中的 ***S*** 矩阵形式理论，对新的研究方向所需的 SU(3)群等基础知识并无准备。在研究机遇来临时，朱洪元断然决定改变方向。为了迅速"冲上"研究的前沿，如何处理好学习和掌握必要的工具等准备工作与立即开展研究的关系，如何处理好追求数学形式的美与追求物理实质的深入等关系变得十分突出，成为必须解决的问题。朱洪元为了使学生迅速开展前沿研究，不断给学生"施压"，要求他们在掌握必要的工具上走速成之路，而不是按部就班地系统学习。他向学生传达了这样一种思想：在追求数学形式的"漂亮"和追求物理实质的关系上，应该注重后者。他首先要求得到正确的物理结果，而对于学生是采用"笨方法"还是"巧方法"得到则不太在意。张肇西认为，正是在老师这样"手把手"指导和"压迫"下，他才完成了自己的第一次完整的科学研究过程。从那之后，才真正开始了研究理论物理的人生道路。①

朱洪元的另一弟子杜东生也对此印象深刻。他在毫无基础的情况下接受了层子模型的研究任务。他开始为此"犯嘀咕"，并去找老师，说自己还要学点东西后才能上阵做计算。朱洪元当时就严肃地告诉他："做研究要在前人成果的基础上做。有些东西人家已经做好的结果，就可全拿来用。关键是要知道人家的结果是对的。……因为我们要抢时间，不可能什么都从头来。"这一番话立即让杜东生"清醒"了过来。后来他自己做了导师，用同样的方法带他的学生，也"取得了良好的效果"。现为南开大学教授的罗马在师从杜东生之后，也被"逼上了第一线……一改死读书的习惯，在 QCD 研究方面思想活跃，文章不断，成了高产作家"。②

关于培养研究生，是否需要开课的问题，朱洪元曾于 20 世纪 80 年代末有如下论述："至于是否开课是次要问题。可以开，可以不开。美国的研究生要上课。英国的研究生随便，他们主要依靠参加学术讨论班来熟悉大学课程中没有教的新的科研成果和研究方法。导师选择一系列重要论文后，由各研究生分别钻研，然后在讨论班上报告，并进行讨论，由导师指引。"③显然，在英国攻读研究生并

---

① 张肇西. 回忆朱洪元导师指导我做研究：怀念朱洪元老师[M]//朱洪元论文选集. 北京：爱宝隆图文，2002：332 - 334.

② 杜东生. 朱先生教我如何做研究[M]//朱洪元论文选集. 北京：爱宝隆图文，2002：336.

③ 朱洪元. 我的一点意见[J]. 学位与研究生教育，1989(1)：25.

获得博士学位的朱洪元培养研究生所因循的正是英国的传统。跳过系统的课程教学，而是在科研实践中锻炼学生，是他认为行之有效的方法。为了论证这一点，他还特地提到了自己的得意门生："高能所理论室的李炳安、黄涛、杜东生等考取我所研究生后，正值'层子模型'的研究工作开展之时，他们通过参加这些研究工作和以后的努力，很快就成长起来。20 世纪 60 年代我国还没有建立学位制度，但现在他们都是博士生导师了。"①

朱洪元在科学研究和人才培养中的严谨、严格、严密，无疑是其传授给弟子们的最宝贵的财富。正如杜东生所言："他的严谨的学风、做研究的方法会一代一代永远传下去，并被后辈发扬光大。"②

三、中日学术传统的简单比较与讨论

众所周知，近代科学发源于欧洲，而后传至世界各地。同处东亚，中国与日本包括粒子物理在内的近代科学无不移植自西方。作为科学后发国家，两者在粒子物理学科的建立与发展、学术谱系的成长与发育、学术传统的形成与演变等方面有共同点，也有不同之处，具有一定程度的可比性。以下我们从学科发展环境、起步时段，谱系顶层人物的学术背景、经历，社会、政治因素的影响等方面，对中日两国加以比较，以期就理论粒子物理学家学术传统的形成，得出一些粗浅的认识。

日本的理论物理学家学术谱系中，最耀眼的无疑是长冈半太郎-仁科芳雄学术谱系（见图 5.9）。长冈半太郎（Nagaoka Hantaro）1887 年开始在东京帝国大学攻读物理学研究生时，所研究的课题就是英籍教师诺特（C. G. Knott）在赴日之前所研究课题的继续。1893 年已在国内获得博士学位的长冈赴德国留学，受教于物理学大师赫姆霍茨（H. Helmholz）与玻尔兹曼（L. Boltzmann）。他热衷于原子论的研究，在留学期间得到发现 X 射线的消息后，立刻将其介绍到日本国内，使日本开展起正式的研究。1896 年回国后，长冈继续进行物理学研究，并精心培养和指导学生开展研究工作。1900 年，他出席国际物理学会议时得到居里夫妇关于镭的放射性实验研究成功的消息，很受启发，终于 1903 年提出原子结构的第一个核式模型——"土星型原子模型"。

---

① 朱洪元. 我的一点意见[J]. 学位与研究生教育，1989(1)：25.
② 杜东生. 朱先生教我如何做研究[M]//朱洪元论文选集. 北京：爱宝隆图文，2002：337.

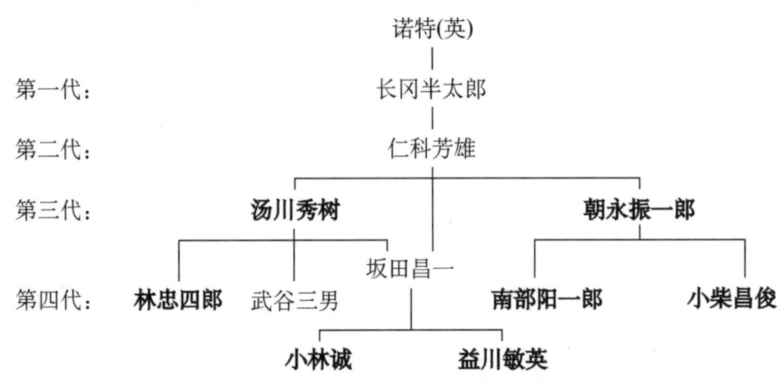

图 5.9　长冈-仁科学术谱系(以粗字体表示诺贝尔奖获得者)

1917 年,长冈任刚成立的东京大学理化研究所物理学部长。次年,在其劝导下,仁科芳雄立志师从于他,从事物理学研究。研究生毕业后,仁科立即被派往欧美留学,师从卢瑟福、玻尔等科学大师。八年后,仁科回到日本,成为长冈之后日本现代物理学研究的领袖。同时,他也将哥本哈根精神带到了日本,注重理论与实验相结合,提倡学术上的自由、民主。他还先后邀请狄拉克、海森堡(W. Heisenberg)、玻尔访日,与国际同行保持密切的联系。在仁科的培养与熏陶下,汤川秀树、朝永振一郎、坂田昌一等第三代物理学家很快就脱颖而出。在仁科研究室内,实行共同研究的机制。仁科本人就曾与朝永振一郎、坂田昌一等人合作进行多方面的理论、实验研究。他还支持、推动成立以汤川秀树、朝永振一郎为中心的介子论研究组。这对于他们此后做出举世瞩目的粒子物理研究成果至关重要。

在引进西方科学技术之前,中国与日本走过了一段相似的发展道路,从闭关锁国,到被西方列强以武力叩开大门。意识到落后的封建王朝决心改革,开始学习、引进西方科学技术。但不同的是,日本在学习西方科技知识的同时,全方位地借鉴、吸收了西方科学和教育的体制、机制,实现了"华丽转身",从此高速发展,很快成为世界强国之一。而长期受封建传统桎梏的中国却放不开老祖宗的遗训,"中学为体,西学为用",只片面地学习与引进西方的工程技术,"师夷长技",却不知夷技何长,故而不能制夷,却仍为夷制。甲午战争的胜败结局,宣告了日本明治维新的成功和中国洋务运动的破产。[①] 需要指出的是,胜败之分,不仅在于战争,同时也体现在经济、科技、文化等诸方面,也反映在中日粒子物理学

① 王冰. 中国物理学史大系:中外物理交流史[M]. 长沙:湖南教育出版社,2000:177.

家学术谱系的发源。长冈在赴西方留学之前，已经在本国师从外籍教师接受了研究生教育。而当他于1893年获得博士学位时，12岁的中国第一位物理学博士李复几还在接受家塾教育。长冈归国后即带领团队开展起物理学研究，而李复几归国后则一直在工业部门从事技术工作，从此告别了物理学。

撇开未形成学术谱系的李复几不论，与之同为中国第一代物理学家的胡刚复、饶毓泰年龄与仁科相若，在20岁前后赴美留学时，还没有接受过系统的大学教育。他们都在美国渡过了约10年的光阴才获得博士学位，于30岁左右回国工作。之后，他们都曾于多个学术单位工作，为中国物理学的发展培养了大批人才。但他们在物理学研究方面的建树，与在国外期间已难相比拟。尤其使我们感兴趣的是，在南京高等师范学校与南开大学，胡刚复与饶毓泰分别启蒙了一位学生：吴有训与吴大猷。此"二吴"是中国第一代理论粒子物理学家（属于中国第三代物理学家）的物理启蒙老师（见表5.2）。

在日本，从长冈到仁科，再到汤川、朝永，从原子分子物理研究到原子核物理、粒子物理研究，历经三代，已开始接连做出诺贝尔奖级的成就。而在中国，从胡刚复、饶毓泰到吴有训、吴大猷，再到张宗燧、彭桓武、胡宁，也是从原子分子物理研究到原子核物理、粒子物理研究，同样历经三代，却只是使理论粒子物理学科在中国建立，学术谱系开始形成，相比日本连摘诺奖桂冠的盛况相去甚远，不可比肩。个中缘由，着实值得深思。

明治维新以来，日本全面向西方学习，营造了一种有利于科学发展的社会环境。长冈在国内就能攻读博士学位，在国外得到发现X射线的消息，并将之介绍到日本时，即刻就在日本掀起了物理研究之风。中国也较早地得到了发现X射线，乃至发现镭的消息。1898年出版的《光学揭要》[①]、1899年出版的《通物电光》[②]，及一些报刊都介绍了X射线的发现（1895年）及其性能。但结果只是使国人了解了这个发现而已，当时国内还不具有能够开展起相关研究的科学机构与科学家。

在原子物理、原子核物理发展的关键时期，日本人就较早地参与了前沿物理学研究，长冈提出的土星型原子模型为其代表性成就之一。尤其重要的是，以长冈为代表的日本第一代物理学家的辐射作用在开明的社会体制下得到了较好的

---

① 由美国传教士赫士（Watson McMillen Hayes）与朱葆琛合作编译而成。

② 美国莫尔登（W. J. Morton）和汉莫尔（E. W. Hammer）合撰，英国传教士傅兰雅（John Fryer）与王季烈合译。

发挥。长冈对日本物理学最大的贡献可能还不是其原子模型等成就，而是他培养了以仁科芳雄为代表的一批优秀的日本第二代物理学家。需要指出的是，长冈对仁科的培养是研究生阶段的教育与训练。这与第一代中国物理学家胡刚复、饶毓泰对吴有训、吴大猷的培养截然不同，后者只是大学阶段的基础教育。据吴大猷回忆，他在南开大学读书时物理系的毕业生仅他一人，教授也仅有两人，所有物理方面的课程全由饶毓泰一人讲授，另一教授只教电机方面或应用方面的课程。① 如此简陋的物理系，自然难以对学生进行全方位的培养。而军阀混战的社会环境，也根本不可能为科学教育提供有益的土壤。

仁科于1920年代赴欧洲留学时，正值量子力学创建与发展的重要时期。虽然粒子物理作为一个独立学科始于20世纪50年代，但以量子场论为基础，与核理论一脉相承的粒子理论早于20世纪20年代末既已诞生，且此后近半个世纪一直处于快速发展中。仁科在这个重要的阶段适时参与了西方同行的理论创新，与人合作提出了克莱茵-仁科(Klein-Nishina)公式。经过剑桥大学卡文迪什实验室、哥廷根大学、哥本哈根研究所几个世界著名的物理研究中心的培养、训练与熏陶，仁科回到日本不久就建立了自己的研究团队。几个欧洲物理重镇的科学传统也随之浸透了仁科研究室。理论与实验并重，注重团队精神，仁科实验室很快领日本物理学研究风气之先，并成为新的辐射中心，进而培养了朝永振一郎、汤川秀树与坂田昌一等世界一流的粒子物理学家。吴有训也于20世纪20年代赴美留学，并且师从物理大师A. H. 康普顿做出了重要的研究成果。20世纪30年代赴美留学的吴大猷，也有优秀表现。但在他们回国后，国内环境依然不容乐观。除了像他们的老师一样，在为数不多的几个学术机构教书育人之外，他们也试图培养、训练学生参与物理研究实践，在战乱中还零星开展了研究生教育。但在这一时期，他们难以在本土培养出优秀的物理学家。受到他们物理启蒙的中国理论粒子物理的几位拓荒者赴海外留学时才掘得其粒子物理研究的“第一桶金”。

经过两代人的积淀，在仁科的培养下，或者说在仁科研究室优秀科研传统的熏陶下，日本第三代物理学家朝永振一郎、汤川秀树与坂田昌一立足于日本国内，做出了世界一流的理论粒子物理研究成果。从此，日本成为世界物理学研究的重要国度之一。而中国第三代物理学家张宗燧、彭桓武、胡宁、朱洪元赴欧美

---

① 吴大猷述，黄伟彦，叶铭汉，戴念祖整理，柳怀祖编. 早期中国物理发展之回忆[M]. 上海：上海科学技术出版社，2006：6.

留学时已是 20 世纪 30 年代后期至 40 年代中后期。入门较晚倒不是他们的最大问题，在留学期间，他们追随国外导师做出了优秀的科研工作。可以预想，如果他们在国外继续从事之前的前沿研究，其发展前景可能值得乐观。问题在于他们回了国，而且回国之后进入了一个几乎完全封闭甚至混乱的环境。信息闭塞，使他们难以了解西方粒子理论发展的前沿；基础薄弱，也使他们一时难以跟上国际同行前进的步伐。间断从事的零碎的理论研究，自然难以在以他们为源头建立的学术谱系基础之上形成稳定发展的研究传统。

对比中日两国对于西方科学的移植，不难看出两者的差距。日本引进现代科学时，也引进了自由开放的科学传统。经过长冈、仁科两代人的努力，日本的第三代物理学家已能接受前沿的科学教育与训练，并具备适宜的科研环境，有成就卓著的前辈物理学家的指导与支持，且有机会接触西方科学大师，无障碍地与国际同行进行学术交流，使得日本物理学界形成了良性循环且可持续发展的研究传统与精神传统。1922 年，16 岁的朝永就有机会听到爱因斯坦的演讲而激发起研究物理学的热情；而半个世纪以后，中国的第三代粒子物理学家因“文革”之故，仍然未能接受系统的大学教育。他们的一些前辈，部分第二代粒子物理学家还在从事着对爱因斯坦相对论的“批判”。①

在中国部分第一、第二代粒子物理学家投身于核武器研制及此后不久爆发的“文化大革命”期间，长冈-仁科谱系中的第四代已在粒子物理领域做出了后来使他们获得诺贝尔奖的成就——南部阳一郎于 1961 年将超导理论中的“对称性自发破缺”概念引入粒子物理中；小林诚(Kobayashi Makoto)和益川敏英(Toshihide Maskawa)于 1973 年提出解释 CP 对称性破缺并预测 6 种夸克存在的小林-益川理论。

中国的粒子物理学本身起步较晚，投身于核军工的一批物理学家一时无暇顾及纯学术研究。如周光召虽在苏联杜布纳做出了赝矢量流部分守恒定理等出色的理论粒子物理研究成果，但随后他就与其老师彭桓武一样投入了核武器研制，彭桓武甚至从此再未涉足理论粒子物理领域。这就造成了“理论粒子谱系表”中，彭桓武的谱系呈现周光召一枝独秀的结果。随后的“文化大革命”几乎使所有科学活动搁浅。更有甚者，张宗燧于 1969 年被迫害自杀身亡，其谱系主要由三个研究生(戴元本、侯伯宇、朱重远)传承下去。经过如此“折腾”，中国理论粒子学术谱系的发展自然减缓，构建于学术谱系之上的学术传统也难以发展。

---

① 胡化凯.“文革”期间的相对论批判[J]. 自然辩证法通讯，2006，28(4)：61－70.

而在日本，无论是第二次世界大战前还是战中，以仁科芳雄为代表的一批物理学家都未曾因战事而放弃学术研究。虽然仁科芳雄也卷入了战时研究，“但是，他们当中的许多人……对防御系统的研究并无多大热情。……没有为达到工程目的而十分努力”。“当美国物理学家围绕着制造原子弹的目的改进他们的回旋加速器时，仁科芳雄几乎是反其道而行”。① 战后，为防止日本研究原子弹，美国将其所有的回旋加速器拆毁并扔入大海。未有核武器研制的经历，使得日本的粒子物理学相对于核物理的依附远不及中国久远。战争也未导致日本物理学研究的中断，遑论其他因素，这是中国无法比拟的。此外，现代日本没有发生像中国的“文革”一样的混乱。南部阳一郎称：“人们会奇怪为什么本世纪日本最糟糕的数十年却是其理论物理学家最富创造性的时代……或许这个时期太特别了，根本就不能给予解释。”②其核武器研制的阙如，以及物理学家追求纯学术研究的信念，可能是说明这个问题的重要因素。

张宗燧、胡宁等理论粒子物理学家在国外曾与玻尔、泡利、狄拉克、海特勒、费曼等理论物理大师合作、交流，掌握国际粒子理论研究的前沿。而回到封闭的中国之后，来自大师的交流、指导就此中断。他们也只能自主地找一些感兴趣的课题进行研究；或从滞后的国外杂志中了解一些同行的信息，受别人的启发、影响而做一些可能是跟踪性的研究，自然也难执世界理论研究之牛耳。落后在先，基础薄弱，中国粒子物理学家自然难以引领潮流，形成鲜明的研究传统。就整个学科的宏观整体而论，在科技全球化的趋势下，随着国际交流的进程，别说是在后发国家，即便是那些西方发达国家的粒子理论家们，其小集体的研究传统亦不可避免地趋于淡化。

至于中国理论粒子物理学家的精神传统，共性的抑或个性的，都不可避免地呈逐渐淡化的趋势。

先就朱洪元学术谱系的个性精神传统而论。客观地说，“三严”只是朱洪元的一个优秀学术作风，超常而非独具。即便其弟子们将该作风“一代一代永远传下去”，也未必就会“被后辈发扬光大”。可能性更大的则是这种超常的“三严”作风逐渐淡化，“泯然众人矣”。至于“以勤补拙”的反复“阅读-报告”训练和只争朝夕的“直接上前沿”的科学研究与人才培养方法，至今仍然适用。但在研究生培养制度日益完善的情况下，系统学习基本上已成为踏入科研的必要前提。这些

① 冈本拓司.科学与竞争：以日本物理学为例：1886—1949[J].科学文化评论，2006，3(2)：38－52.

② 布朗 L M，南部阳一郎.战时日本的物理学家[J].科学(中译)，1999(3)：45－48.

方法所能适用的时机与范围也并不广泛。由此可知，由朱洪元所确立并在两代弟子之间传承的这种精神传统，如今仍能在一定范围内得以传承，但传至久远，则不免式微。

再论中国理论粒子物理学家的共性精神传统。我们应该注意到，时过境迁，其存在、传承的一些前提条件、基础已不复存在。学术研究的封闭环境已一去不返，相比过去的量力而为，现在大可以“甩开膀子”跟国际同行竞争了。精诚协作当然还是必要的，但在过去那种特定环境中形成的“同仇敌忾”的研究气氛已为“携手共进”所取代。尽管先辈是“后来者”，但几代之后的晚辈却已成为国际同行的“并行者”。努力攀登，跨越高峰，是大家共同的信念。不拘国内、国际，从事粒子理论研究者的精神面貌已无甚本质不同。至于积极交流的传统，过去存在，当今仍存在，但早已不似过去那般渴望，无需过去那般艰辛。如今国际同行之间的学术交流几乎已是从事前沿学术研究者的“家常便饭”，依然珍视，却少了诸多企盼。

因而我们对于中国理论粒子物理学家学术传统的结论，亦如这门学科、这个群体的另一半——高能实验物理学家一样，在其学术谱系半个多世纪的发展中，未能形成稳定传承的研究传统；而于早期形成的精神传统，在改革开放之后也逐渐淡化。高能实验物理如此，理论粒子物理更甚。高能实验物理研究团队虽有交流，但受仪器设备的限制，各自的研究方式、方法、风格、特色或多或少地会有所不同；而理论粒子物理研究只需具备一定的理论功底，了解国际前沿的(实验与理论)研究状况，即可开展工作。交流频仍，则特色无多，“地球村”中已鲜有特立独行者。

第五节 中国理论粒子物理学家学术小传

马仕俊

马仕俊(1913—1962)，北京人。1935 年毕业于北京大学，1937 年赴英国剑桥大学留学，1941 年获博士学位，随后回国，任教于西南联大。1946 年赴美国普林斯顿高级研究院工作。1947 年起，先后在爱尔兰都柏林高等研究院、芝加哥大学核物理研究所和加拿大国家研究院做研究工作，1953 年赴澳大利亚悉尼大学工作，直至去世。

自赴英留学起，马仕俊在介子场论理论及方法等前沿领域进行了系统的研究，取得了一系列成果。1945 年后，马仕俊对量子场论的基本理论和方法开展了系统的研究。首先发现了 **S** 矩阵的著名的多余零点，这是 **S** 矩阵理论发展中的一个重要进展。指出 E. 费米处理量子电动力学方法的一个困难，从而导致一年后重要的古普塔-勃洛勒方法的产生。他还对 **S** 矩阵理论和量子电动力学的基本理论进行了深入的研究，做出了系列成果。①②

张宗燧

张宗燧(1915—1969)，浙江杭州人。1934 年毕业于清华大学，1938 年获英国剑桥大学博士学位。此后于丹麦哥本哈根大学理论物理研究所、瑞士苏黎世高等工业学校从事研究工作。1939 年回国后到重庆中央大学任教。1945 年再度出国，在英国剑桥大学、美国普林斯顿高等研究院进行研究与教学工作。1948 年回国后，任教于北京大学物理系、北京师范大学物理系。1956 年到中国科学院数学研究所工作，任理论物理研究室主任，直至去世。1957 年当选为中国科学院学部委员。

主要从事理论物理特别是统计物理、量子力学和量子场论等方面的研究工作。20 世纪 30 年代在合作现象特别是固溶体的统计物理理论等方面取得多项研究成果。在量子场论形式体系的建立特别是高阶微商、约束系统的量子场论等研究方面有所创见，取得多项有影响的成果。20 世纪 40—60 年代在场论的数学形式、洛伦兹群的表示、重正化理论、统计理论、色散关系、层子模型等方面做了大量研究，取得多项成果。③④

彭桓武

彭桓武(1915—2007)，生于吉林长春，籍贯湖北麻城。1935 年毕业于清华大学。1940 年获英国爱丁堡大学哲学博士学位，1945 年再获该校科学博士学位。在国外期间，曾于爱尔兰都柏林高等研究院从事研究工作。1948 年回国

---

① 刘辽. 马仕俊[M]//中国现代科学家传记：6. 北京：科学出版社，1994：179 - 181.

② 高崇寿. 马仕俊[M]//中国科学技术专家传略：理学编：物理学卷 2. 北京：中国科学技术出版社，2000：98 - 103.

③ 喀兴林. 张宗燧[M]//中国现代科学家传记：5. 北京：科学出版社，1994：133 - 138.

④ 陈毓芳. 张宗燧[M]//中国科学技术专家传略：理学编：物理学卷 2. 北京：中国科学技术出版社，2000：188 - 198.

后，曾任云南大学、清华大学教授，中国科学院近代物理研究所、物理研究所、原子能研究所、高能物理研究所副所长，理论物理研究所所长、名誉所长，第二机械工业部第九研究所副所长，第九研究院副院长等职。1948 年当选为爱尔兰皇家科学院院士。1955 年当选为中国科学院学部委员。

长期从事理论物理的基础与应用研究，先后开展了关于原子核、钢锭快速加热工艺、反应堆理论和工程设计以及临界安全等多方面的研究。对中国原子能科学事业做了许多开创性的工作。对中国第一代原子弹和氢弹的研究和理论设计作出了重要贡献。1982 年获国家自然科学奖一等奖，1985 年获国家科技进步特等奖，1995 年获何梁何利基金科学与技术成就奖。1999 年被国家授予"两弹一星"功勋奖章。①②

胡宁

胡宁(1916—1997)，江苏宿迁人。1938 年毕业于清华大学。1943 年获美国加州理工学院物理学博士学位。此后于美国普林斯顿高等研究院进修，在欧美各地进行访问研究。1950 年回国，任北京大学物理系教授，直至去世。其间曾兼任中国科学院近代物理研究所、物理研究所、原子能研究所、高能物理研究所和理论物理研究所研究员。1955 年当选为中国科学院学部委员。

早年致力于流体力学中湍流理论的研究。20 世纪 40—50 年代，对介子的核力理论和广义相对论、***S*** 矩阵理论、量子电动力学和粒子理论、高能多粒子产生理论和强相互作用理论等做了深入研究，取得了多项成果。60 年代中期与朱洪元共同领导建立和发展了强子内部结构的层子模型理论工作，并对有关问题作了系统研究，获一系列成果。对高能物理实验中发现的大量新强子和新现象做了分析并对强子结构和强相互作用动力机理做了探讨。③④

朱洪元

朱洪元(1917—1992)，江苏宜兴人。1939 年毕业于同济大学。1948 年获英

① 黄祖洽. 彭桓武[M]//中国现代科学家传记：1. 北京：科学出版社，1991：146 - 153.
② 黄祖洽. 彭桓武[M]//中国科学技术专家传略：理学编：物理学卷 2. 北京：中国科学技术出版社，2000：210 - 218.
③ 关洪. 胡宁[M]//中国现代科学家传记：1. 北京：科学出版社，1991：154 - 158.
④ 关洪. 胡宁[M]//中国科学技术专家传略：理学编：物理学卷 2. 北京：中国科学技术出版社，2000：219 - 228.

国曼彻斯特大学哲学博士学位。1950 年回国后，长期工作于中国科学院近代物理研究所、物理研究所、原子能研究所、高能物理研究所。曾任高能物理研究所理论研究室主任、副所长、所学术委员会主任，并曾兼任中国科学技术大学近代物理系副主任。1980 年当选为中国科学院学部委员。

20 世纪 40 年代全面研究了高速荷电粒子在磁场中运动时所发出的电磁辐射的性质。60 年代深入探讨了利用色散关系和幺正条件建立低能强作用的理论问题，并对含有光子、电子、中子和原子核的高温、高密度系统内部的输运过程等做了深入研究，取得了多项成果。60 年代中期与胡宁共同领导一些学者提出并系统研究了层子模型理论，开辟了强子内部结构理论研究的新领域。在推进中国物理学研究事业、北京正负电子对撞机研制等方面做了大量工作。[①②]

汪容

汪容(1923—2007)，笔名柯之、翁以文、宛夏，江苏无锡人。1945 年毕业于浙江大学物理系。曾任中央研究院物理研究所(北碚)助理员；1952—1959 年任中国科学院《科学通报》编辑；1959—1961 年在苏联杜布纳联合核子所工作和进修；1961—1979 年于中国科学院原子能研究所、高能物理研究所任助理研究员、理论研究室副主任、副研究员；1979—1981 年任中国科技大学研究生院物理部副研究员；1981—1990 年历任浙江大学副研究员、教授、博士生导师，浙江近代物理中心副主任。

参与了“层子模型”研究，获 1982 年全国自然科学二等奖。著有《量子规范理论》。

殷鹏程

殷鹏程(1923—)，安徽贵池人。1947 年毕业于浙江大学物理系。曾任同济大学物理系理论物理教研室主任，上海市物理学会副理事长。

长期从事理论物理、基本粒子理论的教学和研究。先后在 Regge 极点、粲夸克、孤子解附近的量子展开、规范场论、强子结构的袋模型及超对称等方面进行了一系列研究。著有《基本粒子探索》、《量子场论纲要》等。

---

① 冼鼎昌. 朱洪元[M]//中国现代科学家传记：4. 北京：科学出版社，1993：149 - 154.

② 冼鼎昌. 朱洪元[M]//中国科学技术专家传略：理学编：物理学卷 2. 北京：中国科学技术出版社，2000：236 - 242.

李文铸

李文铸(1924—2011),湖南湘潭人。1945 年浙江大学物理系本科毕业,1949 年浙江大学研究生毕业。1949—1994 年在浙江大学物理系任教,其间于1952—1957 年在中国科学院原子能所做访问学者。1978 年晋升为教授。1986—1987 年赴美国加州大学伯克利分校物理系、劳伦斯实验室做访问研究。1989—1990 年应邀赴美国加州理工学院、布朗大学、犹他大学物理系进行合作科研和讲学。曾任浙江大学物理系主任、副校长,国家教委应用物理教材编审委员会主任委员,浙江省物理学会理事长。

张礼

张礼(1925—),安徽祁门人。1946 年毕业于辅仁大学,任山东大学、辅仁大学助教,1950 年后任北洋大学、南开大学讲师。1953 年赴苏联列宁格勒大学进行研究工作,1956 年获副博士学位。1957 年回国后一直在清华大学工作,参与组建工程物理系。1958 年任副系主任,1981 年任系主任,1982—1984 年任物理系主任,1982—1990 年任近代物理研究所所长。

长期从事理论物理的教学和研究工作。20 世纪 50 年代首创的多电子系统中正电子湮没理论此后经常被人们引用。在高能核子-核子碰撞理论、微扰量子色动力学理论方面进行研究,其中多胶子过程螺旋度振幅量技术等方面合作研究的成果在国际上有一定影响。1995 年开始进行玻色-爱因斯坦凝聚的研究。①

何祚庥

何祚庥(1927—),生于上海,籍贯安徽望江。1951 年于清华大学物理系毕业后到中共中央宣传部理论教育处、科学处工作。1956 年后工作于中国科学院物理研究所、原子能研究所、高能物理研究所。1978 年后工作于中国科学院理论物理研究所,曾任副所长。1980 年当选为中国科学院学部委员。

主要从事理论物理学、科学哲学等方面的研究。在物理学方面,在弱相互作用方面做了一系列工作,对 V - A 型弱作用理论的物理效应等问题进行了研究。

---

① 结缘清华育英才:张礼口述[M]//郑小惠,董庆钧,高瑄.清华记忆:清华大学老校友口述历史.北京:清华大学出版社,2011:235 - 249.

关于 μ^- 子的辐射俘获和极化 μ^- 子在极化核中的俘获的工作，发现了一系列新的选择法则。首次提出 Chew-Mandelstam 方程有严重错误。为国防任务进行光子输运、中子迁移、高温高压物态方程、辐射流体力学等问题的研究。对层子模型进行了合作研究，并建立了一个复合粒子量子场论的新体系。在科学哲学方面，着重探讨了粒子物理研究中有关马列主义的哲学问题。近年来，又转向宇宙论、暗物质问题的研究。先后探讨了中微子质量问题、双 β 衰变理论、暗物质的候选者问题。在哲学方面，探讨了粒子的可分性、场的可分性、真空的物质性、宇宙有无开端、宇宙大爆炸从何而来、量子力学的测量过程是否必须有主观的介入等问题，提出了一些新观点。①

郭硕鸿

郭硕鸿（1928—　），广东中山人。1950 年毕业于岭南大学物理系。1980 年赴美国加州大学洛杉矶分校进行基本粒子研究。长期任教于中山大学，并从事基本粒子理论研究。

与人合作在经典规范场理论研究中，用规范不变性严格计算了介子的辐射衰变，对非阿贝尔规范场的磁单极给出无奇异弦的解析表达式。在格点规范理论系统研究中发展了哈密顿变分法，提出了保持连续极限的截断本征方程方法。科研成果曾获国家及省部级自然科学奖。所著《电动力学》获国家教委高等学校优秀教材一等奖。

戴元本

戴元本（1928—　），生于江苏南京，籍贯湖南常德。1952 年于南京大学毕业后，任教于南京工学院。1958 年考入中国科学院数学研究所攻读研究生，1961 年毕业后留所工作，1978 年调入中国科学院理论物理研究所。曾任中国高能物理学会理事长。1980 年当选为中国科学院学部委员。

主要从事量子场论和粒子物理理论方面的研究，并在奇异位势和非定域位势的 Regge 极点理论、层子模型研究、非交换群规范场论中费米子的电磁形状因子的高能渐近行为和重强子物理等方面取得一系列成果。1963—1964 年间研

---

① 戴禾淑．何祚庥[M]//中国科学技术专家传略：理学编：物理学卷 3．北京：中国科学技术出版社，2006：142－160．

究了奇异位势和非定域位势的 Regge 极点，指出在高奇异位势下由于 Regge 极点的不同分布导致散射振幅有与通常理论不同的高能渐近行为。1965—1966 年，他是北京基本粒子组关于“层子模型”合作研究的主要带头人和主要贡献者之一，在层子模型的计算方法和一些物理过程的研究方面做出了贡献，并对层子模型中的强子内部波函数和层子间相互作用的性质做了详细探讨。1975 年他与人合作研究了非阿贝尔群规范场论中费米子的电磁形状因子，得到了直到三圈图的高能渐近行为，并指出此形状因子的渐近形式是指数化的。近年来，在手征对称性动力学自发破缺的计算方法、含有一个重夸克的重强子（包括高角动量态）束缚态波函数、量子色动力学求和规则、中微子振荡中的 CP/T 破坏等方面做出了一系列工作。1982 年获国家自然科学二等奖。[①②]

段一士

段一士（1928—　），生于北京，四川武胜人。1951 年毕业于南京大学物理系，1956 年获苏联莫斯科大学理论物理学副博士学位。1958 年至今在兰州大学工作，曾任物理系主任、理论物理研究室主任、理论物理研究所所长，甘肃省物理学会理事长。

主要从事广义相对论和规范场、粒子理论方面的研究。1979 年提出规范势可分解和具有内部结构的思想，提出广义相对论中新的能量动量守恒定律。与人合作开展的“经典规范场理论研究”取得了一定的成果。提出的“广义相对论中的能量动量守恒定律”获 1985 年国家教委科技进步奖一等奖。

周光召

周光召（1929—　），湖南长沙人。1951 年毕业于清华大学，1954 年北京大学研究生毕业后留校任教。1957 年赴苏联杜布纳联合原子核研究所工作。1961 年回国后调第二机械工业部第九研究所（院）工作，任理论部第一副主任，理论研究所副所长、所长，二机部九局总工程师。1978 年到中国科学院理论物理研究所工作，先后任副所长、所长。1984 年后任中国科学院副院长、院长、学部主席团执行主席，中国科学技术协会主席，全国人大常委会副委员长等职。曾

---

① 朱重远. 认认真真做学问　实实在在作贡献：我所知道的戴元本先生[J]. 物理，2008，37(5)：348－351.
② 吴岳良. 戴元本先生从事物理工作 50 周年暨 80 华诞[J]. 物理，2008，37(5)：346－347.

兼任清华大学理学院院长。1980 年当选为中国科学院学部委员。

主要从事粒子物理、核武器理论等方面的研究并取得重要成就。在中国第一颗原子弹、第一颗氢弹和战略核武器的研究设计方面做了大量重要工作，为中国物理学研究、国防科技和科学事业的发展做出了贡献。严格证明了 CP 破坏的一个重要定理，最先提出粒子螺旋度的相对论性，并于 1960 年简明地推导出赝矢量流部分守恒定理（PCAC），成为国际公认的 PCAC 的奠基者之一。1982 年获国家自然科学奖一等奖。1989 年、2000 年两次获国家自然科学奖二等奖。1994 年获求是基金杰出科学家奖。1999 年被国家授予"两弹一星"功勋奖章。①②

汤拒非

汤拒非（1930—1999），湖南零陵（永州）人。1952 年毕业于清华大学物理系，1958 年于中科院原子能所获副博士学位。1985—1992 年任中国科学技术大学研究生院（北京）常务副院长。

从事基本粒子和场论研究，最早获得了费米子在双子场中的束缚态解和零能解，指出了双子反常发射费米子效应。著有《原子物理与原子光谱》和《场论简引与粒子物理》。

侯伯宇

侯伯宇（1930—2010），生于北京，祖籍河南永城。曾在清华大学、台湾大学、西北大学攻读物理。1966 年中国科学院数学研究所研究生毕业。曾任西北大学现代物理研究所所长。专于粒子物理和现代数学物理，从事 u 群代数的表示，规范场拓扑行为，可积模型的对称产生算子与几何、规范场的上同调等方面的研究。著有论文集《规范场、群论与完全可积问题》。曾与侯伯元合著《物理学家用微分几何》。

20 世纪 50 年代后期从事群论在物理学中应用的研究。60 年代参加北京层子模型工作中的对称性研究。70 年代后主要从事现代数学物理和粒子物理的研究。率先发现 SU(2)单极可约化拓扑性、完全可积场的几个系列的无穷多守

---

① 戴明华，张杉，李云玲. 周光召[M]//中国现代科学家传记：6. 北京：科学出版社，1994：187 - 196.

② 戴明华. 周光召[M]//中国科学技术专家传略：理学编：物理学卷 3. 北京：中国科学技术出版社，2006：218 - 230.

恒流的产生算子等规律，并运用它继续做出系统的研究成果。提出规范群 3-Cocycle，给出五角自洽条件，厘清规范群与联络空间上同调系列的联系。得出共形场的聚合与辫子行为的量子群高维表示式，给出统计模型椭圆型高秩 Bethe-Ansatz、量子与经典代数结构。还首先完整作出 Green 函数的角向径向分离变量的双中心展式，给出 SU(N)代数 Gelfand 表示式的证明等。①

李华钟

李华钟(1930—)，广东丰顺人。1951 年于岭南大学物理系毕业后留校任教，1978 年晋升为中山大学教授。曾任中山大学副校长、物理系主任、高等学术中心主任等职务。先后任中国科学院基本粒子理论组副组长、中国物理学会广东省分会理事长、广东省科协副主席。

我国 20 世纪 70 年代规范场理论研究的学术带头人之一。80 年代中期，进一步系统地研究和发展了诱导规范场的概念，对非平庸拓扑的非阿贝尔诱导规范场、诱导规范场与分数的(或特导)量子数的内在联系有独创性的深入研究。提出和发展了非循环过程几何位相概念，提出介子自旋共振的实验检验方法，对几何位相、量子体系的整体性及其在物理系统上各种现象中的表现，提出了普遍的、系统的、统一的理论阐述。曾获国家及省部级自然科学奖。

王佩

王佩(1932—)，安徽芜湖人。1955 年于北京大学物理系本科毕业后继续攻读研究生。1956 年研究生肄业，赴苏联杜布纳联合原子核研究所工作。1960 年初回国后在北京大学物理系任教。1961 年 2 月调四川大学工作，1986 年晋升为教授。之后调西北大学现代物理研究所工作。

长期从事理论物理的教学与科研工作，先后为本科生、研究生讲授“原子核理论”“群论”“高等量子力学”“量子场论”“规范场论”“共形场论”等课程。在场论的拓扑性质、对称空间场、大范围行为性质、量子群与辫子群等理论物理前沿领域做出了一系列成果。曾获全国科学大会奖、陕西省科技成果一等奖、国家教委科技进步一等奖、国家自然科学二等奖等多项奖励。②

---

① 赵弘毅. 理论物理学博士导师侯伯宇教授[J]. 西北大学学报，1991，21(2)：118.

② 赵弘毅. 理论物理学博士导师王佩教授[J]. 西北大学学报，1991，21(2)：119.

邝宇平

邝宇平(1932—),生于北京,籍贯广东台山。1955 年于北京大学物理系毕业后,到兰州大学任教,1979 到赴美国康奈尔大学做研究,1984 年回国后到清华大学任教至今。先后任理论物理教研室主任、近代物理研究所副所长、高能物理中心学术委员会主席、清华大学-DESY 高能物理协作项目中高能物理理论项目负责人等。2003 年当选为中国科学院院士。

长期从事粒子理论研究。在重夸克偶素物理、TeV 能区物理、有效拉氏量理论等方面做出成绩。建立重夸克偶素强子跃迁的合理模型和系统计算方法,建立含耦合道效应的强子跃迁理论,给出等价定理的严格证明和正确表述,给出在 TeV 能量对撞机上探测电弱破缺机制灵敏度的全面分析,提出通过 WW 散射灵敏探测 Higgs 玻色子反常耦合的新方法等。①

刘连寿

刘连寿(1932—2009),湖北武汉人。1952 年毕业于华中大学物理系。1957 年赴苏联哈尔科大学学习理论物理研究主课程。1963 年考取北京大字理论物理学研究生,从事粒子物理理论研究,并参与层子模型研究。1978 年以来赴德、荷、美、法、日、瑞典等多个国家,建立了广泛的国际联系。创建华中师范大学粒子物理研究所,任首届所长,带领研究所先后签订了 8 个国际合作协议,参加 5 个国际实验组,进入国际研究前沿。

多次在武汉主持召开相对论重离子碰撞和夸克物质国际研讨会,推动了国内这一领域的研究。两次在华主持召开多粒子动力学系列国际会议。关于强子动力学和动力学起伏的研究两次获国家教委科技进步二等奖,高能分形研究获湖北省自然科学二等奖。国家教委、国家科委授予其"全国高等学校先进科技工作者"称号,国务院授予其"有突出贡献专家"称号。享受国务院特殊津贴,获首届全国高校教学名师奖。历任高能物理学会副理事长,湖北省暨武汉市物理学会副理事长。

侯伯元

侯伯元(1933—),生于湖北武汉,祖籍河南永城。1955 年毕业于北京大

① 梅逸民. 台山籍中国科学院中国工程院院士风采:台山文史:第 25 辑[M]. [出版者不详],2004:31-33.

学物理系，提前留校工作。1959年支援边疆到内蒙古大学物理系任教，曾任该校副校长。1986年调中科院研究生院物理部任教授。

除教学外，从事理论物理研究，涉及的领域包括粒子物理、量子场论、量子可积系统、凝聚态物理。

彭宏安

彭宏安（1934—2010），湖南长沙人。1955年于北京大学物理系毕业后留校任教。1980—1981年在意大利国际理论物理中心作为访问学者进行研究工作。1987—1988年作为联邦德国自由柏林大学客座教授进行合作研究。

主要从事粒子物理理论和量子场论研究。对于前者着重于强相互作用动力学和强子结构理论；对于后者则集中于量子电动力学中的发散问题和量子色动力学在唯象学上的应用。20世纪五六十年代在强作用物理方面进行了系统的研究。70年代以后研究工作主要在关于核子的部分子结构、部分子分布函数行为和原子核对核子结构的影响等方面。1979年提出核子内部可能存在双夸克态。1983年提出核内核子的真空环境与自由核子时存在差异，从场论的基本角度——真空性质上解释了EMC效应。自80年代末以来，主要研究在超高能强作用机制和非微扰效应以及核子深度非弹性散射中的“小X物理”和关于Pomeron（IP）的结构问题。通过高能质子-质子碰撞时单、双重衍射产生重味夸克偶素和大横动量π介子对等过程，提出了区分不同IP结构模型有效的实验检验。此外还首先提出了Regge极点轨迹在高能强作用硬过程中可能的贡献的讨论。曾获国家教委科技进步二等奖。①

高崇寿

高崇寿（1934—　），陕西米脂人。1958年毕业于北京大学，之后留校任教。曾任国务院学位委员会学科评议组成员、国家教委高等学校物理学与天文学教学指导委员会主任委员、北京大学物理系学术委员会主任。兼任全国近代物理研究会名誉理事长，全国高等学校理科非物理类专业基础物理研究会理事长，中国电子科技大学名誉教授、高级特聘研究员，河南师范大学名誉教授，浙江大学、

---

① 北京大学研究生院．燕园师林：北京大学博士生指导教师简介：第三集[M]．北京：北京大学出版社，1998：358－359．

山东大学、山东师范大学、内蒙古大学、苏州大学、江西师范大学、燕山大学兼职教授。

长期从事理论物理和高能物理的教学与科学研究工作，在粒子物理、高能核物理、高能宇宙线物理发展的前沿开展理论研究工作，研究的内容涉及强子的对称性理论、强子结构和强作用动力学、电弱统一理论的发展和扩充、超出标准模型的新物理的研究、超高能宇宙线新现象机理的研讨和新粒子的探寻、高能多粒子产生的强子集团理论和新现象的机理、高能重离子碰撞中介子干涉学理论的研究、超高能重离子碰撞中实现核物质相变的分析研究等领域。[①]

王凡

王凡(1934—)，又名王国荣，江苏江阴人。[②] 1957 毕业于北京大学物理系。南京大学教授。

1974—1980 年间与陈金全教授合作，用量子力学概念和方法改造了群表示论并创造了系统的新算法，计算了群论物理应用中一系列结果。1977 年首创从核子的夸克结构研究核力等核物理基本问题，证实了夸克模型能说明核力，中短程核力的介子交换可用夸克胶子交换替代。1978 年起致力于从夸克模型出发研究原子核的新途径的工作。1987 年提出自然界除了强子态外还应有夸克物质型多夸克态，预言了几个可能的双重子态。1998 年对核子自旋结构提出了新见解，指出只要对现有的组分夸克模型做自然的改进，就能解释深度非弹散射量出的夸克自旋。

刘耀阳

刘耀阳(1934—)，河南唐河人。1956 年毕业于北京大学物理系，遂入中国科学院物理研究所从事核理论研究。1958 年调人中国科学技术大学。

研究领域包括粒子理论、量子场论、量子引力和原子分子碰撞理论。20 世纪 60 年代从事基本粒子模型研究，提出今天被称为“色”的概念。80 年代的研究集中于量子引力中的一般共形引力的规范理论及 Lorentz 规范引力的量子化问题。90 年代着重宇称的守恒与 Higgs 粒子关系的研究，提出了规范作用宇称

---

① 谢柏青. 高崇寿[M]//中国科学技术专家传略:理学编:物理学卷 3. 北京:中国科学技术出版社，2006:426－439.

② 江苏省高等学校教授录[M]. 南京:南京大学出版社，1989:98.

守恒、Higgs 作用宇称不守恒的理论框架，经过超对称化，建立了一个包括强子及轻子结构的理论，并给出存在三代夸克的解释。此外还做了理论的实验检验及超引力的推广工作。①

倪光炯

倪光炯(1934—　)，浙江镇海(今宁波)人。1955 年毕业于复旦大学物理系，之后留校任教。1958 年参加新建物理二系(原子能系)的工作，负责 β 谱仪实验室，1960 年后转向核理论研究。曾任复旦大学理论物理教研室主任、现代物理研究所所长。

专于理论物理，对 Levinson 定理及其在相对论量子力学中的推广做了深入研究。在量子场论中的分数荷与反常的路径积分表述、超弦和弦场论、约束体系和量子化、非线性方程孤子解及其量子化，用场论中高斯有效势方法做库仑气模型和夸克禁闭模型、量子电动力学中手征对称性破缺的相变理论等方面，多有研究。著有《近代物理》。②

张宗烨

张宗烨(1935—　)，女，生于北京，籍贯浙江杭州。1956 年毕业于北京大学物理系，长期工作于中国科学院物理研究所、原子能研究所、高能物理研究所。1999 年当选为中国科学院院士。

20 世纪 60 年代与合作者提出原子核相干结构及相干对涨落模型理论，成功解释了 ^{16}O 附近原子核低激发态的主要特性。1976 年从理论上预言在超核中存在超对称态，1980 年被国外实验所验证。20 世纪 80 年代以来，对核力的夸克模型理论做了系统研究，从单胶子交换导出了产生正反夸克对的传递势，得到合理的核子-介子顶角函数，为从夸克层次认识核力的介子交换机制提供了一个途径。提出误差函数形式的夸克禁闭势，解决了色范德瓦耳斯力的不合理长尾巴问题，提出手征 SU(3)夸克模型，成功地统一描述了核子-核子散射相移及超子-核子散射截面，并预言了 ΩΩ 是一个深度束缚的双重子态。③

---

① 江向东. 鲜为人知的基础研究重大成果：刘耀阳夸克颜色的发现[J]. 中国科技史料，1990(1)：1-8.

② 王增藩. 复旦大学教授录[M]. 上海：复旦大学出版社，1992：129-131.

③ 钱文藻，何仁甫. 两院院士：中国科学院院士[M]. 北京：人民日报出版社，2002：110.

张启仁

张启仁(1935—)，湖南长沙人。1956年毕业于北京大学物理系后留校工作。1984—1985年作为客座教授赴德国法兰克福大学理论物理研究所进行合作研究，还曾去丹麦、意大利、美国、日本等地进行短期考察及学术交流。

主要从事理论物理教学和原子核物理、理论物理研究。主要研究中高能核物理与核内介子-夸克自由度。提出了核表面能与标量介子质量相关联的概念，导出了这两个似乎毫无关系的物理量的一个简单关系，为实验证实，也为后来国际上类似计算所肯定。求得了核子在平面π介子波场中狄拉克方程的精确解，发展了π凝聚的相对性理论。与同事合作在分析实验数据的基础上发现了双重子系统填充SU(3)27重态的证据。主导建立并发展了核物质的MIT口袋晶体模型，发展了硬心多体系的相对论量子统计理论。

冼鼎昌

(见第四章第五节)

阮图南

阮图南(1935—2007)，生于江苏南京，祖籍广东增城。1958年于北京大学物理系毕业后，进中国科学院原子能研究所工作。1974年调入中国科学技术大学近代物理系任教。历任中国科学技术大学近代物理系主任、安徽省物理学会理事长、安徽省核学会和生物医学工程学会理事长等职。

长期从事原子核和基本粒子理论研究。1965年参加“强子结构的层子模型”研究，引入V-A强相互作用。1977年与周光召合作，提出陪集空间纯规范场理论，丰富和发展了杨-米尔斯场论和费曼-李杨理论。1980年与何祚庥合作，提出相对论等时方程，建立了复合粒子量子场论。给出了路径积分量子化等效拉氏函数的一般形式以及超弦B-S方程，并在费米子的玻色化结构、约束动力学、Bargmann-Wigner方程的严格解、螺旋振幅分析方法等领域均有建树。

郑希特

郑希特(1935—)，湖北大冶人。1952年入北京大学物理系学习，1954年赴苏联留学，1960年毕业于苏联国立莫斯科大学物理系理论物理专业。先后工作于北京工程技术大学、成都大学、成都科技大学、四川大学。

主要从事场论与基本粒子的理论研究，着重于格点规范理论的解析研究。提出了格点规范理论中的拉氏形式变分方法，继而建立了系统的可逐级计算的变分累积展开方法，并推广到有限温度情形。

苏君辰

苏君辰(1936—2007)，1961年毕业于吉林大学物理系理论物理专业，毕业后留校工作，后调至吉林函授学院任教。1969—1974年在吉林省柳河县插队落户。1974年调回吉林大学物理系任教。1984—1985年曾去美国艾奥瓦州立大学做访问学者。1991—2001年任吉林大学理论物理中心常务副主任。

1980年以前，曾与吉林大学理化所合作从事一些量子化学研究工作，推导出分子间相互作用力的一个封闭表示式，建立了分子多重散射自洽场方法的严格理论形式。1980年以后开始从事场论与粒子物理的教学和研究工作，建立了有质量规范理论的系统形式。

查朝征

查朝征(1937—　)，江苏吕城人。1948年入浙江大学化学系学习。长期工作于新疆大学。

曾承担国家自然科学基金项目并参加了国家攀登计划“(20世纪)90年代理论物理学重大前沿课题”中“量子场论及其大范围性质的研究”等工作。在共形超引力的破缺机制和效应、高亏格黎曼面的映射类群、扩展共形代数、扩展共形代数的量子群、CdS-SeS薄膜性质等方面多有研究。

苏汝铿

苏汝铿(1938—　)，广东顺德人。1960年于北京大学物理系毕业后，到复旦大学任教。1984—1986年、1989—1990年先后在美国纽约州立大学石溪分校物理系核理论组、华盛顿大学核物理所、肯塔基大学物理和天文系工作。1993—1994年、1996—1997年、1998年在香港城市大学物理和材料科学系工作。

先后曾在基本粒子物理、原子核理论、广义相对论和天体物理、多体统计理论等领域工作，特别是对这些领域之间的交叉区开展过研究。在中高能原子核理论、高能天体物理学、宇宙早期演化、温度量子场论和密度量子场论、有限温度下的孤子理论等方面多有研究。[①]

葛墨林

葛墨林(1938—),北京人。1961 年于兰州大学物理系毕业后继续攻读该校研究生,1965 年毕业后留校任教。1986 年到南开大学工作。先后任南开大学数学研究所副所长兼理论物理研究室主任,亚太地区理论物理中心一般委员会委员、行动委员会委员,国务院学位委员会第四届物理学科评议组成员等职。2003 年当选为中国科学院院士。

早期从事基本粒子理论、广义相对论研究。之后长期集中研究杨-米尔斯场的可积性及其无穷维代数结构、杨-巴克斯特系统、量子群(包括量子代数及杨代数)及其物理效应与应用,以及处理量子模型的新方法等。1990 年、1996 年两次获国家教委科技进步奖一等奖。[②]

宋行长

宋行长(1938—),浙江慈溪人。1962 年于北京大学物理系毕业后留校任教,直至退休。

长期从事基本粒子理论、量子场论的研究。早年主要在粒子物理唯象学方面,特别是粒子弱相互作用对称性方面进行研究。1965—1966 年参加层子模型的研究。在国内最先研究超代数的性质及其应用。20 世纪 80 年代初系统地研究了一大类非线性场论模型的完全可积性与守恒律,受到国际同行的重视。[③]

黄朝商

黄朝商(1939—),江西玉山人。1964 年北京大学物理系毕业后留校任教。1978 年考取中国科学院理论物理研究所的研究生,1982 年获得理学博士学位后留所工作。

研究范围包括微扰 QCD、手征对称性自发破缺、电弱对称性动力学破缺和重夸克有效场论、弦理论和二维共形场论等多个领域。运用重整化群和算符乘

---

① 王增藩.复旦大学教授录[M].上海:复旦大学出版社,1992:50-51.

② 何梁何利基金评选委员会.何梁何利奖:1997[Z].1998:41-42.

③ 北京大学研究生院.燕园师林:北京大学博士生指导教师简介:第三集[M].北京:北京大学出版社,1996:273-275.

积展开方法导出了π介子的波函数和电磁形状因子的大动量行为。在QCD框架下运用协变的B-S形式对手征对称性自发破缺和Goldstone玻色子的性质以及重介子物理进行了研究，并将这一方法用于研究电弱对称性破缺，提出了可由top夸克凝聚模型得到不与实验矛盾的top夸克质量的方案。在与他人的合作研究中，发展了把重介子B-S方程按1/M展开的方法，得到了任意自旋、宇称态的B-S波函数在领头阶和次领头阶的普遍形式。发展了寻找重夸克有效理论高阶修正中的形状因子之间的关系的方法。在弦理论和二维共形场论的研究中，首先提出了群流形上的扭超弦模型，首次揭示了对于非阿贝尔群有零质费米子的可能性，最先开始了高亏格黎曼面上扩充共形场论的研究，推导了扩充KN代数，证明了自旋3算符的乘积以及它与能量动量的乘积的奇异性和亏格无关，建立了高亏格黎曼面上群流形弦理论的整体算符形式，给出了超KN流代数并建立了它与超KN代数的联系，导出了环面上W_3和W_∞扩充共形场论的瓦德恒等式以及关联函数所满足的微分方程，对于$N=1$超共形场论，给出了得到null vectors的一般表达式的一种完全和直接的方法，导出了Kac-Moody代数的特征标所满足的微分方程，用解析方法证明了Weyl-Kac特征标公式。①

赵光达

赵光达(1939—　)，陕西西安人。1963年于北京大学物理系毕业后，留校任教至今。2001年当选为中国科学院院士。

主要研究粒子物理和量子场论，着重于强子物理和量子色动力学的研究。首次从量子色动力学轴矢流反常的基本关系出发，研究了赝标介子间的混合及现象学，解释了J/ψ的辐射衰变实验，对ψ(2S)的预言与之后的实验一致。对非相对论量子色动力学和重夸克偶素物理进行了研究，首次给出了强衰变中色八重态对QCD辐射修正的贡献，证明了红外发散的抵消，指出色八重态机制可将D波粲偶素在强子-强子碰撞、B介子衰变等过程中的产生率提高一两个数量级，得到了B工厂最新实验结果的支持。②

---

① 《玉山博士谱》编委会. 玉山博士谱[M]. 南昌：江西科学技术出版社，1998：28－30.

② 北京大学研究生院. 燕园师林：北京大学博士生指导教师简介：第二集[M]. 北京：北京大学出版社，1996：276－279.

杜东生

杜东生(1939—),河北完县人。1964年毕业于北京大学技术物理系,同年考取中科院原子能所研究生,1968年毕业后留所工作。1978—1979年在欧洲核子研究中心从事研究工作,此后多次访问法国高等工业大学Orsay国家实验室,美国哈佛大学、麻省理工学院、普林斯顿大学、伯克利大学、康奈尔大学、芝加哥大学等。1985—1987任普林斯顿大学高等研究所研究员。1989年回国。

多年从事粒子物理研究工作,先后在层子模型、微扰QCD、大统一理论、超对称理论、标准模型检验、磁单极、重夸克物理和CP不守恒等领域从事研究工作。

丁亦兵

丁亦兵(1939—),天津人。1964年毕业于北京大学物理系理论物理专门化。1978年进北京大学物理系攻读粒子物理理论专业研究生。1981年获理学硕士学位后到中国科学技术大学研究生院工作。曾应邀访问美国费米实验室、阿贡实验室、伯克利实验室及奥斯汀大学等。1997—1999年作为访问教授在意大利米兰大学物理系工作。

多年来一直从事研究生教学和基本粒子物理理论研究工作,研究课题有标准模型的检验、重味及TeV能区重要物理的研究(包括标准模型的动力学自发破缺、电子-正电子对撞机中单top夸克产生及超出标准模型的希格斯粒子的寻找等),强子束缚态问题的研究(包括介子、重子、奇特态等能级结构、衰变宽度、产生概率等),量子力学束缚态方程有关的研究(包括薛定谔方程的数值解法、径向升降算符、变分法和原点波函数、奇异势的变分法及微扰论的研究等)。

黄涛

黄涛(1940—),原名黄厚昌,江苏扬州人。1963年毕业于北京大学物理系,同年考入中国科学院原子能研究所攻读研究生。1966年毕业后留所工作。1986年晋升为高能物理研究所研究员。1979—1981年在美国斯坦福直线加速器中心理论部工作。此后又多次在美国费米实验室、伯克利实验室、阿贡实验室等几个国家实验室,加州大学、欧洲核子研究中心及法国、德国、英国、意大利等国科研单位访问、讲学和开展研究工作。

长期从事粒子物理理论研究。参加的“层子模型”研究、规范场经典解分别获国家自然科学奖二等奖、中国科学院科技进步奖。他负责的“量子色动力学和强子波函数”“量子色动力学中的非微扰效应和强子内部结构的研究”“粲粒子物理和标准模型的检验”等研究多次获奖。

张肇西

张肇西(1940—　),生于广西,原籍河北唐山。1963 年毕业于中国科学技术大学近代物理系,同年考取中国科学院原子能所研究生,1966 年毕业后留所工作。1973 年高能物理研究所建成后到该所工作。1981 年到新建成的中国科学院理论物理研究所工作。2011 年当选为中国科学院院士。

主要从事理论物理研究。基于微扰量子色动力学的关于 J/ψ 粒子强产生的研究论文原创性地提出了直接强产生 J/ψ 粒子的“色单态机制”。理论计算了 b 夸克到 Bc 介子的碎裂函数、强产生 Bc 介子基态和激发态的横动量分布和总截面,计算了 Bc 介子的主要衰变道的宽度及 Bc 介子的寿命等,明确预言了实验发现 Bc 介子的途径和可能性。1998 年美国 TEVATRON 的实验率先如理论预言发现了 Bc 介子。所撰写和及时升级的蒙特卡罗强产生“双重味”粒子的理论产生子 BCVEGPY 和 GENXICC,被多个实验组采用。注重结合我国中、高能物理的实验,开展了相关的理论研究,并为高能物理实验提出建议。

陈天仑

陈天仑(1940—　),女,浙江杭州人。1962 年毕业于南开大学物理系后留校任教。1980—1982 年公派赴美国布朗大学物理系做访问学者。

主要研究粒子理论中的格点规范理论、统计模型的相变及临界行为、神经网络及非线性系统的非线性动力学行为。

闫沐霖

闫沐霖(1941—　),山东青岛人。1964 年毕业于中国科技大学近代物理系理论物理专业后留校任教。曾任中国科大理论物理研究所学术委员会主任、所长。先后在美国纽约州立大学石溪分校和肯塔基大学从事研究工作三年。

主要从事粒子物理、引力理论以及统计力学精确解研究。提出规范场正则量子化的正确方法,研究了有挠量子引力、强子结构的 Skyrme 模型、Ising 及

Ising 场论、高亏格 Potts 模型，以及中子干涉等。①

赵维勤

赵维勤(1942—)，女，浙江诸暨人。1964 年毕业于中国科学技术大学近代物理系理论物理专业。同年考取中国科学院原子能研究所研究生，毕业后留所工作，1973 年后到中国科学院高能物理研究所理论室工作。

多年从事高能核物理的理论研究，包括高能碰撞、相对论方程、多重产生、EMC 效应等方面。1987 年后，主要研究相对论性重离子碰撞与 QGP 信号的理论，包括唯象模型和蒙特卡罗模拟、奇异性增长、J/ψ 产额压低和 π 干涉等现象的分析。

朱重远

朱重远(1942—)，江苏淮阴人。1963 年兰州大学物理系毕业。1967 年中国科学院数学所理论物理室研究生毕业，之后留所工作。1978 年调入中国科学院理论物理研究所。曾任理论物理所副所长，《理论物理》杂志(英文)、《中国物理快报》杂志副主编。

长期从事场论及粒子物理研究，先后在强子结构模型、粒子物理现象学、弦理论及场论、数学物理等方向工作。近年来主要研究非微扰场论、Chern-Simons 场论、弦理论、几何量子化及其应用以及与拓扑不平凡场论有关的问题。

朱伟

朱伟(1942—)，1964 年毕业于上海师范大学物理系。曾任华东师范大学物理系理论物理教研室主任。

主要从事微扰 QCD 理论和粒子唯象学研究。在用组分夸克模型解释 EMC 效应、部分子重组的非线性演化方程、时序微扰论在高扭度部分子过程中的应用等方面多有研究。1991 年获国家自然科学三等奖。

鲁公儒

鲁公儒(1943—)，1969 年北京大学物理系本科毕业，1981 年新乡师范学

① 中国科学技术大学[M]. 合肥：中国科学技术大学出版社，1988：110.

院理论物理研究生毕业，获四川大学理学硕士。1988—1989 年于美国爱荷华州立大学合作研究。

主要研究动力学对称破缺与新物理探索。

李学潜

李学潜（1944—　），1966 年南开大学物理系本科毕业，1985 年于美国明尼苏达大学获博士学位，1985—1987 年在中科院理论物理所做博士后研究，1987 年到南开大学物理系任教。

主要从事高能物理学唯象学研究，如重味强子的产生及衰变、标准模型的精确检验、CP 破坏、中微子物理以及相对论重离子碰撞及 QGP 信号等。

方祯云

方祯云（1945—　），生于湖南芷江。1982 年北京大学物理系本科毕业，1985 年获北京大学物理系理论物理学硕士学位，1989 年获清华大学物理系理论物理学博士学位，之后留校任教。1994—1995 年任日本名古屋大学物理系客座研究员，1999—2000 在美国密歇根州立大学当访问学者，曾任清华大学物理系理论物理教研组主任、高能物理核物理研究所所长、系主任。

长期从事量子场论和基本粒子理论研究，主要集中于非微扰理论、对称性自发破缺、强子物理和超出标准模型的新物理。

井思聪

井思聪（1945—2010），安徽寿县人。1968 年毕业于北京大学数学力学系力学专业。1971 年到安徽大学物理系任教。1979 年考取中国科学技术大学近代物理系理论物理专业硕士研究生，1982 年毕业后留校任教。1986 年获中国科学技术大学理学博士学位。1995—2004 年担任理论物理专业主任。1989 年后，先后赴意大利国际理论物理中心，英国爱丁堡大学、杜伦大学，美国纽约州立大学石溪分校，瑞典隆德（Lund）大学数学研究所，做访问学者或做合作研究。

长期从事近代量子场论、粒子物理方面的研究，在格点规范理论和规范场的量子反常方面发表了多篇研究文章。在量子代数、例外统计、超对称理论、非对易空间量子理论等方面多有研究。

马文淦

马文淦(1946—),重庆人。1968年毕业于中国科学技术大学近代物理系原子核物理专业。之后在农场、工厂工作。1978年通过研究生录取考试和国家出国人员考试,录取为中国科学技术大学近代物理系原子核物理专业研究生和出国预备生。1980年起在奥地利维也纳大学理论物理研究所学习,1982年获奥地利自然科学博士学位。1982—1983年在奥地利科学院高能物理研究所做博士后研究。1983年后,一直在中国科学技术大学近代物理系从事科研和教学工作。1992年被中国科学院破格晋升为教授。

主要从事粒子物理唯象理论及计算物理在粒子物理理论研究中的应用研究。在标准模型及其扩展的精确检验、高能下的CP破坏现象学方面多有研究。

李重生

李重生(1946—),湖北荆门人。1970年毕业于北京大学物理系。1981年四川大学物理系理论物理专业研究生毕业后留校任教。1986年调重庆大学物理系,曾任该校理论物理研究所所长。1995年调北京大学物理系任教。先后于1989—1990年、1996年两次应邀在美国西北大学物理系从事研究,其间曾应邀赴密歇根州立大学物理系讲学并合作开展研究。

主要从事粒子物理理论研究。20世纪80年代末以来侧重于研究标准模型及其扩充模型的辐射修正效应,并以此探索标准模型以外的新物理。在τ轻子的半轻衰变和top夸克以及Higgs粒子的产生和衰变的辐射修正效应等方面,进行了深入研究。曾获得国家教委科技进步一等奖一项,国家自然科学三等奖一项。

罗民兴

罗民兴(1956—),浙江长兴人。1983年毕业于浙江大学物理系,1990年获美国宾夕法尼亚大学博士学位,随后在宾夕法尼亚大学物理系和华盛顿大学物理系做博士后研究。1994年至今任教于浙江大学物理系。

主要从事量子场论和粒子物理理论研究,近期研究领域包括量子场论的一般性质和应用、标准模型的精确检验和新物理的探索、超对称理论和统一场论、引力和超弦理论的唯象分析。

张新民

张新民(1959—　),河南温县人。1982 年毕业于河南师范大学。1991 年获美国加州大学洛杉矶分校博士学位。1991—1996 年先后在美国马里兰大学和艾奥瓦州立大学做博士后研究。回国后到高能物理研究所工作。

主要从事粒子物理理论和宇宙学研究。在 top 夸克物理领域,与导师皮塞(R. D. Peccei)教授一起,在国际上首次构造了手征拉氏量。之后与费米实验室、加州大学戴维斯分校、艾奥瓦州立大学等单位研究人员合作进行了深入研究。在粒子宇宙学领域,提出了左右对称模型中重子数产生的物理机制,构造了超对称 Majoron 模型。

罗向前

罗向前(1961—2006),广东广州人。1982 年天津大学精密仪器系毕业。1985 年考入中山大学物理系就读理论物理研究生,1988 年获理学硕士学位,1991 年获理学博士学位。此后于美国加州大学、费米实验室做访问学者,于中国科学院高能物理研究所、西班牙萨拉戈萨(Zaragoza)大学、德国高能物理所 DESY 超级计算中心做博士后研究。曾任加拿大拉瓦尔(Laval)大学客座教授。

主要从事粒子物理、量子场论、格点量子色动力学、数值模拟研究。发展了格点规范理论数值模拟和解析计算新方法,用自行研制的高性能并行计算系统,研究粒子物理非微扰问题,准确计算新粒子胶球的质量,为前沿实验提供理论依据。找出解决有限密度格点 QCD 长期存在难题的新途径,研究夸克胶子等离子体,对揭开宇宙诞生和演化之谜以及深入研究中子星结构有一定意义。

吴岳良

吴岳良(1962—　),江苏宜兴人。1982 年毕业于南京大学。1987 年在中国科学院理论物理研究所获理学博士学位。之后于德国多特蒙德大学、美茵茨大学,美国卡耐基-梅隆大学、俄亥俄州立大学从事研究工作。1996 年回国,到中国科学院理论物理研究所工作,先后任研究室主任、副所长、所长。2012 年任中国科学院大学常务副校长。2007 年当选为中国科学院院士。

从事粒子物理和量子场论研究。首次论证一组手征代数关系并在量子手征圈图贡献下成立,最先表明 K -介子衰变中直接 CP 破坏和 $\Delta I=1/2$ 同位旋规则可在标准模型框架内同时得到自洽的解释,其理论预言与国际上两个重要实验结果一致。首次完整地建立CP自发破缺的双希格斯二重态模型，不仅可解释标准模型中CP破坏的起源，同时使得每个夸克和轻子都带有一个物理的CP破坏位相成为新的CP破坏源。与合作者提出重夸克有效场理论的物理基础并给出多个计算高阶修正的动力学方法。曾获国家自然科学奖二等奖。

马建平

马建平（1962— ），1982年毕业于北京大学物理系，1987年在德国海德堡大学物理和天文系获自然科学博士学位后留校做博士后研究。1989—1990年先后在德国海德堡DESY理论组、海德堡大学理论物理研究所任助理研究员，1992—1998年在澳大利亚墨尔本大学物理系任研究员。1998年回国后到中国科学院理论物理研究所工作。

研究领域涉及CP破坏、强相互作用及量子色动力学和应用、格点量子色动力学等。

岳瑞宏

岳瑞宏（1962— ），江苏海安人。1991年于西北大学获得博士学位后，曾先后于中科院理论物理所、中国高等科学技术中心、美国加州大学、德国波恩大学、日本御茶水女子大学、美国佛罗里达州立大学、美国犹他大学做博士后研究与访问研究。1998年回国后到西北大学工作，曾任物理学系主任、现代物理研究所所长。后调宁波大学工作。

主要从事场论与可积系统方面的研究，对反常规范理论、共行场论、量子群与量子代数、可积模型的构造及求解、量子杂质等问题做了一系列研究。

季向东

季向东（1962— ），1982年毕业于同济大学物理系，同年考入北京大学物理系研究生。1983年赴美留学，1987获博士学位。1987—1991年先后于加州理工学院、麻省理工学院做博士后研究，1991年到麻省理工学院物理系任教。1996以后到马里兰大学物理系任教，任基础物理研究中心主任。美国物理学会会士。在国内任北京大学物理学院长江讲座教授、高能物理研究中心副主任，上海交通大学物理系主任。

主要研究方向为量子色动力学、强子结构、中微子物理、超标准模型新物理、天体物理和宇宙学。

陈裕启

陈裕启(1963—　),1983年毕业于四川大学物理系,1988年在清华大学物理系获硕士学位。1992年在中科院理论物理研究所获博士学位,其后在中国高等科学技术中心做博士后研究,1994年被聘为中科院理论物理研究所副研究员,1994—1999年先后在美国西北大学、俄亥俄州立大学开展合作研究。此后回国,到理论物理研究所工作。

主要从事粒子物理和量子场论方面的研究工作,着重于重味夸克物理和量子色动力学(QCD)等方面的研究工作。先后在Bc介子物理、重夸克偶素产生的碎裂函数、重夸克有效场论、重夸克相互作用和自旋相关相互作用势,非相对论QCD有效场论和J/Ψ衰变等方面做出了有一定影响的工作。

吴元芳

吴元芳(1963—　),女,1985年毕业于华中师范大学物理系,1990年获华中师范大学物理系理学博士学位。1992—1999年先后在奥地利高能物理研究所、荷兰奈梅亨大学高能物理研究所、德国雷根斯堡大学理论物理研究所、美国奥列岗大学物理系进行合作研究或任客座教授。

针对20世纪90年代高能非线性研究陷入的困境,率先提出"高能强子碰撞的各向异性自仿射分形"理论,被欧洲核子研究中心(CERN)的NA22、NA27两个国际实验协作组证实。针对单事件横动量起伏研究中出现的争论,利用NA22数据做了细致的分析,澄清了认识上的混乱。

郭新恒

郭新恒(1964—　),北京人。1986年毕业于中国科学技术大学近代物理系,1991年于中国科学院高能物理研究所理论室获博士学位。1991—1994年先后于德国伍珀塔尔(Wuppertal)大学和中国科学院理论物理研究所做博士后研究。1994年到中国科学院高能物理研究所工作。1997年赴澳大利亚阿德莱德(Adelaide)大学工作。2004到北京师范大学工作至今。

主要从事粒子物理理论研究,重点研究重夸克物理、非微扰强相互作用及中微子物理。

邹冰松

邹冰松(1964—),湖南人。1984 年毕业于北京大学技术物理系。1987 年在中国科学院高能物理所获理论核物理硕士学位。1990 年在中国科学院理论物理所获理学博士学位。1990—1992 年在瑞士国立粒子和核物理研究所做博士后研究。1992—1998 年在英国伦敦大学、卢瑟福实验室工作。1998 年回国,到中科院高能物理所工作。2012 年任中国科学院理论物理研究所副所长,主持工作。

主要从事强子物理方面的研究,研究介子和重子的夸克、胶子结构,强子-强子相互作用,强子-核相互作用。对 $\pi\pi$ - s 波相互作用和标量介子谱进行了系统的研究,为发现和确立最佳标量胶球候选者做出贡献。在反核子物理和 J/ψ 物理研究中进行了一些开拓性的工作,提出并主持课题组开拓了在北京正负电子对撞机上开展核子和超子激发态研究的新项目。

郑汉青

郑汉青(1964—),重庆人。1984 年毕业于北京大学力学系。1991 年于中科院高能物理所获博士学位。

从事粒子物理与量子场论研究,近年来主要研究方向为手征动力学。

刘纯

刘纯(1964—),1984 年、1990 年分别在兰州大学获学士和硕士学位。1994 年在中国科学院高能物理研究所获博士学位。1994—1999 年在中国科学院理论物理研究所、韩国汉城国立大学和韩国高等科学院做博士后研究。1999 年到中国科学院理论物理研究所工作,其中 2002—2003 年在美茵茨大学做洪堡学者。

在重味夸克有效理论(HQET)及其应用方面做过较为系统的研究。在超对称理论中对费米子质量(包括中微子质量)等基本问题有所探讨。在重味物理方面应用 HQET,特别是结合非微扰 QCD 方法(1/Nc 展开、手征微扰论和 QCD 求和规则),对 b 强子,特别是 b 重子质量谱、强作用、弱衰变和寿命等做了研究。当前从事的具体研究方向包括重味物理、中微子物理及相关天体物理和宇宙学、超对称粒子物理理论及其唯象等。

梁作堂

梁作堂(1964—　)，山东日照人。1984年毕业于山东大学物理系，1987年获山东大学物理系硕士学位。1994年获德国柏林自由大学物理系博士学位。

自20世纪90年代初开始，在不同时期内，分别抓住实验上比较突出的现象作为切入口，以高能反应意外自旋不对称的起源、强子化过程的自旋效应、重离子碰撞中的极化现象等为对象，进行了系列研究。

何红建

何红建(1965—　)，四川成都人。1981年考入清华大学工程物理系近代物理专业，1992年获清华大学物理系博士学位。

主要从事粒子物理、宇宙学和核物理研究。对基本粒子质量的产生机制和普适标度、对称性破缺、top夸克物理、Higgs物理及超对称物理、中微子物理、早期宇宙中物质与反物质非对称性起源等问题进行了系列研究。

邢志忠

邢志忠(1965—　)，黑龙江密山人。1987年毕业于北京大学物理系。1993年获得中国科学院高能物理研究所博士学位。之后在德国慕尼黑大学和日本名古屋大学从事粒子物理理论研究。2001年初回国，到中国科学院高能物理研究所工作。

主要从事的研究领域包括中微子物理学、中微子天文学、中微子宇宙学、重味(B与D介子)物理理论、费米子的质量起源问题、CP对称性破坏以及TeV能标的新物理唯象学等。

岳崇兴

岳崇兴(1965—　)，河南台前人。1999年获清华大学理学博士学位。辽宁师范大学特聘教授。

1989年以来，先后从事过有效场理论、高能实验与唯象研究、粒子物理理论等方面的研究。

沙依甫加马力·达吾来提

沙依甫加马力·达吾来提(1967—　),女,维吾尔族,新疆策勒人。1990 年毕业于新疆大学物理系,1994 年获硕士学位后留校任教。1995—1996 年在意大利国际理论物理中心(ICTP)学习。1997—2000 年在中科院理论物理研究所和德国波恩大学物理研究所的联合培养下攻读博士学位,2002—2004 年在中国科学院高能物理研究所从事博士后研究。2004 年任新疆大学物理学院教授。

主要从事二维共形场论、非对易量子理论以及强子谱的研究。

第六章　当代中国物理学家学术谱系的特点及影响其发展的因素

基于以上几章的案例分析，本章对当代中国物理学家学术谱系的特点以及影响其发展的一些因素，做进一步的总结和讨论。

第一节　谱系的特点

从上述六个物理学分支领域的一些典型谱系来看，它们具有下述特点。

一、谱系的源头具有国外“移植”特征

如第一章所述，中国的物理学是由欧美国家移植过来的，一批去西方学习的留学生回国之后建立了中国自己的物理学。这些留学生在学习物理知识、锻炼研究能力的同时，也接受了与专业知识相关的研究方法的训练和科学精神的培养。他们回国后，在从事专业教学或研究工作中，培养了一批人才，形成了自己的学术谱系。追溯学术渊源，这些谱系都具有国外源头，有明显的移植性特征。

应用光学谱系的王大珩和龚祖同，激光约束核聚变谱系的王淦昌，半导体物理谱系的黄昆和谢希德，半导体材料谱系的王守武、林兰英、汤定元、成众志，高能实验物理谱系的赵忠尧、王淦昌、张文裕，理论粒子物理谱系的张宗燧、彭桓武、胡宁和朱洪元等，都有西方留学经历，在他们的专业研究工作中，都不同程度地传承了在国外学习到的治学方法及科学理念。在本书讨论的谱系中，唯独陈创天有所例外。他没有在国外获得学位的留学经历，但作为第二代科学家，他的学术前辈卢嘉锡以及北京大学物理系的黄昆、胡宁、王竹溪等，也都是海外留学归来的学者。因此，学术源头都在国外，是这些谱系的共同特点。

对于科技后发国家来说，这种“移植”是不可避免的。“移植性”是近现代科学传播的基本形式。近现代科学既然是移植来的东西，要使其在新的“土壤”中健康成长，就需要为其营造适宜的生存环境，予以精心呵护。从百年来中国科学发展的历史可以看出，国家对科学技术的重要性已有足够的认识，而对其成长环境的关心似乎不够，改革开放之前尤其如此。这种环境，不仅包括研究设备之类的“硬环境”，也包括学术传统等方面的“软环境”。

二、物理技术研究类谱系的第一与第二代成员之间多无师生关系

物理学家谱系大致可分为技术研究类和理论研究类两种，从学术谱系的师承关系来看，两者有所不同。

物理技术研究类谱系，第一与第二代，甚至第二与第三代科学家之间多无严格意义上的师生关系。例如：应用光学谱系中，第二代光学人才与王大珩、龚祖同之间并没有严格意义上的师生关系，但他们的成长确实受到了王大珩、龚祖同的指导，在工作实践中长期得到王大珩的言传身教。20 世纪 60 年代参加工作的第三代光学人才，多数没有在长春光机所工作的经历，是跟随早期在长春光机所工作过的第二代光学人才在科研实践中成长起来的，与第二代之间同样不具有传统意义上的师生关系。由于王大珩一直指导、参与国家各种大型光学工程研究项目，第三代光学人才在从事这些项目过程中仍然会经常亲身感受到王大珩的言传身教，受到其学术传统的影响。王淦昌激光约束核聚变谱系，王守武、林兰英和王守觉的半导体材料及器件谱系，赵忠尧、王淦昌和张文裕的高能实验物理谱系，也都存在与王大珩谱系类似的代际关系。

新中国成立后，为了在短期内培养出各类急需的科技人才，国家采取了各种措施，其中之一就是在科研实践中采取“师傅带徒弟”的方式对年轻人进行传、帮、带。《十二年科学规划》即提出：“充分发挥高级科学人员‘带徒弟’的作用，争取在十二年中多传几代。”采用这种方式培养人才，是符合中国国情的有效方法。在一系列国家科研任务驱动下，王大珩通过“师傅带徒弟”的方式，在工作实践中培养了一大批应用光学的人才，正是这批人才通过自己的创造性劳动，完成了国家急需的各项光学设备研制任务，不仅满足了国家建设的需要，而且创造了中国科技史上的一个个奇迹。在这些工作中，王大珩发挥了至关重要的指导作用。在实践中培养的这些人才，虽然与王大珩没有学校教育意义上的师生关系，但具有言传身教、师徒授受关系，正是这种关系传承了王大珩的学术思想、研究风格、

价值观念和管理方法，体现了学术谱系特征。

物理学中，技术研究类谱系存在的这种非师生代际关系现象，具有一定的普遍性。这是由技术研究工作的性质以及工作单位的性质决定的。从事技术研究，尤其是大型工程类技术研究，需要多人合作，大家各有分工和技术侧重，不可能都出自某一个师门。而且，在改革开放之前，这些科研院所很少开展过研究生培养工作，不可能在自己单位形成一个人才队伍的师生谱系链条。研究生培养制度恢复后，这种状况有所改变，谱系成员的第四代基本上都是第三代学者培养的研究生。

学术谱系成员之间不具有严格意义的师生关系的现象在国际上也相当普遍，如英国剑桥大学卡文迪什实验室、丹麦哥本哈根大学玻尔研究所等都是如此，都取得了突出的研究成果、造就了大批优秀人才。现在一些国际著名的大型研究机构，其研究人员构成都是多元化、开放性的。多元化的学术杂交，其本身就具有潜在的发展优势。

另外，从前面分析的一些理论研究类谱系来看，第一、第二、第三代之间大多都有师承关系，如黄昆谱系、谢希德谱系以及几位理论粒子物理学家谱系等。黄昆和谢希德不仅各自独立培养了一批学生，而且在五校联合办半导体专门化培训班期间合作培养了一批学生，这些学生成为我国第二代半导体物理学家，他们与黄昆和谢希德具有严格意义上的师生关系。张宗燧和朱洪元等不仅各自培养了自己的研究生，而且还于20世纪50年代在北京师范大学、北京大学、山东大学等高校举办了理论物理进修班，有一大批高校教师接受了培训，其中不少人后来成为理论粒子物理研究的活跃分子。这些活动使得他们的学术谱系第一、第二、第三代成员之间具有明确的师生关系。理论研究虽然具有比较大的自主性，但需要遵循一定的科学理念和逻辑规范，更容易体现学术传统的影响。

三、谱系的链式结构与网状结构并存

由前面讨论的内容可以看出，物理学家谱系有两种结构：一种是链式结构，即由一位谱主出发，衍生出一系列链式分叉支脉，构成树状结构；另一种是网状结构，即由几位谱主出发，衍生出网络交织的支脉结构。链式结构谱系顶端只有一位宗师，可以称为尖顶结构；网状结构谱系顶端有几位宗师同时并存，可以称为平顶结构。就本书分析的案例而言，前者如王大珩谱系、王淦昌谱系、黄昆谱系、谢希德谱系、张宗燧谱系、胡宁谱系等，后者如高能实验物理学家谱系、半导体材料学家谱系等。另外,从谱系发展的过程及不同阶段来看,即使是一些链式谱系,其中也存在局部的网状交叉结构;即使是网状谱系,后期的发展也呈现明显的链式结构。因此,谱系的链式结构与网状结构是交织并存的。

谱系结构反映了谱系的发展脉络和衍生过程。树状结构或尖顶结构是最常见的谱系结构,反映了一位宗师的学术传承状况。平顶结构谱系,反映了由几位宗师组成的学术集体所发挥的作用。在我国的高能加速器建成之前,赵忠尧、王淦昌、张文裕、力一、何泽慧、梅镇岳等在低能加速器的研制、高能加速器的预制研究、探测器的研制、核物理实验及宇宙线研究中多采用合作的方式,因此加入这个团队的年轻研究人员也同时受到多位前辈学者的共同影响。这些高能实验物理的老一辈科学家形成了一个学术集体,他们共同开创了这个研究领域,并在科研工作中集体培养了第二代研究人才。20 世纪 80 年代之前,我国尚未建立起完善的学位制度,研究生培养相对滞后,大多数年轻的科研人员仅受过大学本科教育,其学术水平和科研能力的提高,有赖于工作单位前辈科学家的指导和自己在科研实践中不断的努力。在一些大的科研机构,同时会有几位同辈的科学家,他们都会对年轻人的成长产生一定影响。在这种环境中成长起来的第二代科学家,很难说清楚谁是自己的学术导师。这就造成了谱系中第一与第二代成员之间,具有“多对多”的模糊性网状结构。

科学研究是一种开放性行为,研究主体需要不断地利用各种外界资源为实现自己的目标服务。科研人才成长更是一个开放的过程,在完成学业,走上工作岗位之后,会受到各种相关的学术思想以及研究风格的影响,尤其是来自本单位学术权威的影响。有时候,这种影响会使自己改变观念,甚至改变研究方向。这是学术交叉、谱系融合的正常现象,是促使科技发展和人才成长的一种内在因素。

中国物理学家谱系的这种链式结构与网状结构局部交织现象,反映了谱系的交叉、融合状况,国内外许多学科谱系都不同程度地存在这种现象。

四、谱系的精神传统明显而学术传统淡薄

有学者指出:“在新中国成立后的半个世纪中,新中国的科研也建立了自己的优良传统,特别是以‘两弹一星’为代表的全国协同、为国家不计个人名利得失、自力更生的科技攻关传统。”[①]应该说,这些都属于激励性的精神传统,而非

---

① 朱邦芬.庆祝王明贞先生百岁寿辰:兼谈科学传统的重要性[J].物理,2005,34(12):935.

真正意义上的学术研究传统。王大珩谱系、王淦昌谱系、陈创天谱系、半导体物理学家谱系及高能实验物理谱系成员所从事的一系列研究工作,都显示出一些精神传统,如自力更生、艰苦奋斗、团结协作、敬业奉献等精神。这些精神传统的形成,具有明显的时代特征,与一定历史时期国际国内的社会环境有关,但这些传统确实在新中国各项事业的建设以及科学技术发展中发挥了重要的激励作用。

早在南京国民政府时期,实现包括科学技术在内的"学术独立"即成为政府和全国知识分子追求的目标之一。1947 年,胡适发表的《争取学术独立的十年计划》即充分表达了这种愿望。新中国成立后,美、英等国对中国实行全面封锁政策。中苏关系破裂后,苏联也取消了一切技术援助。面对这样的国际环境,中国的各项事业只能走自力更生的发展道路。1956 年制定的《十二年科学规划》即指出:"为了更好地服务于社会主义建设,必须努力使我国科学技术工作逐步走上自立的道路。"1962 年制定的《十年科学规划》进一步明确指出:"自力更生,迎头赶上,是发展我国科学技术的方针。"国内科学技术落后,国外无任何援助,这是中国几代科学家面对的现实环境。这种国情培养了他们自力更生、发愤图强的精神,以"两弹一星"为代表的许多国防尖端科技成就都是在这种精神激励下取得的。王大珩谱系成员所承担的一系列大型光学工程项目,王守武和林兰英谱系成员所进行的半导体材料与器件研究,王淦昌谱系成员所进行的激光约束核聚变研究,陈创天团队进行的"中国牌"非线性光学材料研制,赵忠尧、王淦昌、张文裕等在改革开放前开展的一系列高能物理实验仪器研制及相关研究工作,都是在自力更生精神激励下完成的。

自力更生是一种精神,这种精神被一代代科学家传承下来后,即成为一种指导科研工作的精神传统。其实,这种精神不仅是改革开放之前的中国科学家所需要的,在今天乃至以后任何时候也都是中国科学家所需要的。在各种竞争日益激烈的国际环境中,虽然科学技术的发展无国界,但对科学技术的占有是有国界的。真正先进的科学技术是无法从别的国家获得的,只有依靠本国科学家自己的努力工作去得到。科学技术一旦成为决定国家竞争力的关键因素之后,这种状况就是不可避免的。所以,立足自我,走自力更生的发展道路,是一个国家科技事业发展的根本方针。从这种意义上说,自力更生的精神传统虽然是我国特殊历史时期的产物,但永远有其现实意义。当然,自力更生不等于闭关锁国,不等于不要国际交流与合作,只是进行交流与合作的目的仍然是为了促进自主性研究。一个国家只有在科学技术发展上做到独立自主,才能长久立于不败之地。

另外，中国几代物理学家所秉持的服从国家需要的爱国精神、艰苦奋斗的创业精神、敬业奉献精神、团结协作精神等等，也同样是应当肯定的优良精神传统，值得后辈学者进一步继承和发扬。

学术传统是维系一个学术共同体健康发展的重要因素，是推动科技进步的内在动力。从前述中国物理学家谱系的案例分析来看，具有明显学术传统的谱系不多，能够称得上优秀学术传统者则更少。

在中国传统文化中，缺乏以科学实验和严格逻辑推理为基础的科学研究传统。20 世纪早期，一批去西方留学的学者把物理学引进了中国，同时也在一定程度上继承了自己导师的研究风格。黄昆承认，自己“在布列斯托大学除去完成博士论文外，十分重要的是深受莫特治学特点的影响。莫特极善于抓住复杂事物的本质，采用简单的物理模型和数学手段分析解决问题。另外，他不崇尚泛泛地博学多闻，而是集中精力专注于思考解决他感兴趣的具体科学问题。……我以后的研究工作无疑很多得益于他的影响”。[①] 黄昆在国家科学技术奖励大会上发言时说：“对于科技工作者来说，拓宽知识面，深入进行研究是重要的，但最重要的是提高驾驭和运用知识的能力。大多数开创性研究并不是想象得那么复杂和深奥，关键是确立少而精的目标。”[②]在谈到治学方法时，黄昆说：“在学习知识上，我的实际体会是，不是越多越好，越深越好，而是要服从于应用，要与自己驾驭知识的能力相匹配。”[③]从这些表述的背后，都可以看出莫特治学风格影响的烙印。不过，要将西方的学术传统有效地在中国发扬光大，并不是件容易的事。因为，这不仅取决于科学家自己的学术水平和研究能力，而且还会受到国家的社会环境等多种因素的影响。

从我国物理学家学术谱系来看，具有时代特征的精神传统多于真正意义上的学术传统。尽管这些精神传统对于中国科技事业的发展同样具有重要意义，但精神传统并不能代替学术传统。学术传统对于科学进步和人才培养具有“极其重要的作用”。[④] 如前面所述，在半个多世纪的发展中，中国不少物理学家谱系未能形成稳定的学术传统，这种状况不利于这些学科的发展和人才培养。

---

① 黄昆. 生平自述[M]//黄昆文集. 北京：北京大学出版社，2004：578.

② 黄昆. 在国家科学技术奖励大会上的发言[M]//黄昆文集. 北京：北京大学出版社，2004：571.

③ 黄昆. 我的治学之路[M]//黄昆文集. 北京：北京大学出版社，2004：593.

④ 朱邦芬. 庆祝王明贞先生百岁寿辰：兼谈科学传统的重要性[J]. 物理，2005，34(12)：935.

有学者指出："强调传统的重要性，不等于说出新和变革是无足轻重的或无益的。相反，科研的本质是出新，它决定了科研的方向、选题、方法和设备等必须按情况和需要作出变革，因此新思路和揭开新研究领域就成为极其重要的问题。所谓传统，主要指研究的精神、风格、方法和作风，而不是指研究的课题和方向。"①研究课题和方向会随着时间而变化，但学术传统是相对稳定的，对于科学家的研究活动会产生明显的或潜在的影响。杨振宁认为，科学研究具有风格，物理学的原理有它的结构，这个结构有其美妙之处，而各个物理学工作者对于这个结构的不同美妙之处，有不同的感受；因为有不同的感受，所以每位科学家就会发展他自己独特的研究方向和研究方法，会形成他自己的风格；但是，研究风格的形成和发展，是与学术传统有密切关系的。②

杨振宁等不少物理学家都强调过学术传统对于科学发展的重要性，我国物理学家谱系表现出的学术传统淡薄现象，不能不说是影响物理学发展的一种不利因素。

第二节　影响谱系发展的因素

影响中国物理学家学术谱系发展的因素有内在和外在两个方面，内在因素包括谱系宗师以及谱系成员的学术水平及研究能力、研究方向的选择、学术传统的培育、谱系的凝聚力、谱系成员投入的精力等等，外在因素包括社会环境、国家政策、资金投入、研究设备、同行交流与竞争等等。影响谱系发展的因素很多，而且比较复杂，以下基于前面几章的分析，就我国物理学家的自身因素和社会因素做一简单讨论。

一、物理学家自身因素

一个学术谱系能否健康发展，既取决于社会的认可和支持力度，也取决于谱系成员尤其是谱系宗师的学术水平和科研能力，以及谱系形成的学术传统。我国物理学家自身因素对学术谱系发展的影响至少有以下几个方面。

---

① 阎康年. 卡文迪什实验室：现代科学革命的圣地[M]. 保定：河北大学出版社，1999：618.

② 杨振宁. 杨振宁演讲集[M]. 天津：南开大学出版社，1989：118－119，164.

（一）老一辈物理学家的不懈努力是一些谱系得以建立并取得成就的重要原因

中国物理学科的建立，依赖于20世纪前期留学归来的一批物理学人才。这些人才不仅在物理学研究方面做出了成绩，而且培养了一大批后继人才，形成了各自的学术谱系，使中国的物理学事业得以延续，并不断发展、壮大。

从学术谱系的发展来看，物理学大师在培养专门人才、培育学术传统和引领科研方向等方面，都发挥了重要作用。正是经过王大珩、王淦昌、黄昆、谢希德、赵忠尧、张文裕、张宗燧、彭桓武、胡宁、朱洪元等物理学家的不懈努力，通过长期的科研和教学工作，使得一个个物理学的分支谱系逐渐建立起来。这些老一辈物理学家的科学水平、学术视野、研究风格以及组织能力等，对于自己谱系的成长以及研究团队取得成果的质和量也产生了重要影响。我国在应用光学、激光约束核聚变、半导体物理、高能物理和非线性光学晶体材料等领域能够取得很好的成绩，是与这些物理学家的学术指导和组织引领有很大关系的。

根据国家需要开展研究工作，在实践中培养人才，这是改革开放前中国科学技术发展的一个基本特点。国家建设需要解决大量的技术难题，而中国的科学家有没有能力解决这些难题，即成了决定性因素。在人才和设备都极度匮乏的条件下，需要有能力的科学家勇担重任，组织和培养研究团队，率领大家攻克技术难关，解决国家难题。这时的科学家既要具备帅才，也要具备将才，才能担负起历史赋予的使命。王大珩、王淦昌、黄昆等都是这类人才。王大珩对我国的大型光学仪器研制以及人才培养都做出了重要贡献，被公认为是这一领域的统帅和宗师。我国的激光约束核聚变研究，在国际上具有一定的地位，这与王淦昌在20世纪60年代初的及时倡导和后来的大力推动有很大关系。他不仅组织引领了我国这一领域的研究工作，而且带领一个团队开展氟化氪激光约束核聚变研究。

在我国半导体物理发展过程中，无论是专业人才的培养，还是对学科发展方向的引领，黄昆都发挥了重要作用。1969年，江琦玲於奈(Leo Esaki)和朱兆祥提出了超晶格理论。1972年，江琦玲於奈和张立纲用分子束外延技术制备了GaAs/$Ga_xAl1\text{-}xAs$超晶格。超晶格材料具有通常晶体所不具有的特殊性质，有着重要的科学意义和技术应用前景。黄昆意识到，半导体超晶格微结构作为半导体物理、材料和器件三者的结合点，有可能成为自晶体管发明以来半导体科学技术最重大的发展。他积极带领一批科技人员开展半导体超晶格微结构方面的理论及实验探索，取得了一系列重要成果。黄昆素以治学严谨著称，并且善于应用简化模型方法解决理论问题，重视基础理论研究，这些对其弟子都产生了重要影响。黄昆培养的学生及其研究助手，成才率很高，目前已有十余人成为中国科学院或中国工程院院士，成为教授和研究员的人则更多。

由前面几章的分析可以看出，研究成果比较突出的物理学家基本上都是属于几个比较优秀的学术谱系的成员，或者说这几个谱系取得了比较好的研究成果，王大珩的应用光学谱系、黄昆的半导体物理谱系、王淦昌的激光约束核聚变谱系、陈创天的非线性光学材料谱系等都是如此。这种现象说明了优秀学术谱系或团队对于培养人才和推动科技发展的重要性。

我国绝大多数技术应用研究都是跟踪国外，很少有自己的理论作指导，因而难免被动，更难有所突破。在这方面少有的例外是陈创天谱系开展的非线性光学晶体材料研究工作。如前所述，陈创天谱系在紫外光晶体研制方面之所以能取得世界领先的成果，关键因素是有自己提出的阴离子基团理论和分子工程学设计方法作指导。20 世纪 70 年代，中国的新型晶体材料研制基本上都是跟踪国外，属于“仿制”。国外发现的新型晶体材料，国内很快即能研制出来，而且质量也能达到国际水平，但自己缺乏独立发现新材料的能力。70 年代中期，陈创天提出的阴离子基团理论，对各种主要类型非线性光学晶体的结构与性能的相互关系给出了理论解释，这对探索新型非线性光学晶体材料具有一定的指导作用。之后，他领导的研究团队开创了自主探索新型非线性光学材料的时代，研制出一系列达到国际领先水平的非线性晶体。这些晶体成为我国为数不多的向西方先进国家禁止出口的高技术产品。这一案例充分说明了基础理论研究对于技术创新的重要性。

陈创天能够提出阴离子基团理论，得益于自身在理论物理和物理化学两个方面都具有深厚的理论功底，而这又来自于卢嘉锡当年的远见卓识。非线性光学晶体材料研究涉及物理学和化学两个基础学科，基于这种特点，卢嘉锡提出了“物理与化学结合、理论与实践结合”的研究思路。1952 年，国家进行高校院系调整后，原清华大学物理系和燕京大学物理系的师资力量都并入了北京大学物理系，使得该系教授云集，教学和科研水平处于全国一流。陈创天在这里学习了 6 年，得到很好的物理学理论培养。卢嘉锡刻意从北京大学理论物理专业选拔人才，并亲自为陈创天制订学习计划，指导其进行系统的化学理论学习。用陈创天自己的话说，他“实际上成了卢先生的业余研究生”。在卢嘉锡的指导下，他用

3 年时间系统地学习了结构化学、量子化学、群表示理论等化学知识。在“文革”运动期间，陈创天又参加了晶体生长的实践锻炼。同时掌握理论物理和化学两门知识，又具有晶体生长的实践经验，使陈创天有条件真正实现“物理与化学、理论与实践”的结合，为后来取得成功打下了基础。基于这种学术成长经历，陈创天感叹说：“我觉得，今天其他人很难复制我。”[①]而这种不可复制的学术成长环境正是卢嘉锡创造出来的。没有卢嘉锡的刻意选拔和悉心培养，就不可能有陈创天的阴离子基团理论，也就不可能有陈创天团队出色的研究成果。对于推动科学技术的发展而言，培养出优秀的人才并不比科学家自己做出成绩贡献小，而这一点往往被人们忽视了。伯乐不仅能够发现千里马，而且还会对马进行调教，使之成为真正的千里马。

有人对 1901—1999 年诺贝尔自然科学奖获得者(共 457 人)的工作机构(共 185 个)进行了统计分析，结果发现，其中有 37 个机构获得 3 人次以上奖励，共获奖 318 人次，占获奖总人次的 69%；有 23 个机构获得 5 人次以上奖励，共获奖 211 人次，占获奖总人次的 46%；有 7 个机构获得 10 人次以上奖励，共获奖 102 人次，占获奖总人次的 22%；其中英国剑桥大学卡文迪什实验室有 25 人次获奖，德国马克斯·普朗克学会有 17 人次获奖，美国贝尔实验室有 11 人次获奖，IBM 实验室有 5 人次获奖[②]。获奖的集中度相当高的事实也说明了优秀学术团队对于推动科技发展的重要性。“诺贝尔奖获得者中师生关系、学术亲缘关系屡见不鲜，说明高水平人才的集中凝聚、跨学科交流以及在高水平学术带头人的领导和指导下，选择前沿领域和战略方向，对于创新学术氛围的形成和重大创新突破都有重要意义。”[③]在诺贝尔自然科学奖获得者中，大部分人得益于自己所处的学术环境。学术团队的领导人以及杰出科学家都会对其所在研究机构的学术环境产生重要影响，对学术传统的形成、研究方向的把握起引领作用。另外，从人才的培养来看，年轻人的才华往往要由有经验的科学家来识别，并加以培养和鼓励，才能得到充分发挥。一般来说，每个成功的年轻科学家身后都有一位甚至几位值得称道的老师。很多物理学大师，如英国的卢瑟福、丹麦的玻尔、德国的玻恩、美国的费米等，都培养了一批杰出的青年物理学家。世界著名的研究团队

---

① 陈崇斌.“中国牌”晶体的探索过程：陈创天院士访谈录[J]. 中国科技史杂志，2011，32(1)：83－94.

② 路甬祥. 规律与启示：从诺贝尔自然科学奖与20世纪重大科学成就看科技原始创新的规律[M]//科学在中国. 北京：北京科学技术出版社，2000：275－276.

③ 路甬祥. 规律与启示：从诺贝尔自然科学奖与20世纪重大科学成就看科技原始创新的规律[M]//科学在中国. 北京科学技术出版社，2000：292.

都非常重视领导人的选择，卡文迪什实验室、贝尔实验室对领导人的选拔都有严格的规定，目的就是要选出具有学术指导能力和战略眼光的杰出人才担任领导。

在大科学时代的今天，有名师指导和有优良学术传统熏陶的研究团队更容易做出高水平的成果。这是随着科学技术的发展所显现出的趋势，也反映了科学技术发展的一种规律性。

（二）早期出国学习理论物理的人少是中国理论物理学术谱系不够发达的原因之一

从我国物理学发展的整体水平来看，技术应用研究比较强势，相应的学术谱系也比较发达，而基础理论研究相对薄弱，相应的学术谱系既没有形成可观的规模，也没有形成稳定的学术传统。造成这种状况的内在原因之一，是物理学家人才队伍结构自身存在局限性，即 20 世纪上半期出国留学的物理人才中，学习做理论物理研究的人很少。考察我国老一辈物理学家出国留学所学专业及其攻读博士学位期间所从事的研究工作，即可以看出这种情况。从 1900 年至 1952 年，中国留学生在国外获得物理学博士学位者至少有 168 人，[①]从他们的博士论文可以看出，其中仅有吴大猷、周培源、张宗燧、胡宁、彭桓武、马仕俊、朱洪元、黄昆、程开甲、王明贞等 10 余人在留学期间从事的是理论研究，余者所做的基本上都属于应用物理或实验物理研究。

吴大猷先生在总结中国物理学发展的历史时说："为什么中国的物理研究发展得这么慢？其中的原因之一，是因为我们大多数出国念物理的人，都是做实验的物理研究。……中国留学生当时绝大多数念物理的都是念所谓的'实验的物理研究'，这虽然有好处，但是也有不好的地方。好处在于美国有现成的环境：有实验室的设备，有研究的计划和主题。所以，你在那里很容易就有机会写好一篇专业论文。反过来，你若做'理论物理'，就没有这样清楚的把握了。这不是说，理论物理比较难，而是两者对物理研究的要求不甚相同。中国学生念'理论物理'可以说是'数学物理'，而在国外念理论物理的中国学生比较少，这个也是我们物理发展得比较慢的原因之一。在国外可以用别人的设备，用别人的研究计划，一切都很方便，有现成的实验环境，你做一个问题研究，比较方便。另一方面，虽然'理论物理'不用做实验，但是，你反而可能不晓得要做些什么，找不到研

---

① 根据戴念祖主编《20 世纪上半叶中国物理论文集萃》（湖南教育出版社 1993 年版）1243－1252 页资料统计。

究的方向和主题，徒然地在那里浪费许多时间，却不得要领。”[①]实验研究需要一定的设备，在欧美国家的实验室可以做的研究，回到国内即没有条件继续开展工作了。早期去国外学习物理的留学生，绝大多数做实验研究。胡刚复、颜任光、饶毓泰、李书华、丁西林、叶企孙、吴有训、严济慈、赵忠尧、王淦昌、张文裕、陆学善、葛庭燧、钱三强、钱临照等等，这些对中国物理学的建立和发展做出过重要贡献的老一辈物理学家，在国外留学时做的都是实验研究工作。他们利用国外的实验设备独立或合作完成了一些当时属于科学前沿的重要工作，如叶企孙 1921 年对普朗克常数的测量、吴有训 1924 年验证康普顿散射理论的实验、赵忠尧 1930 年发现正负电子对产生和湮灭现象的实验、钱三强和何泽慧 1946 年发现铀核三分裂现象的实验、张文裕 1949 年发现 μ 原子的实验。这些工作，在国内都无法再继续开展研究。中国的现实条件制约了这些学者充分发挥自己的研究才能，所以吴大猷说：“就是因为我们学物理的绝大多数的人回国后，没有机会继续做实验工作，所以中国的物理发展得很慢。”

另外，由于中国早期学习物理的留学生，绝大多数在国外从事的是实验物理研究，老一代物理学家中做理论研究的人很少，因而也就不可能形成诸多在理论研究方面有突出成就的理论物理学家学术谱系，由此也影响了我国理论物理学的人才队伍建设和学术发展。虽然物理学的理论研究和实验研究是密切相关的，但就研究方法以及对研究者的个人素质和思维方式的要求而言，两者是有区别的。做理论研究，需要掌握专门的数学工具，具有扎实的物理理论功底以及比较强的逻辑推理能力等，做实验研究的人一般不太容易做好理论研究。因此，从谱系的源头来看，早期留学学习理论物理的人少，这对理论物理学家学术谱系的培育以及理论物理学的发展都会产生一定的制约作用。

（三）老一辈物理学家自觉培育学术传统的意识不强是影响谱系学术质量的原因之一

从我国一些著名的老一辈物理学家的工作经历来看，他们虽然在科研工作和人才培养方面做出了重要贡献，形成了自己的学术谱系，但整体而言，绝大多数谱系的学术传统并不明显。造成这种状况的原因固然有社会大环境、工作单位小环境等多个方面，而谱系宗师及其后继者缺乏自觉培育学术传统的意识，或

---

① 吴大猷．早期中国物理学发展的回顾[M]．台北：联经出版事业公司，2001：88－89．

者这种意识不够强，也是一个不可否认的内在原因。学术传统对于科学研究及人才培养的重要性，已如本书第一章所述。一个物理学家谱系无学术传统，或者学术传统不够明显，是这个谱系学术质量不高的一个标志。

从国际物理学界来看，剑桥大学卡文迪什实验室和哥本哈根大学玻尔理论物理研究所是自觉培育学术传统的最好典范，很值得我们学习。同样是科技后发国家的日本，也有值得我们学习的典范，仁科芳雄(1890—1951)即是其中一位代表人物。

1918 年，仁科芳雄毕业于东京帝国大学电工学科，在长冈半太郎的建议下又重新入东京帝国大学学习物理学。1921 年，仁科留学于英国剑桥大学卡文迪什实验室，师从实验物理学家卢瑟福做原子物理实验研究；1922 年去德国哥廷根大学，师从数学大师希尔伯特做物理学理论研究；1923 年去丹麦哥本哈根，在玻尔理论物理研究所做了 5 年访问研究，这期间发表了 9 篇论文，深得玻尔的学术真传；1927 年去法国巴黎，跟随年轻的物理学家泡利做了 4 个月理论研究；之后又返回哥本哈根玻尔研究所，与瑞典学者奥斯卡·克莱茵合作研究，共同提出了著名的克莱茵-仁科方程。1928 年末，仁科满载着在欧洲学到的知识返回日本。他试图把刚刚建立的量子力学引进日本，在那里创造适宜的研究环境。1929 年，仁科邀请量子力学创始人海森伯和量子力学理论家狄拉克来日本讲学，在 6 天的时间里，两人分别作了 6 场关于量子力学的学术报告，仁科自始至终担任翻译工作。之后，仁科举办了量子力学讲习班，亲自给年轻学者授课。后来获得诺贝尔物理学奖的汤川秀树和朝永振一郎等人都参加了讲习班学习。1931 年，仁科在东京理化研究所内设立了仁科实验室，进行原子物理研究。1937 年，他又邀请尼尔斯·玻尔来日本讲学。在一个月时间内，玻尔做了 10 场关于量子力学的演讲。这一系列学术活动，激起了日本一批年轻学者对于量子力学及原子物理研究的兴趣。海森伯和狄拉克在二十几岁即做出了世界一流的科学成就，也激发了日本年轻学者的奋斗热情。在海森伯和狄拉克结束讲演时，日本老一辈物理学家长冈半太郎作了动情的讲话。他希望大家记住，海森伯和狄拉克在二十多岁时就出色地建立了一个新的物理学体系，而日本的科学家却还在亦步亦趋地拾人牙慧，日本学生只知道记笔记和模仿，这一切都糟糕透顶。长冈半太郎要求："你们这些年轻人应该赶上海森伯和狄拉克！"[①]

仁科在欧洲访学 8 年，正值以量子力学和相对论为代表的现代物理学迅速

① 刘素莉. 仁科芳雄与世界物理学大师访日[J]. 科学文化评论，2010，7(6)：81-94.

崛起的时代，所跟随的导师，都是当时在物理学前沿领域做出开创性工作的世界一流学者。这些导师使得仁科从实验研究到理论探讨，从学术思想到研究风格，都受到了全面的训练，真正成为了一位具有国际视野的物理学大师。第二次世界大战前，世界物理学研究主要有三大传统：剑桥大学卢瑟福的实验研究传统；德国哥廷根学派的理论研究传统；丹麦哥本哈根学派的自由探索传统。仁科同时受到了这三种传统的熏陶，这对于其他留学者是难以企及的经历。对于仁科来说，受到影响最深的是哥本哈根传统。仁科不仅为推动日本传统物理学向现代物理学的转变发挥了关键作用，而且把玻尔研究所的学术风格引入了日本，并且进一步发扬光大。汤川秀树的弟子内山龙雄曾评价说："仁科博士将玻尔研究所那种现代的而且是创造性的、具有探求精神的研究精神带回了日本。这种氛围和传统是旧的帝国大学所没有的。这种精神被接受过仁科博士教诲的人们传遍了日本。"在仁科的引领下，日本的现代物理学研究迅速崛起，培养出一批具有国际水平的物理学家，汤川秀树因提出介子理论获 1949 年诺贝尔物理学奖，之后又有朝永振一郎(1965 年)、江崎玲於奈(1973 年)、小柴昌俊(2002 年)、小林诚(2008 年)和益川敏英(2008 年)5 人获得诺贝尔物理学奖[①]。另外，还有几位日本科学家获得了诺贝尔化学奖和生理-医学奖。这些成就表明，日本正在成为一个世界科技强国。

学术传统的形成，需要学术权威的引领和自觉培育。仁科芳雄具有把留学获得的经验，以及欧洲新兴科学移植到日本的强烈使命感。他不但把量子力学引入了日本，而且致力于宣传欧洲的先进科学精神，矫正日本过去偏重"虚理"、不重"实验"，偏于顿悟、不重分析的学术传统，达到开启民智、树立新风的目的[②]。仁科在自己的研究室贯彻的是哥本哈根精神，鼓励无拘无束的自由讨论和大胆探索，提倡理论与实验结合，开展合作研究。朝永振一郎、坂田昌一、玉木英彦等一批年轻学者都围绕在仁科身边开展工作。学生们亲切地称其为"师父"，这不仅含有一种敬畏之情，而且蕴含着纯真的亲情。汤川秀树说："我也许从仁科身上看到了我在自己父亲身上看不到的那种'慈父'的形象。总之，我的孤独心，我的关闭的心，开始在仁科教授的面前打开了。"对于仁科研究室自由探讨的学术氛围，朝永振一郎曾感叹说："不论化学出身，还是生物出身，相互帮助

---

① 南部阳一郎，因 1956 年提出粒子物理学的自发对称性破缺机制，获得 2008 年诺贝尔物理学奖，但他的工作是在美国完成的，故未将其计入日本本土获奖者中。

② 唐永亮. 仁科芳雄及仁科研究室传统[J]. 自然辩证法研究，2004，20(12)：85－89.

的自由研究，是除了仁科研究室之外无法看到的亮丽风景。”在仁科的努力下，仁科研究室成为日本培养原子物理学精英的一片沃土。在这里成长起来的不仅有后来诺贝尔物理学奖获得者汤川秀树和朝永振一郎，还有诺贝尔化学奖获得者福井谦一。[①] 仁科非常重视学术传统的培育和新风气的养成，“是一位敢于挖掘年轻人才，激励、感化，使其大成的牵线人”，对于推动日本物理学的快速发展，发挥了重要作用。

与日本相比，中国几乎找不到一位像仁科芳雄一样的物理学领路人，更未培养出像汤川秀树和朝永振一郎式的优秀物理学家。固然近代以来，日本的社会环境、科学基础比中国更有利于科学家的成长和研究工作的开展，但就物理学家谱系来看，中国在谱系源头上就少有像仁科芳雄一样的大师，这也是制约物理学发展的不利因素之一。

二、社会因素

20 世纪以来，随着科学技术重要性的日益凸显，世界各国都在积极采取措施，大力发展本国的科技事业。因此，一个国家科技的发展以及科学家学术谱系的成长，也就不可能不受到国家政策等各种社会因素的影响。从 1949 年之后我国的社会状况来看，影响物理学家学术谱系发展的因素至少有以下几个方面。

（一）国家科研任务推动了一些物理技术研究类谱系的发展

新中国成立之后，为了快速提升国防科技水平和国家经济实力，国家非常重视推动技术科学的发展，为此先后制定了《十二年科学规划》和《十年科学规划》等政策，组织科学院各研究所、一些部委及高等院校的科研机构开展相关研究工作。在国家科研任务推动下，一些技术研究类学术谱系得到了比较好的发展，与物理学相关者如应用光学、应用声学、半导体技术、原子能技术、激光技术、非线性光学材料技术等研究领域都形成了比较发达的学术谱系。

当代中国光学发展的重点是应用光学，这与满足国家建设的各项现实需要直接相关。1962 年制定的国家《十年科学规划》指出，“技术科学的十年发展目标是：密切配合国防建设和经济建设的需要，研究解决关键性的技术科学问题，大力培养技术科学的专门队伍，建立和发展现代化的实验技术，争取在若干重要

---

① 唐永亮. 仁科芳雄及仁科研究室传统[J]. 自然辩证法研究，2004，20(12)：85－89.

领域方面接近和赶上世界先进水平”。关于应用光学,其中强调:“应把国防新技术中急需解决的光学观察及探测问题和光受激发射作为重点课题。”新中国的应用光学研究工作基本上是围绕着这些目标展开的。王大珩在组织完成一个个国家下达的光学工程研究任务的过程中,锻炼了一批人才,形成了一个庞大的学术谱系。

《十年科学规划》所说的“光受激发射”即指激光技术。这种技术在国防及民用方面都有非常重要的应用价值。1958 年,美国物理学家肖洛和汤斯提出了光受激发射理论。1960 年,美国物理学家梅曼发明了世界上第一台红宝石激光器。次年,我国学者王之江等也研制出了中国第一台红宝石激光器。之后,这项技术得到了国家高度重视,有关部门组织实施了各种类型的激光研究项目。王淦昌组织领导的激光约束核聚变研究,同样得到了国家的大力支持,使得我国在这一领域的研究工作在国际上具有一定的地位,同时也形成了一支高素质的科学家谱系。

半导体技术在国防建设及国民经济发展中都有重要作用,在国家《十二年科学规划》和《十年科学规划》中都将其列入重点发展对象。在国家推动下,半导体材料及器件研究取得了一系列重要成果,也形成了以王守武、林兰英、王守觉等为宗师的学术谱系。与此同时,与半导体技术相关的半导体物理也获得了一定的发展,形成了黄昆和谢希德学术谱系。

非线性光学材料研制是推动激光技术发展的一个重要方面,我国在这方面的研究非常活跃。陈创天带领的研究团队在非线性光学晶体研制方面做出了国际一流的成就,也是与国家的支持分不开的。

国家支持是各种科学家学术谱系得以发展的重要原因,但国家的支持是有选择性的,优先支持国家建设急需发展的一些技术领域和相关学科。为了推动相关技术的发展,国家采取种种措施,培养专门人才,组建研究队伍,下达科研任务,在实现国家科研目标的过程中也培养了相应的科学家谱系。这种做法在一定的历史阶段是合理的。但是,国家有选择的支持,必然会造成学科发展失衡、技术与理论发展失衡等现象,相应的学术谱系发展也同样存在失衡现象。

(二)国家对物理学基础理论研究重视程度不够而不利于相关谱系的发展

科学技术作为一种生产力,对于社会发展有重要的推动作用。在科学技术体系中，对社会产生直接推动作用的是技术，而技术的发展需要科学基础理论作支撑。新中国成立后，国家把各方面的力量主要用在解决技术应用问题上，对科学理论研究重视的程度相对不足，由此对包括物理学理论在内的整个自然科学基础理论的发展以及相关学术谱系的发展产生了一定的制约作用。

《十二年科学规划》规定我国科学技术发展的方针是“重点发展，迎头赶上”，采取“以任务为经，以学科为纬，以任务带学科”的原则。在当时的国际国内形势下，这个方针是正确的。在科技力量极其有限的情况下，只能优先解决国家建设急需的技术应用问题，同时兼顾相应的理论研究和学科发展。而且，《十二年科学规划》也指出：“技术上带有根本性质的进步和革新，必须以一定的科学理论作为基础。因此，要想在今后逐步做到依靠自己的力量解决本国建设中不断出现的科学技术问题，从根本上摆脱目前的依赖地位，就必须建立起我国自己的科学理论储备，大力加强和充实理论研究的力量，克服忽视理论研究的近视的倾向。”不过，在实际工作中，各个科研单位往往是忙于完成国家下达的技术研究任务，而无暇顾及相关的理论研究，结果是大量的技术任务完成了，但基础理论研究水平一直不高，一些相关的重要学科也没有得到很好的发展。“以任务带学科”，是学科为任务服务，与任务没有直接关系的学科或基础理论，则得不到应有的重视。由于缺乏基础理论的有效支持，一些高新技术的发展也就不可避免地受到了限制。我国半导体技术的发展即呈现这种状况。《十二年科学规划》将半导体技术列为采取“紧急措施”发展的四大技术之一，国家对其发展给予了大力支持。以中科院半导体研究所为代表，全国在半导体技术研究及产品生产方面建立了一支庞大的队伍。20 世纪 50 年代末，我国的半导体研究与日本同时起步，到了 70 年代末，我国的技术水平已远远落后于日本。当时，我国 600 多家半导体生产工厂，一年的集成电路总产量，比不上日本一个 2 000 人工厂三天的产量。① 造成这种差距的原因，既有技术问题，也有理论水平问题。中科院半导体研究所代表了我国当时半导体研究的最高水平，这里诞生了我国第一根半导体单晶材料、第一个晶体管、第一块集成电路、第一个半导体激光二极管，在技术应用方面取得了一系列重要成就，但基础理论研究水平长期与西方先进国家存在很大差距。

“文革”结束后，为了加强基础理论研究，邓小平推荐黄昆担任中国科学院半导体研究所所长。黄昆一生主要从事半导体物理的基础理论研究，在多声子跃迁理论、X 射线漫散射理论、晶格振动长波唯象理论、超晶格振动膜理论等方面，

---

① 朱邦芬. 黄昆[M]. 贵阳：贵州人民出版社，2004：108.

做出了国际同行公认的重要成绩。对于改革开放之前我国不够重视基础理论研究的状况,黄昆深有体会。“他根据多年的经验,归纳总结出一条规律:越是国家重视的学科,该学科的基础科学研究反而越容易受到冲击。20 世纪 50 年代的金属,60 年代的半导体,都是国家十分重视的学科。中国科学院集中全国的精兵强将,分别成立了金属研究所与半导体研究所,为国家的‘以钢为纲’和‘电子技术革命’战略打基础。但是,回过头来看,作为学科基础的金属物理与半导体物理的研究,相对而言,长期以来却是受冲击最大的学科。这是因为,对于完成国家指令性任务,物理研究往往‘远水解不了近渴’,而政治运动来了以后却往往首当其冲,动辄就被戴上一顶‘脱离实际’的帽子。这样,刚起步时我们和国外研究水平还相差不多,但由于不重视自己的原创性基础研究和开发研究,跟在外国人后面亦步亦趋,导致差距越来越大。”①

对于我国不够重视基础理论研究的状况,许多科学家都有共识。激光物理学家王育竹说:“在客观上,我们不够重视基础性研究。我们的科研政策是‘以任务带学科’。在过去的年代里,‘以任务带学科’确实推动了我国科技事业的发展,‘两弹一星’的辉煌成果证明了它的正确性。虽然这一政策并没有不支持基础研究的含义,但在强调任务带学科的同时忽视了与任务无直接关联的基础性研究。”②在实际工作中,不仅与任务无直接关联的基础性研究得不到重视,一些有重要应用价值的基础研究也被忽视了。“在我国的一个很长时期内,形成了越有重要应用的学科,越是撇开基础研究不搞的不正常局面。”③

王大珩在总结中国光学的发展历程时说,“半个世纪来,我国光学的基础研究取得了长足的进步和令人瞩目的成就,但总体来说,大多属于跟踪性的创新,与发达国家相比原创性还有明显的差距,还存在急于求成的倾向。加上近年来,学术上的浮躁以及对基础研究的重视程度不够,在光学基础研究上,有些方面与国外的差距反而加大了。这应该引起我们足够的重视”。④ 针对我国光学发展存在的不足,他指出:“开展跟踪国际科技动态和瞄准世界先进技术的研究,利于像我们这样科技基础比较薄弱的国家,是十分必要的。但中国是一个大国,理应像我们的先人一样,在各个领域应有自己的原始创新,为世界科学宝库做出自己

---

① 朱邦芬. 黄昆[M]. 贵阳:贵州人民出版社,2004:108.

② 王育竹. 关于中国诺贝尔奖的思考[M]//卢嘉锡. 院士思维:3 卷. 合肥:安徽教育出版社,2001:84.

③ 黄昆. 半导体物理研究的兴起[M]//夏建白,等. 自主创新之路:纪念中国半导体事业五十周年. 北京:科学出版社,2006:278.

④ 王大珩. 中国光学发展历程的若干思考[M]//宣明. 王大珩. 北京:科学出版社,2005:44.

的贡献，真正成为一个科技强国；因此，我们的科研院所在完成国家任务的同时，要十分注重基础研究和原始创新，在光学研究的前沿和理论创新上同样做出成绩来。”[①]一个国家的基础科学理论落后，这个国家的科技发展就会缺乏后劲。对于这一点，我国一些著名的科学家都有清醒的认识。

改革开放以来，我国科技界急功近利倾向严重，浮躁之风日盛，缺乏科研工作应有的沉着和淡定，这同样不利于基础科学理论的健康发展。2002 年，詹明生有感于中国冷原子研究的历史与现状，即指出：“从事高难度的基础物理实验研究需要长期的技术积累，急功近利的潮流往往难以容忍任何一个立足国内的科学家在 7 年或更长的周期内在实验研究上落后于国外。营造一个能让人潜心将‘冷’板凳坐‘热’的软硬环境，是冷原子物理方面赶超世界的关键。”[②]

中国老一辈物理学家在国外学习研究理论物理的人本来就少，回到国内后，理论研究又得不到应有的重视，这两种因素都制约了物理学基础理论研究的发展以及相关学术谱系的发展。这种状况在改革开放以后，才逐渐有所好转。

中国古代长期存在注重实际应用，轻视理论思维的传统。这种传统在中国近现代依然存在，而同样是从近代开始向西方学习科学技术的日本则完全不同。从近代开始，日本科学家即具有相当强烈的重视纯科学研究的倾向，也就是为学术而学术的研究风格。面对着西方列强的侵扰，日本学者力求通过在科学研究中取得的成绩证明日本文化是世界上优秀的文化。山川健次郎（1854—1931）、田中馆爱橘（1856—1952）和长冈半太郎（1865—1950）是日本明治早期三位著名物理学家，为日本物理学的奠基做出了重要贡献。他们是在江户时代封建儒教传统影响下接受的启蒙教育，然后转向现代物理学的教育和研究。1888 年 6 月 7 日，长冈半太郎在给正在欧洲留学的田中馆爱橘的信中说：“在工作中，我们一定要有广阔的视野、敏锐的判断力和对事物的透彻理解，不能屈服，不能有一丝的松懈。……没有理由让白人在每个方面都如此超前，如你所说，我希望我们能在 10 或 20 年之内（在知识上）打败那些白人。”这种心情，我国早期在国外留学的人也一样会有。但是，日本学者普遍存在的对于科学理论深入钻研的精神，恐怕不是中国人所能比的。1947 年，美国科学顾问团对日本考察后发现：“大学里的很多研究，其内容都深奥晦涩。相比数学分析或者应用数学，数学家们更喜欢数论这一类的研究。造就一个文化阶层，维护日本的尊严，证明其文化优越于世

① 王大珩. 中国光学发展历程的若干思考[M]//宣明. 王大珩. 北京：科学出版社，2005：44.
② 詹明生. 冷原子物理[J]. 中国科学院院刊，2002(6)：407 - 412.

界上其他文化,这似乎是很多大学教研人员心目中最主要的动机";"在大学毕业生和研究人员当中,至少在自然科学和技术领域,相比于应用科学研究,对理论科学研究的强调似乎有些过分"。[①] 日本科学家在抽象理论研究上花大力气,企图以此证明日本文化比其他文化更加优越,这让美国人感到吃惊。其实,一部分日本人对于理论科学的专注研究,从明治维新中期即已开始了。他们视纯科学研究为一种智力游戏,任何国家的科学家都可以在其中获得机会,通过获胜以展示自己的才华和自己国家文化的优越性。这种倾向即使是在第二次世界大战期间也没有停止过。汤川秀树能够于 1935 年提出介子理论,1949 年获得诺贝尔物理学奖,创造了未去西方留学而获得诺贝尔奖的神话,其原因之一就是在这种"智力游戏"倾向影响下持续钻研的结果。这种现象是值得中国人深思的。1920—1930 年,哥本哈根理论物理研究所接收的来自世界各地的访问学者中,访问时间达一个月以上者有 63 人,其中来自日本的就有 7 人,而中国仅有周培源先生于 1929 年去那里做了一个月的访问。这 7 位日本访问学者中,有 6 人以访问期间的研究工作发表了论文,他们少者 1 人 1 篇,多者 1 人 9 篇,共发表了 20 篇论文。由此也反映了日本物理学家对理论研究的重视及其所投入的精力。目前,日本已有 6 人获得诺贝尔物理学奖,其中 5 人的获奖成果都属于理论物理研究内容。这种现象充分证明了日本物理学家长期重视理论研究的成效。

1982 年 3 月 5 日,杨振宁先生向中国政府提交了一份《对于中国科技发展的几点想法》。他在其中指出,中国在物理学科内,倾向于走两个极端:或者太注意原理的研究,或者太注意产品的研究,而介于这两种研究之间的发展性研究似乎没有被注意。原理的研究即基础理论研究,不需要考虑应用,属于长期的投资;产品的研究是一种短期投资,目标明确地对准某种产品,几年后研究成果即能提高社会生产力;发展性的研究是一种中期的投资,希望 5～10 年或 20 年内研究成果能够增强社会生产力。杨振宁所说的物理学"原理的研究",是指 20 世纪 70 年代国内一些物理学工作者掀起的量子场论研究热潮。他建议中国应当加大对发展性研究的投入。杨先生对美国的发展进行了总结,19 世纪美国实现了工业化,20 世纪上半叶开始注重发展性的研究,20 世纪 50 年代以后开始重视原理性的研究。[②] 今天看来,借鉴美国的发展经验,中国经过改革开放以来 30 多年的发展性研究,已经具备了加强原理性的理论研究的社会条件。事实上,对

---

① 冈本拓司.科学与竞争:以日本物理学为例:1886—1949[J].科学文化评论,2006,3(2):38-52.

② 杨振宁.对于中国科技发展的几点想法[N].光明日报,1982-3-5.

于基础理论研究工作，并不需要像发展性研究那样投入巨大的财力，关键是国家政策的引导和社会评价机制的转变，为一部分有兴趣并且有能力对科学基础理论问题做深入钻研的人创造研究环境，提供生存空间。

（三）新中国成立后的一些政治运动干扰了物理学家学术谱系的发展

从 1949 年至 1977 年近 30 年间，我国开展过一系列政治运动，其中一些运动对科学技术的发展产生了相当大的不利影响，有的甚至是破坏性的影响。这些运动对于当代中国物理学家学术谱系的建立和发展，同样产生了明显的不利作用。

新中国成立初期，实行“全面学习苏联”的方针。苏联开展的批判自然科学中的“资产阶级唯心主义思想”的活动，也被照搬到中国，而且在有些方面做得比苏联还有过之而无不及。我国开展的科学批判活动涉及自然科学的各个领域，如生物学领域批判孟德尔和摩尔根的遗传学，物理学领域批判哥本哈根学派关于量子力学的诠释、爱因斯坦的相对论及其科学思想，化学领域批判鲍林的共振论，数学领域批判数理逻辑和公理化方法，等等。从新中国成立至“文革”结束，中国的科学批判活动时起时落，但从来没有停止过。[①] 量子力学建立后，玻尔提出了互补原理，海森伯提出了测不准原理，玻恩提出了波函数的统计解释，由此构成了关于量子力学的哥本哈根学派诠释。这些理论被中国学者认为充满了唯心主义和形而上学思想，是为反动的资本主义制度服务的，受到了反反复复的批判。[②] “文革”期间，爱因斯坦被中国一些人看成“自然科学领域最大的资产阶级反动学术权威”，是“阻碍自然科学前进的最大绊脚石”；相对论被看做是“渗透着资产阶级唯心主义和形而上学观点的自然科学理论的典型代表”，都受到了强烈的批判。[③] 相对论和量子力学是现代物理学的两大理论支柱，西方人在忙于以这两种理论为基础而大力发展现代物理学的时候，我国却忙于对之进行批判，把哥本哈根学派和爱因斯坦骂得一钱不值。这种批判活动会使人们对量子力学和相对论产生误解，妨碍对这些理论的正确理解和接收，使我国的物理学理论水平进一步拉大了与西方国家的差距。在这类批判活动影响下，连爱因斯坦和玻尔

---

① 胡化凯. 20 世纪 50—70 年代中国科学批判资料选：上、下册[M]. 济南：山东教育出版社，2009.

② 胡化凯. 20 世纪 50—70 年代中国对于哥本哈根学派量子力学诠释的批判[J]. 科学文化评论，2013，10(1)：20－41.

③ 胡化凯. “文革”期间的相对论批判[J]. 自然辩证法通讯，2006，28(4)：61－70.

这样的世界顶级物理学家都威风扫地,我国的物理学家自然也难以树立自己的学术权威和地位,这当然不利于学术谱系的建立和发展。

1957年,在"反右派"运动中,一大批知识分子被划为右派分子。在批判一些右派分子的政治思想错误的同时,对他们的一些科学工作也进行了批判。1957年9月18—21日,中国科学院在北京召开了有4 000多青年科学工作者参加的"反右派"斗争大会,有40多位科学家在大会上发言,对5位年轻的右派科学工作者进行了严肃的批判。"反右派"运动中,全国有55万人被划为右派分子。这些人中,"除极少数是真右派外,绝大多数或者说99%都是错划的"。[①] 在这些右派分子中,包含了一部分科学家和一大批青年科技工作者及在校理工科大学生。"反右派"运动扩大化,使一大批科技人才不能正常发挥自己的聪明才智,难以为国家的科技发展贡献力量。这不仅对国家的科技事业是一大损失,而且不利于科技人才的培养和科学家学术谱系的发展。

"反右派"运动结束后,1958年3月12日,《人民日报》发表了《批判资产阶级学术思想》一文,由此揭开了"批判资产阶级学术思想"运动的序幕。全国开展了轰轰烈烈的"插红旗、拔白旗"活动,许多著名教授、学术权威被作为资产阶级"白旗"拔掉。一些高校的学生开展了对自己老师及其科研工作的批判活动。1958年,北京一所著名大学物理系的少数教师和部分学生撰写批判文章,对著名理论物理学家王竹溪的《热力学》讲义中的"资产阶级唯心主义思想"进行了批判。文章分析了"《热力学》中的唯心主义观点的社会与阶级根源",认为作者"在国内受到的是半封建半殖民地的教育,到了西方后,所受的又是没落的资产阶级的教育,因此就不得不打下阶级的烙印,染上各种资产阶级的错误哲学观点和方法"。[②] 武汉一所著名大学物理系的师生对该系张承修教授的《统计物理学》讲义进行了批判,认为其中"存在着极为严重的,并且是带有根本性的缺点","讲义和教学严重脱离实际","灌输了唯心主义观点",这种做法"是渊源于(作者)轻视劳动和劳动人民的资产阶级观点,渊源于唯心主义的世界观"。[③] 这所大学物理系师生还对该系王治樑教授所编的《量子力学讲义》进行了批判。物理系量子力学课程检查小组对《量子力学讲义》进行了诸章诸节的审查,然后发表文章认为,

① 薄一波.若干重大决策与事件的回顾:下卷[M].北京:中共党史出版社,2008:435.

② 胡慧玲,杨应昌,俞忠钰,等.批判王竹溪先生在《热力学》书中的资产阶级观点[J].北京大学学报,1958(4):461-467.

③ 武汉大学物理系一九五八年毕业班红旗战斗司令部.批判张承修先生所编的《统计物理》讲义中的资产阶级观点[J].武汉大学自然科学学报,1959(2):11-14.

在讲义中"自觉或不自觉地使用了唯心主义的观点，暴露了作者的唯心主义世界观"，这种做法"只能解释为王先生的唯心主义思想根深蒂固所致"。① 这类批判活动，使教授们失去了基本的学术尊严和地位，同样有损于学术谱系的建立及发展。

持续十年的"文化大革命"，对一些科学家的打击更大。"文革"一开始，黄昆就被作为"反动学术权威"遭到批判，被贴了大字报，打成"黑帮"而"靠边站"，工资被扣发，家里一些东西被抄，一度失去了人身自由②。当时的造反派组织人专门整理黄昆的材料，对其行政、科研及教学工作进行批判，认为其走的是"修正主义干部路线"和"资本主义的科学路线"，"培养资产阶级接班人"。黄昆认为，中国发展科学，就是缺少一批科学家，因此鼓励年轻人先做一些理论研究，再做一些实验研究，打好基础，将来才可以胜任国家科学事业的需要。黄昆对年轻人的学术成长要求比较高，批判者认为，他是"通过'导师'制把青年教师制于资产阶级'权威'的压制下，把他们引上了修正主义道路"。黄昆对一些年轻教师("四大金刚")进行重点培养，批判者认为，他是"精心选拔和培养资产阶级接班人"。③ "文革"期间，谢希德也受到冲击，被迫停止了科研工作；张宗燧由于经受不住磨难，于1969年含冤自杀。这些物理学家所受到的打击，对于培育学术传统、建立学术谱系的破坏作用是可想而知的。"文革"十年，耽误了一代人才的培养，使得几乎所有的科学家谱系都出现了人才断层现象。

科学家学术谱系的建立和发展，既需要有学养深厚的科学宗师及其所培养的人才队伍，也需要有适宜的社会环境，上述各种政治运动所形成的社会环境肯定是不利于学术谱系的建立与发展的。

---

① 武汉大学物理系量子力学课程检查小组. 初剖王治樑先生所编的《量子力学讲义》第一章[J]. 武汉大学自然科学学报，1959(2)：15－21.

② 朱邦芬. 黄昆[M]. 贵阳：贵州人民出版社，2004：99－101.

③ 半导体、光学、固体能谱党支部材料组. 揭发黄昆材料汇集. 1966年7月6日。这是一份"依据大字报、讨论会和一些个人揭发材料整理而成"的油印"内部资料"，"供进一步揭发、调查和整理黄昆材料做参考"。

参考文献

1. 《卢嘉锡传》写作组. 卢嘉锡传[M]. 北京:科学出版社 ,1995.
2. 杉本勋. 日本科学史[M]. 郑彭年,译. 北京:商务印书馆,1999.
3. PIPPARD A B. Reconciling Physics with Reality [M]. Cambridge: Cambridge University Press, 1971.
4. 罗伯森 P. 玻尔研究所的早年岁月[M]. 北京:科学出版社,1985.
5. 派斯 A. 基本粒子物理学史[M]. 关洪,等,译. 武汉:武汉出版社,2002.
6. 白春礼. 扬帆科技海洋[M]. 北京:科学出版社,2010.
7. 薄一波. 若干重大决策与事件的回顾:下卷[M]. 北京:中共党史出版社,2008.
8. 陈辰嘉,虞丽生. 名师风范:忆黄昆[M]. 北京:北京大学出版社,2008.
9. 春天长在 丰碑永存:邓小平同志与中国科技事业[M]. 北京:科学技术文献出版社,2004:152 - 154.
10. 戴念祖. 中国科学技术史:物理学卷[M]. 北京:科学出版社,2001.
11. 戴念祖. 中国物理学史大系:光学史[M]. 长沙:湖南教育出版社,2001.
12. 邓锡铭. 中国激光史概要[M]. 北京:科学出版社,1991.
13. 董光璧. 中国现代物理学史[M]. 济南:山东教育出版社,2009.
14. 葛能全. 钱三强年谱[M]. 济南:山东友谊出版社,2002.
15. 葛能全. 钱三强传[M]. 济南:山东友谊出版社,2003.
16. 关洪. 胡宁传[M]. 北京:北京大学出版社,2008.
17. 国家自然科学基金委员会,中国科学院. 未来 10 年中国学科发展战略:物理学[M]. 北京:科学出版社,2012.
18. 郭建荣. 国立西南联合大学图史[M]. 昆明:云南教育出版社,2007.
19. 韩荣典. 中国科学技术大学物理五十年[M]. 合肥:中国科学技术大学出版社,2009.
20. 胡化凯. 20 世纪 50—70 年代中国科学批判资料选:上、下册 [M]. 济南:山东教育出版社,2009.
21. 胡化凯. 物理学史二十讲[M]. 合肥:中国科学技术大学出版社,2009.
22. 胡济民,等. 王淦昌和他的科学贡献[M]. 北京:科学出版社,1987.
23. 胡升华. 20 世纪上半叶中国物理学史[D]. 合肥:中国科学技术大学自然科学史研究室,1998.
24. 劳丹 L. 进步及其问题:科学增长理论刍议[M]. 方在庆,译. 上海:上海译文出版社,1991.
25. 李鸣生. 世纪老人的话:王大珩卷[M]. 长春:辽宁教育出版社,2000.
26. 林章豪. 百年同济　百名院士[M]. 上海:同济大学出版社,2007.

27. 刘海军. 束星北档案：一个天才物理学家的命运[M]. 北京：作家出版社，2005.
28. 卢嘉锡. 中国当代科技精华：物理学卷[M]. 哈尔滨：黑龙江教育出版社，1994.
29. 卢嘉锡. 中国现代科学家传记：1[M]. 北京：科学出版社，1991.
30. 卢嘉锡. 中国现代科学家传记：2[M]. 北京：科学出版社，1991.
31. 卢嘉锡. 中国现代科学家传记：3[M]. 北京：科学出版社，1992.
32. 卢嘉锡. 中国现代科学家传记：4[M]. 北京：科学出版社，1993.
33. 卢嘉锡. 中国现代科学家传记：5[M]. 北京：科学出版社，1994.
34. 卢嘉锡. 中国现代科学家传记：6[M]. 北京：科学出版社，1994.
35. 卢嘉锡. 院士思维：1—4 卷 [M]. 合肥：安徽教育出版社，2001.
36. 马晓丽. 光魂[M]. 北京：解放军出版社，1998.
37. 宓正明. 汤定元传[M]. 北京：科学出版社，2011.
38. 曲士培. 中国大学教育发展史[M]. 北京：北京大学出版社，2006.
39. 沈克琦，赵凯华. 北大物理九十年[Z]. 北京：[出版者不详]，内部资料，2003.
40. 王冰. 中国物理学史大系：中外物理交流史[M]. 长沙：湖南教育出版社，2001.
41. 王乃彦. 王淦昌全集：1—5 卷[M]. 石家庄：河北教育出版社，2004.
42. 王士平，等. 近代物理学史[M]. 长沙：湖南教育出版社，2002.
43. 王玉芝，罗卫东. 图说浙大：浙江大学校史通识读本[M]. 杭州：浙江大学出版社，2010.
44. 温伯格. 宇宙最初三分钟：关于宇宙起源的现代观点[M]. 北京：中国对外翻译出版公司，2000.
45. 吴大猷. 早期中国物理发展的回忆[M]. 台北：联经出版事业公司，2001.
46. 西南联合大学北京校友会. 国立西南联合大学校史[M]. 北京：北京大学出版社，2006.
47. 夏建白，等. 自主创新之路：纪念中国半导体事业五十周年[M]. 北京：科学出版社，2006.
48. 谢家麟. 北京正负电子对撞机和北京谱仪[M]. 杭州：浙江科学技术出版社，1996.
49. 谢家麟. 没有终点的旅程[M]. 北京：科学出版社，2008.
50. 宣明. 王大珩[M]. 北京：科学出版社，2005.
51. 阎康年. 成功之路[M]. 广州：广东教育出版社，2006.
52. 阎康年. 卡文迪什实验室：现代科学革命的圣地[M]. 保定：河北大学出版社，1999.
53. 阎康年. 英国卡文迪什实验室成功之道[M]. 广州：广东教育出版社，2004.
54. 杨小林. 中关村科学城的兴起：1953—1966[M]. 长沙：湖南教育出版社，2009.
55. 自然杂志社. 科学家传记[M]. 上海：上海交通大学出版社，1985.
56. 张藜，等. 中国科学院教育发展史[M]. 北京：科学出版社，2009.
57. 浙江大学校史编辑室. 浙江大学校史稿[Z]. 杭州：浙江大学，1982.
58. 郑小惠，董庆钧，高瑄. 清华记忆：清华大学老校友口述历史[M]. 北京：清华大学出版社，2011.
59. 中国科学技术协会. 中国科学技术专家传略：工程技术编：电子通信计算机卷 1[M]. 北京：电子工业出版社，1998.
60. 中国科学技术协会. 中国科学技术专家传略：工程技术编：自动化仪器仪表　系统工程　光学工程卷 1[M]. 北京：中国机械工业出版社，1997.
61. 中国科学技术协会. 中国科学技术专家传略：工程技术编：自动化仪器仪表卷 2[M]. 北京：机械工业出版社，2001.
62. 中国科学技术协会. 中国科学技术专家传略：工程技术编：自动化仪器仪表卷 3[M]. 北

京:中国科学技术出版社,2007.
63. 中国科学技术协会. 中国科学技术专家传略:理学编:物理学卷 1[M]. 北京:中国科学技术出版社,1996.
64. 中国科学技术协会. 中国科学技术专家传略:理学编:物理学卷 2[M]. 北京:中国科学技术出版社,2001.
65. 中国科学技术协会. 中国科学技术专家传略:理学编:物理学卷 3[M]. 北京:中国科学技术出版社,2006.
66. 中国科学技术协会. 中国科学技术专家传略:理学编:物理学卷 4[M]. 北京:中国科学技术出版社,2012.
67. 中国科学院半导体研究所三十年庆筹委会. 奋进的三十年[C]. 北京:中国科学院半导体研究所,1991.
68. 中国科学院长春光学精密机械与物理研究所所志编委会. 中国科学院长春光学精密机械与物理研究所所志[M]. 长春:吉林人民出版社,2002.
69. 周发勤. 唐孝威科学实验四十年[M]. 合肥:中国科技大学出版社,1997.
70. 周金品,张春亭. 从原子弹到脑科学:唐孝威院士的传奇人生[M]. 北京:科学出版社,2003.
71. 朱邦芬. 黄昆[M]. 贵阳:贵州人民出版社,2004.
72. 朱邦芬. 黄昆:声子物理第一人[M]. 上海:上海科学技术出版社,2002.
73. 朱邦芬. 清华物理八十年[M]. 北京:清华大学出版社,2006.
74. 1989 年至 1996 年北京正负电子对撞机成就综述[Z]. 北京:[出版者不详],1997.
75. 戴念祖. 20 世纪上半叶中国物理论文集萃[M]. 长沙:湖南教育出版社,1993.
76. 邓小平文选(第三卷)[M]. 北京:人民出版社,1993.
77. 高能所文书档案室. 北京正负电子对撞机工程文书档案摘要汇编[G]. 北京:[出版者不详],1990.
78. 高能物理学会成立十周年专辑[Z]. 北京:[出版者不详],1991.
79. 《红外与激光工程》编辑部. 现代光学与光子学的进展:庆祝王大珩院士从事科研活动六十五周年专集[M]. 天津:天津科技出版社,2003.
80. 黄昆. 黄昆文集[M]. 北京:北京大学出版社,2004.
81. 李晋闽. 拓荒者的足迹:建所初期科技人物事迹选[M]. 北京:科学出版社,2010.
82. 李政道. 李政道文录[M]. 杭州:浙江文艺出版社,1999.
83. 林兰英院士科研活动论著选集[M]. 北京:科学出版社,2000.
84. 王迅. 谢希德文选[M]. 上海:上海科学技术出版社,2001.
85. 严济慈. 严济慈文选[M]. 上海:上海教育出版社,2000.
86. 杨振宁. 杨振宁演讲集[M]. 天津:南开大学出版社,1989.
87. 叶企孙. 叶企孙文存[M]. 北京:首都师范大学出版社,2013.
88. 张奠宙. 杨振宁文集[M]. 上海:华东师范大学出版社,1998.
89. 郑厚植,仇玉林. 王守武院士科研活动论著选集[M]. 北京:科学出版社,1999.
90. 中国高等科学技术中心. 李政道文选:科学与人文 [M]. 上海:上海科学技术出版社,2008.
91. 中共中央文献研究室. 建国以来重要文献选编:第九册[M]. 北京:中央文献出版社,1994.

92. 中国科学院半导体研究所建所四十周年纪念文集[C]. 北京:中国科学院半导体研究所,2000.
93. 中国科学院高能物理研究所大事记[Z]. 北京:[出版者不详],2003.
94. 中国科学院高能物理研究所年报:1972—1979[Z]. 北京:[出版者不详],1979.
95. 中国科学院理论物理研究所:1978—1984[Z]. 北京:[出版者不详],1986.
96. 中国科学院高能物理研究所. 邓小平与我国高能物理的发展[Z]. 画册. 北京:[出版者不详],2004.
97. 中国物理学会. 半导体会议文集[C]. 北京:科学出版社,1957.
98. 中国原子能科学研究院. 1950—1985 年大事记[Z]. 初稿. 北京:[出版者不详],1987.
99. 中央文献研究室. 建国以来毛泽东文稿:第十一册[M]. 北京:中央文献出版社,1996.
100. 中央文献研究室. 毛泽东文集:第八卷[M]. 北京:人民出版社,1999.
101. 朱洪元论文选集[M]. 北京:爱宝隆图文,2002.

索 引

A

AMS 实验组 221

阿尔法磁谱仪 221,292,293,311,313

爱国精神 50,52,422

安徽大学 10,409

安徽光机所 40,41,44,45,49,58,61

B

八七工程 224,225,233,258,276

半导体材料 25,137,139,141,142,144,145,147—149,159,164—167,169,189,190,195—197,199,200,205,206,417,418,420,421,432

半导体超晶格 105,143,144,154,155,167,169,170,174—176,178,179,182,188,202,203,206,424,425

半导体器件 135,140,147,149,158,159,165—167,189,191,194,199,205

半导体物理 22,32,33,131—140,143—147,149,153—158,167,168,170,171,173—175,178,179,181—188,190,192,195,197,201,202,205,208,417,419,421,424,425,432—434

半导体研究所(半导体所) 21,41,106,137—151,153—167,169,170,173—176,178—180,188—192,194—197,202—209,433,434,442,443

半导体专门化 135,136,149,153—158,190,197,200,419

北京大学 7,9,10,12,14,15,66,72,73,97,99,103,104,107,116,117,120,128,129,133—136,140,141,143—147,149,150,153—158,164,168—173,176,178—181,183,188—190,193,195,197,198,200—202,205,207,214,216—218,242,244,261,283,286,288,292,293,295—297,301,306,308,309,316—318,321,336,345—347,349,365,368,371,374,389—391,395,397—406,408—410,412,414,415,417,419,422,425,438,440—442

北京师范大学 7,10,229,257,295,317,318,347,349,368,390,413,419

北平协和医学院 9

北平研究院 7,16—18,21,38,191,214,215,249

层子模型 23,310,320,322,324,326,329,346—348,353,358—360,366,369,370,372,375—378,382,383,390—392,394—396,398,402,404,406

C

长春光机所 35,38—41,43—46,48—51,53,55,56,58,59,61,62,64,74,79,105,418

陈创天 34,101,102,105—122,124—129,417,421,425,426,432
成都光电技术研究所 40,41,68,69,76
传教士 3—5,385
创新精神 40,53,87—90
创业精神 55,124,125,422

D

大同大学 10
代际关系 48,84,149,159,234,243,329,341,418,419
淡化 259,260,272,282—284,388,389
电磁学 2,4,279,281
电子同步加速器 222,254,276,288
电子直线加速器 212,222,223,260,299,301,302,305
丁燮林 7,11,16
东南大学 7,10—12,247,284
东吴大学 9
杜布纳 92,97,99,222,227,228,233,254,255,258,263,276,288,289,300,317—320,346,365,368,374,378,379,387,392,395,397

F

反应堆中微子实验站 227,232,261,296
非线性光学 25,33,34,41,42,76,101—130,421,424,425,431,432
分布 23,24,42,83,88,136,196,203,259,261,263,265,288,303,316,328,349,357,358,374,395,399,407
奉献精神 95,96,422
福州协和大学 9

G

感应加速器 223,301
高能加速器 210,217,218,220—225,227,233,250,254,256,260,271,272,275—277,282,284,298,342,369,420
高能实验物理 25,29,33,210,219,230,232—234,243—246,249,250,254,255,258,261—263,268,269,273,279,283—285,287,288,292,315,329,342,349,350,389,417—421
高能物理 23,210—212,214,216—224,226,227,230—234,243—250,254—264,268,270—285,287,289—294,296,297,302,304—308,313,320,324—326,328,346,349,369,371,379,391,394,398,400,407,409,411,412,414,421,424,442,443
高能物理研究所(高能所) 217—221,223—227,230,231,234,249,256,258,259,261,262,264,266,268—271,277,284—289,291—302,307—310,317,323—325,327,348,349,360,365,369,377,383,391—393,401,406—408,410,411,413—416,442,443
高压加速器 223
个性精神传统 380,388
庚款留美 8,12,37,59,60
庚款留英 8,171
工程物理系 203,216,217,290,300,302,309,393,415
龚祖同 8,13,36—39,43—46,48—50,55,60,61,64,65,76,417,418
共性精神传统 373,389
光电子学 41,42,67,74,76,145,157,

192—196,198,204
光学 2—4,8,13,21—23,34—46,48—78,81,85,88,89,91,96,100,103—106,110—112,120,121,124,125,127,143,173,175—177,179,180,183,188,189,194,197,203,301,306,349,385,418,431,432,434,435,439,440,442
光学工程 35,37—43,46,48,49,54,57—59,63—65,75,418,421,432,441
光学仪器 3,23,35—42,50,51,53—55,60,61,63,64,68—71,76,424
规范场 301,322—326,328,347,358,359,370,371,375,377,378,392,394—397,402,406,407,409
国家任务 60,61,63,139,142,146,147,168,174,435
国家实验室 23,24,115,179,187,207,209,231,254,258,261,262,276,277,286,289,290,292,294,296,297,300—302,406
国家重点实验室 23,24,41,143,144,148,155—158,166,169,170,174,175,184,185,187,188,190,191,197,201—203,206,207,262,296

H

合作精神 92,127
何育杰 7,11,19
何泽慧 13,213—215,218,237,243,244,250,254,264,269,283,285,286,420,428
核武器 79,86,96—99,139,214,215,255,256,286,317,345,346,348,350,365,368,374,387,388,396
胡刚复 7,8,11,13,19,294,385,386,428
胡宁 8,13,15,107,117,128,214,215,219,255,264,310,313,315—321,324,325,327,335—337,341,343—351,353,357,359,360,362,365,369,370,373—376,385,386,388,391,392,417,419,424,427,440

L

沪江大学 9

H

华西协和大学 9
黄昆 8,12,15,116,117,128,131,133—136,139,140,143,144,147—151,153—156,167,169—183,186—190,197,201—203,417,419,422,424,425,427,432—434,439,440,442
回旋加速器 215,222,223,270,298,300,301,388
霍秉权 12,14,212,213,228,243,256,257,273,306

J

基地 20,42,51,64,67,140,156,185,187,197,215—218,220—222,224,233,258,272,283,285,315,318,369
激光约束核聚变 33,34,40,41,49,50,61,64,66,68,73,77—85,87,89—97,99,417,418,421,424,425,432
技术物理系 97,99,216,217,292,293,295,296,309,371,406,414
家谱 31,33,149,256,257,260,348,349,418—423,429,431,432,439
简化模型方法 176—178,425

交通大学 10,65,158,205,318,412,441
金陵大学 9,10,18
金陵女子大学 9
近代物理系 217,261,262,270,286,288,290—295,300—305,321,346,366,368,392,402,407—410,413
近代物理研究所 21,97,214—216,245,249,285—288,297—299,307,317,318,327,391—393,398
近代物理研究所(近代物理所、近物所) 215,216,220,244,249,250,252,254,261,264,269,270,274,279,307,345,346,365,366
京师大学堂 9
晶体管 131—135,138,139,145—147,191—194,198,199,204,424,433
精神传统 56,268,273,277,281,283,284,350,373,380,387—389,420—422

K

开放精神 275,276
科学传统 27,30—33,248,249,268,344,386,387,420,422
科学态度 57,58,121,122,125,126
科研模式 53,54,346
科研实践 36,56,61—63,87,92,126,164,167,383,418,420
科研态度 121,122,126

L

镭学研究所 16,17,191,214
李书华 7,11,16,19,428
理论粒子物理 33,210,231,315,316,319,323,324,326,327,329,341—351,353,357,359,362,364,366,368—370,372—380,383,385—389,417,419
理论物理研究所(理论所) 29,203,264,266,280,310,327,341,348,349,359,362,369,371,390,391,393—395,402,404,407,408,410—414,416,429,436,443
力学 2—4,12—15,22,29,30,42,67,71,99,108,116,117,129,132,171,172,180,183,188,189,203,211,285,290—292,296,305,308,316—318,323,325,343—345,353,359—361,366,371,372,374—376,381,386,390,391,393—395,397—402,404—407,409,411—414,429,430,437—439
粒子物理 22,23,25—27,87,90,96,210,213,214,216,217,219,222,230—232,244,249,250,276,279,289—293,295—297,304,306—308,315,316,318—320,322—329,343—346,348—350,353,357,359,360,362—366,368,370,372—381,383—388,394,396,398—400,403—411,413—415,430,440
链式结构 254,255,419,420
两弹一星 23,40,43,48,50,56,64,97,131,139,147,391,396,420,421,434
量子场论 211,263,311,313,315—318,327,341—345,347,349,350,353,355,356,358,361—363,365,366,368—370,374—376,381,382,386,390,392,394,397,399—405,409—411,413,414,436
林兰英 137—139,159,162,164—167,170,189,190,195,205,417,418,421,432,442
岭南大学 9,244,306,394,397

M

模糊 245,254,258,260,342,349,364,420

N

南京高等师范学校 8,10,11,247,385
南开大学 7,8,10,12,14,15,18,27,46,49,70,105,106,123,195,213,261,339,340,350,382,385,386,393,404,407,409,423,442

P

彭桓武 8,13,213—215,218,249,255,264,269,315—317,325—327,332,341—346,348,350,351,353,365,368,373,374,385—387,390,391,417,424,427
拼搏精神 273,283
谱牒 31
谱系表 43,116,234,235,243,244,250,254,258,260,329,330,347,361,387
谱系结构 43,46,48,83,84,86,116,420

Q

七五三工程 223,233
齐鲁大学 9
清华大学 7,10,12—16,18,26,37,41,44,48,64,70,74,96,98,100,104,116,117,137,144,150,151,156,166,189,193,194,203,204,208,213,214,216,217,229,241,244,247,249,257,261,269,270,272,273,285—288,290,296,299,300,302—306,309,317,318,342,344,345,350,371,390,391,393,395,396,398,409,413,415,425,441,442

R

饶毓泰 7,11,12,14,385,386,428
热学 2—4
乳胶室 220,221,233,263,307,308,312

S

三严 380,388
散裂中子源 227,300
山东大学 10,41,100,102,105,109,114,123—127,129,213,220,242,257,261,263,274,295,307,308,318,340,347,349,350,393,400,415,419
上海光机所 39—41,44,49,50,52,56,59,61,73,75,77—86,91—94,103,104,106
上海技术物理研究所 21,40,41,144,156—158,162,165,169,183,184,190,191,201
神光 41,50,52,54,56—59,66,67,69,73,75,77,78,81—92,94—96,99,100
声学 2,4,22,23,431
圣约翰大学 9
师承关系 30—32,36,46,116,149,150,153,173,234,244,245,254,259,260,283,329,418,419
十二年科学规划 22,134,135,137,145,147,168,418,421,431—433
使命感 17,18,50—52,173,430
四川大学 10,204,261,285,323,340,347,371,377,397,402,409,410,413

T

探测器 65,91,93,97,99,191,196,199,203,211,212,220,221,224,227,247,250,252,254,258,262,263,270—272,276,287,290—296,302,304,306,308,420

探索精神 120
汤川秀树 26,27,30,384,386,429—431,436
同步辐射 24,65,207,219,225,226,261,262,268,269,283,284,289,293,300—305,311,316,349,366,370,371

W

王大珩 8,13,34—39,42—44,46,48—53,55—64,74,81,92,95,417—419,421,424,425,432,434,435,440—442
王淦昌 8,13,18,34,48,64,77—79,81—97,212,213,215,219,220,222,227,228,234,236,237,243,244,247—250,254,255,264,269,270,273—276,285,310,378,417—421,424,425,428,432,440,441
王守觉 137—139,159—161,164—166,169,191,192,418,432
王守武 133,134,137—139,159,160,164—167,170,189,417,418,421,432,442
网状结构 254,255,419,420
文华大学 9
无线电研究所 16,18
吴大猷 8,10—15,17,18,27,171,188,214,341,344,385,386,427,428,441
武汉大学 10,137,196,261,307,438,439
物理学 1—16,18—30,32—34,36,42,48,67,70,72,75,76,78,80,87,89—91,96—99,102—106,108,116,117,128,131—135,144—146,149,150,153—158,167,168,170—173,175,176,178,180—191,195,197,200—205,210—212,214,216,218,219,221,224,225,227,228,231—234,243—250,252,254—261,263,264,268,269,271—290,293,294,297—301,306—308,315—329,341—351,353,355,357—359,362—366,368—370,372—381,383—400,402—404,409,412,415—442
物理研究所 7,16,17,21,38,40,41,43,65,71,82,98,103—106,109,110,114,115,127,138,143,157,166,184,191,201,215,216,221,244,245,249,276,283,286,287,289,295,296,298—301,307,317,318,327,349,359,371,389,391—393,396—398,400,401,409,412,414,416,442
物理研究所(物理所) 2,39,40,105,106,123,137,138,146,152,157,159,215,216,250,255,261,264,268—270,274,279,307,327,346,348,350,359,360,363—366,371,377,403,408,409,412,414

X

西南联合大学 7,10,14,15,117,188,213,269,285,286,307,440,441
西学 3,5,32,286,384
夏元瑮 7,11,19,341
协同培养 168
谢家麟 12,212,216,217,219,222—225,236,243,250,260,264,276,277,283,298,299,310—314,441
谢希德 8,131,135,136,139,140,143,149,152—154,156—158,167,170,174,178,182—188,190,197,205—207,417,419,424,432,439,442
星光 72,73,78,82,86,90,94,100
学术传统 1,15,26—28,30—34,36,46,

50,56,58,87,154,170,171,174,178,182,247,260,268,277—279,282,315,350,383,387,389,418—420,422—424,426—431,439

学术积淀 128

学术谱系 1,31—36,43,44,46,48,50,59,60,62,77,82—87,101,102,115—117,129,131,149,150,153—156,158,159,165—168,170,171,173,182,187,210,234,243—246,249,250,252,254—260,268,269,273,278,279,282—284,315,329,341,342,345—351,353,357,360,362,364,366,371—373,380,383—385,387—389,417—419,422—425,427,428,431—433,435,437—439

学术小传 63,96,129,188,284,389

学缘 31,32,257

Y

亚原子物理 211—214,216,244,246,247,249,250,254,255,261,263,269,273,274

严济慈 8,11,16—19,36,38,217,428,442

研究传统 26,27,31,54,171,182,184,187,249,268,269,278,281,283,284,350,353,360,363,364,372,373,387—389,421,422,430

颜任光 7,11,428

燕京大学 9—12,15,18,171,188,229,244,247,257,285,298,306,344,425

羊八井 221,233,259,263,308

杨振宁 1,8,14,15,21,26,27,48,173,180,213,228,257,269,320,322—326,347,359,375,377,378,423,436,442

洋务运动 3,384

叶企孙 5,7,8,10,12—14,19,26,37,48,247,344,428,442

一竿子 53,54

移植 1,5,32,383,387,417,418,430

以勤补拙 381,388

以任务带学科 61,145,146,433,434

应用光学 16,33—44,46,48—50,54—56,58—65,69,70,75,417,418,424,425,431,432

应用物理研究所 21,133,134,137,138,159—162,164—166,168,189—191,194,268,270,305,327,359

宇宙线观测站 219—221,229,233,256,263,275,307

预制研究 218,223,224,254,262,270,271,301,303,305,420

原子核物理 16,17,22,79,211,213—215,217,222,249,256,261,262,273,280,281,285,287,288,290,291,296,298,301,307,309,365,366,375,385,402,410

原子能研究所(原子能所) 21,215,216,218—220,222,229,250,261,264,269,270,274,279,286—289,291—293,298—302,307—309,317—319,321,327,346,347,358,365,368,369,391—393,396,401,402,406—408

原子物理 117,211,279—281,285,290,385,396,429,431,435

源头 48,117,154,244,249,387,417,428,431

院士 13,32,35,39,42,43,48,49,51—53,58,61—74,83,85,93,95—99,101,102,107,109,110,114,116—118,120,125—129,144,145,154—158,166,169,174,

175,177,180,185—206,217,232,287,288,293,294,301,302,308,309,347,349,356,361,381,391,398,401,404,405,407,411,425,426,434,440—442
云雾室 87,90,220,274

Z

责任感 50,52,187
张文裕 8,12,14,29,212—215,217—220,228,230,235—237,243,244,247—250,254—256,261,264,269,270,273—275,281,284,285,313,325,417,418,420,421,424,428
张宗燧 8,13,213,214,263,315—318,329—331,341—350,353,355—360,362—365,368,370,373,374,376,385—388,390,417,419,424,427,439
赵忠尧 8,11,12,14,37,48,212—215,217,218,220,221,235,237,243,244,246—250,254,255,261,268—275,281,283—285,291,292,344,417,418,420,421,424,428
浙江大学 7,10,13,14,39,41,67—69,76,99,199,200,212,213,228,248,249,257,261,274,288,299,318,342,344,345,350,392,393,399,403,410,441
真空管 18,132,138
正负电子对撞机 24,25,223—227,230,231,233,234,261,263,269,270,276,277,284,285,287—290,292,293,296,299,300,302—305,310,313,349,366,370,371,392,414,441,442
之江大学 9,117,257,306
直接上前沿 381,388
质子静电加速器 222,275,281,285,287,291,298
质子直线加速器 222,224,304,310,312
中国光学学会 35,42,43,194
中国科学技术大学(中国科技大学) 16,38,41,73,76,77,113,122,129,130,137,189,217,226,261,262,269,270,285,286,288,290—295,300—305,317,321,323,324,346,347,349,356,365,366,368,369,377,392,396,400,402,406—410,413,440,442
中国科学院 13,21,23,24,26,34,35,38,40—43,45,52—54,60,63—78,81,82,93,96—99,103,104,107,109,114—118,124,127—130,133,137—145,147,148,154,158,166,169,170,175,178,179,183,188—209,215,217,218,220,221,223,224,227,230,231,245,249,262,275,279,285—302,304,307—309,311,316,317,321,322,324,326,327,345,347,349,357,359,366,376,390—398,400—402,404—408,410—416,425,433—435,438,440—443
中国物理学报 19
中国物理学会 19,20,123,134,213,219,291,293,296,298,313,314,325,397,443
中山大学 10,13,41,104,150,155,156,261,318,323—326,342,345,347,350,356,370,374,377,394,397,411
中央研究院 7,16,17,19,21,214,215,249,299,392
朱洪元 216,217,219,222,224,225,261,263,277,310,313,315—322,324—326,332—334,341—350,353,357—360,364—366,368—374,376,377,379—383,

386，388，389，391，392，417，419，424，427,443
专科学校　9,10
自力更生　55－57,124,125,138,141,166,233,275,375,420,421